P.J. Möbius

Diagnostik der Nervenkrankheiten

P.J. Möbius

Diagnostik der Nervenkrankheiten

ISBN/EAN: 9783743420731

Hergestellt in Europa, USA, Kanada, Australien, Japan

Cover: Foto ©berggeist007 / pixelio.de

Manufactured and distributed by brebook publishing software (www.brebook.com)

P.J. Möbius

Diagnostik der Nervenkrankheiten

DIAGNOSTIK

DER

NERVENKRANKHEITEN

VON

PAUL JULIUS MÖBIUS.

Zweite veränderte und vermehrte Auflage.

Mit 104 Abbildungen im Text.

LEIPZIG,
VERLAG VON F.C.W.VOGEL.
1894.

VORWORT.

Vor 8 Jahren erschien die „Allgemeine Diagnostik der Nervenkrankheiten". Natürlich hat sich in dieser Zeit Manches geändert
und bei der neuen Auflage musste Manches anders gefasst werden.
Doch habe ich, soweit es möglich war, die alte Darstellung unange-
tastet gelassen. Dagegen schien es wünschenswerth zu sein, den
Plan des Buches etwas zu erweitern, ein Unternehmen, das durch
die Aenderung des Titels kundgegeben wird. In seiner neuen Gestalt zerfällt das Buch in 3 Theile. Der erste enthält die Methoden
der Untersuchung und die allgemeine Symptomatologie, geht also
vom einzelnen Symptome aus; der zweite enthält die Lehre von der
Localisation, geht also vom Orte der Läsion aus; der dritte sucht
die ätiologisch-klinischen Krankheitseinheiten zu fassen, ist eine
Skizze der speciellen Diagnostik. Manche Wiederholungen waren
dabei nicht zu vermeiden. Eine andere Schwierigkeit lag darin, dass
die Grenze zwischen dem Zuviel und dem Zuwenig oft schwer ein-
zuhalten war. Wollte man Alles sagen, was für den Neurologen in
Betracht kommt, so würde es ein unbändig dickes Buch geben. Mir
schien es wichtig, nicht allzu weit in diagnostische Feinheiten einzugehen, anatomisch-physiologische Erörterungen aber ganz zu vermeiden. Manche neuere Diagnostik ist ein Lehrbuch, dem man blos
die Therapie abgeschnitten hat. Damit ist aber dem Lernenden

kaum gedient. Für ihn dürfte es am besten sein, wenn das practisch Brauchbare hervorgehoben wird und die Richtung auf klinische Zwecke maassgebend ist. Die Auffassung, dass der Kliniker nicht des Anatomen oder des Physiologen preiswerthe Aufgaben zu lösen, sondern Krankheiten zu erkennen habe, liegt auch der Darstellung in diesem Buche zu Grunde.

Leipzig, im April 1894.

P. J. Möbius.

INHALTSVERZEICHNISS.

ZWEITER THEIL.

DRITTER THEIL.

I. Exogene Nervenkrankheiten.

ERSTER THEIL.

A. DIE ANAMNESE.

Die anamnestischen Fragen werden entweder an den Kranken selbst gerichtet oder, wenn dieser zur Beantwortung aus irgend einem Grunde nicht fähig ist, an Angehörige, anderweite dem Kranken nahestehende Personen, frühere Aerzte des Kranken. Hat man Grund, anzunehmen oder zu vermuthen, dass die Angaben des Kranken nicht richtig seien, sei es dass er geistig nicht normal ist, oder ein Interesse hat, die Wahrheit nicht zu sagen, oder dergl., so empfiehlt es sich bei zweifelhaften Zuständen, die Berichte dritter Personen einzuholen, auch diese unter einander zu vergleichen. Besonders die Frage nach der Heredität lässt sich oft nur durch ein derartiges umständliches Verfahren befriedigend lösen, da gerade hier die Angaben der Kranken erstaunlich mangelhaft zu sein pflegen.

1. Geschichte der Familie.

Man frage, ob die Eltern noch leben und gesund sind, oder woran sie leiden, woran sie gestorben sind, ob sie früher Krankheiten, besonders Nervenkrankheiten (Gemüthskrankheiten, Krämpfe, Schlagfluss, Lähmung, Nervenschmerzen u. s. w.), oder Constitutionskrankheiten (Tuberkulose, Syphilis u. s. w.) durchgemacht haben, wie alt sie damals waren, wie ihr Zustand, beziehungsweise der der Mutter, bei der Zeugung (Rausch), während des Fötallebens und der Geburt (Krankheit, Kummer, Verletzungen, Erschrecken u. s. w. während der Schwangerschaft, frühzeitige oder schwere Geburt) war, ob die Eltern blutsverwandt waren, wie ihr Altersverhältniss war.

Man frage ferner nach den Verhältnissen der Geschwister, Grosseltern und anderer Verwandten, ob Nervenkrankheiten in der Familie vorgekommen sind, ob Selbstmord, Trunksucht, bizarres Wesen, Verbrechen, Taubstummheit, Bildungsfehler sich gezeigt haben.

Man spricht von directer Erblichkeit, wenn die Eltern an gleichen oder verwandten Krankheiten litten, von indirecter, wenn die Eltern frei waren, aber Geschwister oder andere Verwandte krank waren

1*

(atavistische Erblichkeit = Krankheit der Grosseltern u. s. w., col-
laterale = Krankheit von Verwandten einer Seitenlinie (Oheim, Muhme
u. s. w.), von cumulativer Erblichkeit, wenn beide Eltern krank waren,
von gleichartiger Erblichkeit, wenn dieselbe Krankheit vererbt wird,
von ungleichartiger (Transformation, Polymorphismus der Vererbung),
wenn es sich um eine verwandte Krankheit handelt. Neuropathisch
belastet nennt man den, in dessen Familie Nervenkrankheiten oder
gleichwerthige Abnormitäten vorgekommen sind, die Schwere der Belastung
richtet sich sowohl nach Schwere als Häufigkeit der erblichen Krankheiten.

2. Geschichte des Kranken selbst.

War der Kranke bei der Geburt voll entwickelt und gesund?
Ist er bei der Geburt am Kopfe verletzt worden? Zeigten sich bei
ihm Ausschläge, Nasenfluss oder andere Symptome hereditärer Syphilis? Litt er als Kind an Krämpfen oder an Bettnässen, nächt-
lichem Aufschrecken, Veitstanz u. s. w.? Welche anderweiten Kinder-
krankheiten traten auf? Wann lernte er gehen und sprechen, wie
war die Entwicklung der Zähne?

Wie waren Betragen und Fortschritte in der Schule? Wann
zeigten sich die Symptome der Mannbarkeit, traten dabei krankhafte
Erscheinungen auf? Ist Onanie getrieben worden?

Welche Beschäftigung hatte oder hat der Kranke? Brachte sie
ihn mit giftigen Stoffen in Berührung [1]), setzte sie ihn besonderen
Entbehrungen, Strapazen, Erkältungen oder Erhitzungen aus? Wie
war seine Lebensweise, war die Ernährung ungenügend oder zu
reichlich, hat der Kranke sich dem übermässigen Genusse von Spirituosen, Tabak hingegeben? Hat Missbrauch von Opium oder ähnlichen Mitteln stattgefunden? Wie war die geschlechtliche Thätigkeit,
sind darin Excesse vorgekommen? Hat der Kranke Kummer, Sorgen,
Aerger im Geschäft, in der Familie oder sonstwie erduldet? Wie
waren das Temperament, die geistige und körperliche Leistungsfähigkeit?

Wie war bei Frauen die Menstruation (wie oft, wie lange, wie
viel, mit Beschwerden?), wann und wie oft trat Schwangerschaft ein,
wie verlief sie (Abort, Frühgeburt, leichte oder schwere Geburt,
Wochenbett, Lactation)?

Welche Erkrankungen kamen vor (Typhus, Intermittens, Rheumatismus, Chlorose, Magendarmaffectionen, Krankheiten der Harn-
und Geschlechtsorgane, Syphilis), sind insbesondere früher nervöse

---

1) Im Anhang findet man eine Uebersicht über die hauptsächlichsten gesund-
heitschädlichen Gewerbebetriebe.

Störungen vorgekommen (Nervenkrankheiten, Neigung zum Deliriren, Idiosynkrasien, Intoleranz gegen Alkohol, Zwangsvorstellungen, grosse Reizbarkeit u. s. w.)? Welche sind die vermuthlichen Ursachen der gegenwärtigen Krankheit? Welche waren ihre ersten Zeichen? Begann sie plötzlich oder allmählich? Wie war der weitere Verlauf?

Schwierigkeiten findet, abgesehen von der Frage nach der Erblichkeit, die Anamnese nur an den Punkten, wo viele Kranken eine gewisse Scheu hindert die Wahrheit zu sagen, d. h. bei dem Potatorium und den geschlechtlichen Angelegenheiten. Es ist Sache des ärztlichen Tactes, jene Scheu in geschickter Weise zu beseitigen. Z. B. wird es oft, wo Verdachtsgründe vorliegen, gerathen sein, dem Kranken die Sache auf den Kopf zuzusagen, „wie lange haben Sie onanirt?", „wann haben Sie sich einen Schanker zugezogen?" u. s. w. Am schwersten ist das Eingeständniss der Syphilis zu erlangen, oft muss man sich mit indirecten Angaben begnügen, besonders sind bei Frauen wiederholte Aborte in dieser Hinsicht bedeutungsvoll.

———

Bei der Aetiologie muss man wie bei der Therapie stets des Satzes eingedenk sein: post hoc non est propter hoc. Zwei aufeinanderfolgende Veränderungen können Ursache und Wirkung sein, ob sie es sind, ist oft nur mit einem grösseren oder geringeren Grade von Wahrscheinlichkeit zu sagen. Wenn regelmässig eine Veränderung auf eine andere folgt, die nach den Axiomen der Erfahrung jener als Ursache dienen kann, so pflegen wir einen causalen Zusammenhang anzunehmen. Es ist also wesentlich die statistische Methode Führerin bei ätiologischen Untersuchungen. Verhältnissmässig selten sind wir in der Lage, das Ergebniss durch den Versuch zu controliren. Wenn dies aber der Fall ist, wenn wir jederzeit willkürlich die zweite Veränderung hervorrufen können, indem wir die erste bewirken, dann erst gewinnen wir volle Gewissheit. Da gerade bei den Nervenkrankheiten der Versuch nur ausnahmeweise ausführbar ist, sind hier unsere ätiologischen Kenntnisse vielfach besonders unsicher und beschränken sich oft auf Vermuthungen. Die Grundzüge dessen, was wir bisher wissen, sind etwa folgende.

Wir sehen, dass den Angriffen des Lebens gegenüber die Menschen sich verschieden verhalten, eine Schädlichkeit, die dem Einen nichts anhat, macht den Anderen krank. Es besteht demnach eine verschiedene Fähigkeit oder Disposition zur Erkrankung, die angeboren oder erworben sein kann.

Die angeborene Disposition zu Nervenkrankheiten, die neuropathische Anlage, muss bei einigen Krankheiten nothwendig vorhanden sein: die hereditären Nervenkrankheiten im engeren Sinne, die nur bei schwer Belasteten vorkommen. Zu diesen gehören, soviel wir bis jetzt wissen, die Friedreich'sche Krankheit und verwandte Formen, die Myotonia congenita, die Dystrophia muscul. progressiva, die bald als Pseudohypertrophia muscul., bald als juvenile Muskelatrophie auftritt, die Idiotie und die verschiedenen psychischen degenerativen Erkrankungen, als das circuläre Irresein, das sogenannte moralische Irresein u. s. w. Andere Krankheiten setzen auch eine ererbte Anlage voraus, jedoch braucht es sich bei

ihnen nicht um eine schwere Belastung zu handeln und möglicherweise
können sie ausnahmeweise auf erworbener Disposition beruhen. Hierher
gehören die meisten Formen sog. functioneller Nervenkrankheit, Migräne,
Epilepsie, Nervosität, Hysterie, Hypochondrie, Melancholie, Manie, Verrücktheit u. s. w. Bei den bisher genannten Krankheiten kann der Nachweis
erblicher Belastung auch von diagnostischer Bedeutung werden. Wenn
z. B. diese in einem Falle von Migräne oder Epilepsie in keiner Weise sich
nachweisen lässt, müssen Zweifel auftauchen, ob es sich um idiopathische
Migräne u. s. w. handelt, ob nicht eine reflectorische Form (durch Nasen-
erkrankung, Bandwurm, Narben u. s. w. veranlasst) oder eine symptomatische Form (auf Alkoholvergiftung, auf Tabes, Herderkrankungen des
Gehirns u. s. w. beruhend) vorliegt.

Bei anderen Nervenkrankheiten, bei den spinalen Muskelatrophien,
der Tabes und der progressiven Paralyse, den Herderkrankungen des Gehirns und Rückenmarks, den Meningitiden u. s. w., spielt die Heredität
offenbar keine wesentliche Rolle und ist ihr Nachweis nicht von besonderer
Bedeutung. Doch scheint auch hier sie nicht ganz ohne Einfluss zu sein,
insofern sie sozusagen der von aussen kommenden Schädlichkeit den Weg
zum Nervensystem, das bei erblich Belasteten ein locus minoris resistentiae
ist, zeigt.

Das krankhaft veranlagte Nervensystem wird um so leichter erkranken,
je stärker es in Anspruch genommen wird. Die Steigerung der physiologischen Reize kann sich als körperliche oder intellectuelle oder moralische Ueberanstrengung darstellen, deren eine immer mehr oder
weniger von den anderen begleitet ist. Theils körperlicher, theils geistiger
Art ist die geschlechtliche Ueberanstrengung (übertriebener, unnatürlicher
Beischlaf, Onanie). Zur moralischen Ueberanstrengung gehören die heftigen
oder andauernden Gemüthsbewegungen. Als Ueberreizung ist auch der
Mangel des Schlafes zu betrachten. Ob durch Ueberanstrengung andere
als sog. functionelle Störungen verursacht werden können, ist zweifelhaft.
Auf jeden Fall sind die dahin lautenden Berichte (Entstehung von Myelitis
durch Schreck u. s. w.) mit grosser Vorsicht aufzunehmen.

Die Rolle des Trauma ist eine doppelte. Entweder kann es direct
Veränderungen im Nervensystem veranlassen, die theoretisch der Beurtheilung keine Schwierigkeit machen: Quetschung, Dehnung, Durchschneidung, Stich-, Hieb-, Schussverletzung, Zertrümmerung u. s. w., oder
es kann bei Disponirten nach Art der Affecte wirken und die Symptome
der Hysterie oder anderer Neurosen hervorrufen (sog. traumatische Neurose).
Dieser Punkt ist von besonderer diagnostischer Bedeutung. Nach den
verschiedensten Verletzungen, besonders nach allgemeinen Erschütterungen,
wie sie bei Eisenbahnunfällen vorkommen, und auch dann, wenn stärkere
directe Verletzungen fehlen, können anscheinend die schwersten Symptome
von Seiten des Nervensystems auftreten, ohne dass doch die Untersuchung
Zeichen organischer Läsion ergäbe. Ist die Verletzung umschrieben, so
treten häufig die Symptome in deren Nähe auf, nach einer leichten Verletzung einer Kopfhälfte z. B. kann Hemianästhesie der gleichen Seite sich
entwickeln u. s. w.

Dem Trauma analog wirken Krankheiten nichtnervöser Organe. Die nervösen Theile können lädirt werden durch den Druck eines

von der Umgebung ausgehenden Tumor, einer Knochengeschwulst, eines Abscesses, eines Aneurysma, sie können durch eine Blutung zerstört werden, durch Abschneiden des Blutzuflusses (Embolie, Thrombose) absterben, Entzündungen benachbarter Theile können auf sie übergreifen u. s. w. Es kann aber auch bei Disponirten eine beliebige Organkrankheit Ursache functioneller Störungen werden. Am häufigsten scheint dies der Fall zu sein, wenn es sich um krankhafte Reizung bestimmter Schleimhäute (Nase, Darm, Genitalien) handelt.

Zweifellos den ersten Rang nehmen unter den auf das Nervensystem wirkenden Krankheitsursachen die Gifte ein. Je nachdem es sich um Einführung todter chemischer Stoffe handelt oder um die von Mikroorganismen, unterscheiden wir Intoxicationen im engeren Sinne und Infectionen. Unter den eigentlichen Giften steht nach der Häufigkeit in erster Reihe der Alkohol, dann folgen die Gifte des gewerblichen Lebens, besonders Blei, Quecksilber, Arsen, selten scheinen Vergiftungen durch Tabak vorzukommen. Die übrigen Vergiftungen haben, etwa abgesehen von der durch Opium, beziehungsweise Morphium, wegen ihrer Seltenheit mehr casuistisches Interesse. Die meisten Gifte scheinen insofern ähnlich zu wirken, als sie zunächst Functionstörungen, bei längerer Einwirkung aber objectiv nachweisbaren Zerfall der nervösen Theile verursachen. Von Alkohol, Blei, Arsen und einigen anderen Giften wissen wir, dass sie Ursache multipler Degeneration peripherischer Nerven sowohl, als degenerativer Veränderungen des Centralnervensystems sein können.

Infectiöse Einflüsse können sich in zweierlei Art geltend machen. Eine Reihe von Nervenkrankheiten sind eigentliche Infectionskrankheiten, so die tuberkulöse und die eitrige Meningitis, die in verschiedenen Formen auftretende Malaria larvata, die Kakke, die Syphilis des Nervensystems. Mit Wahrscheinlichkeit rechnen wir hierher den Tetanus, die Lyssa, die Poliomyelitis und acute Encephalitis, manche Formen diffuser Myelitis, die sogenannte multiple Neuritis, die Chorea u. a. Sodann aber stellen Nervenkrankheiten sich dar als Nachkrankheiten, die den Infectionskrankheiten mit kürzerem oder längerem Intervall folgen, so die Lähmungen u. s. w. nach Diphtherie, die Ataxie nach verschiedenen acuten Krankheiten. Ziemlich sicher sind sowohl die Tabes als die progressive Paralyse Nachkrankheiten der Syphilis. Vielleicht ist auch die Ursache der multiplen Sklerose in vorausgehender Infection zu suchen.

Besonders in früherer Zeit legte man der sogenannten Erkältung eine grosse Wichtigkeit bei und sah in ihr die Ursache vieler Nervenkrankheiten. Zweifellos sieht man oft nach einer Erkältung die ersten Symptome der Krankheit auftreten, z. B. am Tage nach einer solchen die tabischen Schmerzen beginnen. Hier verschlimmert die Erkältung offenbar einen schon vorhandenen Krankheitszustand. Bei einer ganzen Reihe der sogenannten rheumatischen oder Erkältungskrankheiten sind wir schon über ihre anderweite Ursache klar geworden: die scheinbar rheumatische Radialislähmung entsteht gewöhnlich durch Druck, die rheumatischen Augenmuskellähmungen beruhen fast ausnahmelos auf Syphilis oder anderer Infection, die vielfach für rheumatisch erklärte Poliomyelitis trägt alle Charaktere einer Infectionskrankheit an sich u. s. w. Es ist zu vermuthen, dass auch bei anderen Affectionen die Annahme des rheumatischen Ursprungs sich als irrig erweisen werde, dass z. B. die rheumatische Facialislähmung einen infectiösen Ursprung erkennen lassen werde.

Ueber die Ursache mancher Nervenkrankheiten wissen wir noch gar nichts, z. B. über die der primären Erkrankungen der directen motorischen Bahn, der amyotrophischen Lateralsklerose, der Bulbärparalyse und der spinalen progressiven Muskelatrophie. Zwar dürfte man auch hier am ehesten eine Giftwirkung vermuthen, doch ist bis jetzt kein bestimmter Anhaltepunkt gegeben.

Ueber die Bedeutung der einzelnen anamnestischen Feststellungen ist etwa folgendes im Allgemeinen zu sagen.

An den meisten Krankheiten des Nervensystems nehmen beide Geschlechter in etwa gleichem Maasse theil. Es giebt keine Nervenkrankheit, die nur bei Männern oder nur bei Weibern vorkäme. Früher hielt man die Hysterie für eine nur den Weibern eigene Krankheit, jetzt weiss man, dass die Hysterie auch bei Männern sehr häufig ist. Immerhin dürfte die Zahl der weiblichen Hysterischen grösser sein, was offenbar mit den Eigenthümlichkeiten des weiblichen Geisteslebens zusammenhängt. Auch die Migräne, die Basedow'sche Krankheit, das Myxödem sind bei Weibern häufiger als bei Männern; warum, weiss man nicht. Endlich sind natürlich die als Folge puerperaler Erkrankung vorkommenden Nervenkrankheiten (puerperale Geistesstörung, puerperale Neuritis) hier zu nennen, doch handelt es sich dabei streng genommen wohl nicht um besondere Krankheiten, sondern nur um Intoxicationen unter besonderen Umständen.

Als Männerkrankheiten sind einige auf ererbter Anlage beruhende (endogene) Krankheiten zu nennen, bei denen die Muskeln primär erkranken: die Dystrophia musc. progressiva und die Myotonia congenita. Zwar werden die Weiber nicht ganz verschont, aber sie erkranken viel seltener und übertragen oft den Keim auf ihre Nachkommenschaft ohne selbst zu erkranken. Auch Friedreich's Krankheit und die ihr verwandten Formen scheinen häufiger bei den männlichen Familiengliedern beobachtet zu werden.

Dass eine grosse Reihe anderer Krankheiten häufiger bei Männern als bei Weibern ist, hängt von äusseren Umständen ab. Syphilis ist bei Männern viel häufiger als bei Weibern (nach Fournier etwa 8 mal; die Zahl schwankt nach dem „Milieu", während bei den Frauen der sogenannten oberen Stände die Syphilis sehr selten ist, dürfte für die unteren Classen Fournier's 8 zu gross sein). Daher ist auch die Metasyphilis (Tabes und progressive Paralyse) bei Weibern viel seltener; je nach Ort und Zeit zählt man auf 10, 8, 6 tabeskranke Männer ein Weib. In ähnlicher Weise überwiegen die Männer bei dem Alkoholismus und anderen Genussvergiftungen, bei den meisten Gewerbevergiftungen.

Eine wichtige Rolle spielt das Alter. Begreiflicherweise beginnen die endogenen Krankheiten in der Regel früh im Leben, im Allgemeinen um so früher, je schwerer sie sind. Die Idiotie, die sonstigen geistigen Abweichungen, die Myotonia congenita geben sich schon in den ersten Lebensjahren kund, die Pseudohypertrophie, die Krankheit Friedreich's und verwandte Formen, die Epilepsie und die Migräne beginnen in der Kindheit. Ferner kommen verschiedene Erkrankungen des Gehirns vor, die

bald vor der Geburt, bald in den ersten Lebensjahren entstehen und sich
als Porencephalie oder als mehr oder weniger ausgebreitete Sklerose darstellen. Ein Theil der auf diese Weise entstehenden cerebralen Lähmungen
ist wohl als Wirkung der ererbten Syphilis anzuschen und diese kann auch
in den späteren Kinderjahren theils cerebrale (Herderkrankungen, progressive Paralyse), theils spinale (Tabes) Störungen hervorrufen. Endlich
schädigt eine Reihe infectiöser Nervenkrankheiten vorzugsweise das Kindesalter: die Poliomyelitis und die Encephalitis acuta, die Chorea, die Tuberkulose des Nervensystems, denen sich die nervösen Nachkrankheiten nach
Diphtherie, Masern, Scharlach, Keuchhusten anschliessen.

Im Jugendalter entwickeln sich ausser den schon genannten Krankheiten in der Regel die multiple Sklerose, die Gliomatosis spinalis, die juvenile Muskelatrophie, die Akromegalie. Die leichteren ererbten Störungen
werden oft jetzt erst deutlich: die geistige Instabilität, die Hysterie, die
Migräne u. s. w.

Im Mannesalter finden wir die Folgen der Syphilis (cerebrale und spinale Herderkrankungen, Tabes und progressive Paralyse) und des Alkoholismus, die Gewerbevergiftungen, die Wirkungen der Ueberanstrengung
(Neurasthenie u. s. w.). Manche Krankheiten, über deren Ursache nichts
bekannt ist, pflegen um die Mitte des Lebens zu beginnen, die spinalen
Amyotrophien, der Diabetes u. A. m. Etwas früher pflegt der Morbus
Basedowii aufzutreten.

Dem Greisenalter (im weiteren Sinne) eigenthümlich sind die Paralysis
agitans, der Tremor essentialis, die Chorea chronica (die freilich auch schon
früher beginnen kann). Mit dem Nachlassen der Lebenskraft kommt es
leicht zu melancholischer oder hypochondrischer Verstimmung. Unmerkliche
Uebergänge führen von der Melancholie und dem melancholischen Wahn-
sinne zu dem Altersschwachsinne. Ferner herrschen im Alter alle die Störungen vor, die von der eigentlichen Alterskrankheit, dem Atherom der
Arterien, abhängen, besonders also die Hirnkrankheiten, die durch Gefäss-
zerreissung oder Gefässverschluss verursacht sind. Man nimmt an, dass
die miliaren Aneurysmen der Hirngefässe, die Ursache der Hirnblutungen,
etwa vom 40. Jahre an häufiger vorkommen, während die thrombotischen
Vorgänge, sofern nicht Syphilis oder Alkohol die Arterien früher erkranken
liess, erst nach dem 50. Jahre in den Vordergrund treten.

Der Stand ist insofern von Bedeutung, als manche Gewerbe den
Arbeiter der Wirkung von Giften aussetzen, als andere Berufsarten theils
direct, theils indirect zu Schädigung verschiedener Art Anlass geben. Eine
Uebersicht über die gewerblichen Vergiftungen enthält der Anhang. Weiterhin ist als Berufsschädlichkeit besonders die Ueberanstrengung zu nennen.
Sie kommt besonders da in Betracht, wo körperliche oder geistige Stra-
patzen der Natur der Sache nach mit gemüthlicher Erregung verknüpft
sind. Dies ist der Fall bei gefährlichen und verantwortlichen Beschäftigungen. Eisenbahndienst, Kriegsdienst, Unternehmungen mit grossem
Risico, ärztlicher Beruf sind Beispiele. Die Gefahr steigt noch, wenn der
Beruf oft den Schlaf kürzt.

Der Wohnort ist von Bedeutung bei endemischen Krankheiten:
Malaria, Lyssa, Beriberi, Cretinismus u. s. w. Auch die Tetanie kommt
nur in bestimmten Gegenden vor. Myxödem und Morbus Basedowii scheinen

in England häufiger zu sein als auf dem Festlande. Ferner zeigen Land-
und Stadtbevölkerung manche Unterschiede. In der Regel ist die Syphilis-
gefahr in der Stadt grösser und auch die neurasthenischen Erkrankungen
mehren sich mit der Grösse der Städte.

R a s s e unterschiede spielen bei uns keine wesentliche Rolle. Die
grosse Hysterie scheint bei den romanischen Völkern häufiger vorzukommen
als bei den germanischen. Nervenkrankheiten, die auf angeborener Anlage beruhen, werden besonders oft bei Juden beobachtet.

ANHANG.

Uebersicht der die Gewinnung (Herstellung) und Verarbeitung gesundheitgefähr-
licher (giftiger) Stoffe umfassenden Gewerbe- und Fabrikbetriebe nach dem Grade
ihrer gefahrbringenden Einwirkung auf die Arbeiter.

(Nach Hirt, Krankheiten der Arbeiter. III. S. 268 ff. 1875.)

KLASSE I.

Höchst gesundheitgefährliche Beschäftigungen.

(Auf 100 Arbeiter kommen durchschnittlich 65—80 an gewerblichen Vergiftungen
Leidende trotz Einhaltung aller Vorsichtmaassregeln.)

Hierher gehören:

1. Die Gewerbebetriebe
der Feuervergolder,
  = Feuerversilberer,
der Gürtler,
  = Spiegelbeleger.

2. Das Arbeiten
in Arsenikhütten,
  = Bleihütten,
  = Quecksilberhütten,
mit bleihaltiger Nähseide,
das Auftragen bleihaltiger Glasuren
    mittelst Einstäuben,
das Auspressen der zum Versenden
    des Quecksilbers gebrauchten
    Beutel,
die Contreoxydation des Eisens,

das Einstäuben Brüsseler Spitzen
    mit Bleiweiss,
das Einstäuben weisser Glacéhand-
    schuhe mit Bleiweiss,
das Entsilbern des Werkbleies,
die Herstellung der Zündmasse für
    Phosphorzündhölzchen,
das Pattinsoniren,
das Verpacken der farbigen Chrom-
    farben.

3. Die Fabrikation
von arsenhaltigen Anilinfarben,
  =   = Buntpapieren,
  =   = künstl. Blumen,
  =   = Baumwollenstof-
    fen, Tapeten,
  = Bleiweiss,

von Blumenblättern (mit Cyanka-
    liumlösung bespritzt),
von Kupferarsenfarben,
  = Phosphorzündhölzchen,
  = Schweinfurtergrün,
  = Zündhütchen.

KLASSE II.
Minder gesundheitgefährliche Beschäftigungen.

(Auf 100 Arbeiter kommen durchschnittlich 25—30 an gewerblichen Vergiftungen Leidende trotz Einhaltung aller Vorsichtmaassregeln.)

Hierher gehören:

1. Die Gewerbebetriebe

der Anstreicher,
* Buchdrucker,
* Färber,
* Maler,

der Lackirer,
* Photographen,
* Zinngiesser.

2. Die Arbeiten

in Blei-, Arsen-, Quecksilbergruben,
* Antimon-Gruben und -Hütten,
mit Quecksilbermethyl,
in Feilenhauerwerkstätten,
das Auftragen bleihaltiger Glasuren
mittelst Eintauchen,

das Bürsten der Strohhüte mit Bleiweiss,
das Beizen der Felle mit Arsenik,
resp. mit Quecksilber,
das Destilliren des Phosphors,
* Verzinnen und Verzinken.

3. Die Fabrikation

von Alkaloiden,
* arsenfreien Anilinfarben,
* arseniger Säure,
* Bleichromat,
* Bleizucker,
* bleiernen Spiegelrahmen,
* Jodmethyl,
* Kerzen (giftgrünen),
* Knallquecksilber,
* Mennige,
* Metachromatypien,
* Mussivgold,
* Musselinglas,

von Chlorzink,
* Droguen und chemischen Prä-
paraten,
* Firniss,
* physikalischen Instrumenten
(Baro- und Thermometer),
* optischen Gläsern,
* Rauch- und Schnupftabak,
* Telegraphenglocken,
* Verbandstoffen (Carbolsäure
u. s. w.),
* Zinnober,
* Zinnsalz.

KLASSE III.
Relativ gefahrlose Beschäftigungen.

(Bei strenger Durchführung der speciellen Vorsichtmaassregeln kommen auf 100 Arbeiter durchschnittlich 5—8 gewerblich Vergiftete, wenn nur den Ansprüchen der allgemeinen Prophylaxis genügt wird. 15—20.)

Hierher gehören:

1. Die Gewerbebetriebe

der Glaser,
* Klempner,
* Kupferschmiede,

der Seiler,
* Weissgiesser.

2. Das Arbeiten

in Blaufarbenwerken,
* Kupferhämmern,
* Kupferwalzwerken,

mit Bleisuperoxyd in der Zünd-
waarenindustrie,
in galvanoplastischen Anstalten,

mit arseniger Säure in der Glasfabrikation,
mit Oxalsäure (Cattundruck),
in Zinkhütten,
das Ausstopfen der Thiere,
  = Conserviren des Holzes mit Carbolsäure und mit Sublimat,
das Färben der Stanniole,
  = Kupferdrahtziehen,

die Spiegelindustrie (ausgenommen das „Belegen"),
die Verglasung der Emailetiquetten,
  = Verarbeitung d. Zinkes zu Blech,
  = Verarbeitung des reinen, metallischen Zinnes,
das Weissbrennen der Knochen (in der Phosphorfabrikation).

3. Die Fabrikation

von Bleisoldaten,
  = Bleischrot,
  = Bleisuperoxyd,
  = bleihaltiger Cosmetica, Spielkarten,
  = Carbolsäure und Carbolsäurefarben,
  = Essig,

von Folien zum Einwickeln des Tabaks,
  = Grünspan,
  = Kupfervitriol,
  = Oelkitten,
des Phosphors,
der Sicherheitzündhölzchen (sogenannten schwedischen),
von Weisskupfer.

A. Industrien, in denen **Phosphor** verarbeitet wird.

KLASSE I.

Die Herstellung der Zündmasse für Phosphorzündhölzchen, überhaupt (mit Ausnahme weniger Manipulationen) die ganze Fabrikation derselben.

KLASSE II.

Das Destilliren des Phosphors.

KLASSE III.

Das Weissbrennen der Knochen und überhaupt die Darstellung des Phosphors, die Fabrikation der schwedischen Zündhölzer.

B. Industrien, in denen **Blei** verarbeitet wird.

KLASSE I.

Das Arbeiten
  in Bleihütten,
  mit bleihaltiger Nähseide,
das Auftragen bleihaltiger Glasuren mittelst Einstäuben,
die Contreoxydation des Eisens,
die Fabrikation von Bleiweiss,

das Einstäuben Brüsseler Spitzen und weisser Handschuhe mit Bleiweiss,
das Entsilbern des Werkbleies (Pattinsoniren),
das Verpacken der Chromfarben.

KLASSE II.

Die Gewerbebetriebe
  der Anstreicher,
  = Buchdrucker,
  = Färber,

der Maler,
  = Lackirer,
  = Zinngiesser.

Das Arbeiten
in Bleigruben,
in Feilenhauerwerkstätten,
das Auftragen bleihaltiger Glasuren
mittelst Eintauchen,
das Bürsten der Strohhüte mit Bleiweiss,
die Fabrikation
von Bleichromat und Bleizucker,

von bleiernen Spiegelrahmen,
» Firniss,
» Mennige,
» Metachromatypien,
» optischen Gläsern und Musselinglas,
» emaillirten Telegraphenglocken.

KLASSE III.

Die Gewerbebetriebe
der Glaser, Klempner, Weissgiesser.
Das Arbeiten
mit Bleisuperoxyd in der Zünd-
waarenindustrie,
das Färben der Stanniole,
das Verglasen der Emailetiquetten,

Die Fabrikation
von Bleisoldaten,
» Bleischrot,
» Bleisuperoxyd,
» bleihaltigen Cosmetica und
Spielkarten,
» Folien zum Einwickeln des
Schnupftabaks u. s. w.,
» Oelkitt.

C. Industrien, in denen **Quecksilber** verarbeitet wird.

KLASSE I.

Die Gewerbebetriebe
der Feuervergolder und Neusilberer, der Gürtler, der Spiegelbeleger.
Die Arbeiten
in Quecksilberhütten, das Auspressen der Quecksilberbeutel.
Die Fabrikation von Zündhütchen.

KLASSE II.

Das Arbeiten
in Quecksilbergruben,
mit Quecksilbermethyl,
das Beizen der Felle mit Quecksilber.

Die Fabrikation
von physikalischen Instrumenten,
» Jodmethyl,
» Knallquecksilber,
» Zinnober.

KLASSE III.

Die Spiegelindustrie (mit Ausnahme des Belegens).

D. Industrien, in denen **Arsenik** verarbeitet wird.

KLASSE I.

Das Arbeiten in Arsenikhütten, die Gewinnung der Arsensäure.
Die Fabrikation
von arsenhaltigen Anilinfarben,
»   »   Buntpapier,
»   »   künstl. Blumen,

von arsenhaltig. Baumwollenstoffen,
»   »   Tapeten,
» Kupferarsenfarben, besonders
Schweinfurtergrün.

KLASSE II.

Das Arbeiten
in Arsengruben,
das Beizen der Felle mit Arsenik,
	Die Fabrikation
	    von arsenfreien Anilinfarben,
	    = arseniger Säure.

KLASSE III.

Das Arbeiten in Blaufarbenwerken,	mit arseniger Säure in der Glasfabrik, das Ausstopfen der Thiere.

Ausserdem wären (in Beziehung auf Nervenkrankheiten) als mehr oder minder gesundheitschädliche Arbeiten etwa zu nennen:

das Arbeiten in Kautschukfabriken (Schwefelkohlenstoff),

die Fabrikation von Leuchtgas,

das Arbeiten in Eisenhütten, Coaksöfen, (Kohlenoxyd)

die Minenarbeiten,

das Arbeiten in Kloaken (Schwefelwasserstoff),

die Herstellung von Jod und Brom.

Endlich gehören in gewissem Sinne hierher: die Thätigkeit der Caissonarbeiter und Taucher (Gefahr der Luftdruckschwankungen), die durch häufige Unfälle gefährlichen Betriebe, z. B. Dynamitfabrikation, Eisenbahndienst, Arbeiten auf Hochbauten u. s. w., Brauer, Gastwirthe, Weinhändler u. s. w. (Alkoholmissbrauch) u. A. m.

B. STATUS PRAESENS.

Die Beschwerden des Kranken.

Um alle Beschwerden des Kranken kennen zu lernen, ist es zweckmässig, methodisch nach allen Functionen zu fragen.

Wie ist das Allgemeinbefinden, die Stimmung, die Leistungsfähigkeit, das Gedächtniss (periodischer Wechsel)? Ist der Schlaf unruhig oder abnorm tief? Besteht Schwindel, Kopfschmerz, Kopfdruck? Besteht Angst, Präcordialdruck, wann, bei welchen Anlässen u. s. w.? Kommen Ohnmacht-, Krampfanfälle oder sonstige Bewusstseinsstörungen vor? Bestehen Gesichts- oder Gehörsstörungen (Ohrensausen), Geruchs-, Geschmacksstörungen?

Wenn Schmerzen bestehen, welche Theile sind schmerzhaft, welchen Charakter hat der Schmerz (stark, schwach, brennend, bohrend, stechend, ziehend, reissend, schnürend u. s. w.), besteht er immer oder nur zeitweise (etwa Nachts), tritt er in Anfällen auf, in kurzen, langen, regelmässigen, unregelmässigen, wechselt er den Ort oder ist er stetig, welche Umstände verschlimmern ihn (Bewegungen, Berührungen, Temperaturveränderungen, gemüthliche Erregungen, Verdauungsvorgänge u. s. w.)? Bestehen Parästhesien (Kriebeln, Prickeln, Kälte-, Hitze-, Schweregefühl u. s. w.), wo, wann u. s. w.? Besteht Empfindungslosigkeit, Taubheitsgefühl, wo u. s. w.? Besteht Schwäche oder Lähmung, Steifheit oder Krampf, wo, wann u. s. w.?

Bestehen Appetit- oder Verdauungstörungen (Appetitlosigkeit, vermehrter Appetit, Heisshunger, Geschmack im Munde, Uebelkeit, saures, fades Aufstossen, Sodbrennen, Erbrechen, Magendruck, Beschwerden während der Verdauung, Verstopfung, Durchfall, vermehrter Stuhlgang)? Besteht Herzklopfen, Schlagen der Adern, Kurzathmigkeit?

Bestehen Störungen des Wasserlassens (Pressen, Nachträufeln, Harndrang, tropfenweiser, stossweiser Abgang beim Husten, Lachen, Springen, nächtliches Bettnässen u. s. w.)?

Bestehen Störungen der geschlechtlichen Thätigkeit (vermehrte Pollutionen, nur bei Nacht oder am Tage, beim Stuhlgang, bei Berührung eines Weibes, mit oder ohne Steifigkeit, mit oder ohne Wollust, mit nachfolgender Mattigkeit, Kopf-, Rückenschmerzen; starker, schwacher, fehlender Geschlechtstrieb, abnorme Richtung desselben, gegen Männer, Kinder, Ekel vor Weibern; mangelhafte Potenz, Fehlen der Erection, vorzeitige Erschlaffung, vorzeitige Ejaculation, Mangel der Wollust, nachfolgende Beschwerden, Fähigkeit der Wiederholung)? Ist die Menstruation unregelmässig, schmerzhaft, zu reichlich, bestehen während derselben sensorische oder vasomotorische Störungen?

Selbstverständlich sind hier, wie bei der Anamnese, nur die Hauptfragen angedeutet, je nach der Art des Leidens wird das Ausfragen mehr oder weniger vollständig sein müssen, bald nach dieser, bald nach jener Richtung hin sich zu vertiefen haben.

ERSTES HAUPTSTÜCK.

Untersuchung des seelischen Zustandes.

Unter der Bezeichnung Seele und verwandten Ausdrücken fassen wir die nur der Selbstbeobachtung zugänglichen Veränderungen zusammen. Wir schliessen auf sie und ihre Beschaffenheit bei Anderen nach der Körperform, besonders der Beschaffenheit des Kopfes. und dem Gesichtsausdrucke, aus Handlungen und deren Folgen, aus Inhalt und Form der Ausdrucksbewegungen im engeren Sinne (Mimik. Sprechen, Schreiben), Aus verschiedenen Gründen finden die Empfindungen eine gesonderte Besprechung, unter seelischen Thätigkeiten im eigentlichen Sinne verstehen wir Erkennen und Wollen.

Die Untersuchung des Kopfes und die sogenannten Degenerationzeichen werden weiter unter besprochen.

Der Gesichtsausdruck kann bei abnormen seelischen Zuständen unverändert sein, oft aber unterstützt die Beobachtung desselben. sowie der Körperhaltung die Untersuchung und bei gröberen Störungen genügt dem Geübten oft ein Blick auf den Kranken. um die Diagnose zu machen. Der Ausdruck des Gesichtes hängt ab von der Spannung der Gesichtsmuskeln, der Beschaffenheit der Gesichtshaut, der Feuchtigkeit des Auges u. s. w. Unwillkürlich pflegen wir aus den Veränderungen dieser Factoren auf solche psychischer Zustände zu schliessen. Es ist nicht möglich, hier ausführliche physiognomische Darlegungen zu geben, nur an einige Punkte sei erinnert. Besonders charakteristisch ist das Verhalten des Auges. Enge der Lidspalte, Zurücksinken des Bulbus deuten auf Depressionzustände. Vortreten des Bulbus, Erweiterung der Lidspalte und der Pupille auf Erregungzustände. Bleibt zwischen der Cornea und dem oberen Lide ein Streifen der Sklera sichtbar, so schliessen wir auf eine intensive Erregung. Ist nur unterhalb der Cornea ein Sklerastreifen sichtbar, so handelt es sich gewöhnlich um Muskelschlaffheit, wie sie bei Zuständen der Erschöpfung und bei Schwachsinn sich an den Gesichtsmuskeln zeigt. Der feuchte Glanz, das „Schwimmen" des Auges lässt oft ohne Weiteres die sexuelle Erregung erkennen. Die Unstätigkeit des Blickes deutet auf seelische Unruhe, Personen mit reizbarer Schwäche des Nervensystems pflegen dem Arzte nicht ruhig ins Auge sehen zu können. Starrheit des Blickes finden wir bei denjenigen, deren Seele ganz von einem Gegenstande in Anspruch genommen ist, so bei den Geängstigten, Verzweifelnden.

Mit dem traurigen Gesichtsausdrucke stimmt zusammen die gedrückte, zusammengesunkene Haltung des Melancholischen, mit der mimischen Erregtheit die Unruhe der Glieder bei dem aufgeregten Kranken. Der sich Ueberhebende drückt seinen Wahn mit Grandezza in Miene und Haltung aus. Der Hallucinirende sieht aufmerksam nach einer Richtung, seine ganze Haltung ist die eines Horchenden u. s. w.

Mit der Haltung' im engsten Zusammenhange steht die Bewegungsweise. Besonders der Gang ist zu beachten, bald ist er schleppend, bald stürmisch und stampfend, bald trippelnd, bald tölpisch tappend, bald rasch und unsicher, bald gespreizt wie Pfauentritt.

Ferner deuten zuweilen Umgebung und Kleidung auf gewisse seelische Veränderungen, Unordnung oder Pedanterie, Neigung zu Tand und Flitterwerk, Neigung zur Kleidung des anderen Geschlechts sind nicht selten charakteristisch. Es kann daher von Werth sein, den Kranken in seinen gewohnten Lebensverhältnissen zu beobachten.

Die wichtigsten Aufschlüsse gewährt das Gespräch mit dem Kranken. In der natürlichsten Weise bietet die Anamnese Gelegenheit zur Beurtheilung des psychischen Zustandes. Auch bei solchen, die körperlich nicht krank sind, geht die Prüfung zweckmässig von dem körperlichen Befinden aus. In anderen Fällen können der Beruf, die früheren Erlebnisse des Kranken, die Angelegenheiten des Tages zum Ausgangspunkte dienen. Der Kranke soll nicht merken, dass er psychisch untersucht wird. Der Arzt darf daher nicht wie ein Inquisitor auftreten, er muss vor Allem das Zutrauen des Kranken zu gewinnen suchen, muss daher Interesse am Gegenstande des Gespräches zeigen, muss den Erlebnissen des Kranken freundliche Theilnahme entgegenbringen, ohne doch zuviel Wissbegier zu verrathen. Sodann gilt es, das Gespräch so zu führen, dass möglichst viele Tasten auf der seelischen Claviatur angeschlagen werden. Die familiären, gesellschaftlichen, politischen, religiösen Beziehungen des Kranken müssen berührt werden, dabei werden die Stimmung des Kranken und der Grad seiner Reizbarkeit, seine intellectuelle und

moralische Urtheilsfähigkeit wenigstens in groben Zügen kenntlich
werden. Die Erörterung vergangener Dinge, die auch dem Arzte
bekannt sind, lässt den Zustand des Gedächtnisses erkennen. Aus
der Auffassung des Zukünftigen werden sich die Pläne und Bestre-
bungen des Kranken weiterhin ergeben. Während der Arzt, indem
er alle Beziehungen des Kranken ins Gespräch zieht, ein Bild von
dessen Persönlichkeit gewinnt, gelingt es meist auch, den wunden
Punkt, den Wahn, sofern ein solcher vorhanden, zu entdecken. Sobald der Gegenstand des Wahnes berührt wird, geräth in der Regel
der Kranke, der denselben bisher verheimlicht hat, in Erregung und
ist nicht mehr im Stande, seine Ideen zurückzuhalten.

Ueber die Frage, ob der Kranke besonnen ist, seine Umgebung
erkennt, das zu ihm Gesprochene versteht, geben schon die ersten
Fragen Aufschluss. Ueber den Grad einer etwaigen psychischen
Schwäche kann man sich durch vielfältige einfache Proben Aufschluss
zu verschaffen suchen. Das Aufgeben leichterer Begriffscombinationen
nach Art der Kinderräthsel, verschiedener Arten von Rechnungen
ist in Gebrauch. Die Fähigkeit, mündliche, schriftliche, mimische,
bildliche Darstellungen zu verstehen, wird durch Aufforderung zu
bestimmten Aeusserungen mittelst der Rede oder Geberde, durch
Vorlegen von Buchstaben, einzelnen Wörtern, Sätzen, die gelesen
werden müssen, durch Vorlegen von Bildern, die erklärt werden
müssen, geprüft.

Das Gedächtniss muss nach verschiedenen Richtungen hin untersucht werden, ob die Erinnerungen aus ferner Vergangenheit, aus
den letzten Wochen und Monaten, aus der jüngsten Vergangenheit
gut erhalten sind. Um die gegenwärtige Erinnerungsfähigkeit zu prüfen, kann man mehrstellige Zahlen oder Zahlenreihen, Sätze oder
sinnlose Lautreihen vom Kranken nachsprechen lassen. Ausser dem Inhalte des Gespräches ist die Sprechweise zu beachten, ob laut
oder leise, stockend oder fliessend, unbeholfen oder gewandt, mit oder
ohne Betonung gesprochen wird, ob Stottern, Lallen, Silbenstolpern,
echoartige Wiederholungen vorkommen u. s. w.

Auch empfiehlt es sich, den Kranken laut vorlesen zu lassen,
da sich dabei zuweilen Störungen verrathen, die im Gespräche nicht
bemerkt werden.

Von Werth ist die Prüfung der von dem Kranken gelieferten
Schriftstücke. Zu beachten sind der Inhalt, der Stil und die Handschrift. Die Kranken lassen sich zuweilen beim Schreiben, wo sie
sich unbeachtet glauben, mehr gehen als im Gespräche. Solche, die
allen Fragen mit Stillschweigen antworten, ergehen sich schriftlich

2*

oft in ihren Wahnvorstellungen. Manche, die ganz verständig reden, schreiben lauter dummes Zeug. Der Stil gibt ein Bild sowohl des Bildungsgrades als der Stimmung. „Da das Schreiben überhaupt grössere Klarheit der Gedanken erfordert als das Sprechen, so ist die Schrift ein besonders feines Reagens für psychische Schwächezustände" (Güntz). Der Deprimirte schreibt in kurzen, unschönen Sätzen, seiner Diction fehlen die Geläufigkeit und der Schwung. Der Erregte schreibt einen überladenen Stil, er kann die Fülle der Gedanken nicht bewältigen und mit der Feder dem Laufe der Vorstellungen nicht folgen, seine Perioden verlaufen sich, Worte und Sätze werden ausgelassen. Die Handschrift kann steif oder flüchtig, zitternd oder atactisch sein, zuweilen ist sie verschnörkelt, mit seltsamen Verzierungen versehen. (Weiteres über Sprache und Schrift siehe im nächsten Abschnitt.)

Die Untersuchung der seelischen Thätigkeiten hat zunächst festzustellen, ob überhaupt krankhafte Störungen derselben bestehen. Die Entscheidung kann in zwei Fällen schwierig sein, nämlich da, wo die Störungen so gering sind, dass sie möglicher Weise noch in die Breite des Normalen fallen, und da, wo möglicher Weise psychische Störungen von einem Gesunden vorgetäuscht werden.

Die Grenze zwischen krankhafter Seelenthätigkeit einerseits und Dummheit, Sonderbarkeit, Bosheit andererseits existirt in Wirklichkeit nicht. Es ist daher willkürlich und nur Sache des Uebereinkommens, wenn sie da oder dort gezogen wird. Gewöhnlich spricht man dann von Krankheit, wenn die seelischen Abnormitäten die Stellung ihres Besitzers in der Gesellschaft schwierig oder unmöglich machen. Leichter wird die Entscheidung, wenn es sich nicht um angeborene abnorme Zustände, sondern um Veränderungen der Person handelt. Gegebenen Falles wird man folgende Umstände für die krankhafte Natur der Störung in Anschlag bringen: neuropathische Belastung, Nachweis früherer psychischer Gesundheit, Nachweis pathologischer Ursachen der Störung (körperliche Krankheit, Verletzung u. s. w.), Aehnlichkeit der vorhandenen Störung mit einem allgemein anerkannten Bilde psychischer Krankheit, Nachweis anderweiter Krankheitserscheinungen (Degenerationzeichen, Störungen der Empfindlichkeit, Beweglichkeit u. s. w.). Immer dürfte es rathsam sein, recht vorsichtig zu urtheilen. Nur eine sorgfältige Anamnese und genügend lange eingehende Beobachtung vermögen den Beobachter, auch den geübten Beobachter, vor Irrthümern zu schützen. Dies gilt auch für den Fall, wenn sich die Frage erhebt, ob eine psychische Störung echt oder simulirt sei. Die Entscheidung wird meist davon abhängen, ob die Erscheinungen dauernd dieselben wie bei wirklicher Krankheit sind, ob das Bild dem irgend einer bekannten Krankheitsform vollständig gleicht. Die Schwierigkeit, dauernd die Maske einer psychischen Krankheit zu tragen, ein Krankheitsbild in allen Zügen nachzuahmen und trotz aller Prüfungen nicht aus der Rolle zu fallen, ist überaus gross. Es pflegt daher, wenn die Beobachtungzeit nicht zu kurz ist, die Entlarvung des Simulanten fast immer zu gelingen. Doch ist mit dem Nachweise der Simulation der der psychischen Gesundheit nicht gegeben. Vielmehr zeigt die Erfahrung, dass Simulation häufiger von psychisch Gestörten als von Gesunden geübt wird. Die meisten Irrenärzte nehmen an, dass reine Simulation sehr selten sei. Ist daher der Untersucher seiner Sache nicht vollständig sicher, so möge er sich, wenn er keine psychische Störung findet, damit begnügen, dies zu bekunden, nicht aber versichern, der Untersuchte sei psychisch gesund.

Auf die Unterscheidung der psychischen Störungen des Genaueren einzugehen, ist an dieser Stelle nicht gerathen. Der Rathsuchende sei hiermit auf die Lehrbücher der Psychiatrie (besonders Schüle, Klinische Psychiatrie. Leipzig, F. C. W. Vogel 1886; Krafft-Ebing, Lehrb. d. Psychiatrie. 5. Aufl. 1893; Kraepelin, Lehrbuch d. Psychiatrie. 4. Aufl. 1893) verwiesen.

Zunächst soll hier eine kurze Uebersicht über die am häufigsten für psychische Störungen gebrauchten Termini gegeben werden. Von Aufhebung des Bewusstseins muss man dann sprechen, wenn zu vermuthen ist, dass überhaupt keine psychischen Processe vor sich gehen. Da das Fehlen der psychischen Vorgänge jedoch nicht zu beweisen ist, nimmt man auch da Bewusstlosigkeit an, wo keine Beziehungen des Bewusstseins zur Aussenwelt nachweisbar sind. Die Zwischenstufen zwischen Bewusstlosigkeit und Klarheit des Bewusstseins, d. h. ungestörter Wahrnehmungsfähigkeit, bezeichnet man als Trübungen des Bewusstseins (Dämmerzustände). Bewusstlosigkeit und Bewusstseinstrübungen nennt man wohl auch Störungen des Sensorium. Das Paradigma dieser Störungen ist der Schlaf. Einen Schlaf, aus dem man den Kranken auf keine Weise erwecken kann, nennt man Koma (Karus, Lethargus). Gelingt es nur durch starke Reize, den Kranken vorübergehend zu erwecken, so spricht man von Sopor, dessen leichtere Form die Somnolenz, die krankhafte Schläfrigkeit, ist.

Jactation nennt man das Sichhin- und Herwerfen, die Unruhe der Glieder eines soporösen Kranken. Sie deutet gewöhnlich auf Angst. Einen stärkeren Grad von Trübung des Bewusstseins im wachen Zustande, von Benommenheit, nennt man Stupor. Insbesondere spricht man dann von Stupor, wenn die Beziehungen zur Aussenwelt dadurch gehemmt sind, dass krankhafte Vorstellungen und Stimmungen das Innere ganz erfüllen. Sind die die Wahrnehmung und Bewegung hemmenden Erregungen melancholischer Art, so entsteht die Melancholia cum stupore s. attonita, sind aber die Wahngebilde erfreulicher Art, so entsteht die Ekstase. Geben bei Kranken trotz mehr oder weniger tiefer Bewusstseinsstörung Reden und Handlungen von Wahnvorstellungen Kunde, so haben wir es mit Delirien zu thun, die im gesunden Leben ihr Analogon durch die Reden und Handlungen Träumender finden. Dementsprechend nehmen eine Mittelstellung zwischen normalen und krankhaften Zuständen ein das Schlafwandeln oder Somnambulismus und die Hypnose, bei denen es sich um durch bestimmte Reize hervorgerufene Bewusstseinstrübungen mit Delirien handelt, die Wahrnehmungsfähigkeit theils aufgehoben, theils irregeführt ist. Neben dem Schlafwandeln ist die Schlaftrunkenheit zu erwähnen, d. h. der Dämmerzustand, der zwischen tiefem Schlafe und Erwachen sich einschieben kann. Von mussitirenden Delirien spricht man, wenn soporöse Kranke vor sich hin murmeln. Je nach der Ursache nennt man Dämmerzustände, Stupor, Delirien epileptisch, hysterisch, alkoholisch u. s. w.

Unter Schwindel versteht man zweierlei, nämlich einmal eine vorübergehende Bewusstseinstrübung („Schwarzwerden vor den Augen", Ohnmachtanwandlung, étourdissement), und zum andern eine Sinnestäuschung, als ob entweder der ruhende Körper sich bewegte, oder die ruhende Umgebung sich um den Patienten bewegte. Handelt es sich um drehende Bewegungen, so spricht man von Drehschwindel.

Gefälschte Wahrnehmungen nennt man Sinnestäuschungen. Handelt es sich um Wahrnehmungen wirklicher Dinge, die verunstaltet zum Bewusstsein kommen, so spricht man von Illusionen, handelt es sich um Wahrnehmungen, denen kein Object entspricht, die durch nicht adäquate Reize der der Wahrnehmung dienenden Theile des Nervensystems hervorgerufen werden, von Hallucinationen. Wenn z. B. Jemand einen vorüberhuschenden Schatten für ein Thier hält, oder im Rauschen der Bäume klagende, spottende Stimmen hört, hat er Illusionen, wenn er in stiller Nacht Schimpfrufe vernimmt, im leeren Zimmer Gestalten erblickt, hallucinirt er.

Gesichtshallucinationen heissen auch Visionen, besonders bei Ekstatischen.

Verminderte psychische Leistungsfähigkeit wird in geringerem Grade als Schwachsinn, in höherem als Blödsinn bezeichnet. Lücken in der Erinnerung, die meist auf vergangene Bewusstseinsstörungen zu beziehen sind, nennt man amnestische Defecte oder Amnesie. Vorstellungen, die sich gegen den Willen des Vorstellenden in das Bewusstsein drängen und von diesem peinlich als Eindringlinge empfunden werden, sind Zwangsvorstellungen. Wenn sich z. B. einem Kassirer nach jeder Rechnung der Gedanke aufdrängt, er habe sich verzählt, obwohl der Mann überzeugt ist, dass er richtig gerechnet habe, so nennt man dies eine Zwangsvorstellung. Irrthümer der Kranken, die trotz Widerlegung festgehalten werden, sind Wahnideen. Bei ihnen handelt es sich theils um Erklärungsversuche oder Allegorien krankhafter Zustände (z. B. der an neuralgischen Schmerzen Leidende behauptet, seine Feinde elektrisirten ihn), theils um Sinnestäuschungen und daran geknüpfte Urtheile, (z. B. der an Geruchshallucinationen Leidende glaubt unter Leichen zu sein), theils um Phantasievorstellungen ohne ersichtliche andere Veranlassung als die cerebrale Erkrankung überhaupt. Eine dauernd festgehaltene Wahnidee wird fix genannt.

Krankhafte Zu- und Abneigungen gegen bestimmte Dinge oder Personen bezeichnet man als Idiosynkrasien. Zu den krankhaften Trieben zählen die abnormen Nahrungsbedürfnisse (Heisshunger = Bulimie), Geschlechtsbedürfnisse (Satyriasis, Nymphomanie, conträre, d. h. auf das eigene Geschlecht gerichtete, Sexualempfindung und dergl.), die früher als Monomanien bezeichneten Triebe (Kleptomanie, Pyromanie, Dipsomanie u. s. w.). Ferner sind hier zu nennen die impulsiven oder Zwangshandlungen, die unmotivirt und oft gegen den Willen des Kranken eintreten.

———

Findet man Aufhebung oder Trübung des Bewusstseins, so wird zunächst zu entscheiden sein, ob es sich um eine primäre Erkrankung des Gehirns oder um eine secundäre, eine Folge von allgemeiner Krankheit handelt.

Bewusstseinsstörungen, die bei erschöpfenden Krankheiten, bei Hunger, Erfrierung u. s. w. das Erlöschen des Lebens, den Tod einleiten, werden zu Verwechselungen kaum Anlass bieten.

Eher können diejenigen, die in Folge von Intoxicationen auftreten, eine örtliche Gehirnkrankheit vortäuschen. Es kommen hier zunächst in Betracht die fieberhaften Krankheiten, bei denen,

sei es in Folge der Temperatursteigerung, sei es durch directe Giftwirkung. Benommenheit. Sopor, Delirien bekanntlich oft genug sich
zeigen. Eine genaue körperliche Untersuchung, besonders die Beobachtung der Körpertemperatur, wird meist zur Diagnose führen.
Am häufigsten werden das Initialstadium des Typhus und die
croupöse Pneumonie mit Meningitis oder mit Geisteskrankheit
verwechselt. Beim Typhus müssen die Kopfschmerzen und die körperliche Schwäche, auch wenn das Fieber noch fehlt, vor der Annahme einer Psychose warnen. Ferner sind zu nennen das urämische Koma (Oedeme, Cyanose, gespannter Puls, hypertrophisches
Herz, Retinitis albuminurica, eiweisshaltiger Urin mit Cylindern), das
diabetische Koma (Obstgeruch aus dem Munde, zuckerhaltiger
Urin), das carcinomatöse Koma (Nachweis des Carcinoms). Bei
Vergiftungen im engeren Sinne muss theils die Anamnese auf
den rechten Weg führen, theils dienen einzelne Symptome als Wegweiser, z. B. der Geruch des Athems bei Alkoholvergiftung, die intensive Myosis bei Morphiumvergiftung u. s. w. In manchen Fällen
wird nur der Nachweis des Giftes entscheiden, z. B. wenn bei Koma mit
Myosis die Diagnose zwischen Morphiumvergiftung und acuter Pons-
läsion schwankt. Das Delirium tremens potatorum ist meist
durch das Zittern, den Wechsel zwischen heiterer Stimmung und Angst,
die vollständige Schlaflosigkeit und die Ruhelosigkeit bei starker Benommenheit, die eigenthümlichen Sinnestäuschungen (zahlreiche kleine
Thiere u. s. w.) hinreichend charakterisirt. Doch kommen auch bei Meningitis und bei fieberhaften Allgemeinkrankheiten recht ähnliche Zustände vor, die sorgsame körperliche Untersuchung und die Beobachtung der Temperatur sind daher nicht zu vernachlässigen.

Sind die genannten Fälle auszuschliessen, so kann entweder eine
Functionstörung der Hirnrinde in Folge einer Psychose oder eine
organische Gehirnaffection vorliegen.

Für epileptische Bewusstseinsstörung sind die voraus-
gegangenen epileptischen Krämpfe, der Zungenbiss, der unfreiwillige
Abgang von Urin charakteristisch, sobald es sich um sogenannte
postepileptische Erscheinungen handelt. Treten die epileptischen
Delirien oder das Koma selbständig, an Stelle von Krampfanfällen
auf und fehlen die genannten Zeichen, so ist man auf längere Beobachtung und die Anamnese angewiesen. Der geübte Beobachter
kann zuweilen das epileptische Delirium aus dem Vorwiegen schreck-
hafter Hallucinationen, die die heftigste Angst der Kranken erregen,
diese zu Handlungen der Verzweiflung (Selbstmord, Mord) zwingen,
erkennen, den epileptischen Stupor aus der Verbindung tiefer

Benommenheit mit läppischen Handlungen und Neigung zum Umherlaufen.

Die hysterischen Bewusstseinsstörungen sind den epileptischen äusserlich vielfach ähnlich, das Vorhandensein hysterischer Krämpfe und anderer hysterischer Symptome (Hemianästhesie, Ovarie u. s. w.) wird meist über die Natur der Störung aufklären. Doch darf man auch hier nicht vergessen, dass das Vorhandensein hysterischer Symptome anderweitige Störungen nicht ausschliesst, dass auch Hysterische epileptische Anfälle u. s. w. bekommen können.

Bei genauerer Beobachtung ergiebt sich überdem, dass der hysterische Geisteszustand ein ganz eigenthümlicher ist. Es handelt sich bei ihm nicht um eine einfache Einschränkung des Bewusstseins, wie wir sie wahrscheinlich beim Epileptischen und in anderen Fällen anzunehmen haben, sondern die Einschränkung ist nur scheinbar, weil deutliche Zeichen darauf hinweisen, dass nicht die Wahrnehmung überhaupt, sondern nur ihre bewusste Verknüpfung mit den schon vorhandenen Vorstellungen und ihre willkürliche Reproduction unausführbar sind. Man spricht gewöhnlich von einer Spaltung des Bewusstseins und man kann sich die Sache bildlich so vorstellen, als ob ein Schirm das geistige Auge des Kranken hinderte, einen Theil seines Besitzes an Vorstellungen zu sehen. Ein Hysterischer z. B., der im Somnambulismus von vielen vorhandenen Personen nur Eine wahrnimmt, weicht doch beim Gehen einer jeden aus. Die Spaltung des Bewusstseins liegt nicht nur den offenbaren Bewusstseinsstörungen der Hysterischen und allen hypnotischen Erscheinungen zu Grunde, sondern auch der Amnesie, der Anästhesie, der Lähmung bei Hysterie, worauf später zurückzukommen ist.

Bei Gehirnkrankheiten im engeren Sinne sind Bewusstseinsstörungen theils in der Form des apoplektischen Anfalles, theils als allmählich entstanden und subacut oder chronisch verlaufend zu beobachten.

Der apoplektische Anfall tritt ein, wenn durch plötzliche Läsion die Gehirnfunctionen gehemmt werden. Er begleitet daher am häufigsten die Hirnblutung und den Gefässverschluss (Embolie und Thrombose) im Gehirn. Bei dem eigentlichen Schlaganfalle stürzt der Kranke, gewöhnlich nachdem kürzere oder längere Zeit Schwindel, Kopfdruck, Augenflimmern u. s. w. bestanden hatten, „wie vom Schlage getroffen" zu Boden. Die Bewusstlosigkeit kann verschieden lange dauern, von wenigen Minuten bis zu mehreren Tagen. Sie kann direct in den Tod überführen oder nach einem Stadium der Benommenheit dem wiederkehrenden Bewusstsein weichen. Meist ist von vornherein die Lähmung einer Körperhälfte erkennbar. Die Form und die Schwere des Anfalles hängen von der Geschwindigkeit, mit der die Läsion sich entwickelt, und von ihrer Grösse ab. Kleine Blutungen z. B. brauchen nur vorübergehenden Schwindel, eine leichte Ohnmacht zu verursachen, erfolgt die Blutung aber unter starkem Drucke, ist in Folge dessen die traumatische Wirkung auf das Gehirn gross, so wird doch ein heftiger Schlaganfall entstehen. Tritt die Blutung unter geringem Drucke ein, sickert sozusagen das Blut aus, so kann der Insult ganz fehlen, die Hemiplegie ohne ihn eintreten, oder, wenn es sich um eine grosse Blutung handelt, kann das Bewusstsein sich langsam trüben, die Benommenheit erst allmählich zu Sopor und dann zu Koma werden. Im letzteren Falle spricht man auch von einem langsamen Insult.

Auf den Ort der Läsion kann man nur selten aus der Art des Insultes schliessen. Enge der Pupillen deutet auf die Gegend der Brücke. Rasch eintretende Störungen der Athmung und der Herzthätigkeit werden für Betheiligung der Oblongata sprechen. Das Gleiche gilt vom Auftreten von Eiweiss oder Zucker im Urin. Starre der Glieder im Anfall wird gewöhnlich auf Durchbruch der Blutung (beziehungsweise des Eiters bei Hirnabscessen) in die Seitenventrikel bezogen. Epileptiforme Krämpfe entsprechen einer Reizung der Hirnrinde. diese hängt aber weniger vom Orte der Läsion als von der Grösse des Reizes, den der Eintritt der Läsion bewirkt, ab. Besteht Hemiplegie. so ist natürlich die Läsion in der gegenüberliegenden Hirnhälfte zu suchen. Ein ziemlich häufiges Symptom im Anfall ist die Déviation conjuguée, die Ablenkung des Kopfes und der Augen nach einer Seite. Die Läsion befindet sich in der Hirnhälfte. nach der der Kranke blickt (le malade regarde sa lésion), nur bei halbseitigen Krämpfen ist der Blick von der kranken Hemisphäre abgewandt (le malade regarde ses membres convulsées, Prevost).

Die Art der Läsion ist nicht immer zu diagnosticiren. insbesondere ist die Unterscheidung zwischen Hämorrhagie und Gefässverschluss oft unmöglich. Ein schwerer Insult, an den sich lange dauerndes Koma anschliesst. deutet auf Blutung. Der Insult fehlt bei letzterer nur, wenn sie sehr klein ist. Tritt complete Hemiplegie ohne Insult ein. so kann es sich nicht um eine Blutung handeln. Langsamer Insult entsteht meist, wenn auch nicht immer. durch allmählich zunehmende Blutung.

Vorläufersymptome fehlen natürlich bei Embolie ganz, bei Blutung fast immer. Dagegen sind sie oft bei Thrombose vorhanden. Aus ihrem Fehlen ist nicht viel zu schliessen. Ihre Gegenwart aber (längerer heftiger Kopfschmerz, halbseitige Parästhesien) lässt auf Gefässverschluss durch atheromatöse (bez. syphilitische) Gefässerkrankung schliessen. Relativ leicht ist die Diagnose bei jüngeren Leuten. Hier sind Hämorrhagien eine grosse Seltenheit; besteht keine Herzkrankheit, keine sonstige Quelle für Emboli (z. B. puerperale Thrombose), so ist zuerst an eine syphilitische Gefässerkrankung zu denken. Die meisten Apoplexien bei jüngeren Leuten beruhen auf Syphilis. Schwieriger ist die Diagnose im höheren Alter, da hier die früheren Ursachen fortwirken, die Athermatose aber hinzutritt. Man giebt gewöhnlich an, dass Röthung oder Gedunsensein des Gesichtes, Klopfen der Carotiden, gespannter, voller, etwas verlangsamter Puls für Blutung sprechen, Blässe des Gesichtes, Schwäche des Pulses und der Athmung für Thrombose. Nicht unwichtig ist der Ort des Herdes. Blutungen kommen am häufigsten im Gebiete der Grosshirnganglien vor. Herde in der Hirnrinde entstehen fast nur durch Gefässverschluss. Blutungen in der Brückengegend sind fast immer tödtlich. Herde der Brücke und der Oblongata, die nicht rasch tödten, entstehen daher gewöhnlich durch Erweichung. Die Art. basilaris erkrankt besonders oft durch Syphilis.

Auch Tumoren des Gehirns können apoplektische Anfälle verursachen. Man wird einen Tumor annehmen, wenn sich deutliche Stauungspapille findet und anderweite Symptome von Hirndruck, heftiger Kopfschmerz, Pulsverlangsamung, vorausgegangen waren.

Auch Hirnabscesse, die bis dahin latent geblieben waren, können, wenn sie in einen Ventrikel durchbrechen, einen Insult bewirken.

Endlich kommen bei Kindern unter Fieber eintretende Insulte, gewöhnlich mit Krämpfen und nachbleibender Hemiplegie, die vielleicht auf eine entzündliche Erkrankung bestimmter Hirntheile zu beziehen sind (Encephalitis acuta), vor.

Abgesehen von den eigentlichen Herdläsionen des Gehirns spielen apoplektische Anfälle eine Rolle bei der multiplen Sklerose und der progressiven Paralyse. Oft rasch vorübergehend und ohne Folgen, oft für einige Zeit halbseitige Lähmung oder Aphasie hinterlassend, zeigen sie sich im Verlaufe beider Krankheiten. Besonders bei der progressiven Paralyse sind die Schlaganfälle nebst den etwas selteneren epileptischen Anfällen von Bedeutung, die „paralytischen Anfälle" kennzeichnen nicht selten die Stationen des Krankheitsverlaufes, denn nach jedem Anfalle pflegt der Kranke auf eine tiefere Stufe des intellectuellen Verfalles zu sinken. Auch bei Tabes sind die paralytischen Anfälle ebenso wie andere Symptome der Paralyse beobachtet worden.

Ob die Anfälle, die während der senilen Gehirnatrophie vorkommen, den paralytischen gleichzustellen sind, steht dahin. In vielen Fällen entsprechen sie wohl wirklichen kleineren Blutungen oder Thrombosen.

Eine mehr allmählich eintretende Trübung des Bewusstseins findet man bei der Meningitis; im Verlaufe einiger Tage werden die Kranken benommen, Delirien treten auf, Sopor, gewöhnlich mit Jactation, später Koma schliessen sich an. Die Bewusstseinsstörungen bei der Meningitis haben an sich nichts Charakteristisches. Da sie ein schweres fieberhaftes Allgemeinleiden begleiten, kann von Gehirnkrankheiten neben der Meningitis in der Hauptsache nur der Hirnabscess, an den jene sich nicht selten anschliesst. sobald er die Rinde erreicht, in Frage kommen. Der langsamere Verlauf beim Abscess, die Constanz der Herdsymptome. die auf eine umschriebene Krankheit hindeuten, werden in der Regel beide Affectionen unterscheiden lassen. Zwischen Meningitis und acutem Abscess kann die Unterscheidung zuweilen nicht gemacht werden. Häufiger kommen Fälle vor, wo die Diagnose zwischen Meningitis und Typhus oder Septhämie, beziehungsweise Pyämie, oder croupöser Pneumonie schwankt. Fehlt die Stauungspapille, fehlen deutliche Hirnnerven-, besonders Augenmuskellähmungen, so kann diese Differentialdiagnose zu den schwierigsten Aufgaben des Klinikers gehören. Berücksichtigung der ätiologischen Momente, der Temperaturcurve, der positiven Typhussymptome (stärkere Milzschwellung, Roseola. Typhusstühle u. s. w.) sind das Wichtigste. Näher auf diese Dinge einzugehen. ist hier nicht der Ort.

Chronische Bewusstseinsstörungen, allmählich zunehmende Benommenheit mit oder ohne Delirien, kommen am ehesten bei Hirntumoren und bei Abscessen vor. Die Symptome eines raumbeschränkenden Processes im Schädel (Stauungspapille, heftiger Kopfschmerz, Pulsverlangsamung) und die, wenigstens in der Regel vorhandenen, Herdsymptome leiten zur Diagnose. Die psychischen Erscheinungen können natürlich beim Tumor und beim Abscess dieselben sein, nur das fieberhafte Leiden im letzteren Falle giebt ein ziemlich sicheres Unterscheidungsmerkmal. Der sehr seltene chronische idiopathische Hydrocephalus der Erwachsenen wird sich kaum von den genannten Leiden unterscheiden lassen.

Schwindel ist im Allgemeinen ein vieldeutiges Symptom. Der Schwindel im engeren Sinne, d. h. subjective Gleichgewichtsstörung. kommt vor bei Augenmuskellähmungen, er verschwindet dann bei Verschluss eines Auges und macht keine dia-

gnostischen Schwierigkeiten. Er kommt in sehr intensiver Weise
vor bei Ohrenkrankheiten, ist hier meist mit subjectiven Gehörs-
empfindungen, zuweilen mit Erbrechen verbunden. Treten Schwindel
und Ohrensausen in Anfällen auf, so spricht man von dem Menière-
schen Symptomencomplex. Der Schwindel kommt ferner vor bei
Erkrankungen des Kleinhirns und dessen Umgebung, ist dann oft
mit cerebellarer Ataxie (s. diese), zuweilen mit Erbrechen, auch mit
heftigen Kopfschmerzen verbunden, hört in der Regel auf, sobald
der Kranke liegt. Als relativ selbständiges Symptom zeigt sich Drehschwindel im Verlaufe der multiplen Sklerose (oft sehr frühzeitig), der Tabes (hier ziemlich selten), der allgemeinen Anämie
(Chlorose, perniciöse Anämie) u. s. w. Er kommt endlich vor bei
nervösen Personen ohne organische Läsion, schliesst sich hier oft
an Störungen des Magens (Vertigo a stomacho laeso), seltener
des Darms an.

Viel häufiger als der eigentliche Schwindel sind die Ohnmacht-
anwandlungen (étourdissement, Schwarzwerden vor den Augen),
die von den Kranken mit dem Schwindel zusammengeworfen werden.
Oft ist nicht zu entscheiden, ob es sich nur um eine kurze Betäubung
oder um subjective Gleichgewichtsstörung gehandelt hat. Bei den
vorhin aufgeführten Zuständen, der Tabes, der Anämie, den sog.
functionellen Neurosen kommt beides vor, entschieden häufiger aber
als der Drehschwindel das étourdissement, das bei der Mehrzahl der
centralen Nervenkrankheiten sich zeigen kann. Treten Ohnmacht-
anwandlungen bei bis dahin gesunden Personen auf, so wird man
bei älteren Personen an die Möglichkeit eines apoplektischen
Insultes oder bei jüngeren an Epilepsie denken. Jenem gehen
nicht selten leichtere Attaquen voraus, die sich als „Schwindelanfälle"
darstellen. Bei Epileptischen können sowohl zwischen den Krampfanfällen als ohne diese kurze Bewusstseinspausen auftreten, bald als
plötzliches Einschlafen, bald als Dämmerzustände, während deren
der Kranke wie ein Automat im Sprechen und Handeln fortfährt
und die eine Lücke in der Erinnerung hinterlassen. Man bezeichnet
diese vielfach variirenden Formen als petit mal oder auch als
epileptischen Schwindel.

Den abnormen psychischen Zuständen bei intactem Bewusstsein
gegenüber ist eine wichtige Aufgabe der Diagnose die, zu entscheiden,
ob die progressive Paralyse besteht oder nicht.

Die Diagnose der progressiven Paralyse hat hauptsächlich
folgende Punkte wahrzunehmen. Die progressive Paralyse ist eine
Krankheit, die fast stets im Alter zwischen 25 und 45 Jahren be-

ginnt. Sie ist eine fortschreitende Degeneration nervöser Bestand-
theile der Hirnrinde, die sich klinisch als allmähliche Vernichtung
des seelischen Lebens darstellt. Ihr Hauptsymptom ist von vornherein die psychische Schwäche. Diejenigen geistigen Fähigkeiten,
die am spätesten entwickelt sind, werden zuerst aufgehoben. Der
erworbene Charakter, das Handeln nach Maximen geht verloren. Der
Kranke wirft die Zügel der Bildung ab, denkt und handelt kindisch,
dem sinnlichen Antriebe nachgebend. Das Interesse für Staat und
Kirche, Gemeinde und Familie ist erstorben, nur das Nächstliegende
und die eigene Person Betreffende wirkt als Motiv. Bei erhaltener
Wahrnehmungsfähigkeit und trotz eines reichen Schatzes von Vorstellungen in logischen Formen wird fehlerhaft combinirt: die Urtheils-
kraft ist mehr oder minder erloschen und die Kritiklosigkeit prägt
ihr Siegel auf alle Aeusserungen des Paralytischen. Erst weiterhin
wird die Abnahme des Gedächtnisses deutlich; häufig, aber nicht
immer, treten neben dem Schwachsinn Wahnvorstellungen auf, die
sich bald als Grössenwahn, bald als hypochondrische Ideen darstellen.
Sie bewegen sich meist in Superlativen und sind durch ihre gänzliche Absurdität sowohl, als durch ihre Unbeständigkeit charakterisirt.
Der ausgebildete paralytische Blödsinn ist kaum zu verkennen, um
so öfter bleiben seine Anfänge unerkannt, oder werden mit Nerven-
schwäche, mit sittlichen Fehlern verwechselt. Wenn ein bis dahin
normaler Mensch im mittleren Lebensalter seinen Charakter ändert,
der Fleissige faul, der Höfliche grob, der Anständige in Worten und
Werken liederlich, der Sparsame verschwenderisch wird, wenn sich
deutliche Zeichen geistiger Schwäche (Rechenfehler, Vergessen der
Termine u. s. w.) einstellen, dann muss man zuerst an progressive
Paralyse denken. Als fast pathognostische Symptome begleiten den
paralytischen Blödsinn gewöhnlich schon im ersten Anfange die paralytische Sprach-, Schreibe-, Lesestörung, von denen bald die eine,
bald die andere deutlich ist (vergl. S. 43 ff.). Ferner kommt eine Reihe
körperlicher Symptome hinzu: Zittern der Mundmuskeln beim Sprechen, der Zunge, Schwäche einer Gesichtshälfte, Ungleichheit der
Pupillen, Zittern und Ungeschicklichkeit der Hände, später Plump-
heit und Unsicherheit aller Bewegungen. Daneben können sich die
obenerwähnten paralytischen Anfälle zeigen. Bei jeder vorübergehenden Hemiplegie oder Aphasie, bei jedem epileptischen Anfalle im
reifen Alter ist an progressive Paralyse zu denken. Endlich combi-
niren sich häufig mit den Symptomen der progressiven Paralyse die
einer Rückenmarkskrankheit, gewöhnlich die der Tabes: Pupillenstarre, Augenmuskellähmungen, Verlust des Kniephänomens, reissende

Schmerzen, Ataxie u. s. w., seltener die der Degeneration der Pyramidenbahnen: Steigerung der Sehnenreflexe, spastische Parese. (Genaueres über die progressive Paralyse s. im III. Theile.)

Besteht progressive Paralyse nicht und ist, was kaum Schwierigkeiten macht, die Idiotie (beziehungsweise Cretinismus, Imbecillität) auszuschliessen, so ist „einfache Seelenstörung" anzunehmen. Auf deren Unterscheidung in Manie, Melancholie, Verrücktheit u. s. w. einzugehen, muss den Lehrbüchern der Psychiatrie überlassen bleiben.

Hier möge nur noch die Classification der Psychosen Platz finden, die für die preussische Statistik maassgebend ist.

    a) Einfache Seelenstörung.
    b) Paralytische Seelenstörung.
    c) Seelenstörung mit Epilepsie, mit Hysteroepilepsie.
    d) Idiotie, Cretinismus, angeborene Imbecillität.
    e) Delirium potatorum.

ZWEITES HAUPTSTÜCK.

Untersuchung der Sprache.

Sprache wird hier im weitesten Sinne verstanden, als gleichbedeutend mit Ausdrucksbewegungen. Man muss unterscheiden die Fähigkeit, den seelischen Veränderungen Ausdruck zu geben, die für sie gebräuchlichen Zeichen anzuwenden, von der Fähigkeit, diese Zeichen zu verstehen.

Die Sprechfähigkeit nun muss nach verschiedenen Richtungen hin geprüft werden.

Man untersucht, ob die einzelnen Laute richtig gebildet werden. Zu dem Zwecke lässt man das Alphabet hersagen und prüft, ob die einzelnen Laute gehörig verbunden werden können (Vocale mit Consonanten, Labiales mit Linguales u. s. w.). Entsprechend ist bei der Handschrift darauf zu achten, ob die Buchstaben richtig gebildet oder etwa durch Zitterbewegungen oder durch ausfahrende Striche oder sonstwie entstellt sind.

Bei den Worten kommt es darauf an, ob die Diction formal richtig ist, d. h. die Wörter correct lautirt, nach den Regeln der Grammatik gebeugt und syntactisch richtig gestellt werden, und ob sie den Gedanken des Sprechenden wirklich wiedergeben.

Die freie oder willkürliche Sprache prüft man im Gespräche (fliessendes Sprechen) und indem man den Kranken auffordert, vorgelegte Gegenstände zu benennen. Findet er die Namen nicht, so ist zu untersuchen, ob er noch die inneren Wörter besitzt, die Wörter innerlich erklingen lassen, „die Klangbilder der Wörter innerviren" kann. Dies kann dadurch geschehen, dass man den Kranken auffordert, anzugeben, wie viel Buchstaben oder Silben der Name des Gegenstandes hat, dass man z. B. sich die Hand bei jeder Silbe drücken lässt (Lichtheim). Ist der Kranke mehrsprachig, so fragt es sich, ob sich die vorhandenen Störungen in den verschiedenen Idiomen in gleicher Weise zeigen.

Weiter ist das Nachsprechen zu prüfen, ob der Kranke alle vorgesprochenen Wörter nachsprechen kann, ob er nur einzelne Wörter oder auch längere Sätze wiederholen kann. Beachtenswerth ist hier wie beim freien Sprechen der Einfluss der Association, z. B. bringt der Kranke vielleicht ein Zahlwort nicht heraus, spricht es aber ohne Anstoss, wenn die Zahlenreihe hergesagt wird.

Beim lauten Lesen ist darauf zu achten, ob es fliessend geschieht oder buchstabirend.

Auch die musikalische Ausdrucksfähigkeit kann untersucht werden, ob der Kranke eine Melodie angeben kann, ob er eine vorgesungene nachsingen kann.

Beim Schreiben hat man zu unterscheiden das freie oder willkürliche Schreiben, das Dictatschreiben und das Copiren, das Abschreiben von Vorlagen.

Ist die Hand gelähmt, so lässt man Worte aus Buchstabentäfelchen zusammensetzen. Beim Dictatschreiben hat man darauf zu achten, ob nur ganze dictirte Sätze oder einzelne vorgesprochene Wörter nicht nachgeschrieben werden können. Nur im letzteren Falle handelt es sich um eine Störung des eigentlichen Dictatschreibens. Beim Nachschreiben ganzer dictirter Sätze werden die Sätze ins Gedächtniss aufgenommen und dann frei niedergeschrieben. Unter Umständen empfiehlt es sich, auch die Schreibfähigkeit der linken Hand zu prüfen. Diese hat auch beim Gesunden die Neigung Spiegelschrift zu schreiben, d. h. Abductionschrift, die im Spiegel wie normale Schrift erscheint. Doch kann der Gesunde, wenn auch ungeschickt, mit der Linken gewöhnliche Schrift von links nach rechts schreiben.

Die Fähigkeit des bildlichen Ausdrucks kann dadurch geprüft werden, dass man den Kranken einfache Zeichnungen frei oder nach Vorbildern entwerfen lässt, die der Geberdensprache dadurch, dass man den Kranken auffordert, durch Geberden zu bejahen, zu verneinen u. s. w.

Das Sprachverständniss wird am einfachsten so untersucht, dass ohne Gesten der Kranke aufgefordert wird, dies oder das zu thun, z. B. einen seiner Körpertheile zu berühren, einen Gegenstand herbeizuholen u. s. w. Bald wird gar nichts verstanden, bald einzelne alltägliche Worte, bald einfache Fragen oder Aufträge, bald complicirtere Aufträge u. s. w. Es ist zu beachten, ob der Kranke sich bemüht das Gesprochene zu verstehen, oder ob er gar nicht darauf achtet. Selbstverständlich ist Sprachtaubheit nicht mit allgemeiner Taubheit zu verwechseln, die Unterscheidung wird kaum Schwierigkeiten machen.

Das Schriftverständniss wird durch Vorlegen kurzer schriftlicher Fragen und Aufträge geprüft. In zweifelhaften Fällen kann man nur auf diese Weise sich Aufklärung verschaffen, da manche Kranken eifrig lesen, ohne eine Spur von dem Gelesenen zu verstehen. Zu beachten ist besonders, ob der Kranke das, was er selbst schreibt oder vorliest, versteht. Wenn die Wörter nicht verstanden werden, so erkennen doch die Kranken oft noch die einzelnen Buchstaben.

Ferner ist zu untersuchen, ob Zahlen und Zahlencombinationen, ob Bilder, ob Geberden verstanden werden. Das musikalische Verständniss kann durch Vorlegen von Noten und Vorsingen bekannter Melodien (Choräle, Volkslieder) untersucht werden.

Bei all diesen Prüfungen ist es zweckmässig, immer in gleicher Weise vorzugehen, sich bestimmter Leseproben, Copirvorlagen u. s. w. zu bedienen.

Störungen der Sprache oder der Ausdrucksfähigkeit überhaupt können, soweit sie von Störungen im Nervensystem abhängen, entweder durch Lähmung, Krampf der Sprechmuskeln, beziehungsweise Läsion der den Ausdrucksbewegungen dienenden Theile des willkürlichen Bewegungsapparates, oder durch Läsionen der cerebralen Bahnen, die ausschliesslich der Sprache (im weitesten Sinne) dienen, des centralen Sprechapparates, entstehen.

Die erste Klasse von Sprachstörungen bilden Störungen der Lautbildung oder der Articulation: Alalie oder Anarthrie. Ihnen zur Seite stehen die Störungen der Buchstabenbildung, wie sie durch Lähmung, Ataxie, Zittern, Krampf der Hände verursacht werden. Die zweite Klasse bilden Störungen der Wortbildung und der Diction: Aphasie. Dieser entspricht die Agraphie. Bei der Anarthrie sind die Wortbildung und die Diction jederzeit intact, bei der Aphasie kann aber auch die Lautbildung leiden, eine Anarthria aphatica ist eine solche, bei der der willkürliche Bewegungsapparat intact ist.

Untrennbar mit der Aphasie verbunden sind die Störungen der Perception, des Wort-, beziehungsweise Zeichenverständnisses, die nicht durch Läsionen der Sinnesorgane, sondern durch Läsionen der centripetalen Bahnen des cerebralen Sprechapparates verursacht werden.

Anarthrie und Aphasie bilden (nach Kussmaul) zusammen die Lalopathien. Es können Sprachstörungen aber auch durch primäre Störungen der seelischen Thätigkeiten zu Stande kommen, solche bezeichnet Kussmaul als dyslogische oder logopathische, als Dysphrasien.

Im Folgenden werden zunächst die einzelnen Formen der Aphasie im Anschluss an die Darstellung Lichtheim's kurz besprochen. Daran schliesst sich eine Uebersicht über die dyslogischen und dysarthrischen Sprachstörungen.

Das Kind lernt sprechen, indem es, zunächst verständnisslos, die Worte der Erwachsenen nachahmt. Es prägt die Lautbilder der Worte seinem Gedächtniss ein und lernt unter Controle des Gehörs dann bestimmte Muskeln so coordiniren, wie es zum Sprechen nöthig ist. Das von Lichtheim gegebene Schema (Fig. 1) baut sich nun auf dem zum Nachsprechen erforderlichen Reflexbogen auf, der ausser dem Centrum für die Klangbilder der Worte (A) und dem Centrum für die Bewegungsbilder derselben (M) die zuführende Bahn vom Acusticus (a), die austretende motorische Sprachbahn (m)

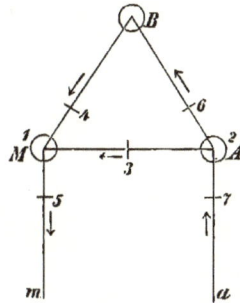

Fig. 1.

und die Verbindungsbahn zwischen A und M enthält. Werden die Worte verstanden und mit Verständniss gesprochen, so müssen A und M mit dem Centrum der Begriffe (B) verbunden sein. Lernt das Kind später lesen, so muss die Stätte, wo die Erinnerungen an

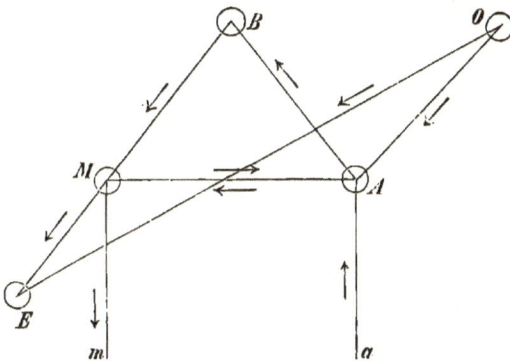

Fig. 2.

die optischen Schriftzeichen niedergelegt werden (O), mit dem Centrum der Klangbilder (A) verbunden werden (vgl. Fig. 2), versteht es das Gelesene, so wird die Bahn OAB eingeschlagen, liest es laut, so benutzt es den Weg OAMm, liest es mit Verständniss laut, den Weg OABMm. Beim Schreibenlernen endlich muss der Ort, wo die Bewegungen der Hand zum Schreiben coordinirt werden, die Inner-

vationstätte der Schreibbewegungen (E), sowohl mit O als mit A
und M verbunden werden, beim verständnisslosen Copiren geht der
Weg direct von O nach E, beim Dictatschreiben von a über A
nach E, beim freien Schreiben
längs der Bahn BME. Da
wir mit beiden Händen
schreiben können, ist E wahrscheinlich nicht nur in der
linken, sondern auch in der
rechten Hemisphäre des Gehirns vorhanden (E' in Fig. 3).

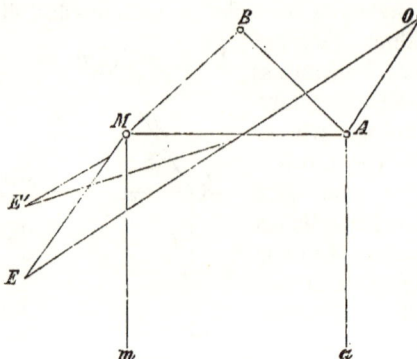

Je nachdem nun an dieser
oder jener Stelle der im
Schema dargestellten Bahnen
eine Unterbrechung eintritt,
muss sich eine besondere
Form der Aphasie ergeben
(vgl. Fig. 1).

Fig. 3.

Wird die Bahn BMm in 1, in 4 oder 5 unterbrochen, so entsteht
die eigentliche Aphasie, d. h. es besteht trotz klaren Verstandes
und guter Beweglichkeit der Zunge u. s. w. Sprachlosigkeit. Die
Kranken bewegen Lippen und Zunge, schneiden Gesichter, bringen
aber nur unbestimmte Laute hervor. Zuweilen sind dem Kranken
einige Wörter geblieben, in anderen Fällen nur ein einziges Wort, in
wieder anderen Fällen nur eine oder einige sinnlose Wortbildungen.
Diese Sprachreste bringen die Kranken bei allen Gelegenheiten an,
sie antworten auf alle Fragen mit demselben Worte oder Lautgebilde,
obwohl sie in der Regel wissen, dass dies nicht richtig ist. Gewöhnlich lernen die Kranken mit der Zeit wieder sprechen. Wie die
Kinder lernen sie es zum Theil stammelnd, so dass dann anarthrisch-
aphatische Störungen bestehen.

1. Die Unterbrechung in M giebt folgendes Symptomenbild, es
besteht Verlust:

    a) der willkürlichen Sprache,
    b) des Nachsprechens,
    c) des Lautlesens,
    d) des willkürlichen Schreibens,
    e) des Schreibens auf Dictat.

Erhalten sind:

    f) das Verständniss der Sprache,
    g) das Verständniss der Schrift,
    h) die Fähigkeit, Vorlagen abzuschreiben.

Dies ist die sogenannte Broca'sche Aphasie (motorische A., atactische A.). Die Agraphie ist meist eine absolute, die Kranken bringen nur ein Gekritzel zu Stande, zuweilen können sie einzelne Buchstaben oder ihren eigenen Namen schreiben. Auch die inneren Worte sind verloren. Von dieser Form, die Lichtheim als Kernaphasie bezeichnet, sind nur in Nebenpunkten verschieden die beiden Formen, welche durch Unterbrechung in 4 oder 5 entstehen. Auch diese, die Lichtheim centrale und peripherische Leitungs-aphasie nennt, rechnet man gewöhnlich zur Broca'schen oder moto-rischen Aphasie.

Fig. 4.

Schreibversuche eines Agraphischen.

2. Die Unterbrechung von BM nämlich bewirkt:
Verlust:

    a) der willkürlichen Sprache,
    b) der willkürlichen Schrift.

Erhalten sind:

    c) das Verständniss der Sprache,
    d) das Verständniss der Schrift,
    e) die Fähigkeit zu copiren,
    f) das Nachsprechen,
    g) das Dictatschreiben,
    h) das Lautlesen.

Da die Kranken die Worte nicht finden, wohl aber sie nachsprechen können, wird von Manchen diese Form auch als amnestische
Aphasie bezeichnet. ·

3. Durch Unterbrechung von Mm (in 5) gehen verloren:
   a) die willkürliche Sprache,
   b) das Nachsprechen,
   c) das Lautlesen.

Erhalten sind:
   d) das Verständniss der Sprache,
   e) das Verständniss der Schrift,
   f) die Fähigkeit zu copiren,
   g) das willkürliche Schreiben,
   h) das Dictatschreiben.

Hier also besteht Aphasie ohne Agraphie. Die Kranken erinnern
sich der Worte, sie vermögen sie in sich erklingen zu lassen, sind
aber unfähig, sie auszusprechen.

Als Nebenform ist die Unterbrechung von ME anzusehen: die
isolirte Agraphie. Da diese Bahn (vgl. Fig. 3) sich theilt, kann
sie vor der Theilung oder nach ihr lädirt werden: im ersteren
Falle können beide Hände nicht frei schreiben, im letzteren (Unterbrechung der zum Schreibcentrum der rechten Hand gehenden Bahn)
kann nur die Rechte nicht schreiben, während die Linke correct
schreibt und die Rechte das von der Linken Geschriebene copiren kann.

4. Durch Unterbrechung von AM entsteht Paraphasie, aber
es wird keine Function ganz aufgehoben, denn es fällt nur die Möglichkeit verständnisslosen Nachsprechens, Lautlesens, Dictatschreibens
weg. Diese Thätigkeiten werden jetzt ausschliesslich mit Benutzung
des Weges über B ausgeführt. Die Folge davon ist, dass auch sie
in derselben Weise wie die willkürliche Sprache und Schrift gestört
werden, dass auch sie die Erscheinungen. der Paraphasie zeigen.

Man versteht unter Paraphasie den Zustand, wo die Worte theils
falsch ausgesprochen, theils falsch gebraucht werden. Das „Sich versprechen" des Gesunden ist physiologische Paraphasie, die durch
Mangel an Aufmerksamkeit, Ermüdung, Affecte verursacht ist. Wie
der Gesunde entweder gelegentlich ein Wort verunstaltet, die Laute
durcheinanderwirft, oder ein ganz falsches Wort braucht, so können
bei pathologischen Zuständen sowohl die Worte durch Verschiebung
der Laute und Silben entstellt (literale Paraphasie), als durch
unrichtige Worte ersetzt werden (verbale Paraphasie). Meist finden sich literale und verbale Paraphasie gleichzeitig, die Worte, die
sich dem Paraphatischen beim Sprechen unterschieben, sind theils
richtig gebildete, klang- oder sinnverwandte, nur nicht sinnentspre-

chende, theils ganz verunstaltete Wortgebilde. Fliesst die Rede gewandt dahin, besteht sie aber aus lauter nicht zusammengehörenden Worten, die keinen Sinn ergeben, so spricht man von choreatischer Paraphasie. Die Paraphatischen wissen, dass sie falsch sprechen. Nur, wenn auch die Intelligenz geschwächt ist, glauben sie zuweilen ganz richtig und schön zu sprechen, während sie ein tolles Kauderwälsch hervorbringen. Ganz analog der Paraphasie ist die Paragraphie: die Kranken verschreiben sich, indem sie theils falsche, sinn- oder schriftverwandte Worte brauchen, theils nur unaussprechliche Buchstabenconglomerate bilden. Da sie die Nutzlosigkeit ihrer Bemühungen einsehen, stehen sie oft bald von jedem Schreiben ab. Beim Lesen verspricht sich der Kranke wie beim Sprechen: Paralexie. Wenn falsche Geberden angewandt werden, z. B. beim Verneinen genickt wird, so kann man von Paramimie sprechen.

Zur Paraphasie ist wohl auch der Agrammatismus zu rechnen, soweit er bei aphatischen Störungen vorkommt, d. h. die Fehler in der Wortbeugung und Wortstellung.

Wahrscheinlich ist die Entstehung der Paraphasie so zu verstehen: beim willkürlichen Sprechen und Schreiben erklingen fortwährend die gesprochenen und geschriebenen Worte in uns, es kreist fortwährend ein Innervationstrom in der Bahn BMAB. Nur dieses innerliche Ertönen der Worte sichert die Correctheit der Sprache, sobald diese Controle aufhört, vergreift sich sozusagen M und wir versprechen uns. Sobald also der Kreis BMAB unterbrochen wird, ohne dass doch die Sprache vollkommen gehemmt wird, muss Paraphasie eintreten.

Diese Bedingung trifft für die Unterbrechung von AM zu, hier sind intact das Verständniss der Sprache und Schrift, das Copiren von Vorlagen, alle anderen Functionen zeigen die Erscheinungen der Paraphasie. Von Manchen wird diese Form, die isolirte Paraphasie, beziehungsweise Paragraphie, als Leitungsaphasie bezeichnet.

Die Unterbrechungen der Bahn aAB verursachen als Cardinalsymptom Aufhebung des Sprachverständnisses, Sprach- oder Worttaubheit.

5. Die Unterbrechung in A selbst giebt folgende Symptome. Verlust:

a) des Sprachverständnisses,
b) des Schriftverständnisses,
c) der Fähigkeit nachzusprechen,
d) der Fähigkeit auf Dictat zu schreiben,
e) der Fähigkeit laut zu lesen.

Erhalten sind nur:

f) die willkürliche Sprache,
g) die willkürliche Schrift,
h) die Fähigkeit zu copiren.

Willkürliche Sprache und Schrift aber zeigen Paraphasie, beziehungsweise Paragraphie. Dieser Symptomencomplex ist die sensorische Aphasie (Wernicke). Die Kranken hören die Worte wie ein verworrenes Geräusch, ihre Muttersprache wie eine fremde Sprache. Da sie das Gesprochene nicht verstehen, beim Sprechen aber, obwohl über einen grossen Redeschatz verfügend, theils falsche, theils entstellte Worte gebrauchen, erscheinen sie Irren gleich. Die ausdrucksvollen Geberden, die verständige Handlungsweise der Kranken zeigen, dass nicht die Gedanken verwirrt sind, sondern die Sprache es ist. Wenn die Worttaubheit nicht complet ist, kann sie neben der Paraphasie leicht übersehen werden. Es empfiehlt sich, bei jedem Paraphatischen auf sie zu prüfen, indem man an den Kranken ohne Mimik diese und jene Frage oder Aufforderung richtet, z. B. ihn auffordert, die Nase zu berühren, die Hand in die Tasche zu stecken oder dergl. Der Worttaube wird entweder gar nicht reagiren, oder die Zunge herausstrecken, an das Ohr greifen u. s. w. Die Worttaubheit pflegt sich ziemlich rasch auszugleichen. Länger besteht die Schriftblindheit, die Unfähigkeit, Geschriebenes oder Gedrucktes zu verstehen, die auch Alexie genannt wird. Sie darf nicht mit Hemianopsie verwechselt werden. Das ist nicht schwer, wenn nur die eine oder die andere Störung besteht. Da aber beide nicht selten zusammen vorkommen, da die Alexie nicht immer complet ist und ausserdem oft Sprachstörungen bestehen, kann die Untersuchung auf grosse Schwierigkeiten stossen.

Wie das Verständniss für Wörter geht zuweilen das für Zahlen oder Noten verloren.

Tritt zur Läsion von A auch die von OE, so geht die Fähigkeit zu copiren verloren.

6. Sitzt die Läsion in der Bahn AB, so gehen verloren:

a) das Verständniss der Sprache,
b) das Verständniss der Schrift,

erhalten sind:

c) die willkürliche Sprache;

sie zeigt jedoch aus den oben angegebenen Gründen die Störungen der Paraphasie.

d) die willkürliche Schrift, die ebenfalls paragraphisch ist.

Soweit deckt sich das Symptomenbild mit der sensorischen

Aphasie Wernicke's. Es unterscheidet sich von dieser dadurch, dass erhalten sind:

    e) das Nachsprechen,

    f) das Lautlesen,

    g) das Schreiben auf Dictat, die alle drei ohne jedes Verständniss des Gesprochenen, Gelesenen, Geschriebenen ausgeführt werden.

Als Nebenform kann die auf AO beschränkte Läsion betrachtet werden, die isolirte Schriftblindheit. Die Kranken können sprechen und schreiben, verstehen das Gesprochene, sind aber unfähig, Gedrucktes oder Geschriebenes zu lesen. Sie wenden, um zu lesen, zuweilen den Kunstgriff an, dass sie mit dem Finger den Schriftzügen folgen und so Wort für Wort durch das Gefühl entziffern.

Als Dyslexie (Berlin) ist eine Störung beschrieben worden, die mit der Aphasie direct nichts zu thun hat und darin besteht, dass der Kranke beim Lesen nur einige Worte herausbringt, dann ermüdet, ohne Schmerzen oder eigentliche Sehstörungen, und schliesslich erschöpft das Buch bei Seite legt.

Dagegen ist eine der sensorischen Aphasie analoge Störung der isolirte Verlust der Erinnerungen an Gesichtswahrnehmungen (Charcot). Dabei erscheint dem Kranken alles, was er sieht als neu und fremd, weil die Erinnerung an das früher Gesehene verloren gegangen ist. Er vermag zwar zu sagen, aus welchen Theilen dieser oder jener abwesende Gegenstand zusammengesetzt ist, vermag aber nicht, sich ihn anschaulich vorzustellen. Er träumt nur noch in Worten, nicht in Bildern. Als Verlust des optischen Gedächtnisses ist wohl auch die zuweilen beobachtete Störung zu betrachten, bei der die Kranken nicht mehr frei zeichnen, sondern nur noch copiren können.

Unter Apraxie versteht man einen Zustand, wo der Kranke die Gegenstände nicht nur nicht erkennt, sondern falsch gebraucht, z. B. mit der Gabel Suppe essen will, in die Seife beisst, ins Waschbecken pisst u. s. w. Es handelt sich dabei um tiefere Störungen der Intelligenz, die als Complication zur Aphasie hinzutreten können.

7. Endlich kann die Unterbrechung aA treffen. Dann gehen verloren:

    a) das Sprachverständniss,

    b) die Fähigkeit nachzusprechen,

    c) die Fähigkeit auf Dictat zu schreiben.

Erhalten bleiben:

    d) die willkürliche Sprache,

    e) die willkürliche Schrift,

    f) das Verständniss der Schrift,

    g) das Lautlesen,

    h) das Copiren.

Es sind dies die seltenen Fälle reiner Worttaubheit ohne Paraphasie und Paragraphie.

In der Wirklichkeit decken sich die vorhandenen aphatischen Störungen nicht immer mit einer der sieben aus Lichtheim's Schema abgeleiteten Formen. Dies ist begreiflich, denn erstens kann bei der gegenseitigen Nähe der in Frage kommenden Bahnen eine Läsion die Sprachbahn mehrfach unterbrechen. Die wichtigste der so entstehenden combinirten Formen ist die Totalaphasie, bei der gleichzeitig Unfähigkeit zu sprechen und Gesprochenes zu verstehen, motorische Aphasie und Worttaubheit bestehen. Zum andern gleichen sich die einzelnen Störungen verschieden rasch aus und, je nachdem der Kranke früh oder spät in Beobachtung kommt, ist das Bild seiner Sprachstörung ein verschiedenes. Hier ist besonders hervorzuheben, dass die Worttaubheit relativ rasch wieder sich zurückbildet, rascher als die Schriftblindheit. Drittens können Schwierigkeiten für die Auffassung des Symptomencomplexes dadurch entstehen, dass die einzelnen Störungen nur partiell auftreten, weil die Läsion die Sprachbahn nirgends vollständig unterbricht. Ist z. B. die Bahn AM nur theilweise unterbrochen, so findet der Kranke nur in einzelnen Fällen die richtigen Wörter nicht. Er spricht vielleicht in fliessender Rede ganz leidlich, stockt aber, wenn er Gegenstände benennen soll, findet den Namen nicht oder braucht einen falschen. Wird ihm der Name genannt oder vorgeschrieben, so ist natürlich das Nachsprechen möglich und bleibt die Fähigkeit der Benennung für kürzere oder längere Zeit erhalten. Man pflegt dann nicht von Paraphasie, sondern von Amnesie zu sprechen. Alle Sprachstörungen können als Störungen des Gedächtnisses bezeichnet werden, die motorische Aphasie als Verlust der Erinnerung an die zur Bildung der Worte nöthigen Bewegungen (wie Broca sagte), die sensorische als Verlust der Erinnerung an die Klangbilder der Worte. Es ist daher nicht zweckmässig, den übrigen Formen der Aphasie noch eine besondere amnestische Aphasie gegenüber zu stellen. Es ist ersichtlich, dass eine Aphasie, die der bei partieller Läsion von AM eben beschriebenen mehr oder weniger ähnlich ist, auch bei leichteren Störungen an anderen Orten der Sprachbahn zu Stande kommen muss. Ist z. B. in M der Widerstand nur mässig erhöht, so wird der Kranke sprechen können, aber einzelne Wörter nicht finden. Bei verstärkter Innervation aber, im Affect oder beim Vorsagen der Worte wird der Widerstand überwunden werden. Bei nur leichter Schädigung von A wird der Kranke einzelne Wörter nicht verstehen, vielleicht aber wird ihm ihre Bedeutung einfallen, wenn er den Gegenstand sieht, oder wenn er selbst das Wort ausspricht. Die Amnesie begleitet demnach alle leichteren im Verlaufe der Sprachbahn ABMA eintretenden Störungen, sie tritt besonders dann in den Vordergrund, wenn die Störungen ziemlich ausgeglichen, die Kranken der Heilung nahe sind. Am häufigsten werden Eigennamen oder Hauptwörter überhaupt vergessen, seltener Beiwörter, Zeitwörter u. s. w. Wie Kussmaul bemerkt, erklärt sich dies dadurch, dass die Vorstellung von Personen und Sachen loser mit dem Namen verknüpft ist, als die Abstractionen von ihren Zuständen, Beziehungen, Eigenschaften. Für jene gewährt die Phantasie ein anschauliches Schema, diese können ohne sprachlichen Ausdruck im Denken nicht bestehen. In seltenen Fällen erinnern sich die Kranken nur einzelner Stücke der Wörter. Ein Kranker z. B. wusste alle Anfangsbuchstaben, schlug, um das gewünschte Wort zu finden, den ersten Buchstaben im Lexikon auf und suchte, bis das entsprechende Schriftwort ihm ins Auge fiel. Ein anderer Kranker liess alle Anfangsconsonanten weg.

Völlig ungestört kann der Intellect bei Aphasie sein, wenn die Läsion in mM sitzt, ebensowenig führen Läsionen von aA oder von OA zu intellectuellen Störungen, dagegen muss nicht nur das Sprechen, sondern auch das Denken mehr oder weniger gestört werden, wenn die Bahn ABMA lädirt wird. Ein Denken ohne Worte ist nur in geringem Umfange, soweit anschauliche und leicht zu überblickende Verhältnisse in Frage kommen, möglich. Ursache und Wirkung vermögen auch die sprachlosen Thiere zu erkennen, dagegen ist das Denken in Begriffen an Worte gebunden. In der That zeigen auch die meisten Aphatischen deutliche Abnahme der Intelligenz. Freilich ist in vielen Fällen von Aphasie der geistige Defect nicht durch die Aphasie allein zu erklären, sondern hängt auch von anderweiten Hirnläsionen ab. Begreiflicher Weise leidet die Intelligenz, sobald die inneren Worte verloren gehen (wie oben bemerkt), d. h. sobald Amnesie und Paraphasie sich zeigen. Umgekehrt treten von den Störungen der Sprache am ehesten Amnesie und Paraphasie auf, wenn der Intellect primär gelitten hat, bei diffusen, über die ganze Hirnrinde verbreiteten Erkrankungen. Es ist bekannt, dass das Vergessen der Eigennamen und anderer Hauptworte eines der ersten Zeichen der senilen Hirnschwäche ist, dass dasselbe ebenso nach acuten Krankheiten, bei Hirnanämie aus verschiedenen Ursachen sich zeigt. Ferner sind paraphatische Störungen eines der wichtigsten Symptome der diffusen Hirnrindenerkrankung, der progressiven Paralyse der Irren. Ueber diese Form sind noch einige Worte zu sagen.

Die Paraphasie bei progressiver Paralyse nimmt eine Art von Mittelstellung zwischen der Aphasie und den dyslogischen Sprachstörungen ein. Nicht wie bei jener handelt es sich um eine Herdläsion des Gehirns und doch hängt die Paraphasie nicht direct von der geistigen Störung ab, da sie dieser nicht parallel geht, eine gewisse Selbständigkeit besitzt. Es scheint, dass es sich bei der progressiven Paralyse hauptsächlich um Zerstörung der Bahnen handelt, die die einzelnen Centra der Hirnrinde verknüpfen. Werden auch

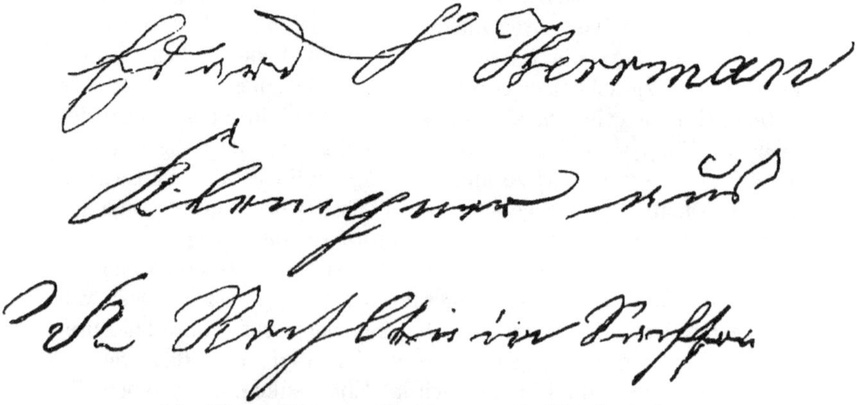

d. h. Eduard Hermann, Klempner aus Rochlitz in Sachsen.

Fig. 5.

Schrift bei beginnender Paralysis progr.

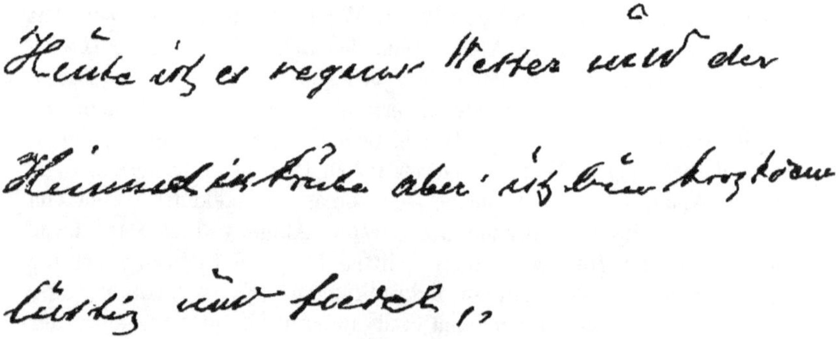

Fig. 6.

Schrift bei progressiver Paralyse (nach Erlenmeyer, die Schrift).

die Verbindungsbahnen des Sprechapparates, besonders die Bahn AM lädirt, so treten die paralytischen Sprachstörungen ein. Diese bestehen hauptsächlich in literaler Paraphasie, die hier meist als Silbenstolpern bezeichnet wird, in literaler Paragraphie und in einer eigenthümlichen Form der Paralexie. Alle erhalten ihre charakteristische Färbung durch die allgemeine Amnesie der Kranken.

Das Silbenstolpern zeigt sich zuerst beim raschen Sprechen und beim Aussprechen langer Wörter. Die Laute werden zwar noch richtig gebildet, aber nicht richtig zum Worte geordnet. Um geringere Grade des Silbenstolperns zu entdecken, lässt man den Kranken complicirte Wortbildungen nachsprechen, z. B. Sechshundertsechsundsechzig, dreiunddreissigste Reiterschwadron, dritte reitende Artilleriebrigade, konstantinopolitanischer Dudelsackpfeifer, französische Schulzwecken, Messwechsel-Wachsmaske u. s. f. Gelingt das Wort dem Kranken beim ruhigen und langsamen Sprechen nicht, sagt er z. B. drittende reitende Rartrilleriegade, so ist dies ein bedenkliches Zeichen, weil das Silbenstolpern zwar nicht ausschliesslich, aber weitaus am häufigsten ein Symptom beginnender progressiver Paralyse ist

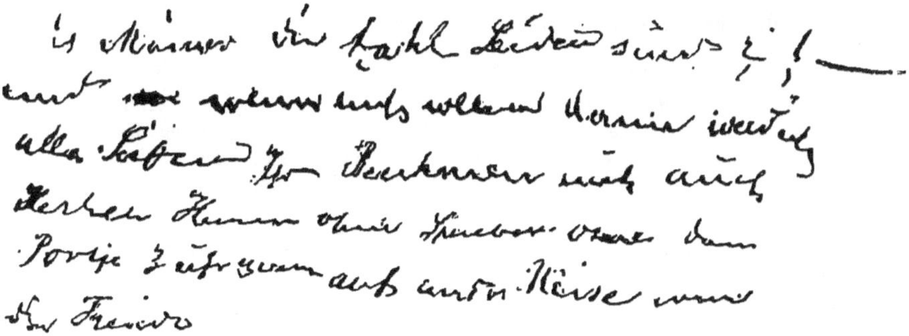

Fig. 7.
Schrift bei weitentwickelter progressiver Paralyse (nach Erlenmeyer).

(l'embarras de la parole est un signe mortel, Esquirol). Weiterhin werden auch einfache Wörter falsch gesprochen (goten Murgen. Feilsch und Bort u. s. w.). Oft finden sich bei der progressiven Paralyse neben der literalen Paraphasie noch andere Sprachstörungen, Stammeln, Stottern, Bradyphasie, zitternde, meckernde Sprache, tonlose Sprache, selten eigentliche Aphasie.

Die Schrift der Paralytischen ist der Sprache ganz analog. Es werden einzelne Zeichen, Buchstaben, Silben, Wörter ausgelassen, andererseits zugesetzt oder verdoppelt. es zeigen sich Agrammatismus und Akataphasie. Diese Fehler treten oft ausserordentlich früh auf, zu einer Zeit, wann die Sprachstörungen noch nicht deutlich sind. Später kommen auch mechanische Störungen der Schrift hinzu, diese wird atactisch-zittrig.

Der Aphatische mit Paragraphie schreibt immer in derselben Weise falsch und weiss in der Regel, dass er falsch schreibt, der

Paralytische schreibt bald so. bald so und ist überzeugt. dass er schön und richtig schreibt.

Manche Paralytische. die vielleicht ganz gut sprechen. sind unfähig, correct zu lesen: die paralytische Lesestörung (Rieger). Die Kranken glauben vollständig richtig zu lesen. sie bringen aber nur einzelne kurze Wörter heraus, an langen Wörtern scheitern sie und sollen sie zusammenhängend lesen. so produciren sie blühenden Unsinn. der die Unaufmerksamkeit und Kritiklosigkeit der Paralytischen sehr gut illustrirt.

Rieger theilt z. B. folgende Probe mit. Der Kranke, der zwar auch im Schreiben. Nachsprechen, Rechnen Defecte zeigte, aber im Gespräche keine Fehler machte und alle Buchstaben rasch und richtig erkannte. sollte von einer Tafel mit grossem deutschem Drucke Schiller's Mädchen aus der Fremde ablesen.

Das Mädchen aus der Fremde.	Das Mädchen aus der Tiefe.
In einem Thal bei armen Hirten	In einem Tage war eine Hüte
Erschien mit jedem jungen Jahr,	Erfreute mit jedem jungen Jahren
Sobald die ersten Lerchen schwirrten,	Sobald erbiet eine Lehre schwiede
Ein Mädchen schön und wunderbar.	Ein Mädchen vont.
Sie war nicht in dem Thal geboren,	Es war mit dem Thal geboren
Man wusste nicht, woher sie kam	Nacht gutes mit fröhlicher Sichrigkeit
Und bald war ihre Spur verloren,	Und empfehle und sprechende
Sobald das Mädchen Abschied nahm.	Es bessert das Mädchen absichtlich
	machte.

u. s. w.

Diese Lesestörung. die durchaus nicht bei allen Paralytischen sich zeigt. soll für die progressive Paralyse charakteristisch sein, sich nicht bei anderen Hirnkrankheiten nachweisen lassen. Man hat sie in vereinzelten Fällen aber auch bei Demenz nach Herdläsionen des Gehirns gefunden.

Verschiedene dyslogische Sprachstörungen.

Ausser der richtigen Wortbildung gehören zum Sprechen die grammatische Richtigkeit und die richtige Wortfolge. Agrammatismus und Akataphasie nun kommen zwar auch bei Aphatischen mit Paraphasie vor. sind aber in der Regel dyslogische Störungen. Grammatische Fehler. die bei Kindern häufig sind, machen die Kranken theils aus psychischer Schwäche, theils aus wahnsinniger Schrullenhaftigkeit. Sie setzen den Infinitiv statt des conjugirten Zeitwortes, lassen Artikel weg. sprechen von sich in der dritten Person u. s. w. (z. B. „Toni Blumen genommen, Wärterin gekommen. Toni gehaut").

Sprachlosigkeit kann durch motorische Aphasie verursacht sein, sie kommt in ähnlicher Weise vorübergehend bei functionellen Nervenkrankheiten (Hysterie) vor. Von diesen Formen leicht zu unterscheiden ist die Sprachlosigkeit der Idioten und die durch Lähmung der Sprechmuskeln bewirkte. Dagegen leicht mit der Aphasie zu verwechseln ist die Aphrasia paranoica (voluntaria, superstitiosa), die Stummheit, zu der Irre sich aus verschiedenen Motiven verurtheilen.

Sonderlinge und Irre verunstalten die Rede dadurch, dass sie ungehörige Wörter, und zwar oft immer dasselbe Wort, einschieben, dass sie zwischen die Worte unarticulirte Laute oder gedehnte Vocale (ae, oe) stellen (Gaxen), dass sie immerfort die Diminutivform brauchen, dass sie Worte und Satztheile ungehörig wiederholen u. s. w. Wiederholen sie immer die an sie gerichteten Fragen oder die letzten Worte des Sprechenden, so redet man von Echosprache.

Das Tempo der Rede kann verändert sein. Bei trägem oder gehemmtem Gedankengange ist die Rede langsam, stockend, abgebrochen (Bradyphrasie). Tritt besonders das Stocken hervor, so dass grössere Pausen entstehen, so spricht man wohl von Bradyphrasia interrupta. Die Rede des Erregten kann zum Wortschwall werden, der stromartig mit Wellen und Wirbeln dahinfliesst (Logorrhoe). Ueberstürzen sich die Vorstellungen (Ideenflucht), so ist eine geordnete Satzbildung nicht mehr möglich, abgerissene Satztheile, vereinzelte Wörter, Interjectionen drängen sich hervor und die Rede wird verworren. Davon verschieden ist das Poltern (Battarismus, Tumultus sermonis), das ebenfalls durch Ueberhastung entsteht. Es erinnert mehr an das Stottern, unterscheidet sich aber von diesem dadurch, dass der Polterer um so besser spricht, je mehr er auf sich achtet, während der Stotterer durch Aufmerksamkeit und Spannung das Uebel verschlimmert.

Bei psychischer Schwäche und bei Verrücktheit ist begreiflicher Weise die Sprache oft verwirrt (Paraphrasie). Zuweilen wird die Folge der Wörter nur durch Associationen und Alliterationen beherrscht, so dass ein ähnliches Bild entsteht wie bei choreatischer Paraphasie. Zur Paraphrasie rechnet man bei Irren auch die Neubildung von Worten, die Unterlegung eines anderen Sinnes (wie in der Gaunersprache) u. s. w.

Bei Idioten ist die Entwicklung der Sprache ein Maass ihrer intellectuellen Fähigkeit. Die am tiefsten Stehenden lernen gar nicht sprechen, weil, wie Griesinger es ausdrückt, sie nichts zu sagen haben. Andere lernen unvollkommen einige Worte nachsprechen wie Papageien. Etwas Befähigtere lernen sprechen, aber ihre Rede ist lallend und agrammatisch wie die der Kinder.

Stottern und Aphthongie.

Stottern und Aphthongie werden als spasmodische Sprachstörungen bezeichnet. „Beim Stottern ist die Articulation der Silben und damit die Rede krampfhaft erschwert, nicht immer, wenn der Kranke sprechen will, sondern nur zu gewissen Zeiten und unter gewissen Umständen. Bei der Aphthongie treten bei jedem Versuche zu sprechen Krämpfe im Hypoglossus auf, wodurch die Sprache ganz unmöglich gemacht wird." Beim Stottern ist die Bildung der einzelnen Laute richtig, aber ihre Verbindung, besonders die Verbindung der Consonanten mit den nachfolgenden Vocalen wird bei geringer gemüthlicher Erregung durch krampfhafte Contractionen der Athem- und Sprechmuskeln gestört.

Es giebt aber auch ein dem Stottern verwandtes Versagen der Sprache ohne alle krampfhaften Bewegungen. Bei solchen Kranken bewirkt jede oder eine gewisse geistige Erregung, dass sie keinen Laut oder nur manche Laute hervorbringen können, ohne dass doch irgend ein Muskel sich zusammenzöge.

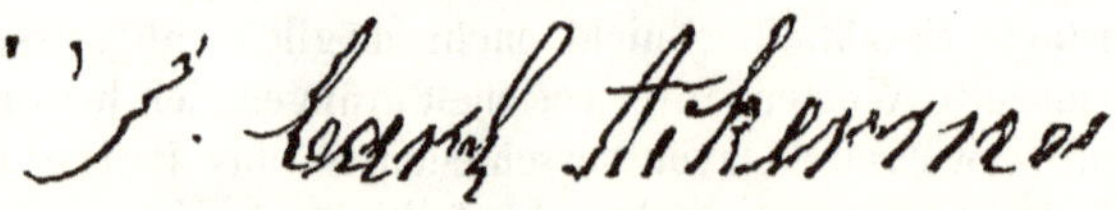

Carl Ackermann, ca. 25 Jahre, Hautboist, zugleich Schreiber bei einem Rechtsanwalt, spielt Cello und Bassgeige, leidet seit 6 Monaten beim Schreiben an Zittern und Unbehülflichkeit. Es tritt beim Versuch in der sonst normalen Hand Tremor auf und krampfhafte Flexion, erst nach vielen Ansätzen gelingt es, in einzelnen Absätzen zu schreiben.

Fig. 8.
Schrift bei Mogigraphie.

Analog den spasmodischen Sprachstörungen ist der S c h r e i b e - k r a m p f (Graphospasmus, Mogigraphia), bei dem die Hand sonst frei beweglich ist, beim Versuche zu schreiben aber Krämpfe der Hand- und Armmuskeln die Schrift zittrig, atactisch oder ganz unmöglich machen (Fig. 8).

Die Anarthrie.

Als A n a r t h r i e, S t a m m e l n oder L a l l e n bezeichnet man die Unfähigkeit, die einzelnen Laute richtig zu bilden. Sprechen lernende Kinder lallen, ebenso kranke Personen, die auf der Stufe des Kindes

stehen geblieben oder auf sie herabgesunken sind. Unter Alalia
versteht man das Unvermögen, articulirte Laute zu bilden, während
bei Mogilalia die Bildung dieses oder jenes Lautes unmöglich ist,
bei Paralalia bestimmte Laute falsch gebildet werden. Die Dyslalien beruhen entweder auf mangelnder Uebung, angeborener Ungeschicklichkeit (Provinzialismen, Lispeln u. s. w.), oder auf fehler-
hafter Bildung der Articulationsorgane: mechanische Dyslalien, oder
auf Lähmung. Im engeren Sinne nennt man die Störungen anar-
thrische, die durch Lähmung der bei der Sprache betheiligten Muskeln entstehen. Die Anarthrie, die durch Lähmung der Zungen-
oder der Gesichts- oder der Gaumenmuskeln entsteht, ist im II. Theile
berücksichtigt.

Bei centralen Leiden sind oft alle in Frage kommenden Muskeln
mehr oder weniger betroffen, so dass die meisten Laute, wenn auch
in verschiedenem Grade, verstümmelt werden. Dabei leidet die
Fügung der Laute zu Silben und Wörtern nicht Noth, vielmehr erkennt man an Accent und Rhythmus des Nachsprechenden, dass die
Wortbildung nicht gestört ist. Die Kranken können jederzeit die
richtige Zahl der Buchstaben und Silben angeben, aus denen das
Wort, um das man sie fragt, besteht, ein Beweis, dass auch bei vollständiger Sprachlosigkeit die inneren Worte erhalten sind. Ist die
Lähmung fortgeschritten, so werden überhaupt articulirte Laute nicht
mehr gebildet, die Sprache wird ein unverständliches Lallen und
schliesslich bleiben nur grunzende Töne übrig. Die Sprachstörung
kann schon beträchtlich sein, während die groben Bewegungen der
Zunge, der Lippen u. s. w. noch ganz gut von Statten gehen. Dies
ist begreiflich, weil bei der Bildung der Laute nicht die Bewegungs-
fähigkeit überhaupt ausreicht, sondern diese in der feinsten Weise
abstufbar sein muss. Auch gelingen die einzelnen Laute bei lang-
samem Hersagen des Alphabets oft noch ganz leidlich, wenn schon
die Umgangsprache sehr schwer verständlich ist, wie wohl Einer
mit steifen Fingern noch die einzelnen Buchstaben malen kann, beim
raschen Schreiben aber nur eine unleserliche Schrift zu Stande bringt.

Ist die Bildung der Laute nicht eigentlich gestört, sondern nur
erschwert, wie etwa bei grosser Ermüdung der Sprachorgane, so
wird die Sprache eintönig und kraftlos. Alle nöthigen Bewegungen
werden auf das geringste Maass beschränkt und trotz vermehrter Anstrengung vermögen die Kranken nur langsam ein Wort nach dem
anderen hervorzubringen (Bradylalia).

Werden die einzelnen Silben durch Pausen getrennt, die Worte
gleichsam zerhackt, so spricht man von scandirender Sprache.

Dabei werden oft einzelne Silben mit angespannter Kraft explosions-
artig hervorgestossen, während die folgenden wieder kraftlos und
eintönig nachschleppen (explosive Sprache).

Den Störungen der Lautbildung analog sind die der Schrift, bei
der durch Lähmung oder abnorme Contractionen der Muskeln
die Buchstaben verunstaltet werden. Man kann unterscheiden die
Zitterschrift, wo der Strich in eine Wellenlinie mit kleineren oder

Fig. 9.
Schrift eines 61jähr. Greises, der nur beim Schreiben zitterte.

grösseren Oscillationen verwandelt ist (vgl. Fig. 9). und die atactische
Schrift, wo durch Ausfahren der Hand die Buchstaben in unregelmässiger Weise verunstaltet werden. Beide Formen können combinirt
vorkommen.

Dauernde motorische Aphasie ist auf eine Erkrankung des Fusses der dritten (unteren) linken Stirnwindung zu beziehen. Es ist dies die sogenannte Broca'sche Stelle
oder Broca'sche Windung. Bei Linkshändern und bei Personen, deren
linke Hemisphäre durch angeborene oder früh erworbene Defecte
geschädigt ist, scheint das „Sprachcentrum" an der entsprechenden
Stelle der rechten Hemisphäre sich zu finden, kann daher durch
rechtseitige Herde Aphasie bewirkt werden. Es ist bemerkenswerth,
dass bei Kindern auch Läsionen der linken Hemisphäre, die das
Sprachcentrum treffen, nur rasch vorübergehende Aphasie bewirken.

Bei der Zerstörung der Broca'schen Windung selbst entsteht die
oben unter 1 beschriebene Form der motorischen Aphasie, die Kernaphasie Lichtheim's. Den unter 2 und 3 beschriebenen Formen,
der motorischen Theilaphasie Lichtheim's. liegen wahrscheinlich
Läsionen der weissen Substanz in der Nähe der Broca'schen Stelle,
möglicherweise partielle Läsionen dieser selbst zu Grunde.

Die Worttaubheit ist nach Wernicke's Vorgang auf eine
Läsion der ersten linken Schläfenwindung zurückzuführen.

Bei Linkshändern scheint die rechte erste Schläfenwindung dem Wortverständnisse zu dienen. Analog den Verhältnissen bei der motorischen Aphasie wird man die den seltenen Formen 6 und 7 entsprechenden Läsionen in nächster Nähe der ersten Schläfenwindung suchen.

Bei der Paraphasie müssen die Verbindungen zwischen dem motorischen Sprachcentrum in der dritten Stirnwindung und dem sensorischen in der ersten Schläfenwindung lädirt sein. Dieser Forderung würde eine Erkrankung der Insula Reilii genügen. Hier sucht in der That Wernicke den Herd bei der von ihm sogenannten Leitungsaphasie. Genaueres weiss man nicht, doch ist es höchst wahrscheinlich, dass die Insel einen wichtigen Theil der Sprachbahnen umschliesst.

Ueber die Localisation der übrigen selteneren Aphasieformen ist nichts Sicheres bekannt. Bei der Totalaphasie muss eine ausgebreitete Läsion der linken Hemisphäre angenommen werden, die sowohl die Broca'sche als die Wernicke'sche Stelle schädigt. Bei Wortblindheit hat man mehrmals das untere Scheitelläppchen erkrankt gefunden. Es ist ersichtlich, dass es sich dabei um Zerstörung einer Bahn handeln muss, die die Occipitallappen mit den Sprachcentra verbindet.

Von den Stellen der Hirnrinde, wo die Wortbildung stattfindet, müssen Bahnen zu den Articulationsmechanismen führen, die motorischen Sprachbahnen. Aller Wahrscheinlichkeit nach verbinden diese Bahnen die dritte linke Stirnwindung mit den unteren Dritteln beider ersten Centralwindungen, wo die zu den Sprachmuskeln führenden Willensbahnen beginnen. Die Annahme, nach der eine motorische Sprachbahn von der Broca'schen Stelle direct zu den Kernen der Oblongata zieht, wird dadurch widerlegt, dass Herde in der linken Capsula int. motorische Aphasie nicht bewirken.

Bei der progressiven Paralyse scheint das Wesentliche die Degeneration der die einzelnen Hirnwindungen verbindenden (Associations-)Fasern zu sein. Dem entspricht, dass die Sprachstörungen hier hauptsächlich paraphatische sind. Von einer eigentlichen Localisation kann, da es sich um eine diffuse Erkrankung der Rinde handelt, nicht wohl die Rede sein. Die paralytische Sprech-, Schreibe-, Lesestörung ist vom grössten diagnostischen Werthe deshalb, weil sie nahezu ausschliesslich eben bei der progressiven Paralyse vorkommt. Wenige Symptome kommen dem Ideal eines pathognostischen Symptoms, aus dem allein die Diagnose einer Krankheit gemacht werden kann, so nahe.

Die sonstigen dyslogischen Sprachstörungen beweisen nur Kranksein der den seelischen Vorgängen dienenden Theile der Hirnrinde,

4*

haben dieselbe diagnostische Bedeutung wie psychische Störungen überhaupt.

Anarthrie beruht, abgesehen von den congenitalen und mechanischen Dyslalien, auf Lähmung der Sprechmuskeln, sie tritt daher auf bei allen Läsionen, die die letzteren selbst oder ihre Nervenbahnen treffen. Läsionen einer Hemisphäre bewirken keine Anarthrie, weil die Innervation, die die Sprechmuskeln von einer Hemisphäre erhalten, ausreicht zur Lautbildung. Bestehen dagegen in beiden Hemisphären Läsionen, die die Facialis-Hypoglossusbahn treffen, so tritt complete Lähmung der Lippen, Zunge u. s. w. ein und damit Anarthrie (Pseudobulbärparalyse, vgl. Abschnitt Lähmung). Herde in der Brücke bewirken oft Anarthrie, weil hier die rechte und die linke Sprechmuskelbahn so nahe bei einander liegen, dass sie leicht durch einen Herd geschädigt werden können.

Erkrankungen der Oblongata sind die wichtigste Ursache anarthrischer· Störungen. Insbesondere bei der progressiven Bulbärparalyse, die die Kerne des Hypoglossus, Facialis, Vago-Accessorius allmählich zerstört, ist Anarthrie gewöhnlich das erste Symptom; die Sprachstörung pflegt schon sehr stark zu sein, wenn die groben Bewegungen der Zunge und der Lippen noch leidlich erhalten sind.

Auch peripherische doppelseitige Läsionen des Hypoglossus müssen die Lautbildung beträchtlich stören, während peripherische doppelseitige Facialislähmung die Bildung nur einiger Laute erschwert. Einseitige Hypoglossuslähmung lässt nur die Zungenlaute (l, r, g, k) undeutlich erscheinen (auch dies nur, wenn die Lähmung plötzlich eintritt, bei langsam sich entwickelnder Lähmung vermag die gesunde Zungenhälfte sich den veränderten Verhältnissen anzupassen und den Bewegungsausfall zu ersetzen). einseitige Facialislähmung macht in der Regel keine merklichen Lautirungsbeschwerden.

Primäre Atrophie der Sprechmuskeln ist sehr selten. Es ist zu erwarten, dass diese im Gegensatze zu der bulbären Atrophie nur bei sehr weit vorgeschrittener Entwicklung Anarthrie bewirken wird, weil, so lange die Innervation intact ist, auch der in seinem Volumen reducirte Muskel alle feinen Bewegungen ausführen kann.

Die scandirende Sprache ist fast ausschliesslich bei der multiplen Sklerose beobachtet worden. Auch die explosive Sprache scheint auf sklerotische Herde der Oblongata zu beziehen zu sein.

DRITTES HAUPTSTÜCK.

Untersuchung des Bewegungsapparates.

Vorbemerkungen.

Der active Bewegungsapparat besteht aus den Muskeln und den mit ihnen zusammenhängenden centrifugalen Bahnen des Nervensystems. Der willkürliche active Bewegungsapparat besteht aus den willkürlichen (quergestreiften) Muskeln und folgenden nervösen Theilen: 1. den peripherischen motorischen Nervenfasern, die die willkürlichen Muskeln mit dem Rückenmark verbinden und, nachdem sie zum Theil mit centripetalen Fasern in den sogenannten gemischten Nerven vereinigt waren, durch die vorderen Wurzeln in das Rückenmark eintreten, 2. den grossen Zellen der Vorderhörner der grauen Rückenmarkssubstanz, deren jede wahrscheinlich eine Faser der vorderen Wurzeln als Fortsatz entsendet, 3. aus den Bahnen, die die Vorderhornzellen mit der Grosshirnrinde verbinden, deren weitaus wichtigste die sogenannte Pyramidenbahn (directes motorisches Leitungssystem) ist. Letztere setzt sich zusammen aus den in den Seiten- und Vordersträngen verlaufenden spinalen Pyramidenbahnen, den Pyramiden der Oblongata und den intracerebralen Pyramidenbahnen, die sich durch die vordere Brückenabtheilung, den Hirnschenkelfuss, die innere Kapsel und den Stabkranz zu den Centralwindungen des Gehirns begeben, in ihnen, als ihrer Kopfstation, endigen.

Für die Hirnnerven treten an die Stelle der Vorderhornzellen die Zellen der Nervenkerne im Hirnstamme.

Die cerebralen sowohl, wie die spinalen Abschnitte des Bewegungsapparates entziehen sich der directen Untersuchung gänzlich. Auch die peripherischen Nerven können nicht direct untersucht werden, ausgenommen die Fälle, wo Verdickungen der Nerven sich durch Palpation nachweisen lassen. Die Untersuchung des Bewegungsapparates ist daher identisch mit der der Muskeln. Wir bedienen uns bei dieser:

1. der Inspection,
2. der Palpation,
3. der Functionsprüfung, die besteht aus
   a) Prüfung der Motilität, d. h. der willkürlichen Contractionen,
   b) Prüfung der reflectorischen Contractionen, die durch Reizung der Haut oder tieferer empfindlicher Theile bewirkt werden,
   c) directer Reizung durch elektrische oder mechanische Reize, die sowohl auf die Muskeln selbst, als auf den motorischen Nerven gerichtet werden können.

Abgesehen wird hier, wie bei den nervösen Theilen, von chirurgischen Eingriffen, besonders von der Ausschneidung kleiner Muskelstückchen behufs mikroskopischer oder chemischer Untersuchung. Ueber diese Dinge ist a. a. O. nachzulesen.

Die Untersuchung hat ins Auge zu fassen: den Ernährungzustand und den Spannungzustand der Muskeln, das Vorhandensein von Lähmung oder von abnormen Bewegungen, die reflectorische, elektrische und mechanische Erregbarkeit.

I. Der Ernährungzustand.

Ueber den Ernährungzustand der Muskeln verschaffen uns zunächst Inspection und Palpation Aufschluss. Im Allgemeinen kann man ihn als dem Volumen und der Härte der nicht contrahirten Muskeln proportional betrachten.

Besteht Hypertrophie, so ist das Volumen des Muskels vermehrt, er bildet einen stärkeren Vorsprung als im normalen Zustande und die fühlende Hand findet an ihm vermehrten Widerstand. Dass die Hypertrophie eine wahre im klinischen Sinne ist, erkennt man an der vermehrten Kraft, während Abnahme von Kraft trotz Zunahme des Volumen und der Härte auf eine nur im anatomischen Sinne wahre Hypertrophie (d. h. das erste Stadium der Dystrophie) oder auf Pseudohypertrophie (durch Bindegewebewucherung) schliessen lässt. Ist nur das Volumen vermehrt, Härte und Kraft vermindert, so kann man annehmen, dass Fettwucherung die Hypertrophie vortäusche (Pseudohypertrophia lipomatosa).

Besteht Atrophie, so sind Volumen und Härte vermindert. Je nach dem Grade des Schwundes ist hier nur das Relief des Muskels verjüngt, tritt dort an Stelle des normalen Vorsprunges eine Vertiefung, gelingt es dort überhaupt nicht mehr, die Existenz des Muskels nachzuweisen. Ist nur das Volumen vermindert, die Härte des nichtcontrahirten Muskels aber vermehrt, so kann man annehmen, dass neben dem Schwunde Hypertrophie oder Bindegewebewucherung bestehe. Bei jedwedem Muskelschwunde ist die Kraft vermindert, bei einfachem Schwunde sind beide Veränderungen einander proportional. Ist die Schwäche grösser, als es der Atrophie zu entsprechen scheint, so ist entweder der Schwund zum Theil durch Wucherung interstitiellen Gewebes verdeckt, oder die Muskelsubstanz ist nicht nur geschwunden, sondern auch degenerirt, oder es besteht ausser der Muskelerkrankung eine lähmende Ursache. Magerkeit begünstigt diese Prüfung, reichliches Unterhautfett oder Anasarka kann sie sehr erschweren.

Ausser Volumen und Härte giebt über den Ernährungzustand der Muskeln die elektrische Untersuchung Aufschluss. Ob ausser quantitativen Veränderungen auch die sog. degenerative Atrophie des Muskels vorhanden ist, ob da, wo Härte und Volumen nicht wesentlich verändert sind, nicht doch Entartung besteht, dies kann oft die elektrische Untersuchung lehren. Finden sich keine wesentlichen oder nur quantitative Veränderungen der elektrischen Erregbarkeit, so ist die Atrophie eine einfache, besteht nicht oder wenigstens zur Zeit nicht Entartung des Muskels. Findet sich dagegen die Entartungsreaction in einer ihrer Formen, so besteht die degenerative Atrophie, die contractile Substanz ist nicht nur vermindert, sondern auch (warscheinlich nebst ihren Nervenfasern) entartet. Die Stärke der Degeneration kann im Allgemeinen als dem Grade oder der Schwere der Entartungsreaction proportional betrachtet werden. Wir wissen ferner, dass gewissen Stadien der Degeneration gewisse Stadien der Entartungsreaction entsprechen. Vgl. hierzu Abschnitt: Elektrische Erregbarkeit.

Ueber gewisse Ernährungstörungen des Muskels belehrt auch das Beklopfen (vgl. mechanische Erregbarkeit), es kann dasselbe, wo die elektrische Untersuchung nicht ausführbar ist, diese in unvollkommener Weise ersetzen. Erhält man nämlich bei leichtem Klopfen auf den Muskelbauch eine träge Zuckung, so besteht Entartungsreaction, d. h. degenerative Atrophie (sofern, was leicht ist, die Myotonia congenita ausgeschlossen werden kann). Die Form der Zuckung ist in diesem Falle ganz gleich der durch galvanische Reizung des Muskels erhaltenen. Nur aus dem positiven Ergebnisse darf ein Schluss gezogen werden.

Neben der Atrophie einzelner Muskeln (circumscripte, individuelle Atrophie) unterscheidet man über grössere Muskelgebiete verbreitete Atrophie (diffuse Atrophie, A. en masse).
Handelt es sich um Atrophie der Gliedermuskeln, so giebt der Umfang des Gliedes ein Maass des Schwundes. Die Messung wird mit
dem in Centimeter getheilten Bandmaasse ausgeführt und jederzeit
ist anzugeben, an welcher Stelle des Gliedes das Band umgelegt
worden ist. Bei Vorderarm und Unterschenkel giebt man zweckmässig den grössten Umfang an, beim Oberarm
kann die Mitte gewählt werden, beim Oberschenkel giebt man an „15 Cm. oberhalb des
oberen Randes der Patella" oder dergl. Ferner
ist die Lage des Gliedes während der Messung
zu notiren, am besten ordnet man Streckung
im Ellenbogen-, Hand-, Kniegelenke an, stellt den
Fuss rechtwinklig zum Unterschenkel.

Ueber individuelle Atrophie kann man nur
bei oberflächlichen Muskeln urtheilen. Die Atrophie solcher Muskeln, die sich der Palpation und
elektrischen Untersuchung entziehen, kann man
nur aus dem Functionsdefect erschliessen.

Wahre Muskelhypertrophie im klinischen Sinne, d. h. vermehrtes Volumen mit
gesteigerter Kraft, findet sich als angeborene,
zuweilen ererbte Eigenthümlichkeit, sei
es fast aller willkürlichen Muskeln (manche
Athleten), sei es nur eines Theiles davon.
Sie kommt ferner vor bei angeborener Hypertrophie einer Körperhälfte, bei Thomsen'scher Krankheit und zeigt sich zuweilen im Beginne der Pseudohypertrophia musc. progr., hier besonders an den
Wadenmuskeln. Häufiger findet man bei dieser
Krankheit und bei der Thomsen'schen Krankheit die wahre Muskelhypertrophie nur im anatomischen Sinne, d. h. vermehrtes Volumen durch Dickenzunahme
der einzelnen Muskelfasern ohne Steigerung der Kraft. Im letzteren
Sinne ist Muskelhypertrophie in seltenen Fällen auch als selbständige Erkrankung, zumeist auf eine Gliedmaasse beschränkt,
beobachtet worden.

Fig. 10.

Hypertrophie der unteren
Körperhälfte bei Pseudo-
hypertrophia musc. progr.
(nach Duchenne).

Pseudohypertrophie der Muskeln, d. h. Zunahme des Volumen durch Bindegewebe- oder Fettwucherung mit Verminderung der Kraft durch Schwund der Muskelfasern ist das Hauptsymptom der als Pseudohypertrophia musc. progressiva bekannten Form der Dystrophia musc. progressiva.

In ganz vereinzelten Fällen ist sie bei chronischer degenerativer Muskelatrophie (amyotrophische Lateralsklerose, Bulbärparalyse) an einzelnen erkrankten Muskeln (besonders der Zunge) gesehen worden.

Diagnostisch werden die verschiedenen Formen der Muskelhypertrophie kaum Schwierigkeiten machen. Die wahre Hypertrophie der Athleten ist charakterisirt durch das Fehlen aller Functionstörungen, durch die durchaus normale elektrische und mechanische Reaction. Die Hypertrophie bei Thomsen'scher Krankheit oder Myotonia congenita bildet nur einen Zug in einem kaum verkennbaren Krankheitsbilde: Die seit Kindheit bestehende myotonische Störung, d. h. die Hemmung willkürlicher Bewegung durch tonischen Krampf, der bei fortgesetzter Bewegung schwindet, die bezeichnenden Abnormitäten der elektrischen und mechanischen Erregbarkeit (s. „myotonische Reaction" im Abschnitt: Elektrische Erregbarkeit), das Fehlen aller Störungen der Sensibilität und Reflexerregbarkeit machen die Diagnose leicht. Die Hypertrophie bei Dystrophia musc. progr. (bezw. Pseudohypertrophia muscul.) ist ebenfalls leicht erkennbar. Hier findet sich eine bestimmte Localisation der Hypertrophie, neben ihr besteht Atrophie (s. unten), die Function der erkrankten Muskeln ist einfach herabgesetzt, ebenso die elektrische und mechanische Erregbarkeit einfach vermindert. Am ehesten könnte man im Beginne der Pseudohypertrophia musc., wo vielleicht nur Hypertrophie der Waden, kein deutlicher Functionsdefect besteht, zweifelhaft sein. Oft weist hier die Erkrankung anderer Familienglieder auf die Diagnose hin. Auf jeden Fall wird der weitere Verlauf, während dessen die übrigen Symptome der Krankheit auftreten, den Zweifel verscheuchen.

Einfache Muskelatrophie, d. h. Abnahme des Volumen ohne qualitative Veränderung der elektrischen Erregbarkeit, findet sich in diffuser Form bei allgemeiner Abmagerung (z. B. bei Phthisis pulm.), ferner in diffuser, aber meist auf einzelne Körpertheile beschränkter Form bei langdauernder Bewegungslosigkeit (z. B. Abmagerung der Beine bei jahrelangem Bettliegen). Diese sogenannte Inactivitätsatrophie, deren Bedeutung noch jetzt vielfach überschätzt wird, tritt sehr spät ein und erreicht selten hohe Grade. Ziemlich rasch eintretende einfache Muskelatrophie in verschiedener Ausdehnung findet man in manchen Fällen bei Erkrankungen des centralen Nervensystems, ohne sie bisher genügend erklären zu können. Ebenfalls schwer verständlich, aber häufig und praktisch wichtig ist die einfache Muskelatrophie, die bei vielen

Gelenkerkrankungen die um das Gelenk gelegenen Muskeln, besonders die Streckmuskeln (Schulter: Deltoideus, Knie: Quadriceps, Hüfte: Glutäen), oft sehr bald befällt und mit starker Herabsetzung der elektrischen Erregbarkeit verbunden ist.

In etwas anderer Weise stellt sich der Muskelschwund dar, der durch zu feste Verbände, besonders Gipsverbände, entsteht. Hier handelt es sich nach v. Volkmann um Absperrung des arteriellen Blutes: „ischämische Lähmung". Nachdem der Verband einige Zeit gelegen hat, schwellen unter heftigen Schmerzen die gedrückten Muskeln an und gerathen in Contractur. Später tritt eine narbige Schrumpfung des Muskels ein, die Contractur bleibt bestehen. Charakteristisch ist die bis zum Erlöschen gehende Herabsetzung der elektrischen Erregbarkeit ohne Entartungsreaction.

Endlich ist individuelle einfache Muskelatrophie charakteristisch für die Dystrophia musc. progressiva.

Während demnach die einfache Muskelatrophie keinen Schluss auf eine Läsion des Nervensystems gestattet, deutet die Existenz degenerativer Muskelatrophie, d. h. Atrophie mit Entartungsreaction, auf eine Läsion des peripherischen motorischen Nervensystems. Soviel wir bis jetzt wissen, entsteht degenerative Muskelatrophie nur durch Läsion der Strecke vm (Fig. 11), weder durch centrale, noch durch rein musculäre Erkrankungen. Diese Regel gilt wenigstens für die ganz überwältigende Mehrzahl der Fälle, nur in ganz wenigen Fällen primären Muskelschwundes sind neuerdings Andeutungen der EaR gesehen worden. Das Vorkommen der degenerativen Atrophie wird bei Schilderung der EaR (vgl. unten) und bei der Localisation der Lähmungen nochmals zu erwähnen sein.

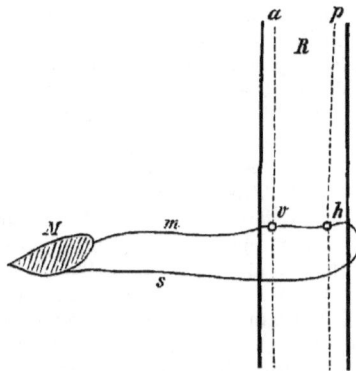

Fig. 11.

Schema des Reflexbogens, welcher zwischen sensorischem und motorischem Muskelnerven besteht. M = willkürl. Muskel. m = motorischer, s = sensorischer Muskelnerv. R = Rückenmark. a = Pyramidenbahn. p = Hinterstrangbahn. v = Vordere graue Substanz. h = Hintere graue Substanz.

Diagnostisch werden die verschiedenen Arten nichtneurotischen Muskelschwundes sich leicht trennen lassen. Bei articulärer Atrophie sind das Vorhandensein oder Vorausgehen einer Gelenkerkrankung, die Beschränkung der mit Schlaffheit verbundenen Atrophie auf die Streckmuskeln, der elektrische Befund, das Fehlen anderweiter Störungen bezeichnend. Leicht wird trotz des gleichen elektrischen Befundes von der articulären die Atrophie durch ischämische Lähmung unterschieden: Vorausgehen eines festen Verbandes wegen Knochenbruches oder dergl., Oedem der Haut, passive Contractur der Beugemuskeln, deren Ueberwindung heftige Schmerzen erregt. Inactivitätsatrophie darf man nur annehmen, wenn lange Inactivität nachgewiesen ist, der einfache Muskelschwund gering ist und sonstige Störungen fehlen.

Diesen Formen, bei denen es sich um secundäre Erkrankung des Muskels handelt, wo der Sitz der primären Erkrankung für den der Atrophie maassgebend ist, steht als systematische Erkrankung des willkürlichen Muskelgewebes die Dystrophia musc. progr. mit ihren Unterarten gegenüber. Hier beginnt die Erkrankung fast immer im jugendlichen Alter, um so früher, je schwerer die Form, und befällt in annähernd symmetrischer Weise bestimmte Muskeln. Tritt sie als Pseudohypertrophie auf, so gesellt sich zur Hypertrophie der Wadenmuskeln die Atrophie der Glutaei, der Lendenstrecker, später erst werden die Schultermuskeln befallen. Bei der leichteren Form, der sog. juvenilen Muskelatrophie, erkranken die letzteren zuerst und zwar findet man fast immer Atrophie der Pectorales, der Cucullares, der Latissimi, der Serrati ant., der Rhomboidei, der Bicip. und Supin. longi, gewöhnlich Hypertrophie der Deltoidei, der Supra- und Infraspinati, der Tricipites, Hypertrophie, die später auch zu Atrophie wird. An zweiter Stelle erkranken die Rücken- und Beinmuskeln. In seltenen Fällen beginnt der Schwund in den Gesichtsmuskeln.

Die Dystrophia musc. progr. von den neurotischen Formen der Muskelatrophie zu unterscheiden, ist gewöhnlich leicht, kann aber auch sehr schwer sein. Für jene ist entscheidend der Nachweis deutlicher Hypertrophie, sprechen mit Wahrscheinlichkeit die beschriebene Localisation, Fehlen fibrillärer Zuckungen und der EaR, Fehlen aller eigentlichen Nervensymptome, sehr jugendliches Alter, familiäres Auftreten der Krankheit, langsamer Verlauf. Für spinale Amyotrophie sprechen mit Sicherheit frühzeitige und deutliche EaR, ausgebreitete und andauernde fibrilläre Zuckungen, Zeichen von Bulbärparalyse, mit Wahrscheinlichkeit Beginn in den kleinen Handmuskeln, Steigerung der Sehnenreflexe, rascher Verlauf. Bei Berücksichtigung aller Merkmale wird nur in einer geringen Anzahl von Fällen ohne deutliche nervöse Symptome, ohne Bulbärparalyse, ohne Heredität, bei Erwachsenen, beim Fehlen deutlicher Hypertrophie und primärem Ergriffensein der Schultermuskeln eine sichere Entscheidung unmöglich sein.

Man hat zuweilen auch bei Dystrophia musc. progr. eine Erkrankung des Nervensystems (Schwund der Vorderhornzellen) gefunden. Wahrscheinlich sind diese seltenen Fälle, in denen das klinische Bild und der Muskelbefund ganz denen der übrigen Fälle von Dystrophie entsprachen, ganz zu trennen von der primären Rückenmarkerkrankung mit degenerativer Muskelatrophie. —

Anhangsweise möge hier der sogenannten Hypertrophie der Nerven, die theils als gleichmässige, theils als knotige Verdickung der oberflächlichen Nervenstämme sich zuweilen nachweisen lässt, gedacht werden. Diese, meist verbunden mit Druckempfindlichkeit, ist fast ausnahmelos ein Symptom entzündlicher Veränderungen, der Neuritis, beziehungsweise

Perineuritis. Sie ist begreiflicher Weise von grossem diagnostischen Werthe. Eigentliche Hypertrophie der Nerven und lipomatöse Pseudohypertrophie entziehen sich wohl der Untersuchung und sind nur bei der Section als Curiosität hier und da gefunden worden. Geschwülste der Nerven, die die Palpation nachweist, sind theils echte Neurome, theils Fibrome, in seltenen Fällen andere Geschwulstarten (Myxome, Sarkome, Carcinome, Syphilome, Lepraknoten). Sie können Ursache heftiger Schmerzen oder echter Neuralgien werden. Als Tubercula dolorosa werden kleine, gewöhnlich harte Nervengeschwülste bezeichnet, die bald dieser, bald jener Geschwulstform angehören.

II. Der Spannungzustand.

Ueber den Spannungzustand der Muskeln belehren die Palpation, die Ausführung passiver Bewegungen und die Prüfung der Sehnenreflexe. Je stärker der Muskel gespannt ist, um so härter fühlt er sich an, der Widerstand, den passive Bewegungen finden, ist proportional dem Grade der Spannung und mit dem Grade der reflectorischen Spannung (des Tonus[1]) steht das Verhalten der Sehnenreflexe gewöhnlich in naher Beziehung. Die Glieder eines Gesunden leisten, sofern er gelernt hat, jede willkürliche Spannung auszuschliessen, keinen nennenswerthen Widerstand. Doch ist dies nur der Fall, wenn die Aufmerksamkeit auf den Zustand des Gliedes gerichtet ist. Lenkt man sie ab, so findet man eine gewisse leichte Spannung, die fehlt, wenn der Muskel abnorm geringe Spannung besitzt. Immerhin kann man durch passive Bewegungen über Verminderung der normalen Muskelspannung keinen sicheren Aufschluss erlangen. Dagegen macht sich diese in der Regel bemerklich durch Verminderung oder Aufhebung der Sehnenreflexe. Besteht die Verminderung der Muskelspannung längere Zeit, so entwickelt sich eine Schlaffheit oder Relaxation der Muskeln, die die letzteren wie überdehnte elastische Stränge erscheinen lässt. Sie fühlen sich abnorm weich an, die tastende Hand findet nicht

---

1) Man hat guten Grund, anzunehmen, dass ein sogenannter reflectorischer Tonus besteht, d. h. dass die durch die Dehnung der Muskeln bewirkte Erregung der sensorischen Muskelnerven direct eine gewisse Erregung der motorischen Nerven und damit eine gewisse Contraction des Muskels bewirkt. (Vgl. Fig. 11.) — Die Stärke des Tonus ist wechselnd, sie nimmt im Laufe des Lebens ab, sie kann unter pathologischen Verhältnissen vermehrt oder vermindet sein, und ob dies der Fall ist, hat die Untersuchung zu prüfen. Verminderung des Tonus muss Erschlaffung, Steigerung muss vermehrte Spannung des Muskels bewirken. Die Erfahrung hat ergeben, dass das Verhalten der Sehnenreflexe im Allgemeinen parallel geht dem des Tonus, dass in der Regel die Lebhaftigkeit jener direct proportional ist dem Grade dieses.

mehr den elastischen Widerstand des gesunden Muskels, die normale Haltung der Glieder fehlt.

Finden passive Bewegungen erhöhten Widerstand und ist die Resistenz des Muskels vermehrt, so spricht man von e r h ö h t e r S p a n n u n g oder Spannung schlechtweg, S t a r r h e i t oder R i g i d i t ä t der Muskeln. Meist macht sich die Spannung dem Kranken selbst als ein Gefühl der Steifheit geltend. Nimmt die Spannung zu, so geht sie allmählich in C o n t r a c t u r über. Diese ist charakterisirt durch Aufhebung der passiven Beweglichkeit, Vorspringen des verkürzten Muskels und die durch Annäherung der Ansatzpunkte bewirkte Deformität.

Rigidität und Contractur können bewirkt sein entweder durch Contraction oder durch Schrumpfung des Muskels. Im ersteren Falle spricht man von K r a m p f, S p a s m u s, s p a s t i s c h e r R i g i d i t ä t, s p a s t i s c h e r oder a c t i v e r C o n t r a c t u r, im letzteren von p a s s i v e r R i g i d i t ä t, beziehungsweise C o n t r a c t u r. Die letztere wieder wird als p a r a l y t i s c h e C o n t r a c t u r bezeichnet, wenn durch dauernd eingehaltene Stellungen in Folge von Lähmung, von Erkrankung der Gelenke u. s. w. die Muskeln, deren Ansatzpunkte dabei genähert worden waren, sich verkürzt haben, als m y o p a t h i s c h e C o n t r a c t u r, wenn es sich um primäre Schrumpfung des Muskels durch entzündliche Veränderungen oder im Verlaufe degenerativer, bez. primärer Atrophie handelt. Da in allen Muskeln, deren Ansatzpunkte einander dauernd genähert sind, peripherische Veränderungen eintreten, die passive Verkürzung bewirken, muss zu jeder activen Contractur mit der Zeit die passive hinzukommen. In praxi stellt sich daher Contracturen gegenüber die Frage oft dahin, ob nur passive Contractur besteht, oder ob ausser dieser auch spastische Phänomene sich finden. Die Unterscheidung beider Formen von Contractur kann schwierig sein. Im Allgemeinen findet man bei spastischen Phänomenen einen elastischen, bei passiver Verkürzung des Muskels einen todten Widerstand. Wird die active Contractur durch passive Bewegungen, die hier nicht schmerzlich zu sein brauchen, überwunden, so schnellt das Glied, sobald der Zwang nachlässt, wie eine Stahlfeder in die frühere Lage zurück. Die passive Contractur überwinden passive Bewegungen, die zuweilen sehr heftigen Schmerz verursachen und dann, wenn sie sonst nöthig sind, in der Narkose ausgeführt werden müssen, natürlich auch bei entsprechender Kraft, der Untersucher aber hat dabei das Gefühl, als ob er einen Stab aus Blei oder Kupfer böge, und die Wirkung ist eine mehr oder weniger dauernde. Die active Contractur ist variabel, die passive nicht. Reizungen

der Muskeln, Sehnen, wohl auch der Haut, (Drücken, Zerren, Faradisiren, rasche Abkühlung u. s. w.) steigern den Spasmus. Dieser
ist daher abends stärker als früh. Er wird nicht selten von Zuckungen
unterbrochen, die bei plötzlichen Dehnungen der Muskeln u. s. w.
eintreten. Besonders brüske Bewegungsversuche steigern die Spannung, während sanfte Bewegungen sie nicht selten überwinden. Im
warmen Bade, wo das verminderte specifische Gewicht Zerrungen
der Muskeln erschwert, nimmt die Starre ab und die vorher unbe-
weglichen Glieder geben oft vorsichtigen Bewegungsversuchen nach.
Im Schlafe nimmt ebenfalls die active Contractur ab, in tiefer Chloroformnarkose endlich verschwindet sie ganz. Die passive Contractur
dagegen ist von äusseren
Umständen unabhängig,
sie ändert sich nur inso-
fern, als sie entsprechend
den Schrumpfungsvor-
gängen im Muskel lang-
sam zu- oder abnimmt.

Die activen, durch
Contraction verursachten
Spannungen und Con-
tracturen zerfallen wieder
in 2 Klassen. Die einen
stellen die Steigerung des
reflectorischen Muskel-
tonus dar, nur für sie benutzt man am besten die
Ausdrücke Spasmus, spa-
stische Phänomene u. s. w.

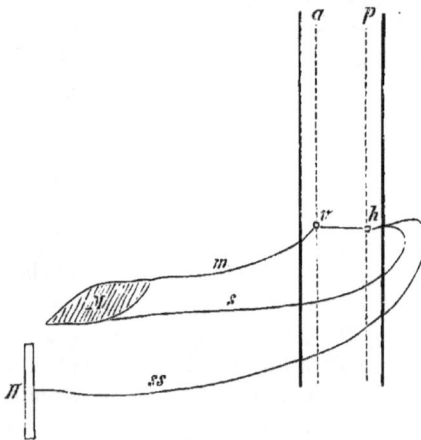

Fig. 12.

Schema des Reflexbogens von Haut zu Muskel. H = Haut,
ss = sensorischer Hautnerv. Die übrigen Bezeichnungen
wie bei Fig. 11.

Bei den anderen handelt es sich entweder um vermehrte willkürliche
Spannung, oder um directe Reizung motorischer Fasern, oder um
einen reflectorischen Krampf mit Benutzung des weiteren Reflexbogens. Letzteres ist so zu verstehen: der kürzeste oder engste
Reflexbogen (vgl. Fig. 11) verbindet die empfindlichen Theile des
Muskels, beziehungsweise der Fascie und Sehne mit der motorischen
Bahn. Handelt es sich um Reizung anderer empfindlicher Theile,
besonders der Haut, so muss eine andere Bahn HhvM (vgl. Fig. 12)
oder die Bahn HhpavM. bei welch letzterer die Verbindung zwischen
p und a im Gehirn stattfindet, eintreten. Bei willkürlichen Bewegungen liegt das Verbindungstück zwischen p und a wahrscheinlich
in der Hirnrinde, bei unwillkürlichen Bewegungen, die auf Hautreize

antworten, in tieferen Hirntheilen. Man beobachtet nun nicht selten
Muskelspannungen bei schmerzhaften Erkrankungen der Haut u. s. w.,
die bald willkürlich, bald unwillkürlich oder reflectorisch sind und
bei denen wahrscheinlich die Bahn HhpavM benutzt wird.

Auf welche Weise eine active Spannung oder Contractur entstanden ist, lässt sich ihr schwer ansehen. In der Prüfung der
Sehnenreflexe aber besitzen wir ein überaus wichtiges Mittel, um den
Charakter erhöhter Muskelspannung zu beurtheilen. Deren Steigerung
nämlich begleitet die Spannung nur dann, wenn der Muskeltonus gesteigert ist, wenn spastische Phänomene im engeren Sinne vorliegen.

Die Steigerung der Sehnenreflexe macht schon die geringsten
Grade spastischer Rigidität kenntlich, lässt, wo passive Bewegungen
noch keinen deutlichen Widerstand finden, das Eintreten der Rigidität
voraussehen und wird endlich von besonderem Nutzen in den Fällen,
wo die oben erwähnte Combination activer und passiver Contractur
besteht, wo die Schrumpfung des Muskels durch dauernde reflectorische Contraction verursacht worden ist. Zeigt eine Contractur Eigenschaften der passiven und sind doch die Sehnenreflexe gesteigert,
so ist zu schliessen, dass es sich ursprünglich um active Contractur
handelte und dass erst secundär zu dieser sich peripherische Veränderungen gesellt haben. Sind die Sehnenreflexe nicht gesteigert,
vielmehr vermindert oder aufgehoben, so kann (abgesehen von den
seltenen Fällen, in denen die Sehnenreflexe durch centrale Veränderungen aufgehoben sind) entweder passive Contractur bestehen oder
Contraction, die durch Reizung von m, von H, ss, p verursacht
ist (vgl. Fig. 12). Denn auch bei der willkürlichen oder bei der
durch Hautreize verursachten unwillkürlichen Spannung sind die
Sehnenreflexe nicht gesteigert. Zu bemerken ist noch, dass man sich
durch ein scheinbares Fehlen der Sehnenreflexe nicht täuschen lassen
darf. Wenn nämlich beim Spasmus die Muskeln ad maximum contrahirt sind, kann natürlich das Beklopfen der Sehnen keine weitere
Contraction verursachen.

Die Untersuchung hat weiter zu prüfen, welche Muskeln sich
in erhöhter Spannung befinden, und auch aus der Verbreitung der
Rigidität lässt sich ein Schluss auf ihre Natur ziehen. Die passive
Contractur beschränkt sich entsprechend den Bedingungen ihrer Entstehung meist auf einzelne Muskeln oder Muskelgruppen. Die active
dagegen pflegt sich bei allen Muskeln eines Gliedes geltend zu machen,
ergreift auch die Antagonisten, so dass die Beweglichkeit sowohl
nach der einen als nach der anderen Richtung gehemmt ist. Freilich pflegt auch die active Contractur in der einen Muskelgruppe

stärker zu sein als in der anderen, hier in den Beugern. dort in den Streckern, und demgemäss finden wir das Glied bald in Beugestellung, bald in Streckstellung fixirt. Immer aber findet auch bei Streckcontractur die passive Beugung Widerstand. und umgekehrt sind die Sehnenreflexe in den Beugern gesteigert wie in den Streckern.

Sind die Muskeln einer Körperhälfte contracturirt. so spricht man wohl von Hemi-contractur, sind nur die Muskeln eines Gliedes befallen, von Monocontractur.

Fig. 13.
Linksseitige Hemiplegie mit Contractur (nach der Iconographie de la Salpêtrière von Bourneville und Regnard).

Da Verminderung der normalen Muskelspannung wesentlich nur durch Herabsetzung, beziehungsweise Erlöschen der Sehnenreflexe zu erkennen ist, wird ihr Vorkommen und ihre Bedeutung im Abschnitt Reflexerregbarkeit besprochen. Das Gleiche gilt von den Zuständen vermehrter activer Muskelspannung. die mit Steigerung der Sehnenreflexe verbunden ist. Die passive Contractur ist stets eine secundäre Erscheinung und bietet keinen Anhalt zu diagnostischen Schlüssen auf den Sitz der primären Läsion.

Besondere Erwähnung verdienen noch zwei Formen vermehrter Muskelspannung. Den spastischen Erscheinungen ist wahrscheinlich die kataleptische Starre zur Seite zu stellen. Man versteht darunter einen Zustand, wo alle Muskeln eines Gliedes passiven Bewegungen einen gleichmässigen, geringen Widerstand entgegensetzen und die Glieder jede ihnen ertheilte Stellung durch längere Zeit bewahren. Man nennt diesen Zustand auch „wächserne Biegsamkeit (Flexibilitas cerea)“. Das Wesentliche dabei scheint zu sein, dass der Contractionzustand der rigiden Muskeln kein gleichbleibender ist, sondern je nach der verschiedenen Stellung des Gliedes derart wechselt, dass der Einfluss der Schwere eben überwunden wird. Offenbar handelt es sich dabei um den Ausdruck seelischer Zustände.

Anders stellt sich die Rigidität bei Paralysis agitans dar. Hier entwickelt sich ganz allmählich an der Mehrzahl der Muskeln eine gewisse Starrheit, die die einzelnen Theile in bestimmten Stellungen fixirt, ziemlich leicht durch passive Bewegungen überwunden werden kann, aber immer in derselben Weise wiederkehrt. Diese Rigidität verursacht eine charakteristische Körperhaltung (vgl. Fig. 14). Die Sehnenreflexe sind nicht gesteigert.

III. Die Motilität.

a. Lähmung.

Unter Lähmung verstehen wir das Unvermögen eines oder mehrerer Muskeln, sich auf den ihnen adäquaten Reiz hin in normaler Weise zu verkürzen. Lähmung willkürlicher Muskeln bedeutet demnach Unfähigkeit, durch den Willen contrahirt zu werden, oder Aufhebung der willkürlichen Beweglichkeit durch eine Erkrankung des activen Bewegungsapparates. Nicht zur Lähmung rechnen wir die Störungen der Beweglichkeit, die durch Erkrankung der Gelenke, Bänder u. s. w. verursacht werden. Von Lähmung eines Nerven kann man nur in dem Sinne reden, dass die von ihm versorgten Muskeln gelähmt seien, will man Störung oder Aufhebung der Function eines Nerven be-

Fig. 14.
Charakteristische Haltung des Körpers bei Paralysis agitans (nach Strümpell).

zeichnen, so bedient man sich besser des Ausdrucks Läsion oder eines ähnlichen. Setzt man zu dem Worte Lähmung ein zweites, so will man damit den Sitz oder die Ursache der Erkrankung bezeichnen. so heisst Muskellähmung Lähmung durch Erkrankung des Muskels. Nerven-, Rückenmark-, Gehirnlähmung Lähmung durch Erkrankung des Nerven, Rückenmarks, Gehirns, so spricht man von Bleilähmung u. s. w.

Im weitesten Sinne bezeichnet man als Lähmung jede Verminderung der Beweglichkeit im oben erläuterten Sinne, demnach alle

Stufen zwischen Schwäche und Bewegungsunfähigkeit. Letztere, die Aufhebung der willkürlichen Beweglichkeit oder Motilität, ist die Lähmung im engeren Sinne, Paralysis, Akinesis. die verschiedenen Grade der Schwäche nennt man Paresis. Hypokinesis, oder man unterscheidet auch vollständige und unvollständige Lähmung. Paralysis completa, incompleta. In anderem Sinne gebraucht man das Wort total. z. B. heisst eine Facialislähmung total, wenn alle Gesichtsmuskeln gelähmt sind. complet aber., wenn die gelähmten Gesichtsmuskeln ganz bewegungsunfähig sind.

Der Paralysis totalis s. universalis steht die Paralysis partialis s. circumscripta gegenüber. Ist die Lähmung auf rechte oder linke Körperhälfte beschränkt, so spricht man von Hemiplegie, die total ist, wenn die ganze Körperhälfte gelähmt ist, partiell, wenn etwa nur Gesicht und Arm oder Arm und Bein gelähmt sind. Im Gegensatze zur totalen Hemiplegie spricht man auch von Monoplegie, damit nicht Lähmung eines Muskels, sondern eines Gliedes meinend. Hat die Lähmung beide Körperhälften ergriffen, so heisst sie Paraplegia (oder Diplegia) und zwar Paraplegia cruralis oder Paraplegie schlechtweg, wenn beide Beine. Paraplegia brachialis, wenn beide Arme gelähmt sind. Demnach sind auch die Ausdrücke Hemiparesis. Paraparesis verständlich. Hemiplegia cruciata s. alternans bedeutet, dass bestimmte Theile links und andere Theile rechts gelähmt sind, z. B. die Glieder links, das Gesicht rechts oder Glieder und Gesicht links, Augenmuskeln rechts. Der Ausdruck Hemiplegia cruciata wird im engeren Sinne für den Fall gebraucht, dass der Arm der einen, das Bein der anderen Seite gelähmt ist.

Weiter giebt man der Lähmung Beiworte je nach dem Zustande der gelähmten Muskeln. Man spricht von atrophischer oder von pseudohypertrophischer Lähmung. Man nennt eine Lähmung spastisch, wenn der Tonus der Muskeln gesteigert ist, Rigidität oder active Contractur besteht; man nennt sie schlaff, wenn die Muskeln nicht gespannt oder relaxirt sind.

Die Untersuchung auf Lähmung besteht wesentlich darin, dass man den Kranken auffordert, bestimmte Bewegungen zu machen, und aus dem Functionsdefect, wo ein solcher sich findet, auf die Ausbreitung der Lähmung schliesst. Dazu muss man wissen, welche Function die einzelnen Muskeln haben und welche Störung durch ihren Ausfall, beziehungsweise ihre Schwächung entsteht. Im II. Theile findet man hierüber Aufschluss. Ausser der mangelnden Beweglichkeit belehrt oft Lage oder Haltung der Theile über Lähmung. Auf diese Kennzeichen ist man zum Theil bei bewusstlosen Kranken und in gewissem Grade auch bei kleinen Kindern angewiesen. Bei Kranken z. B., die in Folge eines apoplektischen Insultes bewusstlos sind, pflegen, wenn Hemiplegie besteht, die gelähmten Glieder schlaffer zu sein als die gesunden, in die Höhe gehoben und losgelassen fallen sie wie todt herab, während die gesunden Glieder langsamer herabsinken und ihre natürliche Lage mehr oder weniger bewahren. Die gelähmte Wange pflegt bei der Einathmung eingesunken zu sein und durch die Ausathmung wie ein Segel aufgeblasen zu werden, der gelähmte Mundwinkel steht tiefer, oft fliesst der Speichel aus ihm. In selteneren Fällen sind die Muskeln der gelähmten Seite gespannt, wie bei der späten Contractur der Hemiplegischen, und man erkennt an dem krankhaften Widerstande, den passive Bewegungen finden, die Hemiplegie. Nach den weiter unten zu besprechenden Regeln kann auch das Verhalten der Reflexe bei bewusstlosen Kranken zum Nachweis von Lähmung verwerthet werden.

Handelt es sich nur um Parese, so ist ihr Grad annähernd zu bestimmen. Es ist anzugeben, ob die zu prüfende Bewegung bis zu ihrem Ende geführt werden kann, z. B. ob der Rectus ext. das Auge bis in den äusseren Lidwinkel bewegt, ob die Bewegung rasch oder nur langsam möglich ist, ob sie stetig oder unter Zittern zu Stande kommt, welchen Widerstand sie überwinden kann. Von besonderer Wichtigkeit ist der letztere Punkt. Man stellt dem zu untersuchenden Muskel einen veränderlichen Widerstand entgegen und hat in der Grösse des überwundenen Widerstandes ein Maass der Kraft. Der beste Kraftmesser ist die Hand des Untersuchers, wenn sie die nöthige Uebung besitzt. Zwar ist das Resultat nicht in Zahlen auszudrücken, aber dieser Nachtheil ist gering, da gerade hier Zahlen nur einen beschränkten Werth haben. Durch wiederholte Prüfung der Verhältnisse bei Gesunden und Kranken gelingt es ziemlich bald, sich ein Urtheil zu verschaffen über die Kraftleistung, die man von den verschiedenen Muskeln zu erwarten hat. Bei keiner Untersuchung der Motilität sollte die Kraftprüfung versäumt werden, denn diese dient nicht nur zur Beurtheilung des Grades der Schwäche, sondern oft entdeckt man durch sie Paresen, die sonst unbemerkt bleiben. Zur Messung des Händedruckes dient das als Dynamometer bezeichnete Instrument (vgl. Fig. 15, S. 68). Der Zeiger giebt die Zahl der Kilogramme an, die dem Drucke entspricht. Man fordert den Kranken auf, das Instrument in die Hand zu nehmen, so dass die Finger es bequem und sicher umfassen, und bei gestrecktem

Arme, ohne Stossbewegung des Armes, es rasch und kräftig zu-
sammenzudrücken. Ist die Haut der Hohlhand sehr empfindlich, so
kann man den Metallbogen mit Gummi oder Zeugstoffen umwickeln.
Man beobachtet den Zeiger während des Drückens und hat nicht
nur darauf zu achten, wie weit der Zeiger vorrückt, sondern auch
darauf, wie lange der Kranke im Stande ist, den maximalen Druck
auszuüben. Dabei muss man wissen, dass erst nach Ueberwindung
der anfänglichen Ungeschicklichkeit die höchste Zahl erreicht wird,
dass bei rasch hintereinander folgenden Prüfungen auch bei Gesunden
ziemlich bald Ermüdung eintritt, dass an den verschiedenen Tages-
zeiten die Kraftleistung nicht ganz dieselbe ist (nach Buch ist sie
früh am geringsten, steigt nach dem Frühstück, erreicht nach dem
Mittagessen das Maximum, sinkt dann etwas, steigt gegen Abend
an, nimmt während der Nacht ab).

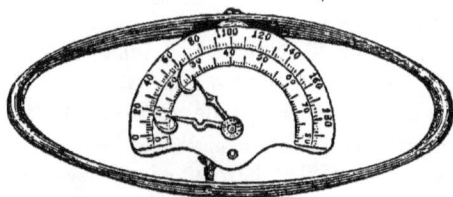

Fig. 15.
Dynamometer.

Das Dynamometer ist besonders bei einseitigen Erkrankungen
und dann brauchbar, wenn es gilt, bei wiederholten Untersuchungen
sich über Zu- oder Abnahme der Schwäche zu unterrichten.

Um die Kraft der Beine zu messen, kann man verschiedene Vor-
richtungen anwenden. Pitres legte Duchenne's Dynamometer in die
Kniekehle und liess den Unterschenkel kräftig beugen. R. Fried-
länder wandte die in Fig. 16 und 17 abgebildeten Apparate an.
Keiner von ihnen hat weitere Verbreitung gefunden.

Pitres fand als Durchschnittswerthe bei Männern für die rechte Hand
49 Kgr., für die linke 44 Kgr., bei Frauen 29, beziehungsweise 26 Kgr.
Demange nennt als Durchschnittszahl bei Siebzigjährigen 40 Kgr. Fried-
länder fand (an älteren, schwächlichen Individuen) bei Männern für das
rechte Bein 35 Kgr. (Streckung) und 39 Kgr. (Beugung), für das linke
Bein 37 Kgr. (Streckung) und 41 Kgr. (Beugung), bei Frauen entsprechend
25 und 29, 26 und 30 Kgr.

Ich fand bei der Untersuchung von 30 annähernd gesunden Männern
im Alter von 25—55 Jahren als Durchschnittszahl für die rechte Hand
63 Kgr., für die linke Hand 74 Kgr. Das Ueberwiegen der linken Hand

war bei der ersten Prüfung nahezu constant, glich sich aus bei fortgesetzter Uebung. An 15 über 80 Jahre alten gesunden Männern erhielt ich für die rechte Hand 42 Kgr., für die linke 38 Kgr.

Zu unterscheiden ist die durch Lähmung verursachte Verminderung der Motilität von der durch Krämpfe oder Contracturen oder Ankylosen u. s. w. verursachten. Das Verhalten gegen passive Bewegungen entscheidet. Nur wo Lähmung neben den eben genannten anderen Zuständen besteht, kann die Diagnose schwer sein. Der Ernährungzustand der Muskeln, das Verhalten gegen elektrische und mechanische Reize können dann zuweilen auf den rechten Weg leiten. Hier und da wird die Entscheidung unmöglich sein.

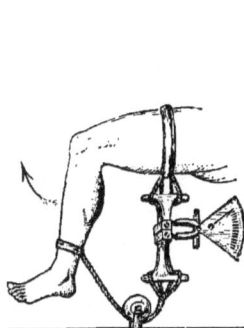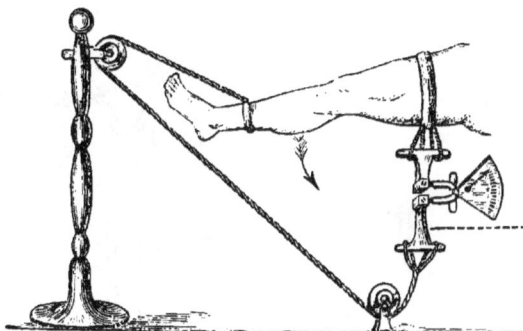

Fig. 16.   Fig. 17.

Parese ist ferner zu unterscheiden von Ataxie, worauf unten eingegangen wird.

Gelegentlich kann auch die durch Anästhesie verursachte Störung der Beweglichkeit Lähmung vortäuschen. Bewegungstörungen durch Anästhesie treten nicht ein, so lange das Auge die Bewegungen überwacht. Erst nach Ausschluss des Auges wird die Motilität gestört. Dies Verhalten wird Verwechselung mit Lähmung verhindern (vgl. Abschnitt: Anästhesie).

Endlich kann Bewegungslosigkeit entstehen, wenn die Bewegungen heftigen Schmerz verursachen, die Kranken halten dann unwillkürlich still und folgen der Aufforderung zu Bewegungen nicht. Unter Umständen kann dann die Untersuchung nur in der Narkose ausgeführt werden.

Lähmung entsteht, wenn an irgend einer Stelle die motorische Bahn ganz oder theilweise unterbrochen ist. Die Läsion muss dann einen bestimmten Sitz haben und man spricht von organischer

Lähmung. Dieser stellt man gegenüber die functionelle oder seelische Lähmung, bei der die motorische Bahn unbeschädigt ist, seelische Zustände aber den Willen hemmen. Wir fassen zunächst die Localisation der **organischen Lähmung** ins Auge und werden später die Diagnose der functionellen Lähmung besprechen.

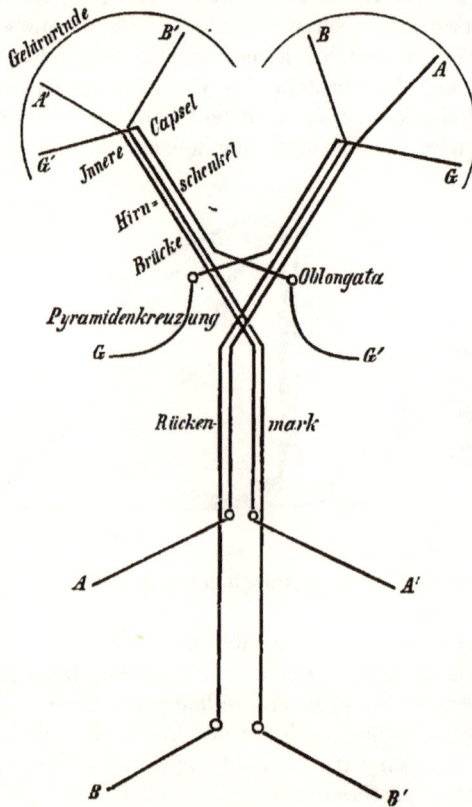

Fig. 18.

Schema der Willensbahn zu Gesicht, Arm und Bein.

B = Beinbahn, A = Armbahn, G = Gesichtsbahn, O = Kern, beziehungsweise Vorderhorn.

Die Willensbahn zerfällt in zwei Abschnitte. Der erste beginnt mit den Ganglienzellen der motorischen Theile der Hirnrinde und umfasst die cerebralen und spinalen Pyramidenbahnen, der zweite beginnt mit den Ganglienzellen der Vorderhörner (Nervenkerne) und umfasst den peripherischen Theil der Bahn zu den Muskeln. Eine Läsion des ersten Abschnittes, gleichgiltig wo innerhalb derselben ihr Sitz, bewirkt centrale Lähmung, eine Läsion des zweiten bewirkt peripherische Lähmung, innerhalb der man herkömmlicher Weise die Kernlähmung und die im engeren Sinne peripherische Lähmung unterscheidet.

Die Unterscheidung der peripherischen (und der Kernlähmung) von der centralen Lähmung kann sich gründen auf die Verbreitung der Lähmung oder auf begleitende Symptome. Der Grad der Lähmung ist ohne wesentliche Bedeutung, da er begreiflicher Weise nicht sowohl von der Localisation als von der Stärke der Läsion abhängt. Nur für die durch Erkrankung der Gehirnrinde verursachten, die sogenannten corticalen Lähmungen, ist es in gewissem Grade charakteristisch, dass sie fast immer nur Paresen darstellen. Die grossen Bewegungen können mit leidlicher Kraft ausgeführt werden, dagegen sind alle feineren Bewegungen, bei denen Präcision und Geschicklichkeit erfordert werden, unmöglich.

Jede individuelle Lähmung, d. h. jede Lähmung, bei der nur bestimmte Muskeln oder Muskelgruppen gelähmt sind, ist fast immer durch peripherische Läsion oder durch Läsion der Kerne (Vorderhörner) entstanden. Centrale Lähmungen sind diffus, es sind alle Muskeln eines Gliedes oder wenigstens Gliedabschnittes gelähmt, und wenn auch oft genug die einen Muskeln schwerer betroffen sind als die anderen, z. B. die Strecker mehr als die Beuger, so kommt doch nie das Intactsein einzelner Muskeln innerhalb des Gebietes der Lähmung vor. Diese Regel ist durch die Erfahrung bewährt für das Gebiet der Spinalnerven, sie erleidet vielleicht für einige Hirnnerven Einschränkungen, worauf später eingegangen wird. Denkbar wäre es, dass einzelne centrale Elemente lädirt würden, dass centrale individuelle Lähmungen vorkämen, die Erfahrung aber weiss von ihnen nichts. Höchstens sieht man bei kleinen Rindenverletzungen, dass die Beweglichkeit einiger Finger mehr behindert ist, als die der anderen. Die Regel darf natürlich nicht umgekehrt werden, denn Lähmung en masse kann auch durch peripherische Läsion entstehen, wenngleich dies nicht gerade häufig ist.

Von den diffusen Lähmungen sind sicher centraler Natur die hemiplegischen, d. h. Lähmung einer Körperhälfte, oder einer Gesichtshälfte und eines Armes, oder eines Armes und eines Beines. Monoplegien sowohl, als Paraplegien können centraler Natur sein, brauchen es aber nicht zu sein.

Symmetrie der Lähmung lässt keinen sicheren Schluss auf die Localisation der Läsion zu, denn begreif-

licher Weise können Kernläsionen symmetrische Lähmungen ebensowohl wie centrale Läsionen bewirken und erfahrungsgemäss können
auch Erkrankungen gemischter Nerven symmetrisch auf beide Seiten
vertheilt sein. Immerhin wird Symmetrie der Lähmung ceteris paribus für eine Läsion an der Stelle sprechen, wo die für symmetrische
Theile bestimmten Fasern zusammenliegen, d. h. im Gehirn oder
Rückenmark, oder auch in den vorderen Wurzeln.

Vorhandensein der Entartungsreaction ist fast stets
die Wirkung einer peripherischen oder einer Kernläsion.
Man hat zwar neuerdings einigemale partielle Entartungsreaction
bei cerebraler Lähmung gefunden, doch ist ein solches Vorkommen
wohl eine grosse Seltenheit und in praxi kann man sich immerhin
an die Regel halten. Sie darf nicht umgekehrt werden, denn einmal
kommen leichte Läsionen des Nervenstammes ohne EaR sehr oft vor,
zum andern fehlt die EaR fast stets bei Lähmungen durch einfache
Muskelatrophie, und drittens ist bei gewissen Kernläsionen die EaR
nicht immer nachzuweisen. Bei spinaler progressiver Muskelatrophie,
bei progressiver Bulbärparalyse und bei amyotrophischer Lateralsklerose handelt es sich darum, dass die Zellen des Kerns (Vorderhorns) eine nach der anderen absterben. Es muss demnach eine
Anzahl Nerven- und Muskelfasern in degenerativer Atrophie begriffen sein; diese befinden sich aber verstreut zwischen noch
gesunden Fasern. Nur wo gleichzeitig eine grössere Zahl atrophi-
render Fasern sich findet, gelingt es der elektrischen Untersuchung,
die EaR nachzuweisen. In der Regel ist dies schwer, misslingt dem
weniger Geübten fast stets und oft ist es gar nicht möglich. Auch
da, wo EaR sich findet, zeigt die Mehrzahl der kranken Muskeln
nur einfache Verminderung der Erregbarkeit.

Bei diffuser Lähmung lässt diffuse Atrophie nur
dann auf peripherische Läsion schliessen, wenn EaR
besteht. Das Fehlen von Atrophie bei diffuser Lähmung macht
die centrale Natur wahrscheinlich, macht sie nahezu sicher, wenn
die Lähmung schon längere Zeit, etwa einen Monat besteht. Peripherische Lähmungen ohne Atrophie kommen nämlich nur bei leichter
Läsion vor und pflegen nach einigen Wochen wieder verschwunden
zu sein.

Das Vorhandensein individueller Atrophie macht
jederzeit die Existenz einer peripherischen oder einer
Kernläsion wahrscheinlich.

Das Vorhandensein der Sehnenreflexe bei completer
Lähmung beweist die centrale Natur der Läsion. Jede

spastische Lähmung setzt eine centrale Läsion voraus.
Eine scheinbare Ausnahme von dieser Regel könnte beobachtet werden, wenn bei peripherischer Parese die Reflexerregbarkeit, sei es
durch peripherische Reize, sei es nach Art der Strychninvergiftung,
beträchtlich gesteigert wäre. Doch findet sich dann die Steigerung
der Reflexe nicht im Gebiete der Lähmung, ist z. B. nicht, wenn
der Triceps gelähmt ist, der Tricepsreflex gesteigert. Bisher sind nur
einige Fälle verbreiteter peripherischer Neuritis bekannt, wo die Sehnenreflexe gesteigert waren, es bestanden in ihnen nur Paresen und die
Muskeln, die durch Beklopfen der Sehnen zu lebhafter Contraction gebracht werden konnten, waren nicht gelähmt. Auch sind derartige
Fälle so selten, dass sie in praxi vernachlässigt werden dürfen.

Das Fehlen der Sehnenreflexe kommt zwar viel häufiger bei
peripherischer Läsion als bei centraler vor, beweist aber an sich
nichts. Die Sehnenreflexe können nämlich auch durch centrale
Läsion aufgehoben werden. Sie fehlen manchmal beim plötzlichen
Eintritte einer Gehirnerkrankung, nach schweren epileptischen Anfällen, nach starken Insulten verschiedener Art, unter noch nicht
genügend bekannten Umständen bei Gehirngeschwülsten (besonders
Kleinhirngeschwülsten). Ferner scheinen die Sehnenreflexe bei einer
das Rückenmark ganz vom Gehirn abtrennenden Läsion zu erlöschen.
Endlich hat man in einzelnen Fällen bei Compression des Markes
Erlöschen der Reflexe beobachtet. Bei dem durch Shock erklär-
baren Fehlen der Reflexe kehren diese nach verhältnissmässig kurzer
Zeit zurück. In den anderen Fällen (gewisse Hirntumoren, vollständige Durchtrennung des Markes, Compression) fehlen sie dauernd.
Es ist demnach nicht zulässig, aus dem Fehlen der Sehnenreflexe
allein auf eine Unterbrechung des Reflexbogens und damit auf eine
im weiteren Sinne peripherische Läsion zu schliessen.

Eine Läsion, die den motorischen Nerven oder
ausschliesslich den Kern (nicht zugleich die Pyramidenbahn) trifft, verursacht jederzeit eine schlaffe Lähmung
und lässt, sobald sie die Leitungsfähigkeit aufhebt, die Sehnenreflexe verschwinden. Doch lässt sich das Fehlen der Sehnenreflexe für die Diagnose der Lähmung nur dann verwenden, wenn
nachgewiesen ist, dass sie mit dem Eintritte der Lähmung verschwunden sind, oder wenn bei einseitiger Lähmung die Sehnenreflexe auf der nicht gelähmten Seite erhalten sind. Fehlen der
Sehnenreflexe kann nämlich auch durch Läsion des aufsteigenden
Schenkels des Reflexbogens oder des Verbindungsstückes zwischen
diesem und der motorischen Ganglienzelle bewirkt werden. Die

Sehnenreflexe können daher auch vor dem Eintritte der Lähmung gefehlt haben. Wenn z. B. ein Tabeskranker, bei dem das Kniephänomen fehlt, eine Hemiplegie bekommt, besteht centrale Lähmung mit Fehlen der Sehnenreflexe.

Bei Paresen scheint sich die Sache so zu verhalten: Die Sehnenreflexe können erhalten bleiben, so lange eine Anzahl von Muskelfasern in normaler Weise innervirt wird, sie verschwinden aber, sobald auch nur in der leichtesten Weise die Gesammtheit der motorischen Elemente lädirt ist. Wenn z. B. im M. quadriceps die Hälfte Muskelfasern, sei es durch einfache musculäre Atrophie, sei es durch Erkrankung eines Theiles der Cruralisfasern, sei es durch Erkrankung eines Theiles der Vorderhornzellen gelähmt ist, die andere Hälfte aber gesund ist, wird Parese mit erhaltenem Kniephänomen vorhanden sein. Wenn aber alle Fasern des N. cruralis einem mässigen Drucke ausgesetzt werden, so wird bei vielleicht ganz geringer Parese das Kniephänomen fehlen.

So erklärt es sich, dass auch bei Paresen mit partieller Entartungsreaction die Sehnenreflexe erhalten sein können. Wie viel Nerv-Muskel-Elemente intact sein müssen, ist nicht mit Bestimmtheit zu sagen.

Das Vorhandensein der Hautreflexe bei completer Lähmung beweist die centrale Läsion. Im Uebrigen sind die aus dem Verhalten der Hautreflexe zu ziehenden Schlüsse noch unsicherer als die auf die Sehnenreflexe gegründeten. Das Fehlen der Hautreflexe ist mit Vorsicht zu deuten, sie fehlen zum Theil auch bei centraler Läsion vermöge der sogenannten Reflexhemmung, können natürlich auch durch Läsion der centripetalen Bahn aufgehoben sein. Bei peripherischen Paresen pflegen die Hautreflexe dem Grade der Schwäche entsprechend herabgesetzt zu sein.   ·

Krämpfe gelähmter Muskeln lassen nur dann auf eine centrale Läsion schliessen, wenn eine directe Reizung der motorischen Nerven unterhalb der Läsionstelle ausgeschlossen werden kann. Näheres wird später bei der Localisation der Krämpfe beigebracht werden.

Fibrilläre Zuckungen begleiten in der Regel die degenerative Atrophie, besonders bei Vorderhornerkrankung, und sind, da sie bei einfacher Atrophie zu fehlen pflegen, von einer gewissen diagnostischen Wichtigkeit. Doch darf man nicht vergessen, dass einmal nicht ausnahmelos bei jeder degenerativen Atrophie die fibrillären Zuckungen sich zeigen, dass sie andererseits gelegentlich auch da vorkommen, wo keine organische Läsion besteht.

Sensorische, vasomotorische Störungen sind für die Unterscheidung zwischen peripherischer und centraler Lähmung ohne wesentliche Bedeutung, die diagnostische Verwerthung solcher Störungen wird später besprochen werden.

Nach alledem sind die Hauptkennzeichen der centralen Lähmung: diffuse Lähmung, Fehlen der individuellen Atrophie, qualitativ normale elektrische Erregbarkeit, Erhaltensein oder Steigerung der Sehnenreflexe, beziehungsweise spastische Phänomene; die der peripherischen und der Kernlähmung: individuelle Lähmung und Atrophie, Vorhandensein der Entartungsreaction, Fehlen der Reflexe. Eigentlich pathognostisch ist kein Zeichen. Immer kommt es auf die Gruppirung im einzelnen Falle an; die allgemeine Besprechung bleibt immer ungenügend.

Bestehen gleichzeitig eine peripherische und eine centrale Läsion, so kann die letztere nur unter bestimmten Umständen erkannt werden. Besteht z. B. innerhalb des Gebietes centraler Lähmung eine Zone mit degenerativer Atrophie, zeigen etwa einige Muskeln einer gelähmten Körperhälfte complete Entartungsreaction, wie es bei Neuritis der Hemiplegischen vorkommt, so wird die Diagnose nicht schwer sein, es muss ausser der cerebralen Läsion eine peripherische bestehen. Bei Besprechung der Localisation centraler Läsion werden einzelne Combinationen Erwähnung finden. Decken sich aber die Gebiete der Lähmung, so wird in der Regel die peripherische Läsion die centrale verdecken. Ist z. B. die Cauda equina zerstört, so muss eine etwa vorhandene Läsion des unteren Rückenmarkendes unerkannt bleiben. Sind die Vorderhornzellen vollkommen degenerirt, so kann eine Erkrankung der centralen Pyramidenbahnen keine Symptome machen. Ist jedoch die peripherische Unterbrechung der motorischen Bahn nur eine partielle, sind z. B. die Vorderhörner nur zum Theil erkrankt, so kann die centrale Läsion, die Degeneration der Pyramidenbahn, an der Steigerung der Sehnenreflexe und der Rigidität erkannt werden. In den Fällen, wo bei der anatomischen Untersuchung Degeneration der centralen Pyramidenbahn und der Vorderhörner gefunden wurde, fehlten neben der atrophischen Lähmung die spastischen Phänomene bald ganz, bestand bald nur Steigerung der Schnenreflexe, bald Rigidität oder Contractur. Wie das Krankheitsbild sich gestaltet, das hängt wohl ab einerseits von dem Stärkeverhältnisse zwischen Seitenstrang- und Vorderhornerkrankung, andererseits von dem zeitlichen Verhältnisse beider, derart, dass bei starker und frühzeitiger Erkrankung der centralen Bahnen die spastischen Erscheinungen deutlich sind. Es besteht dann spastische Lähmung mit Atrophie und in der Regel mit partieller Entartungsreaction.

Die genauere Localisation der peripherischen Lähmung und besonders die Unterscheidung zwischen Kernlähmung und peripherischer Lähmung im engeren Sinne
ist oft sehr leicht, kann aber auch schwer oder unmöglich werden.
Den wichtigsten Fingerzeig entnehmen wir dem Vorhandensein oder Fehlen sensorischer Störungen. Das
erstere gestattet sowohl ein rein musculäres Leiden als eine isolirte Erkrankung der vorderen grauen Substanz oder der vorderen
Wurzeln endgültig auszuschliessen. Demnach kann besonders eine
sogenannte Poliomyelitis. d. h. eine auf die Vorderhörner beschränkte
Entzündung, oder eine primäre Degeneration der Vorderhornzellen
nicht angenommen werden, sobald stärkere Schmerzen, Hyperästhesie,
Anästhesie nachgewiesen sind. Das Fehlen aber sensorischer Störungen gestattet einen positiven Schluss auf Vorderhornerkrankung
nicht, denn abgesehen von rein musculären Affectionen und isolirten
Erkrankungen der vorderen Wurzeln kommen wahrscheinlich nicht
allzu selten Fälle vor, wo die motorischen Fasern der gemischten
Nerven primär und isolirt erkranken, Fälle, deren Typus die gewöhnliche Bleilähmung ist. Wir sind demnach bei der Localisation
peripherischer Lähmungen ohne Sensibilitätstörung auf anderweite
Unterscheidungsmerkmale angewiesen.
Aus der Ausbreitung der Lähmung kann man nur dann
einen sicheren Schluss ziehen, wenn die Lähmung alle von Einem
Nerven versorgten Muskeln trifft. Dann kann man die
Läsion mit Sicherheit in diesen Nerven selbst verlegen,
denn schon im Plexus und in den vorderen Wurzeln ist die Gruppirung der Fasern eine andere. Alle anderen Schlüsse aus der Vertheilung der Lähmung sind unsicher. E. Remak hat darauf hingewiesen, dass Lähmung einer Gruppe functionell zusammengehörender
Muskeln am leichtesten durch eine Läsion bestimmter Territorien
der Vorderhörner zu Stande kommen könne, da in diesen wahrscheinlich die Ganglienzellen functionell verbundener Muskeln bei
einander liegen. Er hat verschiedene Typen spinaler atrophischer
Lähmung aufgestellt. Dem Oberarmtypus, bei dem hauptsächlich
Deltoideus, Biceps. Brach. int., Supin. long. gelähmt sind, soll eine
Vorderhornläsion im oberen Theile der Halsanschwellung entsprechen.
Dem Vorderarmtypus, bei dem wie bei der Bleilähmung die Strecker
der Hand und der Finger leiden, die Supinatoren verschont werden,
soll eine Läsion im mittleren Theile der Halsanschwellung zu Grunde
liegen. Bei Lähmung der kleinen vom Ulnaris und Med. versorgten
Handmuskeln soll der unterste Theil des Halsmarkes in der Höhe

des achten Hals- und ersten Brustnerven betroffen sein. Bei Lähmung des Cruralisgebietes wird oft der M. sartorius verschont, leidet
dagegen oft der M. tib. ant. mit, bei Lähmung des Unterschenkels
bleibt der Tibialis oft frei, während er andererseits oft allein erkrankt. Dementsprechend soll der Kern des Tib. ant. in der Nähe
des Cruraliskernes im mittleren Abschnitt des Lendenmarkes liegen.
während in der unteren Hälfte desselben der Sartoriuskern neben
der Kernregion des Ischiadicus zu vermuthen ist. Aber Remak
selbst hat hervorgehoben, dass auch Läsionen der vorderen Wurzeln
und naheliegenden Plexusabschnitte ähnliche Lähmungen bewirken
(z. B. Läsion des fünften und sechsten Halsnerven am Erb'schen
Punkte den Oberarmtypus). Ausserdem ist nachgewiesen, dass die
Bleilähmung durch Erkrankung der peripherischen Radialiszweige
entstehen kann. Andere Thatsachen machen es wahrscheinlich, dass
auch in anderen Fällen die Lähmung functionell verbundener Muskeln
nicht durch spinale, auch nicht durch Plexusläsionen zu entstehen
braucht, sondern dass die Function selbst, die besondere Anstrengung
gemeinsam arbeitender Muskeln, die individuelle Erkrankung ihrer
Nervenzweige bewirken oder wenigstens vorbereiten kann.

Dass eine rein motorische peripherische Lähmung nicht spinaler
Natur ist, kann unter Umständen der Verlauf beweisen. Wenn
nämlich eine solche Lähmung, die complet und von Entartungsreaction
begleitet war, heilt, so war sie sicher extraspinaler Natur. Es muss
dann die motorische Bahn zerstört gewesen sein, dass aber eine Re-
generation von intraspinalen Fasern und Zellen nicht existirt, ist
hinlänglich festgestellt.

Die Diagnose einer isolirten Vorderhornerkrankung ist demnach
schwierig. Wir haben bis jetzt nur dann das Recht, sie als sicher hin-
zustellen, wenn das ganze Krankheitsbild einer klinisch und
anatomisch gesicherten Vorderhornerkrankung entspricht. Als
solche kommen hauptsächlich in Betracht: die acute Poliomyelitis
und die spinale progressive Muskelatrophie. Jene ist gekennzeichnet
durch plötzlichen Beginn (mit Fieber, oft mit Krämpfen) einer mehr
oder weniger ausgebreiteten, oft functionell verbundene Muskelgruppen befallenden Lähmung. Die Lähmung nimmt nach Ablauf des
acuten Stadium wieder ab, die dauernd gelähmten Muskeln aber
werden rasch atrophisch und zeigen (meist complete) EaR. Störungen der Sensibilität oder der Sphincteren fehlen gänzlich. Die
Betroffenen sind meist Kinder, selten Erwachsene.

Der spinalen progressiven Muskelatrophie ist eigenthümlich die
schleichende Entwickelung annähernd symmetrischer Atrophie, die

fast immer in den kleinen Handmuskeln, seltener in den Schultermuskeln beginnt, von fibrillären Zuckungen, gewöhnlich von (meist
partieller und nur hier und da nachweisbarer) EaR begleitet ist. Störungen der Sensibilität und der Sphincteren fehlen gänzlich. Die Betroffenen sind Erwachsene. Von der spinalen Muskelatrophie trennen
Manche die chronische Poliomyelitis. Diese soll rascher verlaufen
als jene und es soll bei ihr die Lähmung dem Schwunde vorausgehen.
Können wir nicht eine dieser Krankheiten annehmen, so mag zwar
die Vermuthung einer isolirten Vorderhornerkrankung gerechtfertigt
sein, eine bestimmte Diagnose aber ist nicht möglich.

Die Unterscheidung rein musculärer Lähmungen von peripherischen Nervenläsionen kann ebenfalls Schwierigkeiten machen. Bei
jenen entspricht, soviel wir wissen, meist der Grad der Lähmung
dem der Atrophie, sind, so lange eine gewisse Menge gesunder con-
tractiler Substanz vorhanden ist, die Reflexe erhalten, fehlt die Entartungsreaction ebenso wie die sensorischen Störungen. Bei diesen
wird in der Regel die Lähmung grösser sein als die Atrophie, wird
Atrophie ohne nachweisbare Entartungsreaction kaum vorkommen,
werden, wenigstens in der Regel, sensorische Störungen vorhanden
sein, fehlen, sobald die Atrophie irgend erheblich ist, die Reflexe.
Ausser der einfachen Muskelatrophie, die der Dystrophia muscul.
progr. eigen ist, und deren Diagnose durch die typische Verbreitung
der Atrophie, durch ätiologische Momente, kurz durch den Charakter
des ganzen Krankheitsbildes erleichtert wird, kommen besonders die
Atrophie der Muskeln bei Gelenkkrankheiten, vielleicht auch manche
nach festen Verbänden sich zeigende Lähmungen und Atrophien in
Betracht. Für die articulären Atrophien ist ausser dem Nachweise
der Gelenkerkrankung und der Beschränkung der Atrophie auf peri-
articuläre Muskeln die beträchtliche einfache Herabsetzung der elektrischen Erregbarkeit ohne jede Andeutung von EaR charakteristisch.
Dies gilt auch von den nach festen Verbänden beobachteten Lähmungen. Die Polymyositis endlich und die Trichinose sind durch
Beginn und Verlauf von den meisten Lähmungsformen getrennt.
Man könnte sie nur mit einer acuten multiplen Neuritis verwechseln:
das Fehlen aller Sensibilitätstörungen, das starke Oedem, der Nachweis der Trichinen bei Trichinose werden meist den Irrthum ausschliessen.

Die Existenz von sensorischen Störungen neben einer Lähmung
mit den Kennzeichen der peripherischen Läsion wird in weitaus den
meisten Fällen mit Recht als Beweis für Erkrankung der gemischten
Nerven angesehen werden. Zunächst muss jedoch betont werden,

dass initiale Schmerzen mässiger Stärke, die nur den Eintritt
der Lähmung begleiten, keinerlei localdiagnostische Bedeutung besitzen. Sie sind auch bei erwiesenen Kernlähmungen beobachtet
worden. Stärkere und andauernde Schmerzen, deutliche Hyperästhesie, deutliche Parästhesien und Anästhesie zwingen, die Läsion
an einen Ort zu verlegen, wo motorische und sensorische Fasern von
ihr getroffen werden. Denkbar sind drei Fälle: Läsion der gemischten Nerven, Läsion der vorderen und hinteren Wurzeln durch eine
intravertebrale, aber extraspinale Erkrankung, Läsion der vorderen
und hinteren Hörner durch eine auf die graue Substanz des Rückenmarkes beschränkte Erkrankung. Zwischen diesen drei Fällen zu
entscheiden, wird in der Regel möglich sein.

Bei gleichzeitiger Läsion der vorderen und hinteren Wurzeln
werden wir sowohl auf beide Körperhälften vertheilte heftige Schmerzen und Parästhesien, Hyperästhesie der Haut und Muskeln und dann
Anästhesie, als motorische Reizerscheinungen und später atrophische
Lähmungen mit EaR zu erwarten haben, wohl nie werden heftiger
Rückenschmerz in der Höhe der Läsion, Empfindlichkeit und Steifigkeit des betroffenen Abschnittes der Wirbelsäule fehlen. Die Aetiologie, der Verlauf, die objectiven Erscheinungen eines Wirbelleidens
u. s. w. werden dann die Diagnose, sei es auf eine Meningitis, eine
Spondylitis, eine Tumorbildung, lenken.

Eine auf die vordere und hintere graue Substanz beschränkte
Läsion, die bei der Syringomyelie oder Gliomatosis spinalis und bei
der seltenen centralen Rückenmarkblutung vorkommt, muss neben
degenerativer Atrophie Parästhesien und Anästhesie bewirken.
Hyperästhesie und Schmerzen sind gewöhnlich nicht vorhanden, sie
sind nur dann zu erwarten, wenn ausnahmeweise der Zerfall
sich bis zu den hinteren Wurzelfasern erstreckt oder Druckwirkungen
bestehen. In der Regel werden beide Körperhälften erkrankt sein
und die motorischen und sensorischen Symptome örtlich nicht zu-
sammenfallen, hier diese, dort jene auftreten, bald diese verbreitet
und jene umschrieben, bald umgekehrt sich zeigen. Der langsame,
schmerzlose Verlauf, die ausgedehnte, meist partielle, aber oft beträchtliche Sensibilitätstörung, zu der Ernährungstörungen sich zu gesellen
pflegen, die umschriebene Muskelatrophie, die sich der bei Amyotrophia
spinalis gleich verhält, aber einseitig oder unsymmetrisch ist, geben in
ihrer Gesammtheit ein charakteristisches Bild, dessen am meisten her-
vortretende Züge die eigenthümliche Anästhesie (fast immer Thermoanalgesie) und die trophischen Störungen sind. Die Symptome der
Leitungsunterbrechung, d. i. spastische Parese am unteren Körper-

theile. fehlen oft. können aber doch auftreten, sobald die Neubildung oder der Zerfall die Pyramidenbahnen schädigt. Am häufigsten findet sich die Gliomatosis im Halsmarke und bewirkt dann Atrophie der Arme mit Thermoanalgesie und trophischen Störungen. Es sind aber auch vielfache andere Combinationen möglich, z. B. totale Anästhesie eines Armes mit Aufhebung der Reflexe ohne Lähmung, Anästhesie des Armes auf der einen Seite, Muskelatrophie auf der anderen u. s. w.

In weitaus den meisten Fällen, in denen eine Lähmung mit dem Charakter der peripherischen Läsion neben sensorischen Störungen besteht, wird es sich um eine Erkrankung der gemischten Nerven handeln. Sicher ist dies natürlich der Fall, wenn die Verbindung der Lähmung und der Sensibilitätstörungen den Bezirken einzelner Nerven entspricht. Die Diagnose fordert dann nur die Kenntniss dieser Bezirke (vgl. den II. Theil). Meist gelingt es auch, zu bestimmen, an welcher Stelle des Nerven die Läsion zu suchen ist, da begreiflicher Weise die Bezirke der oberhalb der Läsion abgehenden Aeste unversehrt sein müssen. Handelt es sich nicht um die Erkrankung eines oder einiger Nerven, sondern um eine multiple Erkrankung peripherischer Nerven, die in zerstreuten Herden auftritt, so geben zuweilen einzelne sensorische Symptome einen Fingerzeig. Druckempfindlichkeit der Nerven scheint nur bei Erkrankung der Nerven selbst vorzukommen. Findet man bei peripherischen Lähmungen die Nervenstämme bei der Palpation schmerzhaft, treten bei Druck auf sie ausstrahlende Empfindungen ein, so darf man eine Neuritis annehmen. Noch sicherer wird die Diagnose, wenn der empfindliche Nerv sich deutlich verdickt oder höckerig zeigt. Auch Druckempfindlichkeit der Muskeln kommt am häufigsten bei Läsion gemischter Nerven vor (ausserdem bei primärer Muskelerkrankung und bei Wurzelläsion). Dies Symptom hat deshalb eine besondere Wichtigkeit, weil es zuweilen als einzige sensorische Störung bei Erkrankungen gemischter Nerven aufzutreten scheint und deshalb bei peripherischen Lähmungen, die mit Kernlähmungen verwechselt werden könnten, die Diagnose erleichtert. Es ist eine bekannte Thatsache, dass die sensorischen Störungen oft viel geringer sind, als man nach der Schwere der motorischen Störungen erwarten sollte. Wie dies zu erklären sei, weiss man nicht recht. Man sagt gewöhnlich, die sensiblen Nerven seien widerstandsfähiger gegen manche Schädlichkeiten, Druck u. s. w., als die motorischen.

Aus der Beschaffenheit der die Lähmung begleitenden Anästhesie ist ein sicherer Schluss nicht zu ziehen, zwar spricht complete

Anästhesie ceteris paribus für eine peripherische Läsion, doch kommen bei dieser auch alle möglichen Formen partieller Anästhesie vor (näheres s. bei Anästhesie).

Eine gewisse diagnostische Bedeutung hat das Oedem, das sich oft bei Neuritis und multipler Nervendegeneration, besonders auf Hand- und Fussrücken, zeigt, bei Kernläsionen gewöhnlich fehlt. Ernährungstörungen der Haut u. s. w., die die Lähmung begleiten, leisten diagnostisch nicht mehr als die Anästhesie, da sie ohne diese sich nicht zeigen und wohl oft direct von ihr abhängig sind.

Bisher ist angenommen worden, dass es sich um eine einheitliche Läsion handele, sollte es sich um Läsionen verschiedenen Sitzes handeln, sollte z. B. neben einer Vorderhornerkrankung eine Degeneration peripherischer sensibler Nerven in gleichem Bezirke bestehen, so wird eine richtige Diagnose nicht möglich sein. Wahrscheinlich kommt eine Combination derart, dass dieselbe Schädlichkeit die motorische Bahn in verschiedener Höhe lädirt, sowohl die motorischen Rückenmarkzellen als primär die motorischen Nerven trifft, nicht allzu selten vor. Auch sie dürfte nicht zu erkennen sein. Wohl aber muss man an ihre Möglichkeit denken, wenn die Diagnose zwischen Kern- und peripherischer Läsion schwankt. —

Zur Localisation einer centralen Lähmung werden wir hauptsächlich benutzen die Ausbreitung der Lähmung, begleitende peripherische Lähmungen und sensorische Symptome.

Es ist ohne Weiteres ersichtlich (vgl. Schema Fig. 18), dass eine Lähmung einer Körperhälfte durch eine Läsion nur erfolgen kann, wenn diese Läsion ihren Sitz in der gegenüberliegenden Hirnhälfte hat. Die Erfahrung hat ergeben, dass bei Ausschaltung einer Hemisphäre nicht eine totale und complete Lähmung der willkürlich beweglichen Theile der anderen Körperhälfte eintritt, sondern dass nur diejenigen Theile wirklich gelähmt werden, die willkürlich einseitig bewegt werden können, dass dagegen diejenigen Theile, die stets nur in Gemeinschaft mit den symmetrischen Theilen der anderen Seite bewegt werden, in ihrer Beweglichkeit nicht oder doch nur wenig gestört werden, und zwar um so weniger, je weniger sie einseitiger Willkürbewegungen fähig sind. Wird also die Willensbahn einer Hemisphäre lädirt, so finden wir Lähmung des contralateralen Armes und Beines, dagegen Lähmung, beziehungsweise Parese nur des unteren Facialisgebietes, schwache Parese der Zungenhälfte, der Rumpfhälfte, keine Lähmung der Augen-, Kau- und Sprechmuskeln. In der Regel ist auch die Lähmung des Armes stärker als die des

Beines, entsprechend dem Umstande, dass die Beine meist gemeinsam
thätig sind. Diesen Symptomencomplex: Hemiplegie der Glieder und
der unteren Gesichtshälfte (und der einen Zungenhälfte) bezeichnen
wir als totale Hemiplegie. Ihm entspricht eine Läsion der
anderen Hirnhälfte oberhalb der Stelle in der Brücke, wo die Facialisbahn sich von der der Glieder trennt. Wo diese Läsion die Willensbahn getroffen hat, ergiebt sich meist aus den begleitenden Erscheinungen und dem Verlaufe. Es kann sich entweder um eine
Läsion der Willensbahn selbst oder um eine Läsion in deren Umgebung, die sie durch Druck oder sonstwie schädigt, handeln. Im
ersteren Falle besteht eine directe totale Hemiplegie, im letzteren
eine indirecte. Bei indirecter Hemiplegie werden alle Schlüsse
auf die Localität der Läsion viel unsicherer sein als bei directer.
Man wird aber jene um so eher annehmen können, je stärker die
sog. Allgemeinerscheinungen sind, unter denen die Lähmung eintrat
(Bewusstseinsstörung u. s. w.), oder die neben ihr bestehen (Stauungspapille, Pulsverlangsamung u. s. w.), man wird diese diagnosticiren
dürfen, wenn entweder von vornherein die Hemiplegie ohne stärkere
Allgemeinerscheinungen auftrat, oder seit dem Beginne eine längere
Zeit verflossen ist, und zwar wird die Diagnose um so sicherer sein,
je grösser diese Zeit ist. Eine directe totale Hemiplegie wird
am ehesten von einer Läsion der Willensbahn in der
inneren Kapsel oder nahe über, beziehungsweise unter
dieser Stelle abzuleiten sein (vgl. Fig. 20, A). Indirecte Hemiplegie wird am häufigsten durch eine Läsion der der inneren Kapsel
benachbarten Stammganglien bewirkt. Läsionen des Centrum
ovale und der Hirnrinde bewirken seltener totale Hemiplegie,
da, wenigstens zur Entstehung einer directen Hemiplegie, der Herd
eine sehr grosse Ausdehnung besitzen muss (vgl. Fig. 20). Man wird
eine Erkrankung dieser Gegenden annehmen müssen, wenn die Hemiplegie allmählich aus Monoplegien entstanden ist, erst das Bein,
dann der Arm, dann das Gesicht gelähmt worden ist, oder umgekehrt.
Eine corticale Läsion wird auch durch das Bestehen partieller
Epilepsie, rhythmischer Zuckungen und anderer Reizerscheinungen
wahrscheinlich gemacht. Hemichorea und Hemiathetose sollen auch
häufig die durch Läsion der inneren Kapsel oder deren Umgebung
entstandenen Hemiplegien begleiten. Diese Symptome finden sich
besonders dann oft, wenn gleichzeitig Hemianästhesie besteht. Die
rechtseitige totale Hemiplegie ist meist mit Aphasie
verbunden. Meist stellt die Aphasie ein indirectes Symptom dar
und verschwindet nach einiger Zeit. Besteht sie dauernd neben der

Hemiplegie, so ist eine Läsion von beträchtlicher Ausdehnung anzunehmen, die sowohl die motorische Bahn als die Gegend des Sprachcentrum trifft.

Sitzt die Läsion im Hirnschenkel, so kann sie ausser der Willensbahn der einen Seite auch die Fasern des N. oculomotorius der anderen Seite treffen (vgl. Fig. 19). Es deutet demnach totale Hemiplegie mit gekreuzter (peripherischer) Oculomotoriuslähmung auf einen Herd im Hirnschenkel. Bei Erkrankungen der Schädelbasis folgt die gekreuzte Lähmung oft der Oculomotoriuslähmung.

Eine Hemiplegie ohne Facialislähmung, aber mit Parese der Zungenhälfte (Abweichen der herausgestreckten Zunge nach der Seite der Lähmung, leichte Articulationstörungen) wird auf die Strecke der Willensbahn zu beziehen sein zwischen dem Abgange der Facialisbahn und dem der Hypoglossusbahn von der Pyramidenbahn, d. h. auf eine Läsion in der Brücke oder der oberen Hälfte der Oblongata. Ein Blick auf Fig. 20 lehrt, dass halbseitige Herde im oberen Theile der Brücke totale Hemiplegie verursachen können (C), Herde im mittleren und unteren Theile Hemiplegie ohne Facialislähmung (zwischen C und B) oder Hemiplegie mit gekreuzter Facialislähmung (B).

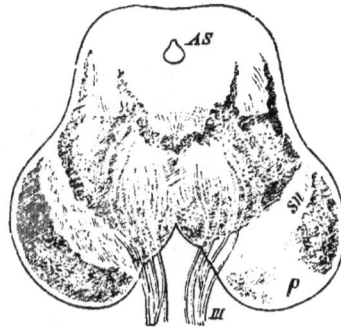

Fig. 19.

Querschnitt durch den Hirnschenkel bei secundärer Degeneration der rechten Pyramidenbahn (nach Charcot). sn Substantia nigra. p Die degenerirte und deshalb durchscheinende Pyramidenbahn. III. N. oculomotorius. AS Aquaeductus Sylvii.

Im letzteren Falle, bei alternirender Hemiplegie, ist die Facialislähmung eine Kern- oder peripherische Lähmung, hat demnach die Kennzeichen der peripherischen Lähmung. Hemiplegie mit gekreuzter Facialislähmung beweist eine Läsion der der letzteren gleichnamigen Brückenhälfte. Je nach dem Sitze des Herdes in der Brücke kann auch eine gekreuzte Trigeminus- oder Abducenslähmung die Hemiplegie begleiten.

Die centrale Bahn der Hirnnerven verläuft im Hirnstamme wahrscheinlich nach innen von der Bahn der Glieder (vgl. Schema Fig. 18). Es ist daher begreiflich, dass halbseitige Brückenherde, die die Mittellinie etwas überschreiten, ausser den von einer Hemisphäre kommenden motorischen Fasern zunächst auch die Fasern der anderen Hemisphäre für Gesicht und Zunge treffen. Es muss dann

6*

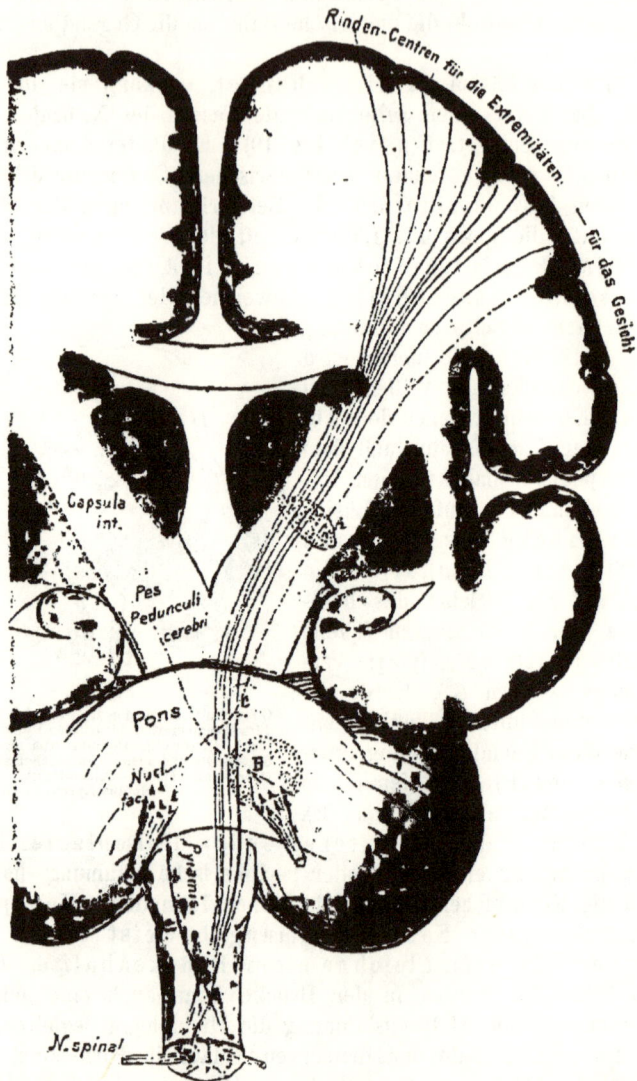

Fig. 20.

Schema der motorischen Innervationbahn für den Facialis und die Extremitätennerven.
Frontalschnitt durch Grosshirn, Hirnschenkel, Brücke, verlängertes Mark und Rückenmark.
(Nach Edinger.)

Hemiplegie mit doppelseitiger Facialis- und Hypoglossuslähmung entstehen. Letztere aber bewirkt, auch wenn sie nur eine Parese ist, schwere Störungen der Articulation. So erklärt es sich, dass Läsionen der Brücke häufig zu Anarthrie führen.

Eine Hemiplegie der Glieder mit gekreuzter Lähmung des Hypoglossus, bez. des Vagoaccessorius, wird auf eine halbseitige Läsion der Oblongata oberhalb der Pyramidenkreuzung zu beziehen sein.

Eine Hemiplegie der Glieder bei gleichseitiger peripherischer Hirnnervenlähmung kann nur durch eine Läsion entstehen, die einen Pyramidenstrang nach der Kreuzung und die Hirnnerven derselben Seite trifft, demnach ihren Sitz ausserhalb der Oblongata hat (Tumor, bes. Aneurysma der Art. vertebralis). Ist die Lähmung der von den Hirnnerven versorgten Muskeln doppelseitig, so wird sich die stärkere Lähmung auf der Seite der Gliederlähmung finden.

Hemiplegie der Glieder ohne Hirnnervenlähmung wird man mit Wahrscheinlichkeit durch eine Läsion erklären, die entweder die Willensbahn da trifft, wo die Gliederbahnen mit der Gesichtsbahn noch nicht nahe zusammenliegen, d. h. in der Hirnrinde, beziehungsweise im Centrum ovale, oder da, wo die Bahnen der Hirnnerven sich schon von denen der Glieder getrennt haben, d. h. unterhalb der Pyramidenkreuzung (Hemipl. spinalis, s. unten). Hemiplegie der Glieder kann zwar auch durch eine umschriebene Läsion der inneren Kapsel, des Hirnschenkels oder der Brücke, die die Gesichtsbahn verschont, zu Stande kommen, indessen dürfte diese Entstehungsweise selten sein; die Symptome würden dieselben sein wie bei einer Gliederhemiplegie durch Läsion des Stabkranzes. Eine Hemiplegie der Glieder durch Läsion der Centralwindungen, bei der die letztere selbstverständlich auf der der Lähmung gegenüberliegenden Seite zu suchen ist, wird entweder nicht von Sensibilitätstörungen begleitet sein oder, wenn diese vorhanden sind, finden sie sich auf derselben Seite wie die Lähmung. Epileptische Anfälle der gelähmten Glieder werden sich häufig zeigen. Die partielle Epilepsie wird seltener die Läsionen des Centrum ovale begleiten, auch Sensibilitätstörungen werden sich bei den letzteren seltener finden als bei der entsprechenden Rindenläsion.

Die Hemiplegia spinalis, eine seltene Erscheinung, wird wohl immer durch Läsion einer Hälfte des oberen Halsmarkes entstehen. Ihr Characteristicum ist dann, dass sie zugleich mit Anästhesie der gegenüberliegenden Glieder auftritt: Brown-Séquard'sche Lähmung (worüber Näheres bei den Monoplegien).

Man spricht auch von **Hemiplegia cruciata**. d. h. Lähmung eines Armes und des gegenüberliegenden Beines. Diese äusserst seltene Combination muss durch eine Läsion der Pyramidenkreuzung bewirkt werden, die so wirkt, dass sie die Fasern für das eine Glied vor, die für das andere nach der Kreuzung trifft (vgl. Fig. 21).

Die Form der partiellen **Hemiplegie**, wo nur **Gesicht und Arm betroffen** sind, entsteht wohl nur durch Läsionen des Centrum ovale oder der Gehirnrinde, es handelt sich dann sozusagen um Combination zweier Monoplegien.

Bei allen cerebralen Hemiplegien von einer gewissen Stärke ist auch die Kraft der nicht gelähmten Glieder vermindert, und zwar ist in der Regel das gesunde Bein mehr geschwächt als der gesunde Arm. Zuweilen sind beide Beine, wenigstens zum Gehen und Stehen, nahezu gleich unbrauchbar. so dass der Anschein einer mit Paraplegie verbundenen Hemiplegie entsteht, obwohl nur eine Gehirnläsion vorhanden ist. Dies merkwürdige Verhalten erklärt man gewöhnlich durch Annahme einer abnormen Anordnung der Pyramidenbahnen mit Beziehung auf die Thatsache, dass zuweilen bei einseitigen Gehirnherden eine doppelseitige secundäre Degeneration im Rückenmark gefunden worden ist. Richtiger ist wohl die Annahme, dass immer jede Hemisphäre mit beiden Körperseiten durch Commissurfasern in Verbindung steht.

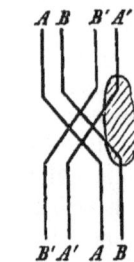

Fig. 21.
Schema der Hemiplegia cruciata.
A = rechtsseitige Armbahn, B = rechtsseitige Beinbahn; A' = linksseitige Armbahn, B' = linkss. Beinbahn.

Ein mit der Hemiplegie gleichzeitig eintretender tonischer Krampf der dem Willen entzogenen Glieder, die sogenannte **frühzeitige Hemicontractur**, deutet auf eine Reizung der Willensbahn unterhalb der Stelle der Läsion, ist demnach als Krampf, nicht als Steigerung des Muskeltonus aufzufassen. Diese Form der Hemicontractur begleitet fast nur schwere, rasch tödtliche Formen des apoplektischen Insultes und ist meist auf einen Durchbruch der Blutung in den Seitenventrikel zu beziehen.

Später auftretende active **Contracturen**, die durch abnorme Steigerung des reflectorischen Tonus zu erklären sein dürften, lassen ebensowenig wie die neben ihnen meist bestehenden passiven Contracturen auf einen bestimmten Ort der Läsion schliessen, sie können sich bei jeder centralen Unterbrechung der Willensbahn zeigen und es ist nicht bekannt, wovon es abhängt, dass sie in dem einen Falle stark ausgebildet, in dem anderen nur angedeutet (durch Steigerung der Sehnenreflexe) sind.

Eine cerebrale Monoplegie kommt zu Stande, wenn eine die motorischen Theile der Hirnrinde oder der Stabkranzfaserung im Centrum ovale treffende Läsion so geringe Ausdehnung besitzt, dass sie nur die Gesichtsbahn, die Arm- oder Beinbahn unterbricht. Da es sich um kleine Herde handelt, ist es begreiflich, dass cerebrale Monoplegien fast nur durch directe Läsion entstehen. Sie werden sehr häufig eingeleitet oder während ihres Bestehens unterbrochen von Anfällen partieller Epilepsie, die auf die gelähmten Theile oder doch auf die Seite der Lähmung sich beschränken. Ebenfalls häufig ist ein gewisser Grad von Anästhesie der gelähmten Glieder bei cerebraler Monoplegie, und zwar wird um so eher die Lähmung von Sensibilitätstörung begleitet sein, je näher die Läsion der Rinde sitzt. Doch dürfte es sicher sein, dass auch Lähmungen, die durch Läsionen der Gehirnrinde selbst bewirkt sind, nicht immer von Sensibilitätstörung begleitet werden. Die Art der Anästhesie pflegt insofern charakteristisch zu sein, als die Schmerzempfindlichkeit wenig verringert, dagegen das Vermögen, die Beschaffenheit der Dinge durch Tasten zu erkennen, stärker beeinträchtigt ist. Insbesondere leidet bei corticalen Paresen des Armes oft das stereognostische Vermögen und das Vermögen, die Lage des Gliedes und seine passiven Bewegungen zu beurtheilen.

Die isolirte cerebrale Lähmung der Gesichtsbahn, die Monoplegia facialis, zeigt keine von der sonstigen cerebralen Facialislähmung abweichenden Charactere. Wird auch die Zunge schief, d. h. mit der Spitze nach der Seite der Lähmung abweichend, herausgestreckt, zeigt sich die Zunge sonst in ihren Bewegungen gehemmt, so spricht man wohl auch von Monoplegia facio-lingualis. Die Läsion ist im untersten Drittel der vorderen Centralwindung (oder beider Centralwindungen) oder in den darunterliegenden Stabkranzbündeln zu suchen. Aus der Nachbarschaft dieses Ortes mit der Broca'schen Stelle erklärt es sich, dass rechtseitige Monoplegia facialis nicht selten mit motorischer Aphasie verknüpft ist.

Es ist mehrmals beobachtet worden, dass auf beiden Seiten das untere Drittel der vorderen Centralwindung durch symmetrische oder nahezu symmetrische Herde lädirt war. Dann bestand complete Lähmung des unteren Facialisgebietes, des Hypoglossusgebietes, der Kaumuskeln mit allen den Functionstörungen, die diesen Lähmungen zukommen. Eine derartige Diplegia facialis (die auch als cerebrale Bulbärparalyse oder als Pseudobulbärparalyse bezeichnet

worden ist) unterscheidet sich von einer durch Läsion der entsprechenden Nervenkerne entstandenen Lähmung dadurch, dass ihr
die Kennzeichen der centralen Lähmung zukommen: Fehlen der
Atrophie und der Entartungsreaction, der fibrillären Zuckungen. Erhaltenbleiben der Reflexe. Aus diesen Beobachtungen ist der Schluss
zu ziehen, dass in dem unteren Drittel der ersten Centralwindung
nicht nur die Gesichtsmuskeln der anderen Seite, sondern auch die
Zungen- und Kaumuskeln vertreten sind, dass aber eine einseitige
Läsion dieser Centra deshalb so wenig Symptome macht, weil die
betreffenden Muskeln stets auf beiden Seiten in Function treten, auf
sie also die oben (S. 81) angegebene Regel Anwendung findet.

Eine Monoplegia brachialis, die die Kennzeichen der
centralen Lähmung trägt, ist auf eine Läsion des mittleren Drittels
der ersten Centralwindung (oder auch beider Centralwindungen) zu
beziehen, beziehungsweise auf eine entsprechende Läsion der Stabkranzfaserung. Sie kann den ganzen Arm befallen, ist aber oft nur
an einzelnen Abschnitten des Armes stärker ausgeprägt. Am schwersten ist gewöhnlich die Hand geschädigt, während die Bewegungen
im Ellenbogen- und Schultergelenke relativ frei sind, umgekehrt können
auch die oberen Abschnitte mehr leiden als die Hand. Zuweilen
kommt es vor, dass die Streckbewegungen viel mehr beschränkt sind
als die Beugebewegungen. Auch scheint es, dass einzelne Finger
besonders schwer betroffen werden können.

Die cerebrale Monoplegia cruralis, die seltener als die
beiden anderen Formen beobachtet wird, entspricht einer Läsion
der oberen Abschnitte der Centralwindungen, besonders des Lobulus
paracentralis. Auch hier soll gewöhnlich der unterste Theil des
Gliedes, der Fuss, am stärksten gelähmt sein. Die Monoplegie
des Beines scheint ebenso wie die des Armes fast nie eine complete
Paralyse darzustellen, es handelt sich immer um Parese, die groben
Bewegungen kommen noch leidlich zu Stande, die feineren sind unmöglich. Da die beiden Paracentralläppchen einander gegenüberliegen,
ist es begreiflich, dass gewisse Schädlichkeiten beide treffen und so
eine Paraplegia cerebralis bewirken. Besonders bei Kindern ist die
cerebrale Lähmung beider Beine (mit Starre) oft beobachtet worden.

Von der cerebralen wird die spinale Monoplegia cruralis
leicht zu unterscheiden sein. Freilich wenn der Fall vorkäme, dass
nur ein Seitenstrang im Rückenmark erkrankte, möchte die Unterscheidung u. U. schwierig sein und würde weniger aus der Form
der Lähmung als den begleitenden Symptomen, dem Verlaufe u. s. w.
zu entnehmen sein. Thatsächlich kommt aber die spinale Lähmung

eines Beines wohl ausschliesslich durch Läsion einer Rückenmarkshälfte, sogenannte „Halbseitenläsion", zu Stande und stellt das
dar, was vielfach auch Brown-Séquard'sche Lähmung genannt wird. Das Characteristicum
dieser Form besteht in der Anästhesie
des anderen Beines. Da die sensorischen Fasern nach ihrem Eintritte
in das Rückenmark sich mit denen
der anderen Seite kreuzen, um dann
in der anderen Rückenmarkshälfte
aufzusteigen, während die motorische
Bahn schon in der Pyramidenkreuzung die Rückenmarkshälfte erreicht hat, in der sie bis zu ihrem
Austritte in die vorderen Wurzeln
verbleibt, muss eine halbseitige
Trennung des Rückenmarks gekreuzte
Lähmung und Anästhesie bewirken.
Genauer stellt sich die Sache folgendermaassen dar. Man findet, wenn
etwa die linke Hälfte des mittleren
Brustmarks durchschnitten ist, Anästhesie des rechten Beines und der
rechten Rumpfhälfte bis zur Höhe der
Läsion (d), Anästhesie, an die sich
nach oben. ein schmaler Gürtel von
Hyperästhesie anschliesst. Man findet
ferner Lähmung des linken Beines,
das nicht anästhetisch, sondern vielmehr hyperästhetisch ist (a). Diese
Hyperästhesie, richtiger Hyperalgesie,
deren Entstehung ebensowenig wie die
des hyperästhetischen Grenzstreifens
recht zu erklären ist, pflegt vorübergehender Natur zu sein, sich nach
einiger Zeit zu verlieren. Nach oben

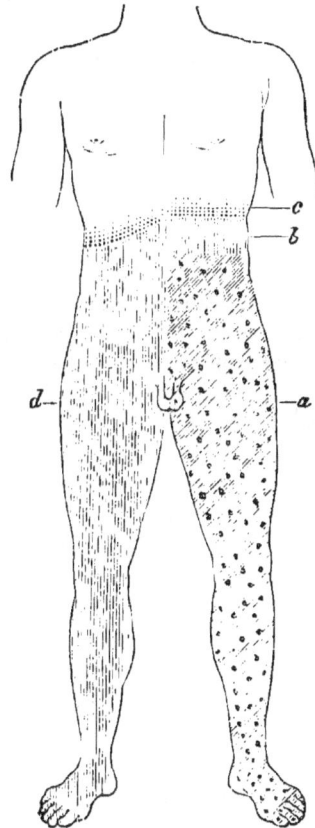

Fig. 22.

Schematische Darstellung der Haupterscheinungen bei Halbseitenläsion des Dorsalmarks (links). (Nach Erb.) Die schräge
Schraffirung bedeutet motorische und vasomotorische Lähmung; die senkrechte
Schraffirung bedeutet Hautanästhesie; die
Punktirung bezeichnet die Hauthyper-
ästhesie.

grenzt an sie eine Zone dauernder
Anästhesie (b), die der durch den Schnitt herbeigeführten Läsion
hinterer Wurzelfasern entspricht. Auf sie folgt zuweilen wieder ein
hyperästhetischer Streifen (c, vgl. Fig. 22). Es wird angegeben, dass
das „Muskelgefühl" des gelähmten Beines erloschen sei. Brown-

Séquard meint daher, dass die diesem entsprechenden sensorischen Fasern die Kreuzung der anderen nicht mitmachen, sondern die Bahn der motorischen Fasern einschlagen. An dem gelähmten Beine hat man die Zeichen der Gefässlähmung beobachtet. Die Sehnenreflexe sind begreiflicher Weise auf der Seite der Lähmung gesteigert, auf der der Anästhesie nicht wesentlich verändert.

Da eine genau auf eine Rückenmarkshälfte beschränkte Läsion nicht oft vorkommt, findet man sehr selten das reine Bild der Brown-Séquard'schen Lähmung. Eine vorwiegende Erkrankung der einen Rückenmarkshälfte, z. B. durch Druck eines an der Seite gelegenen Tumors, ist nicht allzu selten, es lassen sich dann sozusagen die Züge jener Lähmung in dem Bilde der spinalen Paraplegie erkennen, derart, dass zwar beide Beine paretisch sind, aber das eine stärker, während das weniger gelähmte deutliche Anästhesie zeigt. Daneben bestehen Störungen der Blasen- und Darmthätigkeit, die Sehnenreflexe sind beiderseits gesteigert u. s. w.

Doppelseitige centrale Lähmungen können, von doppelseitigen Gehirnherden abgesehen, nur durch Läsion solcher Stellen entstehen, wo die Bahnen beider Körperhälften nahe bei einander liegen, d. h. durch Läsionen der Brücke und Oblongata einerseits, des Rückenmarks andererseits.

Die gewöhnliche Form der centralen spinalen Lähmung ist die Lähmung beider Beine, die Paraplegia oder Paraparesis spinalis. Die obere Grenze der Lähmung zeigt an, in welcher Höhe des Rückenmarks die Läsion oder das obere Ende der Läsion zu suchen ist. Das Verhalten der Sensibilität, der Blase, des Darmes u. s. w. giebt Aufschluss über die Ausbreitung der Läsion über den Querschnitt des Rückenmarks. Sind nur die spinalen Pyramidenbahnen geschädigt, so entwickelt sich das Bild der sogenannten spastischen Spinalparalyse, d. h. Lähmung der Beine mit spastischen Phänomenen. Letztere sind in gewissem Grade bei fast jeder Schädigung der Pyramidenbahnen vorhanden, doch ist ihre Stärke verschieden. Bald findet man nur Steigerung der Sehnenreflexe, bald active Contractur. In der Regel sind bei spinalen Läsionen die spastischen Phänomene stark entwickelt, ihr Grad aber ist nicht immer proportional dem der Lähmung. Zuweilen ist bei ziemlich gut erhaltener Kraft jede Bewegung durch die Spasmen unterbrochen, sind die Sehnenreflexe im höchsten Grade gesteigert. Immerhin ist die Regel die, dass Spasmus und Lähmung einander ungefähr entsprechen, zuerst besteht nur leichte Schwäche, rasche Ermüdbarkeit, dabei finden passive Bewegungen noch kaum einen Widerstand; doch

ist das Kniephänomen gesteigert und lässt sich das Fussphänomen
bewirken, dann wird das Gehen schwer und der Gang ist deutlich
„spastisch", d. h. die Kranken gehen in kleinen Schritten mit steifen
Beinen und Knieen, die Fussspitzen schleifen am Boden und bei
jedem Schritte wird durch reflectorische Contraction der Wade dem
Körper eine hüpfende Bewegung ertheilt, endlich verharren die dem
Willenseinflusse fast ganz entzogenen Beine in Contractur, gewöhnlich
Streckcontractur. Wie die erwähnte zuweilen vorkommende In-
congruenz zwischen der Lähmung und den spastischen Phänomenen
zu erklären sei, weiss man nicht. Die Annahme, dass mit den Willens-
fasern besondere reflexhemmende Fasern verlaufen, deren Läsion
Ursache der spastischen Erscheinungen sei, bedarf auf jeden Fall
weiterer Begründung.

Bestehen nun neben der spastischen Paraplegie keinerlei Sen-
sibilität- und Ernährungstörungen, keine Blasen- und Darmlähmung,
so muss man annehmen, dass die Läsion nur die spinalen Pyramidenbahnen schädige; doch darf man nicht ohne Weiteres auf ihre directe
isolirte Läsion schliessen. Die Erfahrung nämlich hat ergeben, dass
auch ein mässiger Druck, der auf den ganzen Querschnitt des
Rückenmarks wirkt (Wirbelerkrankung, Tumor) ausschliesslich spastische Paraplegie zur Folge haben, dass ferner eine Allgemeinerkrankung des Gehirns, der chronische Hydrocephalus, in gleicher
Weise wirken kann. Freilich werden in jenem Falle gewöhnlich
Wurzelsymptome (Gürtelschmerz oder Parästhesien, Anästhesie) der
Diagnose den Weg weisen, werden in diesem Falle auf das Hirn
deutende Symptome (Schädelanomalien, Stauungspapille u. s. w.) selten
ganz fehlen. Lassen sich extraspinale Läsionen ausschliessen, so
wird man annehmen dürfen, dass es sich um eine Läsion der Pyramidenbahnen handele, die diese ausschliesslich oder vorwiegend trifft,
sei es, dass sie strangförmig degenerirt sind, eine Erkrankung, die
in Gemeinschaft mit Degeneration der Kleinhirnseitenstrangbahnen
selbständig im Rückenmarke vorkommt, sei es, dass Herde diffuser
Erkrankung vorwiegend im Gebiete der Pyramidenbahnen sich finden
(z. B. bei multipler Sklerose).

Paraplegie mit Anästhesie u. s. w. dagegen werden wir finden,
wenn an irgend einer Stelle des Rückenmarks der ganze oder nahezu
der ganze Querschnitt lädirt ist. Es muss dann ausser der centralen
Lähmung auch an deren oberer Grenze eine Kern-, beziehungsweise
peripherische Lähmung vorhanden sein, da an der betroffenen Stelle
des Rückenmarks auch die vorderen Hörner und Wurzelfasern lädirt
werden; die Ausdehnung dieser Lähmung muss abhängen von der

Längsausdehnung der den Querschnitt einnehmenden (transversalen) Läsion. Demnach wird sich das Bild folgendermaassen gestalten.

Eine transversale Läsion des Lendenmarks wird Lähmung und Anästhesie, die sich nach oben etwa bis zur Beckenapertur erstrecken, Lähmung der Blase und des Darmes verursachen. Daneben wird ein Theil der Beinmuskeln, nämlich die, deren Vorderhornzellen lädirt sind, der degenerativen Atrophie anheimfallen. In den gelähmten Theilen werden möglicherweise Parästhesien auftreten und die Reflexe werden zum Theil verschwinden, spastische Phänomene werden sich wenig oder gar nicht zeigen. Je nach der Höhe, in der der Herd im Lendenmarke sitzt, und seiner Ausdehnung werden die Symptome etwas verschieden sein. Ist das untere Lendenmark zerstört, so zeigen sich hauptsächlich im Gebiet des Plexus sacralis degenerative Atrophie und Anästhesie, treten complete Lähmung der Blase und des Darmes (vollständige Incontinenz) und Aufhebung der geschlechtlichen Thätigkeit ein. Der Achillessehnenreflex schwindet, das Kniephänomen kann erhalten sein. Ist nur der obere Theil des Lendenmarks ergriffen, so beobachten wir ausser Anästhesie der Beine und der Beckengegend degenerative Atrophie im Gebiet des Plexus lumbalis, centrale Lähmung des Sacralgebietes. Blase und Darm sind anästhetisch und dem Einfluss des Willens entzogen, functioniren aber noch reflectorisch, das Kniephänomen fehlt, der Achillessehnenreflex kann erhalten sein. Da grössere Herde meist eine unregelmässige Gestalt haben, so wird häufig die Diagnose sich mit der Annahme einer transversalen Läsion des Lendenmarks begnügen müssen. Schon oben ist bemerkt worden, dass es zuweilen nicht möglich ist, zwischen einer Läsion der Cauda equina und einer solchen des unteren Markendes zu unterscheiden.

Eine transversale Läsion des Dorsalmarks wird bewirken Lähmung und Anästhesie des Unterkörpers bis zu einer bestimmten Höhe des Rumpfes mit gesteigerten Sehnenreflexen, oder auch Contractur der Beine. Störungen der Blasen- und Darmthätigkeit, der sexuellen Function, degenerative Atrophie einiger Rücken-, Brust- oder Bauchmuskeln, häufig Gürtelgefühl an der oberen Grenze der Anästhesie. Sitzt der Herd im unteren Brustmarke, so werden Lähmung und Anästhesie etwa bis zum Nabel oder bis zum Processus xiphoideus reichen, d. h. es werden ausser Bein- und Beckenmuskeln auch die des Bauches und der Lendengegend gelähmt sein. Bei Herden im oberen Dorsalmarke kann die Grenze der Anästhesie an den obersten Rippen verlaufen, können auch die Intercostalmuskeln und die tiefen Muskeln der Brustwirbelsäule gelähmt sein. Wenn der Herd eine geringe Längenausdehnung hat, werden von ihm nur wenige Vorderhornzellen getroffen werden, die degenerative Atrophie, die der Höhe des Herdes entspricht, kann sich daher leicht der Beobachtung entziehen.

Eine transversale Läsion des Halsmarkes unterscheidet sich von der des Brustmarkes dadurch, dass ausser den Beinen und dem Rumpfe auch die Arme von Lähmung, Anästhesie, von Parästhesien ergriffen werden (Paraplegia cervicalis). Ein Herd in der Halsanschwellung selbst wird Lähmung und Anästhesie der Arme mit degenerativer Atrophie eines Theiles der Muskeln bewirken, ein Herd in dem oberen Halsmarke Lähmung und Anästhesie der Arme mit Steigerung der Sehnenreflexe und ohne degenerative Atrophie. dagegen mit schweren Respirationstörungen (Schädigung des N. phrenicus). Ausserdem können bei Läsionen des Halsmarkes einige Symptome am Kopfe auftreten, Anästhesie oder Schmerzen im Gesicht (aufsteigende Trigeminuswurzel), Zeichen von Lähmung oder Reizung der im Halssympathicus verlaufenden Fasern. Lähmung aller vier Glieder begleitet ebenso die Läsionen in der Gegend der Pyramidenkreuzung, meist werden dann Symptome von Seiten der bulbären Nerven vorhanden sein.

Die Hautreflexe sind bei transversaler Rückenmarksläsion im Gebiete der centralen Lähmung in der Regel erhalten, oft, doch nicht so regelmässig wie die Sehnenreflexe, erhöht. In der ersten Zeit nach dem Eintritte der Läsion können sie fehlen; man nimmt dann an, dass sie durch einen von der Läsion ausgehenden Reiz gehemmt werden. Ausserdem scheinen sie dauernd zu erlöschen, wenn der Herd jede Verbindung zwischen dem Gehirne und dem unteren Marktheile unterbricht. Im Gebiete der Kernlähmung fehlen sie selbstverständlich, sobald die Lähmung complet ist. Die vorhandenen Hautreflexe können zur genaueren Localisation der Querläsion verwendet werden. Ist der Sohlenreflex normal oder gesteigert, so muss die untere Hälfte des Lendenmarkes erhalten sein. Erhaltensein des Cremasterreflexes deutet auf eine Läsion oberhalb des 1. Lendennerven, der Bauchreflex fordert Unversehrtheit des unteren Dorsalmarkes (Höhe des 8. bis 11. Dorsalnerven), der epigastrische Reflex die des oberen Dorsalmarkes (Höhe des 4. bis 7. Dorsalnerven) u. s. w. Dass in derselben Richtung die Sehnenreflexe ein jederzeit verwendbares Merkmal abgeben, ist oben schon angedeutet. Hier sei noch bemerkt. dass der Reflexbogen für das Kniephänomen in der Höhe des 2. bis 4. Lendennerven, der für den Achillessehnenreflex in der Höhe des 1. Sacralnerven zu suchen ist.

Gefässlähmung findet sich in der Regel an den unterhalb der
Läsion gelegenen Theilen, doch lassen sich aus ihr ebensowenig wie
aus den die Anästhesie zuweilen begleitenden Ernährungstörungen
der Haut, der Knochen u. s. w. diagnostische Schlüsse ziehen, die
nicht schon aus dem Verhalten der Lähmung und der Sensibilitätstörung hätten gezogen werden können. [1])

Im Bisherigen ist angenommen worden, dass die transversale
Läsion nahezu den ganzen Querschnitt treffe. Selbstverständlich
handelt es sich aber vielfach nur um unvollständige Unterbrechungen
der einzelnen Bahnen, ein Theil der Fasern ist zerstört, ein Theil
erhalten. Dementsprechend ist die Motilität nicht gänzlich aufgehoben, sondern nur vermindert, zuweilen geschehen die Bewegungen
zitternd oder ataktisch, die Blasenstörungen stellen sich in der verschiedensten Form dar; besonders bemerkenswerth ist, dass die
Störungen der Sensibilität oft nicht gleichen Schritt mit denen der
Motilität halten, dass oft bei ziemlich beträchtlicher Lähmung nur
Parästhesien, nicht objectiv nachweisbare Anästhesie beobachtet
werden, ein Missverhältniss, das, wie oben bemerkt, besonders bei
den Drucklähmungen vorkommt.

Nie wird eine vollständige Unterbrechung der spinalen Bahnen
im oberen Cervicalmarke klinisch beobachtet, da sie hier absolut
tödtlich wegen Lähmung der Athmungsmuskeln ist. —

Bei der Wichtigkeit des Gegenstandes möge es gestattet sein,
das Wichtigste aus der Lehre von der Localisation der organischen
Lähmung in kurzen Sätzen nochmals zusammenzufassen.

Centrale Lähmung ist stets diffus, halbseitig oder doppelseitig,
die Sehnenreflexe sind bei ihr fast immer erhalten, meist gesteigert,
die Hautreflexe erhalten, zuweilen gesteigert, oder seltener durch
Reflexhemmung aufgehoben; die elektrische Erregbarkeit ist qualitativ nicht verändert, es besteht keine oder (selten) diffuse Atrophie.

Die peripherische (beziehungsweise Kern-) Lähmung ist in der
Regel individuell, nur selten diffus, die Sehnenreflexe und die Hautreflexe sind in der Regel vermindert oder aufgehoben; es besteht
Atrophie der gelähmten Muskeln mit Entartungsreaction, welche letztere nur bei rein musculären Erkrankungen fast ausnahmelos fehlt.

Von Läsionen der Gehirnrinde bewirken nur solche Lähmung,
die die Centralwindungen mit Einschluss des Lobul. paracentralis
treffen. Alle anderen corticalen Läsionen können nur indirect, indem

---

1) Einige genauere Angaben über die Bestimmung des Ortes einer spinalen
Läsion findet man im II. Theile.

sie secundäre Functionstörungen der ebengenannten, sog. motorischen Theile herbeiführen, Lähmung bewirken.

Läsion des gesammten motorischen Gebietes der Rinde bewirkt totale Hemiplegie, solche des unteren Theiles der Centralwindungen Monoplegia faciolingualis, solche des mittleren Theiles Monoplegia brachialis, solche des Lobul. paracentralis Monoplegia cruralis.

Alle corticalen Lähmungen sind häufig von epileptischen Anfällen, von Anästhesie, von motorischen Reizerscheinungen (Ataxie, Chorea, Athetosis, Tremor) an den gelähmten Theilen begleitet.

Läsionen der Pyramidenbahnen im Centrum ovale wirken ähnlich wie die der Rinde.

Läsion der Pyramidenbahnen in der inneren Kapsel (im hinteren Schenkel derselben) bewirkt totale Hemiplegie. Diese kann begleitet sein von totaler Hemianästhesie. Besonders wenn dies der Fall ist, finden sich oft auch motorische Reizerscheinungen (Hemichorea u. s. w.).

Läsionen der Centralganglien (Streifen- und Sehhügel) können nur indirect totale Hemiplegie bewirken.

Läsionen des Hirnschenkelfusses bewirken totale Hemiplegie, oft mit gekreuzter Oculomotoriuslähmung.

Läsionen der vorderen Brückenabtheilung können je nach dem Sitze des Herdes totale Hemiplegie oder totale Hemiplegie mit gekreuzter Facialislähmung, seltener gekreuzter Trigeminus-, Abducenslähmung, oder Hemiplegie der Glieder mit gekreuzter Facialislähmung bewirken. Häufig sind dabei Articulationstörungen.

Läsionen der Pyramidenbahnen in der Oblongata bewirken Hemiplegie der Glieder, seltener Lähmung aller vier Glieder oder Hemiplegia cruciata, nebst Störungen im Gebiete der drei letzten Hirnnerven in wechselnder Combination: gekreuzte Hypoglossuslähmung, totale Zungenlähmung, Gaumenlähmung, Schlinglähmung, Störungen der Athmung und der Herzthätigkeit, zuweilen mit Albuminurie, Glykosurie u. s. w. verbunden.

Läsionen einer Rückenmarkshälfte bewirken die Brown-Séquard-sche Lähmung, Hemiplegia spinalis bei Sitz der Läsion im Halsmarke, Monoplegia spinalis bei tieferem Sitze.

Läsionen beider Rückenmarkshälften bewirken Paraplegie. Sind nur die spinalen Pyramidenbahnen getroffen, so besteht spastische Lähmung ohne weitere Symptome. Ist ein grösserer Theil des Querschnittes betheiligt, so gesellen sich zur spastischen Paraplegie Paraanästhesie, Störungen der Blasen- und Darmthätigkeit und je nach der Höhe der Läsion entsteht das Bild der cervicalen, dorsalen, lumbalen Paraplegie. Ist eine vollständige Durchtrennung des Markes vorhanden, so erlöschen die Reflexe des unteren Theiles.

Läsion der spinalen Pyramidenbahnen und der Vorderhörner kann spastische Lähmung mit degenerativer Atrophie bewirken.

Läsion der Vorderhörner allein bewirkt schlaffe Lähmung mit degenerativer Atrophie, die gewöhnlich functionell verbundene Muskelgruppen befällt, ohne jede Sensibilitätstörung. Ist der Process ein sehr langsamer, so ist die Lähmung der Atrophie proportional: verläuft er rascher, so ist die Lähmung grösser als die Atrophie.

Läsion der Vorderhörner und der Hinterhörner allein bewirkt atrophische Lähmung mit partieller Anästhesie, d. h. Thermoanästhesie und Analgesie, ohne Symptome von Leitungsunterbrechung.

Läsion der peripherischen Nerven bewirkt in der Regel atrophische Lähmung mit Sensibilitätstörung, die den Bezirken bestimmter Nerven entspricht. Sie kann aber auch klinisch der Vorderhornlähmung gleichen.

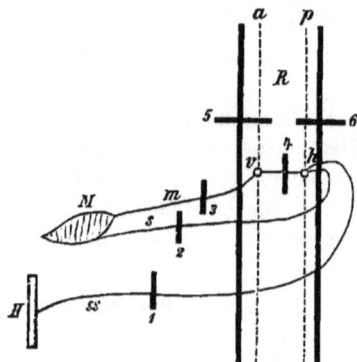

Fig. 23.

R = Rückenmark. M = willkürl. Muskel. H = Haut. a = Pyramidenbahn. p = Hinterstrangbahn. v = Vorderhornzelle. h = hintere graue Substanz. m = motorischer Nerv. s = sensibler Muskelnerv. ss = Hautnerv.

Läsion der Muskeln allein bewirkt Atrophie ohne Entartungsreaction, ohne fibrilläre Zuckungen, ohne Sensibilitätstörung. —

Zu Fig. 23:

1. Reizung bei 1: Schmerz oder Hyperästhesie der Haut, möglicherweise Krampf; Läsion bei 1: Hautanästhesie, Erlöschen der Hautreflexe.

2. Reizung bei 2: Muskelschmerz oder Hyperästhesie, zuweilen Steigerung der Sehnenreflexe und Spasmus; Läsion bei 2: Muskelanästhesie und Verlust des Tonus, beziehungsweise Relaxation des Muskels, Erlöschen der Sehnenreflexe.

3. Reizung bei 3 (bez. v): Krampf; Läsion bei 3: Lähmung mit Relaxation, Erlöschen der Reflexe und degenerativer Atrophie.

4. Reizung bei 4: ?, Krampf?. Parästhesien?, Läsion bei 4: Verlust des Tonus, beziehungsweise Relaxation des Muskels und Aufhören der Reflexe ohne Anästhesie (ist nur die Verbindung zwischen s und v zerstört, so fehlen nur die tiefen Reflexe).

5. Reizung bei 5: Krampf; Läsion bei 5: spastische Lähmung.

6. Reizung bei 6: Parästhesien; Läsion bei 6: Anästhesie mit Erhaltung der Reflexe und ohne Relaxation.

Die Unterscheidung functioneller, d. h. hysterischer
und organischer Lähmung bietet selten grosse Schwierigkeit dar.
Für hysterische Lähmung ist in erster Linie charakteristisch
das Fehlen aller Symptome, die mit Sicherheit auf eine organische
Läsion schliessen lassen, in zweiter das Vorhandensein solcher Symptome, die erfahrungsgemäss oft hysterische Lähmung begleiten.

Es fehlt gewöhnlich die Atrophie der Muskeln, ebenso fehlen
Ernährungstörungen der Haut, der Knochen u. s. w. In seltenen
Fällen begleitet die hysterische Lähmung eine rasch eintretende Abmagerung der gelähmten Muskeln.

Die elektrische Erregbarkeit ist vollständig normal.

Die Reflexe, sowohl die Haut- als die Sehnenreflexe, können
zwar gesteigert sein, fehlen aber nie.

Es fehlen ferner Veränderungen des ophthalmoskopischen Bildes,
nie kommt Hemianopsie vor, nie Augenmuskellähmungen.

Andererseits bestehen neben der hysterischen Lähmung oft andere
Symptome der Hysterie (psychische Veränderung, Krämpfe, Hemianästhesie, Ovarie u. s. w.), die freilich auch ganz fehlen können.

Jede hysterische Lähmung lässt sich willkürlich
nachahmen, sie ist eine Willenslähmung. Nie kommt hier etwa
eine Deltoideuslähmung vor oder eine Serratuslähmung oder sonst
eine Lähmung von Muskeln oder Muskelgruppen, deren isolirte willkürliche Innervation nicht möglich ist. Immer besteht die hysterische
Lähmung in einem abnormen Zustande des Bewusstseins, der Willkür
ist der Weg versperrt, während im Schlafe, im hypnotischen Zustande die Beweglichkeit vorhanden ist. In leichteren Fällen bewegt der
Kranke die scheinbar gelähmten Theile, sobald er nicht an sie denkt,
kehrt die Lähmung wieder, sobald die Aufmerksamkeit den Theilen
zugewandt ist. Es bestehen daher Uebergänge zwischen der eigentlichen hysterischen Lähmung und der hysterischen Functionlähmung,
bei der die Theile nur bei bestimmten Bewegungen nicht gehorchen.

Eine der häufigsten Formen ist die hysterische Stimmbandlähmung, das Unvermögen beim Lautiren die Stimmritze zu schliessen. Oft begleitet Anästhesie die Parese der Stimmbandadductoren.

Sonst kommen nur functionelle Hemi-, Para-, Monoplegien in Frage.

Bei einer hysterischen Hemiplegie pflegt die Facialislähmung
zu fehlen, sind die Hautreflexe erhalten. Am wichtigsten scheint das
Verhalten des Bauchreflexes zu sein (Rosenbach), bei organischer
Hemiplegie fehlt er, oder ist doch herabgesetzt auf der gegelähmten Seite. Ausnahmeweise begleitet die hysterische Hemiplegie auch eine Schwäche des unteren Facialisgebietes. Diese ist

oft nur bei absichtlichen Bewegungen vorhanden, fehlt beim Lachen,
Weinen, kann auch beim Sprechen fehlen. Mit ihr darf der Krampf
der anderen Gesichtshälfte nicht verwechselt werden. Nicht selten
nämlich besteht ein Spasmus, durch den der Mundwinkel empor-
gezogen, die Zunge hakenförmig gekrümmt wird. Dieser Wangen-
Zungen-Krampf pflegt die der Gliederlähmung gegenüber liegende
Seite zu befallen.

Die Haltung der Glieder ist bei hysterischer Hemiplegie ziemlich
charakteristisch: der Arm hängt schlaff herab, das Bein wird nach-
geschleppt, nicht wie bei der organischen Hemiplegie gestreckt gehalten und beim Vorwärtschreiten im Bogen („mähend") nach vorn
geführt.

Bei hysterischer Paraplegie wird das Fehlen der Blasen- und
Darmstörungen eine dorsale Myelitis ausschliessen lassen. Vor Verwechselung mit spastischer Spinalparalyse wird, in der Regel wenigstens, das Vorhandensein anderweiter hysterischer Symptome, der
Ovarialhyperästhesie, der psychischen Veränderungen, der Krampfanfälle u. s. w. sowie der günstige Verlauf schützen, d. h. die Diagnose wird auf der Auffassung des ganzen Krankheitsbildes beruhen.
An sich allerdings kann eine Paraplegie durch isolirte Erkrankung
der spinalen Pyramidenbahnen der hysterischen Paraplegie vollständig gleichen.

Eine functionelle Monoplegie unterscheidet sich von einer Monoplegie durch organische Läsion peripherischer Theile (etwa des
Plexus) oder der entsprechenden Kernzone durch das Fehlen der
obenerwähnten positiven Symptome genügend, von einer organischen
corticalen Monoplegie dadurch, dass diese gewöhnlich incomplet, jene
complet ist, dass bei dieser geringe Abstumpfung der Sensibilität,
bei jener oft vollständige Unempfindlichkeit sich zeigt, dass bei dieser
anderweite cerebrale Symptome bestehen, bei jener nicht u. s. w.
Die Anästhesie hat bei diesen hysterischen Lähmungen eine charakteristische Begrenzung, ihre Ausdehnung stimmt nicht mit anatomischen Anordnungen überein, sondern sie wird durch Linien, die auf
der Längsachse des Gliedes senkrecht stehen, begrenzt, als wäre
das gelähmte Stück in eine anästhetisch machende Flüssigkeit eingetaucht worden. Der Verlauf, das Fehlen oder Vorhandensein
notorisch hysterischer Erscheinungen u. s. w. werden auch hier in
den meisten Fällen die Diagnose erleichtern.

Die obenerwähnte Functionlähmung kann sich sehr verschieden
darstellen. Hierher gehören das Unvermögen laut zu sprechen, bei
erhaltener Fähigkeit laut zu husten, die hysterische Schlinglähmung,

d. h. Unvermögen zu schlucken bei guter Beweglichkeit aller in
Betracht kommenden Muskeln, die Gehlähmung, d. h. Unfähigkeit
zu gehen bei guter Beweglichkeit der Beine im Bett. Die letztere
Form ist neuerdings als Astasie-Abasie (Blocq) bezeichnet worden.
Man hat unterschieden, je nachdem Gehen und Stehen ganz unmöglich ist, oder nur das Stehen möglich ist, oder die nicht gehen
könnenden Kranken doch auf allen Vieren laufen, oder wie Vögel
hüpfen, oder strampelnd laufen u. s. w.

Wichtig ist, dass man diese hysterischen Zustände nicht mit
anderen seelischen Bewegungstörungen verwechsele oder zusammen-
werfe. Für den Hysterischen ist seine Lähmung gerade so wirklich
wie eine organische Lähmung, er weiss von ihrem seelischen Ur-
sprunge nichts. Ganz anders ist es, wenn Kranke aus Angst vor
peinlichen Empfindungen diese oder jene oder alle Bewegungen
meiden; sie wissen dann ganz gut, dass keine Lähmung besteht und
wie sie zu ihrer Unbeweglichkeit kommen.

Beachtenswerth ist ferner, dass Combinationen organischer und functioneller Lähmung vorkommen können. Wird z. B. bei einem disponirten Individuum durch eine Verletzung des Plex. brach. eine
Plexuslähmung hervorgerufen, so kann eine functionelle Lähmung
des Armes hinzutreten. Man findet dann totale Lähmung (und Anästhesie) des Armes, nur einzelne Muskeln aber zeigen die Charaktere
der peripherischen Lähmung: Atrophie, Veränderungen der elektrischen Erregbarkeit u. s. w.

Es kann die Frage entstehen, ob eine functionelle Lähmung
eine simulirte sei oder nicht. Deutliche Steigerung der Sehnenreflexe wird Simulation ausschliessen lassen, anderenfalls werden die
Aetiologie, die Physiognomie des ganzen Falles, der Verlauf u. s. w.
den Beobachter leiten.

b. Abnorme Bewegungen.

Die abnormen Bewegungen oder die Krämpfe im weitesten Sinne
des Wortes bieten sich der Beobachtung entweder ohne Weiteres
dar, oder sie begleiten, stören nur willkürliche Bewegungen, oder sie
treten nur unter anderweiten Bedingungen (psychische Erregung u.s.w.)
ein. Die Untersuchung hat festzustellen, ob abnorme Bewegungen
vorhanden sind, unter welchen Umständen sie auftreten, welche
Muskeln sich an ihnen betheiligen und welcher Art sie sind. Ueber
die Ursachen der Krämpfe wissen wir im Allgemeinen recht wenig,
es ist daher auch schwer, sie in rationeller Weise zu gruppiren.

7*

Die übliche Eintheilung ist eine rein symptomatische. nicht selten werden Erscheinungen verschiedener Bedeutung unter einer Bezeichnung zusammengefasst. Auch ist der Sprachgebrauch durchaus nicht fixirt. so dass u. U. die Benennung mehr oder weniger willkürlich ist.

α. Die Ataxie.

Bei jeder willkürlichen Bewegung contrahiren sich mehrere Muskeln. Damit die Bewegung richtig ausgeführt werde. muss die Erregung sich auf die nöthigen Muskeln beschränken. aber jedem von ihnen muss ein bestimmter Grad der Verkürzung ertheilt werden und in bestimmter Weise muss der zeitliche Ablauf der Erregung geregelt sein. Dies versteht man unter Coordination der Bewegung. Einige Bewegungen, wie Saugen und Zugreifen. führt schon das neugeborene Kind richtig aus. die meisten aber müssen erst im Laufe des Lebens erlernt werden. Zunächst fehlt z. B. beim Gehen die Coordination. die Bewegungen der Beine sind ungeordnet (incoordinirt. ataktisch) und erst nach vielen Versuchen lernt das Kind die richtigen Muskeln in richtiger Weise zu brauchen. Aehnlich ist der Vorgang beim Sprechen, Schreiben. Spielen von Instrumenten u. s. w. Dass nicht nur alle Bewegungen ohne Sehen ausgeübt. sondern auch von Blinden erlernt werden. lehrt die alltägliche Erfahrung. Inwieweit ohne andere Empfindungen als die der Augen coordinirte Bewegungen erlernt werden können, darüber sagt uns die Erfahrung nichts. Dass bei der Erlernung irgend complicirterer Bewegungen die Empfindlichkeit der bewegten Theile entbehrt werden könnte, erscheint kaum denkbar. Dass aber reichlich geübte Bewegungen auch von unempfindlichen Gliedern, sobald die Augen thätig sind, richtig ausgeführt werden können. ist von vornherein wahrscheinlich und wird durch die Erfahrung bestätigt. Immerhin gilt dies nur von relativ einfachen Bewegungen. bei schwierigeren wird wohl die Orientirung durch die Empfindungen der Glieder nie ganz zu entbehren sein. da hier die Ueberwachung durch die Augen nicht ausreicht, um die Bewegungen allen wechselnden äusseren Umständen entsprechend zu verändern. Den Einfluss der Uebung muss man sich, bei der Coordination wie überhaupt, wohl so vorstellen, dass im Gehirn und Rückenmark, wo alle Theile mit allen verbunden sind, durch öftere Wiederkehr desselben Erregungsvorganges Bahnen mit geringem Widerstande geschaffen, sozusagen Geleise ausgefahren werden.

Bei Erkrankungen des Nervensystems kommt es nun nicht selten vor. dass die Coordination der Bewegungen gestört ist. Ergiebt die

Prüfung der einzelnen in Frage kommenden Muskeln, dass jeder willkürlich mit normaler Kraft contrahirt wird, und ist doch die beabsichtigte Bewegung nicht richtig ausführbar, so muss die Co-ordination gestört sein. Dies ist A t a x i e in der weitesten Bedeutung des Wortes. Der Zustand gleicht etwa dem eines Kindes, das gehen oder schreiben lernt, und kann dieser physiologischen Ataxie als pathologische gegenübergestellt werden. Im Einzelnen kann bei der Ataxie die Zahl der contrahirten Muskeln zu gross oder zu klein sein, kann ein Theil der Muskeln zu stark oder zu schwach ver-kürzt werden, können die betheiligten Muskeln zu früh oder zu spät in Thätigkeit treten. Meist sind wohl alle drei Störungen gleich-zeitig vorhanden. Die Fälle, wo nur die Ausbreitung der Inner-vation zu gross ist, wo demnach unbeabsichtigte Bewegungen die beabsichtigten begleiten, pflegt man nicht zur Ataxie zu rechnen, sondern man spricht dann von Mitbewegungen. E i g e n t l i c h e o d e r e c h t e A t a x i e d i a g n o s t i c i r e n w i r d a , w o d e r n i c h t g e -l ä h m t e K r a n k e B e w e g u n g e n , d i e e r f r ü h e r g e s c h i c k t m a c h t e , u n g e s c h i c k t a u s f ü h r t t r o t z U e b e r w a c h u n g d u r c h d i e A u g e n .

Wenn wir auf Ataxie untersuchen, so prüfen wir zunächst relativ einfache Bewegungen. Ataxie der Hände erkennt man daran, dass ein vorgehaltener Gegenstand nicht rasch und sicher ergriffen wird, sondern dass die Hand an ihm vorbeifährt, dass der Kranke, wenn er seine Nase ergreifen soll, an die Stirne greift, dass er das Glas oder den Löffel nicht zum Munde, sondern zur Nase oder zum Kinn führt. Ist die Ataxie stark, so wird die Hand nicht nur bei diesen einfachen Bewegungen das Ziel nicht erreichen, sondern planlos in der Luft herumfahren, den Inhalt des Glases verschütten u. s. w. Ist die Ataxie schwach, so werden zwar grobe Bewegungen noch ziem-lich richtig ausgeführt, aber beim Zuknöpfen gerathen die Finger unter einander, der Finger, der rasch durch ein Loch fahren soll, stösst daneben, wenn der Kranke die ausgebreiteten Arme einander rasch nähert und die Spitzen der Zeigefinger sich berühren sollen, so treffen sich diese nicht. Die Schrift ist unsicher, „ausfahrend", das Spielen von Instrumenten wird unmöglich.

An den Beinen zeigt sich schwache Ataxie dadurch, dass es dem Kranken nicht mehr gelingt, mit dem Fusse einen Kreis zu beschreiben, ohne auszufahren, dass er mit der Ferse einer Seite nicht rasch und sicher das Knie der anderen berühren kann, dass er einen vorgehaltenen Gegenstand mit der grossen Zehe nicht trifft, dass er beim Uebereinanderlegen der Füsse einen ganz unnöthigen

Bogen beschreibt und etwa doch auf den anderen Fuss auftrifft u. s. w. Ist die Ataxie stärker, so wird das Bein nicht mehr stetig, sondern wackelnd erhoben und werden die Störungen besonders beim Stehen und Gehen deutlich. Fordert man den Kranken auf, vom Stuhle aufzustehen, so bemerkt man ein leichtes Zögern, er giebt sich erst einen Anstoss, steht dann rasch auf, schwankt aber mehrmals, ehe er feststeht. Er steht nun breitbeinig, drückt die Kniee durch und richtet den Blick auf die Füsse; setzt er die Füsse neben einander, so schwankt er, auf einem Fusse kann er nicht stehen, oder er schwankt doch und setzt rasch den anderen Fuss wieder nieder. Ist der Gang noch sicher, so tritt doch Schwanken beim raschen Halt- oder gar Kehrtmachen ein. Laufen, Springen, Steigen auf einen Stuhl, Treppabwärtsgehen u. s. w. fallen schwer. Zuweilen geht der Kranke gut vorwärts, kann aber nur ganz unbeholfen nach rückwärts gehen. Bei stärkerer Entwicklung der Störung ist der ataktische Gang auf den ersten Blick zu erkennen. Der Kranke steht mit steifen und gespreizten Beinen, beginnt er zu gehen, so hebt er das Bein übermässig hoch, wirft den Unterschenkel nach aussen und vorwärts und setzt dann den Fuss mit der Ferse zuerst stampfend zu Boden. Während des „stampfenden", „schleudernden" Ganges heften die Kranken die Augen auf die Füsse. Weiterhin werden die Bewegungen immer unsicherer und stürmischer, die Kranken werfen ihre Beine nach allen Seiten, taumeln bald, stürzen bald vorwärts, stossen an Personen und Gegenstände an und sind schliesslich trotz zweier Stöcke nicht fähig, sich aufrecht zu erhalten. Das Gehen ist dann unmöglich trotz wohlerhaltener Kraft der Beinmuskeln.

Seltener als an den Gliedern beobachtet man Ataxie an Kopf, Hals und Rumpf, hier bewirkt sie Grimassiren, Articulationstörungen, wohl auch unregelmässige Bewegungen der Augen (ataktischen Nystagmus), Schwanken des Kopfes und Rumpfes beim Sitzen u. s. w. Gewöhnlich werden als charakteristisch für die Ataxie besonders die schroffen Bewegungen, das Schleudern, der ebenso übermässige als unnütze Kraftaufwand bezeichnet. Es handelt sich da wohl zum Theil um eine secundäre Störung, die Kranken suchen unwillkürlich ihre Ungeschicklichkeit dadurch gut zu machen, dass sie sich absonderlich anstrengen, ihre Muskeln übermässig stark innerviren. Nicht alle Ataktischen zeigen das Schleudern, besonders bei Frauen sind die Bewegungen oft einfach unbeholfen.

Fast stets suchen die Ataktischen ihre Bewegungen mit den Augen zu überwachen und wenn sie dies nicht können (bei geschlossenen Augen oder im Dunkeln), nimmt gewöhnlich die Ataxie wesentlich

zu. Bei geringer Ataxie bemerken die Kranken nicht selten deren
Vorhandensein nur daran, dass sie im Dunkeln auffallend ungeschickt
sind. Immerhin vermag die Ueberwachung der Augen die Ataxie
nicht zu beseitigen. Vielmehr ist für die eigentliche Ataxie charakteristisch, dass die Bewegungen trotz der Ueberwachung durch die
Augen incoordinirt sind.

Von der bei Bewegungen eintretenden locomotorischen
Ataxie trennt man zuweilen die statische (Friedreich) und
versteht darunter das Schwanken, das eintritt, wenn die Kranken
den Arm ruhig ausgestreckt halten, mit der Hand einen gleichmässigen
Druck ausüben sollen, wenn sie sitzen, aufrecht stehen. Die statische
Ataxie ist ein Ausdruck sehr starker Ataxie.

Von der bisher beschriebenen Ataxie im engeren Sinne
pflegt man die Bewegungstörungen zu unterscheiden, die bei
mehr oder weniger vollständiger Anästhesie auftreten. Es sind
mehrfach Fälle beobachtet worden, wo Kranke mit Anästhesie der
Haut und der tiefen Theile alle Bewegungen richtig ausführten, so
lange sie sie sahen. Dagegen traten bei ihnen Störungen ein, sobald
sie die Augen schlossen oder in's Dunkle kamen. Die Kranken
lassen dann die Dinge, die sie in der Hand hielten, fallen, sie sind
unfähig, eine bestimmte Bewegung auszuführen, weil sie gar nicht
wissen, ob sie ihren Arm bewegen oder nicht, die Bewegung fällt
bald zu gross, bald zu klein aus, zuweilen bleibt das Glied ganz
ruhig, während die Kranken glauben, es bewegt zu haben. Bei
Anästhesie der Füsse können die Kranken ohne Hülfe der Augen
nicht gehen, noch stehen. Die Fähigkeit, das Gleichgewicht zu
erhalten, ist direct abhängig von der Empfindlichkeit. Nur dadurch, dass zu dem Gehirn fortwährend durch die centripetalen
Bahnen Nachrichten über die äusseren Verhältnisse gelangen, können
jederzeit den Muskeln beider Körperhälften die zur Erhaltung des
Gleichgewichtes nöthigen Innervationen zugeführt werden. Es kommt
in Betracht die Empfindlichkeit der peripherischen Theile (Haut,
Muskeln u. s. w.), des Auges und wahrscheinlich auch der Bogengänge
des Labyrinthes. Sind die peripherischen Theile unempfindlich, so
reicht die Orientirung durch die Sinnesorgane nothdürftig aus, das
Gleichgewicht zu erhalten. Wird aber auch das Auge ausgeschlossen,
so treten sofort Gleichgewichtstörungen ein. Steht ein Kranker
mit offenen Augen sicher, beginnt er aber zu schwanken, sobald er
die Augen schliesst (Brach-Romberg'sches Symptom), so ist
dies ein Beweis, dass die Empfindlichkeit seiner Füsse gestört ist.
Sind die Füsse ganz anästhetisch, so stürzt der Kranke beim Augen-

schlusse sofort zusammen. Um das Romberg'sche Symptom auch
bei schwacher Anästhesie nachweisen zu können, lässt man den
Kranken mit geschlossenen Füssen stehen, d. h. so, dass die inneren
Fussränder sich berühren. Dann ist die Erhaltung des Gleichgewichtes
begreiflicher Weise besonders schwierig. Noch mehr ist letzteres
beim Stehen auf einem Fusse der Fall; Kranke mit Andeutungen
von Anästhesie der Füsse sind ganz unfähig, bei geschlossenen Augen
auf einem Fusse zu stehen.

Blinde Ataktische schwanken zuweilen beim Stehen stärker,
sobald sie die Augen schliessen. Es handelt sich da wohl um eine
psychische Wirkung.

Eine Art von Pseudoataxie kann dadurch zu Stande kommen,
dass von den zu einer Bewegung nöthigen Muskeln einige mehr oder
minder paretisch sind. Wird die Muskelgruppe dann in der gewohnten
Weise innervirt, so muss die Bewegung ataktisch sein. Ist dabei
die Sensibilität normal, so muss die Störung vorübergehend sein, der
Wille lernt sich den veränderten Verhältnissen anpassen. Besteht
aber auch Anästhesie der betroffenen Theile, so wird die Unsicherheit der Bewegung kaum auszugleichen sein. Diese Pseudoataxie
erkennt man eben daran, dass bei der Einzelprüfung der Muskeln
sich da und dort Parese findet. Doch wird die Unterscheidung von
der wirklichen Ataxie nicht selten schwierig sein, da beide Störungen
neben einander bestehen können, besonders im Laufe der Zeit zur
Ataxie oft Parese hinzukommt. Die Pseudoataxie wird um so leichter
eintreten, je weniger die Coordination durch Uebung gestärkt ist,
leichter bei Kindern als bei Erwachsenen.

Die Ataxie kann verwechselt werden mit den Choreabewegungen. Jene zeigt sich bei willkürlichen Bewegungen, sei
es, dass diese eine locomotorische oder eine statische Wirkung haben,
die Choreabewegungen dauern auch bei vollständiger Ruhe des
Körpers fort. Jene zeigt sich bei denselben Bewegungen immer in
nahezu derselben Weise, während diese bald da sind, bald fehlen,
in launischer Weise bald so, bald so auftreten. Jene lässt die ganze
Bewegung uncoordinirt erscheinen, bei dieser ist die Bewegung coordinirt und nur während der Ausführung wird sie von einer anderen
Bewegung durchkreuzt, die oft auch den Charakter der Willkür hat.

Das Intentionzittern unterscheidet sich dadurch von der
Ataxie, dass dort auch die Einzelbewegung zitternd ausgeführt wird,
dass dort die Abweichungen von der beabsichtigten Bewegung rhythmisch sind, bei der Ataxie unregelmässig. Immerhin kann das Intentionzittern so intensiv werden, dass der rhythmische Charakter

undeutlich wird und die Unterscheidung von der Ataxie Schwierigkeiten macht. Auch können beide Störungen gleichzeitig vorkommen.

— — — —

Durch welche Läsion die Ataxie zu Stande kommt, wissen wir
nicht mit Bestimmtheit. Man hat früher viel über die Entstehung
der Ataxie gestritten. Neuere Versuche haben es wahrscheinlich
gemacht, dass doch in allen Fällen von Ataxie Störungen der Empfindlichkeit, besonders der Empfindlichkeit der Gelenke bestehen
(Goldscheider). Ist in diesen die Ursache der Ataxie zu sehen, so
wird ohne Weiteres begreiflich, dass alle Störungen, die die Bahn von
den Gelenkflächen zu den empfindenden Hirntheilen unterbrechen,
Ataxie bewirken können. Ausserdem kommen die vermutheten
„Coordination-Centra" in Betracht. Thatsächlich ist Ataxie beschrieben
worden bei Läsion der Grosshirnrinde (corticale oder Rinden-
ataxie), des Kleinhirns (cerebellare Ataxie), der Oblongata
(bulbäre Ataxie), des Rückenmarkes (spinale Ataxie), der
Nerven (peripherische Ataxie). Wir finden echte Ataxie weitaus
am häufigsten bei Tabes. Da nun bei Tabes (und ebenso bei der
hereditären Ataxie oder Friedreichischen Krankheit) regelmässig die
Hinterstränge des Rückenmarkes erkrankt sind, läge es nahe, die
Ataxie von einer Läsion der Hinterstränge abzuleiten. Freilich ist
es bis jetzt nicht möglich zu sagen, welcher Abschnitt der Hinterstränge in Frage kommt, ob etwa die Erkrankung der Hinterhörner
von besonderer Bedeutung sei. Man wird, wenn man eine der
tabischen gleichende Ataxie trifft und wenn sonst Gründe vorliegen,
eine spinale Läsion anzunehmen, geneigt sein eine Erkrankung der
Hinterstränge zu vermuthen, z. B. wenn ein Kranker mit multipler
Sklerose ataktisch ist. Immerhin wird man in dieser Hinsicht vorsichtig sein müssen, es ist zweifellos, dass auch eine Erkrankung
peripherischer Nerven Ataxie bewirken kann.

Bemerkenswerth ist, dass die Diagnose der Tabes sich weit weniger
auf den Nachweis der Ataxie, als auf andere Symptome stützt (reflectorische
Pupillenstarre, Anisocorie, Atrophia n. opt., Fehlen der Sehnenreflexe,
Blasenstörung, lanzinirende Schmerzen, Anästhesie). Die Ataxie fehlt
fast immer während eines Theiles des Tabesverlaufes, ja sie kann bis zum
Ende des Lebens fehlen und andererseits kommt Ataxie in ähnlicher Weise
wie bei Tabes auch ohne Tabes vor.

Neuerdings hat man darauf aufmerksam gemacht, dass langsam sich
entwickelnde Ataxie der Beine zusammen mit Parese und oft mit erhaltenen
Sehnenreflexen bei der combinirten Degeneration der Hinter- und Seitenstränge gefunden wird. An diese Erkrankung, über deren Verhältniss zur

Tabes noch nichts Sicheres bekannt ist, wird daher bei den angegebenen Erscheinungen zu denken sein.

Besteht Ataxie neben bulbären Symptomen, so wird eine Läsion der Fortsetzungen der Hinterstränge im verlängerten Marke wahrscheinlich sein.

Der tabischen gleichende Ataxie (der Beine) ist einige Male auch bei cerebellaren Erkrankungen beobachtet worden. Man wird die Diagnose nur machen können, wenn neben der Ataxie unzweifelhafte Symptome einer Kleinhirnläsion, z. B. die Erscheinungen eines Kleinhirntumor, bestehen, Symptome einer spinalen Läsion fehlen. Die sogenannte „cerebellare Ataxie" hat eigentlich mit dem, was man sonst Ataxie nennt, nichts zu thun. Bei cerebellarer Ataxie besteht Unfähigkeit, sicher zu gehen und zu stehen, die nicht von Anästhesie der Beine abhängt. Der Kranke mit cerebellarer Ataxie zeigt im Liegen keine Spur von Ataxie, soll er aber gehen, so taumelt er wie ein Betrunkener, soll er mit geschlossenen Füssen stehen, so schwankt er hin und her, fällt möglicherweise zu Boden. Es handelt sich demnach ausschliesslich um Gleichgewichtstörungen, die ganz und gar denen gleichen, die eine acute Alkoholvergiftung hervorbringt. Aus der Existenz der cerebellaren Ataxie kann man zwar stets eine Functionstörung des Kleinhirns erschliessen, doch nicht ohne Weiteres eine directe Läsion des Kleinhirns. Seine Function, das Gleichgewicht zu wahren, ist von der normalen Verbindung des Centrum mit der Peripherie abhängig. Die durch Sensibilitätstörungen und durch Augenmuskellähmungen bewirkten Alterationen des Gleichgewichtes werden sich leicht ausschliessen lassen. Schwerer ist dies bei den Erkrankungen der halbzirkelförmigen Kanäle des Ohres, beziehungsweise des Acusticus, die in ähnlicher Weise von cerebellarer Ataxie begleitet sein können, wie die des Centrum im Kleinhirn selbst. Ist die cerebellare Ataxie mit Gehörsstörungen, subjectiven Geräuschen, objectiv nachweisbaren Erkrankungen des Ohres verbunden, so wird man zunächst an eine Erkrankung der Nerven der halbzirkelförmigen Kanäle denken, bestehen mit ihr Gehirnsymptome (Stauungspapille, Hemiplegie, bestimmte Zwangsbewegungen, andauernder heftiger Hinterkopfschmerz u. s. w.), so wird eine Erkrankung des Kleinhirns selbst wahrscheinlicher sein. Schwindel kann in beiden Fällen bestehen.

Wenn die Bewegungen paretischer Glieder ataktisch sind, so muss in der Regel die Diagnose nach den für Lähmungen geltenden Vorschriften ohne Rücksicht auf die Ataxie gestellt werden. Erfahrunggemäss können Lähmungen bei sehr verschiedener Localisation der Läsion von Ataxie begleitet sein. Man hat die Ataxie z. B. bei Paraparese durch spinale Querläsion, bei cerebralen Monoplegien und bei Hemiplegien beobachtet. Am häufigsten scheint Ataxie bei den von corticalen Läsionen abhängigen Paresen zu sein. Man wird berechtigt sein, sie auf eine Stufe mit den übrigen diese Parese begleitenden motorischen Reizerscheinungen zu stellen, mit dem Tremor, der Athetose, der Chorea, und in der That finden sich gerade hier Zustände, wo es schwer ist, zu sagen, ob man von Hemiathetosis, von Hemichorea oder von Hemiataxie reden soll. Wovon es abhängt, dass bald eine dieser Störungen die Parese begleitet, bald nicht, dass bald diese Form sich zeigt, bald jene, wissen wir nicht. Neben der corticalen Ataxie besteht häufig Anästhesie, d. h. Unvermögen, die Lage des Gliedes und passive Bewegungen zu erkennen. Während gewöhnlich die Ataxie, ebenso wie die Chorea, nach dem Eintritte der cerebralen Lähmung sich entwickelt: posthemiplegische Ataxie, Chorea, geht sie in selteneren Fällen der Lähmung voraus: prähemiplegische Ataxie, Chorea. Die Diagnose wird sich im letzteren Falle auf die Halbseitigkeit des Symptomes, den Beginn an einem Gliede, die Raschheit der Entwicklung, die etwaige charakteristische Sensibilitätstörung, auf anderweite cerebrale Symptome zu stützen haben.

Was endlich die Ataxie angeht, die theils allein, theils mit anderen nervösen Störungen als acute, gewöhnlich früher oder später vorübergehende Erkrankung nach verschiedenen acuten Infectionskrankheiten (Diphtherie, Typhus, Variola, Morbilli, Scarlatina, Erysipelas, Pneumonie, Malaria, Dysenterie u. s. w.) auftreten kann, so wissen wir über Art und Ort der Läsion sehr wenig. Für viele leichtere Fälle ist es wahrscheinlich, dass so wenig wie bei der nach manchen Richtungen analogen gewöhnlichen Chorea stärkere organische Veränderungen im Nervensystem bestehen. In anderen Fällen kann man multiple entzündliche Herde, die die Section einige Male nachgewiesen hat, vermuthen. Diese mögen bald im ganzen Nervensystem auftreten, bald auf Gehirn oder Rückenmark, oder peripherische Nerven beschränkt sein. Es ist durchaus nicht nothwendig, dass die acute Ataxie immer durch Läsion desselben Ortes entsteht. Vielmehr spricht für das Gegentheil der Umstand, dass das klinische Bild der acuten Ataxie in verschiedener Weise sich darstellt: bald sieht man die schleudernden Bewegungen, die wir am Tabeskranken kennen, bald erinnert der Zustand mehr an die cerebellare Ataxie, bald werden die Bewegungen denen kleiner Kinder ähnlich, so dass es den Eindruck macht, als ob die Kranken nur das Gehen, Essen u. s. w. verlernt hätten.

β. Zittern.

Man spricht von Zittern (Tremor), wenn rasch sich folgende, kleine, hin- und hergehende Bewegungen sich zeigen. Zittern wird bekanntlich auch am Gesunden beobachtet bei rascher Abkühlung, bei starker gemüthlicher Erregung, bei intensiver Ermüdung u. s. w. Krankhaft ist ein Zittern, wenn es entweder ohne wahrnehmbare Ursache oder auf abnorm schwache Reize hin entsteht, oder zwar auf dieselbe Weise zu Stande kommt wie beim Gesunden, aber durch Stärke und Dauer abnorm ist.

Ist Zittern nicht ohne Weiteres wahrzunehmen, so prüft man, ob es bei Bewegungen eintritt. Am ehesten zeigt es sich bei Bewegungen, die entweder Kraft oder eine gewisse Genauigkeit und Sicherheit fordern, beim Heben eines schweren Gegenstandes, beim Ausgestreckthalten der Hand oder des Fusses, beim Einfädeln einer Nadel, beim Knüpfen eines Knotens, beim Schreiben, Essen, Trinken u. s. w. Rasche, energische Bewegungen gelingen gewöhnlich ohne Zittern, vielfach geübte leichter als ungewohnte. Im Allgemeinen kann Schreiben als das feinste Reagens auf Tremor angesehen werden, doch ist zu bemerken, dass schriftgewandte Personen oft noch ohne deutliches Zittern schreiben, während sie z. B. beim Binden einer Schleife oder dergl. deutlich zittern.

Es ist darauf zu achten, ob Bewegungen, die anfänglich sicher ausgeführt wurden, nach Wiederholung zitternd geschehen, ob psychische Erregung abnorm leicht Zittern hervorruft, ob schon geringe Abkühlungen ebenso wirken u. s. w.

Bei jedem Zittern ist zu prüfen, welche Theile zittern, ob bei Bewegungen nur die bewegten Theile oder auch andere zittern, ob die einzelnen Oscillationen sich sehr rasch oder relativ langsam folgen, ob sie streng rhythmisch sind oder nicht, wie gross sie sind, ob sie unter einander gleich gross sind oder nicht, ob das Zittern durch den Willen vermindert werden kann, welche Momente es steigern, ob Pausen eintreten und auf welche Veranlassung.

Ueber die meisten dieser Momente erhält man in der elegantesten Weise Aufschluss, wenn man durch einen geeigneten Apparat die Zitterbewegungen graphisch darstellt. Einige Curven, die bei Benutzung eines dem Marey'schen Myographen ähnlichen Apparates erhalten worden sind, stellen die Figg. 24—26 dar. Immerhin ist es nicht wünschenswerth, durch derartige complicirte Apparate die klinische Untersuchung zu erschweren. Nur ausnahmeweise werden sie zu diagnostischen Ergebnissen führen, die nicht auf einfachere Weise zu erhalten wären. Deshalb möge derjenige, der Laboratorium-

methoden anzuwenden wünscht, die entsprechenden Specialschriften
einsehen.

Das Zittern des Kopfes stellt sich als Schütteln oder Nicken
dar, häufig ist Zittern der Kaumuskeln (Zähneklappern), der Zunge,
auch Zittern einzelner Gesichtsmuskeln wird beobachtet. Das Zittern
der Augen wird gewöhnlich zum Nystagmus gerechnet. Tremor der
Kehlkopfmuskeln bewirkt das Zittern der Stimme. Manche Formen

Zittercurven (nach P. Marie).

Fig. 24.
Zittern bei Morbus Basedowii. A Zittern. B Chronograph.

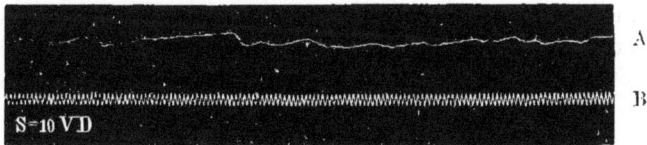

Fig. 25.
Zittern bei Alkoholismus.

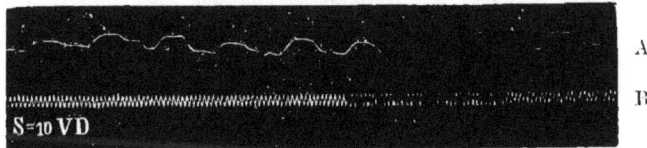

Fig. 26.
Greisenzittern.

anarthrischer Sprachstörung scheinen durch Tremor der beim Sprechen
bewegten Muskeln verursacht zu werden. An den Gliedern wird
die Art der Zitterbewegung von der Natur des Gelenkes abhängen.
Bekannt ist das „Schlottern der Kniee“. Nicht nur am häufigsten,
sondern auch am mannigfaltigsten sind die Zitterbewegungen der
Hand und der Finger.

Bald zittern nur bestimmte Theile, bald zeigt sich, wie im Fieberfrost, ein allgemeines Schütteln und Beben. Zittert nur ein Theil,
z. B. die Hand, so können doch mechanisch die Erschütterungen

sich dem ganzen Arme mittheilen. Das bei Bewegungen eintretende Zittern beschränkt sich entweder auf den bewegten Theil oder verbreitet sich auf benachbarte Theile oder wird ein allgemeines. Bei Bewegungen der Hand, z. B. kann auch der andere Arm oder der Kopf oder das Bein zu zittern beginnen oder der ganze Körper in Beben gerathen. Die Geschwindigkeit des Zitterns ist ebenso variabel wie die Grösse der Oscillationen. Die Grenze nach unten ist die eben wahrnehmbare Bewegung, kommt keine Locomotion zu Stande. so besteht auch kein Zittern. Die Contractionen einzelner Muskelbündel. besonders die sogenannten fibrillären Zuckungen, haben mit dem Tremor nichts zu thun. [1]) Die Grenze nach oben ist nicht leicht zu bestimmen. Das Zittern geht stetig in den klonischen Krampf über. Zittern mit grossen Oscillationen nennt man wohl auch Schüttelkrampf. Es ist dem Tremor wesentlich. dass die Oscillationen sich rhythmisch folgen: auf die Zeiteinheit kommen ungefähr gleich viele. wenn immer auch Schwankungen nicht ausgeschlossen sind. Verwischt sich der rhythmische Charakter. so kann es schwer sein. zu sagen. ob Zittern oder choreatische Bewegungen bestehen. oder die Grenze zwischen Tremor und Ataxie zu ziehen. Von Bedeutung ist ausserdem besonders die Frequenz der Oscillationen. über die unten einige Angaben folgen.

Es ist nicht bekannt. ob das Zittern durch abwechselnde Contraction und Erschlaffung. beziehungsweise durch Nachlassen der Contraction. derselben Muskeln oder durch abwechselnde Contractionen, beziehungsweise wechselndes Nachlassen. antagonistischer Muskeln zu Stande kommt. wenngleich für die meisten Fälle das Letztere wahrscheinlicher ist. Es ist auch im einzelnen Falle schwer, zu entscheiden. ob das Zittern. das Romberg die Brücke zwischen Lähmung und Zuckung nannte. durch ein Zuwenig oder Zuviel der Innervation zu erklären sei. Im Allgemeinen pflegt man ein paralytisches Zittern. dessen Typus bei der Ermüdung zu beobachten ist. und ein Krampfzittern. dessen Typus der Schüttelfrost ist. zu unterscheiden.

Von Alters her ist es gebräuchlich. zwischen einem Zittern, das nur die willkürlichen Bewegungen begleitet. dem Intentionzittern. und einem Zittern. das auch ohne solche besteht, zu unterscheiden. Wenn eine strenge Trennung beider Arten nicht durch-

---

[1] Es ist unbegreiflich. dass ein so grober Irrthum wie die Verwechselung der nach Durchschneidung des Hypoglossus in der Zunge auftretenden fibrillären Zuckungen mit dem Zittern immer wieder reproducirt wird.

zuführen ist, die eine in die andere übergehen kann, so ist es doch zweckmässig für den klinischen Gebrauch an jener Unterscheidung festzuhalten.

Doch darf man das Intentionzittern nicht schlechtweg, wie vielfach geschieht, mit dem paralytischen Zittern identificiren. Erstens kann das letztere auch in der Ruhe sich zeigen, wenn die Muskeln, die zur Bewahrung der Haltung dienen, diesen Dienst nur zitternd verrichten können, wenn z. B. der Kopf nur zitternd aufrecht erhalten werden kann. Dann aber giebt es eine Form des Krampfzitterns, das spastische Zittern, das nur Bewegungen begleitet und dessen Typus das Fussphänomen ist. Das spastische Zittern, das sozusagen zwischen dem paralytischen und convulsivischen Zittern steht, wird nach Art der übrigen spastischen Phänomene reflectorisch durch Dehnung der Muskeln und Sehnen hervorgerufen, die entweder mechanisch oder durch willkürliche Contraction der Antagonisten zu Stande kommt.

Als Typus des Intentionzitterns wird gewöhnlich das bei multipler Sklerose bezeichnet. Hier zeigt sich in vollkommener Ruhe kein Zittern, oft fehlt es auch bei kleinen Bewegungen, sobald aber Bewegungen von einer gewissen Ausdehnung gemacht werden, tritt es auf. Beim Beginne der Bewegung ist es gering, steigert sich aber allmählich zu heftigem Schütteln, so dass die gerade Linie in eine Zickzacklinie mit wachsenden Schwankungen verwandelt wird. Die Zitterbewegungen sind annähernd rhythmisch, aber es finden sich grössere Unregelmässigkeiten als z. B. bei dem Zittern der Paralysis agitans, sowohl in Beziehung auf die wechselnde Grösse der Oscillationen als in Beziehung auf die zeitliche Folge, so dass man nicht selten an die ataktischen Bewegungen erinnert wird. Immerhin finden sich bei dem Intentionzittern nicht die ungestümen, regellosen und zweckwidrigen Contractionen, die bei Ataktischen die Bewegungen durchkreuzen oder vereiteln. Trotz des Schüttelns hält die Bewegung die eingeschlagene Richtung ein und bleibt der oscillatorische Charakter der Bewegungstörung gewahrt. In der weitaus grössten Zahl der Fälle wird eine Verwechselung des Intentionzitterns mit anderen Bewegungstörungen nicht möglich sein. Am schwierigsten zu beurtheilen sind die seltenen Fälle, wo Intentionzittern und Ataxie neben einander vorkommen.

Die multiple Sklerose kann auch ohne Zittern vorkommen, aus seinem Fehlen kann daher kein diagnostischer Schluss gezogen werden. Das Vorhandensein des Intentionzitterns beweist zwar die multiple Sklerose nicht schlechthin, macht sie aber immerhin sehr

wahrscheinlich, wenn sonst Symptome einer cerebrospinalen Läsion
vorliegen, besonders kann es wichtig sein, wenn es gilt, Tabes und
multiple Sklerose zu unterscheiden. In diesem Sinne lässt sich besonders auch das eigenthümliche, die Bewegungen der Augen begleitende Augenzittern, der Nystagmus, verwerthen, da diese Erscheinung wohl nie bei Tabes vorkommt.

Eine Verwechselung zwischen Paralysis agitans und multipler
Sklerose kann nicht leicht vorkommen, wenn man die Verschieden-
heit des Tremor bei beiden beachtet.

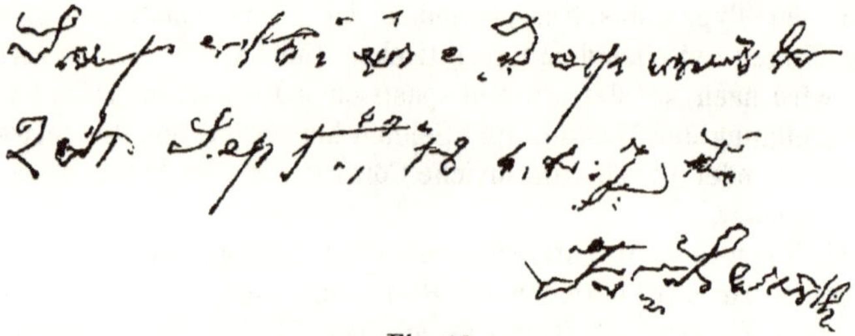

Fig. 27.
Schrift bei multipler Sklerose (nach Charcot).

Deutlich sind die Kennzeichen des convulsivischen Zitterns bei
dem Zittern der Paralysis agitans. Hier handelt es sich um
streng rhythmische Oscillationen, die sich durchschnittlich in der
Secunde 5—6 mal wiederholen. Sie zeigen sich gewöhnlich zuerst
an einer Hand, ergreifen dann das gleichseitige Bein, um später
auch an dem anderen Beine und der anderen Hand sich zu zeigen.
Selten betheiligt sich der Kopf am Zittern, doch beobachtet man zuweilen auch Schütteln und Nicken desselben. Zittern des Unterkiefers und einzelner Gesichtsmuskeln. Eigenthümlich sind die Bewegungen der Hand und der Finger: die im Metacarpophalangeal-
gelenke gebeugten Finger nähern sich dem Daumen und bewegen
sich mit diesem wie um Wolle zu spinnen, einen Bleistift oder eine
Papierkugel zu rollen, wie beim Zerkrümeln von Brot oder Drehen
von Pillen; gleichzeitig beugt sich das Handgelenk in raschen Stössen
gegen den Vorderarm, dieser gegen den Oberarm. Das Zittern dauert
bei jeder Stellung und Lage fort. Willkürliche Bewegungen verstärken es nicht, im Gegentheile hört es im Beginne solcher auf,
lässt nach beim Drücken mit der Hand, beim Heben schwerer Gegenstände u. s. w. Dem entspricht, dass bei nicht zu starkem Tremor
die Schrift ihn oft nicht erkennen lässt (vgl. Fig. 28 a). Ist der

Tremor stark, so erscheint die Schrift wie in Fig. 29 b. Das Zittern ist um so geringer, je ruhiger sich die Kranken verhalten, je weniger sie irritirt werden; bei der geringsten Aufregung, wenn sie sprechen,

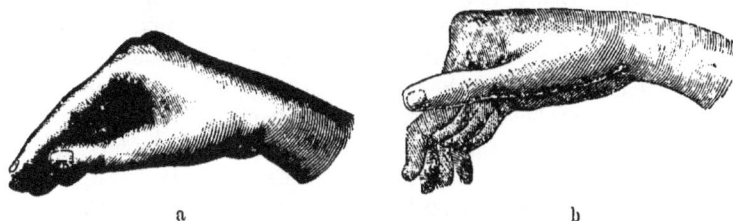

a   b

Fig. 28.

Haltung der Hand bei Paralysis agitans (nach Charcot). a Gewöhnliche Haltung bei mässiger Intensität der Krankheit. b Deformität der Hand, ähnlich der Haltung bei Arthritis deform., bei weit fortgeschrittener Krankheit.

wenn sie sich beobachtet fühlen, nimmt es beträchtlich zu. Es besteht nicht immer in gleicher Stärke, macht zuweilen mehrtägige Pausen, oder hört wenigstens in einem Gliede auf, kehrt dann aber

a

33jähriger Mann, typische (rechtseitige) Paralysis agitans seit 1 Jahre. Beim Ergreifen der Feder hört der Tremor auf und während des Schreibens ist von ihm nichts zu sehen.

b

Fig. 29.

Schrift bei Paralysis agitans (nach Charcot).

oft mit erhöhter Kraft zurück und steigert sich zeitweise paroxysmenartig.

Das Zittern der Paralysis agitans kommt nicht nur bei dieser Krankheit, sondern hie und da auch als posthemiplegisches Zittern

oder als vorübergehende hysterische Störung vor. Es ist daher nicht
zulässig, aus der Art des Zitterns allein die Paralysis agitans zu
diagnosticiren.

Dem Zittern bei Paralysis agitans am ähnlichsten ist der Tremor essentialis[1]), der, wie jene, eine seltene Krankheit darstellt,
auf erblicher Anlage beruht und im höheren Alter auftritt. Auch
hier finden wir rhythmische Oscillationen, die sich 4—6 mal in der
Secunde wiederholen (vgl. Fig. 26). Bei geringer Stärke zeigt sich
der Tremor essentialis nur bei Bewegungen und besonders bei Erregungen, bei stärkerer hält er auch in der Ruhe an. Willkürliche
Bewegungen steigern ihn im letzteren Falle wenig oder nicht. Zum
Unterschiede von der Paralysis agitans zittert hier fast immer der
Kopf, der zuerst oder doch bald nach den Händen vom Tremor ergriffen wird. Der Kopf schüttelt oder nickt, meist zittert auch der
Unterkiefer. Das Zittern der Hände besteht aus kleinen Oscillationen,
die Finger sind gewöhnlich nicht selbständig thätig, sondern machen
nur die Bewegungen der Hand mit. Die Beine bleiben oft verschont,
oder sind doch weniger am Zittern betheiligt als Kopf und Hände.

Etwas anders stellt sich das bei Morbus Basedowii häufige
convulsivische Zittern dar. Auch hier handelt es sich um rhythmische Oscillationen, diese sind aber kleiner und folgen sich rascher
als bei Paralysis agitans und Tremor essentialis. Auf die Secunde
kommen 8—9 (vgl. Fig. 24). Bald wird der ganze Körper fortwährend von diesem leisen Beben erschüttert, bald zittern nur die
Glieder. Am Arme geschehen die Oscillationen hauptsächlich im
Handgelenke, die Finger werden nur passiv bewegt.

Dieses Zittern gleicht fast vollständig dem, das bei Gesunden
nach heftigen psychischen Erregungen beobachtet wird. Es ist ein
Ausdruck gesteigerter Empfindlichkeit, der sogenannten reizbaren
Schwäche des Nervensystems: Reize, die beim Gesunden unwirksam
sind, bringen hier Wirkungen hervor, wie sie dort nur excessive
Reize haben. Dementsprechend beobachtet man ein ähnliches Zittern
bei verwandten Zuständen nervöser Schwäche, in der Recon-
valescenz von schweren Krankheiten, bei nervöser Erschöpfung
durch sexuelle Excesse, durch Lactation, durch Hunger,
durch Blutverluste u. s. w.

---

[1]) Weil der Tremor essentialis häufiger als in der Jugend im höheren Alter
beginnt, wird er oft auch als Tremor senilis bezeichnet. Er ist jedoch ganz zu
trennen von dem häufigen Intentionzittern alter Leute. Die meisten über Tremor
senilis verfassten Arbeiten beziehen sich auf den convulsivischen Tremor essentialis.

Eine diagnostische Bedeutung kann das Zittern bei gewissen Vergiftungen haben. Allbekannt ist der Tremor alcoholicus. Beim chronischen Alkoholismus ist das Zittern eins der gewöhnlichsten Symptome: es beginnt meist an den Händen, verbreitet sich allmählich auf Arme und Beine, selbst auf Lippen und Zunge und kann endlich bis zu einem förmlichen Beben und Schütteln des Körpers, wodurch Gehen und Stehen behindert wird, anwachsen. Es ist im nüchternen Zustande, des Morgens, am stärksten, wird geringer nach dem Genusse von Spirituosen. Es ist nicht immer mit Muskelschwäche verbunden, sondern kann auch bei robusten Säufern vorkommen. Das Delirium tremens hat vom Zittern seinen Namen, doch ist bemerkenswerth, dass einerseits der Tremor im Delirium tremens fehlen kann, andererseits bei Meningitis und auch bei febrilen Delirien ein ganz ähnliches Zittern vorkommt.

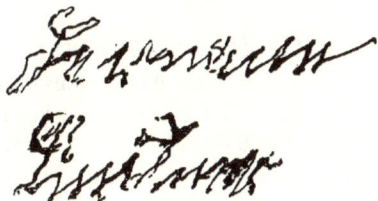

Fig. 30.
Zitterschrift bei Alkoholismus.
Junger Mann, beginnendes Delirium tremens.

Ein dem Tremor der Säufer ähnliches Zittern sieht man oft bei progressiver Paralyse, bei abstinirenden Morphiumsüchtigen und angeblich auch bei acuter und bei chronischer Tabaksvergiftung.

Der Tremor mercurialis soll in der Form dem Zittern bei Paralysis agitans sehr ähnlich sein. Er beginnt an Armen, Zunge, Gesicht, verbreitet sich später auf die Beine. Anfangs tritt er als geringes Zittern beim Sprechen und bei willkürlichen Bewegungen auf, wird dann stärker und schliesslich zum Schüttelkrampf, der alle Thätigkeit hemmt. Doch haben neuere Untersuchungen es wahrscheinlich gemacht, dass es sich bei dem als Quecksilberzittern beschriebenen Zittern um Hysterie gehandelt hat.

Sehr selten scheint Zittern bei Bleivergiftung zu sein. In einigen von mir beobachteten Fällen glich der Tremor am meisten dem alkoholischen. Doch lag vielleicht auch hier Hysterie vor.

Auch bei vielfachen anderen Vergiftungen ist gelegentlich Zittern

8*

beobachtet worden, so bei chronischer Vergiftung durch Aether, Jod, Arsen, Secale cornutum, Copaivabalsam, Chinin, bei Pellagra u. s. w. Jede rasche und starke Abkühlung der Körperoberfläche giebt einen Schüttelfrost. Der pathologische Schüttelfrost ist am bekanntesten als Fieberfrost. Daneben ist zu nennen der Katheterfrost, der bei manchen Personen durch Application des Katheters entsteht. Ihm analog sind die fieberlosen Schüttelkrämpfe, die gelegentlich starke Schmerzreize und scheinbar geringfügige Verletzungen (z. B. Eindringen eines Dornes unter den Fussnagel) begleiten.

Bei Hysterischen kommen Schüttelfröste bei normaler Körpertemperatur ohne nachweisbare Veranlassung vor. Ausserdem kann die Hysterie jedes Zittern nachahmen und es ist in jedem Falle rathsam, an die Hysterie zu denken, auf das Vorhandensein anderer hysterischer Erscheinungen, auf den Einfluss suggestiver Mittel zu achten.

γ. Die fibrillären Zuckungen.

Als fibrilläre Zuckungen bezeichnet man Zuckungen einzelner Muskelfaserbündel, die keine Ortsveränderung bewirken und nur bei oberflächlichen Muskeln durch Gesicht und Gefühl wahrnehmbar sind. Man sieht über den Muskel eine kleine schmale Welle hinweglaufen. sind die fibrillären Zuckungen zahlreich, so „wogt" die ganze Oberfläche des Muskels. Die fibrillären Zuckungen bieten sich theils ohne Weiteres der Beobachtung dar, theils treten sie nur zeitweise. etwa bei Abkühlung der Haut ein. Anblasen, leichtes Klopfen auf den Muskel kann ihr Eintreten fördern. Ausser auf ihre Stärke ist auf ihre Ausdehnung zu achten.

Die fibrillären Zuckungen sind fast stets ein Zeichen degenerativer (neurotischer) Atrophie, sie bestehen, so lange Muskelfasern im Untergange begriffen sind. Am deutlichsten und dauerndsten zeigen sie sich bei der chronischen Vorderhorn- (Kern-) Atrophie. Bei primärer Läsion peripherischer Nerven sind sie zuweilen vorhanden, können aber auch gänzlich fehlen, fehlen z. B. bei der gewöhnlichen Bleilähmung. Sie fehlen fast ausnahmelos bei rein musculärer Atrophie, ein diagnostisch sehr wichtiger Punkt.

Hier und da treten die fibrillären Zuckungen bei Gesunden oder Nervösen auf, sie sind hier aber selten und ganz unbeständig.

δ. Klonische und tonische Krämpfe.

Von Alters her theilt man die Krämpfe in klonische und tonische, versteht unter diesen einen längere Zeit anhaltenden

Tetanus (Starrkrampf), unter jenen rasche unwillkürliche Bewegungen. Ein auf einen oder einige wenige Muskeln (z. B. die Wadenmuskeln) beschränkter Tetanus, der von Schmerzen begleitet ist, heisst Crampus. Ist der tonische Krampf über den grössten Theil oder die Gesammtheit der Skeletmuskeln verbreitet, so spricht man oft schlechtweg von Tetanus, oder tetanischem Anfall. Die klonischen Krämpfe können sich als einzelne Zuckungen darstellen, die von Zeit zu Zeit in demselben Muskel, oder wechselnd bald in diesem, bald in jenem Muskel auftreten, als rhythmische Zuckungen, die in gleichen Intervallen sich zeigen, meist von gleicher Grösse sind und vom Zittern durch das langsamere Tempo sich unterscheiden, als Convulsionen, d. h. rasche, ausgiebige, kräftige und mehr oder weniger ungeordnete Contractionen („Schlagen der Glieder"). Mit dem Ausdrucke Convulsionen bezeichnet man gewöhnlich über den ganzen Körper verbreitete Krämpfe, wie man in diesem Sinne auch von Krämpfen, von einem Krampfanfalle schlechtweg spricht. Häufig sind gemischte, tonisch-klonische Krampfformen.

Ueber Erscheinung und Bezeichnung der Krämpfe bei den einzelnen Muskeln vgl. den II. Theil.

Ausser auf Form, Stärke, Ausdehnung der Krämpfe ist auf die Nebenerscheinungen zu achten, ob in den vom Krampfe befallenen Muskeln Schmerz besteht, ob sonstige sensorische, vasomotorische, secretorische Störungen bestehen, wie sich die Körpertemperatur verhält, ob das Bewusstsein getrübt ist oder nicht. Besonders zu achten ist auf das Vorhandensein von Druckpunkten. Bei manchen Krampfformen findet man einzelne Stellen (besonders die Stellen, wo die zu den befallenen Muskeln gehenden Nerven und Arterien oberflächlich liegen, einzelne Dornfortsätze, aber gelegentlich auch anscheinend indifferente Punkte), von denen aus man durch Druck entweder den Krampf hemmen oder hervorrufen kann. Zuweilen sind diese Druckpunkte zugleich Schmerzpunkte (s. unten). Eine seltene Erscheinung, die darin besteht, dass kurze, blitzähnliche, regellose Zuckungen, die während absichtlicher Bewegungen und während des Schlafes aufhören und durch Hautreize gesteigert werden, in den verschiedensten Muskeln beider Körperseiten auftreten, ist von Friedreich als Paramyoclonus multiplex bezeichnet worden.

Als eine eigenthümliche Art des tonischen Krampfes ist wohl auch der als Myotonia congenita (Strümpell) bezeichnete Zustand zu betrachten. Die Myotonie, das einzige Symptom der Thomsen'schen Krankheit, besteht darin, dass bei Bewegungsversuchen jeder willkürlich bewegte Muskel von einem leichten tonischen Krampfe befallen wird, der die beabsichtigte Bewegung hemmt und nicht durch den Willen beseitigt werden kann, sie macht sich besonders bemerklich im Beginne willkürlicher Bewegungen, während sie nach deren mehrmaliger Wiederholung schwindet. Längere Unbeweglichkeit, Ermüdung steigern das Leiden. Dabei sind die Haut- und Sehnenreflexe normal, ebenso bleibt die mechanische und elektrische Nervenerregbarkeit unverändert, während die mechanische und elektrische Muskelerregbarkeit in eigenthümlicher Weise verändert ist (myotonische Reaction, s. S. 164), fehlen anderweite nervöse Störungen.

In der Theorie können Krämpfe durch Reizung jeder Stelle, sowohl der motorischen als der sensorischen Bahn, entstehen. In jenem Falle würde man von directen, in diesem von Reflexkrämpfen sprechen. Bei directen Krämpfen wäre zu erwarten, dass die Form des Krampfes der Reizung proportional wäre. Demnach könnten klonische directe Krämpfe nur durch intermittirende Reize bewirkt werden. Doch ist es immerhin denkbar, dass pathologische Processe eine „krampfige Veränderung" im motorischen Nerven verursachen können, vermöge deren er Reize nicht nur mit Zuckung oder Tetanus, sondern auch mit klonischem Krampfe beantwortet. Wahrscheinlich ist allerdings diese Annahme nicht, vielmehr wird man geneigt sein, alle klonischen Krämpfe für Reflexkrämpfe zu erklären mit der Voraussetzung, dass in der grauen Substanz die Bedingungen liegen, durch die ein Reiz eine Reihe von Zuckungen bewirkt. Tonische Krämpfe und vereinzelte Zuckungen können sehr wohl durch directe Reizung motorischer Theile entstehen, doch lehrt die Erfahrung, dass auch hier die reflectorische Entstehung häufiger ist. Demnach stellt die grosse Mehrzahl der Krämpfe Reflexkrämpfe dar. Der Krampf kann entweder durch abnorme Reize oder durch abnorme Steigerung der Erregbarkeit entstehen. Letzteres dürfte der häufigere Fall sein, doch ist im einzelnen Falle die Entscheidung oft nicht möglich.

Die Diagnose hat den Krämpfen gegenüber einen schweren Stand. Zwar ist es verhältnissmässig leicht, aus der Ausbreitung des Krampfes zu erkennen, welche Theile des Bewegungsapparates betheiligt sind (eine Aufgabe, zu deren Lösung im II. Theile die Anleitung zu finden ist), doch ist damit der Ausgangspunkt des Krampfes nicht erkannt, da die Läsion sich ja auch an dieser oder jener Stelle des Empfindungsapparates befinden kann.

Im Allgemeinen mögen folgende Bemerkungen als Wegweiser

dienen. Bei umschriebenen Krämpfen hat man zunächst zu untersuchen, ob nicht im Gebiete des Krampfes pathologische Veränderungen bestehen, die reflectorisch den Krampf erregen können. Denn es ist anzunehmen, dass die reflectorischen Bewegungen von den Muskeln ausgeführt werden, deren Nerven mit den irritirten sensiblen Fasern einen kurzen Reflexbogen bilden, in gleicher Höhe liegen. Z. B. wird Blepharospasmus am häufigsten durch Reizung der sensiblen Theile des Auges, besonders der Bindehaut, entstehen. Trismus durch Läsionen in der Gegend des Kiefergelenks, durch Zahnkrankheiten, Accessoriuskrampf durch Läsion empfindlicher Theile des Halses, etwa der oberen Halswirbel. Krämpfe der Gliedermuskeln durch Gelenkerkrankungen, Periostitis oder dergl., Krämpfe der Bronchialmuskeln bei Reizung der Bronchialschleimhaut, der Darmmuskeln bei Reizung der Darmschleimhaut, der Blase bei Reizung der Blasenschleimhaut, Vaginismus bei Schleimhautaffectionen des Scheideneinganges u. s. w.

Da es vorzukommen scheint, dass auch entferntere periphere Veränderungen vermöge eines weiteren, durch das Gehirn gehenden Reflexbogens umschriebene Krämpfe verursachen können, wird auch diese Möglichkeit ins Auge zu fassen sein. Es kommen hier hauptsächlich in Betracht Erkrankungen der Geschlechtsorgane und Darmreizung durch Eingeweidewürmer. Man betrachtet gewöhnlich den Zusammenhang als bewiesen, wenn die entsprechende Therapie einen positiven Erfolg hat.

Eine eigenthümliche Stellung nehmen die sogenannten Beschäftigungskrämpfe ein, deren Typus der Schreibkrampf ist. Das Merkmal, dass nur bei einer bestimmten Thätigkeit der Krampf eintritt, lässt diagnostische Irrungen vermeiden. Wahrscheinlich handelt es sich auch hier meist um reflectorische Contractionen, die durch örtliche Reizungen in den überanstrengten Theilen hervorgerufen werden.

Gelingt es nicht, bei umschriebenen Krämpfen in der Peripherie eine reflectorisch wirkende Ursache aufzufinden, so wird man demnächst an eine Läsion der sensiblen Nervenfasern denken. man wird untersuchen, ob etwa eine Erkrankung der Nervenstämme des betroffenen Gebietes vorliegt, ob Hyperästhesie. Parästhesien u. s. w. bestehen, ob Narben da sind, die die Nerven drücken könnten.

An einen durch directe Reizung des motorischen Nerven bewirkten Krampf wird man nur da denken, wo man tonischen Krampf der von einem Nerven versorgten Muskeln antrifft. In einem von Fr. Schultze beobachteten Falle wurde bei klonischem, in Anfällen auftretenden Facialiskrampf ein auf den Facialis drückendes Aneurysma der Art. vertebral. gefunden, nur wenige analoge Fälle sind bekannt. U. U. wird das reizende Etwas als Geschwulst, Entzündung u. s. w. sich nachweisen lassen, zuweilen wird Parese in dem betroffenen Nervengebiete bestehen.

Krämpfe, die durch spinale Läsionen hervorgerufen werden, sind wohl immer tonisch. Ob sie direct oder reflectorisch entstehen, ist natürlich schwer zu sagen, wenn auch das Letztere häufiger der Fall zu sein scheint. Mit der Annahme spinaler Krämpfe muss man sehr vorsichtig sein. Der einzig sichere Fall spinaler Krämpfe sind die nach gewissen Vergiftungen (Strychnin, die Krankheit Tetanus) auftretenden, verbreiteten tonischen Krämpfe. Bei organischer Rückenmarkserkrankung ist fast nie etwas von Krämpfen zu sehen. Selbstverständlich darf die Steigerung der Reflexerregbarkeit, die bei Leitungsunterbrechung im Rückenmark in dem unteren Stücke eintritt, nicht mit Krämpfen verwechselt werden. Als lebhafte Sehnen- oder Hautreflexe sind wohl auch die scheinbar spontanen Zuckungen, die hie und da an den gelähmten Gliedern bei transversaler Myelitis beobachtet werden, zu deuten.

Fig. 31.
Hysterische Contractur (nach der Iconographie de la Salpêtrière von Bourneville und Regnard).

Es bleibt noch das grosse Gebiet cerebraler Krämpfe. Durch organische Läsion des Gehirns werden, soviel wir wissen, entweder allgemeine oder halbseitige Krämpfe verursacht. Ob bei Läsionen der Oblongata etwa Schling-, Athmungs- u. s. w. Krämpfe vorkommen, ist nicht mit Bestimmtheit zu sagen.

Alle anderen Krampfformen dürften als hysterische zu betrachten sein, so der doppelseitige Facialiskrampf ohne periphherische Veranlassung, die seltenen isolirten Zungenkrämpfe, die verschiedenen Respirations-, Schrei-. Lach-, Weinkrämpfe. Als eine Form der Krämpfe kann man auch die sogenannten Contracturen der Hysterischen betrachten. Diese treten theils ohne nachweisbare Veranlassung, theils bei ganz geringfügigen Anlässen ein und sind durch ihre Stärke und Hartnäckigkeit merkwürdig. Meist zeigen sie sich an den Gliedern, der Arm wird in Beuge- oder Streckstellung fixirt, oder die Hand wird fest geballt, oder ein Bein, zuweilen beide Beine sind in andauernder Streckung u. s. w. Die Gegenwart anderer hysterischer Symptome erleichtert gewöhnlich die Diagnose.

Ganz besonders ist darauf zu achten, dass in der Regel das Gebiet des hysterischen Krampfes anästhetisch oder hyperästhetisch ist. Die Mehrzahl aller Krämpfe ist hysterischer Art und in den meisten Fällen der sog. Reflexkrämpfe ergiebt eine genaue Untersuchung das Vorhandensein der Hysterie.

Am wichtigsten sind die allgemeinen Krämpfe, die Convulsionen der Hysterischen. Die „grossen Anfälle" der Hysterischen, die mit einem leicht misszuverstehenden Namen auch hysteroepileptische genannt werden, obgleich sie keine Beziehung zur Epilepsie haben, bestehen aus mehreren Perioden. Nachdem kürzere oder längere Zeit Prodrome, Vorläufererscheinungen des Anfalles (seelische Verstimmung, Hallucinationen, Zusammenschnüren im Halse, Borborygmen, Tympanie, Ptyalismus, Polyurie, Beängstigung, Palpitationen, Contracturen) sich gezeigt haben, leitet die Aura hysterica den Anfall ein. Die Aura besteht gewöhnlich in dem Gefühle einer vom Hypogastrium oder von der Ovarialgegend zum Epigastrium und dann zum Halse aufsteigenden Kugel. Damit verbinden sich Herzklopfen, Schlagen der Schläfenarterien, Ohrensausen, Umnebelung des Bewusstseins. Die erste Periode des Anfalles wird gewöhnlich epileptoide Periode genannt, weil sie in vieler Hinsicht dem epileptischen Anfalle ähnlich ist. Man bemerkt ein Zittern der Lider, dann sinkt die Kranke zu Boden (ohne Schrei). Verletzungen treten beim Fallen fast nie ein. Der Kopf dreht sich langsam nach hinten, das Gesicht verzerrt sich, die Zunge wird herausgestreckt, die Athmung stockt, die Arme werden adducirt, nach innen rotirt, die Hände gebeugt und zur Faust geschlossen, die Beine in allen Gelenken gestreckt. Nachdem die Kranke eine Zeit lang starr gelegen, beginnen kurze, rapide Zuckungen, die Cyanose verliert sich und es treten tiefe, tönende Athemzüge ein. Nach einer kurzen Ruhepause beginnt die zweite Periode, die der Verdrehungen und grossen Bewegungen (Clownismus). Die Kranke nimmt die verschiedensten, unerwartesten, unwahrscheinlichsten Stellungen ein. Unter diesen ist die bekannteste und häufigste der Kreisbogen (arc de cercle, vgl. Fig. 32). Dann bringt die Kranke etwa den Rumpf stark nach vorn und schleudert ihn kräftig nach hinten auf die Kissen, oder sie führt stossende Bewegungen mit dem Becken aus, wirft die Beine in die Luft, schlägt wie in Wuth um sich. Dabei schreit und heult sie

oft. An die zweite schliesst sich an die dritte Periode oder die der
plastischen Stellungen. Die Kranke nimmt eine ausdrucksvolle Haltung an und verräth durch Delirien, dass sie irgend ein früheres
Erlebniss hallucinirt. 'Die Ereignisse, die die Kranke früher am
tiefsten bewegt haben, werden wieder erlebt und rasch folgen sich
heitere und traurige Scenen. Haltung, Miene und Wort drücken bald
Schrecken, bald Drohung, Lockung, Lüsternheit, Ekstase, Spott,
Klage aus. Allmählich klingt in ruhigeren Delirien der Anfall aus.
Dabei besteht nicht volle Bewusstlosigkeit, die Kranke erinnert sich
später oft zum Theil an ihre Hallucinationen, aber das Bewusstsein
ist stark getrübt und die Kranke ist völlig anästhetisch. Nur selten
tritt der Anfall der grossen Hysterie isolirt auf, in der Regel in
Reihen (état de mal), die eine beträchtliche Länge erreichen können.

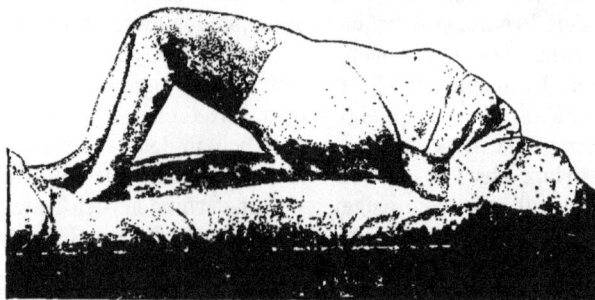

Fig. 32.
Hysterischer Kreisbogen (nach Bourneville und Regnard).

Im Gegensatze zum epileptischen état de mal findet sich während
der gehäuften Anfälle nie stärkere Temperatursteigerung, ist nie
das Leben bedroht.

Ein sozusagen verwaschenes Bild des grossen bildet der gewöhnliche hysterische Anfall. Die erste Periode kann allein auftreten
und dann ist am ehesten eine Verwechselung mit Epilepsie möglich.
Das normale Verhalten der Pupillen, die Reichhaltigkeit der Bewegungen, die lauten Borborygmen, der gelegentlich sich einmischende
Kreisbogen, das Herausgestrecktsein der Zunge, besonders aber die
Empfindlichkeit der einen Ovarialgegend und die Möglichkeit, durch
kräftigen Druck auf diese den Anfall zu unterbrechen, sind unter-
scheidende Merkmale. Tritt nur oder hauptsächlich die zweite
Periode auf, so wird kaum die Diagnose schwanken. Das anschei-
nend Absichtliche der excessiven Bewegungen, die zuweilen mit der
Gelenkigkeit eines Kautschukmannes und der Kraft eines Rasenden

ausgeführt werden, der Ausdruck des Schmerzes, der Wuth oder
anderer Affecte im Gesicht und allerhand kleinere Züge sind überaus
charakteristisch. Bemerkenswerth ist, das hysterische Krämpfe auch
halbseitig auftreten. Die Bewegungen sind auch dann ausgiebiger
und complicirter als beim epileptischen Anfall. Anfälle unwillkür-
licher tactmässiger Bewegungen bei Hysterischen, z. B. Bewegungen
eines Armes wie beim Hämmern, bezeichnet man wohl auch als
r h y t h m i s c h e C h o r e a.

In der Zeit zwischen den Anfällen findet man oft bestimmte
Punkte am Körper, durch deren Compression unangenehme Sensationen und schliesslich der Anfall hervorgerufen werden können:
h y s t e r o g e n e P u n k t e oder Zonen. Diese sind am häufigsten in
der Eierstockgegend vorhanden (Ovarie, s. unten), doch kommen sie
auch über und unter der Mamma, unter den Achseln, in den Weichen,
über und neben der Wirbelsäule, meist symmetrisch, vor. Selbstverständlich ist für die Diagnose der hysterischen Krämpfe auch der
Nachweis anderweiter hysterischer Symptome werthvoll, als der
Hemianästhesie, der Lach-, Schrei- u. s. w. Krämpfe, der charakteristischen seelischen Verstimmung u. s. w. Immerhin brauchen neben
den Anfällen andere Symptome nicht jederzeit vorhanden zu sein.
Männliches Geschlecht spricht natürlich nicht gegen Hysterie, da bei
Männern hysterische Anfälle durchaus nicht selten sind.

Die e p i l e p t i s c h e n C o n v u l s i o n e n sind bald totale, bald
partielle. Im Bilde des vollständigen epileptischen Anfalls unterscheidet man gewöhnlich drei Perioden. Vorläufererscheinungen
fehlen oft ganz, nur seelische Verstimmung, Traurigkeit, Angst, bestehen oft längere Zeit vor dem Anfalle. Unmittelbar vor dem
Anfalle zeigt sich die epileptische Aura. Diese besteht bald in
prickelnden Empfindungen, die in einer Hand, im Fusse, im Epigastrium, gelegentlich auch in der Zunge oder im Gesichte beginnen und
dann zum Kopfe aufsteigen, bald in Hallucinationen der oberen Sinne,
Gesichtswahrnehmungen, besonders Lichterscheinungen, (Rothsehen,
Flimmerscotom), Geruchs-, Gehörs- (Glockenklingen, Rauschen, Pfeifen
u. s. w.), selten Geschmackswahrnehmungen, bald einzelnen Zuckungen,
bald in Blass- oder Rothwerden, Frostgefühl, Schweissausbruch
Schwindel, Angst u. s. w. Nach der gewöhnlich kurzen Aura, zuweilen ohne jede Aura, beginnt die erste Periode des Anfalls mit
plötzlichem und totalem Bewusstseinsverluste. Der Kranke stürzt
jählings zu Boden, stösst dabei manchmal einen wilden Schrei aus,
verletzt sich nicht selten beim Niederfallen mehr oder weniger schwer.
Nun tritt tonischer Krampf fast der gesammten Musculatur ein, der

Kopf dreht sich nach hinten oder nach der Seite, die Augen werden
nach derselben Seite gewandt, der Körper krümmt sich gewöhnlich
schwach opisthotonisch, die Arme sind gestreckt, adducirt, nach innen
rotirt, die Hände gebeugt und die Finger über die Daumen eingeschlagen, die Beine starr gestreckt. Auch die Athmungsmuskeln
nehmen an der Starre Theil und das anfangs bleiche Gesicht wird
dunkel cyanotisch. Die Pupillen sind weit und in der Regel reactions-
los. Die tonische Periode dauert meist nur Bruchtheile einer Minute,
dann beginnt die Periode der klonischen Krämpfe, „die Glieder schlagen"
erst in kleineren, dann in grösseren Zuckungen, die Augen werden
hin- und herbewegt, das Gesicht wird verzerrt, die Zunge im Munde
umhergerollt und dabei meist durch die knirschenden und kauenden
Zähne verletzt. Oft tritt schäumender Speichel vor den Mund und wird
durch den Zungenbiss blutig gefärbt. Es kann zu Knochenbrüchen,
Verrenkungen, zum Abbrechen von Zähnen u. s. w. kommen. Sehr
oft gehen Urin und Flatus ab, zuweilen auch Fäces und Semen.
Nach ½ bis 3 Minuten erschlaffen die wild bewegten Glieder und
die dritte Periode beginnt, die des Stertor (tönenden Athmens) oder
des Koma. Sie geht in ruhigen tiefen Schlaf über, oder der Kranke
erwacht nach kürzerer Zeit ermattet, oft mit heftigem dumpfem
Kopfschmerze, fast ausnahmelos ohne Erinnerung an die Ereignisse
des Anfalls. Manchmal wird unmittelbar nach dem Anfall etwas
Eiweiss im Urin gefunden, oft zeigt sich Polyurie, in sehr seltenen
Fällen Glykosurie. Tritt der Anfall Nachts ein, so werden u. U. die
Kranken nur durch Kopf- und Gliederschmerzen, den Zungenbiss und
andere Residua aufmerksam gemacht.

Der Anfall kann incomplet sein, es kann nur die Aura auftreten, es können die zweite und die dritte Periode ganz fehlen, oder
die Aura kann sich nur mit Bewusstseinsverlust und vereinzelten
Zuckungen verbinden.

Die Anfälle können in schweren Fällen reihenweise auftreten
(état de mal, Status epilepticus). Während der Zeit der gehäuften
Anfälle besteht andauerndes Koma, die Temperatur, die im einzelnen
Anfalle nahezu normal bleibt, kann hoch ansteigen und nicht selten
tritt der Tod im Status epilepticus ein.

Der partielle epileptische Anfall (Jackson'sche Epilepsie) befällt nur eine Körperhälfte und zwar die ganze oder einen Theil,
oder aber er beginnt wenigstens an einer Körperhälfte, ergreift erst
später und in geringerem Maasse auch die andere. Die Aura, die
oft ganz fehlt, besteht meist in Empfindungen (Prickeln, Taubsein,
Brennen) des Theils, in dem der Anfall beginnt. Eigentliche Perioden

des Anfalls lassen sich kaum unterscheiden. Meist handelt es sich
von vornherein um klonische Krämpfe mässiger Excursion. Beginnt
der Anfall im Gesicht (wobei das obere Facialisgebiet mit inbegriffen,
oder vorwiegend ergriffen sein kann), so kann er auf dasselbe beschränkt bleiben, häufiger ergreift er auch den Arm, zuweilen dann
das Bein. Beginnt er im Arme und bleibt er nicht auf ihn beschränkt,
so kann er sich gleichzeitig auf Gesicht und Bein verbreiten. Beginnt
er im Beine, so ergreift er an zweiter Stelle den Arm, erst an dritter
das Gesicht. Tritt dann der Krampf auch auf die andere Körperhälfte über, so scheint er in manchen Fällen vom Bein aus sich nach
oben zu verbreiten, in anderen Fällen
aber einen anderen Verlauf zu nehmen.
Sicheres ist darüber noch nicht bekannt,
bei der Schnelligkeit der Ausbreitung
derartiger verbreiteter Krämpfe ist die
Beobachtung schwierig. Die Störung
des Bewusstseins ist bei der partiellen
Epilepsie im Allgemeinen proportional
der Ausdehnung des Krampfes. Sind
nur Gesicht und Arm ergriffen, so geht
das Bewusstsein in der Regel nicht
verloren. Manche Kranke folgen aufmerksam der Entwicklung des Anfalls,
andere empfinden lebhafte Angst und
fürchten, ohnmächtig zu werden. Bei
Convulsionen einer Körperhälfte tritt
oft, beim Uebergreifen auf die andere
fast regelmässig Bewusstlosigkeit ein.
Oft bleibt nach dem Anfall eine Parese
der vom Krampfe befallenen Glieder
zurück, die sich nach einiger Zeit wieder
verliert.

Fig. 33.
Partielle Epilepsie (nach Bourneville
und Regnard).

Auch die partielle Epilepsie kann in gehäuften Anfällen, während
deren meist Sopor oder Koma besteht, auftreten.

Das Symptom des epileptischen Anfalls nun ist im Allgemeinen
Ausdruck einer Reizung der Hirnrinde. Es kommt zunächst
vor als Haupterscheinung der Krankheit Epilepsie. Ob im einzelnen Falle diese Krankheit zu diagnosticiren ist, ergiebt sich aus
dem Fehlen anderweiter, nicht epileptischer Hirnsymptome in der
Zwischenzeit zwischen den Anfällen, aus dem jugendlichen Alter,
in dem die Patienten beim ersten Auftreten der Anfälle stehen,

aus dem Bestehen erblicher Belastung u. s. w. Anfälle der idiopathischen Epilepsie sind überaus selten nur halbseitig. Der epileptische Anfall ist ferner ein Symptom chronischer Vergiftungen, besonders bei Schnapssäufern, und gleicht hier ganz dem Anfalle der idiopathischen Epilepsie. In seltenen Fällen sollen peripherische Reizungen (Narben, Nervenläsionen, Eingeweidewürmer, Zahnerkrankungen u. s. w.) epileptische Anfälle hervorrufen: Reflexepilepsie In den genannten Fällen muss man das Bestehen einer sogenannten epileptischen Veränderung des Gehirns annehmen, vermöge deren das Wiedereintreten der Anfälle erleichtert wird.

Einzelne epileptische Anfälle treten besonders bei Kindern da auf, wo der Erwachsene einen Schüttelfrost bekommt, beim Beginne infectiöser Krankheit. Sie leiten fast regelmässig die Encephalitis ein, oft auch die acute Poliomyelitis. Von einer acuten Intoxication hängen in der Regel die epileptischen Anfälle ab, die als urämische Convulsionen, und die, die als Eclampsia parturientium bezeichnet werden.

Fast alle Gehirnkrankheiten im engeren Sinne können gelegentlich epileptische Anfälle bewirken. Bei acut einsetzenden Herdläsionen kann der Krampfanfall den apoplektischen Insult vertreten. Während die eine Seite hemiplegisch wird, kann die andere von Convulsionen ergriffen sein. Bei allen raumbeschränkenden Processen im Schädel, Tumoren, Abscessen, Hydrocephalus, können von Zeit zu Zeit epileptische Anfälle auftreten. Ueberaus häufig sind sie bei der diffusen Erkrankung der Rinde; bei der progressiven Paralyse und der Meningitis treten besonders oft epileptische Anfälle auf. Der paralytische Anfall soll sich von dem der idiopathischen Epilepsie dadurch unterscheiden, dass er mit starken Schwankungen der Körpertemperatur verbunden ist. Der Meningitis und der progressiven Paralyse analog wirken alle Processe, die einen grösseren Theil der Hirnrinde schädigen: Pachymeningitis haemorrhagica, Meningealblutungen, Cysticerken des Gehirns, die multiple Sklerose. Treten bei der Tabes epileptische Anfälle auf, so sind wahrscheinlich paralytische Veränderungen der Rinde vorhanden.

Die umschriebenen Erkrankungen der Hirnrinde bewirken gewöhnlich locale Epilepsie. Gummata, Tuberkel und andere Geschwülste, Entzündungen, Erweichungs-, Schrumpfungs-Processe, die in den Centralwindungen oder in ihrer Nähe sich befinden, rufen häufig Convulsionen auf der gegenüberliegenden Körperhälfte hervor. Je nach der Lage des Herdes wird der Anfall im Gesichte, im Arme oder im Beine beginnen, und je nach Ausdehnung und Stärke des Reizes wird die Verbreitung mehr oder weniger gross sein. In der Zeit zwischen den Anfällen findet man gewöhnlich Symptome von Lähmung auf der betroffenen Seite, wenigstens Steigerung der Sehnenreflexe, und oft bestehen noch anderweite Hirnsymptome, die die Diagnose erleichtern. Besonders diejenigen umschriebenen Erkrankungen der Hirnrinde, die in früher Jugend beginnen, scheinen die Entwickelung der epileptischen Veränderung zu begünstigen. Es bestehen dann oft totale epileptische Anfälle, aber der Beginn an einem Gliede, das stärkere Befallenwerden einer Seite erinnert an den örtlichen Ursprung der Krämpfe.

Endlich sind noch die simulirten epileptischen Anfälle zu erwähnen. Einen Beweis gegen Simulation liefern das Erblassen des Gesichtes und die Erweiterung der Pupillen im Beginne des Anfalles, die Lichtstarrheit der Pupillen während desselben. Freilich können diese Symptome auch bei echter Epilepsie fehlen. Der Zungenbiss fehlt gewöhnlich bei Simulanten, ebenso der Abgang von Urin u. s. w., selbstverständlich auch das allerdings inconstante Auftreten von Eiweiss im Urin nach dem Anfalle.

Anfälle von tetanischen Krämpfen, an denen sich der grössere Theil der Skeletmuskeln betheiligt, kommen am häufigsten bei der Krankheit Tetanus vor. Hier ist das Bild des Krampfes ziemlich charakteristisch: eigenthümlicher Gesichtsausdruck durch Starre der mimischen Muskeln, starker Trismus, Opisthotonus, Inspirationstellung des Thorax, Starre der Bauchmuskeln, Streckkrampf der Beine, relatives Verschontbleiben der Arme, von Zeit zu Zeit Nachlassen, paroxysmenartige Steigerung des Krampfes. Etwas abweichend ist das Bild des sogenannten Kopftetanus, der sich nach Verletzungen am Kopfe entwickelt: ausser dem Tetanus der Skeletmuskeln bestehen starke Krämpfe der Schliessmuskeln und einseitige Facialislähmung.

Bei der Lyssa fehlt der Trismus, stehen die Schlundkrämpfe im Vordergrunde, bleiben die Gliedermuskeln meist frei. Bei der Meningitis können tetanische Anfälle auftreten, meist als Steigerung des andauernden Krampfes der Nackenmuskeln. Trismus fehlt gewöhnlich. Die Bewusstseinsstörung, das Fieber, die cerebralen Herdsymptome der Meningitis sind, wenn es Noth thut, diagnostisch zu verwerthen. Tetanische Anfälle werden in seltenen Fällen auch bei Tumoren in der hinteren Schädelgrube, besonders des kleinen Gehirns beobachtet. Rumpf- und Nackenmuskeln sollen vorwiegend betroffen sein.

Tetanische Anfälle, die sich fast stets auf die Muskeln der Arme und Unterschenkel beschränken, meist Beugestellungen (Schreibhaltung der Finger) hervorrufen, sind das Hauptsymptom der merkwürdigen Krankheit Tetanie. Die Steigerung der mechanischen und elektrischen Nervenerregbarkeit ausserhalb der Anfälle, die Möglichkeit, den Anfall durch Druck auf die Arterien hervorzurufen (Trousseau'sches Phänomen) machen die Diagnose leicht.

Hie und da sind auch tetanieartige Anfälle bei Herderkrankungen in der hinteren Schädelgrube beobachtet worden. Verbreitete tetanische Krämpfe ohne Bewusstseinsstörungen mit Re- und Intermissionen kommen endlich bei kleinen Kindern während Magen-, Darmkrankheiten, im Beginne der Rhachitis vor und werden als Arthrogryposis bezeichnet.

ε. Zwangsbewegungen.

Bei den Zwangsbewegungen oder den coordinirten Krämpfen werden ohne oder gegen den Willen complicirte und zweckmässige Bewegungen ausgeführt. Den Namen „statische Krämpfe", der auch in diesem Sinne gebraucht wird, lässt man am besten ganz fallen, da er missverständlich ist. Zu den coordinirten Krämpfen gehören die Schrei-, Wein-, Lach-, Husten-, Athmungskrämpfe bei Hysterie. Ferner gehören hierher das zwangsmässige im Kreise Gehen (Manegebewegung), das Rollen um die eigene Axe, das Festhalten einer bestimmten Seitenlage, die Déviation conjuguée. Bei manchen derartigen Bewegungen kann es zweifelhaft sein, ob sie primäre Zwangsbewegungen oder gewollte Bewegungen sind, die zur Wiederherstellung des durch Schwindelempfindungen scheinbar gestörten Gleichgewichtes dienen sollen, so bei manchen Drehbewegungen, bei Vor- oder Rückwärtslaufen. Unter Umständen kann die Grenze zwischen coordinirten Krämpfen und Zwangshandlungen oder „impulsiven" Handlungen, wie sie bei Geisteskrankheit und bei vorübergehenden Bewusstseinstrübungen vorkommen, schwer zu ziehen sein.

Zweifelhaft erscheint es, ob der sogenannte saltatorische Reflexkrampf, der in dem Auftreten unfreiwilliger Hüpfbewegungen beim Aufsetzen der Füsse auf den Boden besteht, und verwandte Krampferscheinungen hierher gehören. Wahrscheinlich handelt es sich um eine hysterische, für Astasie-Abasie zu haltende Erkrankung.

Ueber die Déviation conjuguée lässt sich im Allgemeinen nur sagen, dass sie die Läsion einer Hemisphäre anzeigt (vergl. S. 26). Fallen nach Einer Seite, Seitenzwangslage und Rollbewegungen um die Körperaxe sind am häufigsten beobachtet bei Läsionen, die direct oder indirect die mittleren Kleinhirnschenkel betrafen. Es scheint sich hier um ein ziemlich zuverlässiges Herdsymptom zu handeln.

ζ. Mitbewegungen.

Wenn bei willkürlichen Bewegungen mehrere als die zur beabsichtigten Bewegung nöthigen Muskeln contrahirt werden, z. B. wenn beim Schliessen des Auges der Mund verzogen wird, wenn beim Bewegen einer Hand auch die andere Hand oder der Fuss bewegt wird, spricht man von Mitbewegungen. Auch beim Gesunden kommen solche vor, z. B. Verzerren des Gesichts bei angestrengter Thätigkeit der Hand u. s. w. Gewöhnlich beschränkt man den Namen auf Fälle der genannten Art, doch ist ersichtlich, dass Mitbewegungen auch bei der Ataxie und der Chorea eine Rolle spielen und dass eine strenge Grenze nicht gezogen werden kann.

Mitbewegungen treten gewöhnlich neben Lähmungen auf, am häufigsten bei centralen Lähmungen; diagnostischen Werth aber besitzen sie kaum.

η. Choreatische Bewegungen.

Von Chorea spricht man, wenn sowohl in der Ruhe als bei Bewegungen ungewollte und ungeordnete, rasche und wechselnde Bewegungen eintreten. Am besten werden diese durch den Ausdruck Muskeltollheit (folie musculaire) charakterisirt, denn sie sind durchaus plan- und zwecklos. Im Gesichte zeigt sich zunächst hie und da ein Zucken (Runzeln der Stirn, Zukneifen des Auges, Verziehen des Mundes, Vorstrecken der Zunge), später wird es zu einem unsinnigen Grimassiren, einem fratzenhaften Mienenspiele, der Kopf wird gedreht und gebeugt, die Zunge wird im Munde hin- und hergewälzt, die Kiefern werden auf- und zugeklappt. Durch alle diese Bewegungen und durch die Zuckungen der Bauch- und Glottismuskeln können die Articulation und die Tonbildung erschwert oder unmöglich werden. An den Gliedern zeigen sich vorerst auch nur vereinzelte Zuckungen, die Schulter wird gehoben, der Arm bald gebeugt, bald gestreckt, die Hand bald geöffnet, bald geschlossen u. s. w. Diese Zuckungen unterbrechen die willkürlichen Bewegungen, die Kranken lassen daher Dinge aus der Hand fallen, können nicht mehr correct schreiben, nähen u. s. w. Weiterhin geräth der ganze Körper in Unruhe, so dass der Kranke einem Zappelmanne gleicht, die Glieder werden hin- und hergeschleudert, beim Gehen wird plötzlich ein Bein in die Höhe gezogen, der sitzende Kranke wird vom Stuhle geworfen u. s. w.

Im höchsten Grade der Chorea ist jede absichtliche Thätigkeit unmöglich, das tolle Muskelspiel erschwert die Ernährung und vertreibt den Schlaf.

Zeigen sich die choreatischen Bewegungen nur auf einer Körperhälfte, so spricht man von Hemichorea.

Choreatische Bewegungen sind am häufigsten das Hauptsymptom der Chorea (minor) genannten Krankheit. Sie treten hier zuweilen halbseitig oder doch vorwiegend auf einer Seite auf. Letztere kann dann paretisch erscheinen, derart, dass an den schlaff herabhängenden Gliedern nur einzelne Zuckungen bemerkt werden (Chorea mollis). Ausser der gewöhnlichen Chorea (Ch. Sydenhami), die besonders bei Kindern vorkommt, heilbar ist und wahrscheinlich eine infectiöse Krankheit darstellt, giebt es eine Chorea chronica, bei der es sich um eine gewöhnlich erst in der zweiten Lebenshälfte entstehende, auf ererbter Anlage beruhende, unheilbare, oft mit geistigen Störungen verknüpfte Krankheit handelt.

Hemichorea erscheint ferner als Vorläufer (selten) oder im Gefolge von Hemiplegien: prähemiplegische, posthemiplegische Chorea. Das Vorhandensein von wirklicher Lähmung, von Contractur, wenigstens von Steigerung der Sehnenreflexe, zuweilen anderweite Hirnsymptome und die Anamnese werden unschwer die Verwechselung mit der Krankheit Chorea vermeiden lassen.

Choreabewegungen können sich auch bei Hysterie zeigen, treten sie hier in den Vordergrund und verbinden sie sich mit zusammengesetzten Bewegungsformen (Springen, Klettern, Clownismus), so spricht man wohl von Chorea major.

9. Athetosis.

Die als Athetosis ($\alpha\vartheta\varepsilon\tau o\varsigma$, nichtgesetzt, ruhelos) bezeichneten Bewegungen sind den choreatischen ähnlich, unterscheiden sich aber von ihnen durch ihr langsames Tempo und ihre Gleichmässigkeit. Sie werden hauptsächlich an Händen und Füssen, weniger häufig am Kopfe beobachtet. Die Finger werden langsam, einer nach dem anderen gestreckt und dann wieder gebeugt, voneinander entfernt und einander genähert (vergl. Fig. 34). Unaufhörlich wechseln die Bewegungen mit einander. Ganz ähnlich ist das Spiel der Zehen. In der Regel sieht man auch im Hand- und Fussgelenke Beuge-, Streck-, Ab- und Adductionsbewegungen. Die oberen Abschnitte der Glieder aber pflegen sich nicht oder nur sehr wenig zu betheiligen. Relativ häufig sieht man athetotische Bewegungen des Kopfes, seltener solche der Gesichtsmuskeln und der Zunge. Auch hier kommt eine

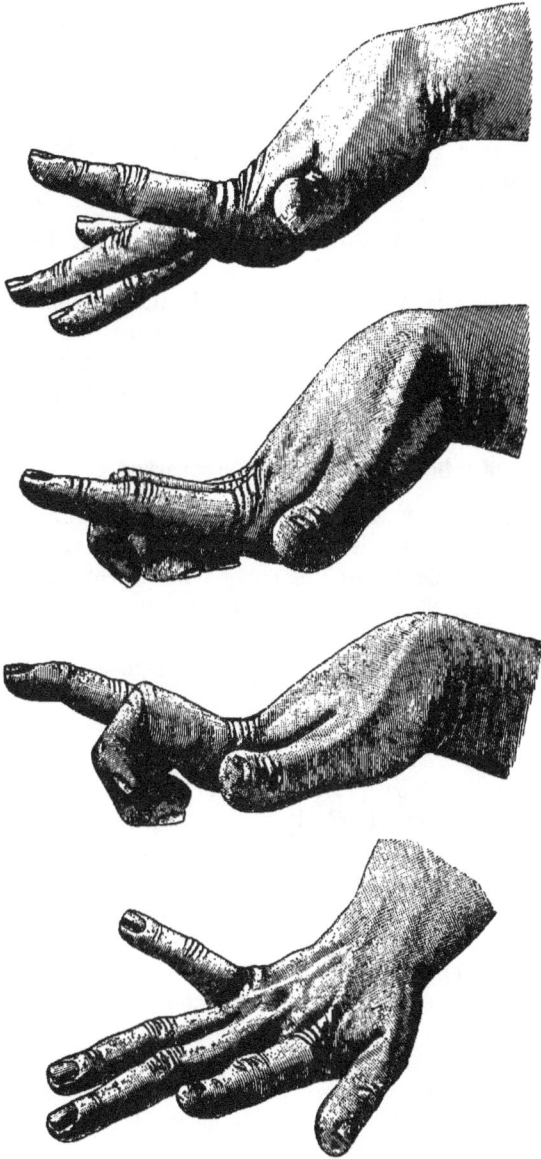

Fig. 34.
Beispiel der Stellung der Finger bei Athetosebewegungen (nach S t r ü m p e l l).

9 *

Hemiathetosis vor. Begreiflicher Weise giebt es Fälle, wo es willkürlich ist, ob man von Athetosebewegungen oder von Choreabewegungen reden will.

Athetosis, meist doppelseitige, tritt in seltenen Fällen als selbständige, zuweilen angeborene Störung auf. Es ist nicht bekannt, ob der idiopathischen Athetose organische Läsionen zu Grunde liegen. Auch bei Epileptischen und Geisteskranken sollen zuweilen Athetosebewegungen vorkommen.

Die Hemiathetosis hat dieselben Beziehungen zur Hemiplegie wie die Hemichorea.

Chorea sowohl wie Athetosis sind wohl immer cerebrale Symptome. Sie können natürlich auch reflectorisch bei peripherischen Läsionen entstehen, werden daher hier und da auch bei Neuritis und zwar gewöhnlich auf ein Glied beschränkt beobachtet.

IV. Die reflectorische Erregbarkeit.

Reflectorische Bewegungen können hervorgerufen werden einmal durch Reizung der Haut oder der Schleimhaut und der anderen Sinnesorgane, zum andern durch Reizung der Sehnen, der Fascien, des Periostes. Die Reflexe zerfallen demnach in zwei Klassen, die nach ihren Typen genannt werden: die Hautreflexe und die Sehnenreflexe; gleichsinnig ist die Unterscheidung zwischen oberflächlichen und tiefen Reflexen. Eine Art selbständiger Stellung nehmen die Pupillenreflexe ein: Verengerung der Pupillen bei Lichteinfall, Erweiterung der Pupillen bei schmerzhaften Hautreizen, plötzlichen starken Gehörsreizen. Vergl. hierzu die Erörterung im II. Theile.

Unter den durch Reizung der Oberfläche verursachten Reflexen kommen hauptsächlich folgende in Betracht:

Schluss der Lidspalte bei Annäherung von Gegenständen an das Auge (bei der Prüfung nähert man rasch die Hand dem zu untersuchenden Auge) und bei Berührung der Conjunctiva (man hält mit Daumen und Zeigefinger der linken Hand das Auge offen, berührt man dann mit einem stumpfen Gegenstande die Conjunctiva bulbi, so erfolgt ein kräftiges Zukneifen des Auges).

Niesen bei Kitzeln der Nasenschleimhaut mit einer Feder oder dergleichen, bei Einführung gewisser Stoffe (z. B. Schnupftabak) in die Nase.

Contraction des Gaumens bei Berührung der Uvula (vergl. den II. Theil).

Schlingbewegung bei Berührung des Zungengrundes.

Würgbewegung bei Berührung der hinteren Rachenwand, beziehungsweise Erbrechen bei längerem Kitzeln.

Husten bei Berührung des Kehlkopfeinganges, zuweilen auch bei Kitzeln des äusseren Gehörganges.

Die Hautreflexe im engeren Sinne werden geprüft durch Kitzeln mit dem Fingernagel, mit einem Federbart u. s. w.: Kitzelreflex, durch Stechen mit einer Nadel: Stichreflex, durch Streichen mit einer Spitze (Nadel-, Bleistiftspitze), mit einem stumpfen Gegenstande (Bleistift, Stiel des Percussionshammers): Streichreflex, durch Berühren mit einem kalten Gegenstande, am besten einem Stückchen Eis: Kältereflex. Je nach der Oertlichkeit und je nach der Art der vorhandenen Störung ist die eine oder die andere Reizmethode am zweckmässigsten. Besonders bei Abschwächung der Reflexe hat man, wenn die eine Methode nicht zum Ziele führt, die andere zu probiren, kann sich auch des Kneipens, Brennens, der faradischen Pinselung u. s. w. bedienen.

An Kopf und Armen findet man beim Gesunden wenig Hautreflexe, nur Kitzelreflexe lassen sich zuweilen von der Nasolabialfalte und der Handfläche, in der Regel von der Achselhöhle aus erzielen.

Am Rücken findet man den Scapularreflex, d. h. Bewegung des Schulterblattes bei Streichen der Haut zwischen innerem Scapularand und Wirbelsäule; er ist unbeständig.

Auf der Vorderfläche des Rumpfes lässt sich durch Streichen oder Kitzeln der Brustwarze oder auch des Warzenhofes bei Weibern Erection der Brustwarze bewirken (Mammareflex).

Von grösserer Bedeutung ist der bei Gesunden ziemlich beständige Bauchreflex. Sowohl im Epigastrium, als in der Nabelgegend und den seitlichen Bauchgegenden bewirkt Streichen mit der Bleistiftspitze oder dem Fingernagel Contractionen der Bauchmuskeln auf der gereizten Seite. Der Reflex tritt bei jüngeren Personen und solchen mit straffen Bauchdecken leichter auf als bei älteren Personen und solchen mit schlaffen Bauchdecken.

Streicht man die Haut an der Innenseite des Oberschenkels, oder drückt man die Haut kräftig etwa 12 Cm. oberhalb des Condyl. int. fem., so zieht der Cremaster der gereizten Seite den Hoden in die Höhe: Cremasterreflex. Dieser fehlt ziemlich oft bei älteren Männern.

Bei directer Reizung der Scrotalhaut, besonders beim Berühren mit einem kalten Gegenstande, schrumpft sie zusammen, contrahiren sich ihre glatten Muskelbündel: Scrotumreflex.

Die reflectorische Wirkung einer Reizung der Haut des Penis oder der Clitoris pflegt aus naheliegenden Gründen der Untersuchung nicht unterworfen zu werden. Man hat als Reflex des Bulbocavernosus eine Contraction dieses Muskels bezeichnet, die eintritt, wenn man rasch über die Glans wegstreicht oder auf die Wurzel des Plenis klopft.

Sticht oder reizt man sonst den Rand des Anus, so zieht sich der Sphincter zusammen.

Streichen der Gesässhaut bewirkt bei manchen Menschen Contraction des M. glutaeus max.: Glutäusreflex.

Endlich ist der vielgeprüfteste Hautreflex zu nennen, der Sohlenreflex. die Bewegung des Fusses. beziehungsweise des Beines bei Kitzeln. Streichen u. s. w. der Sohlenhaut.

Die Reflexbewegungen treten theils doppelseitig, theils nur auf der gereizten Seite ein, jenes gilt von den Pupillenreflexen, dem Lidschluss bei Reizung des Opticus oder der Conjunctiva, natürlich auch vom Niesen, Husten u. s. w.. dieses gilt besonders vom Bauchreflex, in der Regel auch vom Cremaster-. Scapula-, Glutäus-, Sohlenreflex.

In gewissem Grade ist die Ausdehnung der reflectorischen Bewegung abhängig von der Stärke des Reizes. Bei einfacher Berührung der Fusssohle z. B. wird nur Dorsalflexion der Zehen eintreten, bei stärkerer Bewegung des Fusses. weiterhin Beugung im Knie- und Hüftgelenke. Bei fortgesetztem Kitzeln betheiligen sich auch der gleichseitige Arm. das andere Bein und schliesslich der ganze Körper an den zuckenden Fluchtbewegungen.

Die Prüfung hat ausser auf die Stärke und Ausdehnung der reflectorischen Bewegung darauf zu achten, ob sie normal rasch eintritt, oder ob sie sich erst nach längerer Dauer des Reizes zeigt, oder ob zwischen Reiz und Bewegung eine Pause zu beobachten ist.

Die Beurtheilung der oberflächlichen Reflexe wird dadurch erschwert, dass auch beim Gesunden ihre Stärke und Ausdehnung sehr wechseln, dass viele von ihnen auch beim Gesunden fehlen, manche willkürlich unterdrückt werden können.

Beständig und unabhängig vom Willen sind die Pupillenreflexe, beständig und nahezu unabhängig vom Willen die Lidreflexe, die verschiedenen Schleimhautreflexe, in etwas geringerem Grade der Sohlenreflex, ziemlich beständig und unabhängig vom Willen der Bauchreflex, der Cremasterreflex, der Scrotumreflex. Im Allgemeinen sind die Reflexe um so lebhafter und beständiger, je jünger das Individuum ist. Am sichersten wird man ein pathologisches Verhalten der Reflexe bei einseitiger Erkrankung erkennen.

Von Steigerung der Reflexe spricht man, wenn die Bewegung

schon bei abnorm geringen Reizen sich zeigt, bei den gewöhnlichen Reizen rascher und energischer als in der Norm eintritt, wenn sich an ihr mehr Muskeln als gewöhnlich betheiligen. Den Typus dieser Störung bildet die Strychninvergiftung. Die Herabsetzung der Reflexe zeigt sich dadurch, dass stärkere Reize zur Hervorrufung der reflectorischen Bewegung nöthig, oder dass nur bestimmte Reize wirksam sind, dass die Bewegung schwach und träge ist, oder dass sie auch beim starken Reize auf die der Reizstelle nächsten Muskeln beschränkt bleibt. Herabsetzung und Aufhebung der Reflexe beobachtet man am Gesunden im Schlafe und in der Narkose. Sehr früh schwindet der Bauchreflex, dann der Cremasterreflex, spät erst der Conjunctivareflex. Die Pupillen sind im tiefen Schlafe eng und mehr oder weniger starr.

Die Sehnenreflexe (Erb) oder Sehnenphänomene (Westphal) werden hervorgerufen durch Klopfen auf die Sehnen, die Fascien, das Periost oder durch anderweite rasche Dehnung der sehnigen Theile. Sie bestehen in einer raschen, blitzähnlichen Contraction des Muskels, dessen Sehne oder Fascie mechanisch gereizt worden ist, in seltenen Fällen auch anderer Muskeln; bei den Periostreflexen wird das Klopfen von der Zuckung eines oder mehrerer benachbarter Muskeln beantwortet. Damit der Sehnenreflex zu Stande komme, ist eine gewisse Spannung der Sehne, die theils von dem Contractionsgrade der Muskeln, theils von der Stellung des Gliedes abhängt, nöthig.

Der weitaus wichtigste Sehnenreflex ist der Patellarsehnenreflex oder das Kniephänomen. Man kann die Prüfung auf verschiedene Weise vornehmen. Der Untersuchte, der sitzt, stellt entweder den Fuss mit der ganzen Sohle so auf den Boden, dass Ober- und Unterschenkel einen Winkel von etwa 60° bilden, oder er legt ein Bein über das andere, so dass der eine Unterschenkel vom anderen Knie getragen wird und mit seinem Oberschenkel ebenfalls einen Winkel von 60° bildet, oder er lässt, auf dem Rand eines Tisches sitzend, beide Unterschenkel senkrecht herabhängen. Der Untersucher legt die linke Hand auf den zu untersuchenden M. quadriceps (oder er beobachtet den Muskel mit den Augen), führt mit dem in der rechten Hand gehaltenen Percussionshammer einen kurzen kräftigen Schlag gegen die Mitte des Ligamentum patellae. Man kann sich zum Klopfen auch des Ulnarandes der Hand, der Fingerkuppe oder eines beliebigen Werkzeuges bedienen, doch ist es rathsam, besonders in zweifelhaften Fällen, den Percussionshammer zu brauchen. Unmittelbar nach dem Schlage erfolgt eine rasche.

kräftige Contraction des M. quadriceps, durch die der Unterschenkel,
wenn er frei hängt, gestreckt, vorwärts geworfen wird. Ist die
Reaction deutlich, so kann man sich mit der Untersuchung des be-
kleideten Beines begnügen, ist sie zweifelhaft, so gelingt es zuweilen
noch am entkleideten Beine eine schwache oder partielle Quadricepszuckung durch Gesicht oder Gefühl wahrzunehmen. Auch muss man
im letzteren Falle das Klopfen variiren, zuweilen ist nur starkes
Percutiren wirksam, zuweilen zeigen sich einzelne Partien des Lig.
pat., z. B. der innere Rand, besonders reizempfänglich.

Von den oben angegebenen Methoden ist vielleicht die in Fig. 35
abgebildete am bequemsten; führt sie nicht zum Ziele, so kann man
die anderen versuchen, wird aber schwerlich mit ihnen mehr erreichen. Liegt der Kranke im Bett, so hebt man am besten mit der
untergeschobenen Linken
das Knie, bis Unter- und
Oberschenkel einen Winkel
von 60—70⁰ bilden. Immer
muss der Kranke vermei-
den, seine Muskeln willkürlich anzuspannen. Die Ent-
spannung des Quadriceps
kann dadurch erleichtert
werden, dass man den Pa-
tienten anweist, andere Muskeln, besonders solche der
Arme kräftig zu innerviren,
z. B. die Fäuste zu ballen,
die Hände gegen einander
zu drücken oder dergl. (Das
sog. Jendrassik'sche Ver-
fahren besteht darin, dass

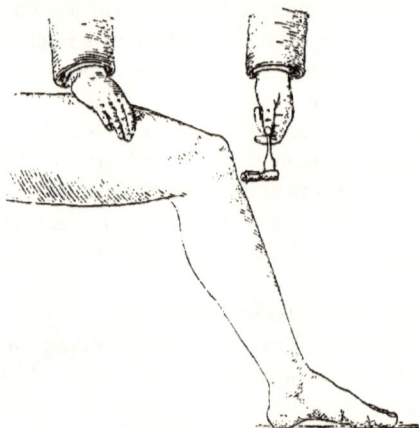

Fig. 35.
Hervorrufung des Kniephänomens.

der Kranke die Finger beider Hände in einander schlägt und dann
kräftig zieht, als ob er die Hände auseinander reissen wollte).

Bei scheinbarem Fehlen des Kniephänomens ist es empfehlenswerth, erst nach wiederholter Untersuchung ein endgültiges Urtheil
abzugeben. Man hat auch empfohlen, in solchen Fällen eine Strychnin-
injection auszuführen: ist das Kniephänomen dauernd aufgehoben, so
bringt es auch die Strychninwirkung nicht zum Vorschein.

Bei Gesunden ist das Kniephänomen nahezu ausnahmelos vorhanden, es ist unter Umständen sehr schwach und schwer hervorzurufen, z. B. bei grosser Fettleibigkeit, bei sehr kurzer straffer Pa-

tellarsehne, fehlt jedoch, wenn überhaupt, ausserordentlich selten.
Nur bei Greisen wird es oft schwach und fehlt zuweilen ganz.

Von den übrigen Sehnenreflexen sind nur wenige bei Gesunden
beständig und auch diese fehlen öfter als das Kniephänomen. Fast
immer findet man den Achillessehnenreflex. Man fasst dabei
den Fuss mit der linken Hand, hält ihn etwa im rechten Winkel zum
Unterschenkel und klopft dann auf die leicht gespannte Achilles-
sehne. Die Wirkung ist eine rasche und gewöhnlich schwache
Zuckung der Wadenmuskeln. Ferner ist beständig der Triceps-
sehnenreflex am Arme. Man hält den Arm im rechten Winkel
und klopft dann auf die Tricepssehne oberhalb des Olecranon. Oft
auch gelingt es durch Percussion der Sehne in der Ellenbogenbeuge,
den Biceps brach. zu einer schwachen Zuckung zu bringen. Ziemlich beständig sind auch die von den unteren Enden des Radius
und der Ulna aus zu bewirkenden Periostreflexe. Diese stellen
sich gewöhnlich bei Beklopfen des Radiusendes als leichte Beuge-
bewegung des Armes, zuweilen auch als Supination dar, während
von der Ulna aus Zuckungen im Triceps und Deltoideus ausgelösst
zu werden pflegen. Durch de Watteville ist auch ein Kau-
muskelreflex bekannt geworden. Drückt man mit einem Papiermesser oder einem ähnlichen Gegenstande, den man mit seinem Ende
flach auf die Zähne an einer Seite des Unterkiefers auflegt, den
letzteren etwas herab und percutirt das Papiermesser nahe den Zähnen,
so tritt beim Gesunden eine rasche Contraction der Kaumuskeln ein,
die den Unterkiefer hebt.

Durch directes Beklopfen des Muskelbauches erhält man bei
den meisten oberflächlichen grösseren Muskeln des Gesunden eine
blitzartige schwache Zuckung des ganzen Muskels, die wahrscheinlich meist als Fascienreflex aufzufassen ist. Doch kann im einzelnen
Falle die Beurtheilung der Natur der Zuckung schwierig sein, da es
sich auch um eine directe mechanische Erregung des Muskelnerven
handeln kann. Sicher liegt ein Fascienreflex vor, wenn beim Klopfen
auf einen Muskelbauch ein anderer Muskel zuckt. (Vgl. hierzu den
Abschnitt über mechanische Muskelerregbarkeit.)

Bei pathalogischer Steigerung der Erregbarkeit sind
die Sehnenreflexe lebhafter als im gesunden Zustande, bewirkt die
mechanische Reizung auch an Stellen Zuckung, wo sie bei Gesunden
erfolglos ist, betheiligt sich eine grössere Zahl von Muskeln an der
Zuckung. Eine mässige Steigerung ist nur, wenn sie einseitig vorkommt, zu erkennen, da auch bei Gesunden die Lebhaftigkeit der
Sehnenreflexe innerhalb ziemlich weiter Grenzen schwankt.

Ist das Kniephänomen gesteigert, so bewirkt schon ein
schwaches Klopfen eine starke Quadricepszuckung, weiterhin kann
an die Stelle einer einfachen Zuckung eine Reihe solcher treten
(Patellarclonus). Eine klonische Contraction kann man dann auch
erhalten, wenn man die Patella fest zwischen die Finger nimmt und
mit einem Rucke kräftig nach unten zieht, oder mit dem dem oberen
Rande der Patelle angelegten Finger die Patella nach unten drängt
und dann den Finger in der Richtung von oben nach unten percutirt. Ferner bewirkt dann auch Beklopfen der Tibia die Quadricepszuckung.

Nimmt man bei gesteigerter Reflexerregbarkeit den Fuss des
Kranken in die volle Hand und beugt ihn, während das Bein im
Knie gestreckt ist, kräftig dorsalwärts, so tritt ein klonischer Krampf
der Wadenmuskeln und unter Umständen ein Schüttelkrampf des
ganzen Beines ein. Man spricht dann vom Fussclonus oder Fussphänomen. Erzittert das ganze Bein heftig, so wird wohl auch
der Name Spinalepilepsie gebraucht.

In Wirklichkeit handelt es sich um eine Steigerung des Achillessehnenreflexes. Durch die Beugung des Fusses wird die Achilles-
sehne gedehnt, darauf antwortet eine Streckung des Fusses, wird
aber durch den Druck der Hand der Fuss dauernd dorsalwärts ge-
drängt, so folgt jeder Streckung eine neue Bewegung, d. h. Dehnung
der Sehne und es entsteht ein Wechsel von Beugung und Streckung.
dessen Dauer beliebig verlängert werden kann. Streckt man mit der
Hand den Fuss kräftig plantarwärts, so hört sofort der Krampf auf,
da dann die Sehne erschlafft wird. Bei Kranken genügt zuweilen
jedes Anstossen des Fusses im Bett, um das Fussphänomen hervorzurufen. Die Erhöhung des Achillessehnenreflexes kann sich auch
dadurch kundgeben, dass schon ein Klopfen auf die Vorderseite des
Unterschenkels eine Contraction der Wadenmuskeln hervorruft (front-
tap der englischen Autoren). Bei Gesunden ist das Fussphänomen
auf die oben beschriebene Weise fast nie zu erregen. Dagegen gelingt es auf folgende Weise: wenn der Sitzende den Fuss nur mit
dem Ballen den Boden berühren und dann das Bein auf- und nieder-
schwingen lässt, so wird nach kurzer Zeit diese zitternde Bewegung
eine unwillkürliche, wird immer stärker und lässt sich nur durch
eine kräftige Anstrengung des Willens zum Stillstande bringen.

In ähnlicher Weise erhält man statt des einfachen Kaumuskel-
reflexes bei der oben beschriebenen Prüfung ein Unterkiefer-
phänomen, einen Clonus der Kaumuskeln.

Bei Steigerung der Erregbarkeit erhält man beim Beklopfen zahlreicher Sehnen Reflexe, so an den Adductoren des Oberschenkels, den Beugern des Unterschenkels, am Tibialis anticus, den langen Zehenstreckern und den Peronaealmuskeln, an den Beugern und Streckern der Hand und der Finger, am Supinator longus u. s. w. An der Hand sieht man in seltenen Fällen ein „Handphänomen", Beugeclonus bei plötzlicher Streckung, Pronationsclonus bei Supination. Zahlreiche Periostreflexe treten auf, die zum Theil „entfernte Reflexe" sind, zeigen sich als Zuckungen im Biceps bei Beklopfen der Clavicula, des Pectoralis bei Beklopfen des Sternum oder der Rippen, des Deltoideus bei Beklopfen der Spina scapulae. Von den unteren Enden der Vorderarmknochen aus lassen sich kräftige Zuckungen im Supinator und Biceps, im Triceps und Deltoideus bewirken. Percussion der Dornfortsätze der Halswirbel ruft Contraction der Oberarmmuskeln hervor, solche der Lendenwirbel Contractionen der Glutäen und der Adductoren. Ferner beobachtet man „gekreuzte Periostreflexe" vom Schlüsselbein aus im contralateralen Biceps, vom Condylus int. tibiae in den Adductoren des anderen Schenkels, von den Sternalenden der oberen Rippen im anderen Pector. major. Die eigentlichen Sehnenreflexe kommen selten gekreuzt vor, nur sieht man gelegentlich bei Beklopfung des einen Lig. patellae auch im anderen Quadriceps eine leichte Zuckung.

Sind die tiefen Reflexe intensiv gesteigert, so führt auch die mit willkürlichen Bewegungen verknüpfte Dehnung der Sehnen u. s. w. zu reflectorischen Contractionen. Von ihnen wird jede absichtliche Bewegung durchbrochen und gehemmt. Scheinbar lösen dann auch Hautreize die Sehnenreflexe aus, denn sie bewirken eine willkürliche oder unwillkürliche Bewegung. So kann das Fussphänomen durch Kitzeln der Sohle zu Stande zu kommen scheinen. Bemerkenswerth ist, dass zuweilen durch starke Reizung der Haut die Sehnenreflexe gehemmt werden können. So kann das Kniephänomen ausbleiben, wenn man die Haut des anderen Oberschenkels kräftig kneipt u. s. w.

Fast stets geht mit der Steigerung der Sehnenreflexe die des Muskeltonus parallel, bei mässiger Steigerung besteht erhöhte Muskelspannung, bei intensiver Steigerung active Contractur (vergl. S. 60 ff.). Freilich kommen auch Fälle vor, wo trotz Steigerung der Sehnenreflexe die Muskeln auffällig schlaff sind, ein Verhalten, das bis jetzt nicht recht verständlich ist.

Was unter Herabsetzung und Fehlen der Sehnenreflexe zu verstehen sei, ergiebt sich von selbst. Zuweilen können lebhafte Hautreflexe das Fehlen der Sehnenreflexe verhüllen, insbesondere kann es vorkommen, dass Reizung der Haut über dem Lig. patellae

eine Zuckung des Quadriceps bewirkt, während doch das Kniephänomen selbst fehlt (Pseudokniephänomen Westphal's). Man muss
demnach prüfen, ob auch Percussion oder Drücken einer Hautfalte
Quadricepszuckung hervorruft. Der Hautreflex soll immer erst kurze
Zeit nach der Reizung auftreten.

   ´ Fehlen die Sehnenreflexe, so ist, um dies nochmals zu betonen,
durch wiederholte Untersuchung zu prüfen, ob es sich um eine vorübergehende Störung oder um ein endgültiges Erloschensein handelt.

   Im Schlafe und in der Chloroformnarkose werden die Sehnenreflexe schwächer, erlöschen schliesslich. Das Kniephänomen verschwindet eher als der Conjunctivareflex und soll beim Aufhören
der Narkose später als dieser zurückkehren. Bei mässiger Ermüdung
durch körperliche Anstrengung oder durch Mangel an Schlaf sind die
Sehnenreflexe lebhaft, bei starker Erschöpfung zuweilen herabgesetzt.

   Endlich ist noch eine Erscheinung zu erwähnen, welche vielleicht reflectorischer Natur ist, die sogenannte „paradoxe Contraction" (Westphal). Diese besteht darin, dass ein Muskel, den
man passiv verkürzt, indem man seine Ansatzpunkte einander nähert,
durch diesen Act in Contraction geräth. Sie bildet demnach eine
Art von Gegenstück zu den Sehnenreflexen, bei denen es sich um
eine plötzliche Dehnung handelt. Das Phänomen ist hauptsächlich
am M. tibialis ant. studirt worden, an dem es am häufigsten vorzukommen scheint. Wenn man den Fuss des liegenden Kranken schnell
und kräftig dorsalflectirt, so sieht man, dass der Fuss, nachdem die
Hand des Untersuchenden ihn losgelassen, in der ihm gegebenen
Stellung verharrt, wobei die Sehne des Tib. ant. vorspringt, und erst
dann gleichmässig oder in Absätzen der Schwere nachgebend herab-
sinkt. Welche Bedeutung dieses pathologische Verhalten hat, das
gelegentlich auch an anderen Muskeln in entsprechender Weise beobachtet worden ist, wissen wir nicht.

   Von hervorragender diagnostischer Bedeutung sind die Pupillenreflexe, deren Prüfung in dem Abschnitte über die Function der
Augenmuskeln ausführlich geschildert werden wird und über die
hier nur das Wichtigste gesagt werden kann.

   Auffallend weite und bewegliche Pupillen finden wir
da, wo die reflectorische Erregbarkeit überhaupt gesteigert ist, bei
Kindern und bei nervösen, leicht erregbaren Personen. Auch im
Gebiete des Pathologischen sind sie ein Ausdruck gesteigerter Erregbarkeit (Nervosität, Hysterie, Manie u. s. w.). Eigentliche Mydriasis
spastica treffen wir bei directer oder reflectorischer Reizung der Sym-

pathicusfasern, durch Läsionen, die das Halsmark oder den Halssympathicus selbst reizen, während lebhafter Schmerzen beliebiger Art.
Weite und starre Pupillen kommen vor:

1. bei Koma (im epileptischen Anfalle, bei Meningitis und sonst
bei sehr starkem Hirndrucke). Hier kann natürlich nur die Lichtreaction geprüft werden. Eng ist die Pupille bei tiefem Koma nur
dann, wenn es sich um die mit Myosis einhergehenden Vergiftungen
(besonders die durch Morphium) handelt, oder wenn ein apoplectischer
Insult durch eine Brückenläsion (bes. Blutung) hervorgerufen worden
ist, oder wenn schon vor dem Eintritte des Koma Myosis durch organische Läsion (z. B. durch Tabes) bestand.

2. bei Vermehrung des intraocularen Druckes, besonders bei ent-
wickeltem Glaucom. Hier handelt es sich wohl nicht um nervöse
Einflüsse.

3. bei Läsion des N. oculomotorius. Hier fehlen natürlich die
Lichtreaction und die Mitbewegung bei Convergenz. Bestehen von
Seiten des Oculomotorius anderweite Lähmungserscheinungen, so wird
in den meisten Fällen eine Localisation möglich sein. Besteht die
Mydriasis allein, dann ist über ihre Entstehung schwer zu urtheilen.
so bei Tabes incipiens, bei der mit tabischen Veränderungen verbundenen progressiven Paralyse, bei multipler Sklerose u. s. w.

Mydriasis paralytica mit Accommodationslähmung ist bekanntlich
eine Wirkung des Atropins, das die Nervenendigungen angreifen soll,
und anderer Gifte (Duboisin, Cocain). Sie kommt auch nach Diphtherie und ziemlich selten bei Tabes vor.

Auffallend enge Pupillen findet man bei der Mehrzahl
der Greise, sehr oft bei Tabes und auch bei progressiver Paralyse,
der Tabes des Gehirns, seltener bei multipler Sklerose, bei manchen
Vergiftungen (Morphium, Tabak u. s. w.), bei manchen Reizzuständen
im Auge (Iritis, Ciliarneuralgie), bei mässigem Hirndrucke (Meningitis,
Durhämatom, Hirntumoren) und bei Herdläsionen der Brückengegend.
Stärkere Myosis bei Personen unter 50 Jahren ist stets pathologisch,
wie andererseits weite Pupillen bei alten, nicht augenkranken Leuten
immer auf Störungen des Nervensystems hinweisen dürften.

Bei seniler Myosis besteht meist nur Pupillenträgheit, selten vollkommene Starre. Die senile Pupillenträgheit ist eine totale, die Mitbewegung bei Convergenz ist vermindert und sowohl gegen Lichtreize
als gegen Schmerzreize reagirt die Iris wenig oder gar nicht. Die
Schmerzreaction aber hört früher im Leben auf als die Lichtreaction,
ist oft schon in der Mitte des Lebens kaum mehr nachzuweisen.

Bei tabischer u. s. w. Myosis besteht entweder reflectorische Pupillenstarre (s. unten) oder totale Starre. Man muss dann 2 Läsionen annehmen, deren eine Myosis paralytica, deren andere Starre verursacht.

Bei Myosis durch Hirndruck und durch Iritis handelt es sich zweifellos um Sphincterkrampf, besteht daher complete oder incomplete totale Starre.

Mässige Verengerung der Pupille mit vollkommen erhaltener Lichtreaction (sog. Myosis paralytica) entsteht durch Läsion der von der Oblongata durch das Halsmark und den N. sympathicus zum Dilatator iridis ziehenden Fasern. Sie wird daher beobachtet bei Herderkrankungen der Oblongata, bei Affectionen des Halsmarkes, besonders Myelitis cervicalis, bei Erkrankung des Halssympathicus selbst (hier wohl immer einseitig). Fehlen der Schmerzreaction bei sonstiger guter Beweglichkeit der Pupille ist das Characteristicum der reinen Myosis paralytica.

Reflectorische Pupillenstarre, d. h. Fehlen der Lichtreaction bei erhaltener Mitbewegung, scheint immer auf eine organische centrale Läsion zu deuten, die die Bahn zwischen Opticus und Oculomotoriuskern unterbricht. Sie kommt vor bei Tabes und bei progressiver Paralyse und sehr selten bei Blutungen und anderen Herderkrankungen in der Nähe der Vierhügel. Sieht man von diesen seltenen Herderkrankungen ab, so ist die reflectorische Pupillenstarre pathognostisch für Tabes-Paralyse. Sie ist zuweilen mit Mydriasis, oft mit Myosis verbunden, kann aber auch ohne Aenderung der Pupillenweite bestehen. Gewöhnlich scheint bei ihr auch die Schmerzreaction zu fehlen.

Wenn auch die Innervation der Iris so verwickelt und die Untersuchung der Pupille u. U. so schwierig ist, dass wir nicht immer zur sicheren Unterscheidung zwischen spastischer und paralytischer Mydriasis oder Myosis gelangen, den Ort der Läsion genau zu bestimmen oft ausser Stande sind, so vermindern diese Verhältnisse den hohen Werth der Pupillensymptome doch nicht. Dieser Werth besteht hauptsächlich darin, dass letztere uns oft zwischen organischer und functioneller Nervenkrankheit unterscheiden lassen, dass sie bei bestimmten Krankheiten sehr frühzeitig und mit grosser Regelmässigkeit auftreten, dass sie schon bei oberflächlicher Untersuchung auf den rechten Weg weisen können. Findet man Pupillendifferenz, ein Symptom, das auch der weniger Geübte leicht und sicher nachweisen kann, so kann man freilich nur auf eine krankhafte Veränderung überhaupt schliessen. Geringe Differenzen in der Weite der Pupillen sind jedoch nicht zu betonen. Sie sind zwar immer etwas Krankhaftes, aber oft ohne bestimmte Bedeutung. Ist die geringe Differenz dauernd vorhanden, so deutet sie oft auf ererbte Instabilität. Man sieht sie bei erblich Nervösen (einmal fand ich bei Mutter und Tochter Erweiterung der linken Pupille). Wenn solche Belastete mit geringer Pupillendifferenz neurasthenische oder andere Zufälle bekommen, so kann die Differenz vorübergehend zunehmen. Anders ist es mit beträchtlichen Unterschieden. Sie kommen hie und da im Migräne-Anfalle vor, sonst selten bei leichteren Störungen. Bei Gesunden kommt Pupillendifferenz nicht vor. Abgesehen von den Fällen einseitiger Amblyopie oder Amaurose, einseitiger Iriskrankheit und von denen, wo die Pupillenstörung Theilerscheinung einer Oculomotorius- oder Sympathicusläsion ist, ist die beträchtliche Pupillendifferenz am häufigsten bei Tabes, beziehungsweise progressiver Paralyse. Man sieht sie verhältnissmässig oft bei Personen, die vor einigen Jahren Syphilis gehabt haben und bei denen noch durchaus keine anderweiten oder nur unbestimmte Nervensymptome bestehen, und kann dann in ihr den Vorläufer jener Krankheiten vermuthen. Die reflectorische Pupillenstarre kann, um ein anderes Beispiel zu wählen, u. U. allein uns in den Stand setzen, zwischen multipler Neuritis und Tabes zu entscheiden, da sie allein von den Tabessymptomen nicht durch die Erkrankung peripherischer Nerven entstehen kann. Sie ist oft von allen Tabessymptomen das erste und kann dem Verschwinden des Kniephänomens um längere Zeit vorausgehen. Schwankt die Diagnose zwischen Meningitis und Typhus oder Pneumonie, so kann eine enge und starre Pupille für erstere entscheiden. Myosis bei einem Maniacus wird ohne Weiteres an progressive Paralyse denken lassen. Myosis bei einem Komatösen kann, trotz Fehlens jeder Anamnese, zur Diagnose einer Morphiumvergiftung leiten. Reactionslosigkeit der Pupillen im epileptischen Anfalle lässt am sichersten Simulation ausschliessen u. s. f.

Im Vergleiche zu der der Pupillen- und der Sehnenreflexe ist die diagnostische Bedeutung der Hautreflexe nicht gross. Steigerung findet man da, wo eine gesteigerte Erregbarkeit der reflexvermittelnden grauen Substanz zu vermuthen ist, und da, wo die vom Gehirn herabkommenden reflexhemmenden Erregungen weggefallen sind. Der Typus der ersten Gruppe ist die Strychninvergiftung. In ähnlicher Weise sind die Hautreflexe in der Krankheit Tetanus gesteigert. Hierher gehören vielleicht die lebhaften Reflexe, die man bei manchen sogen. Neurosen trifft. Steigerung durch Wegfallen reflexhemmender Einflüsse sollte man bei allen centralen Läh-

mungen erwarten. Bei den meisten cerebralen Lähmungen aber sind
die Hautreflexe durch die sogenannte „Reflexhemmung" herabgesetzt
oder aufgehoben (s. unten), bei spinalen Lähmungen sind die Verhältnisse sehr wechselnd. Bei transversaler Myelitis trifft man zuweilen in der That an dem gelähmten Unterkörper sehr lebhafte
Hautreflexe. Doch kommen auch anscheinend ganz ähnliche Fälle
vor, wo die Hautreflexe nicht gesteigert oder gar herabgesetzt sind.
Scheinbare Steigerung der Hautreflexe kann bei Hyperästhesie der
Haut gefunden werden, sobald nämlich diese durch peripherische
Veränderungen verursacht ist.

Herabsetzung oder Aufhebung der Hautreflexe entsteht
durch unvollständige oder vollständige Unterbrechung des kurzen,
quer durch das Rückenmark führenden Reflexbogens und durch
Steigerung der reflexhemmenden Einflüsse. Demnach sind schwach
oder fehlen die Hautreflexe bei allen peripherischen Lähmungen
und Anästhesien (vergl. S. 74). Sie fehlen ferner bei den centralen
Läsionen, die mit Erregung reflexhemmender Fasern verbunden sind,
besonders bei cerebralen Hemiplegien und -anästhesien. Hier ist
wohl der einzige Punkt, wo bis jetzt aus der Untersuchung der
Hautreflexe wesentlicher diagnostischer Gewinn gezogen werden kann.
Das Verhalten der Hautreflexe lässt oft leicht und sicher zwischen
organischer und functioneller Hemiplegie, beziehungsweise -anästhesie
entscheiden. Bei jener sind die Hautreflexe auf der Seite der Lähmung herabgesetzt oder aufgehoben, bei dieser sind sie auf beiden
Seiten gleich gut erhalten. O. Rosenbach hat besonders das Verhalten des Bauchreflexes untersucht und ist etwa zu folgenden Sätzen
gelangt. Wenn der Bauchreflex bei cerebralen Störungen einseitig
fehlt, liegt stets eine organische locale Erkrankung der gegenüberliegenden Hirnhälfte vor. Wenn bei einem Hirnleiden die Bauch-
reflexe beiderseitig vermisst werden, bei bestehender oder fehlender
Störung des Bewusstseins, so liegt eine diffuse Erkrankung des Gehirns (Meningitis, Hirndruck u. s. w.) vor. Man kann bei Kindern
und Leuten mit straffen Bauchdecken diesen Schluss mit einiger
Sicherheit, bei Individuen mit schlaffen Bauchdecken nur mit Vor-
behalt machen. Gesichert wird hier die Annahme einer diffusen
Hirnerkrankung erst, wenn die Pupillen eng und die anderen Reflexe beeinträchtigt sind. Wenn, nachdem doppelseitiges Fehlen des
Bauchreflexes festgestellt war, dieser sich ein- oder doppelseitig wieder
zeigt, so ist das ein prognostisch günstiges Zeichen, da es eine locale
oder allgemeine Abnahme der cerebralen Störung (Verminderung des
Hirndruckes) anzeigt. Das Verschwinden des einen noch vorhan-

denen Bauchreflexes bei komatösen Hemiplegischen ist ein sehr un-
günstiges Symptom, da es eine stärkere Functionshemmung auch in
der anderen Hirnhälfte andeutet. Dem Bauchreflex analog verhält
sich der etwas weniger beständige Cremasterreflex. Dagegen ist der
Sohlenreflex als zum Theile vom Willen abhängig nicht nur bei organischen Hirnlähmungen, sondern auch bei hysterischen Lähmungen sehr herabgesetzt. Dieses Verhalten kann einen gewissen Werth
haben, wenn die Diagnose zwischen Hysterie und spinaler Lähmung
schwankt, da bei dieser der Sohlenreflex nicht vermindert zu sein
pflegt. —

Von ungleich grösserem diagnostischen Werthe als das Verhalten
der Hautreflexe ist, wie gesagt, das der tiefen oder Sehnenreflexe. Lebhaft sind sie bei jugendlichen und oft bei nervösen
reizbaren Personen. Doch zeigt sich hier nie das Fussphänomen und
bleibt überhaupt die Steigerung der reflectorischen Erregbarkeit innerhalb mässiger Grenzen, so dass eine Verwechselung mit pathologischer Steigerung kaum vorkommen wird. Ganz ausgeschlossen ist
diese Verwechselung, wenn nur auf einer Körperseite oder nur an
der unteren Körperhälfte die Sehnenreflexe erhöht sind.

Steigerung der Sehnenreflexe ist meist verbunden mit
Steigerung der unwillkürlichen Muskelspannung, des Tonus. Verursacht wird die Steigerung der Sehnenreflexe am häufigsten durch
Unterbrechung der Willensbahn. Sobald der Zufluss der willkürlichen
Innervation zu den Muskeln auch nur im mindesten gehemmt ist,
findet man Steigerung der Sehnenreflexe. Diese begleitet nicht nur
die organische centrale Lähmung, sondern in gewissem Grade auch
die hysterische Lähmung, ist mithin zur Unterscheidung beider, wenn
die abnorme Lebhaftigkeit der Reflexe nicht sehr gross ist, nicht mit
Sicherheit zu verwerthen. Sie begleitet Läsionen der Pyramidenbahn, die noch keine wahrnehmbare Lähmung hervorgerufen haben.
Findet man z. B. deutliche Steigerung der Sehnenreflexe an der unteren Körperhälfte als einziges Symptom, so ist die Vermuthung gerechtfertigt, dass die spinalen Pyramidenbahnen krankhaft afficirt
seien, dass etwa ein Druck auf das Brustmark ausgeübt werde. In
ähnlicher Weise kann halbseitige Steigerung der Sehnenreflexe die
spätere Entwickelung einer Hemiplegie ankündigen. Besteht neben
den abnorm lebhaften Sehnenreflexen deutliche Lähmung, so gelten
die für die centrale Lähmung gegebenen Regeln. Nochmals sei die
grosse Bedeutung hervorgehoben, die der Nachweis gesteigerter Sehnenreflexe im Gebiete degenerativer Atrophie hat, er ist fast pa-

thognostisch für die combinirte Erkrankung der Vorderhörner und der Pyramidenbahnen (amyotrophische Lateralsklerose).

Ausser durch Unterbrechung der Willensbahn kann die Steigerung der Sehnenreflexe verursacht werden durch Gifte, die reizend auf die graue Substanz des Rückenmarkes wirken. Hier kommen wahrscheinlich die Strychninvergiftung und die Krankheit Tetanus in Frage.

Um eine Steigerung der Erregbarkeit der grauen Substanz, die durch unbekannte Ursachen entsteht, handelt es sich vielleicht auch in den Fällen, wo bei abgemagerten, schwächlichen Kranken, besonders bei Phthisischen und bei Typhuskranken, abnorm starke Sehnenreflexe beobachtet werden. Während die bei Strychninvergiftung und bei Tetanus bestehende allgemeine Steigerung der Reflexe kaum zu diagnostischen Irrthümern Anlass geben wird, muss man sich hüten, in den letztgenannten Fällen aus den abnorm lebhaften Sehnenreflexen eine organische Läsion des Nervensystems zu diagnosticiren.

In einzelnen Fällen ist auch bei Läsion peripherischer Nerven, besonders bei multipler Neuritis, das Auftreten abnorm lebhafter Sehnenreflexe beobachtet worden, die mit Heilung der Neuritis zur Norm zurückkehrten. Wahrscheinlich entstand hier eine durch die entzündliche Reizung bewirkte Steigerung der Erregbarkeit im aufsteigenden (sensorischen) Schenkel des Reflexbogens.

Endlich hat man das Fussphänomen auch bei Erkrankung des Sprunggelenkes und bei Läsion des Periostes der Unterschenkelknochen, gesteigerte Sehnenreflexe überhaupt bei chronischen Gelenkerkrankungen wiederholt gesehen, ein Befund, der wohl ebenfalls auf Reizung sensorischer Fasern deutet.

Verminderung oder Aufhebung der Sehnenreflexe ist gleichbedeutend mit Verminderung oder Aufhebung des Muskeltonus, man findet daher, wo die Sehnenreflexe fehlen, ausnahmelos Schlaffheit der Musculatur. Beide Veränderungen müssen eintreten, sobald der Reflexbogen s h v m M (Fig. 36) an irgend einer Stelle unterbrochen wird. So hebt sowohl Zerstörung von v (z. B. Poliomyelitis acuta) den Sehnenreflex auf, als die von m (z. B. peripherische Lähmung durch Neuritis), als die von M (z. B. fortschreitender Muskelschwund), als die von h (z. B. Zerfall des Hinterhorns durch Gliomatosis spinalis).

Sitzt die Läsion auf der Strecke v m M, so besteht schlaffe Lähmung. Das Nähere ist schon auf S. 73 angegeben. Wiederholt sei nur, dass der Sehnenreflex bestehen bleiben kann, so lange in dem Reflexbogen eine grössere Zahl vollkommen gesunder Muskel- und Nervenelemente vorhanden ist (spinale Muskelatrophie, primäre Muskelatrophie), dass aber, sobald alle Muskel- oder Nervenfasern auch nur im geringsten Grade erkrankt sind, der Sehnenreflex zu verschwinden scheint. Es ist festgestellt worden, dass z. B. eine leichte Dehnung des N. cruralis, die keine deutliche Lähmung hinterlässt, das Kniephänomen zum Verschwinden bringt. Deshalb darf man in den Fällen, wo man Fehlen des Kniephänomens ohne Lähmungserscheinungen findet, z. B. nach Diphtherie, nicht ohne Weiteres annehmen, dass die Strecke v m M intact sei, dass die Läsion ausserhalb ihrer sitzen müsse.

Bei Läsion der Strecke s h muss Muskelanästhesie mit Fehlen des Sehnenreflexes und Muskelschlaffheit entstehen. Möglicherweise kommt auch eine auf die kurze Strecke zwischen h und v beschränkte Läsion vor (bei 4 in Fig. 23),

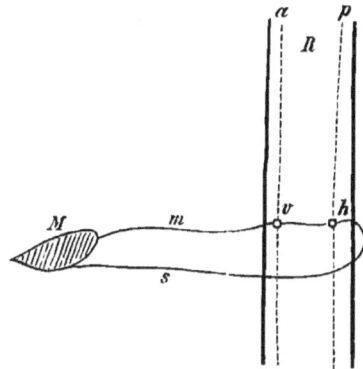

Fig. 36.

Schema des Reflexbogens, welcher zwischen sensorischem und motorischem Muskelnerven besteht. M = willkürl. Muskel. m = motorischer, s = sensorischer Muskelnerv. R = Rückenmark. a = Pyramidenbahn. p = Hinterstrangbahn. v = vordere graue Substanz. h = hintere graue Substanz.

man würde dann Fehlen des Sehnenreflexes und Muskelschlaffheit finden, ohne Lähmung und ohne Anästhesie. Da aber, wie eben bemerkt, eine so leichte Läsion der Nerven, dass sie deren sonstige Function nicht wahrnehmbar stört, den Sehnenreflex aufhebt, geringere Grade von Muskelanästhesie überdem schwer nachzuweisen sind, ist es kaum möglich, im einzelnen Falle die Läsion bei 4 mit Bestimmtheit zu diagnosticiren.

In praktischer Hinsicht ist die wichtigste Thatsache die, dass Verschwinden des Kniephänomens ein überaus frühzeitiges und regelmässiges Symptom der Tabes darstellt. Fehlen des Kniephänomens und reflectorische Pupillenstarre sind die beiden objectiven Symptome, die eine frühzeitige Diagnose der Tabes möglich machen. Sind beide bei einer Person im mittleren Lebensalter vorhanden, so handelt es sich höchstwahrscheinlich um Tabes. Zwar giebt es auch Fälle von Tabes mit erhaltenem Kniephänomen, da der tabische Process die zum Zustandekommen des Kniephänomens nöthigen Fasern verschonen oder erst später befallen kann, ja es scheinen die Fälle nicht allzu selten zu sein, wo das Kniephänomen erst erlischt, nachdem schon längere Zeit deutliche tabische Symptome bestanden hatten, die Diagnose am Lebenden aber wird dann nur möglich sein, wenn die übrigen Symptome, Aetiologie und Verlauf durchaus eindeutig sind. Andererseits darf man aus dem Fehlen des Kniephänomens ohne reflectorische Pupillenstarre natürlich nicht mit Sicherheit auf Tabes schliessen, auch wenn sonstige Symptome (Nervenschmerzen, Anästhesie, Ataxie u. s. w.), die bei Tabes vorkommen, bestehen. Denn es ist ersichtlich, dass jedweder Process, der die in den hinteren Wurzeln vereinigten Fasern da oder dort befällt, alle diese Symptome hervorrufen kann. Dies gilt von der multiplen Nervendegeneration durch Alkohol und andere Gifte, von den allerdings sehr seltenen Fällen, wo Neubildungen in der hinteren Hälfte des Wirbelkanals und um die hinteren Wurzeln sich finden. Dies gilt auch vom Diabetes, wo nicht selten, und zwar anscheinend in schwereren Fällen, das Kniephänomen fehlt und wo vielleicht auch peripherische Nervendegeneration vorkommt. Es kann hier nicht die Aufgabe sein, näher auf die Diagnose der Tabes einzugehen, es sollte nur hervorgehoben werden, dass, so wichtig für diese das Verschwinden des Kniephänomens ist, doch dieses Symptom nicht als pathognostisch angesehen werden darf, dass hier wie anderwärts zur Diagnose Berücksichtigung aller Symptome, des Verlaufes und der Aetiologie gehört.

Der diagnostische Werth der Sehnenreflexe, besonders des Kniephänomens, kann dadurch nicht vermindert werden, dass in ganz vereinzelten Fällen das Kniephänomen fehlt, ohne dass eine Unterbrechung des Reflexbogens anzunehmen wäre. Wie neuere Untersuchungen gezeigt haben, erlöschen die Sehnenreflexe des unteren Körpertheiles dauernd, wenn ein Theil des Markes vollständig vom Gehirn abgetrennt wird (Zerreissung u. s. w.). Auch hat man bei einzelnen Gehirnerkrankungen, besonders bei Gehirngeschwülsten, Abscessen, Kleinhirnerkrankungen dauerndes Fehlen der Sehnenreflexe beobachtet. Bei starkem Fieber können die Sehnenreflexe vorübergehend fehlen. Abgesehen weiterhin von dem Fehlen aller Reflexe in tiefer Narkose und bei schwerem Koma beobachtet man hier und da ein angeborenes Fehlen des Reflexes bei sonst gesunden Personen. Es scheint sich dabei vorwiegend um neuropathisch belastete Individuen zu handeln. Sodann scheint vorübergehend das Kniephänomen nach grossen Strapazen und allerhand erschöpfenden Eingriffen (auch unmittelbar nach epileptischen Anfällen) fehlen zu können. Wie diese vorübergehende Herabsetzung des Muskeltonus zu Stande kommt, ist nicht recht verständlich. Vielleicht kann man sie derjenigen vergleichen, die dauernd bei Greisen vorkommt. Auch bei diesen kann das Kniephänomen fehlen ohne eigentlich krankhafte Vorgänge. Da bei ihnen häufig Myosis und Pupillenträgheit zu finden ist, Blasenstörungen und herumziehende Schmerzen nicht selten sind, kann ein an Tabes incipiens erinnerndes Bild entstehen.

V. Die mechanische Erregbarkeit der Nerven und Muskeln.

Klopft man bei Gesunden mit dem Percussionshammer auf die Stellen, wo motorische oder gemischte Nerven dicht unter der Haut verlaufen, so bewirkt man in vielen Fällen eine rasche Zuckung in den von den betroffenen Nerven versorgten Muskeln.

Am geeignetsten zur mechanischen Reizung sind die Punkte, wo der Nerv gegen einen Knochen gedrückt werden kann. So lassen sich in der Regel mechanisch reizen: der N. radialis an der Umschlagstelle, der N. ulnaris zwischen dem Olecranon und dem Condyl. int., der N. peronaeus am Capit. fibul.; zuweilen gelingt es auch am N. facialis unterhalb des Ohres, an verschiedenen Aesten des Pl. brach. in der Supraclaviculargrube, am N. tibial. u. s. w.

Erhält man bei Beklopfen des Muskels eine rasche Zuckung, so handelt es sich entweder um einen Fascienreflex, oder um eine mechanische Reizung des Muskelnerven. Dass letzteres der Fall ist, kann man annehmen, wenn die übrigen Sehnenreflexe erloschen sind (z. B. bei Zuckung des Vastus int. trotz Erloschenseins des Kniephänomens), oder wenn die Zuckung nur von dem motorischen Punkte des Muskels aus zu erregen ist.

Die Steigerung der mechanischen Nervenerregbarkeit, die natürlich nicht mit Steigerung der Sehnenreflexe verwechselt werden darf, giebt sich dadurch kund, dass die Reaction auf schwache Reize hin eintritt, intensiver ist und an Nerven und Muskeln sich zeigt, die sonst mechanisch nicht erregbar sind. Im Gesicht z. B. bewirkt dann ein sagittaler Strich mit dem Hammerstiele Contraction aller Gesichtsmuskeln. Eine Ausbreitung der Contraction über den Bereich des gereizten Nervenastes hinaus kann selbstverständlich nicht vorkommen. Von Hyperästhesie der Haut lässt sich der Zustand leicht dadurch unterscheiden, dass Reizung einer Hautfalte erfolglos bleibt. Die Steigerung oder Herabsetzung der mechanischen Nervenerregbarkeit geht im Allgemeinen der elektrischen Nervenerregbarkeit parallel (s. diese). Ein höherer Grad der Steigerung ist eine seltene Erscheinung, ist eigentlich nur bei Tetanie beobachtet worden, geringere Grade sieht man gelegentlich bei Schreibkrampf und anderen Zuständen.

Von der mechanischen Nervenerregbarkeit zu unterscheiden ist die directe Erregbarkeit der Muskelfaser durch mecha-

nische Reize („idiomusculäre Contraction"). Diese giebt sich
bei Gesunden nur auf sehr starke Reize hin zu erkennen. Nach einem
heftigen Schlage auf den Muskel entsteht an der direct getroffenen
Stelle ein Wulst, der sich nur allmählich wieder ausgleicht. Schlägt
man z. B. mit dem Ulnarrand der Hand kräftig auf den Biceps eines
ausgestreckten Armes, so zeigt sich auf dem Muskel eine quere Leiste
von einigen Mm. Höhe, deren Breite ungefähr der des Handrandes
entspricht, ein Schlag mit dem Percussionshammer bewirkt einen
rundlichen Buckel u. s. w.

Bei krankhaften Zuständen ist nicht selten die idiomusculäre
Contractilität gesteigert, so das schon leichtes Klopfen, ja ein
Streichen über den Muskel den Muskelwulst hervorruft und dieser
länger besteht als im gesunden Zustande. Immer scheint es sich
dann um pathologische Veränderungen im Muskel selbst zu handeln.
Da derartige Zustände jedoch sich bei den verschiedensten Krankheiten (besonders oft bei Phthisis pulm.) vorfinden, ist bis jetzt die
Steigerung der idiomusculären Erregbarkeit für sich allein kaum zu
verwerthen, sie beweist eben nur einen krankhaften Zustand des
Muskels. In den ersten Stunden nach dem Tode findet sich Steigerung der idiomusculären Contractilität, dann nimmt die letztere ab,
erhält sich aber 5—6 Stunden p. mortem.

Als Theilerscheinung krankhafter Reactionen erscheint die Steigerung der idiomusculären Erregbarkeit in zwei Fällen. Erstens
nämlich findet sie sich in einem gewissen Stadium der Entartungsreaction und könnte hier als mechanische Entartungsreaction
bezeichnet werden. So lange nämlich Uebererregbarkeit gegen den
galvanischen Strom besteht, beantwortet der Muskel auch mechanische
Reize, besonders Klopfen mit einer trägen Zuckung, die ganz der
durch den galvanischen Strom ausgelösten gleicht.

Zum Anderen zeigt sich Steigerung der mechanischen Muskelerregbarkeit als Theilerscheinung der myotonischen Reaction
bei Thomsen'scher Krankheit (s. unten).

VI. Die elektrische Erregbarkeit.[1])

a. Methode der Untersuchung.

Zur Ausführung der elektrischen Untersuchung gehören: 1. ein
Inductionsapparat, am besten ein Dubois'scher Schlittenapparat, der
von einem Grenet'schen Tauchelement oder einigen Leclanché'schen

---

1) Näheres siehe in den Lehrbüchern der Elektrotherapie.

Elementen in Gang gesetzt wird und bei dem der Abstand beider Rollen von einer in Millimeter getheilten Scala abgelesen werden kann: 2. eine kräftige galvanische Batterie, gleichgültig aus welchen Elementen sie zusammengesetzt ist; 3. ein Apparat, der die Stärke des galvanischen Stromes zu verändern gestattet und der ein Elementenzähler oder ein Rheostat sein kann; 4. ein Stromwender, der sowohl einfaches Oeffnen und Schliessen, als Wendung des Stromes gestattet, am besten der von Brenner verbesserte Siemens-Halske'-sche Stromwender; 5. ein Apparat, mit dem man die Stärke des galvanischen Stromes misst, d. h. ein Galvanometer, am besten ein nach absoluten Einheiten getheiltes, sei es das von Edelmann, das sich durch Zuverlässigkeit, grosse Empfindlichkeit und gute Dämpfung auszeichnet, aber sehr theuer und als Horizontalgalvanometer unbequem ist, sei es das von Stöhrer, sei es das von Hirschmann, die beide zwar dem Edelmann'schen in wissenschaftlicher Hinsicht nachstehen, aber beträchtlich billiger, als Verticalgalvanometer handlicher und für practische Zwecke vollständig ausreichend sind; 6. Leitungschnüre und verschiedene Elektroden, von denen am besten die Erb'schen Formen zu benutzen sind. Neuerdings hat man empfohlen, als Reizelektroden immer solche von gleichem Querschnitte, sog. Normalektroden zu verwenden. Erb hat als Normalelektroden eine viereckige Platte von 10 qcm Querschnitt, Stintzing eine runde convexe Scheibe von ca. 3 qcm Querschnitt empfohlen.

Nur diese Apparate und die sie verknüpfenden metallischen Verbindungen sind nöthig, alle aber werden bei einer vollständigen elektrischen Untersuchung gebraucht. Dagegen sind die Apparate zur Erzeugung statischer Elektricität unnöthig, da diese Form der elektrischen Untersuchung bisher keine verwendbaren Ergebnisse geliefert hat.

Man lässt eine „grosse" Elektrode auf dem Sternum oder in dem Nacken fest aufsetzen und applicirt die andere kleinere Elektrode, bez. die Normalelektrode dem zu reizenden Nerven oder Muskel. Jene heisst die indifferente Elektrode, diese die differente oder Reizelektrode (polare Untersuchungsmethode Brenner's). Beide Elektroden und die Haut unter ihnen müssen mit möglichst heissem Wasser gut durchfeuchtet sein. Die Elektroden werden fest angedrückt und während der Reizung unverrückt festgehalten. Die Untersuchung ist immer in derselben Weise, womöglich immer mit denselben Apparaten vorzunehmen. Je pedantischer das Verfahren ist, um so sicherer werden die Resultate sein. Die Prüfung hat jederzeit an den gesunden Theilen zu beginnen.

Die Prüfung mit dem faradischen Strome geht der mit dem galvanischen voraus.

Zur Prüfung der faradischen Erregbarkeit wählt man, wenn ein Nerv gereizt werden soll (indirecte Reizung, indirecte oder Nerven-Erregbarkeit), als Reizelektrode, die mit dem negativen Pole (des Oeffnungsstromes) der secundären Spirale verbunden wird, die „feine" oder „kleinste" Elektrode, wenn der Muskel selbst gereizt werden soll (directe Reizung, directe oder Muskelerregbarkeit), die „kleine" oder die „mittlere" Elektrode. Nachdem die Electroden an ihrem genau gewählten Platze sind, wird der Strom eingeleitet und langsam gesteigert bis eine eben wahrnehmbare, aber deutliche (minimale) Contraction des Muskels oder der Muskeln eintritt. Der Rollenabstand, bei dem dieser Erfolg eingetreten ist, wird notirt. Der Vergleich mit der gesunden Seite lehrt dann, ob die faradische Erregbarkeit normal, gesteigert oder herabgesetzt ist. Auch kann man bei einseitigen Erkrankungen die bei einer beliebigen Stromstärke durch Reizung symmetrischer Punkte erzielten Contractionen direct vergleichen. Handelt es sich um doppelseitige Erkrankungen, so ist die Sache schwieriger. Um nicht auf den Vergleich mit anderen Individuen angewiesen zu sein, hat Erb folgende Methode angegeben. Man ermittelt die Erregbarkeit der Nerven (und den Leitungswiderstand) an verschiedenen Stellen des Körpers (Kopf, Rumpf, Arme, Beine), diese Stellen zeigen constante Beziehungen ihrer Erregbarkeit und Abweichungen von diesem relativen Verhalten können als pathologisch betrachtet werden. Folgende 4 Nerven werden jederseits geprüft: der Stirnast des N. facialis (N. frontalis), der N. accessorius, der N. ulnaris (3—4 Cm. oberhalb des Condylus int. humer., bei ganz schwach gebeugtem Arme zu untersuchen), der N. peronaeus (3—4 Cm. oberhalb des Capitul. fibulae in der Kniekehle, nach innen von der Sehne des Biceps fem.; bei gestrecktem Beine zu untersuchen). An diesen Stellen wird so genau als irgend möglich in der oben beschriebenen Weise der Rollenabstand, bei dem die minimale Contraction eintritt, bestimmt. Die Erfahrung lehrt, dass bei Gesunden die gefundenen Zahlen für beide Körperhälften fast genau übereinstimmen, dass alle 4 Nerven ziemlich bei derselben Stromstärke erregt werden, dass insbesondere die Nn. ulnaris und peronaeus sich fast ganz gleich erhalten. Findet sich daher bei einer Erkrankung beider Beine z. B. der Rollenabstand der minimalen Contraction um 30 oder 40 Mm. kleiner an den Nn. peronaei als an den Nn. ulnares, während der Leitungswiderstand derselbe ist, so kann man mit aller Bestimmtheit eine Herabsetzung der faradischen Erregbarkeit der Nn. peronaei annehmen. Auf kleine

Differenzen aber, die 10 Mm. nicht übersteigen, ist gar kein Gewicht zu legen. Ist trotz Verminderung des Rollenabstandes der Leitungswiderstand vermindert, so wird der Schluss auf Herabsetzung der Erregbarkeit noch sicherer. Ist aber bei vermindertem Rollenabstande auch der Leitungswiderstand erhöht, so lässt sich zunächst gar kein Schluss ziehen.

Die Muskelcontraction bei faradischer Reizung, sowohl des Nerven als des Muskels selbst, ist, wenn man einzelne Inductionsströme verwendet, eine kurze Zuckung, kräftiger beim Oeffnungstrom als beim Schliessungstrom. Wendet man rasch folgende Inductionsströme an, wie es gewöhnlich geschieht, so erhält man eine tetanische Contraction, die rasch eintritt und aufhört, sobald der Strom unterbrochen wird.

Zur Prüfung der galvanischen Erregbarkeit benutzt man bei Reizung der Nerven und der Muskeln die „mittlere" Elektrode oder die „Normalelektrode". Nachdem die Elektroden ebenso wie bei der faradischen Prüfung fixirt sind, leitet man einen schwachen galvanischen Strom von der indifferenten zur differenten Elektrode (so dass die letztere Kathode ist), steigert den Strom langsam, indem man bei jeder Stromstufe 3 kurze Stromschliessungen mit dem Stromwender macht, bis eine schwache, aber deutliche Zuckung bei der Stromschliessung eintritt. Dann beobachtet man das Galvanometer und notirt die Stromstärke (d. h. den Ausschlag der Galvanometernadel), bei der die erste Zuckung eintrat. In der Regel kann man sich bei Prüfung der quantitativen Erregbarkeit mit Feststellung der zur Kathodenschliessungzuckung (KaSZ) nöthigen Stromstärke begnügen. Man kann aber auch (nach Erb's Vorgang) die Stromstärke weiter steigern und den Nadelausschlag bestimmen, bei dem die KaSZ tetanisch wird (KaSTe — Kathodenschliessungstetanus, KaDZ — Kathodendauerzuckung). Man erhält dann 2 Zahlen, deren Verhältniss einen Maasstab der Erregbarkeit liefert, da es beim Gesunden ziemlich constant ist. Soll die Prüfung noch ausführlicher sein, oder handelt es sich um Feststellung der qualitativen Erregbarkeit (s. unten), so wird man auch untersuchen, bei welcher Stromstärke die erste Anodenschliessungzuckung (AnSZ), die erste Anodenöffnungzuckung (AnOZ), die erste Kathodenöffnungzuckung (KaOZ) auftreten.

Um zu erfahren, ob die erhaltenen Zahlen dem Normalen entsprechen, vergleicht man bei einseitigen Erkrankungen symmetrisch gelegene Punkte. Bei doppelseitigen Erkrankungen kann man nach der oben beschriebenen Methode Erb's verfahren, d. h. man bestimmt die Erregbarkeit verschiedener Nerven, gewöhnlich der Nn. frontal., accessor., uln. und peronaei, deren relatives Verhalten bei Gesunden

constant ist, und ermittelt, ob die erhaltenen Zahlen sich wie bei
Gesunden zu einander verhalten. Die Erfahrung lehrt, dass insbesondere die Nn. ulnares und peronaei, deren Vergleichung am wichtigsten ist, beim Gesunden ungefähr durch dieselbe Stromstärke (der
N. peron. braucht gewöhnlich eine etwas höhere Stromstärke) erregt
werden, dass demnach eine Abweichung von diesem Verhalten pathologisch ist. Auch die gleichen Nerven verschiedener Individuen pflegen
bei ungefähr derselben Stromstärke erregt zu werden. Durch die
Einführung von Galvanometern mit Angabe der absoluten Stromstärke ist es möglich geworden, die Resultate verschiedener Beobachter direct zu vergleichen, sofern diese sonst identisch verfahren,
sich gleicher Elektroden bedienen u. s. w.

Es genügt nicht, den Ausschlag des Galvanometers anzugeben, neben
ihm muss auch die Grösse der Elektrode notirt werden, denn für die Reizwirkung ist die Dichtigkeit des Stromes maassgebend und diese hängt ab
von der Grösse der Elektrode. Man fügt dem Galvanometerausschlag als
Zähler die Grösse der Elektrode (in qcm) als Nenner hinzu. Wenn z. B.
bei Anwendung einer Elektrode von 10 qcm die KaSZ bei 1 Mill.-Ampère
eintritt, so würde dies durch den Bruch $\frac{1}{10}$ (0,1) ausgedrückt werden. Man
kann auch sagen, KaSZ tritt ein bei 1 M.-A. (Erb's Normalelektrode),
oder bei 0,1 absoluter Dichtigkeit.

Erb fand, dass die meisten oberflächlich gelegenen Nerven die erste
KaSZ bei 0,5 bis 2,0 M.-A. (Normalelektrode) geben. Er fand z. B. bei
einem gesunden Manne KaSZ am N. front. bei 1,4 M.-A., am N. access.
bei 0,5 M.-A., am N. ulnar. bei 0,4 M.-A., am N. peron. bei 1,5 M.-A.
Stintzing fand bei Anwendung seiner Normalelektrode (ca. 3 qcm) und
des Edelmann'schen Galvanometers durchschnittlich KaSZ am N. frontalis
bei 1,45, am N. access. bei 0,27, am N. uln. bei 0,55, am N. peron. bei
1,1 M.-A. Er giebt als weitere Mittelwerthe N. musculocut. 0,17, N. crur.
1,05, N. tib. 1,45, N. fac. 1,75, N. rad. 1,8.

Je grösser die Reizelektrode ist, um so grösser werden die Zahlen,
da die Dichtigkeit, mit der der Nerv getroffen wird, abnimmt.

Die quantitative Erregbarkeitsprüfung fordert Uebung und ist
auch für den Geübten zeitraubend. Die diagnostische Bedeutung ihrer
Ergebnisse ist sehr gering (s. unten). Dazu kommt, dass wirkliche
Exactheit trotz aller Vervollkommnung der Instrumente und Methoden
nicht erreicht wird. Am meisten kommen hier in Betracht die oft
individuell etwas verschiedene Lage der Nerven und die wechselnde
Dicke des Fettpolsters. Bei einem dicken Beine erhält man immer
andere Zahlen als an einem dünnen.

Die Schwierigkeiten der Methode und die Unmöglichkeit, aus ihren
Ergebnissen bestimmte Schlüsse zu ziehen, entschuldigen vor der
Hand Den genügend, der von der Bestimmung der quantitativen Er-
regbarkeit absieht.

Beim Gesunden reagiren Nerven und Muskeln in gesetzmässiger Weise verschieden, je nachdem die Reizelektrode Kathode oder Anode ist, je nachdem der Strom geschlossen oder geöffnet wird: Zuckungsgesetz der motorischen Nerven und Muskeln. Bei Reizung des Nerven erhält man folgende „Stufen" des Zuckungsgesetzes:

1. bei schwachem Strome tritt nur KaSZ ein, alle übrigen Reizmomente bleiben unbeantwortet.

2. bei mittelstarkem Strome wird die KaSZ stärker (KaSZ'), es treten jetzt auch bei Reizung mit der Anode Zuckungen ein und zwar tritt bald zuerst die AnSZ und dann auch die AnOZ ein, bald erscheint diese häufiger, bald jene.

3. bei starkem Strome wird die KaSZ tetanisch oder tonisch (KaSTe, KaDZ>), AnOZ und AnSZ werden stärker, besonders AnOZ nimmt zu (AnOZ", AnSZ') und es erscheint auch eine schwache KaOZ. Nur bei sehr starkem Strome erreicht man schwachen AnSTe.

	1. Stufe	2. Stufe	3. Stufe
KaS	Z	Z'	Te
KaO	—	—	Z
AnS	—	Z	Z'
AnO	—	Z	Z"

Dieses Zuckungsgesetz ist an allen motorischen Nerven dasselbe, nur zeigen sich Verschiedenheiten, die auf der verschiedenen anatomischen Lagerung der Nerven beruhen, insofern als bei dem einen Nerven (z. B. N. facialis) die AnSZ vor der AnOZ auftritt, bei anderen (z. B. N. radialis) es sich umgekehrt verhält.

Bei directer Reizung der Muskeln, d. h. wenn die Elektrode auf den Muskelbauch aufgesetzt wird, treten in der Regel nur Schliessungzuckungen ein. Meist erscheint die KaSZ vor der AnSZ, aber jene ist nicht viel grösser als diese. Ja, in nicht seltenen Fällen überwiegt sogar die AnSZ über die KaSZ, man beobachtet dies besonders am M. quadriceps, deltoideus, biceps hum. und anderen grossen Muskeln.

Die Erklärung des Zuckungsgesetzes ist folgende. Die Reizwirkung des negativen Poles, der Kathode, ist grösser als die des positiven Poles, der Anode. Bei der Schliessung des Stromes tritt nur an der Kathode Erregung ein, bei Oeffnung des Stromes nur an der Anode. Wird beim lebenden Menschen ein Pol, z. B. die Anode, über einem Nerven auf die Haut gesetzt, so tritt der Strom in den Nerven ein, da dieser aber von gut leitendem Gewebe umgeben ist, muss der Strom ihn nicht weit von der

Eintrittsstelle wieder verlassen, d. h. neben der Anode muss die (virtuelle) Kathode sein. Die Dichtigkeit des Stromes wird direct unter der Elektrode grösser sein als in der Umgebung, die Reizwirkung der direct applicirten Anode wird daher stärker sein als die der virtuellen Kathode. Immerhin wird diese zur Geltung kommen. Es wird neben der der Anode zukommenden Oeffnungserregung eine von der virtuellen Kathode abhängige Schliessungserregung eintreten.

Setzt man die erregende Wirkung oder Reizgrösse (R) der Ka $= 1$, die der Anode $= {}^{1}/_{2}$, nimmt an, die Dichtigkeit des Stromes (D) direct unter der Elektrode sei $= 1$, die Dichtigkeit in der Zone des virtuellen Poles $= {}^{1}/_{2}$, so ergiebt sich folgendes. Die Stärke der

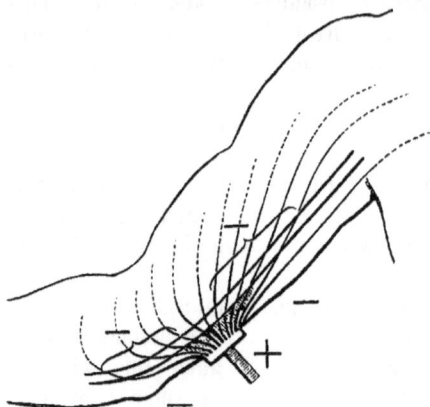

Fig. 37.

Grob schematische Darstellung der wirksamen Stromfäden bei der gewöhnlichen percutanen Application beider Elektroden über einem Nerven (N. ulnaris am Oberarm). Die unwirksamen Stromfäden punktirt. Es finden sich vier verschiedene Stromrichtungen im Nerven. (Nach Erb.)

einzelnen Zuckungen entspricht dem Product aus Reizgrösse des Poles und Dichtigkeit des Stromes (RD). Ist die Reizelektrode die Ka, so wirkt sie bei der Schliessung des Stromes mit der Reizgrösse 1 und der Dichtigkeit $1 : RD = 1 = KaSZ$. Bei der Oeffnung findet die Reizwirkung an der virtuellen Anode mit der Reizgrösse $({}^{1}/_{2})$ und mit der Dichtigkeit ${}^{1}/_{2}$ statt: $RD = {}^{1}/_{4} = KaOZ$. Ist aber die Reizelektrode die An, so tritt bei der Schliessung des Stromes die Reizwirkung in der Zone der virtuellen Kathode ein, wo die Dichtigkeit ${}^{1}/_{2}$ ist, aber mit der Reizgrösse der Ka $= 1$, also: $RD = {}^{1}/_{2} = AnSZ$. Bei der Oeffnung findet jetzt die Reizwirkung an der Anode selbst (D $= 1$) statt, aber nur mit der Reizgrösse der An $= {}^{1}/_{2}$, also: $RD = {}^{1}/_{2} = AnOZ$.

Nach dieser schematischen Darstellung Erb's ordnen sich die Reizmomente, wie es dem Zuckungsgesetz entspricht:

$$KaSZ = 1 \text{ oder } = 4$$
$$AnSZ = {}^{1}/_{2} \; , \; = 2$$
$$AnOZ = {}^{1}/_{2} \; , \; = 2$$
$$KaOZ = {}^{1}/_{4} \; , \; = 1.$$

Dass beim Muskel nicht selten AnSZ $=$ oder $>$ KaSZ, erklärt sich wohl aus der verwickelten Lagerung der vielfachen anodischen und kathodischen Stellen in den massiven Muskeln. Gegen den kurzdauernden Oeffnungsreiz scheint der Muskel sehr wenig empfindlich zu sein, daher fehlen Oeffnungzuckungen bei directer Muskelreizung gewöhnlich.

Alle durch galvanische Nerven- oder Muskelreizung bewirkten Zuckungen sind, sofern sie nicht bei starkem Strome tetanisch werden, blitzartig rasch. Unter normaler qualitativer Erregbarkeit versteht man, dass die Reactionen dem Zuckungsgesetz gemäss erfolgen und dass die Zuckungen den blitzartigen Charakter haben.

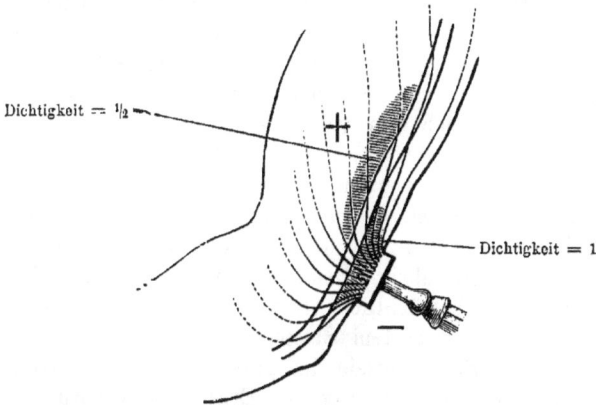

Fig. 38.

Schematische Darstellung der verschiedenen Dichtigkeit an dem differenten (—) und dem virtuellen (+) Pol bei unipolarer Application der Ka am Nerven. (Nach Erb.)

b. Pathologische Veränderungen der Erregbarkeit.

Die diagnostische Bedeutung von Veränderungen der quantitativen Erregbarkeit ist bis jetzt durchaus nicht gross.

1. Die Steigerung der Erregbarkeit hat bisher nur bei einer einzigen Krankheit diagnostische Bedeutung gefunden, der Tetanie. Bei dieser treten die faradischen Contractionen schon bei grossem Rollenabstande ein, erscheint die KaSZ bei ganz schwachem Strome und geht sehr rasch in Tetanus über, zeigt sich früh und lebhaft AnOZ, die bei stärkerem Strome zu dem am Gesunden nicht beobachteten AnOTe wird.

Im Uebrigen ist die Steigerung der Erregbarkeit selten, man beobachtet sie gelegentlich bei Hemiplegien, bei Tabes, bei frischen peripherischen Läsionen.

2. Die einfache Verminderung der Erregbarkeit ist zwar viel häufiger als die Steigerung, aber ebenfalls ohne vielseitige diagnostische Bedeutung. Der positive Schluss, den sie ebenso wie die Steigerung gestattet, ist der, dass in der That eine krankhafte Veränderung der motorischen Bahn vorliegt. Die quantitative Erregbarkeitsprüfung kann daher von Nutzen sein, wenn zwischen orga-

nischer und functioneller Erkrankung zu entscheiden, oder wenn
Simulation auszuschliessen ist. Freilich sind die Fälle dieser Art
selten, in denen ohne elektrische Untersuchung ein Urtheil nicht
abgegeben werden kann. Ist überdem die verminderte Erregbarkeit
nicht ganz ausser allem Zweifel, so ist grosse Vorsicht im Schliessen
rathsam. Geringe Veränderungen der Erregbarkeit sollten nur dann
in Betracht gezogen werden, wenn sie von einem geübten Beobachter
bei wiederholter Untersuchung nachgewiesen worden sind.

Natürlich kommen sehr verschiedene Grade der Verminderung
vor. Zur Erzielung der faradischen Contraction müssen die Rollen
immer mehr genähert werden, bis schliesslich der stärkste Strom
keine Wirkung mehr hat. Bei galvanischer Reizung schwindet KaOZ,
dann sind AnOZ, AnSZ und KaSTe nicht mehr zu erzielen, nur
schwache KaSZ bleibt übrig. Wenn auch Stromwendungen (Voltaische
Alternativen), die beträchtlich stärker wirken als einfache Stromschliessungen, bei stärkstem Strome keine Zuckung hervorrufen,
spricht man von Erloschensein der galvanischen Erregbarkeit.

Die einfache Verminderung der Erregbarkeit wird beobachtet
bei Muskelatrophie ohne Entartung der Nerven und Muskeln, demnach bei Dystrophie musc. progressiva, bei Muskelschwund nach
Gelenkkrankheiten, bei mannigfachen cerebralen und spinalen Affectionen, die im Laufe der Zeit zu einfacher Muskelatrophie führen.
In manchen Fällen ist ihr Auftreten noch nicht erklärt, so in Fällen
von acuter Myelitis, aufsteigender progressiver Lähmung, peripherischer Lähmung u. s. w.

Die einfache Verminderung der Erregbarkeit kommt neben der
sogleich zu besprechenden Entartungsreaction vor bei amyotrophischer Lateralsklerose, spinaler progressiver Muskelatrophie und progressiver Bulbäratrophie. Hier zeigt sie die Mehrzahl der kranken
Muskeln, während einzelne Muskeln oder Muskelbündel Entartungsreaction erkennen lassen.

Sie kommt nach der letzteren vor, wenn alle degenerirten Nerven-
und Muskelfasern abgestorben sind, ein kleiner Theil aber der Vernichtung entgangen ist, wie man dies gelegentlich nach Poliomyelitis
acuta beobachtet. Erloschen ist die elektrische Erregbarkeit, wenn
der Muskel gänzlich zerstört ist. Scheinbar erloschen ist sie, wenn
bei Läsionen peripherischer Nerven der elektrische Reiz oberhalb
der Läsionstelle einwirkt, während bei leichter Lähmung unterhalb
dieser Stelle der Nerv erregbar ist.

Von ungleich grösserer diagnostischer Bedeutung als die nur
quantitativen Veränderungen sind diejenigen Veränderungen der elek-

trischen Erregbarkeit, die auch qualitativer Natur sind und unter
der Bezeichnung Entartungsreaction (Erb) zusammengefasst
werden. Die Entartungsreaction (EaR) tritt in verschiedener Form
auf, der „completen EaR" steht die „partielle EaR" gegnüber.

Die complete EaR stellt sich folgendermaassen dar. Während
bei den nur quantitativen Veränderungen Reizung des Nerven und
Reizung des Muskels dasselbe Resultat geben, ist hier die Erreg-
barkeitsveränderung des Nerven von der des Muskels ganz verschieden.
Ist ein Nerv durchtrennt oder sonst schwer lädirt, so zeigt zuweilen
das peripherische Stück eine 1—2 Tage dauernde Steigerung der
Erregbarkeit, dann aber sinkt die letztere rasch ab, um nach 10 bis
14 Tagen vollständig zu erlöschen. Der Nerv verhält sich gegen den
galvanischen und faradischen Strom ganz gleich, beide vermögen ihn
erst nur schwer, dann gar nicht mehr zu erregen. Die gänzliche
Unerregbarkeit des Nerven dauert je nach der Schwere der Läsion
verschieden lange, ist in unheilbaren Fällen dauernd. Ist aber die
Motilität zurückgekehrt, d. h. ist der Nerv soweit wiederhergestellt,
dass er den Erregungsvorgang zu leiten vermag, so beginnt früher
oder später nach diesem Zeitpunkt auch die elektrische Erregbarkeit
wieder, nimmt aber nur ganz langsam zu und bleibt lange vermindert,
auch dann, wenn schon die willkürliche Beweglichkeit vollständig
wiederhergestellt ist. Bemerkenswerth ist, dass in dem lädirten Nerven
die elektrische Erregbarkeit oft noch lange fehlt trotz wiedererlangter
Leitungsfähigkeit. Nur Reize, die oberhalb der Läsionstelle einwirken,
sowohl der Wille als der elektrische Strom, vermögen dann Contraction zu erregen.

Der Muskel verhält sich gegen den faradischen Strom ebenso
wie der Nerv. Die faradische Erregbarkeit sinkt rasch und ist am
Ende der 2. Woche etwa erloschen. Erst nach der Erregbarkeit
des Nerven kehrt die faradische Erregbarkeit des Muskels zurück
und noch etwas länger als jene bleibt sie vermindert. Anders verhält sich die galvanische Erregbarkeit des Muskels, auch sie sinkt
zunächst etwas, aber im Laufe der 2. Woche etwa beginnt sie zu
steigen und wird übernormal. Die Steigerung der Erregbarkeit kann
sehr beträchtlich sein, so dass Stromstärken lebhafte Contraction bewirken, die bei dem gesunden symmetrischen Muskel gänzlich wirkungslos bleiben. Zugleich verliert die Zuckung ihren blitzartigen
Charakter, sie wird träge, langgezogen und dabei kraftlos und geht
rasch in einen während der Stromdauer anhaltenden Tetanus über.
Neben der Zuckungsträgheit zeigt sich eine Aenderung des Zuckungsgesetzes. Die AnSZ tritt gleichzeitig mit der oder früher als die

KaSZ auf. ist ebenso gross oder grösser als diese (AnSZ > KaSZ).
Beispielsweise zeigte sich bei einer Lähmung des linken Daumenballens
nach Bleivergiftung die AnSZ bei 2 Milli-Daniell, die KaSZ bei 6
Milli-Daniell, jene war ganz träge und etwa um 3 mal grösser als
die etwas weniger träge KaSZ. Ferner zeigen sich Oeffnungzuckungen,
die beim gesunden Muskel fehlen, und zwar ist gewöhnlich KaOZ =
AnOZ. Immerhin sind die OZZ. nur in der ersten Zeit deutlich.

Curven von Schliessungzuckungen bei directer (unipolarer) Muskelreizung
   im Peronaeusgebiet am Unterschenkel.   Ka = KaSZ, An = AnSZ.

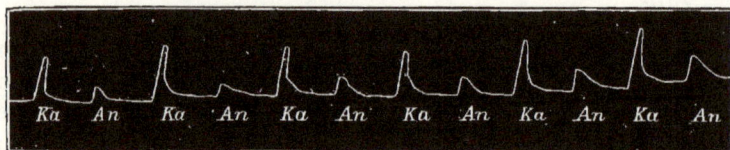

1. Curven von einem gesunden Mädchen. 33 El. KaSZ erheblich grösser als AnSZ.

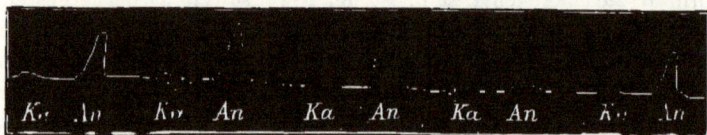

2. Fall von Poliomyelit. anter. chron. — EaR. — Curve vom Peronaeusgebiet. 33 Elem. —
AnSZ erheblich grösser als KaSZ.

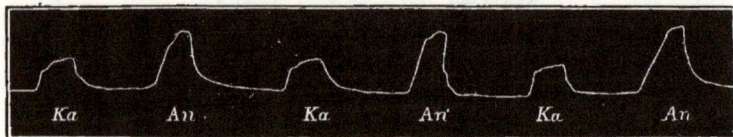

3. Derselbe Fall. — Bei 40 Elem. — Ueberwiegen der AnSZ und träger Charakter der Zuckungen
sehr deutlich.

Fig. 39.

pflegen in späteren Stadien zu verschwinden. Beides, die Trägheit
der Zuckung und das Ueberwiegen der AnSZ über die KaSZ, wird
sehr anschaulich durch graphische Darstellung, wie die von Kast
aufgenommenen Curven der Fig. 39 lehren. Die Steigerung der
galvanischen Erregbarkeit hält etwa 1—2 Monate an, dann sinkt
die Erregbarkeit, während die qualitativen Veränderungen bestehen
bleiben. Endlich verlieren sich diese allmählich und nur Abnahme
der galvanischen Erregbarkeit zeigt sich noch lange nach der sonstigen
Wiederherstellung. Die qualitativen Veränderungen der galvanischen
Muskelerregbarkeit bestehen oft noch, wenn schon die Erregbarkeit

des Nerven zurückgekehrt ist, so dass dann vom Nerven aus zwar schwache, aber qualitativ normale Zuckungen erregt werden, während bei directer Muskelreizung die Zuckung noch träge ist und AnS stärker wirkt als KaS. Bei unheilbaren Zuständen sinkt die galvanische Erregbarkeit tiefer und tiefer und schiesslich zeigt nur noch eine schwache träge AnSZ, dass ein Rest des Muskels vorhanden ist. Oft erst nach Jahren schwindet auch diese AnSZ.

Ueber den Verlauf der completen EaR geben die Schemata Erb's (Fig. 40) eine Uebersicht. Diese orientiren zugleich über den Zusammenhang der verschiedenen Symptome der EaR mit den in Nerv und Muskel ablaufenden Degenerations-, beziehungsweise Regenerationsvorgängen. Die erste Ordinate bezeichnet den Eintritt der Läsion und damit das Aufhören der Motilität (...), das Sternchen (*) giebt die Rückkehr der Motilität an, die wellenförmige Führung der die galvanische Muskelerregbarkeit bezeichnenden Linie deutet auf die qualitativen Aenderungen jener.

Während demnach die complete EaR charakterisirt ist durch Fehlen der Erregbarkeit des Nerven gegen beide Ströme und der Erregbarkeit des Muskels gegen den faradischen Strom einerseits, durch Steigerung der galvanischen Muskelerregbarkeit mit Zuckungsträgheit und Umkehrung des Zuckungsgesetzes andererseits, zeigt sich bei der partiellen EaR dieselbe Veränderung der galvanischen Muskelerregbarkeit, aber ohne Verlust der galvanischen Nervenerregbarkeit und der faradischen Nerven- und Muskelerregbarkeit. Obgleich die galvanische Erregbarkeit des Muskels beträchtlich gesteigert ist, die Zuckung bei directer Muskelgalvanisirung ausgeprägt träge und AnSZ > KaSZ ist, tritt im Nerven nur ein geringes Sinken der faradischen und galvanischen Erregbarkeit ein, reagirt der Muskel gegen den faradischen Strom nur um weniges schwächer, sind die vom Nerven aus erregten Zuckungen nicht träge. Ein Bild dieser Veränderungen giebt Fig. 41.

Zwischen der completen und der eben geschilderten partiellen EaR steht „die partielle EaR mit indirecter Zuckungsträgheit". Diese ist bisher nur selten beobachtet worden und besteht entweder darin, dass nicht nur bei galvanischer Muskelreizung, sondern auch bei faradischer Reizung des Nerven oder des Muskels die Zuckung träge ist (faradische EaR Remak's), während bei indirecter galvanischer Reizung rasche Zuckungen auftreten, oder darin, dass sowohl bei directer als indirecter Reizung mit beiden Stromesarten die Zuckung träge ist. Im letzteren Falle sind die durch directe Reizung bewirkten Zuckungen noch etwas träger als die vom Nerven aus er-

regten, erhält man vom Nerven aus KaSZ und AnOZ, vom Muskel
aus nur AnSZ und KaSZ.

Schemata der completen EaR in Beziehung auf Motilität, faradische und galvanische Erregbarkeit des Nerven und des Muskels; darüber die Bezeichnung der
gleichzeitigen histologischen Veränderungen.

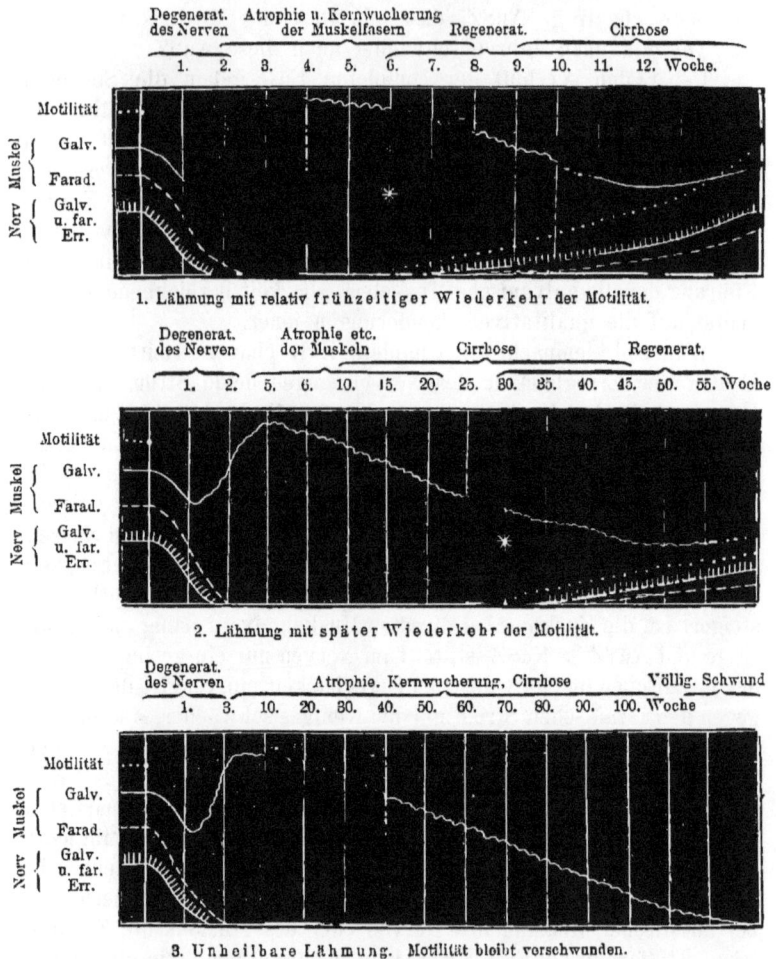

1. Lähmung mit relativ frühzeitiger Wiederkehr der Motilität.

2. Lähmung mit später Wiederkehr der Motilität.

3. Unheilbare Lähmung. Motilität bleibt verschwunden.

Fig. 40.

Zwischen den verschiedenen Formen der EaR finden sich alle
möglichen Abstufungen, ja bei demselben Individuum kann aus der
partiellen EaR die complete hervorgehen. Auch beobachtet man

Zwischenglieder zwischen dem normalen Verhalten und der partiellen EaR. Allerlei Abweichungen bezüglich des Verlaufes kommen vor, wie dies bei der Verwickeltheit der pathologischen Verhältnisse nicht anders zu erwarten ist. Um die EaR in allen Verhältnissen zu erkennen, bedarf es grosser Sachkenntniss und Uebung. Man muss störende Contractionen anderer Muskeln durch passende Stellung der Elektroden, oder auch durch Fixirung der nicht untersuchten Muskeln auszuschalten wissen. In späten Stadien bereitet oft die starke Herabsetzung der Erregbarkeit Schwierigkeiten, man bedarf dann grosser Stromquantitäten. Die Erregbarkeitssteigerung ist oft nur kurzdauernd, daher zur Zeit der Untersuchung nicht mehr nachzuweisen. Auch das Ueberwiegen der AnSZ ist nicht immer deutlich.

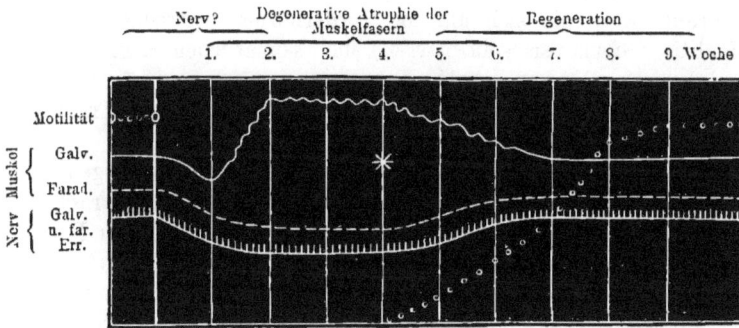

Fig. 41.

Schema der partiellen EaR (nach Erb). Die faradische und galvanische Erregbarkeit des Nerven und die faradische Erregbarkeit des Muskels sinken nur um ein Geringes. Die Motilität kehrt frühzeitig wieder. Ausgleichung rasch und vollständig. Degeneration des Nerven fehlt wahrscheinlich.

besonders in späteren Stadien findet man KaSZ = AnSZ. Dagegen fehlt die Trägheit der Zuckung nie, sie ist das eigentliche Kennzeichen der EaR: wo Zuckungsträgheit ist, da ist EaR.

Der letzte Satz bedarf nur insofern einer Einschränkung, als Erb nachgewiesen hat, dass auch bei Thomsen'scher Krankheit die Muskeln mit träger Zuckung reagiren können. Hier aber ist die Gesammtheit der Reaction so charakteristisch, dass eine Verwechselung mit EaR kaum möglich ist.

Ausserdem kommt EaR nur umschrieben, fast ausschliesslich an mehr oder weniger gelähmten Muskeln und vorübergehend vor, die Reaction bei Thomsen'scher Krankheit ist an allen Muskeln vorhanden, die Muskeln sind nicht gelähmt, der Zustand ist dauernd.

Die pathologische Erfahrung und der Versuch ergeben, dass degenerative Atrophie der unterhalb der Läsion gelegenen motorischen

11*

Nervenfasern und der Muskeln eintritt, sobald die Vorderhörner des Rückenmarks oder die Kerne der Hirnnerven, die vorderen Wurzeln oder die Nerven selbst lädirt werden. Der klinische Ausdruck der degenerativen Atrophie ist die EaR. Aus dem Nachweise der letzteren ergiebt sich der Schluss, dass degenerative Atrophie der Nerven und Muskeln besteht. Läsionen oberhalb der Vorderhörner (der Nervenkerne des Hirnstammes), d. h. solche, die auf die weisse Rückenmarksubstanz oder die centralen Bahnen des Gehirns beschränkt sind, bewirken in der Regel degenerative Atrophie ebensowenig wie rein musculäre Erkrankungen.

Die EaR kommt demnach vor bei Poliomyelitis, primärer Degeneration der Vorderhörner (amyotrophischer Lateralsklerose, progressiver spinaler Muskelatrophie, Bulbärparalyse) und allen spinalen Erkrankungen, die sich auf die Vorderhörner erstrecken (diffuser Myelitis, Gliomatosis spin. u. s. w.), bei sämmtlichen Erkrankungen peripherischer Nerven, sobald sie stark genug sind, um Unterbrechung der Faser und damit degenerative Atrophie zu bewirken (Traumata, Neuritis, primäre Nervendegeneration).

Je vollständiger die EaR ist, um so schwerer ist im Allgemeinen die Läsion, um so länger die Dauer der Krankheit, um so fraglicher die Wiederherstellung. Demnach bieten die verschiedenen Formen der partiellen EaR eine bessere Prognose als die complete EaR (vergl. die Schemata). Eine Ausnahme machen die primären Erkrankungen der motorischen Bahn (amyotrophische Lateralsklerose, progressive spinale Muskelatrophie, Bulbärparalyse). Bei ihnen findet sich meist nur partielle EaR und zwar nur in dem kleineren Theil der erkrankten Muskeln, während der grössere Theil einfache Herabsetzung der Erregbarkeit zeigt, und trotzdem ist die Prognose ungünstig, weil diese Krankheiten ihrer Natur nach progressiv sind. Die Muskeln mit completer EaR sind während längerer Zeit gelähmt, die mit partieller EaR sind meist auch gelähmt oder wenigstens paretisch. In seltenen Fällen aber hat man EaR, sowohl complete als partielle, in gar nicht gelähmten Muskeln nachgewiesen, ein schwer zu erklärender Befund.

Aus dem Bisherigen ergiebt sich, dass die EaR die Hauptsache in der Elektrodiagnostik ist. Neuere Untersuchungen haben freilich auch ihren Werth vermindert, da sie gezeigt haben, dass in seltenen Fällen nicht nur durch rein musculäre, sondern auch durch centrale Erkrankungen EaR entsteht. Dass sie bei primären Muskelkrankheiten vorkommen könne, musste man schon nach experimentellen Ergebnissen vermuthen. Man hat sie thatsächlich bei Trichinose und hie und da auch bei Dystrophie gefunden. Man hat sie ferner einigemale bei centraler Lähmung ohne peripherische Nervenerkrankung gefunden.

Immerhin sind die Ausnahmen von den oben gegebenen Regeln so selten, dass diese für die Praxis auch fernerhin gelten können.

Von anderweiten Veränderungen der elektrischen Erregbarkeit der Nerven und Muskeln ist wenig zu berichten.

Diagnostische Bedeutung kann nur der die Thomsen'sche Krankheit (Myotonia congenita) begleitenden Reaction zuerkannt werden.

Die Reaction bei Thomsenscher Krankheit ist von Erb als myotonische Reaction (MyR) geschildert worden. Die mechanische Erregbarkeit der motorischen Nerven ist normal oder herabgesetzt — die der Muskeln erhöht und verändert (träge, tonische Contraction mit sehr langer Nachdauer). Die faradische Erregbarkeit der Nerven ist normal — die Muskeln gerathen durch stärkere faradische Ströme in eine nachdauernde Contraction, antworten aber auf einzelne, auch auf stärkste, Oeffnungschläge mit blitzähnlicher Zuckung. Die galvanische Erregbarkeit der Nerven ist normal — die Muskeln dagegen zeigen erhöhte galvanische Erregbarkeit mit qualitativer Veränderung, d. h. AnS wirkt annähernd gleich stark ein, zuweilen stärker als KaS, und alle Contractionen sind träge, tonisch, sehr lange nachdauernd. Endlich beobachtet man das Phänomen rhythmischer, wellenförmiger Contractionen bei stabiler Stromeinwirkung, d. h. in der Sekunde laufen etwa 1—3 Wellen von der Ka nach der An hin.

In ganz seltenen Fällen hat man Abweichungen vom Zuckungsgesetze bei Reizung des Nerven (AnSZ > KaSZ) oder verschiedenes Verhalten des Nerven gegen den faradischen und den galvanischen Strom gesehen. Doch haben diese Raritäten bis jetzt keine diagnostische Bedeutung.

VIERTES HAUPTSTÜCK.

Untersuchung des Empfindungsapparates.

Vorbemerkungen.

Der Empfindungsapparat besteht aus den die Reize aufnehmenden Endapparaten, den centripetal leitenden Bahnen und den centralen Apparaten, durch die die Erregung auf motorische Theile übertragen wird und die beim Empfinden in Thätigkeit sind. Man muss annehmen, dass von jeder empfindlichen Stelle des Körpers eine centripetal leitende Bahn sich bis zur Grosshirnrinde erstreckt und dass das Ende dieser Bahn verknüpft ist mit dem Anfange der Willensbahn. Auf diesen Wegen muss sich der Erregungsvorgang fortpflanzen, wenn auf Reize hin willkürliche Bewegungen eintreten. Da aber ohne Empfindung und Willen auf Reizung empfindlicher Theile hin Bewegungen erfolgen können und diese auch eintreten, wenn eine Unterbrechung der centripetalen Bahn im Rückenmark oder Gehirn stattgefunden hat, müssen im Rückenmark und Gehirnstamm Verbindungen zwischen der centripetalen und der centrifugalen Bahn bestehen, die die Reflexbogen darstellen.

Eine directe Untersuchung des Empfindungsapparates, d. h. der centripetal leitenden Apparate ist nur an einer Stelle möglich, die Netzhaut allein kann durch den Augenspiegel besichtigt werden. Im Uebrigen sind wir darauf angewiesen die Function zu prüfen, über die wir durch Aussagen des Untersuchten oder durch Reflexbewegungen Aufschluss erhalten. Bewirkt Reizung empfindlicher Theile eine Reflexbewegung, so ist der Reflexbogen durchgängig. Fehlt die erwartete Reflexbewegung, so kann die Läsion an verschiedenen Stellen sich befinden. Um auf eine Läsion der centripetalen Bahn schliessen zu können, müsste nachgewiesen sein, dass sowohl die centrifugale Bahn als das centrale Verbindungstück intact ist. Da dieser Nachweis nicht immer zu führen ist, kann die Prüfung der Reflexbewegungen nur in beschränktem Maasse zur Untersuchung des Empfindungsapparates dienen. Wir werden sie zu diesem Zwecke nur da anwenden, wo wir über die Empfindungen keine Auskunft erlangen können (Bewusstseinsstörung, Unterbrechung der centripetalen Bahn im Gehirn oder Rückenmark). Wie die Reflexe zu prüfen sind, ist früher gesagt.

Man spricht gewöhnlich von 5 Sinnen, dem Gesicht, Gehör, Geruch, Geschmack und Gefühl, indem man unter der Bezeichnung Gefühl alle die verschiedenartigen Empfindungen zusammenfasst, die durch Reizung der Haut, der Schleimhäute, der Muskeln, der Fascien, der Bänder, der Knochen und Gelenke u. s. w. bewirkt werden.

I. Das Gesicht.

Ueber die Ausführung der ophthalmoskopischen Prüfung kann hier nichts beigebracht werden. Nur auf ihre überaus grosse Wichtigkeit sei hingewiesen; auch da, wo keine deutlichen Sehstörungen bestehen, giebt sie zuweilen wichtige Aufschlüsse. Sie ist in zweifelhaften Fällen von Nervenkrankheiten nie zu unterlassen.

Auch bezüglich der Funktionsprüfung des Auges muss auf die Lehrbücher der Ophthalmologie verwiesen werden. Nur wenige Bemerkungen seien gestattet.

Bei Prüfung der centralen Sehschärfe werden gewöhnlich Buchstaben und Zeichen (am häufigsten die von Snellen empfohlenen) benutzt. Jede Probe ist mit einer Zahl bezeichnet, die die Entfernung in Metern ausdrückt, in der ein normales Auge sie erkennt. Man bezeichnet die Sehschärfe (V) durch einen Bruch, dessen Nenner die Nummer der Schriftprobe, dessen Zähler die Zahl der Meter, innerhalb derer die Probe erkannt wurde, ausdrückt. Erkennt das geprüfte Auge die Probe 5 auf 5 Meter, so ist $V = \frac{5}{5} = 1$, d. h. normal, erkennt es nur Probe 9 auf 5 Meter, so ist $V = \frac{5}{9}$. also ungefähr $= \frac{1}{2}$. Fehler der Refraction müssen natürlich berücksichtigt, beziehungsweise corrigirt werden. Bei sehr verminderter Sehschärfe lässt man Finger zählen, oder, wenn dies nicht möglich, prüft man, ob im dunkeln Raume Lichtschimmer wahrgenommen wird. Verminderung des Lichtsinns heisst Amblyopie. Aufhebung Amaurose.

Die Prüfung des Farbensinnes wird gewöhnlich so ausgeführt, dass der Untersuchte aufgefordert wird, von einer Anzahl bunter Papiere, Wollenfäden, Pulverproben die ähnlichen zusammen-

zulegen oder zu einer bestimmten Probe die entsprechende aus dem
Haufen zu wählen. Aufhebung des Farbensinnes heisst Achromatopsie. partielle Störungen heissen Dyschromatopsie.

Das Gesichtsfeld (GF) wird mittelst des sogenannten Peri-
meters geprüft. Zum vorläufigen Nachweise gröberer Störungen,
besonders der Hemianopsie, genügt es, den Kranken etwa die Nase
oder das Auge des Arztes in ca. 50 Cm. Entfernung fixiren zu lassen
und dann zu beobachten, wann der von rechts oder von links ge-
näherte Finger wahrgenommen wird. Zur Prüfung des GF für
Farben benutzt man nicht den Finger, sondern Stücke farbigen
Papieres oder dergl. Man spricht von Gesichtsfeldeinschränkung
(GFE). die concentrisch, sectorenförmig oder halbseitig ist. Ausfall
einer Hälfte des Gesichtsfeldes wird Hemianopsie oder Hemiopie
genannt. Die Hemianopsie ist eine temporale, wenn das Auge die
äussere Hälfte des Gesichtsfeldes nicht sieht, eine nasale, wenn die
innere Hälfte ausfällt, eine homonyme rechtsseitige, wenn auf beiden
Augen die rechte Hälfte des GF fehlt u. s. w.

Die elektrische Untersuchung der Retina, beziehungsweise des
Opticus wird am besten so ausgeführt, dass die kleine differente Elektrode
auf die geschlossenen Lider gesetzt wird, während die grosse indifferente
sich im Nacken, auf dem Brustbein oder sonstwo befindet. Der faradische
Strom bewirkt keine deutlichen Gesichtsempfindungen, beim Schliessen und
Oeffnen des galvanischen Stromes wird das Gesichtsfeld blitzartig erhellt
und im Centrum zeigt sich ein heller Fleck (gewöhnlich eine runde Scheibe).
Bei manchen Personen ist der helle Fleck gefärbt, dann treten bei KaS
und AnO einerseits und bei KaO und AnS andererseits dieselben Färbungen
ein, z. B. dort gelb, hier blau. Ueber krankhafte Reactionen wissen wir
bisher weiter nichts, als dass bei Amblyopie die galvanischen Phosphene
abgeschwächt, bei Amaurose in der Regel verschwunden sind, dass bei
Hemianopsie die Farbenscheibe einen entsprechenden Defect zeigt, dass
demnach die galvanische Reaction dem Sehvermögen ungefähr parallel
geht. Daher ist bis auf Weiteres die elektrische Untersuchung des Auges
entbehrlich.

Bei der ophthalmoskopischen Untersuchung können sich Befunde
ergeben, die indirect auch für den Neurologen von Wichtigkeit sind:
syphilitische Veränderungen im Auge, Tuberkeln der Chorioidea,
Cysticerken, Blutungen im Augenhintergrunde u. s. w. Die Untersuchung muss u. U. die Verwechselung des Glaucom mit Trigeminusneuralgie oder Migräne verhüten. Als Zeichen organischer Erkrankung des Nervensystems selbst sind aber folgende Befunde von
höchster Bedeutung: die Stauungspapille, die Papillitis oder Neuritis N. optici und die Atrophie der Papille.

Die Stauungspapille, deren Kennzeichen und deren Unterscheidung von verwandten Formen als bekannt vorausgesetzt werden
müssen, ist entweder Ausdruck einer örtlichen Erkrankung des
Nerven oder einer Steigerung des Druckes im Schädel. Im letzteren
Falle ist sie stets doppelseitig, wenn auch zuweilen auf einem Auge
etwas stärker entwickelt als auf dem anderen. Sie besteht in der
grossen Mehrzahl der Fälle bei Hirntumoren, darf aber nicht schlechtweg als „Symptom eines Hirntumor" bezeichnet werden, da sie eben
nur auftritt, wenn der Tumor den Druck im Schädel merklich steigert,
und andererseits ihr Vorhandensein über die Ursache der Drucksteigerung zunächst nichts aussagt. Ihr Nachweis ist ganz besonders in
den Fällen von Werth, wo zunächst nur sog. Allgemeinerscheinungen,
Kopfschmerz, Erbrechen, psychische Veränderungen, von Seiten des
Gehirns bestehen und die Diagnose zwischen einer organischen Gehirnläsion und functioneller Erkrankung schwankt. Die Stauungspapille
ist bei Tumoren u. s. w. oft frühzeitig deutlich entwickelt, zu einer
Zeit, wann Sehschärfe und Gesichtsfeld noch ganz oder fast normal
sind. Es ist im Gegensatze zur primären Sehnervenatrophie, wo
von vornherein die Function des Nerven Noth leidet, für die Stauungspapille charakteristisch, dass bei schon beträchtlicher Schwellung
der Papille das centrale Sehvermögen längere Zeit normal bleiben
kann. Das Gesichtsfeld ist häufig schon, ehe die Sehschärfe abnimmt,
eingeschränkt, stärkere Störungen des Farbensinnes treten erst spät
ein. Besonders frühzeitig scheinen raumbeschränkende Processe in
der hinteren Schädelgrube Stauungspapille zu bewirken, vielleicht
dadurch, dass sie den Aquäduct oder die grossen Hirnvenen compri-
miren und der so entstandene Hydrocephalus internus den Boden
des 3. Ventrikels gegen die Tractus oder das Chiasma opt. drückt.
Unter diesen Umständen kommt es auch vor, dass die mit der Stauungspapille verbundene Amblyopie zur Amaurose wird. Ebenso kann
vollständige Erblindung beobachtet werden, wenn ein Tumor der
Hypophysis cerebri oder andere basale Tumoren das Chiasma compri-
miren. Die Regel ist, dass die von der Stauungspapille abhängige
Amblyopie nur einen mässigen Grad erreicht, wenn überhaupt, erst
spät zur Amaurose wird. Findet man nun frühzeitige und vollständige Erblindung bei Stauungspapille (der in der Regel bald die
Sehnervenatrophie folgt), so kann man annehmen, dass ausser durch
den allgemeinen Hirndruck die Optici durch eine örtliche Läsion
getroffen werden, sei es durch den Druck einer in der Nähe des
Chiasma befindlichen Neubildung, sei es durch den vorgewölbten
Boden des 3. Ventrikels, sei es auch durch locale meningitische

Veränderungen. In seltenen Fällen kann eine doppelseitige Läsion der centralen Opticusbahn (in den Occipitalwindungen oder im Marke der Hemisphären) Amaurose zur Stauungspapille hinzufügen. Wichtig ist das Verhalten der Pupillen. Bei der einfachen Stauungspapille pflegt deren Reaction leidlich erhalten zu sein. Besteht mit der Stauungspapille complete Amaurose, so sind die Pupillen weit und starr, wenn der Nervus oder der Tractus opticus erkrankt ist. Findet man aber trotz completer Amaurose gute Lichtreaction der Pupillen, so ist jene die Wirkung einer centralen Läsion (doppelte Hemianopsie).

Ausser bei Tumoren findet sich doppelseitige Stauungspapille bei dem idiopathischen Hydrocephalus, oft bei den verschiedenen Formen der Meningitis, seltener und meist in geringem Grade bei Hirnabscess.

Die Diagnose wird, wenn eine ausgeprägte Schwellung beider Papillen vorhanden ist, immer in erster Linie auf einen Tumor zu lenken sein. Die Meningitis ist in den meisten Fällen eine fieberhafte Allgemeinerkrankung, die ihr Verlauf genügend zu charakterisiren pflegt. Beim Hydrocephalus der Kinder leitet die Vergrösserung des Schädels auf den rechten Weg. Der primäre Hydrocephalus der Erwachsenen kommt seiner Seltenheit wegen kaum in Betracht und ist einer positiven Diagnose nicht wohl zugänglich. Am ehesten kann die Unterscheidung zwischen Tumor und Abscess Schwierigkeiten machen. Beim Hirnabscess besteht selten Stauungspapille, er ist meist zeitweise mit Fieber verbunden, er zeigt oft, viel deutlicher als die Tumoren, einen remittirenden Verlauf, in der Regel ist ein causales Moment (Schädeltrauma, Ohreiterung, überhaupt Eiterung am Kopfe, putride Bronchitis) nachzuweisen. Fehlt die Stauungspapille, so ist die Diagnose eines Tumor nicht mit voller Sicherheit möglich. Da jene zuweilen ohne stärkeren Kopfschmerz beobachtet wird, kann dieser ohne Stauungspapille nicht als Symptom von Drucksteigerung im Schädel gelten, muss vielmehr, wenn es sich überhaupt um organische Hirnläsion handelt, als Ausdruck örtlicher Reizung der Dura oder der intracerebralen Durafasern betrachtet werden. In entsprechender Weise sind dann die anderen sogenannten Allgemeinerscheinungen: Convulsionen, psychische Veränderungen u. s. w., zu deuten. Die allmählich entstandenen Herdsymptome können, wenn sie auf eine intracerebrale Läsion hinweisen, ebensowohl von einer Neubildung, als von sklerotischen Vorgängen, als von chronischer Erweichung verursacht sein. Lässt multiple Hirnnervenläsion einen basalen Process vermuthen, so kann es sich, wenn die Stauungspapille fehlt, um eine umschriebene Meningitis der Basis oder um eine in mässigen Grenzen bleibende Neubildung, beziehungsweise ein Aneurysma handeln. Zwischen diesen beiden Möglichkeiten ist oft nicht zu entscheiden. Wenn bei gewissen Vergiftungen (Alkohol, Blei, Tabak) der Augenspiegel neuritische Veränderungen nachweist, so verhindert die charakteristische Functionstörung (siehe unten) eine Verwechselung mit eigentlicher Stauungspapille.

Einseitige Stauungspapille ist immer Symptom einer umschriebenen, den Sehnerven betreffenden Läsion. Es kann sich um directe Wirkung einer cerebralen, beziehungsweise basalen Neubildung, die den allgemeinen Hirndruck zu steigern nicht im Stande ist, um eine umschriebene Meningitis u. s. w. handeln, es können aber auch krankhafte Processe in der Orbita die Ursache sein. Die Diagnose ist nur mit Berücksichtigung der begleitenden Erscheinungen möglich.

Die Papillitis kommt, abgesehen von Erkrankungen der Retina, durch Läsion der Sehnerven zu Stande: bei Meningitis, Periostitis, in seltenen Fällen bei multipler Sclerose, bei chronischer Myelitis u. s. w.

Die Sehnervenatrophie ist entweder die Folge, das Endstadium der Neuritis optici, oder sie ist primär. Den Neurologen interessiren besonders 2 Formen der Atrophie, die bei multipler Sclerose und die bei Tabes vorkommende.

Bei multipler Sclerose ist der Nachweis atrophischer Veränderungen der Papille deshalb von grosser Wichtigkeit, weil bei der Variabilität dieser Krankheit andere Symptome oft fehlen, die mit Bestimmtheit zwischen ihr und functioneller Erkrankung entscheiden liessen. Insbesondere ist oft beginnende multiple Sclerose für Hysterie gehalten worden. Diese Verwechselung verhütet die Augenspiegeluntersuchung. Ferner kann letztere in den Fällen von diagnostischer Bedeutung sein, wo die Diagnose zwischen transversaler Myelitis und multipler Sclerose schwankt, ist sie vorhanden, so handelt es sich wahrscheinlich um multiple Sklerose. Besonders ist diese Krankheit zu vermuthen, wenn zu der sogenannten spastischen Spinalparalyse Opticusatrophie tritt. Bemerkenswerth ist, dass die Atrophie gewöhnlich als Verfärbung besonders der temporalen Hälften der Papillen sich zeigt, dass complete Atrophie mit Erblindung sehr selten vorkommt, der Process vielmehr gewöhnlich in mittlerer Stärke sehr lange stationär bleibt. Meist sind beide Augen ergriffen, das eine aber mehr als das andere.

Um eine primäre Atrophie der Sehnervenfasern handelt es sich zweifellos, wenn bei Tabes oder bei progressiver Paralyse Opticusatrophie gefunden wird. Diese kann zu den frühesten Symptomen der Tabes gehören und lange Jahre neben den lanzinirenden Schmer-

zen die einzige Beschwerde der Kranken bilden. Wahrscheinlich
handelt es sich auch in den meisten Fällen von „einfacher" oder
„idiopathischer" Opticusatrophie um beginnende Tabes. Auf jeden Fall
ist an diese zuerst zu denken.

Die Sehstörung besteht bei Sehnervenatrophie gewöhnlich zunächst in Störungen der Farbenempfindung (centrales Scotom für
Roth und Grün) und Einschränkung des Gesichtsfeldes, das oft eine
zickzackförmige Begrenzung zeigt, während die centrale Sehschärfe
nur wenig herabgesetzt ist. Erst später pflegt die letztere in stärkerem Grade zu leiden und mit nicht seltenen Stillständen schreitet
bei der primären Atrophie der Process bis zur vollständigen Blindheit fort. Auch hier pflegt die Erkrankung auf beiden Augen nicht
ganz gleichmässig zu sein.

Concentrische Einengung des Gesichtsfeldes beider
Augen ist ein häufiges und wichtiges Symptom der Hysterie. Bezeichnend ist, dass trotz der oft beträchtlichen Einschränkung des Gesichtsfeldes, die mit dem Perimeter gefunden wird, die Orientirungsfähig-
keit der Kranken nicht vermindert zu sein pflegt, dass meist im Anschlusse an psychische Veränderungen die Störung kommt und verschwindet. Auch kann zuweilen direct nachgewiesen werden, dass
das Nichtsehen der peripherischen Retinatheile nur scheinbar ist,
durch die hysterische „Spaltung des Bewusstseins" entsteht. Hat
man z. B. dem Kranken im Schlafe eingegeben, er werde wieder
einschlafen, sobald er ein Kreuz sehe, und bringt man dann ein
Kreuz in den peripherischen Theil des Gesichtsfeldes, so schläft der
Kranke ein, obwohl er scheinbar das Kreuz gar nicht sieht. Verwandt mit dieser Erscheinung ist die sogenannte Anästhesia retinae oder neurasthenische Asthenopie, die wesentlich in einer
raschen Ermüdung des Auges bei angestrengtem Sehen besteht und
besonders der Neurasthenie eigen ist, aber auch bei Hysterie vorkommt.
Nach Wilbrand ist charakteristisch, dass bei der Untersuchung
mit dem Perimeter die Gestalt des Gesichtsfeldes verschieden wird,
je nachdem die Untersuchung von rechts oder links, oben oder unten
ausgeht, da im Beginne nahezu normale Angaben gemacht werden,
bei den späteren Meridianen aber durch die rasch eintretende Ermüdung die Einschränkung des Gesichtsfeldes mehr und mehr zunimmt. Für diese rein functionellen Sehstörungen ist neben dem
negativen Augenspiegelbefunde die freie Beweglichkeit der Pupillen
von Bedeutung. Dies gilt auch von den anderweiten Sehstörungen
der Hysterischen. Bei hysterischer Hemianästhesie besteht gewöhnlich Amblyopie des Auges der unempfindlichen Seite und in geringerem

Grade auch des anderen Auges. Das nähere ist bei Besprechung der Hemianästhesie angegeben.

Ob centrale Scotome bei sog. functionellen Neurosen vorkommen, ist zweifelhaft, abgesehen von dem Scotom der Augenmigräne sind sie in der Mehrzahl der Fälle Symptom gewisser Vergiftungen. Besonders sind sie der alkoholischen Amblyopie eigen, sollen auch bei der seltenen Tabak-, bei saturniner Amblyopie und gelegentlich bei Diabetes auftreten. In diesen Fällen kann anfänglich der Augenhintergrund normal sein, später sieht man in der Regel neuritische Veränderungen der Papille, die mit atrophischer Verfärbung, besonders der temporalen Hälfte, enden können.

Rasch entstehende und zur Amaurose führende ein- oder doppelseitige Amblyopie pflegt man durch locale Erkrankung der Sehnerven ("retrobulbäre Neuritis") zu erklären, wenn ophthalmoskopische Veränderungen dabei zunächst ganz fehlen oder so gering sind, dass sie die Aufhebung des Sehvermögens nicht erklären. Dabei sind die Pupillen weit und starr. Derartige Fälle sind nach acuten Infectionskrankheiten, bei Wucherungen, die den Nerven am Foramen opticum oder in dessen Nähe lädiren, beobachtet worden. Anfallsweise auftretende und oft rasch vorübergehende doppelseitige Amaurose ohne Augenspiegelbefund kommt ausser bei Migräne und bei Hysterie bei Urämie und bei Epilepsie vor. Mehrfach wird angegeben, dass auch hier die Pupillen weit und starr seien, daher eine peripherische Läsion wahrscheinlich sein würde. Doch ist zweifellos in der Mehrzahl der Fälle die Pupillenbeweglichkeit erhalten, man kann dann eine centrale Störung vermuthen, die überhaupt von vornherein als wahrscheinlicher erscheint.

Von grossem diagnostischem Interesse ist die halbseitige Blindheit, die Hemianopsie. Findet sich gleichseitige Hemianopsie, so muss eine Läsion jenseits des Chiasma bestehen. Als Theilerscheinung sog. functioneller Störung wird die Hemianopsie einzig und allein bei der Migräne beobachtet, hier kann sie als rasch vorübergehender Vorläufer des Anfalls auftreten. In allen anderen Fällen beweist sie das Bestehen einer organischen Läsion. Dauernde Hemianopsie kann zunächst verursacht sein durch eine Läsion der Hirnrinde. Ein Herd in den rechten Occipitalwindungen (nach Henschen in der Fissura calcarina) verursacht linksseitige Hemianopsie und umgekehrt. Je nach der Lage und Ausdehnung des Herdes wird bald die ganze Hälfte des Gesichtsfeldes, werden bald auf beiden Augen Theile davon, wird bald vorwiegend oder ganz die Hälfte des Gesichtsfeldes eines Auges ausfallen. Die Maculagegend der Retina wird von beiden

Hirnhälften aus innervirt. Kleinere Defecte werden sich nur mit dem Perimeter auffinden lassen und auch grössere werden leicht übersehen, wenn die Aufmerksamkeit des Arztes nicht besonders auf sie gerichtet ist. Den gleichen Erfolg wie eine Läsion der Rinde des Occipitallappens muss eine Läsion der Markstrahlen haben, die von den Hinterhauptwindungen nach aussen, vom Hinterhorn nach dem Corpus geniculatum externum ziehen, d. h. besonders ein Herd in der weissen Substanz des Hinterhauptlappens. Entsteht Hemianopsie ohne anderweite Symptome, so ist eine directe Läsion des Occipitallappens am wahrscheinlichsten. Findet man z. B. neben Stauungspapille und Hinterkopfschmerzen linksseitige Hemianopsie ohne andere Herderscheinungen, so ist ein Tumor im rechten Occipitallappen zu vermuthen. Entsteht nach einem apoplektischen Anfalle vorübergehende Hemiplegie, dauernde Hemianopsie, so ist zunächst an eine Blutung oder Erweichung im Occipitallappen zu denken. Indirecte Hemianopsie wird nur dann beobachtet werden, wenn andere allgemeine Cerebralerscheinungen bestehen, wenn z. B. eine dauernde Hemiplegie mit heftigem Insult beginnt.

Bei Läsion beider Occipitallappen muss natürlich eine doppelseitige Hemianopsie zu Stande kommen, d. h. Amaurose. Ein derartiges Vorkommniss ist bei der Neigung der Hirnherde zu symmetrischem Auftreten nichts Unerhörtes. Man wird daran zu denken haben, wenn unter Insult doppelseitige Amaurose bei guter Beweglichkeit der Pupillen sich entwickelt. Letztere muss begreiflicher Weise bei jeder centralen Sehstörung erhalten bleiben. Wird eine als occipitale aufgefasste Hemianopsie im weiteren Verlaufe zur Amaurose, so kann es sich um eine doppelseitige Hemisphärenläsion handeln, es kann aber auch die zweite Läsion eine andere Strecke, etwa den Tractus opt. treffen. Zuweilen mag im letzteren Falle die „hemiopische Pupillenreaction" Wernicke's (s. II. Theil) die Diagnose ermöglichen.

Nach den vorliegenden Erfahrungen wird man, wenn Hemianopsie mit Hemianästhesie besteht, zunächst eine das Pulvinar mitergreifende Läsion ins Auge zu fassen haben. Blutungen und Erweichungen des Sehhügels, die sich auf das Pulvinar und die anstossende Markmasse erstrecken, werden am ehesten in Frage kommen. Auch Blindheit durch doppelseitige Erweichung des Pulvinar ist gesehen worden.

Endlich kann gleichseitige Hemianopsie durch Läsion eines Tractus opticus entstehen. Dies geschieht nicht häufig und am ehesten bei Hirntumoren, die, wenn sie an der Basis sitzen, direct den Tractus treffen können, bei anderweitigem Sitze durch indirecten Druck erst einen, dann beide Tractus schädigen können. Ferner kann die

Meningitis, besonders die chronische umschriebene, durch Uebergreifen der Entzündung den oder die Tractus erkranken lassen. Meist wird Tractus-Hemianopsie mit Hemiplegie und peripherischer Lähmung von Hirnnerven (Oculomotorius) verbunden sein. Als ihr Kennzeichen hat Wernicke die hemiopische Pupillenreaction angegeben, doch wird sich nicht immer bei Prüfung auf diese ein sicheres Resultat erreichen lassen. Die Läsion beider Tractus hat natürlich dieselbe Wirkung, wie die beider Nervi optici: doppelseitige Amaurose mit Pupillenstarre.

Für Läsion des Chiasma endlich ist charakteristisch, dass ungleichseitige Hemianopsie auftritt, nämlich temporale Hemianopsie auf beiden Augen. Trifft ein Druck den Chiasmawinkel von vorn oder von hinten, so müssen beide inneren Hälften der Retina ausser Function gesetzt werden, demnach muss doppelseitige temporale Hemianopsie auftreten. Zuerst werden Defecte in einer oder beiden temporalen Gesichtsfeldhälften sich zeigen und im weiteren Verlaufe werden diese sich vergrössern. Eine strenge Begrenzung des Defects durch die Mittellinie wird begreiflicher Weise selten vorkommen und im weiteren Verlaufe kann sich ein- oder doppelseitige Amaurose entwickeln. Findet man Amaurose auf einem und temporale Hemianopsie auf dem anderen Auge, so wird man ebenso wie bei doppelseitiger temporaler Hemianopsie eine Neubildung im vorderen oder im hinteren Chiasmawinkel annehmen können. In späteren Stadien werden auch ophthalmoskopische Erscheinungen vorhanden sein. Nasale Hemianopsie eines Auges lässt auf einen den Nerven, das Chiasma oder den Tractus von aussen treffende Läsion schliessen. Sie pflegt selten deutlich ausgeprägt zu sein.

Subjective Gesichtserscheinungen können im Verlaufe degenerativer, zu Amaurose führender Processe auftreten, die Klage über Funkensehen, mouches volantes u. s. w. ist ferner bei Hysterischen, Hypochondrischen u. s. w. häufig, im Allgemeinen aber spielen subjective Gesichtserscheinungen bei Nervenkrankheiten keine grosse Rolle. Bestimmte Gesichtsphantasmen können als Aura eines hysterischen oder epileptischen Anfalles auftreten. Rothsehen (Flammen. Blut) kommt in diesem Sinne nicht selten bei Epileptischen vor. Ein Kranker sah stets vor dem Anfalle ein von der rechten Seite her vorrückendes buntes sich drehendes Rad. Ausserdem ist ein hierher gehörendes Symptom von diagnostischer Wichtigkeit: das Flimmerscotom. Es besteht in Flimmern, das eine Gesichtsfeldhälfte einnimmt und anfallsweise auftritt. Zuerst zeigen sich Lichterscheinungen, welche von der rechten oder linken Seite herkommen, einem Funkenregen oder den Feuerrädern ähnliche Figuren, oft leuchtende Zickzack-(Fortifications-)Linien darstellen, allmählich sich nach der Mittellinie zu ausbreiten, nicht oft sie überschreiten. Vorher oder nachher kann sich Nebel in Gestalt hemianoptischer Defecte, zuweilen wirkliche Hemianopsie zeigen. Gewöhnlich handelt es sich bei Migräne nicht um eigentliche Hemianopsie, sondern die Kranken sehen von allen Gegenständen nur die eine Hälfte, in anderen Fällen wird die eine Hälfte des Gesichtsfeldes schwarz gesehen, während bei der echten Hemianopsie ein wirkliches Nichtsehen besteht. Das Flimmerscotom dauert gewöhnlich $1/4$—$1/2$ Stunde, ist in der Mehrzahl der Fälle Theilerscheinung der Migräne, leitet deren Anfall ein oder tritt statt dessen auf. Es kann sowohl die idiopathische als die symptomatische Migräne begleiten. Seltener ist es ein Vorläufer epileptischer Anfälle oder ein epileptisches Aequivalent.

II. Das Gehör.

Die Untersuchung des äusseren und mittleren Ohres ist nach den Regeln der Otiatrie auszuführen. Die Functionsprüfung wird gewöhnlich so angestellt, dass die Entfernung bestimmt wird, innerhalb deren durch das untersuchte Ohr die Flüstersprache vernommen wird, und die, innerhalb deren das Ticken einer Uhr, die vorher am Gesunden geprüft worden ist, vernommen wird (Luftleitung), dass ferner eine tönende Stimmgabel auf verschiedene Stellen des Schädels aufgesetzt und dann bestimmt wird, ob und von welchem Ohre sie besser gehört wird (Kopfknochenleitung).

Störungen des Gehörs können durch krankhafte Vorgänge im äusseren, mittleren, inneren Ohre, im peripherischen oder centralen Verlaufe des N. acusticus verursacht sein. Erfahrungsgemäss handelt es sich in den weitaus meisten Fällen um Läsionen des mittleren Ohres, deren enorme Häufigkeit contrastirt mit der Seltenheit von Erkrankungen des nervösen Hörapparates. Der Nachweis von pathologischen Veränderungen diesseits der Labyrinthfenster kann für den Neurologen positives diagnostisches Interesse haben, da u. U. diese Ausgangspunkt reflectorischer Symptome sein können, da Mittelohrerkrankungen häufig die Ursache von Faciaslähmung oder Chordalähmung sind, eitrige, beziehungsweise tuberkulöse Ohraffectionen nicht selten Meningitis oder Hirnabscess bewirken. In keinem Falle von Facialislähmung, von Meningitis, von Hirnabscess, von Gehirnkrankheit zweifelhafter Diagnose darf die Untersuchung des Ohres verabsäumt werden.

Finden sich bei der Untersuchung des äusseren und mittleren Ohres keine zur Erklärung der vorhandenen Gehörstörung ausreichenden Veränderungen, so ist noch nicht mit Sicherheit bewiesen, dass die Läsion jenseits der Paukenhöhle liegt, da auch bei normalem Spiegelbefunde Veränderungen an den Labyrinthfenstern Ursache der Schwerhörigkeit u. s. w. sein können. Dass es sich in der That um „nervöse Taubheit", d. h. um solche, die durch Erkrankung des Labyrinthes oder des Acusticus verursacht wird, handle, pflegt man anzunehmen, sobald die Schallwahrnehmung durch die Kopfknochen vermindert ist. Doch wird auch diesem Zeichen gegenüber zur Vorsicht ermahnt und wird vielfach nur der Ausfall gewisse Töne aus der Perception (partielle Tontaubheit) als beweiskräftig angesehen.

Zweifellos ist die Diagnose, wenn complete Taubheit bei normalem Mittelohrbefunde besteht. Ueberhaupt pflegt die Taubheit nur dann vollständig zu sein, wenn die schallempfindenden Organe selbst erkrankt sind. Doch ist relative Taubheit viel häufiger als absolute. In den meisten Fällen wird daher die Diagnose „nervöse Taubheit" nur mit einem mehr oder minder grossen Grade von Wahrscheinlichkeit gestellt werden können. Aber auch da, wo dies der Fall ist, ist für den Neurologen noch nicht viel gewonnen, da die nervöse Taubheit durch eine Erkrankung des Felsenbeins oder des häutigen Labyrinths ebensowohl als durch die nervöser Theile selbst verursacht sein kann. In der That ist jenes weitaus häufiger als dieses. Eine hämorrhagische Entzündung des Labyrinths scheint der meist doppelseitigen Taubheit zu Grunde zu liegen, die relativ oft nach Meningitis, zuweilen nach Rheumatismus, Scharlach und anderen Infectionskrankheiten dauernd zurückbleibt. Bei hämorrhagischer Diathese hat man Blutungen, bei Leukämie leukämische Infiltrationen des Labyrinths beobachtet u. s. w. Dass eine nervöse Taubheit Wirkung einer Labyrintherkrankung sei, wird man besonders dann annehmen, wenn neben ihr Schwindel und objectiv wahrnehmbare Gleichgewichtstörungen ohne sonstige Hirnsymptome bestehen. Bekanntlich betrachtet man mit gutem Grunde die halbzirkelförmigen Kanäle als Organe, von deren Intactheit die Erhaltung des Gleichgewichtes mit abhängt.

Eine Läsion des Acusticus selbst oder seiner Fortsetzung im Gehirn wird man nur dann diagnosticiren dürfen, wenn andere Symptome und der Verlauf eine solche Deutung der Gehörstörungen als wahrscheinlich erscheinen lassen. Eine primäre Degeneration des Acusticus ist bisher nur bei der Tabes nachgewiesen worden. Wenn daher im Verlaufe der Tabes progressive nervöse Taubheit auftritt, ebenso wenn bei Tabes trotz Fehlens einer Mittelohrerkrankung sub-

jective Gehörerscheinungen mit oder ohne Schwindel. besonders wenn
die Anfälle Menière'scher Krankheit sich zeigen, wird man zunächst
an die Erkrankung der Hörnerven denken. Vielleicht kommt die
letztere auch bei multipler Sklerose vor. Durch Druck, sei es auf
den Nerven, sei es auf seinen Kern, können Neubildungen und andere
raumbeschränkende Erkrankungen in der hinteren Schädelgrube,
Hydrocephalus, der sich auf den 4. Ventrikel erstreckt, erst subjective
Sensationen, dann Taubheit bewirken, Erweichungen der Oblongata,
locale Meningitiden und Exostosen u. s. w. können die Acusticus-
fasern zerstören oder reizen und Gehörstörungen hervorrufen. In
allen diesen Fällen werden gewöhnlich anderweite Symptome vorhanden sein, werden insbesondere die dem Acusticus benachbarten
Nerven in entsprechender Reihenfolge leiden und wird so die Diagnose erleichtert werden. Sollte der Acusticus allein, z. B. durch
gummatöse Entartung, erkranken, so würde man über die Annahme
einer nervösen Taubheit nicht hinauskommen. Ueber Gehörstörungen
durch Erkrankung der Hemisphären weiss man bis jetzt sehr wenig.
Bei der capsulären Hemianästhesie soll meist doppelseitige mässige
Schwerhörigkeit mit vorwiegender Betheiligung des Ohres der anästhetischen Seite bestehen. Hysterische Taubheit kann ein- oder
doppelseitig, incomplet oder complet sein. Einseitige complete Taubheit bei einer Erkrankung der gegenüberliegenden Hemisphäre scheint
bisher nur einmal (Gliom des Scheitellappens, Strümpell) beobachtet
worden zu sein. Ebenso selten dürfte eine Beobachtung Wernicke's
sein, bei der symmetrische gummatöse Erweichungen des Stabkranzes
beider Schläfelappen doppelseitige Taubheit bewirkt hatten. Im letzteren Falle hatte eine Zeit lang sensorische Aphasie bestanden und
auf eine Läsion des Schläfelappens hingewiesen.

Beim Ohre spielen die subjectiven Empfindungen eine
grössere Rolle als bei anderen Sinnesorganen. Sie werden gewöhnlich
unter der Bezeichnung Ohrensausen zusammengefasst und bald als
Wasserrauschen, bald als Fliegensummen, Glockenklingen, Wagen-
rollen, Blasen, Pfeifen, Knallen u. s. w. beschrieben. Häufig bestehen
neben ihnen, ausser Schwerhörigkeit, Schwindel und objectiv wahrnehmbare Gleichgewichtstörungen. Treten Ohrensausen und Schwindel
heftig und in Anfällen auf, so spricht man von dem Menière'schen
Symptomencomplex. Dem einfachen Ohrensausen sowohl als der
Menière'schen Krankheit liegt bald eine Erkrankung des Mittelohres,
bald eine des inneren Ohres, bald eine des Nerven zu Grunde. Ist
das Mittelohr gesund, so handelt es sich in den meisten Fällen um
eine Labyrinthaffection. Eine directe Reizung des N. acusticus kann

auch hier nur aus den begleitenden Erscheinungen erschlossen werden. Bemerkenswerth ist, dass bei der Tabes und den den Acusticus treffenden Gehirnerkrankungen oft die Reizerscheinungen längere Zeit der Taubheit vorausgehen und nachlassen, sobald diese complet wird, dass aber u. U. trotz vollständiger Taubheit die Reizerscheinungen fortdauern nach Analogie der Anästhesia dolorosa. Nach dem Eintritte des Acusticus in das Centralorgan trennen sich wahrscheinlich von den die Schallempfindung vermittelnden Fasern (Nervus trochlearis) die der Erhaltung des Gleichgewichtes dienenden (N. vestibularis). Es ist demnach zu erwarten, dass bei centraler Läsion des Acusticus zwar Taubheit und Ohrensausen, nicht aber Schwindel und Taumeln sich zeigen. Letztere Symptome treten in ähnlicher Weise wie bei Ohrenkrankheiten, aber ohne Gehörstörungen bei Kleinhirnerkrankungen auf. Möglicher Weise kommt bei Tabes auch eine auf den N. vestibularis beschränkte Erkrankung vor, die Ursache der zuweilen ohne Gehörstörungen auftretenden Schwindelerscheinungen sein könnte. Ohrensausen begleitet nicht selten Kopfschmerzen verschiedener Art (besonders bei Anämie), tritt mit diesen als Vorläufer apoplektischer Insulte auf, kann dem epileptischen und dem Migräne-Anfalle als Aura vorausgehen, ist ein wichtiges Symptom mancher Vergiftungen (Chinin, Salicylsäure), kann selbständig im Verlaufe sog. functioneller Neurosen sich zeigen. Beim seelisch Gesunden behalten die durch pathologische Reizung des Acusticus entstehenden Sensationen den Charakter mehr oder weniger unbestimmter Geräusche und werden richtig als subjectiver Natur beurtheilt, Irre aber objectiviren sie und formen sie um zu allen möglichen Gehörwahrnehmungen. Wenn nun auch die meisten Gehörhallucinationen nicht diesen Ursprung haben, vielmehr ausschliesslich auf krankhafte Processe in der Hirnrinde zu beziehen sind, so ist es doch rathsam, bei Gehörhallucinanten das Ohr zu untersuchen, um bei krankhaften Veränderungen desselben durch deren Beseitigung eine Quelle der Phantasmata zu verstopfen.

Die elektrische Untersuchung des nervösen Gehörapparates (Brenner) kann zwar verschiedene Anomalien der galvanischen Reaction des Acusticus ergeben, doch lassen sich bisher aus ihr bestimmte diagnostische Schlüsse nicht ziehen.

Die Untersuchung wird so angestellt, dass die differente Elektrode auf den Tragus aufgesetzt wird, während sich die indifferente Elektrode im Nacken befindet. Bei einer gewissen (bei Gesunden gewöhnlich ziemlich grossen) Stromstärke wird KaS mit einer Gehörsensation beantwortet, die in der Regel als Klingen, seltener als Pfeifen, Zischen, Brummen u. s. w. beschrieben wird. Bei noch stärkerem Strome entsteht auch bei AnO ein

leises, rasch vorübergehendes Klingen. AnS und KaO erregen den gesunden
Gehörapparat nicht. Demnach lässt sich die sogenannte Acusticusreaction
in folgender Formel (Normalformel) darstellen:

$$\text{KaS Kl' (lauter Klang)}$$
$$\text{KaO } —$$
$$\text{AnS } —$$
$$\text{AnO Kl (schwacher Klang).}$$

Bei krankhaften Zuständen findet man am häufigsten die Reaction so
verändert, dass die Gehörsensationen schon bei geringerer, oft sehr geringer
Stromstärke eintreten und weiterhin ungewöhnlich laut und anhaltend werden,
während doch die Normalformel nicht verändert ist („einfache galvanische
Hyperästhesie des Acusticus"). Als hoher Grad der einfachen Hyperästhesie
ist die sogenannte „paradoxe Reaction" zu betrachten, d. h. Reagiren des
nicht untersuchten Ohres im Sinne der indifferenten Elektrode (z. B. Kl
rechts, wenn am linken Ohre AnS ausgeführt wird, u. s. w.).

Die Hyperästhesie wird sowohl bei Erkrankungen diesseits der Labyrinthfenster, als bei solchen jenseits derselben gefunden, in der Regel besteht sie, wenn Ohrensausen besteht. Manche nehmen an, dass, wenn bei
AnS und AnD (oder bei den anderen Reizmomenten) das Sausen aufhört,
die Ursache des Geräusches im Nerven selbst liege, dass, wenn der galvanische Strom das Sausen nicht verändert, die Ursache ausserhalb des Nerven
zu suchen sei. Doch ist dies wohl nicht ganz sicher, wenigstens ist es
sehr leicht möglich, dass Veränderungen des Nerven selbst allen galvanischen Reizen gegenüber unverändert bleiben. Seltener als die einfache
Hyperästhesie beobachtet man Hyperästhesie mit Veränderung oder Umkehrung der Formel (KaS — KaO Kl, AnS Kl', AnO —) oder Veränderungen der Formel ohne Hyperästhesie.

III. Der Geruch.

Zur Functionsprüfung des Olfactorius verwendet man
riechende Stoffe, die nicht gleichzeitig (wie Ammoniak und dergleichen)
die Gefühlsnerven, d. h. die Trigeminusfasern der Nase reizen. Natürlich ist jedes Nasenloch einzeln durch Vorhalten des Fläschchens zu
prüfen. Man benutzt sowohl sogenannte Wohlgerüche (ätherische Oele.
z. B. Ol. Rosmar., Ol. Aurant., Eau de Cologne. oder Moschus) als
Stinkstoffe (Asa foetida, verbrannte Federn u. s. w. u. s. w.). Auch möge
man darauf achten, ob das Arom der Speisen und Getränke (z. B.
Vanille, Wein), das in Wahrheit eine Geruchsempfindung ist. wahrgenommen wird. Besteht trotz Anosmie Wahrnehmung des Aroms,
so ist zu schliessen. dass jene nur durch Verhinderung des Eintritts
der Riechstoffe in den oberen Theil der Nase entsteht, während der
Zugang durch die Choanen frei ist. Ferner ist nach subjectiven
Geruchserscheinungen zu fragen.

Die elektrische Untersuchung des Geruchapparates ist schwer
auszuführen. Nach Einführung der differenten eichelförmigen Elektrode in

die mit 38° warmer, 0,73 proc. NaCl-Lösung gefüllte Nase, während die indifferente Elektrode auf der Stirn steht, soll ein specifischer Geruch bei KaS und AnO auftreten.

Ueberempfindlichkeit (Hyperaesthesia olfact., Hyperosmia) kommt hier und da bei nervösen Personen, besonders bei hysterischen, vor, derart, dass Gerüche, die der Gesunde nicht wahrnimmt, wahrgenommen werden. Häufiger ist, dass bestimmte Gerüche bei Hysterischen abnorm starke Reaction, Abneigung, Ekel, Kopfschmerz, Ohnmacht, hervorrufen.

Parästhesien (Parosmia) stellen meist unangenehme Empfindungen dar, Leichen-, Schwefeldampf-, Abtrittsgeruch u. s. w., kommen zuweilen bei Irren vor, sie sind theils Hallucinationen, theils Illusionen. Zuweilen besteht die epileptische Aura in einer Geruchsempfindung. Subjective Geruchsempfindungen gehen nicht selten der Anosmie voraus (Phosphorgeruch).

Unempfindlichkeit (Anaesthesia olfact., Anosmia) kann durch Veränderungen der Nasenschleimhaut (Coryza, Polypen u. s. w.), durch solche des Nerven oder des Gehirns entstehen. Bei Trigeminuslähmung ist der Geruch scheinbar vermindert, weil die Nasenschleimhaut abnorm trocken ist, bei Facialislähmung aus derselben Ursache und weil das Schnüffeln (Lähmung des M. depressor nar.) erschwert ist. Centrale Anosmie ist bisher nur als Theilerscheinung der Hemianästhesie beobachtet worden. Bei functionellen Störungen kann die Anosmie auch doppelseitig sein. Nicht selten entsteht ein- oder doppelseitige Anosmie durch Läsion, sei es der Nn. olfact., sei es der Bulbi und Tractus olfact. an der Schädelbasis. Tritt nach einem Trauma (besonders Fall auf den Kopf) Anosmie ein, so kann es sich um eine Fractur des Stirn- oder Siebbeins handeln, vielleicht auch um ein Losreissen des Bulbus olf. von seinen in die Lamina cribrosa eintretenden Aesten. Besteht neben Aphasie und rechtseitiger Hemiplegie linksseitige Anosmie, so muss man wohl zunächst an eine Mitbetheiligung der äusseren Wurzel des Tract. olf. durch die linksseitige Läsion denken. Tritt Anosmie im Verlaufe anderweiter Gehirnkrankheiten ein, so kann es sich entweder um Uebergreifen entzündlicher Veränderungen auf den Olfactorius (Meningitis) oder um Druckatrophie desselben (Hydrocephalus) handeln. Tumoren des Vorderlappens können, indem sie den Nerven gegen das Siebbein drücken, auch einseitige Druckatrophie und Anosmie bewirken, während natürlich beim Hydrocephalus, sei er durch Tumoren bewirkt oder idiopathisch, beide Nerven getroffen werden. Caries des Siebbeins, Exostosen, Gummata des Nerven sind als Ursache der Anosmie beobachtet worden. Primäre Atrophie des Nerven, Anosmie mit oder ohne vorausgehende Parästhesien, kann Theilerscheinung der Tabes, beziehungsweise der progressiven Paralyse sein. Senile Anosmie ist selten. Auf welche Weise eine Störung des Geruches entstanden ist, lässt sich nur aus der Gesammtheit der Symptome erschliessen.

IV. Der Geschmack.

Die Geschmacksprüfung beschränkt sich gewöhnlich auf die Zunge, obwohl auch die Gaumenbögen und ein Theil des Rachens zu schmecken fähig sein sollen. Man lässt den Untersuchten die Zunge herausstrecken und bringt dann mit einem Glasstabe oder einem kleinen Pinsel die zu schmeckende Flüssigkeit auf die Stelle der Zunge, die geprüft werden soll. Der Kranke muss durch Nicken oder Schütteln des Kopfes, durch Erheben der Hand oder sonstwie anzeigen, ob er eine Geschmacksempfindung hat, dann erst darf er die Zunge zurückziehen und angeben, was er geschmeckt hat. Durch diese Vorsichtsmaassregel soll verhütet werden, dass die zu schmeckende Flüssigkeit von der geprüften Stelle sich auf die übrige Zunge verbreitet, ehe der Untersuchte ein Urtheil abgegeben hat. Auch der Vorschlag, durch den Finger des Kranken auf einem Täfelchen, das die Worte: Sauer, Süss, Salzig, Bitter enthält, das richtige Wort bezeichnen zu lassen, ist zweckmässig. Nach jedem Versuche ist der Mund mit Wasser auszuspülen. In der Regel benutzt man zur Prüfung Stoffe, die die sogenannten Hauptarten des Geschmackes repräsentiren, Bitteres (Chininlösung), Süsses (Zuckerlösung), Saures (Essig), Salziges (Kochsalzlösung). Zuerst am besten Zucker und Salz, dann Essig, zuletzt Chinin, da besonders Chinin störenden Nachgeschmack verursacht. Es kommt wohl hie und da partielle Ageusis vor, doch ist ihr Nachweis bisher von untergeordneter Bedeutung, die Hauptsache ist die Localisation, die Bestimmung, welche Theile der Zunge schmecken, welche nicht oder unvollkommen. Insbesondere ist zu unterscheiden das Gebiet des N. lingualis (beziehungsweise der Chorda tympi): vordere Zungenhälfte, von dem des N. glossopharyngeus: hintere Zungenhälfte. Manche nehmen an, dass auch die Geschmacksfasern des Glossopharyngeus aus dem Trigeminus stammen. Geschmackstörungen werden von den Kranken leicht übersehen, so lange sie noch durch den Geruch das Arom der Speisen und Getränke wahrnehmen.

Zu fragen ist nach subjectiven Geschmacksempfindungen und nach deren näheren Umständen.

Die elektrische Untersuchung giebt bisher keine Aufschlüsse über die Geschmacksempfindung, die nicht auf andere Weise zu erhalten wären. Da jedoch der galvanische Strom mit Leichtigkeit Geschmacksempfindungen auslöst (die An stärker als die Ka), so kann er, wenn er zur Hand ist, als bequemes Prüfungsmittel dienen. Man benutzt am besten eine Elektrode, die beide Pole als isolirte Drahtenden enthält, steckt z. B. die Enden der Leitungsschnüre durch ein Stück Kork und setzt beide der zu prüfenden Zungenstelle auf. Man kann dann die Reizung sehr gut localisiren und die nicht schmeckenden Stellen von den normalen abgrenzen.

Ueberempfindlichkeit (Hyperaesthesia gustatoria, Hypergeusis) kommt in ähnlicher Weise wie die Geruchshyperästhesie am ehesten bei Hysterischen zur Beobachtung.

Parästhesien (Parageusis) sind, abgesehen von denen, die durch krankhafte Beschaffenheit der Mundschleimhaut verursacht sind, und denen, die nach einzelnen Vergiftungen (z. B. durch Santonin) auftreten, ebenfalls meist psychische Symptome (Hallucinationen oder Illusionen). Hie und da geben Kranke mit peripherischer Facialislähmung an, subjective Geschmacksempfindungen (bald säuerlichen, bald metallischen, bald faden Geschmack u. s. w.) auf der entsprechenden vorderen Zungenhälfte zu haben, die Parästhesie geht dann gewöhnlich der Anästhesie voraus und ist wie diese zu beurtheilen.

Das diagnostische Interesse, das sich an die Störungen des Geschmackes, besonders an die Unempfindlichkeit (Anaesthesia gustatoria, Ageusis) knüpft, beruht hauptsächlich auf dem Umstande, dass zwei verschiedene Nerven die Geschmacksempfindungen vermitteln, deren einer einen eigenthümlichen Verlauf hat. Die Fasern des N. lingualis, die den Geschmack der vorderen Zungenhälfte vermitteln, verbleiben bekanntlich (zum grössten Theile wenigstens) nicht im Lingualis, sondern gelangen als Chorda tympani zum Facialis und treten aus diesem wieder in den zweiten Ast des Trigeminus über, mit dem sie in die Brücke gelangen, um wahrscheinlich alsbald eigene, noch unbekannte Wege einzuschlagen (vergl. den II. Theil). Wenn diese Fasern an irgend einer Stelle ihres Weges lädirt werden, muss Ageusis einer vorderen Zungenhälfte (Hemiageusis anterior) eintreten. Das Vorhandensein oder Fehlen dieser Form der Geschmackstörung muss daher begreiflicher Weise bei Erkrankungen des Facialis und Trigeminus von grosser localdiagnostischer Bedeutung sein. Besteht sie zugleich mit Anästhesie der Zunge gegen tactile Reize u. s. w. ohne anderweite Trigeminussymptome, so darf man die Läsion im N. lingualis suchen. Besteht Verlust des Geschmackes auf einer vorderen Zungenhälfte allein, so ist wahrscheinlich die Chorda tymp. selbst getroffen.

was bei Mittelohrerkrankungen nicht selten geschieht. Besteht das Symptom neben Facialislähmung, so muss die zwischen dem Gangl. geniculi und dem Abgange der Chorda liegende Strecke des Nerven erkrankt sein. Doch ist zu bemerken, dass einige Male auch bei Läsion des Facialis unterhalb des Foramen mastoid. ein gewisser Grad von Ageusis gefunden worden ist. Man nimmt an, dass in solchen Fällen rückläufige Fasern der Chorda den Facialis begleiten, um später zum N. auriculotemporalis überzutreten. Wenn neben den Symptomen einer Läsion des zweiten Trigeminusastes Ageusis sich findet, muss die Strecke zwischen dem Gangl. nasale s. sphenopalatinum und dem Gangl.-Gasseri erkrankt sein. Wenn endlich totale Trigeminusanästhesie und Ageusis zusammen vorkommen, ist eine Läsion des Trigeminusstammes an der Schädelbasis zu diagnosticiren. Das Fehlen freilich von Geschmackstörung bei Trigeminusläsion lässt sich nur dann diagnostisch verwerthen, wenn die Anästhesie complet ist, da anderenfalls die Läsion gerade die Geschmacksfasern verschont haben kann.

Verlust des Geschmackes nur auf der hinteren Zungenhälfte muss auf Läsion des Glossopharyngeus bezogen werden. Derartige Fälle sind äusserst selten und meist complicirter Natur. Da bei der progressiven Bulbärparalyse der Glossopharyngeus nicht betheiligt ist, wird Ageusis im Gebiete dieses Nerven bei bulbären Symptomen gegen die Diagnose jener Krankheit, für Annahme eines diffusen Processes (Compression u. s. w.) zu verwerthen sein.

Ageusis einer ganzen Zungenhälfte würde nur dann peripherischer Natur sein können, wenn ein einseitiger Process die Nervenursprünge vom Trigeminus bis zum Glossopharyngeus lädirte, es müssten dann auch Abducens, Facialis, Acusticus der gleichen Seite getroffen sein. Factisch ist Hemiageusis totalis wohl nur als Theilerscheinung der Hemianästhesie bisher beobachtet worden.

Totale incomplete Ageusis ist häufig Folge von Veränderungen der Zungenschleimhaut (dickem Belage, abnormer Trockenheit u. s. w.). In seltenen Fällen trifft man sie bei sonst gesunden Personen, vielleicht handelt es sich dann um eine Erkrankung der Nervenenden. Wie die von einigen Autoren beschriebene Ageusis senilis zu erklären sei, ist noch unbekannt. Auf jeden Fall ist diese Form sehr selten. Vielmehr erhalten sich Geschmack und Geruch bei Greisen in der Regel auffallend gut. Im Uebrigen ist totale Ageusis wohl nur bei Hysterie beobachtet worden.

Auch bei Tabes sollen Geschmackstörungen vorkommen, doch scheint über ihre Art nichts Genaueres bekannt zu sein.

V. Das Gefühl.

a) Die ärztliche Prüfung der Hautempfindlichkeit kann sich entweder beschränken auf die Untersuchung, ob Reize dieser oder jener Art überhaupt noch empfunden werden, oder aber sie kann darauf ausgehen, die Empfindlichkeit zu messen, die dann reciprok der Reizgrösse gesetzt wird. Im ersten Falle wird man z. B. festzustellen suchen, ob Berührungen mit dem Finger wahrgenommen werden, ob Nadelstiche wehthun, ob kalte Dinge als kalt, warme als warm empfunden werden. Es ist jedoch ersichtlich, dass geringere Störungen leicht dieser Untersuchung entgehen werden, dass eine Vergleichung der zu verschiedener Zeit erhaltenen Ergebnisse schwierig ist. Der Wunsch, einen exacten, d. h. zahlenmässigen Ausdruck für letztere zu erlangen, erscheint demnach als sehr berechtigt. Es bieten sich dazu zwei Wege. Einmal kann man die absolute Empfindlichkeit messen, d. h. den kleinsten, noch eben wahrgenommenen Reiz bestimmen, zum andern kann man zwei Reize feststellen, die einen gegebenen Empfindungsunterschied liefern. Das Maass der Unterschiedsempfindlichkeit zu erlangen, giebt es drei Methoden. Die Methode der eben merklichen Unterschiede beruht darauf, dass man den Unterschied zweier Reizgrössen, z. B. zweier Gewichtsgrössen, bestimmt, der noch eben merklich in die Empfindung fällt; die Methode der richtigen und falschen Fälle darauf, dass man bei einem so kleinen Unterschiede der Grössen, dass nicht sicher erkannt werden kann, welche von beiden wirklich die grössere oder kleinere sei, die Zahl der richtigen und falschen Urtheilsfälle bestimmt, d. h. zählt, wie oft man die Richtung des Unterschiedes richtig bestimmt, wie oft man sich darüber getäuscht hat; die Methode der mittleren Fehler darauf, dass man sich die eine Grösse gemessen giebt, die andere nach dem Urtheile der Empfindung ihr gleich herzustellen sucht und die durch Nachmessen erkannten Fehler, die man begeht, notirt. Die Grösse der Empfindlichkeit ist bei der ersten Methode der Grösse des eben merklichen Unterschiedes, bei der zweiten der Grösse des Unterschiedes, der ein gleich grosses Verhältniss richtiger zu den falschen Urtheilsfällen liefert, bei der dritten der Grösse des aus allen einzelnen Fehlern gezogenen mittleren Fehlers umgekehrt proportional. Ist in theoretischer Beziehung besonders das Maass der Unterschiedsempfindlichkeit wichtig geworden, so musste die ärztliche Untersuchung von ihm wegen der Schwierigkeit der Methoden im Grossen und Ganzen von vornherein absehen. Nur die Methode des eben merklichen Unterschiedes hat auch zu praktischen Zwecken, nämlich bei Bestimmung der Druck- und Temperaturempfindlichkeit, Anwendung gefunden. Im Uebrigen handelt es sich um Feststellung der absoluten Empfindlichkeit.

Soll die Empfindlichkeit einer Hautstelle gemessen werden, so wird es nicht genügen, für eine bestimmte Art von Reizen den noch eben wahrnehmbaren zu bestimmen, da die sogenannten Gefühlsqualitäten von einander relativ unabhängig sind. Man wird verschiedene, den hauptsächlichsten Qualitäten der Empfindung entsprechende Reize anwenden, es wird sich demnach darum handeln, das Tast- und Druckgefühl, das Temperaturgefühl und die Schmerzempfindlichkeit zu messen. Die gewonnenen Werthe haben nur für eine bestimmte Hautstelle Geltung.

Die bisher dem ärztlichen Gebrauche empfohlenen Methoden sind nun etwa folgende. An erster Stelle verdient ihrer historischen Bedeutung wegen die Weber'sche Methode genannt zu werden, nach der die eben merkliche Distanz zweier Zirkelspitzen auf der Haut bestimmt wird. Sie misst die Fähigkeit der Haut, extensive Grössen abzuschätzen.

Sieveking hat ein Instrument, das sogenannte Aesthesiometer, angegeben, das die Ausführung der Weber'schen Methode erleichtert. Es besteht aus einem in Millimeter getheilten Metallbalken, der zwei mit abgestumpften Hornspitzen versehene Querbalken trägt. Der eine der letzteren ist verschiebbar, so dass die beiden Spitzen in einen beliebigen Abstand gebracht werden können. Beim Gebrauche setzt man beide Spitzen gleichzeitig und mässig fest auf die zu untersuchende Hautstelle, am besten immer in sagittaler Richtung, und bestimmt, indem man in wiederholten Versuchen von kleineren zu grösseren Abständen aufsteigt, den Abstand, bei dem die Spitzen deutlich als zwei gefühlt werden. Beim Gesunden erhält man für verschiedene Hautstellen verschiedene Werthe, etwa in folgender Weise:

Zungenspitze	1 Mm.
Fingerspitze	2 =
Lippenroth	3 =
Dorsalfläche der 1. und 2. Phalanx und Innenfläche der Finger	6 =
Nasenspitze	7 =
Thenar und Hypothenar	8 =
Kinn	9 =
Spitze der grossen Zehe, Wangen, Augenlider	12 =
Glabella	13 =
Ferse	22 =
Handrücken	30 =
Hals	35 =
Vorderarm, Unterschenkel, Fussrücken	40 =
Rücken	60—80 =
Oberarm und Unterschenkel	80 =

Man spricht auch von „Empfindungs-" oder „Tastkreisen", indem man sich vorstellt, dass die ermittelten Distanzen Durchmesser von Kreisen gleicher Empfindlichkeit darstellen. In Wirklichkeit handelt es sich nicht um eigentliche Kreise, sondern die noch eben gefühlte Distanz ist etwas verschieden, je nachdem die Spitzen in sagittaler oder transversaler Richtung oder sonstwie aufgesetzt werden. Unter Vergrösserung der Tastkreise versteht man Zunahme der noch eben gefühlten Distanz, d. h. Abnahme des Vermögens, extensive Grössen zu schätzen.

Einen Apparat zur Messung des Tastsinns, des Vermögens, die Oberfläche der Körper zu beurtheilen, hat Rumpf empfohlen. Der Apparat, der von Hering angegeben worden ist, besteht aus einer runden Metallplatte, auf der eine Anzahl Stäbe im Kreise stehen. Der erste dieser Stäbe ist ganz glatt, die folgenden sind mit verschieden dicken Drähten umwickelt. Der Tastsinn ist proportional der Fähigkeit, die Grade der Rauhigkeit dieser Stäbe zu unterscheiden. Bei der Prüfung soll es zweckmässig sein, den Apparat auf 33° zu erwärmen.

E. H. Weber hat ferner die Empfindlichkeit für Druckunterschiede messen gelehrt durch Aufsetzen von Gewichten auf die Haut. Die Prüfung kann mit verschiedenen Geldmünzen, deren eine verschieden grosse Zahl aufgelegt wird (Eigenbrodt), oder mit Schachteln, die gleich gross sind, aber verschiedene Gewichtsmengen von Schrot oder dergl. enthalten, ausgeführt werden. Dabei muss das Muskelgefühl dadurch ausgeschlossen werden, dass der untersuchte Theil gut gestützt und unverrückbar gelagert wird, müssen die Zeiten zwischen dem Auflegen verschiedener Gewichte gleich gross sein, muss, wenn es sich um Metallgewichte handelt, ein schlechter Wärmeleiter (Holz, Pappe) untergelegt werden. Nach Weber empfinden die Fingerspitzen einen Druckunterschied von 29 : 30 (ähnlich Lippen, Zunge u. s. w.), die Vorderarme von 18 : 20 (ähnlich Brust, Unterschenkel u. s. w.). Eine Modification dieser Methode stellt Eulenburg's Barästhesiometer dar, das nicht durch verschiedene Gewichte, sondern durch Andrücken eines Knöpfchens an die Haut mittels einer Spiralfeder wechselnde Druckgrössen erzeugt. Aehnlich war schon Dohrn vorgegangen, indem er ein Stäbchen durch eine mit verschiedenen Gewichten belastete Wagschale gegen die Haut andrücken liess. Das Minimum der Druckempfindung bestimmte zuerst Kammler dadurch, dass leichte, eventuell durch Auflage vergrösserte Gewichte aus Hollundermark, Kork, Kartenpapier von 9 Qmm. ganz langsam und möglichst senkrecht auf den zu prüfenden Theil herabgelassen wurden. Eine zweite Methode gab Goltz an, indem er durch einen Apparat, mit dem sich künstliche Pulswellen hervorbringen liessen, das Druckminimum in Gestalt der noch eben fühlbaren Welle aufsuchte; für den praktischen Gebrauch hat Bastelberger einen Apparat nach Goltz's Princip construirt. Ein mit Wasser gefüllter Gummischlauch trägt an seinem vorderen Ende, das dem zu untersuchenden Körpertheile angelegt wird, einen fingerförmigen, dehnbaren Aufsatz. An seinem hinteren Ende befindet sich ein Stempel, der den Druck im Schlauche regulirt. Die Druckschwankungen werden durch eine mit Gewichten beschwerte Schale einer Wage, vermittels einer Pelotte, ausgeübt. Die Wage befindet sich in einem Kasten, aus dem nur die beiden Enden des Schlauches hervorragen. In eigenthümlicher Weise wollte A. Frey die „Tastempfindlichkeit" messen. Er construirte einen Apparat, in dem durch eine Feder von veränderlicher Spannung kleine Körperchen von unten an eine Hautstelle angeschleudert werden. Entweder wird bei gleicher Flugbahn das Gewicht des Körperchens verändert, bis das Minimum der Empfindung erreicht ist, oder bei gleichem Gewicht wird die Wurfhöhe verändert.

Bei Messung des Temperatursinnes kann es sich nur um die Unterschiedsempfindlichkeit handeln. Zur Bestimmung des eben merklichen Unterschiedes tauchte Weber den Finger schnell hintereinander in Wasser von verschiedener Temperatur, oder auch er setzte mit Oel gefüllte und in verschiedenem Grade erwärmte Glasfläschchen auf die zu prüfende Hautstelle. Nothnagel nahm an Stelle der Glasflaschen mit Wasser gefüllte Kupfercylinder, die an den Seiten mit einer schlecht leitenden Schicht umgeben waren und durch eine Oeffnung im Deckel eingeführte Thermometer enthielten. Eulenburg beschrieb ein Thermästhesiometer, bestehend aus zwei an einem Stativ befestigten Thermometern mit breiten Endflächen, die in verschiedener Weise erwärmt und in variablem Abstande an die Haut angedrückt werden können. Man liest, während die Temperaturen beider Thermometer sich ausgleichen, die noch eben merkliche Differenz ab. Später hat Eulenburg ein complicirteres Instrument empfohlen. Temperaturen zwischen 27 und 33 ⁰ C. werden am feinsten unterschieden. Innerhalb dieser Grenzen fand Nothnagel als eben wahrnehmbaren Unterschied: an den Armen 0,2⁰, an der Wange 0,2—0,4⁰, an den Schläfen 0,3—0,4⁰, am Handrücken 0,3⁰, in der Hand und auf dem Fussrücken 0,4⁰, am Bein 0,5—0,6⁰, am Rücken 0,9⁰, also durchschnittlich etwa 0,5⁰. Man hat auch die Grenzen des Temperatursinnes zu messen gesucht und sowohl einen Kälteschmerzmesser (Kryalgimeter), als einen Wärmeschmerzmesser (Thermalgimeter) construirt. Jener besteht aus einem Thermometer mit einem breiten, der Haut aufzusetzenden Quecksilbergefäss, das beim Versuche durch einen Aethersprühregen abgekühlt wird, dieses besteht aus einem Thermometer, dessen Quecksilbergefäss mit einem durch einen galvanischen Strom zu erhitzenden Platindraht umwickelt ist. Es ergab sich, dass der Kälteschmerz an manchen Hautstellen leichter eintritt (besonders Ellenbogen) als an anderen (besonders Fingerspitzen), er variirte zwischen + 2,8⁰ und — 11,4⁰ C. Der Wärmeschmerz variirte nach den verschiedenen Hautstellen zwischen 36,3 und 52,6 C. Goldscheider hat gezeigt, dass Kälte-Empfindlichkeit und Wärme-Empfindlichkeit gesondert untersucht werden müssen. Er hat gefunden, dass derselbe Kälte-, bez. Wärmereiz normalerweise an verschiedenen Stellen der Haut Empfindungen von verschiedener Stärke hervorruft. Die an der Hautoberfläche vorhandenen örtlichen Unterschiede werden von ihm in 12 Abstufungen der Kälte- und 8 der Wärme-Empfindlichkeit gesondert, und von jeder Hautstelle wurde bestimmt, welcher Abstufung sie normalerweise zugehört. Besteht in einem Gebiete eine Herabsetzung der Temperaturempfindlichkeit, so entsteht an den zugehörigen Prüfungsstellen bei der Berührung mit einem erwärmten (abgekühlten) Metallcylinder eine schwächere Wärme-(Kälte-)Empfindung als an Stellen gleicher Stufe, die normalen Gebieten angehören, und eine ebenso starke wie an Stellen niedrigerer Stufen. Man kann sagen: die Wärme-(Kälte-)Empfindlichkeit dieses Gebietes ist um so und soviel Stufen herabgesetzt.

Besondere Schwierigkeiten bietet die Messung der Schmerzempfindlichkeit. Björnström (Upsala 1877) hat ein Algesimeter angegeben. Es besteht aus einer Pincette, zwischen deren Arme eine Hautfalte eingeklemmt und, bis Schmerz entsteht, zusammengedrückt wird. Die an einem Zifferblatte ablesbare Druckgrösse ist das Maass der Schmerzempfindlichkeit. Buch construirte ein „Baralgesimeter" zur Druckschmerzmessung an jedem beliebigen Körpertheile. Es ist wesentlich eine Wiederholung des Eulenburg'schen Instrumentes. Eine brauchbare Methode, die Schmerzempfindlichkeit der Haut zu messen, besitzen wir nicht. In gewissem Grade aber geht die Empfindlichkeit gegen inducirte elektrische Ströme der Schmerzempfindlichkeit parallel, die von Leyden u. A. empfohlene elektrocutane Sensibilitätsprüfung bietet daher für jenen Mangel einen gewissen Ersatz. Sie wird am zweckmässigsten derart angestellt, dass, während der eine Pol als feuchte breite Platte auf einer indifferenten Stelle ruht, der andere als weicher Pinsel der zu untersuchenden, sorgfältig getrockneten Hautstelle leise applicirt wird. Man nähert alsdann die secundäre Rolle der primären des Dubois'schen Schlittens soweit, dass das Minimum der Empfindung erreicht wird, und notirt den Rollenabstand als der Empfindlichkeit reciprok.

Die Zahlen, die sich bei Prüfung der verschiedenen Hautstellen ergeben, sind natürlich, je nach den verschiedenen Apparaten, verschiedene. Nur das Verhältniss zwischen der elektrocutanen Sensibilität verschiedener Körpertheile lässt sich allgemein gültig ausdrücken. Es ergiebt sich etwa folgende Scala:

Gesichtshaut	1,00	Handrücken	0,80
Zunge	0,85	Fingerspitzen	0,65
Hals	0,95	Oberschenkel	0,80
Brust	0,85	Unterschenkel und Fussrücken	0,75
Rücken	0,80	Fusssohle	0,50
Arm	0,85		

Die elektrische Prüfung der Hautempfindlichkeit hat den grossen Vortheil, dass besonders bei einseitigen Störungen man mit ziemlich geringem Aufwand an Zeit und Mühe ein relativ sicheres zahlenmässiges Ergebniss erlangt. Sie hat den Nachtheil, dass man eigentlich nicht genau weiss, welchen „Sinn" der Haut man misst. Die elektrocutane Sensibilität geht zwar, wie oben bemerkt, in der Regel der Schmerzempfindlichkeit ungefähr parallel, doch ist dies nicht immer der Fall und dieses Verhältniss muss daher an jedem Kranken erst geprüft werden. Welche Functionstörung der Empfindungsapparat bei Veränderungen der elektrocutanen Sensibilität zeigt, ergiebt sich nicht ohne Weiteres, weder für die „absolute" Empfindlichkeit, noch für ein besonderes Vermögen geben jene einen Maassstab.

Die Fähigkeit, den Ort des Reizes anzugeben, das Localisationsvermögen, könnte man messen nach Art der Methode des mittleren Fehlers, wenn man notirte, um wie viel in jedem Falle der Untersuchte sich irrt, und aus einer Reihe von Versuchen das Mittel zöge.

Messbar endlich ist die Zeit zwischen Reiz und Empfindung. Die betreffenden physiologischen Methoden sind wegen der schwierigen und zeitraubenden Handhabung von vornherein vom praktischen Gebrauche ausgeschlossen. Ein Metronom oder eine Secundenuhr dienen am Krankenbette zur Messung der hier vorkommenden starken Verzögerungen der Empfindung.

Alle Maassmethoden stellen Ansprüche an den Untersucher und den Untersuchten. Die beste Methode führt nicht zum Ziele, wenn der sich ihrer Bedienende sie nicht beherrscht. Dazu aber gehört Uebung und Kenntniss aller der grossen und kleinen Schwierigkeiten, die vorkommen. Bekanntschaft mit der (umfangreichen) Literatur und persönliche Erfahrung sind unerlässlich. Dem, der diesen Ansprüchen nicht genügt, wird eine Methode um so weniger nützen, je feiner sie ist, die relativ richtigsten Resultate wird er mit einer möglichst groben Untersuchung erlangen. Auch von dem Untersuchten wird mancherlei verlangt. Bei den physiologischen Untersuchungen hat sich herausgestellt, dass bei jedem Subject eine Zeit der Uebung vergehen muss, ehe die an ihm erlangten Resultate einstimmig werden. Der Untersuchte muss die Fähigkeit besitzen, seine Aufmerksamkeit längere Zeit auf schwache Empfindungen concentriren zu können, eine Fähigkeit, die entsprechend geringer geistiger Entwicklung fehlen oder durch krankhafte Veränderungen verloren werden kann. Diese Verhältnisse sind eine überaus reichlich fliessende Quelle der Irrthümer, die bei klinischen Prüfungen in erster Linie zu beachten ist. Zu geringes oder

zu hohes Alter, mangelhafte Bildung, Ablenkung der Aufmerksamkeit durch
Schmerzen, durch aufregende und verwirrende psychische Eindrücke, cerebrale Erkrankungen u. s. w. kommen in Frage. Nöthig und nicht immer
vorhanden ist endlich der gute Wille. Auch von Seite des Untersuchten
aus werden die Fehler um so grösser und zahlreicher werden, je complicirter die Methode ist. Gerade die Methoden, die bei psychophysischen
Experimenten vermöge ihrer Feinheit die elegantesten Resultate geben,
werden im kleinsten Umfange anwendbar, d. h. für den Arzt am wenigsten
brauchbar sein. Die wahre Exactheit besteht darin, zuverlässige Angaben
zu machen, nicht darin, unter allen Umständen Zahlen zu liefern.

Das Gesagte findet auf die einzelnen Methoden in verschiedenem Grade
Anwendung. Die Weber'sche Methode zur Bestimmung der extensiven Hautempfindlichkeit sollte bei Kranken nur unter besonders günstigen Umständen
zur Anwendung kommen. Ihre Schwierigkeiten sind zahlreich. Sie fordert
von dem Untersucher peinliche Genauigkeit; dahin gehören stets gleich-
mässiges Aufsetzen der Zirkelspitzen, Beachtung ihrer Temperatur, Beachtung
der Zeit zwischen den Einzelversuchen u. s. w. Von Seiten des Untersuchten
wird ein nicht geringes Maass der Fähigkeit zur Selbstbeobachtung ge-
fordert. Der Einfluss der Uebung ist bei dieser Methode gross. Nach ihr
angestellte Versuchsreihen sind nur dann vergleichbar, wenn alle Neben-
umstände auf das Peinlichste gleich gemacht worden waren. Es erscheint
demnach zweckmässig, den Gebrauch dieser Methode zu klinischen Zwecken
mehr einzuschränken, als es bisher vielfach der Fall gewesen ist. Dies
um so mehr, da wir durch sie trotz aller Mühe und Zeitverluste nichts
bestimmen, als die Fähigkeit, extensive Grössen abzuschätzen. Sie bietet
nichts weniger als ein Maass der Hautempfindlichkeit überhaupt. Sie giebt
auch keinen directen Aufschluss über das Localisationsvermögen, wie Einzelne zu glauben scheinen. Bei sehr vielen Autoren findet sich als selbstverständlich die Meinung, durch die Weber'sche Zirkelmethode werde das
Tastgefühl gemessen. Dies ist zum Mindesten eine gänzlich unerwiesene
Behauptung. Mag auch in der Mehrzahl der Fälle die Veränderung der
extensiven Hautempfindlichkeit der des Vermögens zu tasten überhaupt
proportional sein, so braucht sie es doch nicht zu sein. Ob z. B. die Fähigkeit, die Beschaffenheit der Oberflächen durch das Gefühl zu bestimmen,
mit der Vergrösserung der sogenannten Tastkreise immer abnimmt, wäre
auf jeden Fall erst durch besondere Versuche festzustellen. Als Prüfung
des Tastgefühls, bei dem es sich ja wesentlich um kleine Druckschwankungen handelt, könnte auch die Goltz'sche Wellenmethode bezeichnet
werden. Sie scheint sich mittels des Bastelberger'schen Apparates ziemlich
leicht ausführen zu lassen und verspricht zuverlässige Resultate. Ich habe
über sie keine eigene Erfahrung und weiss nicht, ob sie bisher in ausgedehnter Weise Anwendung gefunden hat. Kammler's Verfahren ist
zu praktischen Zwecken ganz ungeeignet, übrigens auch nicht dazu empfohlen. Auch die Methode Frey's kann man kurzer Hand als zu com-
plicirt bei Seite legen. Die Prüfung der Unterschiedsempfindlichkeit, wie
sie bei der Untersuchung des Druckgefühls nach E. H. Weber oder mittels
des Eulenburg'schen Barästhesiometers ausgeführt wird, ist im Allgemeinen
schwieriger als die der absoluten Empfindlichkeit, stellt insbesondere an
die Intelligenz des Untersuchten höhere Ansprüche. Bei den Drucksinn-

prüfungen mittels Gewichten sind viele Cautelen zu berücksichtigen, um nicht zu sehr fehlerhaften Resultaten zu gelangen. Ein Theil der Schwierigkeiten ist wohl durch Eulenburg's Instrument gehoben. Doch bemerkt Erb mit Recht, dass er die damit erlangten Resultate ziemlich unsicher finde; es komme zu viel darauf an, mit welcher Schnelligkeit man die verschiedenen Grade des Druckes eintreten lasse. Bemerkenswerth ist, dass das Resultat der Drucksinnprüfung nicht allein von der Sensibilität der Haut abhängig ist. Richtet sich schon beim Gesunden die Druckempfindlichkeit der verschiedenen Hautstellen zum Theil nach der Beschaffenheit der Unterlage (man kann z. B. mit der Zunge den Puls nicht fühlen), so können auch pathologische Veränderungen der letzteren den Drucksinn alteriren. Die Messung des Temperaturgefühls bietet ähnliche Schwierigkeiten wie die anderen Prüfungen der Unterschiedsempfindlichkeit. Goldscheider's Methode hat zweifellos grossen Werth, ist aber doch nicht leicht anzuwenden. Wenig oder gar nicht geeignet zur Messung der Schmerzempfindlichkeit ist Björnström's Verfahren. Es ist nicht möglich, immer gleich hohe Hautfalten aufzuheben, an vielen Körperstellen lassen sich überhaupt feine Falten nicht bilden, die Art der Anheftung und Unterlage der Haut bei den verschiedenen Individuen ist wichtiger für das Resultat als der Grad der Hautempfindlichkeit selbst, die Schnelligkeit, mit der der Druck eintritt, ist von grossem Einflusse auf die Grösse des Schmerzes. Die Prüfung der elektrocutanen Sensibilität giebt ziemlich zuverlässige Resultate, doch fordert sie eine gewisse Vertrautheit mit dem Gebrauch elektrischer Apparate. Ausserdem liegt in dem wechselnden Leitungswiderstande der Epidermis eine schwer zu eliminirende Fehlerquelle. Auch mischen sich leicht Empfindungen tieferer Theile störend ein, da der Strom durch den Körper hindurch gehen muss. Das Resultat dieser Prüfung sagt uns eigentlich nur, wie empfindlich die Haut gegen elektrische Reize ist. Es ist demnach auch bei dieser Untersuchung fraglich, ob der Lohn der Mühe werth ist.

Summa summarum, so wünschenswerth es erscheint, die Sensibilität des Kranken messen zu können, so sehr theoretische Erwägungen zur Anwendung der Maassmethoden drängen, so ergiebt andererseits die Erfahrung, dass die am Krankenbette sich entgegenstellenden Schwierigkeiten gross, zum Theil unüberwindlich sind. Von den vorgeschlagenen Maassmethoden sind mehrere unbrauchbar, alle sind mühsam, zeitraubend, liefern am Krankenbette selten ganz zuverlässige Resultate. Es ist demnach wenigstens vor der Hand gerathen, bei klinischen Untersuchungen auf die exacte, nach Art der Physiologen ausgeführte Messung der Hautempfindlichkeit nicht zu viel Gewicht zu legen, im Allgemeinen sich auf die Anwendung einfacherer Prüfungsarten zu beschränken. Diese sind ohne besondere Apparate überall und jederzeit auszuführen, fordern geringen Zeitaufwand und können auch von dem weniger Geübten angewandt werden. Irgendwie stärkere Sensibilitätstörungen entgehen auch ihnen nicht und über den Grad der Störung gestatten sie immerhin ein annäherndes Urtheil. Diese Vorzüge würden, wenn die Maassmethoden wirklich genaue Messungen versprächen, weniger ins Gewicht fallen, zusammen aber mit den gegen jene geltenden Bedenken sichern sie den einfachen Prüfungsweisen den Vorrang. In der Wirklichkeit pflegen sich denn auch die meisten Neurologen

mit den einfachen Sensibilitätsprüfungen zu begnügen, nur ausnahmeweise
diese oder jene der Maassmethoden zu benutzen. Letztere scheinen in
den Büchern eine grössere Rolle zu spielen als im Leben.

Wenn in dieser Weise die einfacheren Untersuchungsarten bevorzugt
werden, so soll darum die Untersuchung nicht oberflächlich werden. Vielmehr wird es gelten, durch die Anwendung vielfach variirter Reize sich
ein möglichst genaues Bild von der Empfindlichkeit des Kranken zu verschaffen. Alle die Reize, die im gewöhnlichen Leben häufig die Haut
treffen, können angewendet werden, und nach allen Seiten hin kann die
Untersuchung sich erstrecken.

Die klinische Prüfung der Hautempfindlichkeit wird zweckmässig
in folgender Weise angestellt.

Als allgemeine Regel gilt, dass der Gesichtsinn auszuschliessen
ist. Am einfachsten ist es, die Augen weg wenden, schliessen zu
lassen, doch werden durch letzteres manche Kranke irritirt, man
muss dann durch einen Schirm oder dergleichen die operirende Hand
verdecken.

Bei allen Untersuchungen sind Controlversuche angezeigt, die
an der analogen Hautstelle eines Gesunden, am Besten des Untersuchers, bei einseitigen Erkrankungen an der symmetrischen Stelle
angestellt werden.

Wichtig ist es auch, zu bemerken, dass, wenn über Sensibilitätstörungen berichtet wird, Angaben, wie „der Tastsinn war erhalten",
relativ wenig Werth haben. Man sollte sagen, der Kranke reagirte
so und so auf die und die Reize. Handelt es sich um feinere Verhältnisse, so ist die genaue Angabe der Methode unerlässlich, denn
jede Variation der Methode giebt auch eine Variation im Ergebnisse.

1. Es wird die Berührungsempfindlichkeit untersucht.
Der Kranke muss angeben, ob er zarte Berührungen mit der Fingerspitze empfinde. Er hat jede Berührung mit Ja oder Jetzt zu be-
antworten. Zwischengeschobene „leere" Versuche, wo der Arzt fragt
„Jetzt?", ohne den Kranken zu berühren, verhindern Täuschungen.

Der gesunde Mensch nimmt zarte Berührungen überall deutlich
wahr, fühlt sie der Kranke nicht, oder fühlt er von den Berührungen
eine grössere Zahl nicht, so ist die Berührungsempfindlichkeit herabgesetzt. Bei schwacher Anästhesie sagen zuweilen die Kranken: „ich
fühle die Berührung, aber nicht deutlich wie sonst".

Wenn man will, kann man das Tastvermögen weiter dadurch prüfen, dass man glatte und rauhe Körper unterscheiden lässt.
Empfehlenswerth zu dieser (meist entbehrlichen) Untersuchung sind
gleich grosse Holzcylinder, die mit verschiedenen Stoffen (Leinwand,
Seide, Tuch, Wolle, Pelz) überzogen sind.

Weiter kann man Striche auf der Haut machen, deren Grösse und Richtung beurtheilen lassen. Handelt es sich um Grössenbeurtheilung, so spricht man von „extensiver Empfindlichkeit". Den Ausdruck „Raumsinn", der gewöhnlich bei der Weber'schen Methode gebraucht wird, vermeidet man am besten ganz.

2. Zur Prüfung des sogenannten „Drucksinnes" ist das einfachste Instrument die Fingerspitze, die in ähnlicher Weise wie der Apparat von Goltz Druckschwankungen erzeugen kann. Die Druckempfindlichkeit ist herabgesetzt, wenn der Kranke den Druck des Fingers nur als Berührung empfindet. Wie schon bemerkt wurde, hängt der Drucksinn nicht nur von der Empfindlichkeit der Haut, sondern auch von der der tiefen Theile und von der Beschaffenheit der Unterlage ab.

3. Die Schmerzempfindlichkeit wird mit einer spitzen Nadel (am besten Mikroskopirnadel) untersucht. Wer einigermaassen auf diese Methode sich eingeübt hat, wird mit ihr rasch und ziemlich sicher zum Ziele gelangen. Sie dürfte dem Kneipen, Brennen u. s. w. weit vorzuziehen sein. Der Gesunde empfindet auch den leichtesten Stich als Schmerz; fühlt der Kranke nicht, dass er gestochen wird, glaubt er etwa mit dem Finger berührt zu werden, so ist die Schmerzempfindlichkeit herabgesetzt. Werden auch starke, die Haut durchdringende Stiche nur als Berührungen empfunden, so spricht man von Analgesie der Haut.

4. Das Localisationsvermögen (der Ortsinn) wird am besten auch mit der Nadel geprüft. Man lässt den getroffenen Ort mit der Fingerspitze bezeichnen, nur wenn dies nicht möglich ist, mit Worten beschreiben. Der Gesunde trifft ihn gewöhnlich genau, oder irrt sich doch nur um 1—2 Centimeter. Macht der Kranke Fehler von 5 Centimeter und mehr, so kann man mit Sicherheit das Localisationsvermögen als vermindert ansehen.

5. Der Temperatursinn oder die Empfindlichkeit gegen Temperaturunterschiede kann durch Anhauchen, das der Gesunde als warm, und Anblasen, das er als kalt empfindet, untersucht werden, ein Verfahren, das schon geringe Störungen erkennen lässt. Ferner lässt man kühlere (metallene, z. B. den Percussionshammer) und wärmere (hölzerne u. s. w., z. B. den Stiel des Hammers) Gegenstände der Umgebung unterscheiden. Soll die Prüfung aus irgend welchem Grunde besonders sorgfältig sein, so ist es das Einfachste, Probirgläschen mit verschieden temperirtem Wasser zu füllen und zu untersuchen, ob der Kranke die Unterschiede, die der Gesunde fühlt, ebenfalls fühlt. Beim Temperatursinn trifft man nicht nur einfache Abnahme der

Empfindlichkeit, sondern auch nicht selten Anomalien des Gefühls derart, dass vielleicht Kältereize sehr lebhafte Kälteempfindung erregen, bei warmen Körpern aber nur die Berührung gefühlt wird, ohne dass ein Urtheil über die Temperatur möglich wäre, dass in anderen Fällen Kältereize (kaltes Wasser, Eis) als deutlich warm empfunden werden, ein Symptom, das Strümpell als perverse Temperaturempfindung bezeichnet hat.

Bei der Prüfung der Hautempfindlichkeit findet man zuweilen, dass zwischen Reiz und Zeichen der Empfindung sich eine Pause einschiebt, die mehrere Secunden betragen kann. Man spricht dann gewöhnlich von verlangsamter Empfindungsleitung. Die verspätete Empfindung, ein Ausdruck, mit dem nichts präjudicirt ist, wird am häufigsten bei Prüfung der Schmerzempfindlichkeit gefunden. Selten ist die Berührungsempfindung oder die Temperaturempfindung verspätet. Wohl aber verursachen zuweilen Stiche eine Doppelempfindung (Remak) derart, dass die Kranken sofort die Berührung signalisiren, aber erst nach einigen Secunden den berührten Theil zurückziehen und Zeichen einer Schmerzempfindung geben. In seltenen Fällen trat erst eine Schmerz- und danach eine Tastempfindung ein, beide waren verspätet. Gelegentlich beobachtet man verwandte Phänomene, die als Nachempfindung (Naunyn) bezeichnet werden. Der durch den Stich verursachte Schmerz verschwindet rasch, danach aber tritt an der gestochenen Stelle Schmerz ein, der absatzweise sich steigert und stundenlang anhalten kann. Zu den selteneren Erscheinungen gehört auch die Polyästhesie (Fischer), bei der die Kranken statt einer Spitze 2, statt der beiden Spitzen des Tasterzirkels 3—5 zu fühlen behaupten. Das Gleiche gilt von der Allocheirie (Obersteiner), bei der die Kranken über die gereizte Körperseite im Unklaren sind, z. B. die rechts applicirten Stiche links zu fühlen glauben.

Schliesslich sei noch die Prüfung auf Schmerzpunkte erwähnt. Man findet zuweilen einzelne Stellen, wo, sei es durch Reizung der Haut, sei es durch Reizung tieferer Theile, Druck oder Wärme oder der galvanische Strom einen heftigen, nicht selten ausstrahlenden Schmerz und reflectorische Erscheinungen bewirkt. Die Stellen, die in Frage kommen, sind in der Regel die, wo sensible oder gemischte Nerven ziemlich direct unter der Haut liegen, oder es sind einzelne Stellen der Haut über oder neben den Dornfortsätzen der Wirbelsäule. Um die Schmerzpunkte zu finden, drückt man mit der Fingerkuppe oder mit dem Knöchel die fraglichen Stellen, klopft auf sie mit dem Percussionshammer, fährt über sie mit einem in heisses Wasser getauchten Schwamme, mit der Kathode eines kräftigen galvanischen Stromes, während die Anode auf einer indifferenten Stelle steht.

b. Die Empfindungen, die von den unter der Haut oder Schleimhaut gelegenen Theilen ausgehen, fasst man zusammen und spricht von Empfindlichkeit der tiefen Theile. An ihr haben Antheil die Muskeln, die Fascien und Sehnen, die Bänder und Gelenke, das Periost und die Knochen. Weder ist es möglich diese verschiedenen Organe einzeln zu prüfen, noch ihre Empfindungen ganz zu trennen von denen der Haut. Alle jene und die Haut kommen in Frage bei den Fähigkeiten, deren Prüfung als für die Empfindlichkeit der tiefen Theile maassgebend angesehen wird.

1. Die Fähigkeit, die Schwere gehobener Körper zu beurtheilen, bezeichnet man gewöhnlich als Kraftsinn. Man prüft dies an den Armen so, dass man dem Untersuchten verschiedene Gewichte in die Hand giebt oder diese in eine um den Arm oder die Hand gelegte Tuchschlinge legt und dann den Untersuchten auffordert, mit Benutzung von Bewegungen abzuwägen, welches Gewicht das schwerere sei.

Hitzig hat Holzkugeln, die mit verschiedenen Bleimengen gefüllt sind und trotz verschiedenen Gewichtes gleich aussehen, angewandt. Man giebt sie den Kranken in die Hand oder legt sie in eine an den Strumpf angestrickte Seitentasche. E. H. Weber fand, dass Gewichtsunterschiede von $^1/_{40}$ vom Gesunden empfunden werden. Andere haben andere Zahlen gefunden. Am besten vergleicht man das Ergebniss mit den Angaben eines Gesunden von gleichem Alter u. s. w.

2. Die Fähigkeit, Richtung, Geschwindigkeit und Excursion der eigenen Bewegungen zu beurtheilen, kann entweder dadurch geprüft werden, dass man mit dem Untersuchten passive Bewegungen vornimmt und ihn dann auffordert, zu sagen, was geschehen ist, oder dass man ihn bestimmte Bewegungen ausführen lässt. Im ersteren Falle hebt man z. B. vorsichtig mit der unter die Ferse gelegten Hand das Bein des liegenden Untersuchten. Der Gesunde nimmt die geringste passive Bewegung wahr. Ist die Empfindlichkeit vermindert, so kann der Winkel, den das Bein des Untersuchten mit der Horizontalen in dem Augenblicke bildet, wann die passive Bewegung wahrgenommen wird, ein Maass der Störung abgeben. Im anderen Falle bezeichnet man dem sehenden Untersuchten eine Bewegung, die er dann mit geschlossenen Augen ausführen soll, man zeigt ihm z. B., wie hoch er das Bein heben soll, oder man markirt einen Punkt, den er mit dem Finger berühren

13*

soll. Die Gesunden erfüllen alle derartigen Aufgaben mit grosser
Sicherheit und pflegen sich höchstens um wenige Centimeter zu irren.
Zur Prüfung der „Bewegungsempfindung" räth Goldscheider das
Glied oberhalb und unterhalb des zu bewegenden Gelenkes in die
volle Hand zu nehmen und, indem man einen ziemlich starken Druck
ausübt, ganz kleine Bewegungen mit mässiger Geschwindigkeit
auszuführen. Der Kranke muss etwas eingeübt werden.

Mit der besprochenen Fähigkeit hängt eng zusammen das Bewusstsein von der Lage der Glieder. Man prüft dies, indem
man dem untersuchten Gliede bestimmte Stellungen ertheilt, die der
natürlich nicht sehende Patient beschreiben muss, oder die er mit
dem symmetrischen Gliede nachahmen muss.

Bei diesen Untersuchungen ist selbstverständlich darauf zu achten,
ob die activen Bewegungen nicht etwa durch motorische Störungen
gehemmt werden. Wenn auch bei offenen Augen die geforderten
Bewegungen nicht richtig sind, so spricht man von Ataxie. Die unter
1 und 2 genannten Vermögen bezeichnet man auch als Leistungen
des „Muskelsinnes". Es ist aber zweckmässig, diesen Namen nicht
zu brauchen, da offenbar ausser den Empfindungen der Muskeln auch
die der Gelenke, die der gespannten Haut u. s. w. eine Rolle spielen.
Ausser von Aufhebung des Muskelsinnes hat man auch von Aufhebung
des Muskelbewusstseins (conscience musculaire — Duchenne)
gesprochen. Man versteht darunter einen bei Hysterischen beobachteten Zustand, in dem die unempfindlichen Glieder nur unter Controle
der Augen bewegt werden können, bei Schluss der Augen oder im Dunkeln jede Bewegung unmöglich ist, die Kranken als gelähmt erscheinen.

3. Die Empfindlichkeit der Muskeln prüft man durch
Druck mit der Hand. Gesunde Muskeln sind sehr wenig druckempfindlich. Findet man Schmerzhaftigkeit der Muskeln bei Druck (wobei durch Drücken leerer Hautfalten Verwechselung mit Hyperästhesie der Haut vermieden wird), so liegt zweifellos ein krankhafter
Zustand vor.

Man kann auch die elektromusculäre Sensibilität durch
directe oder indirecte faradische, oder auch galvanische Reizung prüfen.
Mit jeder künstlichen Contraction ist ein charakteristisches Spannung-
gefühl verbunden, das sich bis zu heftigem Schmerze steigern kann,
demselben Schmerze, der auch bei gewissen Krämpfen (Crampi) eintritt. Verlust der elektromusculären Sensibilität ist leicht nachzuweisen, geringere Störungen sind nur bei Anästhesie der Haut leicht
zu erkennen, weil es schwierig ist, Haut- und Muskelempfindungen
genau auseinander zu halten.

4. Die Fähigkeit, den aufrechten Körper im Gleichgewichte zu erhalten, muss als von der Empfindlichkeit abhängig hier mit erwähnt werden. Wenn der Untersuchte nur mit sehenden Augen sicher stehen kann, nach Schluss der Augen oder im Dunkeln schwankt oder zu Boden fällt, ist bewiesen, dass die Empfindlichkeit der Füsse herabgesetzt oder aufgehoben ist.

5. Das Vermögen, die körperliche Gestalt der Dinge zu erkennen, wird geprüft, indem man den Untersuchten kleinere, an ihrer Form leicht erkennbare Körper durch das Gefühl bestimmen lässt. Meist handelt es sich um das Gefühl der Hand, man giebt also den Patienten verschiedene Geldmünzen, kleine Schlüssel u. s. w. in die Hand, die durch Umgreifen oder durch Hin- und Herbewegen erkannt werden.

Zu methodischen Versuchen ist es am zweckmässigsten geometrische Körper zu verwenden. Hoffmann, ein Schüler Kussmaul's, hat zu diesen „stereognostischen Versuchen" aus Holz gearbeitete, 3—6 Centimeter im Durchmesser grosse Körper benutzt und zwar Kugel, Halbkugel, Kugelsegment, Kegel, Würfel, dreikantiges Prisma, Octaeder, Dodekaeder. Der Gesunde erkennt diese Körper, über deren Benennung man sich vorher mit ihm vereinigt hat, sofort nach der Umschliessung mit der Hand. Bei herabgesetztem Gefühle gelingt dies erst nach einiger Zeit und nach mehrfachem Hin- und Herbewegen, werden nur noch die einfacheren Körper (Kugel u. s. w.) erkannt, bis schliesslich jede stereognostische Beurtheilung unmöglich wird.

Die stereognostische Perception ist offenbar eine complicirte Erscheinung, bei der verschiedene Empfindungsqualitäten eine Rolle spielen. Hoffmann hat darüber in der Hauptsache folgendes ermittelt. Die stereognostische Perception kann aufgehoben sein, wenn die Temperatur-, die einfache Berührungs-, die Schmerzempfindlichkeit, der Ortsinn, der Kraftsinn erhalten sind. Von grösserer Bedeutung scheinen die extensive und die Druckempfindlichkeit, die Empfindung passiver Bewegungen und das Gefühl von der Lage der Glieder zu sein. Immerhin kann jedes einzelne dieser Vermögen in hohem Grade beeinträchtigt sein, ohne dass die stereognostische Perception in gleichem Grade Noth litte; ist nur eins von ihnen vollständig erhalten, so ist die letztere immer in gewissem Grade möglich. Die wichtigste Rolle sollen die extensive Empfindlichkeit (der Raumsinn) und der Drucksinn spielen. Bestehen neben der Anästhesie Störungen der Beweglichkeit, so ist das Ergebniss der stereognostischen Prüfung sehr unsicher.

Eine kurze Besprechung verdienen die excentrischen Empfindungen, die durch mechanische oder elektrische Reizung von Nervenzweigen in deren Gebiete hervorgerufen werden können. Der Typus dieser Empfindungen ist das „Mäuschen", das wohlbekannte Kribeln im Ulnarisgebiet der Hand, bei einem den N. uln. am Ellenbogen treffenden Stosse. Beim Gesunden bewirkt ein mässiger Druck

auf die erreichbaren gemischten oder sensorischen Nerven keine excentrische Empfindung. Bei Erkrankungen dieser Nerven aber tritt
sie oft sehr leicht ein. Die ausstrahlende Empfindung tritt dann
zuweilen nicht nur im Hautgebiete des Nerven, sondern auch längs
seines Verlaufes auf, so dass die Kranken mit der Fingerspitze dem
Laufe des Nerven folgen können. Man erklärt dieses Phänomen
durch Reizung der Nervi nervorum. Auch soll Druck auf einen erkrankten Nerven zuweilen eine in centripetaler Richtung ausstrahlende Empfindung erregen (Bärwinkel).

Bei galvanischer Reizung sensorischer Nerven findet man beim Gesunden ein Erregungsgesetz, das vollkommen analog ist dem Zuckungsgesetze motorischer Nerven. Bei allmählich zunehmender Stromstärke wird
zuerst KaS mit rasch vorübergehender excentrischer Empfindung beantwortet (KaSE), dann wird KaSE dauernd, so lange der Strom geschlossen
ist, und es treten vorübergehende excentrische Empfindungen bei AnS und
AnO ein, endlich wird auch AnSE dauernd und es zeigt sich schwache
KaOE. Die Stromstärke, bei der excentrische Empfindung eintritt, ist ungefähr dieselbe, bei der Zuckung eintritt, d. h. für KaSE etwa 1—2 M.-A.

Analog den motorischen Punkten kann man die Stellen des Körpers,
von den aus am leichtesten excentrische Empfindung durch den elektrischen Reiz erregt wird, als sensorische Punkte bezeichnen. Diese
entsprechen den Stellen, wo sensible Nervenzweige nahe unter der Haut
verlaufen, und im Allgemeinen den bei Neuralgien vorkommen den Schmerz-
punkten.

Ueber Abweichungen vom sensorischen Erregungsgesetze ist bisher
noch sehr wenig bekannt. M. Mendelssohn will bei Tabeskranken an
den Nerven der anästhetischen Bezirke eine Art sensorischer Entartungsreaction gefunden haben, derart, dass AnSE > KaSE war. Bei einigen
dieser Kranken fehlten AnOE und KaOE ganz, und drei empfanden überhaupt nur AnSE.

Vielleicht erlangen diese Dinge in Zukunft diagnostische Bedeutung.

———

Schliesslich noch einige Worte über die gebräuchlichen Termini.

Steigerung der Empfindlichkeit wird als Hyperästhesie bezeichnet. Selten wird darunter der seltene Zustand verstanden, wo
die Reizschwelle abnorm niedrig ist, die Empfindungen durch schwächere Reize als beim Gesunden bewirkt werden. Gewöhnlich versteht man unter Hyperästhesie eine Art Hyperalgesie derart, dass
die meisten Reize unangenehme Empfindungen erwecken: während
die Empfindungen, an die Urtheile geknüpft werden, nicht lebhafter
oder gar schwächer als sonst sind, begleitet das Unlustgefühl, das
der Gesunde nur bei sehr starken Reizen empfindet, fast alle Reize.

Verminderung der Empfindlichkeit ist Hypästhesie. Aufhebung
Anästhesie. Gewöhnlich aber nennt man jede Herabsetzung der

Empfindlichkeit Anästhesie, spricht demnach von schwacher, starker, completer Anästhesie. Eine nicht complete Anästhesie ist nur selten eine gleichmässige in dem Sinne, dass alle Empfindungsqualitäten gleichmässig herabgesetzt sind, gewöhnlich ist sie eine partielle, d. h. die eine Art von Reizen wird weniger deutlich empfunden als die andere. Die „partiellen Empfindungslähmungen" stellen sich aber nicht so dar, dass etwa nur Temperaturreize nicht gefühlt würden, alle sonstigen Empfindungsqualitäten normal wären, sondern nur ein oder einige Vermögen sind mehr geschädigt als die anderen. Es ist daher nur in dem Sinne statthaft von Tastsinnlähmung (Apselaphesie) zu reden, dass man darunter Verminderung der der Wahrnehmung dienenden Empfindungen der Haut versteht und sie unterscheidet von der Analgesie, beziehungsweise Anedonie, d. h. der Verminderung, des die Empfindungen begleitenden „Gefühlstones". In gleicher Weise wird zuweilen Anästhesie im engeren Sinne der Analgesie gegenübergestellt. Es findet sich in der That selbständige Analgesie, d. i. Aufhebung des Schmerzgefühles ohne Beeinträchtigung der Wahrnehmungsfähigkeit.

Unter Anaesthesia dolorosa versteht man den Zustand, wo Schmerzen in einem gegen äussere Reize unempfindlichen Gebiete auftreten.

Parästhesien sind im allgemeinsten Sinne Empfindungen, die ohne äussere Ursache eintreten. Es gehören dahin das Jucken (Pruritus), das Prickeln, Kriebeln, Ameisenlaufen (Formicatio), Hitze- (Ardor) und Frostgefühl (Algor) und dergleichen, streng genommen auch die verschiedenen Formen des krankhaften Schmerzes, die jedoch in der Regel für sich abgehandelt werden.

Als Perversion der Empfindung bezeichnet man die Beantwortung eines Reizes mit einer Empfindung, die beim Gesunden einem anderen Reize zukommt, z. B. das Auftreten von Brennen bei einem Stiche, das Gefühl des Stiches bei Berührung mit einem kalten Gegenstande u. s. w., ferner die oben als Polyästhesie, Allocheirie u. s. w. beschriebenen Zustände.

Man unterscheidet weiter nach dem Sitze cutane, musculäre, viscerale, sensuale Anästhesien, Parästhesien u. s. w., nach der Ausbreitung circumscripte, diffuse Anästhesie, Hemianästhesie, Paraanästhesie. —

Welche Hautbezirke den einzelnen Nerven entsprechen, ist aus der im II. Theile gegebenen Uebersicht über die Vertheilung der peripherischen Nerven und den dort befindlichen Abbildungen zu entnehmen.

Aus der Art der Anästhesie kann man keine sicheren Schlüsse auf den Ort der Läsion ziehen, doch deuten bestimmte Formen der Anästhesie mit einer gewissen Wahrscheinlichkeit darauf.

Complete Anästhesie kann sowohl cerebraler, als spinaler, als peripherischer Natur sein, doch ist sie weit häufiger durch peripherische als durch centrale Veränderungen verursacht, abgesehen von der functionellen Anästhesie, die sehr oft complet ist. Umgekehrt ist die partielle Anästhesie häufiger centraler als peripherischer Natur. Doch muss mit Nachdruck betont werden, dass partielle Anästhesie durchaus nicht mit Bestimmtheit gegen peripherische Läsion spricht, vielmehr können wahrscheinlich die meisten Formen partieller Anästhesie durch die letztere entstehen. Auch die Verlangsamung der Empfindung kommt durch sie, wiewohl selten, zu Stande, nicht nur durch spinale Läsionen, wie früher angenommen wurde. Analgesie kommt am häufigsten bei functioneller, sehr häufig bei spinaler, seltener bei peripherischer, wohl nie bei corticaler Anästhesie vor. Dagegen wird erhaltene Schmerzempfindlichkeit bei verlorener oder verminderter Wahrnehmungsfähigkeit fast nur bei cerebralen, besonders corticalen Läsionen beobachtet. Mit grosser Wahrscheinlichkeit deutet das Vorhandensein von Analgesie und Thermoanästhesie bei erhaltener Tastempfindlichkeit auf Erkrankung der Hinterhörner im Rückenmarke. Da diese Form der partiellen Anästhesie nicht nur bei der gliomatösen Entartung, sondern auch bei Zerstörung der grauen Substanz durch Blutungen auftritt, dürfte sie in der That localdiagnostisch verwerthbar sein. Freilich scheint sie ausnahmeweise auch bei peripherischen Läsionen vorzukommen und ist auch einige Male bei Hysterie beobachtet worden. Die meisten Beispiele von Perversion der Empfindung, von Doppelempfindung u. s. w. hat man bei spinalen Läsionen beobachtet.

Eine Form der perversen Temperaturempfindung, die in dem Verluste der Kälteempfindung, vermöge dessen Eis als warm empfunden wird, und in einer andauernden subjectiven Wärmeempfindung besteht, ist meist bei Erkrankungen der Oblongata, beziehungsweise der Brücke beobachtet worden.

Gewisse Schlüsse kann man ferner aus den die Anästhesie begleitenden Erscheinungen ziehen.

Die Anaesthesia dolorosa, wenn sie nicht hysterischer Art ist, lässt mit einiger Sicherheit auf eine peripherische, d. h. unterhalb des Eintritts der sensiblen Faser in die graue Substanz gelegene Läsion schliessen, da, wie bei Besprechung des Schmerzes erwähnt wird, der Schmerz in der Regel nur durch Reizung peripherischer Bahnen entsteht.

Begleitende Parästhesien haben keine diagnostische Bedeutung. Wenn Anästhesie mit Lähmung zusammen vorkommt, so ist immer die Beschaffenheit der Lähmung maassgebend für die Localisation.

Anästhesie ohne Lähmung kann durch Läsionen verschiedensten Sitzes entstehen. Auch bei Erkrankungen in den gemischten Nerven kann sie vorkommen, wenn es sich um Processe handelt, die primär, sozusagen systematisch die sensiblen Fasern zum Absterben bringen. Immerhin wird eine Läsion der gemischten Nerven selten in Frage kommen. Die cerebrale Läsion wird sich ausschliessen lassen, wenn die Anästhesie nicht halbseitig ist. Es bleiben dann die Endigungen der sensiblen Fasern in der Haut, die Hautnerven, die hinteren Wurzeln und deren Fortsetzungen im Rückenmarke als möglicher Sitz der Läsion.

Die Berücksichtigung der Reflexe ist bei der Anästhesie von geringerer Bedeutung als bei der Lähmung. Nur wenn bei completer Anästhesie die Reflexe lebhaft sind, kann man mit Bestimmtheit eine centrale Läsion annehmen. Das Vorhandensein der Sehnenreflexe bei Hautanästhesie hat natürlich keine Bedeutung, nur bei Anästhesie der Muskeln spricht ihr Fehlen für periphersche, beziehungsweise Kern-Läsion, ihr Vorhandensein für centrale Läsion. Die Hautreflexe fehlen bei completer, sind gewöhnlich schwach bei unvollständiger peripherischer Anästhesie, sie können aber auch bei centraler Anästhesie fehlen vermöge der sogenannten Reflexhemmung.

Ernährungstörungen der Haut, der Knochen u. s. w. kommen in der Regel nur bei Erkrankung der grauen Rückenmarksubstanz oder bei peripherischer Anästhesie vor. Da man jedoch über die Ursache dieser Ernährungstörungen nicht recht im Klaren ist, nicht weiss, ob für sie die Läsion der sensorischen Fasern selbst verantwortlich zu machen ist, oder ob etwa gar besondere trophische Fasern anzunehmen sind, oder ob sie nicht zum Theil wenigstens als blosse Complicationen zu betrachten sind, entstanden durch äussere Schädlichkeiten, die wegen der Unempfindlichkeit nicht abgewehrt werden, so ist es nicht wohl möglich, aus ihrem Fehlen oder Vorhandensein bestimmte Schlüsse auf Ort oder Art der die Anästhesie bewirkenden Veränderungen zu machen.

Vasomotorische Störungen neben der Anästhesie sind ebenfalls diagnostisch nicht wohl zu verwerthen. Auf keinen Fall ist man berechtigt, einen etwaigen Gefässkrampf ohne Weiteres als Ursache der Anästhesie anzusehen.

Am wichtigsten ist die Ausdehnung der Anästhesie. Ent-

´spricht sie dem Bezirke dieses oder jenes Nerven, so darf man die Läsion in diesem suchen.

Besteht Paraanästhesie, so wird man mit grosser Wahrscheinlichkeit eine Läsion des Rückenmarkes (u. U. allerdings der Cauda equina) annehmen dürfen und zwar wird es sich entweder um eine Querläsion oder um eine Erkrankung der hinteren Rückenmarkshälfte handeln. In jenem Falle fehlt nie die Paraplegie und es finden dann die für diese geltenden Regeln Anwendung (vergl. S. 90 u. f.). Die obere Grenze der Anästhesie ist gewöhnlich leichter und sicherer als die der Lähmung zu bestimmen, aus ihr erschliesst man, bis zu welcher Höhe des Rückenmarkes die Läsion reicht. Besteht eine auf die Hinterstränge, beziehungsweise hintere Hälfte des Markes beschränkte Erkrankung, so findet sich auch Paraanästhesie, doch fehlt natürlich die Lähmung.

Findet man fleckweise, diffuse Anästhesie, so ist zunächst über deren Ursache nichts Bestimmtes zu sagen, es können die sensiblen Endorgane, es können in den peripherischen Nerven einzelne Fasern in wechselnder Combination erkranken, es können im centralen Nervensystem unregelmässige Herde von beliebiger Gestalt und Zahl auftreten. Sie kommt auch bei Hysterie vor. Nur die Auffassung des ganzen Krankheitsbildes wird die Localisation ermöglichen.

Jederzeit centraler Natur ist die Hemianästhesie. Die spinale Hemianästhesie ist auf S. 89 als Theilerscheinung der Brown-Séquard'schen Lähmung besprochen worden. Wir haben uns daher hier nur mit der cerebralen und der hysterischen Hemianästhesie zu beschäftigen. Die organische Hemianästhesie setzt eine Läsion der anderen Hirnhälfte voraus: wo in dieser sie zu suchen ist, ergiebt sich aus der Betheiligung der Hirnnerven. Halbseitige Gefühlstörung mit Aufhebung aller Specialsinne einer Seite, des Geruchs, Gesichts, Gehörs, Geschmacks, könnte nur durch eine Läsion der gegenüberliegenden Hemisphäre entstehen, denn nur in dieser sind die zu allen Sinnesgebieten führenden Bahnen vereinigt. ´Man nahm bisher vielfach an, dass eine derartige totale Hemianästhesie mit grosser Wahrscheinlichkeit zu beziehen sei auf eine Läsion des hintersten Abschnittes der inneren Kapsel. Eine höher gelegene Läsion werde schwerlich sämmtliche nach verschiedenen Gegenden der Hirnrinde ausstrahlenden Gefühlsbahnen treffen. Eine tiefer gelegene Läsion werde zum Mindesten Geruch und Gesicht nicht mehr treffen. Die Form der halbseitigen Sehstörung bei der Hemianästhesie durch Läsion der inneren Kapsel sei die der Anästhesie gleichseitige Hemianopsie. Gegen diese Lehre ist freilich zu bemerken, dass nach neueren Angaben die Sehbahn überhaupt nicht durch die innere Kapsel zieht, dass die Beobachtungen, auf die die Lehre sich gründet, vielfach zu Bedenken Anlass geben, da es sich wahrscheinlich in vielen Fällen um hysterische Hemianästhesie gehandelt hat, die zu den Symptomen der organischen Läsion hinzutrat.

Hemianästhesie ohne Geruchs- und ohne Sehstörung, aber mit Anästhesie der Gesichtshaut wird eine Läsion vermuthen lassen, die unterhalb der inneren Kapsel sitzt, aber oberhalb des Abganges der Trigeminusbahn, der wohl in einer etwa dem vorderen Rande der Brücke entsprechenden Höhe statthat. Ueber den Verlauf der Acusticusbahn lässt sich bisher nichts Sicheres angeben, man weiss nur, dass Läsionen des Hirnschenkels, die Hemianästhesie verursachen, nicht von Gehörstörung begleitet zu sein brauchen. Eine Läsion der halbseitigen Gefühlsbahn in der Höhe der Brücke und der Oblongata wird Hemianästhesie ohne Betheiligung des Trigeminusgebietes oder Hemianästhesie mit gekreuzter Trigeminusanästhesie, die alsdann peripherischer Natur ist, bewirken. Ueber das Vorkommen halbseitiger Geschmackstörung und über den centralen Verlauf der Geschmacksbahn ist zu wenig bekannt, als dass man aus dem Verhalten des Geschmackes sichere Schlüsse auf den Ort der Läsion bei Hemianästhesie machen könnte.

Ob eine Hemianästhesie als Folge einer directen oder indirecten Läsion der Gefühlsbahn zu betrachten ist, ergiebt sich aus ähnlichen Ueberlegungen wie bei der Hemiplegie. Sicher kommt es schwerer zu einer indirecten Hemianästhesie als zu einer indirecten Hemiplegie. Wo daher die Hemianästhesie ohne Hemiplegie besteht, wird man sie als direct verursacht betrachten. Dagegen zeigt indirecte Hemianästhesie sich oft in der ersten Zeit nach Eintritt einer Hemiplegie. Sie ist dann gewöhnlich weder der Ausdehnung noch dem Grade nach vollständig und bildet sich ziemlich rasch wieder zurück. Gewöhnlich schwindet die indirecte Hemianopsie, die nicht selten ist, rasch wieder. Störungen der Empfindlichkeit an der gelähmten Körperhälfte können längere Zeit bestehen.

Ueber die die corticalen Monoplegien begleitende Anästhesie ist schon oben (S. 87) gesprochen worden.

Wenn eine Läsion die hintere Hälfte des Rückenmarkes im oberen Halsmarke zerstörte, so würde eine nahezu totale Anästhesie entstehen, denn da die aufsteigende Trigeminuswurzel, die einen grossen Theil der sensiblen Trigeminusfasern enthält, mit zerstört wäre, so würden ausser den Gliedern und dem Rumpfe auch die

Haut und die Schleimhäute des Kopfes unempfindlich sein. Von einer totalen Anästhesie. die durch eine doppelseitige Läsion des hinteren Abschnittes der inneren Kapsel entstanden wäre, würde sich jene durch die Nichtbetheiligung der Sinnesorgane unterscheiden, auch würde wahrscheinlich das Auge empfindlich bleiben. Genaueres lässt sich wegen des Mangels an ausreichenden Beobachtungen nicht sagen. Doch ist die Möglichkeit einer derartigen Anästhesie deshalb nicht ausser Acht zu lassen. weil die entsprechende Läsion sehr wohl durch die Gliomatose des Halsmarkes bewirkt werden kann. demnach die Annahme einer hysterischen Anästhesie bei nahezu totaler Anästhesie nicht ohne Weiteres gerechtfertigt ist.

Die Unterscheidung zwischen organischer und functioneller (hysterischer) Anästhesie stützt sich im Allgemeinen darauf. dass letztere der anatomischen Regeln zu spotten pflegt. dass die Reflexe vollständig normal bleiben, dass anderweite Symptome der Hysterie. hysterische Lähmung. Ovarie. hysterische Krämpfe u. s. w. bestehen. Oft werden die aus kleinen Zügen sich zusammensetzende Physiognomie des Falles. der Verlauf. die Aetiologie mit in Betracht gezogen werden müssen. Entsteht z. B. nach einem leichten Trauma des Arms complete Anästhesie des ganzen Arms, so wird ihre functionelle Natur ohne Weiteres erkannt werden. Totale Analgesie mit sensorieller Anästhesie (Amblyopie, Gesichtsfeldeinschränkung. Anosmie u. s. w.) ist stets functionell. Das Gleiche gilt von der (seltenen) perte de la conscience musculaire Duchenne's. Am häufigsten wird die Diagnose zwischen organischer und functioneller Hemianästhesie schwanken. Bei der letzteren sind alle nach rechts oder nach links von der Mittellinie gelegenen Theile unempfindlich. zuweilen nur die Decke. öfter auch die tiefen Theile. Muskeln. Gelenke u. s. f., meist ist die Anästhesie allgemein. seltener ist sie partiell, besteht nur Analgesie. oder Analgesie und Thermanästhesie u. s. w. Die Schleimhäute des Auges, der Nase. des Mundes, der Genitalien sind ebenfalls halbseitig unempfindlich. Das eine Nasenloch riecht nicht. das eine Ohr hört nicht, die eine Zungenhälfte schmeckt nicht. Die Sehstörung besteht in doppelseitiger Abnahme der centralen Sehschärfe, die aber auf dem Auge der unempfindlichen Seite viel stärker ist. in beträchtlicher allgemeiner concentrischer Einschränkung des Gesichtsfeldes, in concentrischer Einengung des Gesichtsfeldes für Farben. Die Achromatopsie besteht bei geringeren Graden in Verlust der Violettempfindung. dann fallen Grün, Roth, endlich Orange aus. am längsten wird Gelb und Blau gesehen. Die Angabe. dass auch bei organischer Hemianästhesie

die Sehstörung in Form der geschilderten Amblyopie auftrete, steht
in Widerspruch mit der gesicherten Thatsache, dass einseitige Läsionen des Occipitallappens Hemianopsie bewirken. Man nimmt daher jetzt an, dass die Befunde von Hemianästhesie mit Amblyopie
durch organische Läsion theils auf ungenauer Untersuchung, theils
auf Verwechselung hysterischer Hemianästhesie, die als „traumatische
Neurose" oft bei organischen Hirnläsionen aufzutreten scheint, mit
organischer Hemianästhesie beruhen. Wahrscheinlich verhält sich die
Sache in Wirklichkeit so, dass Herde, die nur die innere Kapsel beschädigen, überhaupt keine Sehstörung machen, dass Herde in der
Hemisphäre, die eine Fernwirkung ausüben, indirecte Hemianopsie
neben der Hemianästhesie bewirken können, dass die bei Kapsel-
herden beobachtete gekreuzte Amblyopie hysterischer Art gewesen
ist. Findet sich Hemianopsie, so ist die organische Läsion überhaupt
zweifellos. Sieht man von der Sehstörung ab, so bleiben als wich-
tigste Symptome, die gegen functionelle Hemianästhesie sprechen:
Bestehen einer Facialislähmung, Verminderung oder Aufhebung des
Bauchreflexes (beziehungsweise der Hautreflexe überhaupt, vgl. S. 144).
Diese Symptome (ebenso Oculomotorius-, Abducens-, Hypoglossus-,
Kaumuskellähmung u. s. w.) beweisen die Existenz einer organischen
Läsion, sie lassen aber die Hemianästhesie nicht mit voller Sicherheit als organische erkennen, weil es immer möglich ist, dass an die
Verletzung des Gehirns sich hysterische Hemianästhesie angeschlos-
sen hat, wie sie sich an andere Traumata anschliesst. Für functionelle Hemianästhesie sprechen: das Fehlen aller Zeichen einer organischen Läsion, besonders die Unversehrtheit der Hautreflexe auf
beiden Seiten, das Vorhandensein der Ovarie und anderer Schmerzpunkte, die Klage über Schmerzen in den anästhetischen Theilen,
hysterische Krämpfe und anderweite hysterische Symptome, die Entstehung im Anschluss an eine Gemüthsbewegung oder ein Trauma,
das die anästhetische Seite betroffen hat, das plötzliche Verschwinden der Anästhesie, die Möglichkeit, sie durch metalloskopische Pro-
ceduren und dergl. zu beeinflussen, das Ueberspringen der Anästhesie
auf die andere Seite u. s. w. Das Fehlen psychischer Symptome von
Hysterie will gar nichts besagen. Auch männliches Geschlecht spricht
natürlich nicht gegen functionelle Hemianästhesie, da diese bei Männern besonders nach Traumen ziemlich häufig auftritt. Wichtig ist,
dass die hysterische Anästhesie häufiger links als rechts sich zeigt
und dass sie überhaupt sehr viel häufiger als die organische ist. Endlich aber ist bei der hysterischen Hemianästhesie wie bei jeder hysterischen Anästhesie die Hauptsache die, dass die Unempfindlichkeit

durch die Spaltung des Bewusstseins, nicht durch irgendwelche Leitungshindernisse verursacht ist. Die anästhetischen Hysterischen fühlen. aber sie wissen es nicht, d. h. sie können sich eines Theiles ihrer
Empfindungen nicht bewusst werden. In Wahrheit aber verwerthen
sie unbewussterweise die von den scheinbar unempfindlichen Theilen
ausgehenden Wahrnehmungen. Sie wissen gewöhnlich nichts von
ihrer Anästhesie, ehe sie vom Arzte gefunden wird. sie stossen sich
nicht an die anästhetischen Theile. sie gebrauchen diese ebenso geschickt wie die der fühlenden Seite. sie verwerthen die die anästhetischen Theile treffenden Eindrücke zu unbewusst bleibenden Schlüssen, was man durch besondere Versuche nachweisen kann und was
sie Simulanten ähnlich macht.

Die hysterische Hemianästhesie kann nach den verschiedenen
Richtungen hin unvollständig sein: complete Anästhesie bis zu leichter Hypästhesie, qualitativ allgemeine Anästhesie oder nur Analgesie
(zuweilen nur Thermanästhesie), Verschonung eines oder einiger. oder
aller oberen Sinnesorgane. Verschonung einiger oder aller Schleimhäute. Verschonung der tiefen Theile. Freibleiben des Kopfes. eines
Gliedes. eines Gliedabschnittes. der Geschlechtstheile. zerstreuter Inseln u. s. w.

Thatsächlich lassen sich fast alle Formen hysterischer Anästhesie
auf die Hemianästhesie zurückführen. Ist mehr als diese vorhanden.
so kann zur vollständigen Hemianästhesie einer Seite unvollständige
der anderen hinzutreten, oder es kann zur doppelseitigen Hemianästhesie. d. h. zur totalen Anästhesie kommen. Ist weniger vorhanden. so haben wir Anästhesie einer Kopfhälfte, eines Armes. einer
Hand u. s. w. Die charakteristische Form der örtlichen hysterischen
Anästhesie ist die Anästhesie des Gliedabschnittes: die Grenze bildet
eine zur Längsrichtung senkrechte Linie.

Ueberaus häufig ist die Anästhesie Begleiterin anderer örtlicher
Hysteriesymptome. Ist irgendwo ein hysterischer Spasmus, ihn deckt
ein anästhetischer Bezirk. Dasselbe gilt von Lähmungen, schmerzhaften Zuständen (z. B. sogenannte Gelenkneurosen. Neuralgien u. s. w.).
Ueberall. wo hysterische Anästhesie vorkommt. kann sie durch Hyperästhesie vertreten werden: Hemihyperästhesie. Hyperästhesie eines
Gliedabschnittes u. s. f.

Am nächsten steht der hysterischen Anästhesie die zuweilen bei
Psychosen vorkommende Anästhesie. bei Melancholie. Paranoia,
besonders bei verschiedenen Formen des Irreseins der Entarteten.
Das Vorbild ist die Anästhesie des kämpfenden Kriegers. Die Aufmerksamkeit ist bei den Kranken auf die krankhaften inneren Zu-

stände gerichtet, die äusseren Reize werden nicht wahrgenommen, es entsteht allgemeine Anästhesie oder Analgesie. Doch können Autosuggestionen auch zu örtlicher Anästhesie führen.

Allgemeine Anästhesie oder Analgesie kann auch durch Einwirkung im Blut enthaltener Gifte auf das Gehirn entstehen: Opium, Chloroform u. s. w., örtliche durch Cocain, durch Kälte. Diagnostische Schwierigkeiten kommen hier kaum in Frage.

Fassen wir die Erfahrungen über organische Anästhesie zusammen, so ergiebt sich etwa Folgendes.

Bei Anästhesie durch grobe Gehirnerkrankungen sind besonders 2 Fälle in Betracht zu ziehen: Herde in der Rinde hinter der Rolando'schen Furche und Herde im äusseren Abschnitte der inneren Kapsel (Carrefour sensitif) oder den tieferen Abschnitten der Gefühlsbahn. Bei jenen handelt es sich um eine die Hemiparese, beziehungsweise Monoparese begleitende Hypästhesie, bei diesen um Hemianästhesie, die je nach der Ausdehnung des Herdes mit Hemiplegie verbunden ist oder nicht. Werden die in der inneren Kapsel vereinigten sensorischen Fasern weiter abwärts beschädigt, so sind die oberen Sinne nur zum Theil betroffen. Eine Läsion der halbseitigen Gefühlsbahn in der Höhe der Brücke wird Hemianästhesie ohne Störung des Gesichtes und des Geruches, ohne Betheiligung des Trigeminusgebietes oder mit gekreuzter Trigeminusanästhesie bewirken. Die cerebrale Hemianästhesie stellt sich meist als Hypästhesie dar, vorübergehend zeigt sie sich oft nach Eintritt einer Hemiplegie.

Bei Herden in der Oblongata kann ausgebreitete Anästhesie vorkommen; sitzt der Herd oberhalb der Pyramidenkreuzung, so ist die Anästhesie auf der Seite der Lähmung, sitzt er unterhalb, so sind Lähmung und Anästhesie gekreuzt. Doppelseitige Herde machen natürlich auch doppelseitige Erscheinungen.

Von den Krankheiten des Rückenmarkes führen manche oft, manche selten oder gar nicht zu Anästhesie. Zuerst sei die mechanische Beschädigung genannt. Der ganze Querschnitt des Rückenmarkes wird am häufigsten durch Druck getroffen: Druck eines Exsudates im Wirbelcanal, Druck durch Wirbelknochen, Druck durch Geschwülste. Bei Compressio spinalis, aus der durch den Hinzutritt von Entzündungserregern eine sogenannte Compressionsmyelitis werden kann, leiden in erster Linie die motorischen Functionen: Motilität, reflectorische Erregbarkeit, Blasenthätigkeit. Es ist kennzeichnend, dass bei mässigem Drucke Anästhesie ganz fehlen kann. Bei stärkerem Drucke kommt es zuweilen erst zu Dysästhesie, d. h. zu peinlichen Parästhesien und Hyperästhesie, dann zu Anästhesie.

Die letztere ist dann Paraanästhesie; meist leiden alle Arten der Empfindlichkeit, zuweilen Schmerz- und Temperaturempfindlichkeit mehr als die Wahrnehmung. Die obere Grenze der Paraanästhesie dient zur Bestimmung des Sitzes der Läsion. Da der Druck in der Regel auch Wurzelfasern trifft, zeigen sich an der oberen Grenze der Paraanästhesie Wurzelsymptome: Schmerzen, Streifen completer Anästhesie, trophische Störungen, beziehungsweise peripherische Lähmungen.

Ist nur eine Hälfte des Markes beschädigt, so entsteht das Bild der Brown-Séquard'schen Lähmung (durch Messerstich, Schussverletzung, einseitige Geschwülste, einseitig wirkende Knochenfragmente u. s. w.). Man findet, wenn etwa die linke Hälfte des mittleren Brustmarkes durchschnitten ist, Anästhesie des rechten Beines und der rechten Rumpfhälfte bis zur Höhe der Läsion, Anästhesie, an die sich nach oben hin ein schmaler Gürtel von Hyperästhesie anschliesst. Man findet ferner Lähmung des linken Beines, das nicht anästhetisch, sondern vielmehr hyperästhetisch ist. Diese Hyperästhesie, richtiger Hyperalgesie, deren Entstehung ebensowenig wie die des hyperästhetischen Grenzstreifens recht zu erklären ist, pflegt vorübergehender Natur zu sein. Nach oben grenzt an sie eine Zone dauernder Anästhesie durch Zerstörung hinterer Wurzelfasern. Auf sie folgt zuweilen wieder ein hyperästhetischer Gürtel. Es wird angegeben, dass das „Muskelgefühl" des gelähmten Beines erloschen sei. Da eine genau auf eine Rückenmarkshälfte beschränkte Läsion nicht oft vorkommt, findet man sehr selten das reine Bild der Brown-Séquard'schen Lähmung. Bei vorwiegender Beschädigung einer Hälfte lassen sich in dem Bilde der spinalen Paraplegie die Züge jener Lähmung halbwegs erkennen, derart, dass zwar beide Beine paretisch sind, aber das eine stärker, während das weniger gelähmte deutliche Anästhesie zeigt.

Die sogenannte diffuse Myelitis, d. h. die Entstehung entzündlicher Herde im Rückenmarke, die je nach der Intensität des Reizes zu acuter Erweichung oder zur Schrumpfung führen, sich rasch oder langsam entwickeln, ist eine seltene Krankheit, bei ihr müssen natürlich die Wurzelsymptome zurücktreten und muss das Bild einer mehr oder weniger grossen Zerstörung des Querschnittes entsprechen: Paraanästhesie. Das Gleiche gilt von der überaus seltenen Hämatomyelie. Die multiple Sclerose ist dadurch gekennzeichnet, dass bei ihr die Anästhesie eine untergeordnete Rolle spielt. Doch fehlt sie selten ganz: fleckweise Anästhesie, ausnahmeweise Paraanästhesie.

Von denjenigen Krankheiten, die nur bestimmte Theile des Markes befallen, gehen uns besonders zwei an: die vorwiegend die Hinterhörner zerstörende Gliomatosis spinalis und die vorwiegend die Hinterstränge schädigende Tabes. Für die Gliomatosis spinalis ist das Hauptzeichen die besondere Anästhesie: Analgesie und Thermanästhesie mit Erhaltung oder mit geringer Verminderung der Empfindlichkeit gegen Berührungen. Doch kann auch allgemeine Anästhesie vorkommen und jene besondere Anästhesie kann sich ausnahmsweise bei Hysterie und bei peripherischen Erkrankungen zeigen. In der Regel ist Thermoanalgesie bei Gliomatosis vorhanden, mit ihr verbunden ist oft eine besondere Parästhesie, d. h. Gefühl des Brennens auf der Haut. Neben der Anästhesie besteht meist Muskelschwund spinalen Charakters. Aber die Gebiete des Schwundes und die der Anästhesie decken sich nicht, da die Gliose in unregelmässiger Weise bald da die vordere, bald dort die hintere graue Substanz zerstört. Meist ist die Erkrankung doppelseitig, sie kann aber auch lange einseitig sein. Die Arme sind vorwiegend ergriffen. Im Gebiete der Anästhesie findet man oft trophische Störungen: Erkrankungen der Haut und der Knochen durch geringfügige äussere Anlässe, Panaritien, eiternde Schrunden, Phlegmonen, Blasenbildung, Gelenkeiterung, Knochenzerstörung und -Wucherung. Ergreift schliesslich die Gliomatosis den ganzen Querschnitt, so tritt zu dem Bilde die spastische Paraparese hinzu. Hyperästhesie und Schmerzen fehlen in der Regel während des ganzen Verlaufes.

Die sogenannte Morvan'sche Krankheit oder Parésie analgésique ist wahrscheinlich mit der Gliomatosis spinalis identisch.

Die Tabes ist die häufigste Rückenmarkskrankheit und ausser der Hysterie wohl die häufigste Ursache von Anästhesie. Da bei ihr aber auch selbständige Erkrankungen der peripherischen Nerven fast regelmässig vorzukommen scheinen, ist es schwer, die tabische Anästhesie auf ihre anatomische Ursache zu beziehen. Vieles, was man früher als spinale Anästhesie ansah, ist wohl peripherischer Art und damit stimmt, dass die Anästhesie bei Tabes thatsächlich die verschiedensten Formen zeigt, dass alle Arten der Anästhesie, die bei peripherischen Erkrankungen beobachtet werden, auch bei Tabes vorkommen. Haut, Schleimhäute und tiefe Theile werden befallen. Im Allgemeinen erkranken die Beine zuerst: Anästhesie der Füsse und wahrscheinlich besonders Anästhesie der Fuss- und Beingelenke, in der man vermuthlich die nächste Ursache der Ataxie zu erblicken hat. An den Armen pflegt das Ulnarisgebiet zuerst betroffen zu werden, oft aber werden auch alle 5 oder etwa 4 Finger gleichzeitig hypästhetisch. Trigeminusanästhesie ist nicht selten. Der Grad der Anästhesie wechselt von der leichtesten Hypästhesie bis zur completen Anästhesie. Alle Arten der Anästhesie kommen vor, Analgesie aber ist (wenigstens auf der Haut) am häufigsten. Der Ausdehnung nach wiegt die fleckförmige Anästhesie vor. Paraanästhesie gehört den späteren Stadien der Krankheit an. Bei der Diagnose der Tabes steht die Anästhesie in zweiter Reihe, sie hat nicht dieselbe Wichtigkeit wie reflectorische Pupillenstarre, Blitzschmerzen, Blasenstörung und Fehlen des Kniephänomens.

Was von der Tabes gilt, gilt natürlich auch dann, wenn ausser tabischen Symptomen progressive Paralyse vorhanden ist. Ferner sind der Tabes in Beziehung auf die Anästhesie mehr oder weniger ähnlich die seltenen, noch ungenügend bekannten Fälle, in denen eine nichttabische Hinterstrangerkrankung besteht.

Einige Rückenmarkskrankheiten sind nie mit Anästhesie verbunden, so dass ihr Fehlen diagnostisch wichtig wird: Poliomyelitis acuta und amyotrophische Lateralsclerose, zu denen als seltene Unterformen dort Poliomyelitis chronica, hier einfache spinale progressive Muskelatrophie hinzutreten. Diesen, auf die motorischen Theile des Rückenmarkes beschränkten Krankheiten gleichen in Beziehung auf das Fehlen der Anästhesie die primären Muskelkrankheiten: Dystrophia musc. progressiva, Trichinosis und wohl auch die primäre acute Polymyositis.

Die durch Erkrankung der peripherischen Nerven hervorgerufene Anästhesie ist in der Regel fleckförmig, d. h. entweder entspricht ihr Bereich dem eines, beziehungsweise mehrerer Nerven, oder sie stellt sich in unregelmässigen Flecken dar. Paraanästhesie kann auch durch Erkrankung der Cauda equina bewirkt werden. Sie kann natürlich auch durch Erkrankung aller Nerven der unteren Körperhälfte in der Peripherie entstehen, entwickelt sich aber dann aus einzelnen anästhetischen Bezirken. Peripherische Anästhesie ist meist mit Lähmung verbunden, diese aber kann fehlen, wenn nur die hinteren Wurzeln betroffen sind, oder wenn ein Gift, das nur oder vorzugsweise die empfindenden Fasern in den peripherischen Nerven schädigt, die Ursache ist. Schmerzen begleiten fast immer die peripherische Anästhesie, oder gehen ihr voraus. Sie ist am häufigsten allgemein, umfasst alle Arten der Empfindlichkeit, sie kann sich aber auch als Analgesie, als Thermanästhesie, als Verbindung beider u. s. f. darstellen, ebenso wie Verzögerung der Empfindung, Vervielfachung, Verlegung auf die andere Seite, Nachempfindung der peripherischen Anästhesie durchaus nicht fremd sind.

Bei mechanischen Einwirkungen (Schnitt, Quetschung, Zerreissung, Druck durch Geschwülste, Exsudate) handelt es sich natürlich immer um Nervenbezirkanästhesie, bezüglich deren der Hinweis auf die Anatomie genügt. Hieher gehört eigentlich auch die Meningitis spinalis, da bei dieser in der Regel der Druck eines (tuberculösen, syphilitischen) Exsudates das Wirksame ist. Besonders die Thatsache verdient hervorgehoben zu werden, dass die Nervenbezirke an den Gliedern Längsstreifen (am Rumpfe Querstreifen) bilden. Werden z. B. die oberen Zweige des Plexus brachialis betroffen, so wird die Aussenseite des Armes anästhetisch, während bei Erkrankung der unteren Zweige der Anästhesiestreifen die ulnare Seite einnimmt.

Die Anästhesie bei den verschiedenen Arten der infectiösen oder toxischen Nervenerkrankung ist zwar durchaus nicht so charakteristisch wie die Form der Lähmung, hat aber doch zuweilen etwas Eigenthümliches. Bei der Arsenikneuritis z. B. beschränkt sich in der Regel die Anästhesie, ebenso wie die Lähmung, mehr oder weniger auf Hände und Füsse und ist mit heftigen Schmerzen verbunden. Bei Alkoholneuritis fehlt sie fast nie, kann sogar über die Lähmung überwiegen, erstreckt sich auf oberflächliche und tiefe Theile, ist mit Schmerzen und grosser Druckempfindlichkeit verbunden. Bei den gewöhnlichen Formen der Bleineuritis dagegen fehlt die Anästhesie ganz. Bei der Tuberculoseneuritis liegen die Verhältnisse ähnlich wie bei der Alkoholneuritis. Bei der Diphtherieneuritis tritt die Anästhesie gewöhnlich gegen die Lähmung zurück. Die Häufigkeit der atactischen Störungen aber deutet hier auf Anästhesie tiefer Theile. Auch bei der Infectionskrankheit, die man schlechtweg multiple Neuritis oder rheumatische Neuritis zu nennen pflegt, ist die Anästhesie der Lähmung untergeordnet, meist findet man nur Schmerzen, Parästhesien, verhältnissmässig geringe Hypästhesie. Bei manchen Formen greift sich das Gift nur einen oder nur einige Nerven heraus. Dann besteht ungefähr das Bild einer Nervenquetschung + heftige Schmerzen. So bei der Diabetesneuritis, die bald an den oberen, bald an den unteren Gliedern einen Nerven befällt, so bei der Neuritis puerperalis, die am häufigsten die Endäste der Nn. medianus und ulnaris ergreift, so beim Herpes zoster, wo Schmerzen und Analgesie in erster Reihe stehen. Alle diese Bemerkungen über Neuritisanästhesie haben nur relativen Werth, da das Studium der einzelnen Formen durchaus nicht abgeschlossen ist.

Hyperästhesie und Parästhesien können durch Reizung der sensorischen Bahnen an beliebiger Stelle entstehen. Näheres über

den Ort der Reizung kann man nur ihrer Ausbreitung entnehmen
und zwar gelten dafür die bei der Anästhesie angegebenen Regeln.
Sind bei der Hyperästhesie die dem Willen nicht unterworfenen
Hautreflexe deutlich gesteigert, so spricht dies für peripherische
Reizung. Halbseitige Hyperästhesie, eine seltene Erscheinung, soll
am häufigsten bei Läsionen der Brücke beobachtet worden sein.
Parästhesien sind häufig Vorläufer oder begleitende Erscheinungen
bei Anästhesie. Begreiflicher Weise kommen sensorische Reizerscheinungen leichter durch indirecte Läsion zu Stande als Anästhesie.

Druck auf das Rückenmark bewirkt oft Paraplegie mit Hyperästhesie, richtiger Hyperalgesie. Dieses Bild ist in gewissem Grade
charakteristisch für die Compressio medullae spinalis.

Eine wichtige Rolle spielt die Hyperästhesie in der Hysterie,
hier giebt es wie eine Hemianästhesie so eine Hemihyperästhesie und
alle Formen der hysterischen Anästhesie können durch Hyperästhesie
ersetzt werden. Besonders wichtig ist, dass bei allen örtlichen Störungen, Lähmungen, Contracturen, Krämpfen, Neuralgien, die Haut
der kranken Stelle anästhetisch oder hyperästhetisch zu sein pflegt.
Erinnert z. B. das Bild an eine Coxitis und findet man die Haut über
dem Hüftgelenke hyperalgetisch, so wird es sich wahrscheinlich um
Hysterie handeln. Das Gleiche gilt von einem Blepharospasmus u. s. w.
Ferner sind bedeutungsvoll die auf Haut und Schleimhaut vorkommenden hyperästhetischen Stellen, die die Franzosen als „Zones hys-
térogènes" bezeichnen. Bald ist die Oberfläche hyperästhetisch, sodass
jede Berührung Erfolg hat, bald sitzt die Empfindlichkeit in der
Tiefe, sodass nur starker Druck wirkt. Bei Erregung einer hyste-
rogenen Zone klagt der Kranke über Schmerz; dauert die Reizung
fort, so stellen sich die Zeichen der hysterischen Aura ein (nach der
Mittellinie ausstrahlender Schmerz, Aufsteigen eines Etwas nach dem
Halse. Beklemmung, Klopfen in den Schläfen, Sausen in den Ohren)
und unter Umständen kommt es zu einem hysterischen Anfalle. Umgekehrt kann zuweilen durch Reizung einer solchen Stelle der Anfall unterbrochen werden: Zone hystérofrénatrice.

Nächst der Hysterie ist wohl die Tabes am häufigsten Ursache
von Hyperästhesie. Fast pathognostisch ist die Hyperästhesie der
Haut über der Stelle des lanzinirenden Schmerzes. Einzelne Hautstellen, die später anästhetisch werden, sind oft lange Zeit hyperalgetisch. Bei Augenmuskellähmungen der Tabeskranken findet man
zuweilen Hyperalgesie der Lider und der Umgebung des Auges.

Von den peripherischen Erkrankungen führt am häufigsten die
Neuritis zu Hyperästhesie, die auch hier nur Vorläufer der An-

ästhesie ist. Besonders bei Alkoholismus wird oft Hyperästhesie gefunden.

Schmerz entsteht beim Gesunden, wenn sehr intensive Reize empfindliche Theile treffen. Pathologisch kann Schmerz entweder dadurch entstehen, dass peripherische sensible Nerven durch krankhafte Veränderungen intensiv gereizt werden, oder dadurch, dass vermöge einer abnormen Beschaffenheit der bei den Schmerzempfindungen thätigen Theile der Hirnrinde physiologische Vorgänge innerhalb dieser schmerzerregend wirken (Schmerzhallucination). Wir werden demnach Schmerz bei peripherischen Läsionen und bei functionellen Affectionen finden. Reizung der centralen sensorischen Bahnen ruft wahrscheinlich keinen Schmerz hervor. Sicher ist, dass Läsionen der Gehirnsubstanz fast immer schmerzlos sind. Nur dann, wenn ein Gehirnherd die Meningen lädirt oder sensorische Hirnnerven- (Trigeminus-) Fasern nach ihrem Austritte aus dem Kern, d. h. intracerebrale peripherische Fasern, trifft, pflegt er Schmerzen in Bezirke dieser Fasern zu bewirken.

In seltenen Fällen hat man bei Hirnherden Schmerzen in den gelähmten Gliedern beobachtet, ohne dass man erklärende Veränderungen in der Peripherie gefunden hätte. Manche meinen, die Schmerzen entstehen dann, wenn der Herd die Gefühlsbahnen reizt, ohne sie zu unterbrechen. Dagegen ist freilich einzuwenden, dass dann die „centralen" Schmerzen häufiger sein müssten und dass anscheinend Herde ganz verschiedener Lage dieselbe Wirkung ausüben zu können scheinen.

Man beobachtet zwar zuweilen Schmerzen in den gelähmten Gliedern bei cerebraler Läsion, diese lassen sich aber gewöhnlich durch peripherische Reizung erklären. Entweder nämlich handelt es sich um Contracturen, bei denen die Spannung der Muskeln den Schmerz erregt, die Muskeln auch druckempfindlich sind, oder es bestehen secundäre peripherische Veränderungen, als welche man die Gelenkaffectionen und die Neuritis der Hemiplegischen kennt. Die Gelenkschmerzen sind gewöhnlich durch eine acute oder subacute entzündliche Veränderung, die sich am häufigsten am Schulter- und am Kniegelenke zeigt und über deren Ursache man nichts Näheres weiss, verursacht. Die ziehenden und reissenden Schmerzen in bestimmten Nervengebieten, die mit Druckempfindlichkeit, u. U. auch mit Verdickung der Nervenstämme einhergehen, sind Folgen einer Neuritis oder Perineuritis hypertrophica, deren Ursache ebenfalls unbekannt ist. Neuritis kommt in wahrscheinlichem Zusammenhange mit cerebralen Läsionen auch ohne Lähmung vor. Wir haben z. B. in einem

Falle linkseitiger Hemianopsie auf der linken Seite sowohl Neuritis des N. ulnaris mit Schmerzen, Anästhesie und mit Atrophie der Interossei, als anscheinend neuritische Schmerzen im Ischiadicusgebiete auftreten sehen.

Auch spinale Läsionen sind, soweit sie nur centrale Bahnen treffen, gewöhnlich schmerzlos. Zweifellos ist die graue Substanz unempfindlich. Wenn spinale Erkrankungen mit heftigen Schmerzen verlaufen, so wird man in erster Linie an eine Betheiligung der hinteren Wurzeln zu denken haben. Die sogenannte Paraplegia dolorosa wird deshalb am häufigsten bei Carcinom der Wirbelsäule beobachtet, weil die wuchernde Krebsmasse das Mark und die Wurzeln dicht umwächst und letztere in den Zwischenwirbellöchern zusammendrückt. Die spinale Meningitis ist sehr schmerzhaft, weil bei ihr in erster Linie die Wurzeln leiden. Auch bei der Tabes ist die Ursache der heftigen Schmerzen in der sowohl extra- als intraspinalen Erkrankung der hinteren Wurzelfasern zu suchen. Die Zerstörung der hinteren grauen Substanz bei Gliosis spinalis dagegen pflegt schmerzlos zu verlaufen. Eine Myelitis kann einen beträchtlichen Theil des Markes zerstören, ohne Schmerzen zu verursachen. Da jedoch überall hintere Wurzeln in das Rückenmark eintreten, werden spinale Läsionen, die den ganzen Querschnitt einnehmen, kaum je ganz schmerzlos sein.

Schmerzen können also in der Hauptsache entstehen entweder durch Reizung der Endorgane, sei es durch starke äussere Reize (physiologische Schmerzen), sei es durch krankhafte Veränderungen der Organe (pathologische Organschmerzen), oder durch Reizung der Nervenfasern (excentrische oder Nervenschmerzen), oder durch Functionstörung der Hirnrinde (Schmerzhallucination oder functionelle Schmerzen). Die Diagnose hat zunächst zu entscheiden, ob ein Schmerz als Organschmerz, als Nervenschmerz oder als Hallucination zu betrachten ist. Diese Aufgabe kann leicht sein, kann aber auch aller diagnostischen Bemühung spotten. Jedweder Schmerz ist nur ein Vorgang in unserem Bewusstsein. Die alltägliche Erfahrung lehrt uns, dass seelische Veränderungen (Ablenkung der Aufmerksamkeit durch Dinge, die uns nahe angehen, Furcht, Hoffnung u. s. w.) Schmerzen stillen und Schmerzen erregen können. Noch deutlicher zeigen uns dies die hypnotischen Erscheinungen. Setzt der Hypnotische den Suggestionen keinen Widerstand mehr entgegen, so kann man jeden Schmerz, mag er durch greifbare Läsionen verursacht sein oder nicht, wegsuggeriren, jede Schmerzform durch die Versicherung, sie werde empfunden, empfinden lassen. Die ärztliche Kunst hat den Schmerz auf sehr verschiedene Weise zu stillen gesucht und alle Verfahren haben in einem Theile der Fälle Erfolg gehabt, mögen sie rationell gewesen sein oder nicht. Pfuscher und Wunderthäter heilen thatsächlich Schmerzen durch die unsinnigsten Mittel.

Zur Unterscheidung zwischen „eingebildeten" und „berechtigten" Schmerzen könnte man zunächst Mittel anwenden, die offenbar oder wahrscheinlich nur durch den Glauben helfen können: die Suggestion durch das Wort im Wachen oder im hypnotischen Zustande, Handauflegen, indifferente Verordnungen (Aqua destillata, Brodpillen) u. s. w., oder elektrische Ströme, Magnete, Metalle u. s. w. Dabei ist aber zu beachten, dass das Fehlschlagen der Suggestion nicht nur davon abhängen kann, dass materielle Schmerzursachen bestehen, sondern auch davon, dass vermöge des Bewusstseinzustandes (Eigensuggestionen) die Suggestion keinen Eingang findet, dass andererseits bei empfänglichem Bewusstsein alle Formen des Schmerzes durch Suggestion verschwinden können. Immerhin wird der Versuch oft zum Ziele führen. Man kann auch so verfahren, dass man die Mittel anwendet, die erfahrungsgemäss im gegebenen Falle materiell verursachte Schmerzen zu stillen pflegen. Sind sie wirkungslos, so spricht dies ceteris paribus für die rein seeliche Natur des Schmerzes. Nach diesen allgemeinen Bemerkungen ist es ersichtlich, dass das Folgende cum grano salis zu verstehen ist.

Der Organschmerz (Muskel-, Knochen-, Hautschmerz u. s. w.) wird in ein bestimmtes Organ verlegt, er ist mehr oder weniger continuirlich und, in der Regel wenigstens, mit objectiven Veränderungen des Organs verbunden. Auf den Nachweis der letzteren ist natürlich das Hauptgewicht zu legen: Entzündung der Haut, Anschwellung des Knochens u. s. w. u. s. w. Begreiflicher Weise wird bei Schmerzen in inneren Organen, wo die Localisationsfähigkeit gering ist, dann, wenn objective Veränderungen fehlen, am ehesten es zweifelhaft sein, ob ein Organschmerz besteht oder nicht. Auf diese Dinge näher einzugehen, ist hier nicht möglich.

Der Nervenschmerz entsteht durch primäre Erkrankung der Nerven oder dadurch, dass anderweite Erkrankungen die Nervenfasern in ihrem Verlaufe reizen. Sein Characteristicum ist, dass der Schmerz auf bestimmte Nervenbezirke beschränkt ist und, oft wenigstens, dem Laufe eines Nerven folgt. Tritt der excentrische Schmerz in der Ausbreitung eines Nerven auf, so findet sich natürlich in dieser keine den Schmerz erklärende Veränderung. Man wird demnach bei Schmerzen in anscheinend gesunden Theilen immer zuerst an Nervenschmerzen denken. Zweifellos wird die Diagnose, wenn der Schmerz

dem Laufe eines Nerven folgt, ein merkwürdiges Verhalten, das wohl
durch die Nervi nervorum zu erklären ist. In diesem Falle findet
sich oft Empfindlichkeit des betroffenen Nerven gegen Druck u. s. w.,
besonders an den Stellen, wo der Nerv dicht unter der Haut verläuft, wo er gegen einen Knochen gedrückt werden kann, bestehen sogenannte Schmerzpunkte (points douloureux). In den meisten Fällen wird
die Diagnose dadurch erleichtert, dass positive Symptome vorhanden
sind, die auf das Ergriffensein von Nervenfasern deuten, d. h. Hyperästhesie, Parästhesie, Anästhesie, Lähmung, Krampf, vasomotorische,
secretorische, trophische Störungen in dem Bezirke des schmerzenden Nerven. Doch können wir trotz Fehlens solcher Symptome den
Nervenschmerz mit Sicherheit da diagnosticiren, wo der Schmerz
anfallsweise auftritt. Dann besteht eine Neuralgie im engeren
Sinne des Wortes. Gewöhnlich werden als Erfordernisse zur Diagnose einer Neuralgie genannt: 1. dass der Schmerz auf den Verlauf
und die Ausbreitung eines Nerven beschränkt ist, 2. dass er in Anfällen auftritt, 3. dass im Verlaufe oder der Ausbreitung des betroffenen Nerven sich druckempfindliche Stellen, Schmerzpunkte finden.
Aber einerseits kommen 1 und 3 vor ohne 2, dann spricht man von
Nervenschmerzen, nicht von „echter" Neuralgie, z. B. bei manchen
Fällen von Neuritis. Andererseits können sowohl 1 als 3 fehlen und
kann doch die Diagnose auf Neuralgie berechtigt sein. Die Ausbreitung des Schmerzes wird zuweilen so unbestimmt von den Kranken
angegeben, besonders dann, wenn es sich um innere Organe handelt,
dass 1 mehr oder weniger fraglich wird. Die Schmerzpunkte sind
fast immer, wenigstens im neuralgischen Anfalle selbst, vorhanden,
fehlen aber doch nach den Angaben der meisten Beobachter in einzelnen Fällen echter Neuralgie, können sich wenigstens bei den
Neuralgien innerer Organe dem Nachweise entziehen. Dagegen ist
das Auftreten des Schmerzes in deutlichen Paroxysmen unter allen
Umständen charakteristisch. Nur eine Einschränkung ist zu machen:
wenn Krampfanfälle schmerzhaft sind (tetanische Anfälle, Crampi,
Uteruskrämpfe u. s. w.), entsteht secundär ein Schmerzanfall. Hier
erklärt die Art des Reizes den paroxystischen Schmerz. In allen
anderen Fällen muss da, wo auf Reize hin oder ohne wahrnehmbare Reize ein Anfall von Schmerzen entsteht und auf diese oder
jene Weise die seelische Natur der Schmerzen auszuschliessen ist,
eine eigenthümliche (moleculare) Veränderung im sensiblen Nerven
angenommen werden: die neuralgische Veränderung. Die
neuralgische Veränderung kann die einzige Wirkung sein, die ein
den sensiblen Nerven treffender Reiz oder sonst ein pathologischer

Einfluss hat, dann besteht der Symptomencomplex der Neuralgie für sich allein: reine oder primäre Neuralgie. Oder die neuralgische Veränderung tritt zu einer Läsion des Nerven hinzu, dann werden in der Regel noch andere nervöse Symptome vorhanden sein: secundäre Neuralgie. Die Diagnose der neuralgischen Veränderung wird in der Regel leicht sein, wenn man festhält, dass ihr ein in Anfällen auftretender Nervenschmerz entspricht. Schwieriger ist die Unterscheidung der primären und der secundären Neuralgie. Bestehen deutliche Atrophie oder Lähmung, oder stärkere und dauernde Anästhesie, oder Ernährungstörungen, als da sind Zoster, Glanzhaut, Verdickung der Haut u. s. w., neben der Neuralgie, so ist sie eine secundäre, denn diese Symptome finden sich nur bei palpabler Läsion. Zuckungen, Gefässkrampf oder -Lähmung, secretorische Störungen können auch durch den Schmerz selbst reflectorisch hervorgerufen werden, werden daher auch bei reiner Neuralgie beobachtet. Hyperästhesie oder eine geringe Anästhesie findet sich bei reinen Neuralgien während des Anfalls und kann ihn mehr oder weniger lange überdauern, stärkere Anästhesie aber ist wohl immer auf eine palpable Läsion zu beziehen. Bei secundären Neuralgien pflegt der Schmerz nicht rein intermittirend zu sein, sondern die Paroxysmen stellen nur Steigerungen eines mehr oder weniger continuirlichen Schmerzes dar. Aus der Stärke und dem Charakter des Schmerzes (ob reissend, brennend, bohrend u. s. w.) lassen sich bis jetzt irgendwie sichere diagnostische Schlüsse nicht ziehen. Ebensowenig aus dem Vorhandensein von Ausstrahlung des Schmerzes. Bestehen nur die Symptome der neuralgischen Veränderung, so kann man eine tiefere Läsion des Nerven ausschliessen, nicht aber das Vorhandensein einer anatomischen Läsion überhaupt. Vielmehr sind reine Neuralgien sehr oft Wirkungen von Organkrankheiten, die den Nerven durch Druck reizen, u. U. aber keine sonstigen Symptome machen. So sind weitaus die meisten Supraorbitalisneuralgien Wirkungen eines Nasen-, beziehungsweise Stirnhöhlenkatarrhs. So treten Neuralgien bei Aneurysmen, Neubildungen, Knochenanschwellungen u. s. w. in den gedrückten Nerven auf. Seltener sind die reinen Neuralgien, bei denen nur die moleculare Veränderung im Nerven anzunehmen ist (bei Anämie, bei Malaria und anderen Vergiftungen). Das beste Beispiel einer secundären Neuralgie ist die gewöhnliche Ischias, bei der es sich meist um eine Perineuritis zu handeln scheint: andauernder dumpfer Schmerz mit paroxystischen Exacerbationen, häufig Parese, Anästhesie, Volumenverminderung des Beines u. s. w.

Ueber den Sitz der Läsion werden bei secundären Neuralgien

oft die begleitenden Erscheinungen Aufschluss geben, bei reinen Neuralgien muss man natürlich auf etwa vorhandene Organveränderungen Rücksicht nehmen und ist im Uebrigen auf die Ausbreitung des Schmerzes angewiesen. Ist nur ein Zweig eines Nerven ergriffen, so hat wahrscheinlich die neuralgische Veränderung in diesem Zweige selbst ihren Sitz. Bei dem Trigeminus aber ist zu bemerken, dass dessen Bündel zum Theil, ehe sie central werden, im Gehirn und Rückenmark einen gesonderten Verlauf haben, dass demnach ein neuralgischer Schmerz des Auges z. B. auf Erkrankung der für das Auge bestimmten Trigeminusfasern entweder vor ihrem Anschlusse an den Stamm oder nach ihrer Trennung davon deuten kann. Sind alle Zweige eines Nerven vom Schmerz ergriffen, so kann man mit grosser Sicherheit den Stamm des Nerven als erkrankt ansehen. Sind mehrere Nerven eines Gliedes neuralgisch verändert, so wird man zunächst an eine Läsion des Plexus oder der Wurzelfasern denken, darf aber nicht vergessen, dass auch eine multiple Läsion in den Nerven selbst möglich ist. Das Letztere gilt auch für den Fall, dass neuralgische Schmerzen in beiden Beinen auftreten (z. B. Schmerzen der Säufer durch multiple Neuritis), wenngleich doppelseitige Neuralgien am häufigsten durch Läsionen innerhalb des Wirbelkanals zu Stande kommen. Eine doppelseitige Armneuralgie weist mit grosser Wahrscheinlichkeit auf eine Läsion der hinteren Wurzeln (Wirbelerkrankung, Pachymeningitis cervicalis).

Besondere Erwähnung verdienen noch die lanzinirenden oder Blitz-Schmerzen. Diese sind in Anfällen auftretende Nervenschmerzen, stellen daher eine wirkliche Neuralgie dar. Sie haben aber das Eigenthümliche, bald in diesem, bald in jenem Nerven aufzutreten, gleichen bald elektrischen oder Blitzschlägen, bald Messerstichen, bald der Berührung mit glühendem Eisen. Die Haut über der Stelle des Schmerzes ist überempfindlich. Sie sind zwar nicht im strengen Sinne pathognostisch für die tabische Erkrankung der Wurzelfasern, dürften aber doch äusserst selten bei anderen Krankheiten als der Tabes zu finden sein.

Für den nur functionellen oder seelischen Schmerz im Allgemeinen ist die Abwesenheit aller objectiven Veränderungen, die Anwesenheit anderer Symptome functioneller Störung charakteristisch. Am häufigsten vielleicht entstehen Schmerzhallucinationen dadurch, dass früher materielle Ursachen des Schmerzes (eine Verletzung, eine Entzündung) dagewesen sind und dass, als diese schwanden, die Schmerzen blieben. Das sind die Fälle, in denen die Suggestion, mag sie unverhüllt oder verhüllt wirken, am leichtesten dauernde

Erfolge erzielt. Wie man leicht begreift, giebt es zahlreiche Zwischenformen, bei denen die materielle Ursache zwar noch vorhanden ist, das Bewusstsein aber mehr Schmerz enthält als jener entspräche.

Bei der Hysterie im engeren Sinne sind Schmerzen sehr häufig. Jede Form organischen Schmerzes kann von der Hysterie nachgeahmt werden. Eigentliche Neuralgien sind nicht gerade häufig, häufiger ist der Zustand als eine Art von Hyperästhesie zu bezeichnen. Z. B. werden oft als Neuralgien die hysterischen Gelenkneurosen bezeichnet, doch handelt es sich hier nicht um wirkliche Neuralgien, sondern um starke Hyperästhesie des Gelenkes. So lange das letztere ruhig gehalten wird, besteht kein Schmerz, nur Bewegungsversuche rufen ihn hervor. Oder wenn Schmerz in der Ruhe besteht, so ist er doch ein continuirlicher. Da die Gelenkneurosen oft nach einem leichten Trauma des Gelenkes auftreten, bestehen wohl anfänglich wirklich geringe Veränderungen im Gelenke. Diese würden von normalen Menschen kaum beachtet werden, rufen aber bei hysterischen abnorm starke Reaction hervor und fixiren die Aufmerksamkeit auf das Gelenk. Die Schmerzen sind sozusagen Illusionen, Umdeutungen wirklich vorhandener Empfindungen. Die Abwesenheit aller objectiven Veränderungen des Gelenkes, die u. U. wegen der reflectorischen Muskelspannungen nur in der Narkose nachgewiesen werden kann, die Ueberempfindlichkeit der Haut über dem Gelenke, das Vorhandensein zweifellos hysterischer Symptome, die Aetiologie, die durch psychische Einflüsse verursachten Schwankungen des Befindens führen zur Diagnose.

Fehlen eigentliche hysterische Symptome, so ist die Diagnose viel schwerer. In dem weiten Gebiete der hypochondrischen Zustände kommen die verschiedensten Formen ganz oder halb eingebildeter Schmerzen vor. Man muss sich vielfach darauf verlassen, dass die sorgfältigste Untersuchung keine greifbare Ursache des Schmerzes entdecken lässt und dass jede rationelle Therapie fehlschlägt. Als Topoalgie (Blocq) ist ein Schmerz bezeichnet worden, der als vereinzeltes Symptom jahrelang an derselben Stelle bestehen kann, ohne dass eine örtliche Ursache nachzuweisen wäre. Ferner giebt es chronische Zustände, in denen offenbar seelische Schmerzen auftreten, sobald die Theile thätig sind und dadurch die Kranken zur Unthätigkeit verdammt werden: Apraxia algera. Es kann soweit kommen, dass die Kranken aus Furcht vor den Schmerzen fast vollständig unbeweglich werden: Akinesia algera. Kennzeichnend für diese schweren Fälle ist die Nutzlosigkeit jeder Therapie, alle Eingriffe

verschlimmern den Zustand, nur bei vollständiger Ruhe befinden sich
die Kranken leidlich.

Eine besondere Besprechung muss endlich zwei Symptomen ge-
widmet werden: dem Kopfschmerz und dem Rückenschmerz.

Kopfschmerz (Cephalaea) heisst ein Schmerz, der von dem
Betroffenen in das Innere des Kopfes verlegt wird. Schmerzen in
den äusseren Theilen des Kopfes bezeichnen die Laien gewöhnlich
als Kopfreissen oder als Gesichtschmerzen, -Reissen. Da nun das Innere des Schädels von den Nn. recurrentes des Trigeminus, die sich
hauptsächlich in den Hirnhäuten, besonders der Dura verzweigen,
versorgt wird, handelt es sich beim Kopfschmerz wahrscheinlich stets
um eine Schädigung der genannten Trigeminusfasern. Die Diagnose
kann auch hier zu unterscheiden suchen, ob die Enden dieser Fasern
gereizt werden, oder der Verlauf, ob Organschmerz, oder Nervenschmerz besteht, ob im letzteren Falle die Reizung der Recurrens-
fasern nach dem Abgange vom Trigeminusstamm oder vor der Ver-
einigung mit diesem, d. h. intracerebral, statthat; indessen reichen
hierzu unsere Mittel meist nicht aus, da wir in der Regel ausschliesslich auf die oft verworrenen Angaben des Kranken angewiesen sind.
Ein paroxystischer Kopfschmerz, dessen Anfälle wirklich den Typus
der Neuralgie darstellten, scheint nicht vorzukommen. Wir wissen
nur, dass unter bestimmten Bedingungen verschiedene Formen des
Kopfschmerzes zu Stande kommen und schliessen theils aus Art, Ort
und Verlauf des Schmerzes, theils aus den begleitenden Erscheinungen
auf die Natur der zu Grunde liegenden Veränderung.

Kopfschmerz kommt vor bei allen anatomischen Erkrankungen der Gehirnhäute, bei den verschiedenen Formen der
Meningitis, bei den von den Meningen ausgehenden Neubildungen
und den Erkrankungen des Gehirns und des Schädels, die auf die
Meningen übergreifen. Diese Form des Kopfschmerzes ist meist mit
Erbrechen, das offenbar reflectorisch entsteht, verbunden. Nur wenn
weitere Symptome vorhanden sind, wird eine Diagnose möglich sein.
Wenn bei notorischen Säufern sehr intensive Kopfschmerzen mit Erbrechen auftreten, wird man an die Möglichkeit einer Pachymeningitis
haemorrhagica denken müssen, bei Tuberkulösen legen dieselben Erscheinungen den Gedanken an eine sich entwickelnde Meningitis tub.
nahe, nach Kopfverletzungen, im Verlaufe fieberhafter Erkrankungen
kommt dann die eitrige Meningitis in Frage. Heftige und andauernde
Schmerzen an einer umschriebenen Stelle des Kopfes lassen, besonders
dann, wenn sie mit Empfindlichkeit der entsprechenden Schädelstelle
gegen Klopfen verbunden sind, an eine umschriebene Affection der

Hirnhäute denken (Schädelexostosen, circumscripte luetische oder tuberkulöse Meningitis, kleine Tumoren u. s. w.). Es scheint, als ob bei Nichthysterischen umschriebene Empfindlichkeit des Schädels gegen Klopfen fast immer auf ein örtliches organisches Leiden zeigte. Kopfschmerz kommt vor bei mechanischer Reizung der Gehirnhäute durch Drucksteigerung im Schädel. Je rascher die Steigerung eintritt, um so heftiger ist der bald den ganzen Kopf, bald mehr die vordere oder hintere, linke oder rechte Kopfhälfte einnehmende Schmerz. Bei sehr langsamer Entwicklung der intracraniellen Drucksteigerung kann der Schmerz gering sein, ja ganz fehlen. Er wird gewöhnlich als dumpf, überaus quälend und niederdrückend beschrieben. Auch dieser Schmerz ist von Erbrechen begleitet. Dass ein Kopfschmerz auf Steigerung des Hirndruckes zu beziehen ist, ergiebt sich aus dem Vorhandensein der Stauungspapille und anderer Zeichen, als Pulsverlangsamung und Benommenheit. In allen Fällen von heftigem Kopfschmerz unbekannter Entstehung ist die ophthalmoskopische Untersuchung vorzunehmen. Eine gewisse Bedeutung hat der auf den Hinterkopf beschränkte Kopfschmerz mit Stauungspapille, er deutet auf ein raumbeschränkendes Uebel in der hinteren Schädelgrube. Ausser bei Tumoren, Hydrocephalus u. s. w. kommt Steigerung des Hirndruckes bei der Hirnblutung vor, da aber hier das Bewusstsein zu schwinden pflegt, fehlt natürlich der Kopfschmerz. Dagegen geht ein solcher oft dem Eintritte der Blutung voraus und ebenso klagen die Kranken unmittelbar nach dem Insult oft über ihn. Auch da, wo der Insult ohne Bewusstseinstörung verläuft, ist der Kopfschmerz oft vorhanden.

Intracerebrale Läsionen, die nicht mit Steigerung des Druckes im Schädel verbunden sind, bewirken nur dann Kopfschmerz, wenn sie die Vierhügelgegend treffen, vielleicht deshalb, weil unter den Vierhügeln die absteigende Trigeminuswurzel, deren sensorische Natur freilich von Vielen geläugnet wird, verläuft. Auf Läsion der letzteren sind möglicherweise die mit Erbrechen verbundenen Kopfschmerzen zu beziehen, die den Eintritt mancher Oculomotoriuslähmung begleiten und am stärksten in der Augengegend empfunden werden. Man müsste dann annehmen, dass bei solchen Lähmungen die Läsion im Oculomotoriuskern oder in dessen Nähe ihren Sitz habe.

Theils als selbständige Krankheit, theils als Symptom anderer Krankheiten tritt der unter dem Namen Migräne oder Hemikranie bekannte Kopfschmerz auf. Das Wesentliche dieses Leidens ist, dass ein oft, aber durchaus nicht immer auf eine Kopfhälfte beschränkter Schmerz in Anfällen, die durch Pausen von Tagen, Wochen,

Monaten getrennt sind. Stunden. einen Tag oder einige Tage dauern, durch Ruhe und horizontale Lage gemildert werden, gewöhnlich mit Erbrechen. wenigstens mit Uebelkeit. zuweilen auch mit Durchfall enden. sich zeigt. Vor dem Anfalle werden oft auraartige Symptome beobachtet: Flimmerscotom (S. 175). Gähnen, Aufstossen, Heisshunger, Niessen. Ohrensausen. Stiche im Kopfe. Parästhesien in einer Körperhälfte. Frieren. allgemeine Abgeschlagenheit, seelische Verstimmung, beängstigende Träume. Im Anfalle besteht zuweilen Hyperästhesie der Kopfhaut und Schmerzhaftigkeit der Trigeminuspunkte bei Druck; jede Bewegung, besonders die der Augen, jede stärkere Reizung der Sinnesorgane steigert den Schmerz. Oft bestehen vasomotorische Symptome. die wahrscheinlich reflectorisch hervorgerufen sind: Blässe und Kühle. oder Röthung und Wärme der schmerzenden Kopfhälfte, seltener sind Veränderungen der Pupillenweite auf der Seite des Schmerzes. In einzelnen Fällen findet eine Häufung der Anfälle statt (Status hemicranicus). Zuweilen scheinen unvollständige hemikranische Anfälle oder Symptome. die an Stelle des Anfalles treten (hemikranische Aequivalente). vorzukommen: nur Flimmerscotom, oder dieses mit Ohnmacht. psychische Verstimmung mit Erbrechen u. s. w.

Die Migräne kommt vor als selbständige „Neurose" (idiopathische Migräne). das Leiden beginnt dann im Kindes- oder Jugendalter. ist fast stets ererbt. Sie soll ferner als reflectorische Erscheinung beobachtet werden: besonders bei chronischen Erkrankungen der Nasenschleimhaut und bei Bandwurm. Sie kommt endlich. und zwar ziemlich selten. als Symptom organischer Nervenkrankheiten vor. kann das erste oder eines der ersten Symptome der Tabes, der progressiven Paralyse sein. kann als Vorläufer bei Herderkrankungen des Gehirns sich zeigen. Die Diagnose der Migräne ist in der Regel leicht. nur bei unvollständigen Anfällen oder hemikranischen Aequivalenten können Schwierigkeiten entstehen, kann unter Umständen neben der Migräne Epilepsie in Frage kommen. An die Existenz der reflectorischen und der symptomatischen Migräne muss man sich erinnern. wenn die Anfälle bei erblich nicht belasteten Leuten und im späteren Lebensalter sich zeigen. In diesen Fällen kann, auch wenn die Untersuchung negativ ausfällt. die Diagnose einer idiopathischen Migräne nicht mit Sicherheit gestellt werden. Auch können Glaukomanfälle für Migräne gehalten werden.

Weiter ist zu erwähnen der Kopfschmerz der Syphilitischen. Er nimmt gewöhnlich die Gegend der Scheitelbeine ein, wird in der Nacht stärker und verschwindet rasch bei Anwendung von Jodkalium.

Die Kopfschmerzen. die bei acuten fieberhaften Infectionskrankheiten, nach acuten Vergiftungen (z. B. durch Alkohol) vorhanden sind, werden kaum diagnostische Schwierigkeiten machen.

Sehr häufig ist Kopfschmerz bei Anämie. Er nimmt den ganzen Kopf oder vorwiegend die Stirngegend ein. Die directen Symptome der Anämie, die Verschlimmerung bei aufrechter Stellung, die Besserung bei horizontaler Lage gelten als seine Kennzeichen. Doch muss man sich hüten, jeden Kopfschmerz bei Anämischen für directe Wirkung der Anämie zu halten. Nur da, wo diese sehr stark ist, oder wo andere Ursachen auszuschliessen sind, ist der Schluss berechtigt. Man muss sich wohl vorstellen, dass hier, wie bei den Neuralgien der Anämischen, abnorme Stoffwechselproducte die Nerven reizen.

Sehr häufig wird Congestion oder Blutandrang zum Kopfe als Ursache des Kopfschmerzes diagnosticirt, besonders dann, wenn der Kopf geröthet ist, Neigung zu Nasenbluten besteht, Bücken u. s. w. den Schmerz steigert. Inwieweit die vermehrte Blutfülle directe Ursache ist, inwieweit der Schmerz und die Congestion gemeinsame Folgen einer dritten Veränderung sind, lässt sich meist nicht bestimmen. Vielleicht spielen in manchen Fällen hartnäckiger Verstopfung u. s. w. Selbstinfectionen durch Verdauungsproducte eine Rolle. Bei Verstopfung kommen besonders Hinterkopf- und Nackenschmerzen vor. Chemische Wirkungen liegen offenbar dem urämischen Kopfschmerze zu Grunde, wahrscheinlich auch den sonstigen Kopfschmerzen der Nierenkranken, denen der Diabeteskranken. Chronische Intoxicationen im engeren Sinne (durch Blei, Arsen, Quecksilber u. s. w.) können ebenfalls Ursache des Kopfschmerzes sein, ohne dass er irgendwie eine charakteristische Art hätte. Reflectorische Kopfschmerzen nicht-hemikranischer Art werden bei Erkrankungen der Nasenschleimhaut, bei Refractionsanomalien des Auges, bei Helminthen u. s. w. beschrieben.

Bei der Neurasthenie ist der Kopfschmerz oft eins der wichtigsten Symptome. Er wird von den Kranken in der verschiedensten Weise beschrieben: als ob ein eiserner Reifen um den Kopf gelegt wäre, als ob der Kopf zerspringen wollte, als ob der Schädel bloss läge, als würde mit Fädchen an dem Gehirne gezogen, als ob der Kopf mit Luft, Blei gefüllt wäre, als ob es im Kopfe schwappte, als ab im Kopfe gehämmert würde u. s. w. Häufiger noch als eigentlicher Schmerz ist ein dumpfer Druck im Kopfe, besonders im Hinterkopfe: Kopfdruck. Zuweilen beklagen sich die Kranken über das Gefühl einer schweren Bleikappe, oder es ist die Kopfhaut hyperästhetisch und es besteht ein Gefühl des Brennens auf den Scheitel.

Die Abwesenheit von Symptomen organischer Erkrankung, die Anwesenheit anderer neurasthenischer Symptome, das Entstehen oder die Steigerung der Beschwerden durch geistige Anstrengung und gemüthliche Erregung lassen meist die Diagnose stellen. Ob aus diesen Kopfschmerzen auf vasomotorische Störungen im Schädel zu schliessen ist, oder wie sie sonst zu erklären sind, steht dahin.

Aehnlich wie bei Neurasthenie liegen die Verhältnisse bei Hysterie und anderen Neurosen. Bei Hysterie ist von einer gewissen diagnostischen Wichtigkeit die Beschränkung des Schmerzes auf einzelne Stellen des Kopfes, besonders den Scheitel (Clavus hystericus).

Endlich kommt als selbständiges chronisches Leiden der sogenannte habituelle Kopfschmerz bei sonst Gesunden vor. Er soll meist doppelseitig sein und auch sonst dem neurasthenischen Kopfschmerze gleichen. Man darf ihn nur da diagnosticiren, wo bei sorgfältiger Untersuchung keine der bisher genannten Ursachen nachzuweisen ist, und wird auch dann in dieser Diagnose nur einen Ausdruck unserer Unwissenheit zu sehen haben. Am häufigsten entpuppen sich die Fälle des habituellen Kopfschmerzes bei genauerem Zusehen als atypische Migräne. Die Verwechselung mit Rheumatismus der Kopfschwarte, der zum „Kopfreissen" gehört und sich durch Druckempfindlichkeit der schmerzenden Theile kund giebt, muss natürlich vermieden werden. Nicht selten wird Kopfschmerz mit Supraorbitalisneuralgie verwechselt, obwohl bei genauem Befragen die Kranken im letzteren Falle den Schmerz in den Knochen verlegen und Druck auf den Nerven ausstrahlende Empfindungen bewirkt. In einem Falle schwerer Migräne hatte ein Chirurg den N. supraorbit. zweimal, natürlich ohne Nutzen resecirt.

Auch Rückenschmerz ist eine häufige Klage. Er kann durch rheumatische u. s. w. Erkrankung der Muskeln entstehen, er wird dann vom Kranken meist richtig in die letzteren verlegt, tritt nur bei bestimmten Bewegungen auf, die kranken Muskeln sind schmerzhaft bei Druck und bei passiven Bewegungen. Dem Kopfschmerze vergleichbar ist der in die Wirbelsäule selbst verlegte Schmerz, der bald durch Reizung der Wirbel oder der Meningen entsteht, bald functionell ist.

Von den Erkrankungen der Wirbel ist besonders die Arthritis deformans der Wirbelsäule schmerzhaft. Der Schmerz kann die ganze Wirbelsäule oder nur Abschnitte einnehmen, ist mehr oder weniger andauernd, wird durch Bewegungen beträchtlich gesteigert, bewirkt daher, schon ehe mechanische Hindernisse der Bewegung entstehen, Steifigkeit der Wirbelsäule, die kranken Wirbel sind in

mässigem Grade druckempfindlich, zuweilen zeigt sich, und das ist
am meisten charakteristisch, bei Bewegungen ein Knarren.

Bei Tuberkulose, Carcinose u. s. w. der Wirbel kann als
erstes Symptom ein umschriebener Rückenschmerz, der durch Bewegungen gesteigert wird, bestehen. Meist treten schon frühzeitig
Wurzelsymptome, besonders excentrische Schmerzen auf. Bei der
Diagnose ist natürlich das Hauptgewicht auf objective Veränderungen
der Wirbel: Verdickung, Knickung, zu legen, ist die Aetiologie zu
berücksichtigen u. s. w. Für Erkrankungen der Halswirbelsäule ist
es bekanntlich charakteristisch, dass beim Erheben des Kopfes die
Hände zu Hülfe genommen werden.

Bei spinaler Meningitis bestehen gewöhnlich noch andere
Symptome ausser dem Rückenschmerze, die die Diagnose ermöglichen
Der Schmerz ist sehr intensiv, die Beweglichkeit ist sehr vermindert,
schmerzhafte, reflectorische Muskelspannungen treten jedem Versuche
passiver Bewegung entgegen. Die Wurzelsymptome, das Fieber, die
ätiologischen Beziehungen, der Verlauf müssen in Betracht gezogen
werden. Bei cerebraler Meningitis beweisen Schmerzhaftigkeit und
Steifheit der Wirbelsäule, der reflectorische Krampf der Rückenmuskeln (Opisthotonus) die Theilnahme der Meninx spinalis. Es
scheint, als ob auch leichte chronische Affectionen der Rückenmarks-
häute vorkämen, die sich wesentlich nur durch Rückenschmerz, besonders Schmerzhaftigkeit bei Bewegungen der Wirbelsäule, verrathen.

Bei den Krankheiten des Rückenmarkes selbst spielt
der Rückenschmerz keine grosse Rolle. Nur hie und da findet er
sich bei Tabes und Myelitis, active und passive Bewegungen sind
selten schmerzhaft, öfter finden sich einzelne Wirbel, die bei kräf-
tigem Drucke, bei elektrischer Reizung u. s. w. empfindlich sind. Bei
Tumoren kann natürlich stärkerer Rückenschmerz entstehen, sobald
die Meningen in Mitleidenschaft gezogen werden.

Dagegen ist Rückenschmerz überaus häufig bei den sog. functionellen Neurosen. Für diesen Schmerz ist im Gegensatze zu
dem bei organischen Erkrankungen kennzeichnend, dass die Beweglichkeit der Wirbelsäule ganz oder fast ganz frei ist, während bei
Druck u. s. w. sich eine Hyperästhesie der Wirbelsäule findet, so
stark, wie sie bei organischen Läsionen nie beobachtet wird. Zuweilen fehlt der spontane Schmerz ganz, untersucht man aber die
Wirbelsäule, so schreit der Kranke bei Berührung einzelner Wirbel,
wird bleich, droht ohnmächtig zu werden, oder entzieht sich durch
stürmische Bewegungen dem Untersucher. In anderen Fällen wird
fortwährend über Rückenschmerz geklagt, der Druck der Kleider,

die Rückenlage nicht vertragen, bei zufälligem Anlehnen entstehen dieselben Erscheinungen wie absichtlichem Drucke. Gelegentlich erregt schon ein leiser Druck heftigen Schmerz, während tiefer Druck, sobald die Aufmerksamkeit anderweit festgehalten ist, ohne Wirkung bleibt. Aus diesem Verhalten darf man nicht ohne Weiteres auf Simulation schliessen. Am häufigsten ist der zwischen den Schulterblättern gelegene Abschnitt der Wirbelsäule schmerzhaft. Der Charakter des Schmerzes, das Fehlen aller Zeichen organischer Läsion, die Anwesenheit anderer hysterischer oder neurasthenischer Symptome machen die Diagnose leicht. Bildet der Rückenschmerz das Hauptsymptom, so spricht man wohl von „Spinalirritation". Meist handelt es sich dann um jugendliche weibliche Kranke, die als Neurasthenische mit hysterischer Färbung bezeichnet werden können. Auch bei der sog. traumatischen Neurose tritt neben anderen hysterischen Symptomen oft der Rückenschmerz in den Vordergrund.

VI. Untersuchung des Schädels und der Wirbelsäule.

Die knöchernen Hüllen des Gehirns und Rückenmarks bedürfen besonderer Aufmerksamkeit.

Am Schädel ist zunächst dessen Grösse und Form zu beachten. Man misst den grössten Umfang mittels des Centimeterbandmaasses. Er beträgt bei lebenden erwachsenen Deutschen etwa 56 Centimeter für den Mann, 54 Centimeter für das Weib. Bei gesunden Kindern ist in den ersten 2 Lebensjahren der Kopfumfang um ein Geringes grösser als der Brustumfang, bei Neugeborenen beträgt er etwa 34 Centimeter. Abnorme Kleinheit des Schädels bezeichnet man als Mikrocephalie, abnorme Grösse als Makrocephalie. Die hydrocephalische Kopfform ist dadurch ausgezeichnet, dass an der Erweiterung der Schädelkapsel besonders die Scheitel- und Stirnbeine betheiligt sind, die Stirn vorgebuchtet erscheint. Von anderweiten Anomalien der Schädelform (Dolicho-Brachy-, Rhombo-, Lepto-, Rhinocephalus) überzeugt man sich leicht durch Gesicht und Getast, es wird zu klinischen Zwecken nur ausnahmeweise nöthig, mit dem Bandmaasse und dem Tasterzirkel vorzugehen. Am wichtigsten sind die Asymmetrien des Schädels als Degenerationzeichen. Ein Bild der Kopfform kann man sich leicht dadurch verschaffen, dass man dem Kopfe einen starken Bleidraht anpasst, sei es in dieser, sei es in jener Richtung, und dann die erhaltene Curve auf dem Papiere nachzeichnet.

Ferner ist zu prüfen, ob irgendwo am Schädel sich Buckel

oder Einsenkungen finden. Bei Narben der Kopfhaut, ob sie
mit der Unterlage verwachsen sind, ob ihnen eine Impression des
Schädels entspricht, ob sie empfindlich sind. Bei Kindern ist auf das
Verhalten der Fontanellen und etwaige weiche Stellen, besonders
am Hinterkopfe (Craniotabes), zu achten.

Durch Beklopfen des Schädels sind umschriebene empfindliche
Stellen zu entdecken. Diese sind wichtig, während allgemeine Hyperästhesie des Kopfes von weit geringerer Bedeutung ist. Sie finden sich
zwar hie und da auch bei Hysterischen, deuten aber in der Mehrzahl die Fälle auf eine örtliche Läsion in der Schädelhöhle hin. Es
ist auch empfohlen worden, zu untersuchen, ob die Nähte besonders
empfindlich seien, indem man mit dem Fingernagel über die Kopfknochen hinfährt. Auf die Kopfhaut beschränkte Anästhesie soll bei
functionellen Neurosen nicht selten sein.

An der Wirbelsäule prüft man zunächst, ob ihre Form
normal ist, ob die Linie der Dornfortsätze seitliche Ausbiegungen
zeigt (Scoliosis), deren geringere man wahrnimmt, wenn man die
Dornfortsätze mit dem Finger verfolgt, ob ausserdem eine Axen-
drehung stattgefunden hat, ob die normalen Krümmungen von vorn
nach hinten vorhanden sind, oder ob irgendwo eine zu starke Krümmung oder gar eine Knickung der Wirbelsäule sich zeigt (Kyphosis
oder abnorme nach hinten convexe, Lordosis oder abnorme nach
vorn convexe Krümmung, Gibbus oder Spitzbuckel), welche Wirbel
sich an der etwaigen Deformität betheiligen. Gibbus kommt bei
Fractur oder bei Caries der Wirbel vor und die winkelförmige Kyphose kann zu Compression des Rückenmarkes führen, während
dies die bogenförmigen Kyphosen in Folge von Rhachitis u. s. w.
fast nie thun.

Die Beweglichkeit wird untersucht, indem man Beugungen
nach vorn und hinten, nach rechts und links vornehmen lässt. Es
ist darauf zu achten, ob die Bewegungen in normaler Excursion
möglich sind (wobei bemerkenswerth, dass bei functionellen Störungen fast nie Steifigkeit der Wirbelsäule beobachtet wird), ob bei
ihnen Schmerzen eintreten, ob sich bei ihnen Knarren zeigt (Arthritis deformans).

Endlich ist die Empfindlichkeit der ruhenden Wirbel durch
Druck mit dem Finger auf die Dorn- und Querfortsätze, durch Klopfen,
durch einen heissen Schwamm oder durch den elektrischen Strom
zu prüfen (vergl. S. 225). Schmerzhaftigkeit der Wirbel bei Druck
u. s. w. bezeichnet man oft als Spinalirritation (siehe oben).
Auch auf das Vorkommen ausstrahlender Empfindungen ist zu achten.

15*

VII. Die Prüfung der vegetativen Functionen.

Da alle Organe des Körpers mit dem Nervensysteme in Verbindung und sozusagen unter seiner Leitung stehen, bewirken Läsionen des Nervensystems nicht nur Störungen der seelischen Thätigkeiten, der Bewegung und Empfindung, sondern auch vielfache anderweite Krankheitserscheinungen, ziehen umgekehrt alle möglichen Krankheiten das Nervensystem in Mitleidenschaft. Die Untersuchung des Nervenkranken hat sich daher nicht auf die genannten Functionen zu beschränken, sondern den gesammten körperlichen Zustand zu umfassen. Die Prüfungsmethoden sind natürlich die der Klinik überhaupt, wir können hier nur auf die Punkte hinweisen, die besonderer Beachtung bedürfen.

Von einer gewissen Bedeutung ist zunächst die Constitution, ob gross, ob klein, ob untersetzt, ob schlank u. s. w., ferner die allgemeine Ernährung, ob fett oder mager, wohlgenährt oder kachektisch u. s. w.

Man muss sich aber hüten, zu viel Gewicht auf die Constitution und die allgemeine Ernährung zu legen. Insbesondere liegt kein Grund vor, einen „apoplektischen Habitus" anzunehmen. Bei den sog. functionellen Neurosen findet man sehr verschiedenes Verhalten, bald blühende Ernährung, bald Abmagerung und Anämie. Letzteres besonders in den Fällen langdauernder Schlaflosigkeit und Appetitlosigkeit. Auf jeden Fall ist es falsch, die Anämie für eine regelmässige Begleiterin functioneller Neurosen zu halten. Andererseits darf man natürlich aus einem guten Ernährungzustande keinen Grund gegen das Vorhandensein organischer Läsionen entnehmen, da die meisten chronischen Krankheiten des Gehirns und Rückenmarks die Ernährung lange Zeit ungestört lassen können. Bei dem Verdachte auf bösartige Neubildungen lässt nur das Vorhandensein der Kachexie, besonders der graugelblichen Verfärbung der Haut, nicht ihr Fehlen, einen Schluss zu. Liegen Gründe vor, einen Hirnabscess zu vermuthen, so kann der Nachweis einer Ernährungstörung, wie sie eben bei chronischen Eiterungen beobachtet wird, die Diagnose gewichtig unterstützen. Das Entsprechende gilt von tuberkulösen Processen.

Nicht minder wichtig als bei anderen Krankheiten ist hier vielfach die Beobachtung der Körpertemperatur.

Steigerung der Temperatur bei Nervenkrankheiten ist eine Wirkung entweder der Krankheitsursache oder der Läsion des Nervensystems.

Fieber kann die entzündlichen, beziehungsweise infectiösen Krankheiten des Nervensystems begleiten. Es ist regelmässig vorhanden bei den acuten oder subacuten Formen der Meningitis, sowohl der citrigen nach Schädelverletzung, Ohreiterung u. s. w., als der tuberkulösen, als der epidemischen cerebrospinalen, ohne dass die Curve charakteristische Eigenthümlichkeiten zeigte. (Näheres s. bei Wunderlich, Das Verhalten der Eigenwärme u. s. w. 1870. S. 371, und in den Lehrbüchern der spec. Pathologie.) Bei den chronischen Formen der tuberkulösen Meningitis kann das Fieber zeitweise ganz fehlen, doch treten wohl immer von Zeit zu Zeit Temperatursteigerungen ein. Aehnlich liegen die Verhältnisse bei Hirnabscess, hier kann ein einmaliger oder wiederholter Schüttelfrost von grosser diagnostischer Bedeutung sein. Tritt eine Perforation des Abscesses an der Hirnrinde oder in die Ventrikel ein, so pflegt die Temperatur hoch anzusteigen. Ob solitäre Hirntuberkel Fieber bewirken, ist nicht sicher zu sagen. Oft fehlt das Fieber, und wo es vorhanden ist, lassen sich in der Regel anderweitige tuberkulöse Processe nachweisen. Zu den fieberhaften Krankheiten sind die acute Encephalitis der Kinder und die acute Poliomyelitis zu rechnen, insofern sie mit Temperatursteigerung einzusetzen pflegen. Vielleicht kommt in milderer Form ähnliches bei den sogenannten rheumatischen Lähmungen einzelner Nerven vor. Sicher beobachtet ist Fieber bei der sogenannten multiplen Neuritis und der acuten aufsteigenden Spinalparalyse; hier und da auch bei der acuten diffusen Myelitis und bei der sogenannten acuten (entzündlichen) Bulbärparalyse. Diesen Krankheiten ist vielleicht die von Wernicke beschriebene acute hämorrhagische Poliencephalitis superior zur Seite zu stellen. Gelegentlich, wiewohl selten, kommt Fieber bei der Malaria larvata vor und kann dann diagnostische Bedeutung haben.

Eine Reihe von Läsionen des Nervensystems kann Temperatursteigerung bewirken, doch gewinnt diese nicht oft diagnostisches Interesse. Schon lange bekannt ist, dass bei Verletzungen des Halsmarkes beträchtliche Veränderungen der Eigenwärme (Steigerung bis 43,9°, Erniedrigung bis 30,2°) vorkommen. Von den Herderkrankungen des Gehirns steigern oder erniedrigen am häufigsten die der Brücke und der Oblongata die Temperatur. Im Allgemeinen soll bei Hirnblutungen, seltener bei Erweichungen, die Temperatur nach dem Anfalle sinken, um beim Verschwinden der Insultsymptome bis zur Norm oder etwas über sie zu steigen, bei üblem Ausgange weiter zu fallen oder aber hoch anzusteigen (Bourneville). Weiter begleiten Schwankungen der Eigenwärme besonders die progressive Paralyse. Theils hat man auf häufige geringe abendliche Temperatursteigerungen Gewicht gelegt, theils auf das Vorkommen theils super-, theils subnormaler Temperaturen (bis 35°), die bald in Verbindung mit paralytischen Anfällen, bald selbständig sich zeigen. Unmittelbar nach dem paralytischen Anfalle zeigt sich eine Steigerung der Temperatur, während sie beim einzelnen epileptischen Anfalle in der Regel fehlt. Von diagnostischem Werthe ist die Beobachtung der Temperatur im Status epilepticus. Während gehäufter epileptischer Anfälle pflegt die Temperatur hoch anzusteigen, die Reihen grosser hysterischer Anfälle aber steigern die Temperatur nicht oder nur ganz wenig. Aehnlich wie die epileptischen können auch die urämischen und die tetanischen Anfälle die Temperatur steigern, beim Tetanus sind die Maxima der Temperatursteigerung überhaupt (44,75°) beobachtet worden. Bei Hysterischen sollen zuweilen unmotivirte excessive Temperatursteigerungen vorkommen (?). Kürzere und längere Störungen der Körperwärme werden zuweilen bei Basedowischer Krankheit beobachtet. Bei Geisteskranken und Nervösen überhaupt scheint die Temperatur weniger stetig zu sein als bei Gesunden, leichter durch äussere Einflüsse (besonders Abkühlung) verändert zu werden. Bemerkenswerth ist, dass bei manchen Nervenkrankheiten, bei Myxödem und besonders bei Melancholie, die Temperatur dauernd etwas unter der Norm bleibt, ein Umstand, der u. U. zur Unterscheidung von Simulation benutzt werden kann. Ob bei Nervösen Fieber, das nicht durch complicirende Organkrankheiten zu erklären ist, etwa nach gemüthlichen Aufregungen eintreten kann, steht noch dahin. Dass durch Fieber Störungen der Hirnthätigkeit bewirkt werden, ist bekannt. Sind diese Störungen sehr intensiv und fehlen andererseits charakteristische Zeichen der primären Krankheit, so kann es zweifelhaft erscheinen, ob nicht eine selbständige Hirnerkrankung, d. h. eine Meningitis bestehe. Die Unterscheidung z. B. zwischen Typhus und Meningitis kann vorübergehend unmöglich sein, denn die meisten Symptome der Meningitis kann auch das Typhusgift, beziehungsweise die Temperatursteigerung verursachen. Für Meningitis können nur unzweifelhafte Herdsymptome: Stauungspapille, andauernde Augenmuskellähmung u. s. w. entscheiden. Aehnlich liegen die Verhältnisse bei anderen schweren Infectionskrankheiten (Pneumonie, Pyämie, Septämie, Miliartuberkulose u. s. w.).

Bei der Haut und ihren Anhängen, Nägeln und Haaren ist besonders darauf zu achten, ob sich an ihnen Anomalien finden, die erfahrungsgemäss mit nervösen Störungen in Verbindung stehen oder stehen können, d. h. also locale Hyperämie oder Anämie, Ekchymosen, Pigmentirung, Oedem, Hyperidrosis oder Anidrosis, Atrophie oder Hypertrophie der Haut, besonders verdünnte glänzende Haut (peau lisse, glossy skin), Herpes zoster, Urticaria oder Neigung zu solcher, Ulcerationen, Gangrän, Verfärbung und Verkrüppelung der Nägel, Verfärbung und sonstige abnorme Beschaffenheit (Sprödigkeit u. s. w.) der Haare.

Ohne über den Zusammenhang zwischen Läsionen des Nervensystems und Veränderungen der Haut etwas entscheiden zu wollen, kann man doch das zweifellos häufige Vorkommen letzterer bei bestimmten Nervenkrankheiten diagnostisch verwerthen.

An gelähmten Theilen findet man bald nach Eintritt der Lähmung oft Hyperämie und gesteigerte örtliche Temperatur, weiterhin gewöhnlich Blässe und Kühle. Bei der Complicirtheit der vasomotorischen Innervation ist es begreiflich, dass vielfache Verschiedenheiten, die vielleicht zum Theil individueller Art sind, vorkommen. Wesentlich ist, dass bei Gefässlähmung die Anpassung an äussere Veränderungen gestört ist. Bei Abkühlung zeigt sich in der Regel starke Cyanose. Zur Localisation der Lähmung lässt sich das vasomotorische Verhalten nicht wohl benutzen, auch nicht mit Sicherheit zur Unterscheidung organischer und functioneller Lähmung; wiewohl starke vasomotorische Störungen im Allgemeinen für organische Läsion sprechen, kommt doch auch bei Hysterie dunkel cyanotische Färbung in Verbindung mit Oedem (oedème bleu) vor. Auf Kopf und Hals (zuweilen auch den Arm) beschränkte vasomotorische Störungen lassen eine Läsion der im Halssympathicus vereinigten Fasern annehmen. Nur die weiteren Symptome und die Aetiologie können entscheiden, ob es sich um eine Erkrankung des Sympathicus selbst oder um eine solche des Halsmarkes oder der Oblongata oder der peripherischen Nervenenden, oder aber um reflectorische Symptome handelt.

Unter Umständen, über die wir nichts Näheres wissen, verbindet sich mit der Gefässlähmung O e d e m. Es kommt sowohl bei centralen als bei peripherischen Läsionen vor, es kann auch bei functionellen Störungen auf treten. Selten aber erreicht das nervöse Oedem höhere Grade. Diagnostisch werthvoll kann das leichte Oedem werden, das sich bei multipler Neuritis oder Nervendegeneration besonders auf Fuss- und Handrücken zu zeigen pflegt, da es bei Poliomyelitis fehlt. Eine leicht mit Oedem zu verwechselnde Erkrankung ist das Myxödem, bei dem die verdickte Haut prall gespannt ist.

Was von der Lähmung der Gefässnerven gilt, gilt mutatis mutandis auch von der der S c h w e i s s n e r v e n.

Beachtenswerth ist die Neigung zu allgemeiner Hyperidrosis, die die multiple Neuritis begleiten kann. Neigung zum Schwitzen begleitet die Paralysis agitans, oft auch die Neurasthenie (schwitzende Hände und Füsse). Fast immer ist bei Basedowischer Krankheit die Schweissabsonderung gesteigert, sei es, dass sichtbarer Schweiss abgesondert wird, sei es, dass die Haut nur etwas durchfeuchtet ist. Infolgedessen ist der Widerstand der Haut gegen galvanische Ströme bei der Basedowischen Krankheit abnorm gering. Halbseitiges Schwitzen kommt mit anderen Sympathicus-Symptomen, aber auch selbständig vor.

Auffallend trocken ist die Haut beim Myxödem und oft bei Melancholie, seltener bei Tabes.

S u b c u t a n e B l u t u n g e n sind bei nervösen Störungen ziemlich selten. Man sieht sie zuweilen bei Tabes an der Stelle des Schmerzes nach lanzinirenden Schmerzen auftreten, doch können sie auch bei anderen Krankheiten sich zeigen. Hier und da hat man bei Hysterischen anscheinend ursachlose Hautblutungen beobachtet, bei Epileptischen kommen sie im Anschluss an einen Anfall vor und können ein werthvolles Zeichen sein (besonders kleine Blutungen in der Bindehaut, stecknadelkopfgrosse Blutungen der Gesichts- und der Brusthaut).

Die Neigung zu E r y t h e m e n oder zu U r t i c a r i a b i l d u n g findet sich meist neben allgemeiner Nervosität, nicht oder doch sehr selten bei organischer Erkrankung. Insbesondere besteht die sogenannte Urticaria factitia, bei der alle leichten mechanischen Reizungen der Haut mit Quaddelbildung beantwortet werden, fast immer mit allgemeiner nervöser Reizbarkeit zusammen. Anfallweises Erythem der Hände und Füsse mit Schmerzen und Schwellung wird als besondere Krankheit beobachtet: Erythromelalgie (W e i r - M i t c h e l l). Erytheme kommen auch bei Morbus Basedowii vor.

Die gewöhnlich als t r o p h i s c h e S t ö r u n g e n bezeichneten Veränderungen der Haut (besonders umschriebene H y p e r t r o p h i e , I c h t h y o s i s , atrophische G l a n z h a u t [glossy skin], V i t i l i g o , H e r p e s , P e m p h i g u s) scheinen, soweit sie mit Nervenläsionen zusammenhängen, nur bei der Erkrankung peripherischer Nervenfasern vorzukommen. Man hat bald die Spinalganglien, bald die gemischten Nerven, bald die kleinen Hautnerven vorwiegend erkrankt gefunden. Ist beim Herpes zoster auch der hintere Ast ergriffen, so kann man die Erkrankung des Ganglion ver-

muthen. Bei centralen Läsionen sind die genannten Symptome bisher nicht
mit Sicherheit beobachtet worden. Wo sie etwa bei Hemiplegischen vorkommen, handelt es sich in der Regel um neuritische Veränderungen, deren
Zusammenhang mit der centralen Läsion nicht bekannt ist. Oft sind sie
auf das Gebiet eines Nervenzweiges beschränkt, dann darf man vermuthen,
dass die Läsion in diesem selbst zu suchen sei. Ausser bei Erkrankungen
einzelner Nerven (Verletzungen, Neuritis), kommen sie bei den Erkrankungen vor, wo multiple peripherische Nervendegenerationen theils nachgewiesen, theils zu vermuthen sind: besonders bei Tabes, dann bei sogenannter multipler Neuritis, bei toxischer Neuritis, beim Diabetes. Vitiligo
und häufiger abnorm starke Pigmentirung der Haut gehören zu den Symptomen des Morbus Basedowii. Die hier vorkommende Bronzehaut kann
an Morbus Addisonii erinnern, doch scheinen die Schleimhäute frei zu
bleiben. Auch Arsenvergiftung kann ausser anderen Hautveränderungen
Braunfärbung bewirken.

Eine besondere Erwähnung verdient die halbseitige Gesichts-
atrophie, auf deren Beschreibung hier nicht eingegangen werden kann.
Bei ihr finden sich in der Regel keine anderweiten Zeichen von Nerven-
läsion, es ist daher nicht sicher, ob es sich überhaupt um eine solche
handelt.

Die gangränösen Processe (Ulcerationen, Decubitus,
mal perforant) sind wohl nur zum Theil direct mit der Läsion des
Nervensystems in Verbindung zu bringen, hängen zum Theil wohl von
äusseren Schädlichkeiten ab, die von den unempfindlichen oder unbeweg-
lichen Theilen nicht abgewehrt worden sind. Insbesondere der Decubitus
acutus, der bei spinalen Läsionen auf dem Kreuzbeine, bei cerebralen
auf der Hinterbacke der gelähmten Seite auftritt, scheint oft in dieser Weise
zu erklären zu sein. Je sorgfältiger die Pflege des Kranken ist, um so
seltener zeigt er sich. Das Mal perforant dagegen scheint in der Regel,
ähnlich wie der Herpes, eine Degeneration peripherischer Nerven voraus-
zusetzen. Es wird am häufigsten bei Tabes, beziehungsweise progressiver
Paralyse, und bei Diabetes gesehen. Eine eigenthümliche Stellung nimmt
die sogenannte spontane symmetrische Gangrän ein. Diese tritt
als mehr oder weniger oberflächliche Verschorfung an den Endgliedern,
meist zugleich mit Gefässkrampf bei Leuten, die an allgemeinen Neurosen
leiden, in der Regel jüngeren nervösen Frauenzimmern, auf und wird vielfach als Wirkung des Gefässkrampfes angesehen. Sie weist jedenfalls nicht
auf schwere organische Läsion hin.

Zu den peripherische Nervenläsionen begleitenden Ernährungstörungen
gehören auch das Spröd- und Rissigwerden, die Verkrüppelung und das
Abfallen der Nägel, Erscheinungen, die am häufigsten an den grossen
Zehen beobachtet werden (z. B. bei Tabes). Ferner gehören hierher das
Brüchigwerden, die Verfärbung und das Ausfallen der Haare. Doch ist zu
bemerken, dass diese Veränderungen der Haare auch bei sog. functionellen
Störungen vorkommen: Ausfallen und Weisswerden bei Trigeminusneuralgien und heftigen Kopfschmerzen, Weisswerden nach schweren Gemüthsbewegungen, Struppigwerden bei psychischen Erkrankungen, in seltenen
Fällen anfallweise Struppigwerden und Verfärbung bei epileptoiden Zuständen.

Bei den Knochen ist auf Reste von Fracturen, als Zeichen abnormer Brüchigkeit, bei den Gelenken auf arthritisähnliche Veränderungen zu prüfen. Auf Verunstaltung, Ueberzahl, Caries, Lockerheit, Ausgefallensein der Zähne ist zu achten.

Erkrankungen der Knochen und Gelenke, die mit Wahrscheinlichkeit von Erkrankung des Nervensystems abhängen, sind bisher am häufigsten bei Tabes (Charcot), beziehungsweise progressiver Paralyse, und bei Gliosis spinalis, seltener bei diffuser Myelitis und anderen Affectionen beobachtet worden. Entweder handelt es sich bei Tabes um ab- norme Brüchigkeit der Knochen, so dass geringe Anlässe eine Fractur her- vorrufen, oder um Erkran- kungen der Gelenke, die mehr oder weniger cha- rakteristisch verlaufen. Das Gelenkleiden tritt gewöhn- lich ohne nachweisbare Ur- sache und plötzlich auf. Seine Symptome sind ein be- trächtlicher seröser Erguss in das Gelenk und eine zäh- teigige Anschwellung in der Umgebung. Fieber und Schmerzen pflegen zu fehlen. Entweder verschwindet nach einiger Zeit die Geschwulst wieder und alles kehrt zur Norm zurück (gutartige Form), oder es bleiben schwere Störungen im Ge- lenke zurück, Krachen, Dis- locationen in Folge von Usur der Knochenoberflächen, Luxationen (bösartige Form). Am häufigsten wird das Knie

Fig. 42.

Tabische Arthropathie, seit einem Jahre bestehend, das rechte Kniegelenk durch starken Erguss ausgedehnt, das linke Fussgelenk steinhart geschwollen, nur unter Krachen beweglich. An der zweiten Zehe des linken Fusses bestand ein mal perforant.

befallen, dann die Schulter, weiterhin Ellenbogen, Hüft-, Fuss- und Hand- gelenk, selten die kleinen Gelenke. Befällt die Erkrankung die Gelenke der Fusswurzel, so entsteht eine eigenthümliche Verunstaltung des Fusses, der „Tabesfuss", da die einzelnen Knochen nicht nur ihre Gestalt verändern, sondern sich auch gegen einander verschieben. Anatomisch be- merkenswerth ist, dass die Usur die Knochenwucherung überwiegt und dass häufig wirkliche Luxationen vorkommen. Mikroskopisch findet man eine von den Haversischen Kanälen ausgehende rareficirende Atrophie der Knochensubstanz, chemisch Decalcinirung. Letztere zeigt sich zuerst in der Umgebung der Haversischen Kanäle und geht dem Schwunde voraus. Diese eigenartige Alteration des Knochengewebes scheint sowohl Ursache der Fracturen als der Arthropathien zu sein. Erkrankt die Diaphyse, so kommt es zu jener, erkrankt die Epiphyse, zu dieser. Die angegebenen Merkmale unterscheiden die tabische Arthropathie hinreichend von den gewöhnlichen Formen der Arthritis deformans. Die Gelenkerkrankungen bei Gliosis (Syringomyelie) betreffen gewöhnlich die Arme, können aber den tabischen recht ähnlich sein. Häufiger als bei diesen hat man bei ihnen Vereiterung der Gelenke beobachtet: die Misshandlung der ganz analgetischen Theile führen zu Verletzungen und zum Eindringen der Eiterungerreger.

Chronische oder subacute, meist schmerzhafte, mit mässiger Schwellung verbundene Gelenkaffectionen sieht man zuweilen an den gelähmten Gliedern der Hemiplegischen. Es ist unbekannt, ob etwa die Neuritis der Hemiplegischen in solchen Fällen nächste Ursache ist, ob die Zerrung der der Muskelunterstützung beraubten Gelenkbänder eine Rolle spielt u. s. w. Periodisch auftretende Gelenkschwellungen durch seröse Ergüsse, die 3—10 Tage bestehen, dann schwinden, nach 2—4—6 Wochen wiederkehren, gewöhnlich ohne wesentliche Schmerzen, Röthung u. s. w. verlaufen, sind als anscheinend selbständiges Leiden (Hydrops genu intermittens) und auch bei Morbus Basedowii beobachtet worden.

Die Arthritis deformans, besonders diejenige Form, die an den Finger- und Handgelenken beginnt, beide Seiten annähernd symmetrisch befällt und bei Weibern häufiger ist als bei Männern, ist oft mit neuritischen Symptomen, man weiss nicht wie, verknüpft. Die letzteren können der Gelenkerkrankung vorausgehen und erhalten oft erst durch das Auftreten dieser ihre richtige Deutung. Sie bestehen gewöhnlich in Nervenschmerzen, zuweilen in Vertaubung, Anästhesie, umschriebener Muskelatrophie und zeigen sich am häufigsten im Gebiete der Nn. medianus und ulnaris. Auch Contractur der Fascia palmaris kommt in diesem Zusammenhange vor.

Sowohl bei centralen als bei peripherischen Lähmungen, sobald sie vor vollendetem Wachsthume auftreten, kommt Zurückbleiben der Knochen im Wachsthume vor. Diese Verjüngung der Knochen pflegt um so stärker zu sein, in je früherem Lebensalter die Lähmung sich entwickelte. Hier und da hat man auch übermässiges Knochenwachsthum an gelähmten Gliedern beobachtet.

Scheinbar spontanes und schmerzloses Ausfallen der Zähne, zuweilen auch des Alveolarfortsatzes, ist bei Tabes beobachtet worden und wird auf Erkrankung des Trigeminus bezogen. Frühzeitige Caries, Ueberzahl und Verunstaltung der Zähne gehören zu den Zeichen neuropathischer Belastung.

Am Respirations- und Circulationsapparate kommen hauptsächlich Krampf- oder Lähmungserscheinungen in Betracht (vgl. den II. Theil). Auf Anästhesie ist besonders beim Kehlkopfe zu achten, sie wird durch Berühren mit der Sonde während der Spiegeluntersuchung nachgewiesen. Sonst weiss man von sensorischen Störungen der in Rede stehenden Organe nicht viel. Als trophische Störungen kann man, wenn man will, die nervösen Lungenblutungen bezeichnen, die in seltenen Fällen bei Hysterie sich zeigen. Ihre Diagnose ist nur mit einer gewissen Wahrscheinlichkeit auf das Vorhandensein anderweiter nervöser Symptome und das dauernde Fehlen von Zeichen organischer Lungenerkrankung zu gründen.

Natürlich ist die Untersuchung der Athmungs- und Blutlauforgane auch insofern von Bedeutung, als sie die Ursachen verschiedener nervöser Störungen enthüllen kann. Bei manchen functionellen Störungen (Krampfhusten, Asthma, Cephalaea, Trigeminusneuralgie, vasomotorischen Störungen am Kopfe u. s. w.) ist die Untersuchung der Nasenhöhle wichtig, da deren Erkrankungen (Polypen, Schwellung der Schleimhaut der unteren Muskel u. s. w.) sog. reflectorische Neurosen bewirken können. Der Zusammenhang lässt sich durch den Erfolg therapeutischer Eingriffe nachweisen. Endocarditische Veränderungen und Atherom der Arterien spielen bekanntlich eine wichtige Rolle als Ursache von Herderkrankungen des Gehirns. Bemerkenswerth ist, dass das Vorhandensein peripherischer Atheromatose nicht ohne Weiteres auf Vorhandensein solcher an den Hirngefässen schliessen lässt und umgekehrt normales Verhalten der peripherischen Arterien Atherom der Hirnarterien nicht ausschliessen lässt.

Von krampfhaften Respirationstörungen sind besonders zu erwähnen, die sogenannten Larynxkrisen, Anfälle, die bald denen des Keuchhustens gleichen, bald in Aphonie mit Husten und mehr oder weniger starker Dyspnoe bestehen, bald hauptsächlich das Bild der Erstickung darstellen und starke Cyanose, Athmungstillstand, Verlust des Bewusstseins, epileptiforme Anfälle bewirken können. Der Anfall tritt entweder ganz plötzlich ein, oder es gehen allerhand Empfindungen im Kehlkopfe, Brennen, Kitzeln, Constrictionsgefühl u. s. w. voraus. Diese Larynxkrisen bilden ein nicht sehr seltenes Symptom der Tabes, einer Krankheit, bei der auch Stimmbandlähmungen häufig vorkommen. Sie können aber auch hysterischer Natur sein. Imgleichen kommen Anfälle trockenen Hustens, ohne nachweisbare Ursache, sowohl bei Tabes als bei Hysterie zur Beobachtung. Auch beim M. Basedowii und bei Kröpfen überhaupt treten sie auf.

Asthma bronchiale ist da, wo es nicht von Emphysem oder von Bronchitis abhängt, am häufigsten durch Veränderungen der ersten Wege (Nasenpolypen u. s. w.) verursacht.

Verschiedene Formen dyspnoischer Athmung werden beobachtet, wenn die Oblongata direct oder indirect (Hirnaffectionen mit starken Allgemeinerscheinungen) lädirt wird. Bei allgemeiner Hirnlähmung kommt es am ehesten zu vertiefter und verlangsamter, seufzender Athmung (ähnlich der toxischen Dyspnoe: Diabetes, Salicylvergiftung, Urämie u. s. w.), in der Nähe des Todes zu raschem, oberflächlichem Athmen oder zu dem Cheyne-Stockes'schen Phänomen. Anfälle von Lufthunger ohne eigentliche Athmungstörungen kommen bei Bulbäraffectionen vor. Es kann sich um diffuse Läsionen oder um systematische Degeneration des Vaguskerns im

Verlaufe der progressiven Bulbärparalyse oder der Tabes handeln. Möglicher Weise kann auch eine peripherische Läsion des Vagus (multiple Neuritis, Tumorendruck u. s. w.) verschiedene Respirationstörungen hervorrufen. Alle denkbaren Formen abnormer Athmung werden bei Hysterie beobachtet, besonders jagende (Hunde-) Athmung, allerhand Geräusche beim Athmen, Keuchen, Stöhnen u. s. w. Das gute Allgemeinbefinden, die bizarre Art der Störung selbst, die weiteren positiven und negativen Symptome machen in der Regel die Diagnose leicht.

Von den Störungen der Herzthätigkeit ist diagnostisch am wichtigsten die Verlangsamung durch Vagusreizung. Als Ausdruck dieser betrachtet man den langsamen Puls bei beträchtlicher Steigerung des Hirndruckes; besonders in acuten Fällen und bei Bewusstlosigkeit des Kranken, z. B. bei Hirnblutung oder Schädeltrauma, wo die anderen Symptome intracranieller Drucksteigerung im Stiche lassen können, giebt die Beobachtung des Pulses .werthvolle Fingerzeige, da der langsame Puls auf Reizung des Vaguscentrum deutet, die der Verlangsamung folgende Beschleunigung des dann kleinen und weichen Pulses aber die Lähmung dieses Centrum anzeigt und damit von übelster Bedeutung ist. Bei Meningitis ist die Langsamkeit des Pulses trotz Fiebers ein wichtiges Symptom. Bei Tumoren und Abscessen soll relativ früh eintretende Pulsverlangsamung auf Sitz in der hinteren Schädelgrube deuten.

Fehlt bei fieberhafter Krankheit Beschleunigung des Pulses, so muss dies den Gedanken an eine Hirnkrankheit erwecken. Auszuschliessen ist natürlich eine andere Ursache der Pulsverlangsamung (Degeneration des Herzens, urämische, cholämische Intoxication u. s. w.).

Auch bei Läsion des Halsmarkes hat man abnorm geringe Pulsfrequenz beobachtet und als Sympathicuslähmung gedeutet.

Beschleunigung des Pulses kann ausser durch fieberhafte Zustände und Herzkrankheiten durch nervöse Einflüsse verursacht sein, es handelt sich dann, abgesehen von den seltenen Fällen der Reizung der sympathischen Herznervenfasern, um Läsionen, die den Vaguskern oder den Nervus vagus treffen, oder um functionelle Störungen. An eine Läsion des Vagus denkt man z. B. bei dem raschen Puls vieler Tabeskranken, bei der beträchtlichen Pulsfrequenz, die zuweilen während der multiplen Neuritis beobachtet wird, bei der Existenz anderweiter Symptome von Vaguslähmung. Weitaus am häufigsten begleitet die Pulsbeschleunigung allgemeine Neurosen, man kann aus ihr nur auf gesteigerte nervöse Erregbarkeit schliessen, sie findet sich besonders bei anämischen Zuständen, bei Neurasthenie, bei sog. traumatischer Neurose, bei Paralysis agitans und als eins des Hauptsymptome bei Morbus Basedowii. Auch Tachykardie in Anfällen kann bei den genannten Zuständen, zuweilen mit lebhaften Beschwerden, auftreten. Bei reizbarer Schwäche des Nervensystems ist eins der constantesten Symptome Irritablität des Herzens derart, dass zwar in der Ruhe die Pulszahl annähernd normal ist, bei den geringsten körperlichen oder psychischen Anstrengungen aber sofort beträchtlich vermehrt wird. Dies Zeichen kann u. U. gegen die Annahme von Simulation verwerthet werden. Unregelmässigkeit und Aussetzen des Pulses soll ein frühes Symptom bei der tuberkulösen Meningitis der Kinder sein (Henoch). Sonst kommt Arrhythmie fast nur bei organischen

Erkrankungen des Circulationsapparates und bei gewissen Vergiftungen (besonders Tabakvergiftung) vor.

Das Gefühl des Herzklopfens (Palpitatio) kann die Tachykardie begleiten und wird wie diese nur dann als „nervös" zu bezeichnen sein, wenn alle Zeichen organischer Läsion fehlen. Es kann auch bei ganz normaler Herzthätigkeit vorhanden sein, es handelt sich dann um eine Art Hyperästhesie. Meist tritt es anfallsweise auf.

Angina pectoris kann eine functionelle Nervenstörung sein. Wenn aber nicht deutliche Zeichen von Hysterie oder dergl. daneben bestehen, wird es, besonders bei etwas älteren Personen, schwierig sein, eine organische Herzläsion (besonders Atherom der Coronararterien) auszuschliessen. Auch an Tabakvergiftung muss man denken.

Auch Störungen von Seiten des Verdauungsapparates können Wirkung sowohl als Ursache nervöser Störungen sein. Von Veränderungen im Nervensysteme abhängig sind zumeist die Krämpfe und Lähmungen des Magendarmkanales. Anästhesie lässt sich nur am Ein- und Ausgange des Kanales nachweisen. Secretorische Störungen (beim Speichelfluss, bei den verschiedenen Formen des Erbrechens und der Diarrhoe) sind ziemlich häufig. Zu den trophischen Störungen kann man das seltene hysterische Blutbrechen zählen. Die Diagnose hat im Allgemeinen die Abwesenheit der Symptome, aus denen eine organische Läsion des Verdauungsrohres zu erschliessen ist, einerseits, das Vorhandensein anderweiter nervöser Störungen und ihren Zusammenhang mit der Functionstörung des Verdauungsapparates andererseits zu erweisen.

Locale Veränderungen können functionelle Neurosen befördern, vielleicht hervorrufen. Bei vorhandener Disposition können Magendarmkatarrhe hypochondrische oder neurasthenische Symptome veranlassen, in gleicher Richtung sind oft Hämorrhoiden wirksam. Eingeweidewürmer sollen zuweilen die verschiedensten nervösen Symptome bewirken (krampfhafte Zufälle bei den Spulwürmern der Kinder, Dyspepsie, Migräne-Anfälle u. s. w. bei Bandwurm), es ist daher gut, bei räthselhaften Nervenstörungen an sie zu denken.

Bei organischen Nervenkrankheiten treten verhältnissmässig selten Störungen des Verdauungs-Apparates in den Vordergrund. Von geringer diagnostischer Bedeutung sind die Störungen der Speichelsecretion. Sie begleiten hie und da Facialislähmungen, bei Sympathicusläsion sind sie noch nicht beobachtet. Speichelfluss (Ptyalismus) wird am häufigsten als Symptom chronischer Bulbäraffectionen beobachtet, die anderen bulbären Symptome klären dann über seine Bedeutung auf. Obstipation ist bei Hirn- und Rückenmarkskrankheiten überaus häufig vorhanden, doch lassen sich aus ihrem Dasein oder Fehlen besondere Schlüsse nicht ziehen. Incontinentia alvi hängt theils von Bewusstseinstörung ab, ist theils eine Wirkung der Läsion des unteren Lendenmarkes, be-

ziehungsweise der von hier zum Rectum ziehenden Nerven. Schmerzhafte Empfindungen in der Aftergegend (Brennen, Gefühl des
Gepfähltwerdens) und eigentliche Schmerzanfälle mit Stuhldrang (Rectum-
krisen) werden bei Tabes beobachtet.

Von weit grösserer Bedeutung als die genannten Symptome sind das
cerebrale Erbrechen und die Magen-, beziehungsweise Darmkrisen bei spinalen Affectionen.

Erbrechen kann reflectorisch entstehen, wenn die die Dura versorgen-
den Trigeminusfasern gereizt werden. So ist es aufzufassen, wenn es in
zweifelloser Abhängigkeit von Kopfschmerz steht: bei örtlicher Läsion der
Dura, bei manchen Hirntumoren, beim Einsetzen von Augenmuskellähmungen,
bei Migräne. Ist keine organische Läsion vorhanden, so stellt das Erbrechen, beziehungsweise die Uebelkeit ein werthvolles Symptom dar, um
die Migräne von anderweiten Kopfschmerzen zu unterscheiden. Bei Steigerung des intrakraniellen Druckes kommt neben dem mit Kopfschmerz
verbundenen auch selbständiges Erbrechen vor, und ist das Bewusstsein
getrübt, so dass keine Schmerzempfindung mehr angegeben wird, so kann
doch das Erbrechen noch fortdauern. Sodann begleitet Erbrechen oft die
Hirnerkrankungen, bei denen es zu einer mehr oder weniger directen Einwirkung auf die Oblongata kommt. Daher sind Tumoren der hinteren
Schädelgrube, auch da, wo kein stärkerer Kopfschmerz besteht, durch häufiges Erbrechen ausgezeichnet. Tritt ein apoplektischer Insult mit Erbrechen
auf und ist das Bewusstsein soweit erhalten, dass die Abwesenheit stärkeren Kopfschmerzes nachgewiesen werden kann, so ist zunächst an eine
Blutung im Kleinhirn zu denken. Besteht Erbrechen neben Bewusstlosigkeit, so ist nicht zu entscheiden, ob es sich um Reizung der Dura, beziehungsweise allgemeine Drucksteigerung, oder um mehr umschriebene
Einwirkung auf die Oblongata handelt. Immerhin ist Erbrechen sehr selten
bei den mit Insult beginnenden Herdläsionen, wenn diese nicht in der
hinteren Schädelgrube ihren Sitz haben. Bei Erkrankungen der Oblongata selbst (Erweichung, Compression, Sclerose) ist das Erbrechen ein
directes Herdsymptom. Das cerebrale, wie das nervöse Erbrechen überhaupt, unterscheidet sich von dem durch Erkrankungen des Magens verursachten dadurch, dass es keine Beziehung zur Nahrungsaufnahme erkennen lässt. Ob es leicht oder schwer eintritt, hängt nur davon ab, ob
der Magen voll oder leer ist.

Die als crises gastriques bezeichneten Zufälle bestehen darin,
dass mehr oder weniger plötzlich heftigste Schmerzen in der Magengegend
eintreten. Zuweilen beginnt der Schmerz in der unteren Bauchgegend und
steigt dann gegen das Epigastrium auf, oder er zeigt sich zuerst zwischen
den Schulterblättern. Er hat neuralgischen Charakter und bringt durch
seine Stärke den Kranken zur Verzweiflung, so dass dieser zuweilen anhaltend schreit, die bizarrsten Stellungen einnimmt, in Ohnmacht fällt. Mit
dem Schmerze tritt Erbrechen erst des Mageninhaltes, dann von Schleim
und Galle, schliesslich einer aus Schleim, Galle und Blut gemischten Flüssigkeit ein. Es ist oft unstillbar und macht jede Nahrungsaufnahme oder
Medication per os unmöglich. Der Anfall dauert gewöhnlich einige Tage
und hört dann plötzlich, wie er begonnen, auf. Im Intervall, dessen Länge
die grössten Verschiedenheiten zeigt, bestehen keine Magenstörungen. Die

gastrischen Krisen sind weitaus am häufigsten als Symptom der Tabes beobachtet worden, sie können unter den ersten Zeichen dieser Krankheit auftreten. Auch kommen hier unvollständige Krisen vor, die nur in Erbrechen, nicht in Schmerz bestehen. In seltenen Fällen treten die Anfälle als Symptom anderer Rückenmarksaffectionen oder als selbständiges, schon in der Jugend beginnendes, wahrscheinlich functionelles Leiden auf. Daher kann aus ihrer Existenz allein die Tabes noch nicht mit Sicherheit erschlossen werden.

Auch Darmkrisen, Kolikanfälle mit zahlreichen flüssigen Entleerungen, sind ebenso wie einfache hartnäckige Diarrhoe bei Tabes beobachtet worden. Mehr oder weniger lange und heftige Anfälle von Durchfall bilden ein wichtiges Symptom des M. Basedowii. Begreiflicher Weise können auch Läsionen nur der peripherischen zu Magen und Darm ziehenden Nerven vorkommen, doch ist über solche nichts Sicheres bekannt. Vielleicht gehört hierher die Bleikolik, deren Diagnose bei Berücksichtigung der Aetiologie, des Zahnfleischrandes, der hartnäckigen Obstipation, der auffallenden Härte des langsamen Pulses, der Contractur der Bauchmuskeln selten Schwierigkeiten macht.

Im Uebrigen handelt es sich meist um functionelle Störungen und deren Unterscheidung von örtlichen Erkrankungen des Verdauungsapparates. Es kommen etwa in Betracht Speichelfluss, Schlingbeschwerden (Oesophaguskrampf), Wiederkäuen (Ruminatio, Merycismus), die peristaltische Unruhe des Magens und des Darms, Meteorismus, Aufstossen, abnorme Säurebildung im Magen, Erbrechen, Magendruck und Hyperästhesie des Magens, Appetitlosigkeit, Mangel des Sättigungsgefühls und Heisshunger, neuralgische Magenschmerzen (Gastralgie, Cardialgie, Magenkrampf), Darmschmerzen (Colica nervosa), Durchfall oder geformte, aber abnorm reichliche Entleerungen, Verstopfung.

Es würde zu weit führen, alle Einzelheiten zu besprechen. In differentialdiagnostischer Beziehung ist ungefähr folgendes zu sagen.

Der Speichelfluss, der bei Idioten und blödsinnig Gewordenen häufig ist, bei Schwachsinnigen oft durch Speichelansammlung in den Mundwinkeln angedeutet ist, bei Verrückten mit Geschmackshallucinationen sich durch fortwährendes Ausspucken zeigt, bei anderen Irren nicht selten mit Masturbation in Beziehung stehen soll, bei Hysterischen anfallsweise auftreten kann, wird kaum diagnostische Schwierigkeiten machen. Der Oesophaguskrampf kann eine Stenose vortäuschen, das Fehlen eines Hindernisses bei vorsichtiger und geduldiger Sondirung, die Inconstanz des Phänomens, seine Beziehung zu psychischen Veränderungen, die anderweiten nervösen Symptome machen gewöhnlich die Unterscheidung leicht. Bei gesteigertem Nahrungsbedürfnisse muss man natürlich an Diabetes denken, doch kommt dasselbe, besonders anfallsweise, auch als nervöses Symptom vor. Fehlen des Nahrungsbedürfnisses oder Widerwille gegen Nahrung (Anorexia nervosa) ist in der Regel hysterischer Natur. Die Anorexie ist zuweilen so hartnäckig, dass ernsthafte Störungen der Ernährung, starke Abmagerung und Schwäche die Folge sind und der Anschein eines schweren organischen Leidens entsteht. Ein Ulcus ventriculi kann in Frage kommen, wenn Erbrechen und Cardialgie bestehen, wenn nach jeder Nahrungsaufnahme Schmerz eintritt. Die Wirksamkeit von psychischen Veränderungen, die Existenz anderer functioneller Nervenstörungen, das dauernde Fehlen aller objectiven Veränderungen sprechen auch hier gegen die organische Läsion, doch kann u. U. eine sichere Entscheidung nicht möglich sein. Seltener als Ulcus kommen bei Cardialgie Cholelithiasis oder Urolithiasis in Frage. Meteorismus und Hyperästhesie der Bauchhaut können an Peritonitis erinnern, doch kaum ernsthafte Zweifel hervorrufen. Häufig schwankt die Diagnose zwischen Magenkatarrh und Neurose. Bemerkenswerth ist, dass auch bei nervöser Dyspepsie die Zunge dick belegt sein kann. Charakteristisch sind gewöhnlich die Aetiologie (Gemüthsbewegungen, intellectuelle Anstrengung) und der Einfluss psychischer Momente. Die Beschwerden sind launenhaft, bald schadet dies, bald jenes, oft werden gerade grobe Speisen gut vertragen und sogenannte Diätfehler bleiben ohne üble Folgen. Die Verdauung der eingeführten Nahrung geht trotz der Beschwerden normal vor sich. Fast stets bestehen die Zeichen allgemeiner Nervosität. Die Behandlung des Leidens als Magenkatarrh (durch Karlsbader Salz und dergl.) wirkt verschlimmernd. Zuweilen finden sich in der Mittellinie des Bauches bei tiefem Drucke Schmerzpunkte (Burkart). Endlich darf man nicht vergessen, dass nervöse Dyspepsie viel häufiger ist als Magenkatarrh. So wenig wie beim Magen handelt es sich in der Regel beim Darme um einen „Katarrh", wenn bei nervösen Individuen Obstipation, die oft mit flüssigen Entleerungen wechselt, besteht. Auch der den Faeces beigemischte Schleim beweist keinen Katarrh, da der Schleim eine Wirkung der Schleimhautreizung durch den längeren Aufenthalt der Faeces sein kann. Die Befürchtung eines unbekannten organischen Leidens kann wachgerufen werden, wenn Kranke trotz guten Appetites, reichlicher Nahrungsaufnahme und ohne alle subjectiven Beschwerden mehr und mehr abmagern. Solche Kranke haben anscheinend normale, aber übermässig reichliche Stuhlgänge und es wird bei ihnen offenbar ein grosser Theil der Nahrungstoffe unresorbirt entleert. Diese Atrypsia nervosa kommt zuweilen bei Melancholischen und bei Neurasthenischen vor.

Etwaige Veränderungen der Schilddrüse, der Milz, der Lymphdrüsen sind zu ermitteln.

Die Function der Schilddrüse besteht wahrscheinlich darin, gewisse schädliche Stoffwechselproducte zu beseitigen. Damit wird es begreiflich, dass nach Erkrankung oder Entfernung der Schilddrüse (wenn nicht andere Organe ihre Stelle ausfüllen können) Erscheinungen auftreten, die denen eines langsam wirkenden Nervengiftes ähnlich sind und die als Wirkungen jener nicht mehr durch das Schilddrüsengewebe unschädlich gemachten Stoffwechselproducte (Leukomaine) aufgefasst werden können. Je nach der Art der Schädigung, die die Thyreoidea trifft, muss sich das Bild verschieden gestalten. Reizung oder Zerstörung der Drüsenelemente kann in Frage kommen.

Nach Exstirpation der Schilddrüse hat man verschiedene nervöse Störungen, als Verfall der Ernährung, Circulationstörungen, psychische Schwäche, gesehen (Kachexia strumipriva), so dass ein dem Cretinismus (endemischer Idiotismus mit Degeneration der Thyreoidea) ähnliches Bild zu Stande kam. Kleinheit oder anscheinendes Fehlen der Thyreoidea soll bei dem soge-

nannten Myxödem, dessen Hauptsymptom schleimige Entartung des Unter-
hautzellgewebes ist und dessen sonstige Erscheinungen im Wesentlichen
denen der Kachexia strumipriva gleichen, beobachtet worden sein. Die den
M. Basedowii begleitende Struma, die wahrscheinlich auf eine krankhafte
Thätigkeit der Schilddrüse als die nächste Ursache der übrigen Symptome
deutet, ist oft dadurch ausgezeichnet, dass sie reich an Blutgefässen ist und
dass die aufgelegte Hand ein Schwirren fühlt. Daneben klopfen die Carotiden stark. Es scheint jedoch auch eine gewöhnliche Struma, ein Cysten-
kropf die Basedow-Symptome hervorrufen zu können.

Primäre Struma kann Ursache von Sympathicuslähmung werden, dagegen hat man bei primärer Sympathicuslähmung Veränderungen der Schilddrüse noch nicht beobachtet.

Geringe Anschwellung der Milz wird bei einigen Nervenkrankheiten gefunden, deren infectiöse Natur auch aus anderen Gründen wahrscheinlich ist, so bei Meningitis, bei multipler Neuritis und acuter aufsteigender Spinalparalyse. Ein stärkerer Milztumor kann u. U. auf die
Diagnose einer Malaria larvata leiten. Pulsirende Milzschwellung kommt bei
M. Basedowii vor.

Geschwollene Lymphdrüsen können als Zeichen der Syphilis wichtig
sein, sie können durch Druck u. s. w. örtliche Nervensymptome verursachen.

Die Bestimmung der Menge und der Beschaffenheit des
Urins ist deshalb von Interesse, weil einmal diese bei Nervenkrankheiten verändert sein können, zum andern sowohl Diabetes
als Nephritis einer Reihe nervöser Störungen zu Grunde liegen kann.
Oligurie und Anurie kommen zuweilen bei Hysterischen vor. Einige
Male hat man bei hysterischer Anurie vicariirendes Erbrechen beobachtet
und im Erbrochenen Harnstoff gefunden (Charcot). Geringe Quantitäten
eines concentrirten Harns entleeren zuweilen Geisteskranke, besonders
Melancholische. Ausnahmeweise kann auch bei Tabes und anderen Rückenmarkskrankheiten Oligurie vorkommen.

Polyurie ist häufig bei functionellen Neurosen, tritt oft vorübergehend nach hysterischen und epileptischen Anfällen auf, kommt auch bei
M. Basedowii vor. Seltener sieht man sie bei organischen Läsionen, die
direct oder indirect die Oblongata in Mitleidenschaft ziehen. Polyurie in
Anfällen hat man einige Male auch bei Tabes gesehen. Polyurie mit
Glykosurie weist auf directe oder indirecte Läsion der Oblongata, kommt
bei beträchtlicher Steigerung des Hirndrucks und bei verschiedenen bulbären Affectionen vor. Diese symptomatische Polyurie lässt sich vom wirklichen Diabetes mellitus meist durch das Bestehen anderweiter cerebraler
Herdsymptome leicht unterscheiden. Vorübergehende und geringe Glykosurie kann nach apoplektischen und epileptischen Anfällen auftreten. Sie
ist ferner bei Tabes beschrieben worden. Auch bei sog. functionellen
Störungen will man gelegentlich geringe Zuckermengen im Urin gefunden
haben (Morb. Basedowii, nach schweren Strapazen und Gemüthsbewegungen).
Unter ähnlichen Verhältnissen wie die Glykosurie, aber seltener begleitet
Albuminurie die Läsionen des Nervensystems, sie kommt besonders bei
infectiösen Krankheiten (Meningitis, Neuritis), bei bulbären Affectionen, nach
apoplektischen und epileptischen Anfällen hie und da vor.

Zunahme der Uraté und besonders der Phosphate soll bei vielen Nervenkrankheiten, besonders bei Neurosen vorkommen. Phosphaturie ist wiederholt als Symptom der Paralysis agitans bezeichnet worden. Diagnostische Wichtigkeit haben bisher diese Dinge nicht.

Die gute Regel, in jedem nicht durchsichtigen Falle nervöser Störungen den Urin zu untersuchen, gründet sich hauptsächlich darauf, dass der Diabetes mellitus die verschiedenartigsten Symptome von Seiten des Nervensystems verursachen kann, die oft allein den Kranken zum Arzte führen. An Diabetes hat man zu denken, wenn allgemeine Mattigkeit und Muskelschwäche ohne nachweissbare Ursache auftreten, wenn hartnäckige, besonders multiple Neuralgien, umschriebene Anästhesie, vereinzelte Lähmungen (Augenmuskeln, Sympathicus u. s. w.), Fehlen des Kniephänomens, Ernährungstörungen der Haut, besonders Mal perforant und andere gangränöse Processe, kurz, wenn neuritische Symptome sich zeigen, wenn Kranke comatös gefunden werden.

In ähnlicher Weise können bei Nephritis die urämischen Symptome an ein primäres Nervenleiden glauben lassen: Asthma, Kopfschmerz und Erbrechen, Zuckungen, Angst, Somnolenz, der urämische Krampfanfall und das Coma.

Eine überaus wichtige Rolle spielen die Störungen der Blasenthätigkeit.

Bei Gehirnkrankheiten pflegt die Entleerung des Urins nur dann abnorm zu sein, wenn das Bewusstsein gestört ist. Plötzliche Urinentleerung (seltener Stuhlentleerung) kann den apoplektischen Insult, den epileptischen oder paralytischen Anfall begleiten. U. U. kann die stattgefundene Durchnässung das einzige Zeichen eines nächtlichen epileptischen Anfalls sein. Bei tiefem Coma kann es zu paralytischer Retention und dann zu Harnträufeln kommen, da wie andere Reflexe die Function des Detrusor gehemmt werden kann. Bei Stupor und Somnolenz, bei höheren Graden der Demenz bleibt die reflectorische Thätigkeit erhalten, wird aber nicht mehr vom Bewusstsein controlirt, die Kranken lassen den Urin unter sich gehen, er wird mit grösseren oder kleineren Zwischenzeiten ausgetrieben. Aehnlich liegen die Verhältnisse bei Compression des Rückenmarks oder der Oblongata und diffuser Myelitis. Je nachdem nur die Motilität oder auch die Sensibilität gelitten hat und je nach der Intensität der Störung kann die Blasenfunction in verschiedener Weise mangelhaft sein. Nur bei acuter Compression, acuter Myelitis kommt es zu paralytischer Retention. Später und bei chronischen Formen von vornherein kann man den Zustand eher Incoordination der Blase nennen, bald müssen die Kranken lange drücken, bald läuft der Urin vorzeitig ab, bald fühlen sie nicht, ob die Blase entleert ist, und hören zu früh auf u. s. w. Ist die Verbindung mit der Hirnrinde vollständig aufgehoben, so findet von Zeit zu Zeit eine unbewusste Entleerung statt. Sind die Centra der Blase im unteren Lendenmarke oder die von ihnen zur Blase führenden Nerven lädirt, so können auch hier, wenn die Innervation nicht ganz aufgehoben ist, sehr verschiedene Combinationen vorkommen, wie die Beobachtung der Tabeskranken beweist. Ist die Innervation aber ganz aufgehoben (Zerstörung des Lendenmarkes oder der Cauda equina), so muss gänzliche Blasenlähmung eintreten, der Urin tropfenweise, wie er abgesondert wird, aus der leeren Blase fliessen. Diagnostisch hat die Form der Blasenstörung weit weniger Werth als ihre Existenz überhaupt. Dieser Werth beruht besonders darauf, dass die Blasenstörung sehr früh einzutreten pflegt und die Incontinenz wenigstens fast ausschliesslich organische Läsionen begleitet. Bei Compression des Rückenmarkes z. B. kann, schon ehe deutliche Lähmungserscheinungen vorhanden sind, mangelhafte Blasenthätigkeit auf die ernste Bedeutung der Schwäche der Beine und der Steigerung der Sehnenreflexe aufmerksam machen. Schwankt die Diagnose zwischen organischer und functioneller Paraplegie, so wird die vielleicht nur angedeutete Incontinenz entschieden für jene sprechen. Das Fehlen von Blasenstörungen ist zur Diagnose erforderlich bei Erkrankungen der Pyramidenbahn allein, bei Poliomyelitis. Erfahrungsgemäss fehlen die Blasenstörungen fast stets bei den verschiedenen Formen der multiplen Neuritis oder Nervendegeneration und diese unterscheiden sich dadurch von der Tabes, bei der sie fast ausnahmelos vorhanden sind. Die gewöhnlichsten Erscheinungen bei letzterer Krankheit sind vorübergehende Retention, Nachtröpfeln und leichte Incontinenz derart, dass gelegentlich, beim Husten, Lachen, beim Aufstehen oder sonstwie einige Kaffeelöffel Urin unwillkürlich abfliessen. Diese Störungen können als erste und oft lange Zeit fast einzige Beschwerde der Kranken sich zeigen, so dass, wo sie vorhanden sind, der Gedanke an Tabes sofort aufsteigt. Später zeigen sich die genannten Symptome in schwererer Form, kommen Hyperästhesie und Anästhesie der Blase und der Urethra, Harnzwang, Fehlen des Bedürfnisses zu uriniren und des Gefühls beim Uriniren zur Beobachtung. Nicht selten sind allerhand Parästhesien, Druck und Spannung in der Blasengegend, schmerzhaftes Ziehen und Brennen beim Harnen u. s. w. Frühzeitig können Anfälle von Schmerzen in der Nierengegend (Nierenkrisen) oder in der Blasengegend (Blasenkrisen) auftreten. Letztere sind zuweilen mit furchtbar quälendem Harnzwange und Entleerung geringer Blutmengen verbunden. Die Sondenuntersuchung ergiebt dann die Abwesenheit eines Blasensteines. Aehnliche Erscheinungen wie bei der Tabes können im Verlaufe der multiplen Sklerose auftreten. Bei Hysterie beobachtet man zwar zuweilen spastische Retention, Harnzwang, Anästhesie und allerhand Sensationen, in sehr seltenen Fällen auch Blasenblutungen, doch werden sich diagnostische Schwierigkeiten kaum ergeben. Als functionelle Störung ist endlich die bei nervösen Kindern und jugendlichen Personen häufige Enuresis nocturna zu erwähnen, die oft durch örtliche Reizzustände (Verklebung des Präputium u. s. w.) veranlasst wird. Sie kann verwechselt werden mit dem unbewussten Harnen bei nächtlicher Epilepsie. Im Nothfalle entscheidet die directe Beobachtung des schlafenden Kindes.

Vermehrter Harndrang kommt bei Hysterie und Neurasthenie vor, soll auch bei Erkrankung der Hirnschenkel und anderen, basalen Läsionen nicht selten sein.

Organische Erkrankungen der Harnorgane sollen Ursache nervöser Störungen, insbesondere paraplegischer Symptome werden können (Paraplegia urinaria). Ob organische Läsionen des Nervensystems auf diesem Wege zu Stande kommen können (Myelitis durch Neuritis adscendens), ist sehr zweifelhaft. Meist handelt es sich wohl um hysterische Lähmung.

16*

Bei den männlichen Genitalien ist, ausser auf die aus der Anamnese sich ergebenden Functionstörungen, besonders auf Bildungsanomalien, krankhafte Ausflüsse und Sensibilitätstörungen zu achten. Abnorme Bildung der Genitalien ist vielfach als Degenerationzeichen aufzufassen. Auf die Genitalien und ihre Umgebung mehr oder weniger beschränkte Anästhesie kommt bei Tabes und selten bei Hysteria virilis, beziehungsweise traumatischer Neurose vor. Anfälle heftiger, der Urethra folgender Schmerzen (Urethralkrisen) scheinen bisher vorwiegend bei Tabes beobachtet worden zu sein, doch können neuralgische Symptome von Seiten der verschiedenen Zweige des N. pudendo-haemorrhoid. auch selbständig vorkommen. Selbstverständlich ist bei ihrem Vorhandensein das Fehlen örtlicher Organerkrankungen, die gleiche Symptome hervorrufen könnten, durch die nach den Regeln der Kunst geschehende Untersuchung nachzuweisen. Einen der Ovarie ähnlichen Schmerz soll man zuweilen durch Druck auf den Hoden bei Hysteria virilis bewirken können. Unempfindlichkeit der Hoden gegen Druck ist ein häufiges Tabessymptom.

Steigerung, Verminderung, Aufhebung des Geschlechtstriebes, Unvollständigkeit oder Mangel der Erectionen, Priapismus, Pollutionen, Spermatorrhoe kommen in den mannigfachsten Combinationen weitaus am häufigsten als Symptome functioneller Neurosen vor (nach sexuellen Excessen, bei Neurasthenischen, bei Irren), können aber auch von organischen Läsionen abhängen. Sie gehören zu den häufigsten und frühesten Symptomen der Tabes und können dazu dienen, diese von der multiplen Neuritis, bei der sie wohl immer fehlen, zu unterscheiden. Sie werden andererseits auch bei diffusen Läsionen des Rückenmarkes gefunden, sofern diese entweder die Centra der Genitalien im unteren Lendenmarke direct treffen, oder deren Verbindungsbahnen mit dem Gehirn, die man ebenso wie die der Blasencentra in den Hintersträngen vermuthet, über deren Verlauf man aber durchaus nichts Sicheres weiss, unterbrechen. Sie können endlich verschiedene constitutionelle Krankheiten, z. B. Diabetes, Leukämie, begleiten. Ihre Bedeutung ist demnach nur aus den anderweiten Symptomen zu erschliessen. Finden sich sonst keinerlei Zeichen einer organischen Läsion, so wird man mit ziemlich grosser Sicherheit die etwaigen Störungen der Geschlechtsthätigkeit als functionelle betrachten können. Wenigstens wird man aus diesen allein nie eine organische Läsion diagnosticiren dürfen. Von den bisher genannten Störungen kann die Spermatorrhoe auch nichtnervöser Natur sein, in Folge gonorrhoischer Processe u. s. w. auftreten. Fast ausnahmelos ist das Letztere der Fall bei der Prostatorrhoe, dem Aspermatismus und der Azoospermie.

Die Untersuchung der Genitalien ist auch insofern von Bedeutung, als ihre Veränderungen bei neuropathischen Individuen (am häufigsten bei Kindern) sog. reflectorische Neurosen (Enuresis, Pollutionen, allgemeine Nervosität, in selteneren Fällen Lähmungen, Zuckungen der Beine u. s. w.) bewirken können: Phimosis, Verengerung der Harnröhrenmündung, Verklebung des Präputium, vielleicht auch Gonorrhoe.

Das über die männlichen Genitalien Bemerkte gilt mutatis mutandis auch von den weiblichen. Doch sei die Bemerkung gestattet, dass bei Psychosen und Neurosen die Untersuchung nur auf Grund bestimmter Indication vorgenommen werden soll, zu diagnostischen Zwecken nur dann, wenn ohne sie eine sichere Diagnose nicht möglich ist. Hier ist die einzige Stelle, wo eine zu gründliche Untersuchung vom Uebel sein kann.

Störnugen in der Function der weiblichen Geschlechtsorgane, die von Veränderungen im Nervensystem abhängig wären, sind nicht häufig, mit Ausnahme der Menstruationstörungen. Diese zeigen sich in verschiedener Form (zu reichliche, zu spärliche, zu häufige, zu seltene, schmerzhafte Menstruation, Amenorrhoe) bei organischen sowohl als functionellen Nervenkrankheiten und sind in diagnostischer Hinsicht kaum zu verwerthen. Ausserdem findet man zuweilen Hyperästhesie oder Anästhesie der äusseren Genitalien bei spinalen Läsionen (Tabes) sowohl als bei Hysterie. Bemerkenswerth sind die bei Tabes beobachteten anfallsweise auftretenden Wollustempfindungen mit vulvovaginaler Secretion (sogenannte Clitoriskrisen).

Besondere Erwähnung verdient noch die sogenannte Ovarie oder Ovarialhyperästhesie, ein für die Diagnose der Hysterie sehr wichtiges und fast pathognostisches Symptom. Man findet nämlich bei der Mehrzahl der Hysterischen einen Schmerzpunkt, wenn man in einer Linie, die beide Spinae il. sup. verbindet, da wo diese von der seitlichen Grenzlinie des Epigastrium geschnitten wird, einen Druck ausübt. Die Haut an dieser Stelle kann hyperästhetisch, normal empfindlich oder anästhetisch sein, dringt man aber mit den Fingern in die Tiefe, so erregt man einen charakteristischen Schmerz, der nach dem Epigastrium zu ausstrahlt, von Uebelkeit und Erbrechen begleitet sein kann. Wird der Druck fortgesetzt, so kann u. U. ein hysterischer Anfall eintreten und dieser wiederum kann durch energischen Druck auf die beschriebene Stelle unterbrochen werden. Die Ovarie findet sich häufiger links als rechts. Ob es sich bei ihr wirklich immer um das Ovarium handelt, steht dahin.

Die Bedeutung der Erkrankungen der weiblichen Genitalien als Ursache von Neurosen ist vielfach übertrieben worden. Zweifellos richtig ist, dass bei disponirten Weibern allerhand functionelle Störungen des Nervensystems durch Lageveränderungen des Uterus oder durch Entartung des Eierstockes u. s. w. bewirkt werden können, dass besonders schmerzhafte Genitalerkrankungen indirect, nämlich durch die Gemüthsbewegung und durch andauernde und heftige Schmerzen, nervöse oder hysterische Symptome hervorrufen können, aber in der Mehrzahl der Fälle wird auch da, wo Genitalerkrankungen bestehen, zwischen ihnen und den nervösen Störungen kein Zusammenhang zu finden sein. Immerhin hat man die Möglichkeit eines solchen ins Auge zu fassen, wenn eine sonstige Krankheitsursache nicht ersichtlich ist.

Schliesslich sei ein kurzer Ueberblick gegeben über die sogenannten Degenerationzeichen d. h. diejenigen Anomalien der Körperform, aus denen man auf eine angeborene Mangelhaftigkeit der Organisation, besonders des Nervensystems, zu schliessen pflegt.

Abnorme Schädelform (Mikro-, Makrocephalus, Asymmetrie des Schädels u. s. w.).

Asymmetrie des Gesichts, Zurückweichen des Kinnes, Prognathie, abnorm starke Entwicklung des Unterkieferwinkels, eingedrückte Nasenwurzel.

Missbildung der Ohren (abnorme Grösse, Fehlen des Ohrläppchens, des Helix u. s. w.).

Bildungsfehler der Augen (Colobom, Pigmentmangel, Strabismus, Schiefstand der Lidspalte u. s. w.).

Fehler der Mundhöhle (Hasenscharte, Wolfsrachen, abnorm gewölbter Gaumen, zu grosse Zunge, Deformitäten, Schiefstand, Ueberzahl der Zähne).

Abnormitäten der Glieder (Zwergwuchs, Riesenwuchs, Verkrümmung der Wirbelsäule, Klumpfuss, Ueberzahl oder Verwachsung von Fingern und Zehen).

Fig. 43.
Neuropathisches Ohr (Fehlen des Helix).

Bildungshemmungen der Geschlechtsorgane (Hypo- oder Epispadie, Phimosis, Anomalien der Testes, hermaphroditische Bildung, Fehlen des Uterus u. s. w.).

Anomalien der Haut (abnorme Pigmentirung oder Behaarung, Naevusbildung). Und anderes mehr.

VIII. Die Diagnose e juvantibus et nocentibus

ist einer allgemeinen Besprechung nicht zugänglich. Nur mit einigen Worten sei die diagnostische Verwendung der Medicamente erwähnt, die bis jetzt eine geringe Rolle spielt, in Zukunft vielleicht eine grössere spielen wird. Die Reaction auf Medicamente unterstützt zuweilen die Diagnose. Z. B. prüft man mit Quecksilber und Jod auf Syphilis, sucht durch die Anwendung des Bromkalium die epileptischen Anfälle, die das Mittel unterdrückt, von den hysterischen, die es nicht beeinflusst, zu unterscheiden. Bei Kopfschmerzen zweifelhafter Art spricht die therapeutische Wirksamkeit von Natr. salicyl. für idiopathische Migräne. Bei der Frage, besteht Malaria oder nicht, trägt der eclatante Erfolg von Chinin oder Arsen zur positiven Entscheidung bei. Ebenso lässt sich Arsen verwenden, wenn die Diagnose Chorea zweifelhaft ist.

ZWEITER THEIL.

ERSTES HAUPTSTÜCK.

Die Function der einzelnen Muskeln und deren Störungen.[1]

a. Die Muskeln des Auges.[2]

α. Die äusseren Augenmuskeln.

Der M. levator palpebrae super. (N. oculomotorius) hebt das obere Lid und hält das Auge offen. Es ist möglich, ihn willkürlich zu erschlaffen, da Kranke mit completer Lähmung des M. orbicul. palpebr. das obere Lid willkürlich etwas senken können.

Lähmung des Levator palp. sup. bewirkt Herabsinken des oberen Lides (Ptosis). Bei dem Versuche, das Lid zu heben, contrahirt sich dann der M. frontalis, so dass es in der Regel den Kranken noch gelingt, mit der Augenbraue das Lid um einige Millimeter zu heben. Drückt man mit dem Finger die Augenbraue herab, so bleibt bei completer Lähmung des Lev. palp. sup. jede Hebung des oberen Lides, das faltenlos herabhängt, aus. Je älter das Individuum ist, um so tiefer hängt bei Lähmung des Lev. palp. sup. das obere Lid herab.

Es kommt auch eine hysterische Ptosis vor. Bei ihr steht nicht, wie bei der organischen, die Augenbraue höher als auf der gesunden Seite, sondern tiefer.

Tonischer Krampf des Levator wird als Lagophthalmus spasticus bezeichnet. Bei Lähmung einzelner Drehmuskeln scheint der Lev. palp. sup. auf der kranken Seite zuweilen stärker contrahirt zu sein als auf der gesunden, wohl ein Ausdruck der Anstrengung, die die Kranken beim Sehen anwenden.

Die glatten Muskeln der Augenlider (N. sympathicus) helfen das Auge offen halten und legen wahrscheinlich die Lider an

---

[1] Diese Lehre ist für die Mehrzahl der Muskeln am erfolgreichsten von Duchenne bearbeitet worden. In den nicht veraltenden Werken dieses grossen Neuropathologen findet der Leser weiteren Aufschluss (Physiologie des Mouvements. Paris 1867, und Electrisation localisée. Paris 1872).

[2] Alles Nähere s. in den Specialschriften.

den Bulbus an. Ihre **Lähmung** bewirkt Verengerung der Lidspalte, ohne Störung der willkürlichen Beweglichkeit.

Folgt beim Blicke nach unten das obere Lid dem Augapfel nicht in normaler Art, sondern nur ruckweise, oder bleibt es zurück, so spricht man von dem **Graefe'schen Symptome** (eigentlich sc. des Morb. Basedowii). Doch kommt dieses Zeichen auch ausserhalb der Basedowischen Krankheit vor. Es beruht wahrscheinlich auf einer übermässig starken Spannung der das Auge öffnenden Muskelfasern.

Ob der Müller'sche M. orbitalis (N. sympath.) den Bulbus nach vorn drängt und ob das Zurückweichen des letzteren bei Sympathicuslähmung auf seine Unthätigkeit zu beziehen ist, weiss man nicht.

Der M. **rectus sup.** (N. oculomot.) dreht den Bulbus nach oben innen, der M. **obliquus inf.** (N. oculomot.) nach oben aussen, der M. **rectus int.** (N. oculomot.) direct nach innen, der M. **rectus ext.** (N. abducens) direct nach aussen, der M. **rectus inf.** (N. oculomot.) nach unten innen, der M. **obliquus sup.** (N. trochlearis) nach unten aussen. Von den sechs Drehmuskeln sind demnach drei Einwärtswender (Mm. rectus sup., rectus int. und rectus inf.), drei Auswärtswender (Mm. obliquus inf., rectus ext., obliquus sup.). Die Bewegungen nach rechts und links werden nur durch die Contraction des Rectus int. oder externus ausgeführt, die Bewegung direct nach oben durch gleichzeitige Contraction des Rect. sup. und Obliqu. inf., direct nach unten durch Obliqu. sup. und Rect. inferior.

Bei Bewegungen beider Augen nach der Seite contrahiren sich je ein Rect. ext. und int. gleichzeitig, bei Convergenz beide Recti interni.

Bei **Lähmung aller Drehmuskeln** steht der Bulbus unbeweglich geradeaus gerichtet und ist etwas vorgetrieben, da die rückwärts ziehende Wirkung der Drehmuskeln wegfällt.

Sind auf beiden Augen synergisch wirkende Muskeln gelähmt, so ist nur eine bestimmte Blickrichtung unmöglich: **conjugirte** (oder **associirte**) **Augenmuskellähmung.** Formen dieser sind: 1. Ausfall der Blickrichtung nach rechts oder links. Dabei pflegt der betheiligte M. rectus ext. complet gelähmt zu sein, während der betheiligte Rectus int. bei Convergenz normal thätig ist. Ist der Defect doppelseitig, so können die Augen weder nach rechts noch nach links gewendet werden, während die Beweglichkeit nach oben und unten erhalten ist. Dabei ist die Convergenz möglich. 2. Ausfall der Blickrichtung nach oben oder unten, oder nach oben und unten. Dabei kann der Lev. palp. sup. betheiligt sein. 3. Ausfall der Convergenz, bei Seitwärtsbewegungen wirken die Recti int. normal.

Wenn, trotz intacter Function der Recti int. beim Seitwärtsblicken dann, wenn ein nahegelegener Gegenstand fixirt werden soll, nur ein Auge nach innen gedreht wird, das andere aber entsprechend nach aussen abgelenkt wird, kann man von *Insufficienz der Convergenz* sprechen. Diese ist Ausdruck einer relativen Schwäche der Recti int., sie kommt (abgesehen von Myopie) besonders bei M. Basedowii und bei allgemeiner Schwäche der Augenmuskeln (Neurasthenie, destructive Processe in der Nähe der Augenmuskelkerne, besonders progr. Bulbärparalyse) vor. Im letzteren Falle scheint die Convergenz als die mühsamste Augenbewegung am ehesten zu leiden.

Sind an beiden Augen nicht synergisch wirkende Muskeln, oder sind nur Muskeln an einem Auge gelähmt. so entstehen die entsprechenden Beweglichkeitsdefecte und Doppeltsehen (Strabismus paralyticus).

Bei Lähmung eines Rectus ext. kann das betroffene Auge nicht nach aussen gedreht werden, bei Parese erreicht die Cornea den äusseren Augenwinkel nicht, oder nur unter zuckenden, nystagmusartigen Bewegungen. Der Bulbus wird in der Ruhe durch den überwiegenden Rect. int. nach innen abgelenkt. Doppeltsehen besteht in der äusseren Hälfte des Blickfeldes, die nicht gekreuzten, neben einander stehenden Doppelbilder weichen beim Blick nach der Seite des gelähmten Muskels auseinander.

Bei Lähmung eines Rectus int. kann das betroffene Auge nicht nach innen gedreht werden, oder doch den inneren Augenwinkel nicht oder nur zuckend erreichen. In der Ruhe wird es nach aussen abgelenkt. In der inneren Hälfte des Blickfeldes Doppeltsehen. Die gekreuzten, neben einander stehenden Doppelbilder weichen beim Blick nach der gesunden Seite hin auseinander.

Bei Lähmung eines Rectus sup. kann das Auge nicht nach oben gedreht werden, es wird nach unten und etwas nach aussen abgelenkt. In der oberen Hälfte des Blickfeldes wird doppelt gesehen. die übereinanderstehenden, leicht gekreuzten Doppelbilder weichen beim Blick nach oben auseinander.

Bei Lähmung eines Obliquus inf. ist der absolute Beweglichkeitsdefect schwer zu erkennen, die Beweglichkeit nach oben ist etwas beschränkt, das Auge wird etwas nach unten innen abgelenkt. Doppelbilder in der oberen Hälfte des Blickfeldes; diese sind nicht gekreuzt und stehen schief übereinander.

Bei Lähmung eines Rectus inf. ist die Beweglichkeit nach unten beschränkt, das Auge wird nach oben und etwas nach aussen abgelenkt. Doppeltsehen in der unteren Hälfte des Blickfeldes; ziemlich starkes Schwindelgefühl. Die gekreuzten Doppelbilder stehen schief übereinander.

Bei Lähmung eines Obliquus sup. ist die Beweglichkeit nach unten beschränkt, das Auge wird nach oben und etwas nach innen abgelenkt. Doppelbilder in der unteren Hälfte des Blickfeldes, nach innen zu sich etwas über die Horizontale erhebend, nach aussen zu sich unter sie senkend, ziemlich starkes Schwindelgefühl. Die nicht gekreuzten Doppelbilder stehen übereinander. Sie weichen auseinander, wenn das Object nach der Seite des gesunden Auges bewegt wird.

Sind alle Drehmuskeln mit Ausnahme des Obliqu. sup. und Rectus ext. gelähmt, so ist das Auge nach aussen unten gerichtet, wird bei Bewegungsversuchen noch weiter nach dieser Richtung gedreht. Beim Blick nach unten tritt eine Drehung um die sagittale Axe (Raddrehung) ein, so dass das obere Ende des verticalen Meridians nasalwärts bewegt wird. Die Bewegung nach innen oder nach oben ist ganz unmöglich, der Blick nach aussen ist frei. Fast im ganzen Blickfelde bestehen Doppelbilder, das Schwindelgefühl ist sehr stark.

Der Beweglichkeitsdefect pflegt bei Vergleichung mit dem gesunden Auge ohne Weiteres deutlich zu sein. Wo dies nicht der Fall ist und bei allen Defecten in der Beweglichkeit nach oben und unten, ist auf Doppelbilder zu untersuchen. Dies geschieht, indem man den Kranken auffordert, dem etwa in 1 M. Entfernung gehaltenen Finger des Untersuchers mit den Augen nach den verschiedenen Richtungen zu folgen und anzugeben, wann Doppelbilder auftreten und wie die Bilder sich gegen einander verhalten. Genauer wird die Untersuchung, wenn man Ein Auge mit einem gefärbten, etwa rothen, Glase bedeckt und die Augen den Bewegungen eines brennenden Lichtes folgen lässt.

Die wichtigste Regel ist, dass Lähmung eines Einwärtswenders gekreuzte, Lähmung eines Auswärtswenders nicht gekreuzte (gleichnamige) Doppelbilder bewirkt. Immerhin sind zu dieser Prüfung guter Wille und eine gewisse Intelligenz des Kranken nöthig. Bei älteren Augenmuskellähmungen pflegt Contractur des Antagonisten eingetreten zu sein. Die Doppelbilder zeigen sich dann in grösseren Abschnitten, möglicherweise im ganzen Blickfelde, oder aber das Doppeltsehen hört auf, da nur das Bild des einen Auges beachtet wird.

Man kann zur Diagnose auch die sogenannte secundäre Ablenkung des gesunden Auges benutzen. Wird letzteres verdeckt und mit dem kranken Auge in der Zugrichtung des gelähmten Muskels gesehen, so contrahirt sich der associirte Muskel des gesunden Auges übermässig stark. Bei Lähmung des rechten Rect. externus z. B. geht, beim Versuche nach rechts zu sehen, das linke Auge zu weit nach innen. Der Grad der secundären Ablenkung ist ein Maass für die Parese des associirten Muskels.

Der Schwindel, der besonders bei Lähmung der nach unten
drehenden Muskeln während des Gehens, Arbeitens u. s. w. störend
wird, erklärt sich aus der falschen Projection des Gesichtsfeldes,
die abhängt von dem Maasse der Muskelanstrengung. Er wird gesteigert durch die verwirrende Wirkung des Doppeltsehens. Diesen
Beschwerden suchen die Patienten zu entgehen, entweder dadurch,
dass sie das kranke Auge schliessen, oder dadurch, dass sie eine
eigenthümliche Kopfhaltung annehmen, um denjenigen Theil
des Blickfeldes, in dem keine Doppelbilder auftreten, für die gewöhnlichen Beschäftigungen zu benutzen.

Tonische Krämpfe einzelner Augenmuskeln bezeichnet man
als Strabismus spasticus.

Die klonischen Krämpfe stellen sich theils als incoordinirte,
unwillkürliche Bewegungen der Augen dar, theils als eine Art Augenzittern (Nystagmus), das am häufigsten in lateraler Richtung besteht, bald in der Ruhe, bald nur bei Bewegungen auftritt. Ataxie
der Augenmuskeln kann sich in der Weise zeigen, dass der Kranke,
wenn er auf einen Gegenstand sehen will, mit den Augen über das
Ziel hinausschiesst, sich dann mit einer zu ausgiebigen Drehung der
Bulbi corrigirt und erst nach mehrfachen Schwankungen den Gegenstand fixiren kann.

Zu den krampfhaften Bewegungen kann auch die sogenannte
conjugirte Deviation der Augen gerechnet werden. Bei Hemiplegien werden oft Augen und Kopf dauernd nach der gesunden
Seite gewendet, bei halbseitigen Krämpfen nach der Seite der Krämpfe
(Prevost). Dies beruht darauf, dass in jenem Falle der Einfluss
der gesunden, in diesem der der krankhaft erregten Hemisphäre auf
die seitlichen Augenbewegungen überwiegt. Bei Anstrengung des
Willens können die hemiplegischen Kranken die Augen auch zu-
rück-, beziehungsweise nach der anderen Seite führen. Es besteht
also keine Lähmung.

β. Die inneren Augenmuskeln.

Der M. ciliaris (N. oculomot.) zieht die Chorioidea nach vorn,
so dass die Linse sich stärker wölben kann. Er bewirkt demnach
die Accommodation. Seine Lähmung hebt die Fähigkeit zu accommodiren auf, das Auge ist nicht mehr im Stande, nahe Gegenstände
deutlich zu erkennen, zu lesen u. s. w. Durch passende convexe Gläser
kann der Mangel ausgeglichen werden. Tonischer Krampf des M.
ciliaris bewirkt scheinbare Myopie, das Auge ermüdet rasch. Ein-
tröpfelung von Atropin beseitigt den Krampf.

Die Muskeln der Iris sind der Sphincter pupillae (N. oculomot.) und der Dilatator pup. (N. sympathicus). Dilatirend wirkt auch Gefässverengerung, verengernd vermehrte Blutfülle der Iris. Der Sphincter contrahirt sich bei Lichteinfall, bei Convergenz (beziehungsweise Accommodation), der Dilatator bei sensorischer oder psychischer Erregung, bei gewaltsamer Athmung und heftiger Muskelanstrengung. Beide werden durch gewisse Gifte erregt. Zunächst ist zu bestimmen, ob bei mässiger ebenso wie bei intensiver Beleuchtung beider Augen Gleichheit der Weite beider Pupillen besteht („Isocorie"-Heddaeus). Jede Anisocorie ist pathologisch. Ferner ist die mittlere Weite der Pupillen bei diffusem Tageslicht zu schätzen oder zu messen, (Myosis = Pupillenverkleinerung, Mydriasis = Pupillenvergrösserung).

Ausser der Pupillenweite ist zu untersuchen:

1. die Pupillenverengerung bei Lichteinfall. Man lässt den mit dem Gesichte dem Lichte zugewandten Kranken einen fernen Gegenstand fixiren und beschattet vorübergehend das Auge durch Vorhalten der Hand.

Der zu Untersuchende befindet sich ca. 1 m vom Fenster entfernt und blickt, ohne zu accommodiren, hinaus in den Tag (nicht Sonne) hinein. Es ist ihm gestattet, zu blinzeln, im Uebrigen soll er aber beide Augen, auch unter der deckenden Hand, stets offen halten. Der Untersucher steht seitlich vom Untersuchten und verdeckt dessen linkes Auge möglichst vollständig durch Auflegen der rechten Hohlhand. Nach 5—10 Sec., während deren der Untersucher die Weite der rechten Pupille beachtet und sich zu merken sucht, lässt er das linke Auge frei und beobachtet die consensuelle Pupillenreaction des rechten Auges. Darauf wird die Verschliessung des linken Auges wiederholt und die Gegend des letzteren fixirt, damit der Untersucher bei der Aufdeckung des linken Auges sofort die Weite seiner Pupille wahrnehme und deren Verengerung, d. h. die directe Reaction schätze. In gleicher Weise belehrt man sich durch zweimalige Verdeckung und Wiederfreilassung des rechten Auges 1. über die consensuelle Pupillenreaction des linken, 2. über die directe Pupillenreaction des rechten Auges. Ist das Ergebniss der Prüfung bei offenem 2. Auge negativ, so wird man auch das 2. Auge theilweise oder ganz verdecken, die Zeit der Verdunkelung verlängern, den Lichtcontrast so gross wie möglich machen. Nöthigenfalls wird die Prüfung im Dunkelzimmer vorgenommen und auf das zu untersuchende Auge nach 10—15 Min. das volle Tages(oder Sonnen-)licht geworfen. (Vorschriften nach Heddaeus.)

Beim Gesunden ist die directe Pupillenreaction der consensuellen gleich. Das Vorhandensein der Lichtreaction beweist, dass die Fasern, die die Retina des untersuchten Auges, mit dem Oculomotorius verbinden, ungeschädigt sind, dass das Auge reflexerregbar ist, mag die Reaction am untersuchten oder am anderen Auge eintreten.

Wenn auch nur an einem Auge die Gleichheit der directen und der consensuellen Reaction festgestellt werden kann, ist nachgewiesen, dass beide Augen (Retinae) gleich reflexerregbar sind. Bei einseitiger „Reflextaubheit" fehlt die directe Reaction des untersuchten und die consensuelle Reaction des anderen Auges. Bei doppelseitiger Reflextaubheit fehlt die Lichtreaction überhaupt. Wichtig ist die Unterscheidung zwischen Reflextaubheit und reflectorischer Pupillenstarre. Ist letztere einseitig, so verengt sich die Pupille weder bei Beleuchtung des gleichen noch des anderen Auges, während die Pupille des anderen Auges sowohl direct als consensuell reagirt.

2. Die Pupillenverengerung bei Convergenz. Man lässt den Kranken erst in die Ferne, dann auf einen nahen Gegenstand, den vorgehaltenen Finger, oder die eigene Nasenspitze, sehen. Bei Unfähigkeit zu convergiren, ist die Prüfung der Mitbewegung der Pupille nicht ausführbar. Ist die Verengerung bei Convergenz vorhanden, so ist die centrifugale, zur Iris gehende Bahn (des Oculomotorius) unbeschädigt, die Pupille ist beweglich, fehlt sie, so ist die Pupille starr. Erhaltene Beweg-

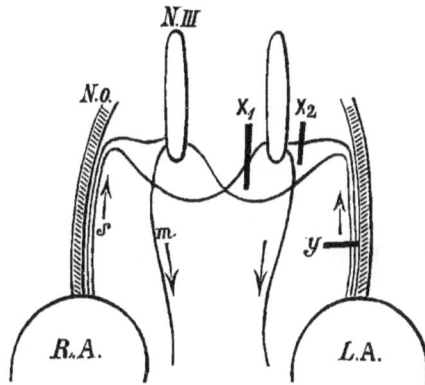

Fig. 44.

Schema, das den Unterschied zwischen Reflextaubheit und reflectorischer Pupillenstarre darthut.
R. A. = rechtes Auge, L. A. = linkes Auge. N. o. = N. opticus.
N. III. = Nucleus Nervi oculomotorii. s = centripetale Pupillenfasern. m = Iris-Ast des N. oculomotorius. Läsion bei y bewirkt Reflextaubheit des linken Auges. Läsion bei x_1 und x_2 bewirkt reflectorische Pupillenstarre des linken Auges.

lichkeit bei Reflextaubheit lässt auf eine Läsion der centripetalen Bahn oder des diese mit den Irisfasern des Oculomotorius verbindenden centralen Stückes schliessen. Bei reflectorischer Pupillenstarre kann man sich die Läsion so vorstellen, wie Fig. 44 es zeigt.

3. Die Pupillenerweiterung bei sensorischer Erregung. Man reizt die Haut des Halses oder Nackens durch Stechen, Kneifen, am besten durch den faradischen Pinsel und beobachtet, ob danach die Pupille des mässig beleuchteten, in die Ferne blickenden Auges sich langsam erweitert.

4. Endlich kann man durch Einträufelung von Giften die Beweglichkeit der Pupille prüfen. Atropin (1 proc. Lösung des Atropin.

sulf.) bewirkt maximale Erweiterung der Pupille durch Lähmung des Sphincter und Reizung des Dilatator. Das Gleiche bewirken Duboisin, Hyoscyamin u. a. Cocain erweitert die Pupille (und die Lidspalte) mässig und vorübergehend, wahrscheinlich durch Reizung des Dilatator. Eserin (1 proc. Lösung des Eserin. sulf.) verengert die Pupille ad maximum durch Reizung des Sphincter, Lähmung des Dilatator. Aehnlich wirken Pilocarpin, Muscarin, Nicotin. Morphium verengert bei innerer Anwendung die Pupille. Bei Inhalation von Chloroform erweitert sich zunächst die Pupille, verengt sich dann und wird unbeweglich. Am energischsten und am längsten dauernd ist c. p. die Atropinwirkung, es empfiehlt sich daher die Prüfung durch Eserin u. s. w. vorausgehen zu lassen.

Bei Lähmung des Sphincter wird die Pupille erweitert (Mydriasis paralytica). Licht- und Convergenzreaction fehlen. Die Erweiterung bei schmerzhaften Reizen muss eintreten, ist aber an der schon erweiterten Pupille schwer zu beobachten. Atropin verstärkt die Erweiterung.

Bei Krampf des Sphincter ist die Pupille stark verengert (Myosis spastica). Lichteinfall oder Beschattung, Convergenz, schmerzhafte Hautreize bewirken keine Irisbewegung (wenigstens bei starkem Krampfe), Atropin erweitert die Pupille langsamer als gewöhnlich, Eserin verstärkt die Myosis.

Bei Lähmung des Dilatator ist die Pupille mässig verengt (Myosis paralytica). Alle Reactionen sind erhalten, nur die reflectorische Erweiterung fehlt.

Bei Krampf des Dilatator ist die Pupille erweitert (Mydriasis spastica), die reflectorische Erweiterung fehlt bei starker Mydriasis, die übrigen Reactionen pflegen mehr oder weniger erhalten zu sein.

Im Allgemeinen ist der Sphincter stärker als der Dilatator; wo beide collidiren, überwiegt der erstere.

Findet sich Lähmung des Sphincter und Krampf des Dilatator, so ist die Pupille ad maximum erweitert und starr, umgekehrt ist sie bei Lähmung des Dilatator und Krampf des Sphincter ad maximum verengert und starr.

Besteht Lähmung des Sphincter und des Dilatator (wie im Tode), so ist die Pupille mittelweit und starr.

Ist nur ein Muskel gelähmt, so bildet sich wahrscheinlich unter Umständen eine secundäre Contractur des anderen aus, so dass z. B. die mittlere Myosis nach Lähmung des Dilatator mit der Zeit verstärkt und die Beweglichkeit gegen Lichtreize und bei Convergenzbewegung beschränkt werden kann. Doch ist über diese Dinge wenig Sicheres bekannt. Auf jeden Fall sind Sphincter und Dilatator nicht Antagonisten im gewöhnlichen Sinne des Wortes, da sie durch Reize verschiedener Art erregt werden.

Ausser den schon erwähnten kommen noch folgende Beweglichkeitsdefecte zur Beobachtung. Die Pupille reagirt nicht auf Lichteinfall oder Beschattung, verengert sich aber bei Convergenz, dabei fehlt in der Regel die active reflectorische Erweiterung (reflectorische Pupillenstarre). Die reflectorische Pupillenstarre darf, wie schon erwähnt, nicht mit Aufhebung der Reflexerregbarkeit identificirt werden. Sie gleicht dieser, wenn sie doppelseitig vorhanden ist. Da aber bei einseitiger reflectorischer Starre das Auge mit der lichtstarren Pupille reflexempfindlich ist, so ist anzunehmen, dass auch doppelseitige Lichtstarre etwas anderes ist als Reflextaubheit.

Die (erweiterte) Pupille reagirt nicht auf Lichtreize, aber bei Convergenz und die active reflectorische Erweiterung ist erhalten: bei Zerstörung der Opticusfasern, doppelseitiger, peripherischer Amaurose. Bei einseitiger Amaurose ist die consensuelle Reaction erhalten. Bemerkenswerth ist, dass in seltenen Fällen trotz peripherischer Amaurose die Lichtreaction zum Theil erhalten sein kann, dass daher die Pupillenreaction durch schwächere Reize bewirkt zu werden scheint als die Lichtempfindung.

Stossweise active Contractionen der Iris (wahrscheinlich klonischer Krampf des Sphincter pup.) werden Hippus genannt, zitternde passive Bewegungen der Pupille bei Drehungen des Bulbus Iridodonesis (Irisflattern, Iris tremulans).

b. Die Muskeln des (mittleren) Ohres.

Der M. tensor tympani (N. trigeminus) zieht den Hammergriff und damit das Trommelfell etwas nach hinten und innen und spannt letzteres an. Er muss dabei gleichzeitig die Kette der Gehörknöchelchen nach innen bewegen und die Steigbügelplatte tiefer in das ovale Fenster hineindrücken. Man betrachtet daher den Tens. tymp. als Schalldämpfer (Toynbee). Meist soll der Grundton abgedämpft erscheinen, während die Obertöne deutlich hervortreten. Nach Lucae werden die hohen Töne weniger deutlich wahrgenommen, während die tiefen überwiegen.

Die Contraction des Tens. tymp. tritt als Mitbewegung bei Contraction der Gaumen- und Halsmuskeln ein.

Der M. stapedius (N. facialis) soll das Trommelfell erschlaffen. Nach Henle dient er hauptsächlich zur Befestigung des Steigbügels

und zur Dämpfung passiver Bewegungen, die ihm mitgetheilt werden.
Nach Toynbee hebt der Stap. die Steigbügelplatte aus dem ovalen
Fenster und erleichtert ihre Schwingungsfähigkeit.

Lähmung des M. stapedius, beziehungsweise Ueberwiegen des
Tensor tymp., soll Hyperacusis (abnorme Feinhörigkeit, besonders
gegen tiefe Töne) und ein hohes subjectives Geräusch verursachen
(Lucae). Andere nehmen an, dass das Ueberwiegen des Tens. bei
Lähmung des Stap. Abschwächung des Gehörs nebst subjectiven
Geräuschen hervorrufe, dass die bei Facialislähmung beobachtete
Hyperacusis vielmehr durch gesteigerte Thätigkeit des nicht mit ge-
lähmten Staped., der bei jedem Innervationsversuche abnorm stark
innervirt werde, zu Stande komme (Urbantschitsch). Durch
abnorm starke Innervation des Staped. wird auch der zuweilen bei
Facialislähmungen nach jedem Bewegungsversuche auftretende brum-
mende Ton erklärt.

Contracturen der inneren Ohrmuskeln scheinen zuweilen
ausser Gehörstörungen und subjectiven Geräuschen reflectorische
Symptome zu bewirken (Hyperästhesie der betroffenen Kopfhälfte,
Trigeminusneuralgien u. s. w.).

Klonische Krämpfe des Tens. tymp. sollen ein knackendes
Geräusch verursachen.

Letzteres wird (neben Empfindungen in der Zunge) auch durch
faradische Reizung hervorgerufen, sobald eine Elektrode in den
mit Wasser gefüllten Gehörgang gebracht wird (Duchenne). Wahrscheinlich handelt es sich dabei um Reizung der inneren Ohrmuskeln.

Beziehungen zum Ohre haben mittels der Tuba Eustachii die
Gaumenmuskeln. Der M. tensor palati wird als Abductor
(v. Tröltsch) s. Dilatator (Rüdinger) tubae bezeichnet. Er hebt den
Knorpelhaken und die membranöse Tuba von der medialen Knorpel-
platte ab und erweitert damit den Tubeneingang. Der M. levator
palati verengert die Rachenmündung der Tuba bei seiner Contraction

Lähmung des Tensor palati wird ungenügende Oeffnung
oder Verschluss der Tuba bewirken, damit Erschwerung des Luft-
zutrittes zu der Paukenhöhle, Gehörstörungen und subjective Geräusche.

Tonischer Krampf des Tensor pal. bewirkt Offenstehen
der Tuba, damit abnorm leichtes Eindringen der Luft in die Paukenhöhle und verstärktes Hören der eigenen Stimme (Autophonie).

Klonischer Krampf des Tensor pal. bewirkt ein knackendes Geräusch, das auch objectiv wahrnehmbar ist. Dieses Geräusch
kann von manchen Personen auch willkürlich durch directe An-

spannung des Tens. pal. oder durch Schlingbewegungen, Gähnen
Kauen u. s. w. hervorgerufen werden.

c. Die mimischen Muskeln des Gesichtes.

Der M. epicranius, der aus den durch die Galea aponeu-
rotica getrennten Mm. frontalis und occipitalis besteht, legt
die Stirnhaut in quere Falten, zieht die Augenbrauen nach oben und
verleiht dem Gesichte den Ausdruck des Erstaunens. Während in
der Regel beide Theile sich gemeinsam zusammenziehen, vermögen
einzelne Menschen den M. occipitalis isolirt zu contrahiren und damit das Capillitium nach hinten zu verschieben.

Lähmung des Epicranius verursacht Glätte der Stirn und Unvermögen, die Stirn in Querfalten zu legen.

Der M. pyramidalis, anatomisch ein Theil des M. frontalis,
faltet die Haut über der Nasenwurzel quer, indem er die Stirnhaut
herabzieht und das innere Ende der Augenbrauen senkt. Seine Contraction macht das Gesicht finster.

Der M. orbicularis palpebrarum schliesst die Augenlider
und legt die Haut darum in zahlreiche strahlenartige Falten. Das
als M. malaris bezeichnete Bündel des Orbicularis legt die Haut am
äusseren Augenwinkel in feine, nach dem letzteren zusammenlaufende
Falten und hebt die Wangenhaut etwas, damit entsteht ein freund-
licher Ausdruck. Die Contraction der Augenlidmuskeln muss auch
eine Erweiterung des Thränensackes bewirken, mittels der die im
medialen Augenwinkel angesammelte Flüssigkeit angesogen wird.

Lähmung des M. orbic. palp. verursacht Unvermögen, das Auge
zu schliessen. Es bleibt offen (Lagophthalmus paralyticus) und es
tritt Thränenträufeln ein. Im Schlafe oder beim Versuche, das Auge
willkürlich zu schliessen, wird das obere Lid etwas gesenkt und der
Bulbus nach oben innen gedreht.

Tonischer Krampf des M. orbic. palp. wird als Blepharospasmus bezeichnet. Klonischer Lidkrampf heisst Spasmus nictitans.

Der M. corrugator supercilii schiebt die Augenbraue nach
innen und etwas nach unten, so dass das obere Lid überschattet und
zum Theil bedeckt wird, die Haut der Glabella in senkrechte Falten
gelegt wird. Dabei wird das mediale Ende der Augenbraue leicht
gehoben. So entsteht der Ausdruck des Nachdenkens, des drohen-
den Ernstes.

Der M. triangularis (Compressor) nasi legt die Haut des
Nasenrückens in Längsfalten und soll damit den Ausdruck der Lüsternheit bewirken.

17*

Der M. depressor nasi (myrtiformis) s. dilatator narium hebt den Nasenflügel und erweitert das Nasenloch. Seine Lähmung vermindert die Fähigkeit zu schnüffeln und damit die Riechfähigkeit. Das von Duchenne als Dilatator externus bezeichnete Bündel verengert die Nasenmündung.

Der M. levator lab. sup. alaeque nasi hebt den Nasenflügel und die Oberlippe, ohne das Nasenloch zu erweitern. Seine Contraction pflegt das Weinen der Kinder einzuleiten.

Der M. levator lab. sup. proprius und der M. levator anguli oris (M. caninus) heben die Oberlippe, beziehungsweise den Mundwinkel senkrecht in die Höhe und machen das Gesicht weinerlich und verdriesslich. Das letztere bewirkt auch der M. zygomaticus minor, der die Oberlippe nach oben und etwas nach aussen hebt.

Dagegen ist der M. zygomaticus major der Muskel des Lachens und der Freude. Er zieht den Mundwinkel nach aussen und etwas nach oben, legt die Haut der Wange in tiefe, theils nach dem Nasenflügel, theils nach der Nasenwurzel zu bogenförmig verlaufende Falten.

Lähmung der vier letztgenannten Muskeln lässt den Mundwinkel herabsinken, die Nasolabialfurche verstreichen und flacht die Wange ab.

Der M. buccinator drückt die Wange an die Zähne, faltet dabei die Wangenschleimhaut. Zum Austreiben der Luft aus der Mundhöhle beim Blasen u. s. w. trägt er nichts bei. Seine Lähmung bewirkt Erschlaffung der Wange, die alsdann bei jeder Exspiration aufgebläht wird und beim Kauen nicht mehr sich den Zähnen anlegt, so dass die Bissen zwischen Zähne und Wange fallen.

Der M. orbicularis oris schliesst die Lippen und drückt sie an die Zähne an. Zusammen mit den Mm. incisivi und dem M. nasalis labii sup. spitzt er den Mund zum Küssen, Pfeifen, Aussprechen der Vokale o und u. In verschiedener Weise bethätigt sich der O. oris bei Bildung mehrerer Consonannten (b, p, w, v. f, m). Buccinator und Orbicularis oris wirken gemeinsam beim Saugen, Trinken, Essen, Blasen von Instrumenten u. s. w. und sind als Theile eines Muskels zu betrachten.

Lähmung des Orbic. oris bewirkt Offenstehen des Mundes, aus dem der Speichel fliesst. Schon einseitige Lähmung hebt die Fähigkeit zu pfeifen auf. Doppelseitige Lähmung stört die Articulation, da die oben aufgezählten Laute unvollkommen oder nicht gebildet werden können.

Contraction des M. levator menti flacht die Rundung des Kinnes ab, schiebt Kinn und Unterlippe nach oben, so dass letztere die Oberlippe zum Theil deckt und sich aussen umschlägt, das Lippenroth verbreiternd. So erhält das Gesicht einen hochmüthigen, verachtenden Ausdruck. Der Lev. menti ist bei Bildung der Lippenlaute betheiligt, ist er gelähmt, so unterstützen manche Kranken das Kinn mit der Hand, um dadurch die Bildung jener Laute zu erleichtern.

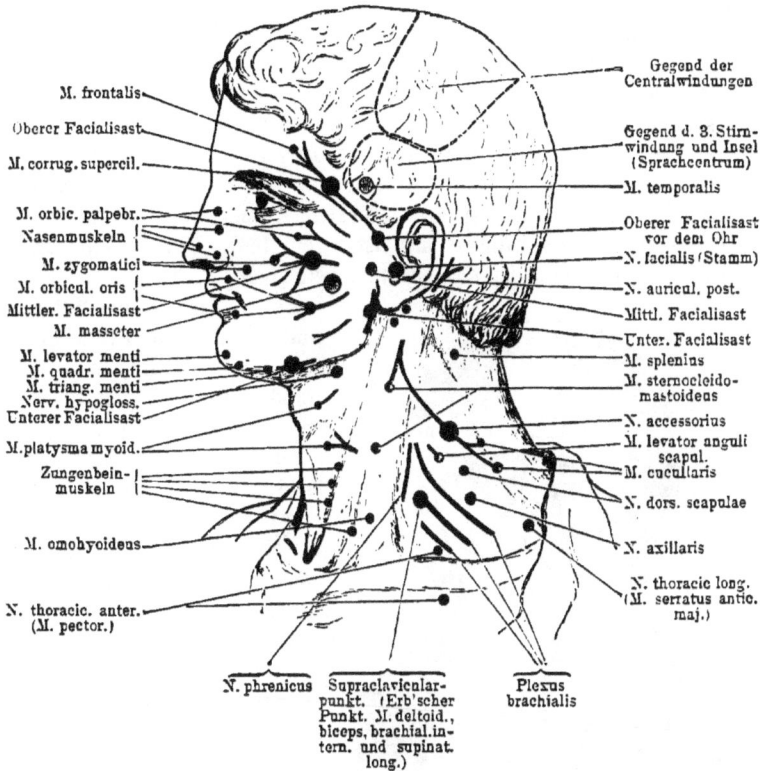

M. frontalis

Oberer Facialisast

M. corrug. supercil.

M. orbic. palpebr.
Nasenmuskeln
M. zygomatici
M. orbicul. oris
Mittler. Facialisast
M. masseter
M. levator menti
M. quadr. menti
M. triang. menti
Nerv. hypogloss.
Unterer Facialisast
M. platysma myoid.
Zungenbein-
muskeln

M. omohyoideus

N. thoracic. anter.
(M. pector.)

Gegend der
Centralwindungen

Gegend d. 3. Stirnwindung und Insel
(Sprachcentrum)
M. temporalis
Oberer Facialisast
vor dem Ohr
N. facialis (Stamm)
N. auricul. post.
Mittl. Facialisast
Unter. Facialisast
M. splenius
M. sternocleido-
mastoideus
N. accessorius
M. levator anguli
scapul.
M. cucullaris
N. dors. scapulae
N. axillaris
N. thoracic long.
(M. serratus antic.
maj.)

N. phrenicus Supraclavicular-
punkt. (Erb'scher
Punkt. M. deltoid.,
biceps, brachial.in-
tern. und supinat.
long.)

Plexus
brachialis

Fig. 45.
Motorische Punkte am Kopfe (nach Erb).

Der M. quadratus menti zieht die Unterlippe nach unten und etwas nach aussen, diese dabei an die Zähne andrückend. Auch er bewirkt den Ausdruck der Missachtung und Abneigung.

Der M. triangularis menti zieht den Mundwinkel nach unten und aussen, ohne dabei die Mundspalte zu öffnen. Er betheiligt sich beim Weinen. Seine isolirte Contraction drückt Ekel aus.

Die Lähmung der Kinnmuskeln macht sich im Ruhezustande wenig bemerklich, erst bei Bewegungsversuchen erkennt man die Unfähigkeit, die Unterlippe herabzuziehen oder zu heben.

Der schwache M. risorius (Henle) zieht den Mundwinkel nach aussen, wie es beim Lächeln geschieht.

Der M. subcutaneus colli (Platysma) zieht gemeinsam mit dem ihm verbundenen Quadratus m. die Unterlippe nach aussen, so dass bei energischer Contraction die Zähne entblösst werden. Er stellt ferner eine Ebene dar zwischen unterem Kieferrande und Hals, so dass dem Einsinken der Haut des Halses und dem Collabiren der Halsvenen beim Einathmen Widerstand geleistet wird. Man sieht daher bei rascher und angestrengter Inspiration, besonders beim Singen, die Subcutanei sich spannen und die Haut in Längsfalten legen. Ob die Contraction des lateralen Abschnittes auf die Entleerung der Parotis Einfluss hat, ist zweifelhaft. Der M. subc. colli contrahirt sich bei heftigen Affecten, Entsetzen, Wuth.

Fig. 46.
Peripherische rechtseitige Facialislähmung
(nach Seeligmüller).

Bei Lähmung des Subc. c. sind die erwähnten Bewegungen nicht möglich und der Rand des Unterkiefers tritt mehr als sonst hervor.

Die Mm. attrahens, attollens und retrahens auriculae heben die Ohrmuschel in geringem Grade nach oben-vorn, beziehungsweise oben-hinten und vergrössern damit die Gehörsöffnung. Sie können nur von einzelnen Individuen willkürlich contrahirt werden, ihre Lähmung ist daher oft nicht nachweisbar, es sei denn, dass die elektrische Erregbarkeit verloren gegangen ist.

Die kleinen Muskeln der Ohrmuschel (Mm. tragicus et antitragicus, helicis major et minor) nähern den Antitragus etwas dem Tragus und verkürzen die Concha ein wenig von oben nach unten. Sie sind ohne praktische Bedeutung.

Alle bisher genannten Muskeln werden vom N. facialis inner-

virt, nur der M. subcut. colli erhält ausser dem Facialiszweige einige
Zweige vom dritten Cervicalnerven (Nn. subcutanei coll. med. et inf.)
und der M. buccinator soll einige Fädchen vom Trigeminus erhalten.

Wie die elektrische Reizung der einzelnen Muskeln vorzunehmen ist, geht aus Fig. 45 und deren Beschreibung hervor. Nicht
isolirt zur Contraction zu bringen ist der tiefliegende M. caninus.

Wie die Untersuchung der Gesichtsmuskeln auf Lähmung auszuführen ist, ergiebt sich aus dem Gesagten. Bei einseitiger Lähmung fällt meist sofort das Verstrichensein der Falten und das Ver-
zogensein des Gesichtes nach der gesunden Seite ins Auge. Geringe
Grade von Lähmung werden erst bei Ausführung der willkürlichen
und der Mitbewegungen, beim Lachen, Sprechen u. s. w. deutlich.
Wenn der Kranke eine anstrengende Bewegung macht, etwa die
Hand des Untersuchers drückt, tritt zuweilen die Differenz beider
Gesichtshälften besonders deutlich hervor. Am schwierigsten sind
schwache, doppelseitige Paresen nachzuweisen, da individuell die
Kraft der Gesichtsmuskeln sehr verschieden gross ist. Oft hat dar-
über der Kranke selbst das sicherste Urtheil. Man prüft die Kraft,
indem man den einzelnen Muskeln mit dem Finger Widerstand leistet.

Der klonische Krampf der Gesichtsmuskeln, bei dem sich
hauptsächlich die Muskeln um das Auge und den Mund zu betheiligen
pflegen, wird oft als Tic convulsif bezeichnet. Tonischer Ge-
sichtskrampf giebt dasselbe Bild wie Faradisiren des N. facialis.
Contracturen einzelner Gesichtsmuskeln werden sich leicht erkennen
lassen.

d. Die Kaumuskeln

werden vom N. trigeminus innervirt.

Die Mm. masseter und temporalis ziehen mit grosser Kraft
den Unterkiefer an den Oberkiefer und pressen die Zähne auf einander. Unterstützend wirkt bei dieser Bewegung die Contraction
der Mm. pterygoidei interni. Beim Oeffnen des Mundes wird
der Unterkiefer vom M. pterygoideus ext. auf das Tuberculum
articulare hervorgezogen.

Den Kiefer seitwärts zu bewegen oder vielmehr ihn um den
einen Gelenkkopf zu rotiren, dienen die vereinigten Mm. pterygoidei einer Seite.

Bei einseitiger Kaumuskellähmung kauen die Kranken nur
auf der gesunden Seite. Lässt man sie die Zähne auf einander
beissen, so sieht man, fühlt besser durch die aufgelegten Finger,
dass Masseter und Temporalis sich auf der kranken Seite schwach

oder gar nicht contrahiren. Bei doppelseitiger Lähmung klagen die
Kranken zuerst über rasches Ermüden beim Kauen, sie können feste
Speisen nicht mehr zerkleinern, müssen oft pausiren beim Essen.
Objectiv giebt sich die Kaumuskelparese dadurch kund, dass der
Untersucher die Zahnreihen gegen den Willen des Patienten getrennt
halten kann, während gesunde Kaumuskeln die Kraft der Hand meist
überwältigen. Bei completer Lähmung hängt der Unterkiefer schlaff
herab. Immer bleibt der letztere passiv leicht beweglich, nur wenn
sich secundäre Contractur entwickeln und den Unterkiefer heben
sollte, kann in dieser Richtung eine Schwierigkeit entstehen.

Atrophie des Masseter und Temporalis macht sich dem Gesicht
und Gefühl leicht kenntlich.

Die elektrische Erregung ist schwierig, nur bei schwerer Facialislähmung ist der Masseter leicht zu untersuchen (vergl. Fig. 45).

Lähmung der Pterygoidei kann man nur an der Unfähigkeit,
den Unterkiefer seitlich zu verschieben, erkennen.

Tonischer Krampf der Kaumuskeln wird „Trismus"
genannt. Bei einseitigem Krampfe der Pterygoidei wird der Kiefer
nach der kranken Seite hin verschoben. Klonischer Krampf der
Kaumuskeln bewirkt bald wirkliche Kaubewegungen, bald schnappende
Bewegungen des Unterkiefers und Zähneklappen, bald Zähneknirschen.

e. Die Muskeln der Zunge

werden vom N. hypoglossus innervirt.

Der M. genioglossus zieht die aufgehobene Zunge nieder und
nähert ihren Grund dem Kinnstachel, wodurch ihre Spitze aus der
Mundhöhle heraustritt. Der M. hyoglossus zieht die Zunge herab und etwas zurück. Der M. styloglossus zieht, wenn er einseitig wirkt, die Zunge seitwärts, wenn er auf beiden Seiten wirkt,
direct nach rückwärts. Die Binnenmuskeln der Zunge (M. lingualis und transversus linguae) durchflechten sich mit den drei
genannten Muskeln. „Dadurch, dass die zur Verkürzung und zum
Zurückziehen der Zunge bestimmten sagittalen Muskeln sich an der
Oberfläche, dicht unter der Schleimhaut, ausbreiten und unabhängig
von einander sich bald an der oberen, bald an der unteren Fläche,
bald an den Seiten zusammenziehen, erlangt die Zunge das Vermögen, sich aufwärts, abwärts, seitwärts zu beugen. Dass der Rücken
der Zunge sich abwechselnd im frontalen Durchschnitt wölben und
rinnenartig vertiefen kann, ist bedingt durch das wechselnde Spiel
der Mm. genioglossi und hyoglossi, von welchen jene die Mitte, diese

die Seitenränder der Zunge niederdrücken. Gemeinschaftlich wirkend
platten sie die Zunge ab" (Henle).

Bei einseitiger Zungenlähmung wird beim Herausstrecken
die Spitze der Zunge nach der gelähmten Seite hin gewendet, hauptsächlich durch die Wirkung des gesunden Genioglossus. Ausserdem
sieht man, besonders bei einseitiger Atrophie der Zunge, dass die
Spitze bei Herausstrecken sich nach der kranken Seite zu krümmt.

Bei Hemiatrophie erscheint
die kranke Hälfte runzelig,
schlaff, zusammengesunken,
wie ein Anhang zur gesun-
den Hälfte, die glatt, prall
und elastisch bleibt. Geringere Grade der Atrophie entdeckt man, wenn man mit
jeder Hand je eine Zungenhälfte zwischen Daumen und
Zeigefinger nimmt und die
Zunge vorstrecken lässt
(Hutchinson). Die gesunde
Hälfte wird dann prall und
fest, die kranke bleibt dünn
und schlaff.

Deutliche Functionstö-
rungen beim Sprechen und
Schlucken ruft einseitige

Fig. 47.
Hemiatrophie der Zunge (nach Hirt).

Zungenlähmung nur hervor, wenn sie plötzlich eintritt. Entwickelt
sie sich langsam, so wird der Ausfall durch vicariirende Thätigkeit
der gesunden Hälfte ziemlich gedeckt.

Bei doppelseitiger Parese wird die Zunge langsam, zögernd
und zitternd herausgestreckt, sinkt rasch wieder zurück. Alle Bewegungen der Zunge im Munde sind langsam, ungeschickt und
kraftlos.

Bei completer Lähmung liegt die Zunge unbeweglich, schlaff,
wie collabirt, am Boden der Mundhöhle.

Zungenlähmung beeinträchtigt das Kauen und Schlingen. Der
Bissen kann nicht gehörig bewegt und zwischen die Zähne geschoben werden, Speisereste bleiben in den Seitentheilen der Mundhöhle liegen.

Beim Schlucken wird erst die Zungenspitze, dann der Zungen-
rücken an den harten Gaumen angedrückt und werden die Bissen

so in den Pharynx geschoben, werden flüssige und halbflüssige
Massen mit grosser Geschwindigkeit durch Schlund und Speiseröhre
bis an die Cardia befördert (Kronecker und Meltzer). Dieses
„Hindurchspritzen“ geschieht wesentlich durch die Musculatur der
Zunge und des Mundbodens, besonders die Mm. hyoglossus und mylohyoideus. Indem die Zunge gegen den harten Gaumen angedrückt
und zugleich nach hinten zurückgezogen wird, bildet sich ein ab-
geschlossener Raum, in dem ein verhältnissmässig hoher Druck
entsteht. Bei Zungenlähmung kann dieser Raum nach vorn nicht
abgeschlossen werden, die Getränke laufen daher nach der Mundhöhle zurück. Die Speisen bleiben zum Theil auf dem Zungen-
rücken liegen. Auch der Speichel kann nicht gehörig verschluckt
werden, sammelt sich in der Mundhöhle an und belästigt die Kranken in hohem Grade.

Da die Zunge bei Bildung vieler Laute mitwirkt, wird durch
ihre Lähmung die Articulation beeinträchtigt. Bei einseitiger Lähmung und bei Parese werden die betreffenden Laute (c, d, e, g, i,
k, l, n, r, s, sch, x, z) undeutlich. Am ehesten leiden l und r, das k
wird wie t, das g wie d ausgesprochen, ähnlich wie es von Kindern
geschieht.

Bei schwerer Lähmung wird die Sprache überhaupt lallend und
unverständlich. Auch das Singen, besonders das von Falsettönen,
soll schon durch geringe Grade von Zungenlähmung erschwert werden.

Bemerkenswerth ist, dass bei vollständigem Fehlen der Zunge
(z. B. Herausgerissensein) durch vicariirende Thätigkeit des Mundbodens die Zungenlaute leidlich gut gebildet werden können. Sind
aber die Muskeln des Mundbodens auch mit betroffen, so bewirkt
schon geringe Parese sehr deutliche Störungen beim Sprechen und
Schlucken.

Atrophie der Zunge macht sich durch Abnahme des Volumen
bemerklich, sie wird dünn und runzelig. Die Atrophie kann durch
Fettwucherung verdeckt werden.

Die elektrische Erregung der Zungenmuskeln gelingt zuweilen vom N. hypoglossus aus, am Halse oberhalb des Zungenbeins (vergl. Fig. 45), jederzeit durch directe Reizung, die allerdings
nur die oberflächlichen Bündel zur Contraction bringt.

Der Krampf der Zungenmuskeln, an dem sich bald diese, bald
jene Bündel hauptsächlich betheiligen, bietet meist das Bild regel-
loser Bewegungen der ganzen Zunge, seltener besteht er in wech-
selndem Herausstrecken und Zurückziehen, oder in Bewegungen nur
einer Zungenhälfte.

f. Die Muskeln des weichen Gaumens

sollen theils vom N. facialis (durch den N. petros. superfic. major zum Ganglion sphenopalatinum gehende Fasern) versorgt werden (hauptsächlich der M. levator vel. pal.). theils vom N. vagoaccessorius und N. trigeminus (M. tensor pal.). Es ist wahrscheinlicher, dass der Facialis gar nichts mit ihnen zu thun habe, dass der Vagoaccessorius der Gaumen-Nerv sei.

Der M. azygos uvulae (M. palatostaphylinus) verkürzt nicht allein das Zäpfchen, er wendet es auch kräftig nach hinten. derart. dass seine Spitze gegen die Pharynxwand gerichtet ist, u. U. sie berührt. Ist er einseitig gelähmt, so wird das Zäpfchen nach der gesunden Seite gekrümmt, die Krümmung verstärkt sich bei Contraction des gesunden M. azygos. Doch ist auf leichte Abweichungen der Uvula von der Mittellinie kein Gewicht zu legen, da diese auch beim Gesunden nicht selten vorkommen. Die doppelseitige Lähmung des M. azygos verlängert die Uvula nur etwas, man erkennt sie erst daran, dass bei Berührung der Uvula keine Verkürzung eintritt. Die einseitige Lähmung stört weder beim Schlucken, noch beim Sprechen. da-gegen wird die doppelseitige Läh-mung dadurch lästig, dass die Spitze der Uvula die Zungenbasis berührt und wie ein Fremdkörper wirkt. Ausserdem kommt es leicht zu geringem Näseln beim Sprechen und hie und da zum Regurgitiren von Flüssigkeiten durch die Nase.

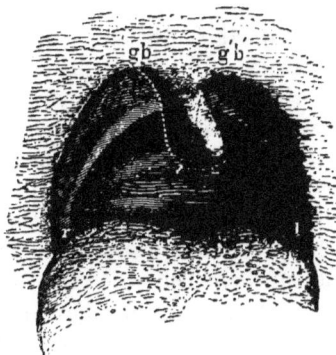

Fig. 48.

Halbseitige Gaumenlähmung (nach Seeligmüller).

Der M. levator palati (petrostaphylinus) hebt das Gaumensegel, so dass die Concavität des freien Randes vermehrt wird, und spannt es seitlich, sobald die hebende Wirkung durch die Fasern der Mm. palatopharyngei und glossostaphylini gehindert wird. Seine einseitige Lähmung lässt die entsprechende Seite des Gaumensegels etwas tiefer stehen als die andere, die Differenz nimmt zu bei Contraction des Gaumens und es tritt eine Verschiebung nach der gesunden Seite ein. Bei doppelseitiger Lähmung hängt das Gaumensegel schlaff herab und ist durch Kitzeln der Uvula nicht zur Contraction zu bringen. Die Stimme wird näselnd. manche Laute

(s. c. x. Gaumen-r u. s. w.) werden mangelhaft ausgesprochen und beim Trinken fliesst ein Theil der Flüssigkeit durch die Nase zurück.

Der M. tensor palati (sphenostaphylinus) soll seinen Namen mit Unrecht tragen, er sei wesentlich Spanner der fibrösen Verlängerung des knöchernen Gaumens für den Fall, dass diese fibröse Platte von den Längsmuskeln des Pharynx abwärts gezogen werden sollte. Ueber seine Beziehungen zu Ohrtrompete ist oben (S. 258) gesprochen worden.

Die vom Boden der Mundhöhle und vom Pharynx aufsteigenden Fasern (Mm. glossostaphylinus und pharyngopalatinus) dienen zur Abschliessung der Nasenhöhle gegen den Pharynx, indem sie (mit Hülfe der Mm. styloglossi) die Zunge dem Gaumen etwas nähern und die Arcus pharyngopalatini mit ihren Rändern zugleich gerade strecken und einander nähern. Bei letzterer Bewegung wirken die Kreisfasern des Pharynx unterstützend. Wird durch den M. pharyngopalat. das Gaumensegel herabgezogen und werden die hinteren Gaumenbögen wie Gardinen zusammengezogen, so bildet der Gaumen eine von oben nach unten und von vorn nach hinten schräge Platte und zwischen den Gaumenbögen bleibt ein etwa 1 Cm. breiter Raum. Beim Schlucken hebt zunächst der Levator pal. das Gaumensegel und vergrössert die Capacität des Pharynx, zugleich contrahirt sich der obere Schlundschnürer und hilft den Nasenrachenraum abschliessen. Dann wird das Gaumensegel durch den M. pharyngopalat. niedergezogen, nähern sich die hinteren Gaumenbögen, die oben beschriebene Lücke zwischen sich lassend, in die durch den M. azygos die Uvula gedrückt wird.

Lähmung des M. pharyngopalatinus vergrössert die Krümmung der hinteren Gaumenbögen, so dass der durch sie gebildete Vorsprung zu verschwinden droht. Bei Reizung des Gaumens bleiben die oben beschriebenen Bewegungen aus. Die Stimme soll bei isolirter Lähmung des Pharyngopalat. nicht näselnd sein, das Schlingen aber wird gestört.

Bei Untersuchung auf Gaumenmuskellähmung beobachtet man die Stellung des Gaumens bei ruhiger Athmung, lässt den Kranken intoniren und Schlingbewegungen machen, reizt den Gaumen mechanisch. Bei normalem Zustande löst Kitzeln der Uvula synergische Contraction aller Gaumenmuskeln aus. Bei peripherischer Lähmung fehlen die Reflexe. Krämpfe der Gaumenmuskeln werden nach dem Gesagten leicht zu erkennen sein. Die elektrische Reizung der Gaumenmuskeln, die am besten durch eine sondenförmige, mit Unterbrecher versehene Elektrode geschieht, wird oft durch das Vorhandensein von Anästhesie erleichtert. Am leichtesten ist die Erregung des M. azygos, bei Berührung der Uvula schnurrt diese in sich und nach oben zusammen. Auch können die Contractionen des Gaumens durch die Fingerspitze controlirt werden.

g. Die Muskeln des Rachens

werden vom N. vago-accesssorius innervirt (der M. stylopharyng. durch den N. glossopharyngeus nach einigen Autoren).

Der M. stylopharyngeus ist ein Heber des Schlundes. Die Mm. constrictores pharyngis (sup., med., inf.) verengern den Schlund.

Die Lähmung der Schlundmuskeln giebt sich kund durch Verminderung oder Aufhebung des Schlingvermögens (Fehlschlucken) und durch Fehlen reflectorischer Contractionen bei mechanischer Reizung, Ausserdem sieht man bei einseitiger Lähmung, dass die entsprechende Hälfte des Schlundes erweitert ist und dass bei Würgebewegungen diese Hälfte sich nicht mit verschiebt.

Bei einseitiger elektrischer Reizung tritt eine kräftige Verziehung der gesammten Schleimhaut der hinteren Rachenwand nach der gereizten Seite ein.

Man kann reflectorisch Schlingbewegungen erregen dadurch, dass man, während die An des Batteriestromes etwa im Nacken steht, mit der Ka rasch über die seitliche Kehlkopfgegend streicht. Bei Rachenlähmung treten zuweilen diese reflectorischen Schlingbewegungen nur bei Anwendung starker Ströme oder gar nicht ein.

Die *Musculatur des Oesophagus,* die hier anhangsweise erwähnt werden mag, wird ebenfalls vom Vago-accessorius versorgt. Ihre Lähmung verursacht besonders Beschwerden beim Schlucken fester Speisen. Während bei Lähmung der Zunge und des Gaumens besonders das Trinken Noth leidet, können hier festere Bissen nicht zum Magen gelangen, da zu ihrer Fortbewegung die peristaltischen Bewegungen des Oesophagus nöthig sind. Den Getränken dient der Oesophagus nur als Schlauch, durch den sie „hindurchgespritzt" werden, isolirte Lähmung des Oesophagus hindert daher das Trinken nicht. Feste Speisen aber zu verschlucken, fürchten sich die Patienten, jene scheinen hinter dem Sternum stecken zu bleiben, erregen Athemnoth und erst nach längerem Würgen und Pressen gelingt es, den Bissen hinabzudrücken. Die Sonde geht in solchen Fällen nicht nur ohne Hinderniss, sondern auffallend leicht durch den Oesophagus.

Nach B. Fränkel begleitet die Oesophaguslähmung eine charakteristische Veränderung der Schluckgeräusche. Nach den Untersuchungen von Kronecker und Meltzer entstehen beim Schlucken Geräusche. Das erste, „Durchspritzgeräusch", entspricht der oben (S. 265) beschriebenen Schleuderwirkung der Zungen-Halsmuskeln, fällt zeitlich mit dem Hinabschleudern des Schluckes zusammen und gleicht, wenn der Oesophagus, beziehungsweise die Magengrube, auscultirt wird, einem kurzen lauten Gurgeln. Das zweite, „Durchpressgeräusch", hört man über der Magengrube etwa 6—7 Secunden nach dem Schlucken, es dauert länger als das erste und klingt etwa, als ob Wasser in eine Flasche gegossen würde. Wahrscheinlich gelangt der Schluck sofort bis zur Cardia und wird erst nach 6—7 Secunden durch die peristaltische Contraction des Oesophagus durch die Cardia hindurch gepresst. Bei Gesunden hört man über der Magengrube gewöhnlich nur das zweite Geräusch, seltener nur das erste, ziemlich selten beide Geräusche. In Fällen von Oesophaguslähmung fand B. Fränkel immer ein zweites Schluckgeräusch, es erfolgte verhältnissmässig spät (9—18 Secunden nach dem Schlucke), dauerte auffallend lange und war in zwei Fällen sehr laut. Bei Stricturen des Oesophagus soll keine Veränderung des Geräusches vorkommen. Eulenburg hat einem in Falle von Bulbärparalyse die Angaben Fränkels bestätigt gefunden. Schon ältere Autoren haben von Deglutitio sonora bei Oesophaguslähmung gesprochen

Dem sogenannten „Oesophagismus" scheinen krampfhafte Zusammenschnürungen des Oesophagus (oder des Pharynx) zu Grunde zu liegen. Der Bissen oder Schluck wird an einer bestimmten Stelle angehalten und es entsteht ein peinliches Druckgefühl mit Angst. Die Sonde findet an der betreffenden Stelle ein Hinderniss, das nach kurzer Zeit verschwindet. Ob dem als „Globus" bezeichneten Gefühle des Auf- oder Absteigens einer Kugel in Schlund und Speiseröhre krampfhafte Contractionen entsprechen, oder ob es sich nur um abnorme Empfindungen handelt, steht dahin.

Die elektrische Reizung der Oesophagusmusculatur ist mittels passender Sonde ausführbar, jedenfalls aber wegen der Nähe des N. vagus nur mit Vorsicht anzuwenden.

h. Die Muskeln, die den Kiefer herabziehen und das Zungenbein bewegen.

Der M. subcutaneus colli ist oben besprochen worden, er kann beim Herabziehen des Unterkiefers mitwirken.

Der M. biventer s. digastricus max. inf. (vorderer Bauch: N. trigeminus, hinterer Bauch: N. facialis) zieht den Kiefer herab und öffnet den Mund, wenn die Muskeln, die das Zungenbein unten festhalten, zum Oeffnen des Mundes mitwirken. Bei fixirtem Kiefer hebt der Biventer das Zungenbein.

Der M. stylohyoideus (N. facialis) zieht das Zungenbein nach oben und rückwärts.

Einseitige Lähmung dieser Muskeln müsste Schiefstand des Zungenbeins bewirken, doch wird bei Lähmung des N. facialis in der Regel davon nichts wahrgenommen. Es scheinen daher gegebenen Falles andere Muskeln corrigirend oder vicariirend einzutreten.

Der M. geniohyoideus (N. hypoglossus) hebt das Zungenbein kräftig, oder zieht bei fixirtem Zungenbeine den Unterkiefer herab.

Der M. mylohyoideus, Diaphragma oris (N. trigeminus), hebt das Zungenbein und den ganzen Boden der Mundhöhle; in letzterer Thätigkeit liegt seine Bedeutung.

Der vordere Bauch des M. omohyoideus (N. hypogl.) zieht das Zungenbein herab, der hintere spannt die Fascie des Halses. Wenn beide Bäuche sich contrahiren, werden die Halsfascie und die Scheide der grossen Blutgefässe vorwärts gezogen.

Die Mm. sternothyreoideus und hyothyreoideus und der M. sternohyoideus (N. hypogl., Nn. cervicales) ziehen das Zungenbein nach abwärts.

Die vier letztgenannten Muskeln können elektrisch isolirt gereizt werden, leicht und jederzeit der Omohyoideus.

Die Zungenbeinmuskeln wirken natürlich beim Schlucken, Sprechen u. s. w. in mannigfachen Combinationen. Diese sind (nach Henle) aus beistehendem Schema zu ersehen. Zieht die Gruppe SH abwärts, PH rück- und aufwärts und MH vor- und aufwärts, so folgt aus der Verbindung von PH mit MH ein Zug gerade nach oben, aus der Verbindung von SH mit MH ein Zug vorwärts, von SH mit PH ein Zug

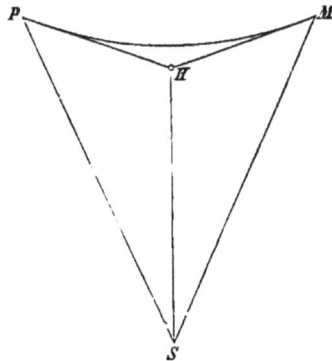

Fig. 49.

rückwärts, der entweder gerade oder je nach dem Vorherrschen der einen oder anderen Gruppe zugleich mehr auf- oder abwärts gerichtet ist.

Den Bewegungen des Zungenbeins nach oben und unten folgt der Kehlkopf. Letzteren können ohne jenes die M. sternothyr. und thyreohyoid. bewegen.

Ueber Lähmungzustände der in Rede stehenden Muskeln ist wenig bekannt, feinere Störungen scheinen sich nicht bemerklich zu machen. Hemiplegische Zustände lassen diese wie alle Muskeln, die durch den Willen nur doppelseitig innervirt werden können, relativ frei. Bei peripherischen (Kern-) Lähmungen werden Schluck- und Sprachstörungen die Hauptsymptome sein.

i. Die Muskeln des Kehlkopfes.[1]

Die Muskeln des Kehldeckels (N. laryngeus sup.), Mm. thyreo- und aryepiglottici, ziehen den Kehldeckel herab, ihre Lähmung bewirkt ungenügenden Kehlkopfverschluss.

Der M. crico-thyreoideus (N. laryng. sup.) neigt den Schildknorpel nach vorn herab und spannt das Stimmband. Seine Lähmung lässt die Stimme tiefer und rauher erscheinen.

Alle übrigen Kehlkopfmuskeln werden vom N. laryngeus inf. (R. recurrens u. vago-accessorii) versorgt.

Der M. crico-arytaenoideus posticus dreht die Giessbeckenknorpel nach aussen und erweitert die Stimmritze. Lähmung dieses Muskels, des Stimmbandabductor, macht die Stimme tiefer und unrein, nicht tonlos. Doppelseitige Lähmung bewirkt besonders Athembeschwerden, inspiratorische Dyspnoë und Stridor bei beschleunigter Respiration; die Stimmbänder sind einander genähert, weichen bei der Inspiration nicht auseinander, sondern treten einander noch näher. Einseitige Lähmung bewirkt keine deutlichen Symptome; das betroffene Stimmband steht bei der Inspiration still.

Der M. crico-arytaenoideus lateralis ist Antagonist des vorigen, verengert die Stimmritze.

Die Mm. arytaenoidei transversi und obliqui nähern die Giessbeckenknorpel einander und verengern die Stimmritze.

Der M. thyreo-arytaenoideus verzieht den Giessbeckenknorpel nach vorn und unten, ohne das Stimmband zu spannen, was erst geschieht, wenn jener und der Schildknorpel durch die betreffenden Muskeln fixirt sind.

Lähmung der Stimmbandadductoren bewirkt Aphonie, weder Stridor noch Dyspnoë. Diese Lähmung ist in der Regel functio-

---

[1] Alles Nähere siehe in den Specialschriften.

neller (hysterischer) Natur. Das Sprechen geschieht dann tonlos, der Husten aber ist oft tönend. Die Stimmbänder haben normale Stellung und bewegen sich normal bei der Athmung, nähern sich aber nicht bei Phonationsversuchen.

Complete einseitige Recurrenslähmung bewirkt Cadaverstellung des betroffenen Stimmbandes (d. h. dasselbe ist mässig abducirt und bewegungslos, während das andere sich frei bewegt und bei der Adduction die Mittellinie überschreitet), klangarme, durch Schwebungen unreine Stimme, die bei Anstrengungen leicht in das Falset umschlägt, keine Athmungstörung.

Complete doppelseitige Recurrenslähmung bewirkt Cadaverstellung beider Stimmbänder und Aryknorpel, absolute Stimmlosigkeit, grosse Luftverschwendung bei Phonations- und Husteversuchen und übermässige Anstrengung der Exspirationsmuskeln, Unmöglichkeit kräftigen Hustens und Exspirirens. Dyspnoë ist, wenigstens bei Erwachsenen, in der Ruhe nicht vorhanden, bei tiefer Athmung tritt Stridor ein.

Die genauere Diagnose der Kehlkopflähmungen und Krämpfe hat sich ausschliesslich auf die laryngoskopische Untersuchung zu gründen.

Die Untersuchung der Kehlkopfmuskeln durch endolaryngeale (endopharyngeale) Elektrisation ist möglich, aber schwierig auszuführen. Von der Haut aus kann isolirt der M. cricothyr. gereizt werden. Ferner gelingt es zuweilen durch Eindrücken einer knopfförmigen Elektrode unter den vorderen Rand des M. sternocleidomast. in der Mitte zwischen Kehlkopf und Brustbein den N. recurrens zu erregen. Auch Reizung des N. laryng. sup., d. h. Bewegung der Epiglottis, kann durch percutane Elektrisation bewirkt werden.

k. Die Muskeln, die den Kopf und die Halswirbel bewegen.

Der M. sternocleidomastoideus (N. accessorius, ausserdem einige Fäden vom Pl. cervicalis) einer Seite dreht das Gesicht nach der entgegengesetzten Seite und beugt die Halswirbelsäule etwas, so dass das Kinn gehoben wird, das Ohr der gleichen Seite tiefer steht und das Gesicht, bei Wirkung des rechten Muskels z. B., nach links oben gerichtet ist. Nach Duchenne ist die Drehung des Kopfes mehr Sache der Portio sternalis, die Beugung Sache der Portio clavicularis. Wirken die Muskeln beider Seiten, so schieben sie den Kopf nach vorn mit Beugung der Halswirbelsäule und Erhebung des Kinns. Hyrtl nennt den M. sternocleid. Sustentator capitis, da er

bei jeder Stellung des Kopfes ihn darin erhalten hilft. Bei angestrengter Athmung wird durch die Nackenmuskeln der Kopf in aufrechter Stellung fixirt und heben die Mm. sternocleid. Schlüsselbein
und Brustbein.

Will man den M. sternocleid. sich energisch contrahiren sehen,
so lässt man den Kopf in der ausgestreckten Rückenlage erheben,
oder lässt den Kopf nach vorn und abwärts bewegen, während man
das Kinn mit der Hand zurückhält.

Bei einseitiger Lähmung des M. sternocleid. steht der Kopf in
geringem Grade schief im Sinne des contralateralen Muskels. Bei
Lähmung des rechten Muskels kann der Kopf nur schwer nach links
gedreht werden, während passive Bewegung kein Hinderniss findet.
Bei den betreffenden Bewegungen sieht und fühlt man, dass der feste
Muskelbauch auf der kranken Seite fehlt. Bei längerer Dauer der
Lähmung kommt es zu Contractur des contralateralen Sternocleid.,
die den Kopf in höherem Grade schief stellt und die passive Beweglichkeit aufhebt.

Bei doppelseitiger Lähmung steht der Kopf gerade, aber sinkt
leicht nach hinten und alle vom Sternocleid. auszuführenden Bewegungen können theils gar nicht, theils nur mühsam, mit Hülfe anderer
Muskeln ausgeführt werden, besonders können die Kranken im Liegen den Kopf nicht erheben. Aufrechthalten und Bewegen des Kopfes
führt zu rascher Ermüdung.

Klonische und tonische (Caput obstipum spasticum) Krämpfe
des Sternocleid. werden leicht zu erkennen sein.

Die elektrische Reizung ist sehr leicht auszuführen (vergl.
Fig. 45).

Ueber den M. cucullaris siehe unten (S. 290).

Ueber die Mm. scaleni siehe unten (S. 281).

Die Mm. recti capitis antici major et minor sind die
Kopfnicker, machen die Bewegung im Gelenke zwischen Atlas und
Hinterhaupt nach vorn.

Der M. rectus cap. lateralis hilft den Kopf seitlich beugen.

Der M. longus colli zerfällt in drei Abtheilungen. Die innerste
beugt die Halswirbelsäule, die zweite (Obliquus colli inf.) dreht sie,
die dritte (Obliquus colli sup.) beugt und dreht sie, aber in entgegen-
gesetzter Richtung. Die Gesammtwirkung ist Beugung des Halses.

Die Mm. recti capitis postici major et minor bewegen
den Kopf im Atlas-Hinterhauptgelenk nach hinten.

Der M. rectus cap. posticus lateralis zieht den Kopf
zur Seite.

Der M. obliquus cap. superior s. minor streckt den Kopf. Der M. obliquus cap. inferior s. major ist Rotator capitis, dreht den Kopf im Atlas-Epistropheusgelenke. unterstützt von dem Obliquus colli sup. (siehe oben Longus colli) und dem Complexus minor.

Die Mm. spinalis cervicis und semispinalis cervicis, die kurzen Muskeln zwischen den Halswirbeln müssen bei einseitiger Wirkung die Halswirbelsäule seitlich beugen, bez. drehen, bei doppelseitiger strecken. Seitliche Beugung ist auch Aufgabe des M. transversalis cervicis.

Die Mm. biventer cervicis und complexus major ziehen den Kopf nach hinten.

Der M. complexus minor s. trachelomastoideus zieht ebenfalls den Kopf nach hinten. dreht ihn aber bei einseitiger Wirkung.

Die Mm. splenii capitis et colli ziehen bei einseitiger Wirkung den Kopf und Hals schief nach hinten und beugen den Kopf nach ihrer Seite. strecken ihn kraftvoll bei doppelseitiger Wirkung.

Sämmtliche tiefe Hals- und Nackenmuskeln werden von den Zweigen der vier oberen Halsnerven und zum geringeren Theile von den hinteren Zweigen der vier unteren Halsnerven innervirt.

Einer isolirten elektrischen Reizung entziehen sie sich mit Ausnahme des Splenius capitis (Fig. 45).

Ueber isolirte Lähmungen ist hier so gut wie nichts bekannt. Bei einseitiger oder allgemeiner Parese der Halsmuskeln wird das

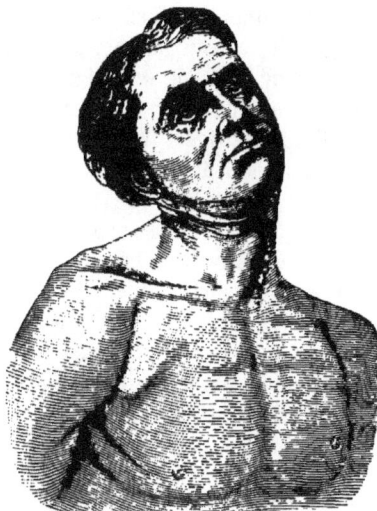

Fig. 50.
Krampf des rechten M. splenius capitis
(nach Duchenne).

Beugen, Strecken. Drehen des Kopfes und Halses in entsprechender Weise Noth leiden. Da beim Sitzen, Stehen, Gehen, Aufrechthalten des Kopfes die Hauptthätigkeit der bezüglichen Muskeln ist, charakterisirt sich ihre Lähmung am ersten dadurch. dass der Kopf der Schwere folgend, nach vorn fällt. Um dieses zu vermeiden. werfen anfänglich die Kranken den Kopf nach hinten. ihn so zu sagen ba-

18*

lancirend, doch bei zunehmender Lähmung sinkt er nach vorn und schliesslich ruht das Kinn dem Sternum auf.

Diffuse Krämpfe der Nackenmuskeln sind ziemlich häufig, sowohl klonische als tonische („Nackenstarre").

Isolirte Krämpfe scheinen besonders in den Nutatoren und Rotatoren (Nick- oder Salemkrämpfe, Tic rotatoire) des Kopfes, sowie im Splenius vorzukommen.

Der Krampf des Splenius unterscheidet sich von dem des Sternocleidom. dadurch, dass hier das Kinn gehoben und nach der anderen Seite gedreht, dort der Kopf nicht gedreht und nach der Schulter der kranken Seite geneigt ist. Ausserdem fühlt man den contrahirten Splenius im Nacken als derben Wulst.

I. Die Muskeln, die die Wirbelsäule bewegen.

Alle hinteren Muskeln der Wirbelsäule strecken sie bei doppelseitiger Zusammenziehung. Die unteren und oberen Abschnitte dieser Musculatur können selbständig thätig sein, so dass bald nur der untere, bald nur der obere Abschnitt der Wirbelsäule bewegt wird.

Bei einseitiger Wirkung kommt es je nach dem mehr geraden oder mehr schrägen Verlaufe der Muskeln zur Beugung nach hinten und zur Seite oder zur Drehung der Wirbelsäule.

Die Mm. sacrolumbaris und longissimus dorsi (M. erector trunci) strecken bei doppelseitiger Wirkung die Lenden- und untere Brustwirbelsäule. Bei einseitiger Wirkung ziehen sie die Wirbelsäule schräg nach hinten, ohne sie zu drehen, so dass eine etwa bis zum achten Brustwirbel reichende Krümmung entsteht, deren Convexität nach der den contrahirten Muskeln entgegengesetzten Seite gerichtet ist.

Der M. spinalis dorsi und die Mm. interspinales müssen den vorher genannten gleichsinnig wirken.

Der M. semispinalis dorsi ist hauptsächlich der Dreher der Wirbelsäule, nur bei doppelseitiger Wirkung streckt er sie. Ihm gleichsinnig wirkt der M. multifidus spinae. Die zwischen Quer- und Dornfortsätzen verlaufenden Muskeln werden um so eher die Wirbel drehen, je mehr ihr Verlauf ein querer ist.

Die Mm. intertransversarii werden die seitliche Beugung der Wirbelsäule unterstützen.

Die Beugung der unteren Wirbelsäule direct nach rechts oder links ist Aufgabe des M. quadratus lumborum.

Nach vorn und seitlich nach vorn beugen die Bauchmuskeln die Wirbelsäule.

Die genannten Muskeln werden in der Hauptsache von den
Zweigen der Dorsalnerven, zum kleineren Theile von den hinteren Aesten der Lendennerven versorgt.

Durch elektrische Reizung kann beim Gesunden, abgesehen
von den Bauchmuskeln, nur der Sacrolumbaris zur Contraction gebracht werden; Atrophie der oberen Muskelschichten gestattet u. U.
die tieferen Muskeln (Semispinalis) zu reizen.

Lähmung der Strecker des Brusttheils der Wirbel-
säule bewirkt dorso-cervicale Kyphose. Ein Loth, an den am meisten
vorstehenden Brustwirbeln angebracht, hängt 10—15 cm hinter dem
Os sacrum. Um diese Verschiebung des Schwerpunktes auszugleichen,
wird das Becken aufgerichtet. zur Lordose der Lendenwirbelsäule
kommt es nicht.

Sehr viel wichtiger ist Lähmung der Strecker oder Beuger der unteren Wirbelsäule. Ist der Erector trunci beiderseits gelähmt, so wird nach Duchenne beim Stehen und Gehen
der Rumpf direct zurückgebeugt, so dass ein von den vorstehenden
Brustwirbeln ausgehendes Loth hinter das Os sacrum fällt. Dabei
besteht Streckung im Hüftgelenke, d. h. Aufrichtung des Beckens,
und um das Hintenüberfallen zu vermeiden, Beugung im Knie- und
Fussgelenke. Bei dieser Stellung wird der Rumpf durch die Wirkung
der Bauchmuskeln aufrecht erhalten. Die unteren Lendenwirbel bilden einen nach hinten offenen Winkel, die obere Lenden- und untere
Brustwirbelsäule verläuft ziemlich geradlinig nach hinten oben (Fig. 51,
vergl. auch Fig. 10). Beim Liegen wird die Wirbelsäule gerade,
beim Sitzen bildet sie einen nach hinten convexen Bogen, der Kranke
verhindert dann das Vornüberfallen durch Aufstützen der Hände
auf die Schenkel.

Lähmung der Bauchmuskeln, die sich zunächst dadurch
kund giebt. dass das Aufrichten aus horizontaler Lage ohne Hülfe
der Arme unmöglich ist, bewirkt wie die der Wirbelsäulenstrecker
Lordose, aber hier fällt ein von den vorstehenden Brustwirbeln ausgehendes Loth etwa auf die Mitte des Os sacrum, das sammt dem
Becken stark geneigt ist. Die unwillkürliche Beugung im Hüftgelenke
verhindert das Hintenüberfallen des Körpers. Der starken Einbiegung
der Lendenwirbelsäule gemäss springt der Bauch stark vor und pro-
miniren die Nates. Entsprechend diesem Verhalten bei completer
Lähmung der Bauchmuskeln findet man nach Duchenne bei starker
Ausprägung der physiologischen Lendenlordose oft Schwäche der
Bauchmuskeln.

Sind die Bauchmuskeln und die Wirbelsäulenstrecker gelähmt,

so ist die aufrechte Haltung überhaupt unmöglich. Nur durch beider Wirkung kommt sie zu Stande.

Bei einseitiger Lähmung des Erector trunci wird nach Angabe der Autoren der untere Theil der Wirbelsäule nach der kranken Seite zu convex und der Brusttheil zeigt eine compensirende Skoliose. Besteht keine Contractur, so verschwindet die Skoliose bei der Beugung des Rumpfes nach vorn. Sind alle Muskeln auf einer

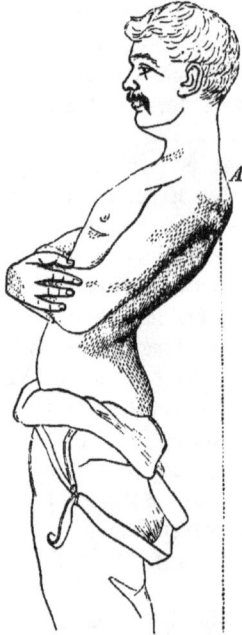

Fig. 51.

Stellung des Rumpfes bei Lähmung der Wirbelsäulenstrecker.

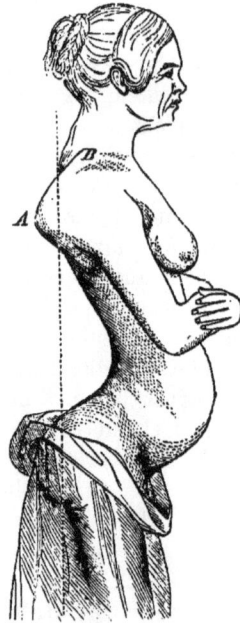

Fig. 52.

Stellung des Rumpfes bei Lähmung der Bauchmuskeln.

(Nach Duchenne.)

Seite der Wirbelsäule gelähmt, so müssen die Muskeln der gesunden Seite die letztere schräg nach hinten ziehen und zugleich drehen, so dass die Vorderfläche der Wirbel nach der gelähmten Seite sieht. Zugleich tritt natürlich eine compensirende cervicodorsale Skoliose mit Rotation ein.

Lähmung eines Quadratus lumborum bewirkt leichte Beugung der Lendenwirbelsäule nach der gesunden Seite mit compensirender Skoliose im Brusttheile ohne Rotation.

Besteht statt einseitiger Lähmung einseitige C o n t r a c t u r, oder gesellt sich diese zu jener, so finden Ausgleichungsversuche Widerstand und erregen Schmerz in der Gegend des oder der contracturirten Muskeln. Krampf sämmtlicher Muskeln hinter der Wirbelsäule verwandelt diese in einen einzigen nach vorn convexen Bogen („O p i s t h o t o n u s"), einseitiger Krampf dieser Art bewirkt seitliche Krümmung („Pleurothotonus"), Krampf aller Beugemuskeln den sogenannten „Emprosthotonus".

m. Die Muskeln, die die Athembewegungen ausführen.

Der wichtigste Einathmungsmuskel ist das Z w e r c h f e l l (N. phrenicus aus dem Pl. cervicalis, hauptsächlich vom vierten N. cervic.). Seine Contraction bewirkt Hebung der Rippen, an denen es sich ansetzt, nach oben und aussen und damit Vergrösserung der Thoraxbasis. Die Vergrösserung ist gering im frontalen, beträchtlich im sagittalen Durchmesser. Das Centrum des Zwerchfells wird bei der Contraction kraftvoll herabgezogen, so dass das Zwerchfell die Form eines abgestumpften Kegels annimmt und der verticale Durchmesser des Thorax vergrössert wird.

Bei e l e k t r i s c h e r R e i z u n g des N. phrenicus am Halse werden Hypochondrien und Epigastrium vorgewölbt, die Luft dringt mit einem seufzenden Geräusche durch den Kehlkopf. Bei einseitiger Reizung ist die Erweiterung der Thoraxbasis nur einseitig. Bei Tetanisirung beider Phrenici (des Hundes) sah D u c h e n n e, der die Physiologie und Pathologie des Zwerchfells ziemlich erschöpfend bearbeitet hat, trotz angestrengtester Athmung der oberen Thoraxhälfte nach kaum einer Minute Asphyxie eintreten. Tetanisirung Eines Phrenicus bewirkte keine Asphyxie.

Die Reizung der Phrenici am eben getödteten und ausgeweideten Thiere bewirkte Bewegung der unteren Rippen nach innen und Verengerung der Thoraxbasis, hatte insofern eine exspiratorische Wirkung. Es hängt daher die Erweiterung der Thoraxbasis von dem Gegendrucke der Baucheingeweide ab. Immerhin wurde auch am ausgeweideten Thiere durch das Herabsteigen des Zwerchfellcentrum der Thoraxraum vergrössert. Der seufzende Ton blieb aus, entsprechend der geringeren Kraft, mit der die Luft durch den Kehlkopf eindrang.

L ä h m u n g des Zwerchfells bewirkt inspiratorische Einziehung des Epigastrium und der Hypochondrien, während die oberen zwei Drittel des Thorax sich erweitern. Sind die Kranken in Ruhe, so wird die Athmung ziemlich ausreichend durch die Contraction der Intercostales und Scaleni besorgt, nur die Respirationsfrequenz ist etwas gesteigert. Beim Sprechen, Gehen, bei jeder Erregung treten auch die übrigen Athmungsmuskeln in Thätigkeit und es tritt Dyspnoë ein. Beim tiefen Athmen fühlen die Kranken die Eingeweide in die Brust steigen, die Stimme ist abgeschwächt. Husten, Expectoration, besonders die Defäcation sind erschwert. Eine leichte Bronchitis kann den Tod bringen. Letzterer tritt auch ein, wenn ausser dem Zwerchfelle die Intercostalmuskeln gelähmt werden.

Parese des Zwerchfells verursacht nur bei angestrengter Athmung Beschwerden. Auch einseitige Zwerchfelllähmung ist beobachtet worden.

Tonischer Krampf des Zwerchfells verursacht bedrohliche Erscheinungen (s. oben). Die schwere Dyspnoë zwingt die Kranken zum Aufrechtsitzen, heftiger Schmerz wird längs der Zwerchfellansätze empfunden. Dauert der Krampf an, so kommt es zur Asphyxie und möglicherweise zum Tode. Dass der tonische Zwerchfellkrampf Beziehungen zum Bronchialasthma habe, ist sehr zweifelhaft.

Klonischer Zwerchfellkrampf wird als Singultus (Schlucksen) bezeichnet, er ist eine allbekannte Erscheinung: kurze, stossweise Contractionen des Diaphragma erweitern den Thorax und werden von einem schluchzenden Geräusche begleitet.

Es ist auch einseitiger klonischer Krampf des Zwerchfells, der regelmässig vor jeder Inspiration eintrat, beschrieben worden.

Nach Landerer unterstützt der M. serratus posticus inferior die Thätigkeit des Zwerchfelles dadurch, dass er nicht nur die untersten Rippen dem Zwerchfell entgegen fixirt (Henle) und dadurch die Inspiration indirect unterstützt, sondern auch durch die von ihm den Rippen mitgetheilte Bewegung nach auswärts und abwärts selbständig inspiratorisch wirken kann.

Die Mm. intercostales (Nn. intercostales) sind Heber der Rippen, Inspiratoren, die interni sowohl als die externi. Das Punctum fixum bietet die erste Rippe, die hauptsächlich von den Scalenis emporgehalten wird. Contrahiren sich die Muskeln eines Zwischenrippenraums, so bleibt die obere Rippe unbewegt, die untere wird nach aussen oben gehoben, beziehungsweise gedreht. Bei Contraction aller Intercostales werden alle Rippen und mit ihnen das Sternum nach vorn und oben gehoben, der Brustkorb erweitert. Bei ruhiger Athmung treten die Intercostales nicht stark in Thätigkeit, um so mehr bei tiefer Einathmung. Die Beobachtung an Leuten, denen die oberflächlichen Brustmuskeln fehlen, oder geschwunden sind, hat ergeben, dass bei tiefer Athmung die Einsenkungen der Intercostalräume verschwinden, während bei der Ausathmung die Zwischenrippenmuskeln schlaff sind, bei angestrengter Ausathmung die Intercostalräume hervorgewölbt werden. Die elektrische Reizung, die bei solchen Personen ausführbar ist, zeigt, dass sowohl Contraction des Intercost. int. (directe Reizung im vorderen Ende des Zwischenrippenraums, da wo der Intercost. ext. den int. nicht deckt) die nächstuntere Rippe hebt, als Contraction des Interc. externus, als Contraction beider (Reizung des X. intercostalis).

Besteht Lähmung der Mm. intercostales, die in der Regel gleichzeitig mit Lähmung der auxiliären Inspirationsmuskeln beobachtet wird, so bleibt, auch bei tiefer durch das Zwerchfell verursachter Einathmung, der obere Theil des Thorax unbewegt, während das Epigastrium sich vorwölbt und die unteren Rippen sich heben.

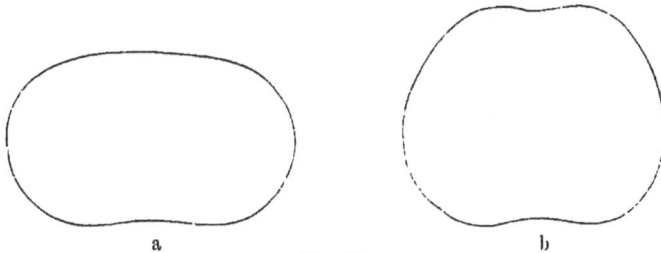

Fig. 53.

Basis des Thorax (mit dem Cyrtometer bei Höhe der Inspiration aufgenommen) bei Lähmung der Mm. intercostales (a), bei Lähmung des Zwerchfells (b). Nach Duchenne.

Solche Kranke gerathen beim Gehen, Sprechen u. s. w. rasch in Dyspnoë. Die tiefe Einathmung ist zwar durch das Diaphragma möglich, die Ausathmung aber ist immer kurz und unkräftig. Die Kranken können ein Licht schwer ausblasen, sie können nicht stark husten, sind daher bei Bronchitis in Lebensgefahr. Die Schwäche der Exspiration erklärt sich dadurch, dass bei Lähmung der Intercostales die oberen zwei Drittel der Brust sich verengern, sich dauernd in Exspirationstellung befinden. Die tonische Contraction der Intercostales nämlich ist Antagonist der Kräfte, die den Thorax zu verengern streben, besonders seiner Elasticität. Fällt jene hinweg, so überwiegen diese Kräfte, die Rippen werden schräger, die Zwischenräume enger (vergl. Fig. 53).

Die wichtigsten unter den Hülfsmuskeln der Inspiration sind die Mm. scaleni (Pl. cervicalis und Aestchen von der Pars supraclavicul. des Pl. brachialis). Sie heben die erste und auch die zweite

Rippe. unterstützen somit die Intercostales (s. oben) und betheiligen sich bei der Athmung, sobald diese thätig sind. Duchenne hat nachgewiesen, dass sie bei Fixation der Rippen auch die Halswirbelsäule zu beugen vermögen.

Der M. sternocleidomastoideus kann, wenn der Kopf durch die Nackenmuskeln festgehalten wird, den unteren Ansatzpunkt nach vorn und oben heben, betheiligt sich daher bei angestrengter Athmung an der Inspiration.

Der vorderste Theil des M. cucullaris (Pars clavicularis s. respiratoria) betheiligt sich bei tiefen Inspirationen. Die dadurch verursachte Hebung der Schulter kann zur Erweiterung des Thorax beitragen, wenn gleichzeitig der M. pectoralis minor (Nn. thoracici ant. vom Pl. brach.) und der M. subclavius (N. subclavius vom Pl. brach.) sich contrahiren. Jener muss die Rippen, an die er sich ansetzt, heben, Duchenne fühlte ihn bei Atrophie des Pector. maj. bei angestrengter Inspiration anschwellen, dieser, von dem das Letztere ebenfalls gilt, soll die erste Rippe heben, doch dürfte er hauptsächlich die Wirkung haben, das Schlüsselbein fester in die Brustbeinpfanne hineinzudrücken.

Die Mm. levatores costarum (hintere Aeste der Nn. thoracici) müssen die unteren Rippen nach hinten aussen bewegen, der M. serratus posticus sup. (N. dors. scap.) thut das Gleiche mit der 2.—5. Rippe.

Wahrscheinlich ist auch der M. serratus ant. magnus nebst dem M. rhomboideus als Inspirationsmuskel, der bei Dyspnoë in Thätigkeit tritt, zu betrachten (s. S. 295).

Ob der M. pectoralis maj. zur Inspiration mitwirken kann, ist zweifelhaft. Man nimmt gewöhnlich an, dass die oberflächlichen Brustmuskeln bei fixirter Schulter die Einathmung unterstützen können, weil Schwerathmende sich mit den Armen fest aufzustützen pflegen, doch kann letzteres Verhalten auch zur Fixation der Wirbelsäule und damit zur Unterstützung der oben genannten auxiliären Inspirationsmuskeln, besonders der Scaleni und Sternocleidomastoidei, dienen.

Lähmung der Auxiliarmuskeln bewirkt keine Störung der Respiration, noch der Phonation. Isolirte Lähmungen sind daher, soweit die betroffenen Muskeln nicht der directen Beobachtung unterliegen, nicht zu diagnosticiren. Ueber isolirte Lähmung der Scaleni ist nichts bekannt.

Krämpfe aller oder doch der meisten Inspirationsmuskeln kommen nicht selten vor und stellen sich in verschiedener Form, meist als Theilerscheinung der Hysterie dar. Bald wird die ruhige Athmung von einzelnen tiefen und tönenden Inspirationen unterbrochen, bald tritt eine längere Reihe keuchender Inspirationen auf u. s. w.

Die Ausathmung wird in der Ruhe wesentlich durch die elastischen Kräfte des Thorax bewirkt. Die active Ausathmung wird bewirkt durch Contraction der Bauchmuskeln (Nn. intercostales), des M. triangularis sterni (Nn. intercostales), der wahrscheinlich die 3.—6. Rippe herabziehen hilft, und (nach Duchenne) durch die Bronchialmuskeln (N. vago-accessorius).

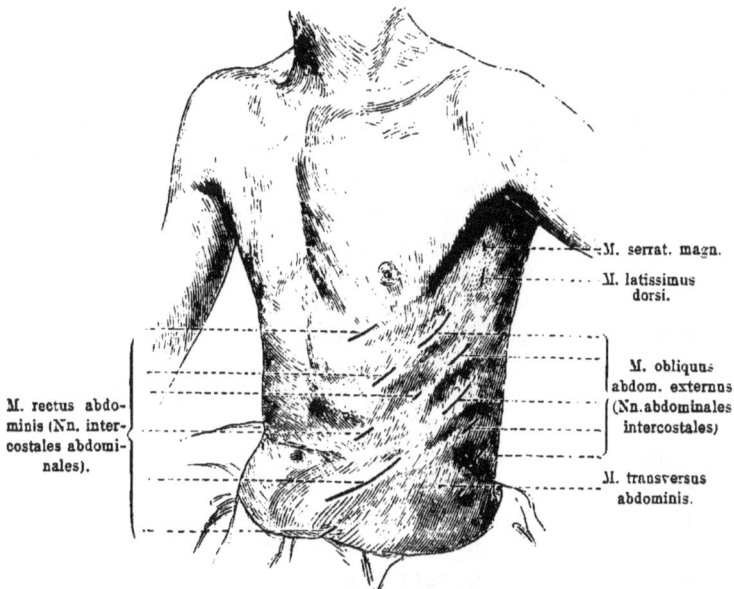

Fig. 54.
Motorische Punkte am Rumpfe (nach Ziemssen).

Der M. obliquus ext. abdominis zieht die Bauchwand in der Richtung von unten-innen nach oben-aussen ein, zieht gleichzeitig die Rippen, an denen er sich ansetzt, herab und neigt den Rumpf bei einseitiger Wirkung nach vorn und seitlich, bei doppelseitiger direct nach vorn.

Der M. obliquus int. abdom. deprimirt die Bauchwand von unten-aussen nach oben-innen.

Der M. transversus abd. zieht direct nach hinten, den Bauch quer einschnürend.

Der M. rectus abdom. zieht den Nabel, wenn sein oberer Theil contrahirt ist, nach oben, wenn der untere contrahirt ist, nach unten, nähert durch seine Gesammtwirkung das Sternum der Symphyse, den Rumpf nach vorn beugend, und deprimirt den mittleren Theil der Bauchwand kräftig.

Elektrisch leicht zu reizen sind jederzeit die Mm. obliquus ext. und rectus (vergl. Fig. 54), bei Atrophie der oberen Schicht gelingt es auch, die Mm. obliquus int. und transvers. isolirt zur Contraction zu bringen, hie und da kann man das Letztere nach Ziemssen auch bei mageren Gesunden erreichen.

Beim Gesunden scheinen die Bauchmuskeln immer gemeinsam thätig sein, ihre Gesammtwirkung ist Verengerung der Bauchhöhle und der Basis des Thorax einerseits, Vorwärtsbeugung des Rumpfes andererseits, die wegfällt, sobald die Wirbelsäule durch die Streckmuskeln fixirt ist. Ihre exspiratorische Wirkung ist eine sehr kräftige. Ihre tetanische Contraction hemmt die Zwerchfellsathmung vollständig und bewirkt eine beträchtliche Respirationstörung. Contrahiren sie sich gemeinsam mit dem Zwerchfelle, so wird ein starker Druck auf den Inhalt des Bauches ausgeübt: Bauchpresse (Prelum abdominale), so bei der Defäcation, bei der Geburt.

Bei Lähmung der Bauchmuskeln ist kräftiges Ausathmen nicht möglich, Husten, Schreien, Singen erschwert oder unmöglich, während in der Ruhe die Athmung normal vor sich geht. Ferner werden die Defäcation und die Harnentleerung erschwert und der Leib aufgetrieben, da die Contenta die schlaffe Bauchwand ausbuchten. Letzteres sieht man besonders bei der Einathmung, wo die Erhebung sich nicht mehr auf das Epigastrium beschränkt. Da die Eingeweide, die die schlaffen Bauchdecken vor sich hertreiben, dem Zwerchfelle keinen genügenden Stützpunkt gewähren, kann dieses die Rippen nicht heben, sondern verengert die Thoraxbasis. Die Störungen in der Bewegung des Rumpfes und der aufrechten Haltung sind oben besprochen.

Besteht einseitige Lähmung der Bauchmuskeln, so wird bei jeder kräftigen Ausathmung der Nabel nach der gesunden Seite verzogen. Während der Inspiration wird die gelähmte Seite vorgebuchtet und hier die Basis des Thorax verengert.

Complete Lähmungen, denen die geschilderten Erscheinungen entsprechen, sind sehr selten, häufiger kommen Paresen vor, man wird die Symptome im letzteren Falle natürlich weniger deutlich vorfinden.

Vermehrte Spannung der Bauchmuskeln bewirkt Einsinken des Bauches (Kahnbauch). Tonischer Krampf stört die Athmung in empfindlicher Weise (s. oben). Krämpfe einzelner Bauchmuskeln können dies nur thun, wenn sie sehr energisch sind und lange anhalten.

Nach Duchenne sind auch die Bronchialmuskeln Exspiratoren und zwar müssen sie an der ruhigen Exspiration betheiligt sein, da ihre Lähmung Athmungsbeschwerden verursachen soll. Duchenne fand nämlich bei Kranken (mit progressiver Bulbärparalyse), deren Inspiratoren und Bauchmuskeln kräftig waren, auffallende Exspirationschwäche, sie konnten trotz tiefer Inspiration kein Licht ausblasen, nur mühsam expectoriren. Dabei bestand keine Lähmung am Kehlkopfe, nur war die Stimme, entsprechend der Exspirationschwäche, kraftlos. Die Kranken hatten ein Gefühl der Angst, es war ihnen voll auf der Brust. Das Athmungsgeräusch war normal. Tonischer Krampf der Bronchialmuskeln ist wahrscheinlich Ursache des Asthma. Auch hier besteht Exspirationsdyspnoë, die Inspiration kann den Widerstand der verengten Bronchen überwinden und die Luft dringt mit pfeifendem Geräusche in die Alveolen, während sie bei der Exspiration nur ungenügend entleert wird.

Als verbreitete Exspirationskrämpfe sind die verschiedenen Formen des Hustens zu bezeichnen (Tussis convulsiva, Keuchhusten, Bellhusten, Bronchokrisen u. s. w.). Genannt seien hier ferner der Niesekrampf (Ptarmus), der Gähnkrampf (Oscedo, Chasmus), die Schrei-, Lach-, Wein-Krämpfe.

n. Die Muskeln des Beckenbodens.

Alle Perinaealmuskeln haben die Aufgabe, die untere Beckenöffnung elastisch zu verschliessen, der Schwere und der Bauchpresse entgegenzuwirken, die direct auf ihnen ruhenden Eingeweide zu tragen.

Der M. sphincter ani externus (Nn. haemorrhoid. med. et inf. vom Plexus pudendalis) schliesst die Aftermündung, „kann, wie einst Aeolus, nach Umständen et premere et laxas dare jussus habenas" (Hyrtl).

Der M. levator ani (Nn. haemorrhoid. med. et inf.) hebt den After mit den übrigen Perinaealmuskeln und drückt das Rectum zusammen. Beim Weibe kann er durch krampfhafte Contraction eine Verengerung der Scheide bewirken und diese unter Umständen oberhalb ihres Einganges zusammenschnüren („Penis captivus").

Der M. bulbocavernosus (N. pudendus) treibt durch klonische Contractionen den Inhalt der Harnröhre aus, verengert beim Weibe als M. constrictor cunni den Scheideneingang, gemeinsam mit dem Sphincter ani sich contrahirend.

Der M. ischiocavernosus (N. pudendus) muss den Penis je nach dessen Position heben oder senken, ausserdem die Vena dors. penis zusammendrücken. Beim Weibe wirkt er entsprechend auf die Clitoris.

Die Mm. transversi perinaei (N. pudendus) haben ausser zur Hebung des Dammes, besonders des Bulb. urethrae, zur Ausführung der Erection zu wirken. Der M. transvers. perin. superf. hat die Nebenaufgabe, Dehnungen der Vasa perinaei zu verhindern. Der M. transvers. prof. comprimirt durch tonische Contraction die ihn durchbohrenden Venen der Corpp. cavernosa penis (clitoridis). Gleichzeitig verschliesst er die Harnröhre. Ist die Erection dadurch eingeleitet, dass nach Erschlaffung der glatten Muskeln in den Corpp. cavern. der Penis durch vermehrten Blutzufluss in weiche Schwellung gerathen ist, so werden durch die Perinaealmuskeln die Venen des Penis zusammengedrückt und wird durch Erschwerung des Blutabflusses der Penis gesteift. Letztere Aufgabe erfüllt besonders der M. transvers. prof. durch Druck auf die Venae profundae, während der Ischiocavern. auf die Vena dorsalis und der Bulbocavern. auf die aus dem Bulbus urethrae austretenden Venen wirken.

Eine isolirte elektrische Reizung der Dammmuskeln dürfte sich, abgesehen von den Sphincteren, nicht mit Sicherheit ausführen lassen. Doch lässt sich leicht Hebung des Dammes bewirken.

Lähmung der Perinaealmuskeln bewirkt Erschlaffung des Dammes, Incontinenz des Afters und Verlust der Erectionsfähigkeit. Ueber isolirte Lähmung einzelner Muskeln ist so gut wie nichts bekannt, nur der Sphincter ani scheint öfter allein oder doch vorwiegend gelähmt zu sein. Schwächezustände der Dammmuskeln spielen wahrscheinlich eine Rolle bei manchen Formen von Prolapsus recti, vaginae, uteri, von Geschlechtschwäche des Mannes und den verwandten Zuständen.

Krämpfe werden häufig an den Sphincteren beobachtet (Fissura ani, Vaginismus). Der Krampf des Levator ani kann beim Coitus störend werden, durch Herauswerfen des Samens nach dem Coitus die Befruchtung hemmen, unter Umständen sogar ein Geburtshinderniss abgeben. Krampf des Transversus perinaei prof. ist wahrscheinlich Ursache des Priapismus.

Der M. cremaster (Pl. lumb.), der hier anhangsweise erwähnt sei, hebt den Hoden seiner Seite.

o. Die Muskeln der Eingeweide.

α) In Beziehung auf die genauere Untersuchung des *Herzens und der Blutgefässe* ist auf die Lehrbücher der Physiologie und inneren Medicin zu verweisen.

Eine elektrische Reizung des Herzmuskels ist nicht ausführbar. Ziemssen hat zwar nachgewiesen, dass beim Gesunden durch Einwirkung kräftiger elektrischer Reize die Schlagfolge des Herzens verändert werden kann, doch lässt sich dieser Umstand diagnostisch kaum verwerthen. Die für den Neurologen hauptsächlich in Betracht kommenden Veränderungen am Herzen sind Schwäche, Beschleunigung, Verlangsamung der Herzthätigkeit, die theils dauernd, theils anfallweise auftreten können und ohne besondere Hülfsmittel nachzuweisen sind.

Die Muskeln der Blutgefässe regeln deren Weite. Während Ausdehnung und Spannung der grösseren Gefässe zum Theil direct beobachtet werden können, ist für den Zustand der dünneren Gefässe die Farbe und Temperatur der betreffenden Haut- und Schleimhautbezirke kennzeichnend. Verengerung (beziehungsweise Krampf) der Gefässe bewirkt Blässe und Kühle (weiterhin Schrumpfung, Abnehmen der Empfindlichkeit, Schmerz, Schwerbeweglichkeit). Erweiterung, die, wir wissen nicht wie, durch Nerveneinfluss bewirkt werden kann, verursacht Wärme und Röthe (weiterhin leichte Schwellung). Krampf der kleinen Venen ruft starke Cyanose hervor. Lähmung der Blutgefässe macht diese todten elastischen Schläuchen gleich, bewirkt daher Verlangsamung der Circulation, Kühle und Cyanose (häufig Marmorirung). Ausserdem reagiren die gelähmten Gefässe auf Reize gar nicht, oder doch langsamer und weniger als die gesunden. Als prüfende Reize können Wärme, Kälte, mechanische und elektrische Erregung verwandt werden. Die elektrische Prüfung hat keine besonderen Vortheile. Die Anode bewirkt direct Röthung, die Kathode erst Blässe und dann eine etwas hellere Röthe als die Anode. Die Röthe der Haut hält oft auffallend lange an. Faradisiren der Haut bewirkt ebenfalls nach vorübergehender Erblassung Röthe. Durch die Einwirkung des elektrischen Funkens sah ich auf cyanotischer Haut (über gelähmten Muskeln) dunkelblaue, leicht erhabene Flecke entstehen, die 24 Stunden lang sich erhielten, durch Erwärmung verschwanden (Venenkrampf?). Zuweilen gelingt es durch elektrische Reizung von Nerven, Gefässerweiterung in deren Bezirke zu bewirken.

Als mechanischer Reiz wird meist das Streichen mit stumpfen Gegenständen (Federhalter oder dergl.) gebraucht. Eine eigenthümliche, wohl auf gesteigerte Reizbarkeit hindeutende Reaction ist die, dass nicht ein einfacher rother Strich entsteht, sondern eine erhabene weisse Leiste mit rothem Hofe, oder eine Quaddel, die längere Zeit hindurch sich hält, (Urticaria factitia).

Ob durch blossen Gefässkrampf Gangrän entstehen kann, ist zweifelhaft. Dies gilt auch von den anderen Veränderungen der Ernährung, die man oft vasomotorischen Einflüssen zugeschrieben hat. Mit Bestimmtheit kann man nur sagen, dass Theile mit gelähmten Gefässen sich Schädlichkeiten gegenüber weniger widerstandsfähig erweisen werden als gesunde. Aus Functionstörungen der Organe allein Schlüsse zu ziehen auf den Zustand ihrer Blutgefässe, ist unzulässig, wie mit Nachdruck hervorgehoben sei. —

β. Die Muskeln des *Magens und des Darms* (N. vagus, Nn. splanchnici) führen bekanntlich die sogenannten peristaltischen Bewegungen aus, die direct nur unter abnormen Verhältnissen (Erweiterung des Magens, dünne Bauchdecken, dünne Bruchsäcke u. s. w.) beobachtet werden können. Durch sondenförmige Elektroden können zwar Contractionen im Magen und unteren Darmabschnitte erregt werden, die auf die gereizte Stelle beschränkt, träge sind und den Reiz überdauern, aber zu diagnostischen Zwecken ist die elektrische Untersuchung nicht brauchbar. Ausgebreitete Bewegungen lassen sich wohl nur reflectorisch hervorrufen, sei es durch Reizung der Schleimhaut, sei es durch solche der Bauchhaut. Lähmung der Cardia bewirkt Sodbrennen, wahrscheinlich auch Veränderung der Schluckgeräusche. Lähmung des Pylorus muss den Mageninhalt vorzeitig in den Darm übertreten lassen, oder umgekehrt Darminhalt in den Magen. Insufficienz des Pylorus wird auch als Ursache des Uebertretens verschluckter Luft in den Darm und damit der Tympanie angesehen (Ebstein).

Schwäche der gesammten Magenmuskeln begleitet natürlich viele Magenkrankheiten. Eigentliche Lähmung scheint in den Fällen von chronischer Atrophie, die sowohl am Magen als am Darme beobachtet worden ist, vorzuliegen. Das Hauptsymptom war in diesen Fällen schwere Dyspepsie. Als krampfhafte Störungen des Magens kann man das Aufstossen und Erbrechen bezeichnen. Zu ihnen gehören auch die pathologische Steigerung der peristaltischen Bewegungen: „peristaltische Unruhe des Magens" (Kussmaul), und die sehr seltenen antiperistaltischen Bewegungen. Der sogenannte „Magenkrampf", Cardialgie, stellt wohl eine rein sensorische Störung, eine Neuralgie dar.

Schwäche der Darmmuskeln (Atonie des Darms) betrachtet man vielfach als Ursache der einfachen chronischen Verstopfung. Krampfhafte Zusammenziehungen einzelner Darmabschnitte können auch Ursache der Verstopfung sein. Verbreitete tonische Krämpfe der Darmmuskeln begleiten die Bleikolik. Durch Vermehrung der peristaltischen Bewegungen und damit durch Diarrhoe antwortet der Darm meist auf abnorme Reizungen seiner Schleimhaut. Auch anderweite Erregungen (seelische) können Steigerung der Peristaltik bewirken. —

γ) Die *Muskeln der Blase* (Nn. haemorrhoid. aus dem 3. und 4. Sacralnerven) sind theils unwillkürliche, theils willkürliche. Jene sind die als Detrusor bezeichneten Muskelfaserschichten und der Sphincter vesicae int. (Henle), der den Anfang der Urethra umgiebt und beim Manne der Prostata angehört. Der Willkür unterworfen ist der Sphincter vesicae ext. (Henle), der ebenfalls innerhalb der Prostata liegt. Der Detrusor verengt die Blase, so dass diese ihrem jeweiligen Inhalte entsprechend gross ist, und treibt bei stärkerer Contraction den Inhalt der Blase aus. Die Sphincteren verschliessen die Blase. Willkürlich die Harnentleerung anregen kann man nur durch den Druck der Bauchpresse, dagegen gestattet der Sphincter ext. dem Willen, direct gegen die Entleerung Einspruch zu erheben, während der Sphincter int. auch während des Schlafes die Blase verschliesst.

Die elektrische Reizung der Sphincteren ist durch sondenförmige Elektroden leicht, die des Detrusor schwieriger und nur theilweise zu erreichen.

Lähmung des Detrusor muss die Harnentleerung erschweren, da diese dann nur durch die Bauchpresse ausgeführt werden kann, und unvollständig machen, da die letztere zur Entleerung des untersten Blasentheiles, die im gesunden Zustande die ringförmigen Muskelfasern der Blase besorgen, nicht ausreicht (Ischuria paralytica). Sind auch die Bauchmuskeln gelähmt, so ist die Harnentleerung unmöglich (Retentio urinae paralytica), die Blase wird ad maximum ausgedehnt und schliesslich überwindet der Druck die Sphincteren, so dass der Harn allmählich ausfliesst (Incontinentia paradoxa).

Lähmung der Sphincteren bewirkt Unvermögen den Harn zu halten, so dass dieser abtröpfelt (Incontinentia paralytica). Ist nur der Sphincter int. gelähmt, so wird zwar während des Wachens der Harn gehalten, im Schlafe aber entleert sich die Blase, sobald sie gefüllt ist. Ist nur der Sphincter ext. gelähmt, so muss dem Bedürfnisse zu uriniren nachgegeben werden, willkürlicher Aufschub ist nicht gestattet.

In Wirklichkeit sind vielfach alle Blasenmuskeln geschwächt, so dass die Symptome der Sphincterenlähmung sich mit denen der Detrusorlähmung vermischen.

Krampf des Detrusor muss die Ausdehnung der Blase verhindern, bei gefüllter Blase unwillkürliche Harnentleerung verursachen. Meist handelt es sich um reflectorische Contractionen, die durch abnorme Empfindlichkeit oder abnorme Reizung der Blasenschleimhaut verursacht werden und sich als Harnzwang (Tenesmus vesicae) darstellen. Krampf der Sphincteren verhindert die Entleerung und verursacht Retentio spastica. Er wird daran erkannt, dass das Hinderniss, das die Sonde in der Pars prostatica findet, verschwindet, wenn eine Zeit lang die Sonde dagegen angedrückt wird.

Die Muskeln der Harnröhre werden durch tonische Contraction das Lumen verschliessen, beziehungsweise den Inhalt der Harnröhre nach aussen befördern.

<hr>

Wegen der Muskeln der weiblichen inneren Geschlechtstheile muss auf die Lehrbücher der Gynäkologie verwiesen werden.

<hr>

Die Muskeln des Armes.

p. Die Muskeln, die die Schulter und den Oberarm bewegen.

Der M. trapezius s. cucullaris (N. accessorius und Aeste vom Pl. cervicalis) hebt bei doppelseitiger Wirkung beide Schultern (Achselzucken) und nähert die Schulterblätter etwas der Mittellinie. Bei einseitiger Wirkung hebt er die Schulter nach innen oben und zieht den Kopf, wenn dieser nicht fixirt ist, nach aussen und hinten mit Drehung des Gesichtes nach der entgegengesetzten Seite.

Contrahirt sich allein die Pars clavicularis, so wird hauptsächlich die eben beschriebene Bewegung des Kopfes ausgeführt, nur bei kraftvoller Contraction wird auch das Acromion gehoben. Ist der Kopf durch die Nackenmuskeln fixirt, so tritt die Hebung des Acromion in den Vordergrund, doch auch jetzt wird der Kopf leicht geneigt. Contrahiren sich beide Part. claviculares, so ziehen sie den

Kopf nach hinten. Nur die Pars clavicul. betheiligt sich bei tiefer Athmung.

Der mittlere Theil des Muskels, d. h. die Fasern, die sich nach aussen vom Acromion und an der äusseren Hälfte der Spina scap. ansetzen, hebt zunächst das Acromion, wobei sich der untere Winkel der Scapula etwas von der Mittellinie entfernt, und bewegt dann die ganze Scapula kräftig nach oben. Diese Fasern sind die eigentlichen Heber des Schulterblattes; je nach ihrer mehr oder weniger kräftigen Entwicklung erscheint der Hals kurz oder lang.

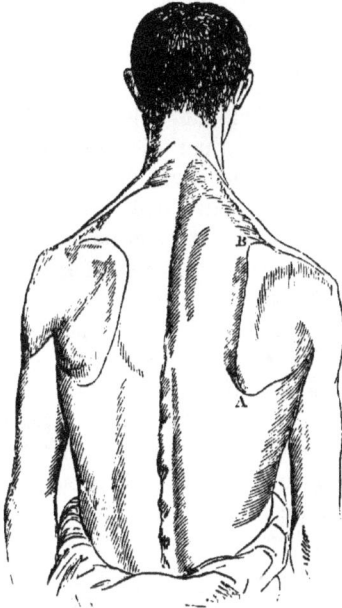

Fig. 55.

Fehlerhafte Stellung des rechten Schulterblattes, durch Atrophie der zwei unteren Drittel des rechten M. cucullaris verursacht. Der innere Rand der Scapula ist rechts weiter von der Mittellinie entfernt als links, die Schulter steht tiefer. (Nach Duchenne.)

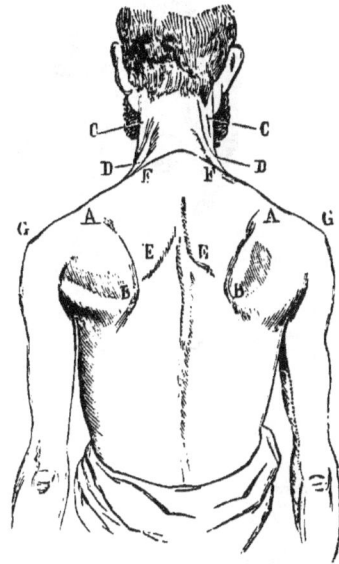

Fig. 56.

Fehlerhafte Stellung der Schulterblätter, durch complete Atrophie beider Cuculares verursacht. Der M. levator ang. cap. ist intact. Die Latissimi sind atrophisch. Die unteren Winkel (BB) sind der Mittellinie genähert, die inneren (AA) sind von ihr entfernt. Der innere Rand verläuft von oben-aussen nach innen-unten. Die Schulterecke (GG) ist gesenkt. CC = M. sternocleid. DD = M. lev. scap. EE = M. rhomb. (Nach Duchenne.)

Die Fasern, die sich an der inneren Hälfte der Spina scap. ansetzen, heben den äusseren Winkel des Schulterblattes nur wenig, ziehen das letztere aber kräftig nach der Mittellinie. Die Fasern, die sich am inneren Rande der Scapula ansetzen, ziehen den inneren

Winkel ein wenig herab und nähern das Schulterblatt der Mittellinie um 3—4 Cm.

Die elektrische Reizung des M. cucullaris ist sehr leicht auszuführen (s. Fig. 45). Isolirte Faradisation der einzelnen Muskelabschnitte belehrt über deren Wirkung.

Bei Lähmung des unteren Drittels des Cucullaris entfernt sich der innere Rand der Scapula, der im Normalen der Mittellinie parallel ist und von ihr um 5—6 Cm. absteht, von der Medianen um 10—12 Cm., dabei bewegt sich das Acromion nach vorn, so dass der Rücken verbreitert und gewölbt wird, die Brust einsinkt und das Schlüsselbein vorspringt. Die Kranken können zwar noch durch den oberen Theil der Latissimi die Schultern einziehen, thun sie dies aber kräftig, so wirkt der M. rhomboideus mit und zieht das Schulterblatt nach innen oben mit Drehung um den äusseren Winkel.

Ist auch das mittlere Drittel des Muskels gelähmt, so senkt sich das Acromion und das Schulterblatt dreht sich derart, dass der innere Winkel sich hebt, der untere sich der Mittellinie nähert und die Rückenhaut abhebt, der innere Rand der Scapula schräg von oben aussen nach unten innen verläuft. Das Schulterblatt ist dann sozusagen am Levator anguli scap. aufgehängt, der gewöhnlich stark hervorspringt. Die Portio clavicularis und der Serratus magnus können das Herabsinken und die Drehung des Schulterblattes nicht hindern, ebensowenig wie der Rhomboideus. Ursache jener Bewegung ist in erster Linie die Schwere des Armes, in zweiter die tonische Kraft der Mm. pector. und latissimi. Bei dieser Lähmung ist kraftvolle Hebung des Armes nicht möglich, die Kranken klagen über Schwäche des Armes, sie legen sich zeitweise nieder, weil das Herabhängen der Schulter schmerzhafte Empfindungen hervorruft.

Die Portio clavicularis wird zuletzt gelähmt, sie ist das ultimum moriens. Ist sie allein erhalten, so können die Kranken

Fig. 57.

Fehlerhafte Stellung des Kopfes, verursacht durch Contractur der Portio clavicul. des linken Cucullaris: Torticollis. (Nach Duchenne.)

noch eine schwache Hebung der Schulter erzielen; trotz einseitiger Lähmung des übrigen Cucullaris hebt sich bei tiefer Athmung die kranke Schulter so gut wie die gesunde. Ist die Portio clavicularis gelähmt, so bleibt bei der Athmung die Schulter unbewegt, auch wenn die übrigen Theile des Cucullaris erhalten sein sollten und daher die absichtliche Hebung der Schulter noch möglich wäre.

Klonische oder tonische Krämpfe des Cucullaris sind nach dem Mitgetheilten leicht zu erkennen.

Die Mm. rhomboidei (N. dorsalis scapulae vom 5. N. cervicalis) ziehen das Schulterblatt nach innen und oben, indem sie es zunächst um den äusseren Winkel drehen und dann im Ganzen heben. Dabei wird der innere Winkel um 1—3 Cm. gehoben, der äussere um 1—1½ Cm., der innere Rand der Scapula verläuft schräg von oben-aussen nach unten-innen und der untere Winkel wird der Mittellinie beträchtlich genähert. Das Acromion wird durch die Rhomb. nicht nach hinten gezogen. Ist der Arm vertical gehoben, so muss die durch die Contraction der Rhomb. bewirkte Drehung der Scapula ihn senken. Beim Heben von Lasten u. s. w. mit der Schulter unterstützen die Rhomb. den Cucullaris, mit dem vereint sie die Schulter kraftvoll heben.

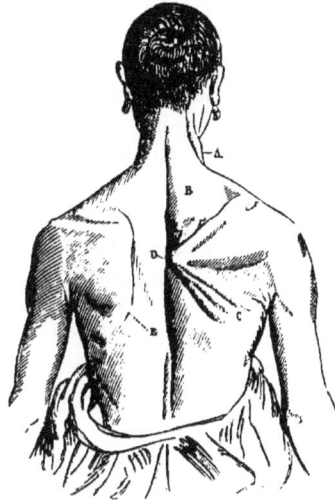

Fig. 58.

Fehlerhafte Stellung des rechten Schulterblattes, verursacht durch Contractur des Rhomboideus. Der untere Winkel (D) steht fast im Niveau des äusseren Winkels und erreicht fast die Mittellinie. Ein Wulst (B) entspricht dem verdickten Rhomb., ein anderer (A) dem ebenfalls contracturirten M. lev. ang. scap. (Nach Duchenne.)

Die elektrische Reizung der Rhomb. ist nur möglich bei Atrophie des Cucullaris. Zuweilen kann der Nerv am Halse gereizt werden.

Lähmung der Rhomb. lässt den inneren Scapularand etwas vom Thorax abstehen und den unteren Winkel sich von der Mittellinie entfernen. Die zwischen dem Thorax und dem Schulterblatte entstehende Rinne verschwindet, sobald der M. serratus ant. den Arm nach vorn erhebt. Die Bewegungen, die das Anliegen des Schulterblattrandes an den Thorax fordern, müssen durch die Lähmung des Rhomb. geschwächt werden. Rhomb. und Serrat. ant. wirken als ein

Muskel, dessen Fasern durch den Scapularand unterbrochen werden, sobald das Punctum fixum die Wirbelsäule ist, und ihre gemeinsame Contraction hebt die Rippen kräftig. Lähmung der Rhomb. muss daher die inspiratorische Wirkung des Serratus schwächen oder aufheben. Lähmung der Rhomb. schwächt auch die Bewegung des ausgestreckten Armes nach hinten und innen. Der hintere Theil des Deltoideus und der Teres major ziehen dann das nicht fixirte Schulterblatt nach dem Humerus, statt diesen zu bewegen. Diese Bewegung der Scapula, die deutlich wird, sobald man der Bewegung des ausgestreckten Armes nach hinten und unten Widerstand leistet, lässt die Lähmung der Rhomb. sicher erkennen.

Die Contractur der Rhomb. bewirkt eine fehlerhafte Stellung des Schulterblattes, die der bei Lähmung des mittleren Cucullaristheiles ähnlich ist. Ausser Hemmung der passiven Beweglichkeit und derber Anschwellung in der Rhomboidensgegend findet man bei Contractur der Rhomb. geringes Höherstehen des Acromion auf der kranken Seite, während bei Cucullarislähmung des Acromion nach vorn und unten verschoben ist. Beim Erheben des Armes schwindet die durch die Contractur verursachte Deformität.

Der M. levator anguli scapulae (N. dors. scap. und Zweige vom Pl. cervic.) hebt den inneren Schulterblattwinkel, indem er die Scapula um den äusseren Winkel dreht, und zieht das Schulterblatt im Ganzen in die Höhe, den Kopf leicht auf die Seite neigend.

Die elektrische Reizung gelingt in der Regel von dem Raume zwischen Cucullaris und Sternocleidom. aus (s. Fig. 45).

Lähmung des Levator scap. dürfte keine wesentliche Deformität verursachen, da der Senkung des inneren Schulterblattwinkels die Rhomb. entgegenwirken. Ist der Muskel zugleich mit dem Cucullaris gelähmt, so senken sich der äussere und der innere Winkel des Schulterblattes gleichmässig.

Bei Contractur des Levator fühlt man einen derben Wulst am inneren Rande des Cucullaris.

Der M. serratus anticus (N. thoracicus lateral., s. medius, s. longus, s. respir. ext. Bell, s. thoracic. post. Henle, vom Pl. brachialis) dreht das Schulterblatt um seinen inneren Winkel, so dass das Acromion erhoben wird, hebt gleichzeitig das ganze Schulterblatt und zieht es nach aussen und vorn, dabei den inneren Scapularand an den Thorax andrückend. Die Drehung der Scapula ist vorwiegend Aufgabe der unteren Bündel, während die Bewegung nach vorn und aussen, durch die der Abstand des Schulterblattes von der Wirbelsäule um 2—4 Cm. vermehrt wird, hauptsächlich durch den mittleren Theil ausgeführt wird. Wie alle Muskeln, die die Scapula um den äusseren oder inneren Winkel drehen, sie auch im Ganzen heben, folgt auf die durch den Serratus bewirkte Drehung eine Hebung. Ist nämlich der untere Winkel nach aussen und vorn bewegt worden, so wird die weitere Drehung durch Rhomb. und Levator scap. gehindert und das Schulterblatt bewegt sich nun nach der Richtung des geringsten Widerstandes, d. h. nach oben. Wenn auch der Serratus die Schulter hebt, so betheiligt er sich doch nicht

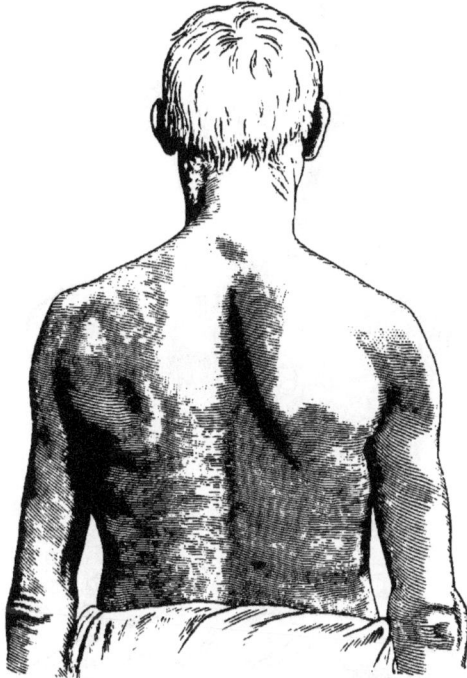

Fig. 59.
Stellung des Schulterblattes in der Ruhe bei isolirter rechtseitiger Serratuslähmung.
(Nach Bäumler.)

beim Tragen von Lasten auf der Schulter, so lange der Arm dem Rumpfe anliegt. Er würde andernfalls die Athmung stören. Dass der Serratus im Vereine mit den Rhomb. die Rippen zu heben vermag, ist schon oben erwähnt worden.

Die elektrische Reizung des Serratus ant. kann indirect durch Reizung des Nerven vor dem Scalenus med. (s. Fig. 45) oder in der Mittellinie der Achselhöhle, direct durch Reizung der Serratusbündel, soweit sie nicht von den oberflächlichen Muskeln bedeckt sind, oder nachdem diese atrophirt sind, ausgeführt werden.

L ä h m u n g des Serratus ant. bewirkt in der Ruhestellung nur eine geringe Verschiebung des Schulterblattes. Der untere Winkel steht um ein Geringes der Mittellinie näher und höher als auf der gesunden Seite (Wirkung des Rhomb.) und ist etwas abgehoben (Wirkung des Pectoral. u. s. w.). In manchen Fällen isolirter Serratus-

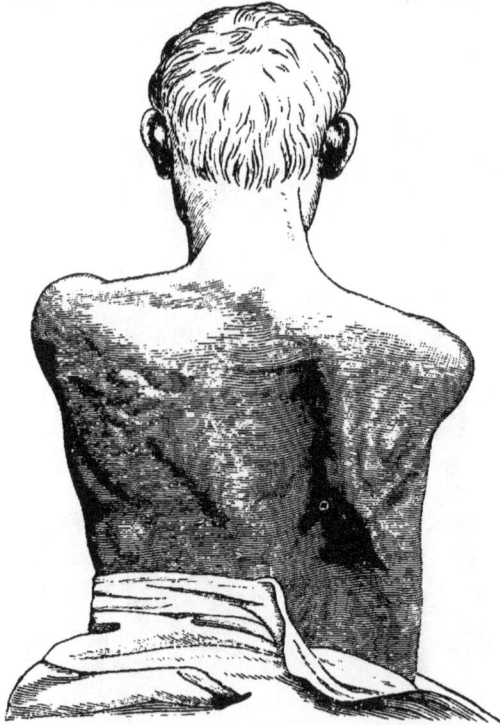

Fig. 60.

Flügelförmiges Abstehen des Schulterblattes vom Thorax beim Erheben der Arme nach vorn durch Lähmung des Serratus anticus. (Nach Bäumler.)

lähmung hat man gar keine Abweichung der Scapula gesehen. Man muss dann annehmen, dass es dem kräftigen Cucullaris gelungen sei, trotz den Rhomb. das Gleichgewicht der Scapula zu erhalten, oder dass die Antagonisten geschwächt gewesen seien.

Sind Serratus und Cucullaris gelähmt, so senkt sich der äussere Schulterblattwinkel der Schwere des Armes nachgebend noch mehr als bei blosser Cucullarislähmung. Der von der Thoraxwand abstehende untere Winkel steht dann in nahezu gleicher Höhe mit dem äusseren, der vom Levator gehaltene innere Winkel macht einen Vorsprung zur Seite des Halses (vergl. Fig. 56).

Sind Serratus und Rhomb. gelähmt, so steht zwar der untere Scapulawinkel vom Thorax ab, ist aber der Mittellinie nicht genähert und steht auf der kranken Seite etwas tiefer.

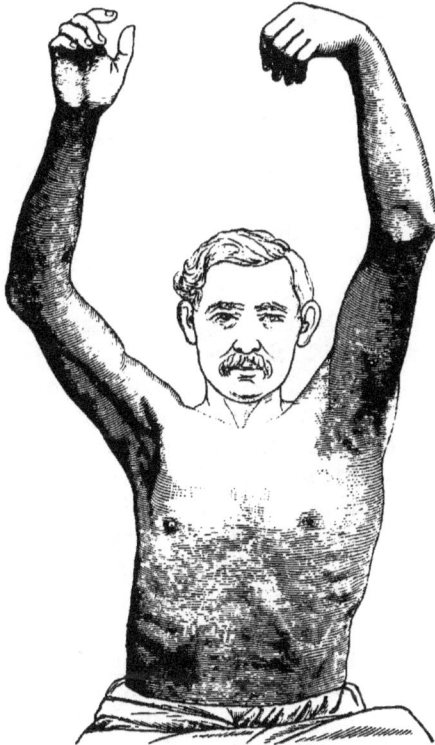

Fig. 61.

Der in Figg. 59 und 60 abgebildete Kranke mit Serratuslähmung erhebt die Arme. Rechts fehlen die Serratuszacken. (Links besteht Radialislähmung.)

Die Erhebung des Armes über die Horizontale hinaus ist bei Serratuslähmung in der Regel nicht oder nur durch eine schleudernde Bewegung des Arms bei rückwärts gebeugtem Rumpfe möglich. In einigen Fällen konnte trotz der Serratuslähmung der Arm seitlich beinahe bis zur Verticalen erhoben werden (s. Fig. 61), es muss dann diese Bewegung durch den mittleren Theil des Cucullaris ausgeführt worden sein, der gewöhnlich dazu nicht kräftig genug ist.

Beim Gesunden geschieht die Erhebung des Arms über die Horizontale durch die gleichzeitige Wirkung des Deltoideus, Serratus und Cucullaris. Letzterer vermag jedoch, wie oben bemerkt, den Serratus ausnahmeweise zu ersetzen.

Bis zur Horizontalen vermag der Deltoideus den Arm zu erheben, es treten aber, wenn der Serratus ausfällt, pathologische Bewegungen der Scapula dabei ein. Bei der seitlichen Erhebung des Arms senkt sich das Acromion und rückt der innere Rand der Scapula der Mittellinie näher, das untere Drittel des Cucullaris als Wulst vor sich herschiebend. Bei der Erhebung nach vorn dreht sich das Schulterblatt ebenfalls um den inneren Winkel, zugleich aber dreht es sich um seine Längsaxe, so dass der innere Rand weit vom Thorax absteht und zwischen diesem und der Scapula eine tiefe Grube entsteht. Dieses flügelförmige Abstehen des Schulterblattes beim Vorwärtsheben des Armes ist das sicherste Kennzeichen der Serratuslähmung. Drückt man das Schulterblatt fest an den Thorax an, so gelingt es dem Kranken, den Arm vertical zu erheben. Endlich erschwert die Serratuslähmung die Vorwärtsbewegung des Acromion, beim Drängen mit den Schultern, beim Fechtstosse.

Der M. deltoideus (N. axillaris vom 5. und 6. Cervicalnerven, zu den vordersten Bündeln einige Fäden der Nn. thorac. ant.) abducirt den herabhängenden Arm im Schultergelenke, sofern das Schulterblatt fixirt ist. Das mittlere Bündel hebt den Arm direct nach aussen, die innersten Fasern schräg nach vorn und innen, die zwischen diesen und den äusseren gelegenen direct nach vorn, die hinteren direct nach hinten. Bei maximaler Contraction des Deltoideus erreicht der Arm etwa die Horizontale. Dieses Maximum der Hebung wird durch die vordere Hälfte des Muskels bewirkt, die hinteren Bündel vermögen den Arm nur etwa in einen Winkel von 45° zur Verticalen zu bringen. Wenn daher der Arm erhoben ist, so führt die Contraction der hinteren Bündel ihn zu diesem Winkel zurück. Die Erhebung des Arms durch den Deltoideus geschieht kräftiger und leichter, wenn jener nach aussen gerollt ist, als wenn er nach innen gerollt ist.

Die elektrische Reizung des Deltoideus ist sowohl vom Nerven aus (Erb'scher Punkt, s. Fig. 45) als direct leicht zu bewirken. Bei isolirter Contraction des Deltoideus macht das Schulterblatt dieselben Bewegungen, die die Erhebung bei Serratuslähmung verursacht, d. h. das Acromion senkt sich und der innere Rand hebt sich vom Thorax ab. Diese Bewegungen entstehen bei der willkürlichen Contraction des Deltoideus am Gesunden nicht, dieser Muskel kann daher willkürlich nicht allein contrahirt werden, sondern ist immer in Gemeinschaft mit dem Serratus thätig. Die isolirte Contraction des Delt. kann den Arm nicht über die Horizontale erheben, weil der Teres maj. sich dem widersetzt. Auch müsste die weitere Erhebung des Humerus allein eine Subluxation nach unten im Schultergelenke verursachen. Wie oben ausgeführt, geschieht die Hebung des Arms zur Verticalen durch die Drehung der Scapula, während der durch den Deltoideus gehobene Arm in der erreichten Position durch den Deltoideus und den Supraspinatus festgehalten wird.

Bei Lähmung der mittleren Bündel des Delt. ist die Erhebung des Arms nach aussen sehr beschränkt, nach vorn kann der Arm bis zur Verticalen, nach hinten bis zu einem Winkel von 45° erhoben werden. Sind die vorderen Bündel gelähmt, so kann der Arm nicht nach vorn erhoben werden. Wollen die Kranken nach dem Kopfe greifen, so heben sie den Arm nach aussen, beugen den Vorderarm und neigen den Kopf zur Seite (z. B. beim Abnehmen des Hutes). Wollen sie die gegenüberliegende Schulter oder den Mund erreichen, so heben sie die Schulter durch den Cucullaris und den Pector maj., liegt dann der Arm schräg nach innen und vorn dem Thorax an, so beugen sie den Vorderarm. Sind die hinteren Bündel des Delt. gelähmt, so ist die Erhebung des Arms nach hinten gehindert. Die Kranken können ihre Hand nur schwer in die Hosentasche stecken,

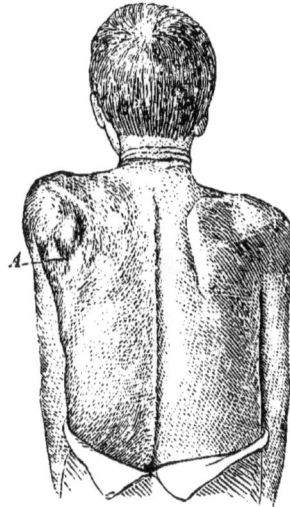

Fig. 62.
Bewegung des linken Schulterblattes bei Deltoideuslähmung, die eintritt, sobald der Kranke sich bemüht, den Arm nach vorn zu erheben. (Nach Duchenne.)

sie können sich nicht allein anziehen, da sie zwar den Arm durch den Latissimus nach hinten führen, die Hand aber nicht über die Gesässgegend erheben können. Wollen sie die nöthigen Bewegungen ausführen, so heben sie den Arm nach aussen und beugen den Vorderarm, ohne doch ihr Ziel zu erreichen. Ist der gesammte Delt. gelähmt, so hängt der Arm schlaff herab und kann nicht vom Rumpfe entfernt werden. Nur in der Richtung nach vorn und aussen kann nach Duchenne der Arm durch den Supraspinatus, wenn auch mit geringer Kraft, erhoben werden. Bei Bewegungsversuchen bleibt der Delt. schlaff, während man ihn bei Anchylose des Schultergelenkes

erfolglos sich contrahiren sieht. Die passive Beweglichkeit ist erhalten. Bei länger bestehender Deltoideuslähmung (besonders bei
gleichzeitiger Lähmung des Supraspinatus) wird das Schultergelenk
schlotterig und man kann durch den atrophischen Muskel eine tiefe
Rinne zwischen Gelenkkopf und Pfanne fühlen. Besteht Lähmung
des Delt. und des Serratus, so lässt sich möglicherweise letztere durch
Fehlen der elektrischen Erregbarkeit nachweisen. Auch muss dann,
wenn die Schultern kräftig nach vorn bewegt werden, die an dem
Nachaussenrücken des an den Thorax gedrückten unteren Scapula-
winkels kenntliche Serratuscontraction ausfallen. Der äussere Winkel
wird dann durch den Pector. nach vorn ge-
zogen, der innere Rand entfernt sich vom
Thorax. Ist auch der Pectoralis gelähmt, so
bleibt die Schulter vollkommen ruhig.

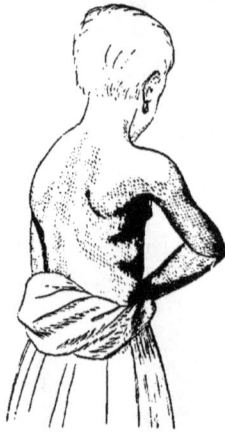

Bei Parese des Deltoideus suchen die
Kranken die Hebung des Armes durch Hebung der Schulter zu unterstützen.

Contractur des Deltoideus hat dieselbe Wirkung wie Faradisation. auch sie
bringt die oben beschriebene fehlerhafte
Stellung der Scapula hervor.

Der M. supraspinatus (N. suprascapularis vom 5. N. cervicalis) hebt den Arm
schräg nach vorn und aussen und rotirt ihn
nach innen. Er ist demnach ein Auxiliar-
muskel des Deltoideus. Seine Hauptaufgabe
aber scheint darin zu bestehen, dass er den
Humeruskopf während der Erhebung des
Armes zur Verticalen fest gegen die Pfanne
drückt und die Subluxation nach unten ver-

Fig. 63.
Fehlerhafte Stellung des rechten
Armes und der rechten Schulter
bei Contractur der vorderen Deltoideusbündel und des Subscapularis. (Nach Duchenne.)

hindert. Seine elektrische Reizung ist nur bei Atrophie des
Cucullaris ausführbar. Ist er gelähmt, so kommt die erwähnte
Subluxation leicht zu Stande. Solche Kranke können diese willkürlich
durch Contraction des Teres maj. bei hängendem Arme herbeiführen.

Auch kommt zwischen Humerus und Scapula viel leichter ein
Schlottergelenk zu Stande, wenn ausser dem Deltoideus auch der
Supraspinatus atrophisch ist.

Die Mm. infraspinatus (N. suprascapul.) und teres minor
(N. axillaris) drehen den Arm nach aussen (Rotator hum. post.), der
M. subscapularis (N. subscapularis sup. vom Pl. brach.) dreht den
Arm nach innen. Die Drehung beträgt aus der Ruhestellung des

herabhängenden Arms ein Achtel des Kreises, ist der Arm nach innen gerollt, so beträgt die Drehung nach aussen ein Kreisviertel. Ist der Vorderarm gebeugt, so betheiligt er sich wie ein Zeiger an der Drehung des Oberarms. Ist der Arm gestreckt, so giebt die Bewegung der Condylen ein Maass der Drehung. Bei erhobenem Arme kann der Infraspinatus auch eine abducirende Wirkung ausüben.

Die elektrische Reizung dieser Muskeln ist am Gesunden nur schwer auszuführen. Durch Atrophie des Deltoideus wird der Infraspin. zugänglicher.

Sind die Auswärtsroller gelähmt, so gewinnt der Subscapul. das Uebergewicht und der Arm wird dauernd nach innen gerollt, umgekehrt sind die Verhältnisse bei Lähmung des Subscapularis. Lähmung der Rotatoren beeinträchtigt Pronation und Supination der Hand. Bei nach innen gerolltem Arme kann der Supin. brevis den Handteller nur nach innen, nicht nach vorn wenden, bei nach auswärts gerolltem Arme können die Pronatoren den Handteller nach innen, nicht nach hinten wenden. Die Lähmung des Infraspinatus erschwert beträchtlich das Schreiben. Die Kranken schreiben ein bis zwei Worte, müssen dann mit der linken Hand das Papier nach links ziehen u. s. f. Diese Lähmung verhindert ferner das Ausziehen des Fadens beim Sticken, Nähen. Bei Lähmung des Subscapularis können die Kranken die Hand nicht auf die andere Schulter legen.

Contractur der Einwärtsroller wird von Lähmung der Auswärtsroller leicht durch das Vorhandensein der passiven Beweglichkeit im letzteren Falle zu unterscheiden sein.

Der M. latissimus dorsi (N. subscapul. inf., s. longus, s. thoracicodorsalis) zieht den herabhängenden Arm nach innen und hinten und nähert das Schulterblatt, dessen Rand der Wirbelsäule parallel bleibt, der Mittellinie, neigt bei einseitiger Wirkung den Rumpf etwas zur Seite, richtet ihn bei doppelseitiger Wirkung auf, zieht den erhobenen Arm herab, oder bewegt bei fixirtem Arme den Rumpf.

Die directe elektrische Reizung des Latiss. ist leicht ausführbar.

Lähmung des Latiss. hindert die erwähnten Bewegungen und verursacht Verlust der militärischen Haltung. Die Kranken können die Schultern nicht zurückziehen, ohne sie zugleich zu heben.

Der M. pectoralis major (Nn. thoracici ant. vom Pl. brach.) zieht den erhobenen Arm kraftvoll herab und drückt den herabhängenden fest an den Thorax in der Richtung von oben-aussen nach unten-innen. Ist der Arm fixirt, so zieht der Pector. den Rumpf heran. Der obere Theil des Pector. zieht bei herabhängendem Arme

das Acromion nach vorn und oben (beim Tragen von Lasten, beim
Ausdrucke der Furcht, der Demuth, beim Frostschauer u. s. w.), er
führt den erhobenen Arm bis zur Horizontalen herab von hinten
und oben nach vorn und unten, er führt den horizontal ausgestreckten
Arm nach innen. Der untere Theil des Pector. zieht bei herabhängendem Arme das Acromion nach vorn und unten, er vollendet
die vom oberen Theile begonnene Abwärtsführung des erhobenen
Arms, zieht den horizontal ausgestreckten Arm nach vorn und unten.

Es ergiebt sich, dass bei verschiedenen Bewegungen die beiden Theile
des Pectoralis einzeln thätig sein
müssen, ähnlich wie dies beim
Deltoideus der Fall ist.

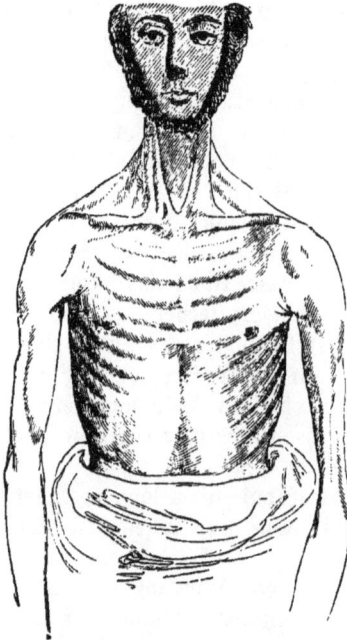

Fig. 64.

Atrophie der Pectorales. Auch die Cucullares
sind geschwunden. Infolge dessen ist die Schulterecke gesunken und die Brust nach vorn concav
geworden.
(Nach Duchenne.)

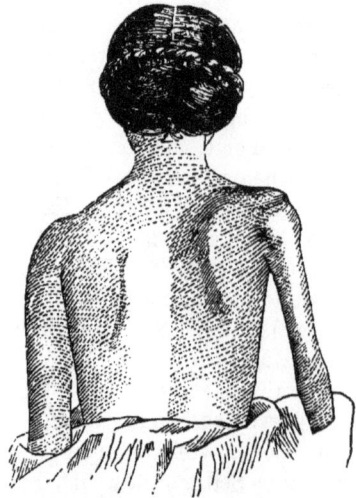

Fig. 65.

Fehlerhafte Stellung der rechten Schulter bei
einem 10jähr. Mädchen. Die Schulterecke und
das ganze Schulterblatt sind gehoben durch secundäre Contractur des Cucullaris, die Folge
der Atrophie der Niederzieher (Latiss. dorsi und
Pectorales) ist. Ausserdem sind Deltoideus und
Oberarmmuskeln geschwunden.
(Nach Duchenne.)

Die directe elektrische Reizung des Pector. maj. ist leicht
ausführbar, zuweilen gelingt es, den Nerven über der Clavicula zu
treffen.

Bei Lähmung des Pector. maj. ist die Fähigkeit, die Hand
auf die gegenüberliegende Schulter zu legen, nicht aufgehoben. Diese

Bewegung ist vielmehr eine Function der vorderen Deltoideusbündel, bei deren Lähmung sie ausfällt. Die Lähmung des Pector. hindert die horizontale Bewegung des ausgestreckten Arms nach der Mittellinie nicht, der Deltoideus kann sie ausführen, sie ermangelt dann aber der Kraft. Ebenso kann der erhobene Arm durch Nachlassen der Contraction des Deltoideus trotz Lähmung des Pector. und des Latissim. gesenkt, ja durch den Teres maj. und die Rhomboidei mit einer gewissen Kraft herabgeführt werden, immerhin ist diese Kraft gering, wird ein kräftiger Säbelhieb und dergl. unmöglich. Nach alledem sind bei Lähmung des Pector. maj. noch alle Bewegungen möglich. Dem entspricht, dass bei dem nicht selten beobachteten angeborenen Mangel des Muskels kein Functionsdefect deutlich ist.

Sind die Pector. und der Latiss. gelähmt, so fehlen die das Schulterblatt herabziehenden Kräfte, die mittlere Portion des Cucullaris gewinnt das Uebergewicht und es entsteht eine abnorme Schulterhaltung, indem der letztere Muskel das Acromion in die Höhe zieht.

Krämpfe des Latiss. oder Pectoralis werden der Diagnose keine Schwierigkeiten machen.

Der M. teres major (N. subscapul. med.) hilft den erhobenen Arm herabziehen und dann an den Thorax drücken, ihn um weniges nach hinten bewegend. Er hilft kräftig die Schulter heben, wenn der Arm dem Thorax anliegt. Bei elektrischer Reizung nähert er die innere Fläche des Arms und den Axillarrand der Scapula einander mit Erhebung des Acromion. Hieraus ergiebt sich, dass er bei Mitwirkung anderer Muskeln kräftig auf den Arm wirken kann. Sein Gespann ist der Rhomboideus maj., dieser hält das Schulterblatt und nun kann der Teres maj. den Arm kräftig bewegen (vergl. S. 294). Drücken gleichzeitig die unteren Bündel des Pector. und des Latiss. das Acromion herab, so wird diese Thätigkeit des Teres maj. erleichtert.

Eine drehende Wirkung scheint der Teres maj. kaum zu besitzen. Aniscalptor ist der Teres maj. nicht, dies Amt versehen Deltoideus und Subscapularis gemeinsam.

Die Lähmung des Teres maj. scheint keine wesentlichen Störungen hervorzurufen, da Pector. und Latiss. die Herabziehung des Arms auch ohne ihn kräftig genug ausführen. Man kann sich durch das Gefühl überzeugen, ob die Contraction des Teres vorhanden ist oder nicht.

Bei den Bewegungen im Schultergelenke sind endlich betheiligt das Caput longum musc. tricipitis (N. radialis) und der M. coracobrachialis (N. musculocut.). Beide contrahiren sich kräftig beim Herabziehen des Arms und drücken das Caput humeri in die

Pfanne der Scapula hinein. Sie wirken dann dem Latiss. und Pector. entgegen, die den Humerus nach unten zu subluxiren streben. Auch der Deltoid. und der Supraspin. nähern den Humeruskopf der Pfanne, sie sind aber Antagonisten der Herabzieher. Sind die Herabzieher des Arms atrophisch, so sieht man, wenn die Kranken den emporgehaltenen Arm herabzuziehen versuchen, den Coracobrach. und das Caput long. tric. sich contrahiren. Sind letztere g e l ä h m t, so wird bei kräftiger Herabziehung des Armes der Humeruskopf nach unten gezogen, noch stärker geschieht dies, wenn gleichzeitig Deltoid. und Supraspin. gelähmt sind.

Fig. 66.   Fig. 67.

Subluxation des Humerus nach vorn durch isolirte Wirkung des Pector maj. (Fig. 66); Deltoid., Supra- und Infraspin., Teres min., Triceps sind complet atrophisch. Pector. maj. und Teres maj. sind erhalten und in Contractur. Von den Armmuskeln sind nur die Vorderarmbeuger erhalten. Treten diese in Thätigkeit, so kehrt der Humeruskopf in die Pfanne zurück (Fig. 67). Poliomyelitis adultorum.

Sind Deltoideus und Triceps gelähmt und sind die den Humerus nach vorn ziehenden Muskeln, besonders der Pector., erhalten, so wird das Caput humeri nach vorn subluxirt.

q. Muskeln, die den Vorderarm bewegen.

Der M. t r i c e p s b r a c h i i und der M. a n c o n a e u s q u a r t u s (N. radialis) strecken den Vorderarm aus. Die drei Theile jenes sind jederzeit leicht direct e l e k t r i s c h zu reizen, indirect, indem man den N. rad. in der Achselhöhle aufsucht. Lähmung dieser Muskeln bewirkt, dass der Vorderarm nicht mehr gegen einen Widerstand

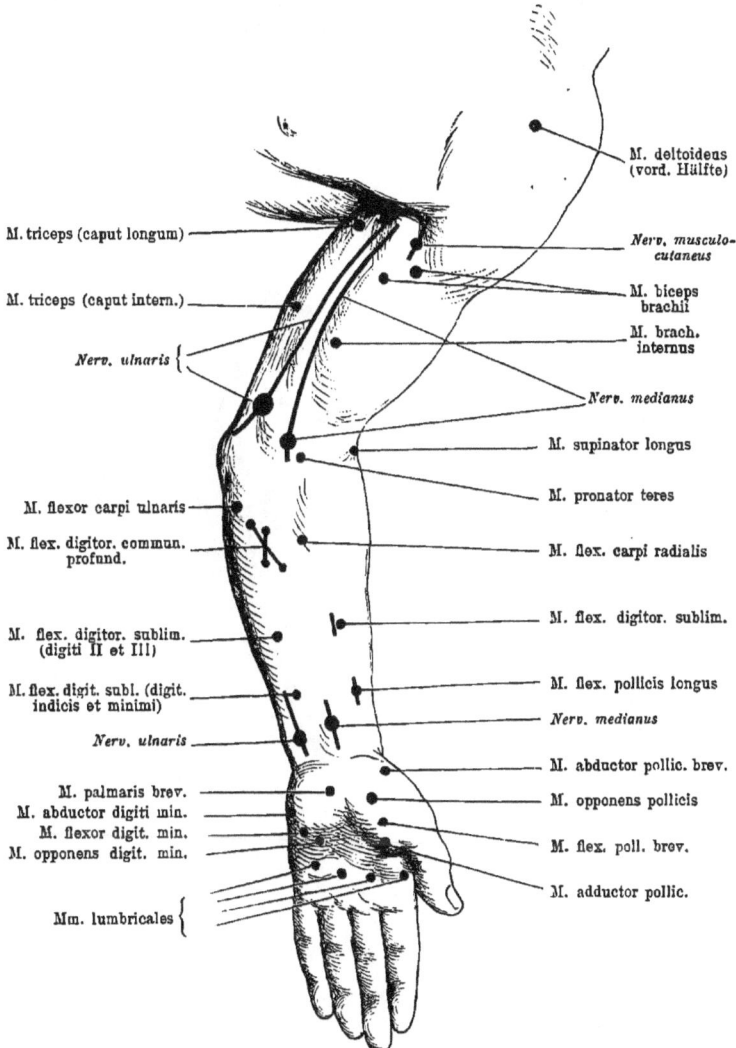

Fig. 68.
Motorische Punkte an der Innenseite des Armes. (Nach Erb.)

und bei erhobenem Arme gestreckt werden kann. Bei herabhängendem Arme und ohne Widerstand besorgt die Schwere die Streckung.

Die Beugebewegungen werden bei Lähmung der Strecker brüsk und schiessen leicht über das Ziel hinaus. Bei partieller Atrophie ergiebt sich, dass die Streckwirkung des Caput longum und des Ancon. quart. nur schwach ist, so dass die Hauptarbeit dem Caput int. und dem C. ext die identisch wirken, zukommt.

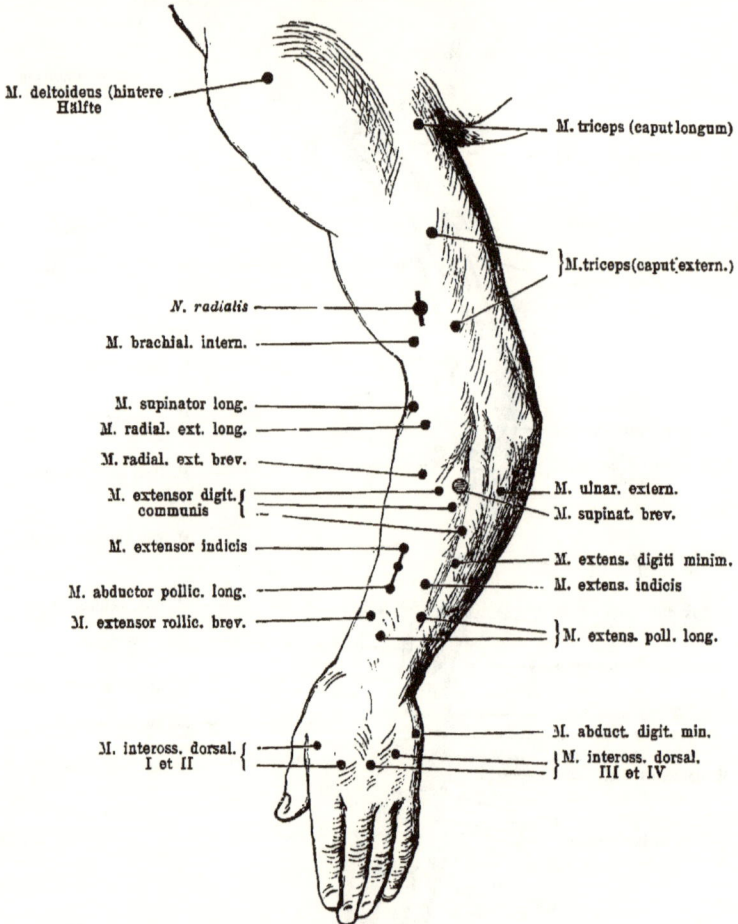

Fig. 69.
Motorische Punkte an der Aussenseite des Armes. (Nach Erb.)

Der M. brachialis int. (N. musculocutaneus und N. rad.) beugt den Vorderarm ohne ihn zu drehen, der M. biceps brachii (N. musculocut.) beugt und supinirt zugleich den pronirten Vorderarm, der M. brachioradialis s. supinator longus (N. radialis) beugt und pronirt zugleich den supinirten Vorderarm. Der M. supinator brevis (N. rad.), dessen Function man bei gestrecktem Vorderarme prüft, bewirkt nur Supination, der M. pronator teres (N. medianus) pronirt und beugt etwas, der M. pronator quadratus (N. med.) pronirt nur.

Wegen elektrischer Reizung dieser Muskeln siehe Figg. 68 und 69.

Lähmungen dieser Muskeln sind meist leicht zu erkennen. Nach Duchenne kann, wenn der Sup. brevis gelähmt ist, auch bei gestrecktem Vorderarme eine schwache Supination durch den Biceps ausgeführt werden. Bei gebeugtem Vorderarme supinirt der Biceps kräftig. Ist der Biceps allein gelähmt, so kann der Vorderarm noch kräftig gebeugt werden; die Kranken ermüden aber leicht und empfinden Schmerz in der Schulter, weil das Caput long. bicip. nicht mehr den Humeruskopf gegen die Pfanne zieht. Die Lähmung des Brachioradialis erkennt man

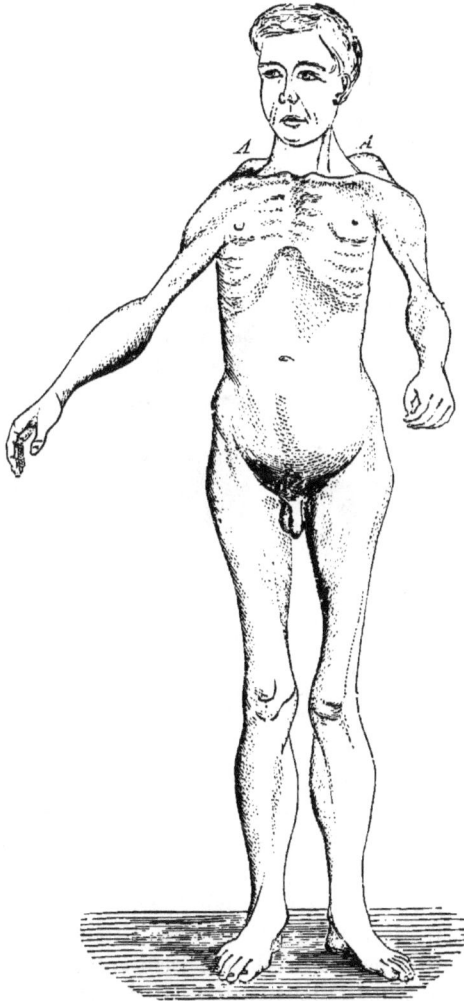

Fig. 70.

Verbreiteter Muskelschwund bei einem jugendlichen Individuum (juvenile Muskelatrophie). Die Mm. supin. long. sind gänzlich geschwunden, während alle anderen Vorderarmmuskeln erhalten sind. Ausserdem Atrophie der Pector. und der Bauchmuskeln, der Cucull., der Serrati, der Latiss. dors., des linken Biceps und des rechten Triceps, des rechten Deltoid., endlich eines grossen Theils der Oberschenkelmuskeln. AA = vorspringender innerer Winkel des bei Hebung der Arme flügelförmig abstehenden Schulterblattes. Starke Lendenlordose. (Nach Duchenne.)

20*

leicht daran, dass sein vorspringender Muskelbauch bei Beugung des Vorderarms mit Widerstand fehlt. Seine Atrophie giebt dem Vorderarme eine spindelförmige Gestalt (vergl. Fig. 70).

r. Die Muskeln, die die Hand und die Finger bewegen.[1]

Der M. radialis longus s. Extensor carpi long. (N. rad.) hebt die Hand radialwärts, der M. radialis brevis (N. rad.) hebt sie ohne Seitwärtsbewegung, der M. ulnaris externus (N. rad.) hebt sie ulnarwärts. Nur bei sehr kräftiger Streckung wirken alle drei gemeinsam.

Die Herumführung der Hand in einem nach oben convexen Halbkreis, die durch successive Thätigkeit aller drei Muskeln ausgeführt wird, kann bei Lähmung des Rad. brevis nur brüsk und stossend zu Stande kommen.

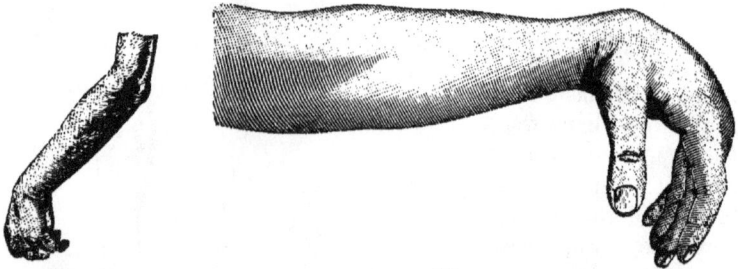

Fig. 71.

Fehlerhafte Stellung der Hand bei Atrophie des M. rad. long. (Nach Duchenne.)

Fig. 72.

Fehlerhafte Stellung (Herabhängen) der Hand bei Lähmung der Handstrecker durch Läsion des N. radialis. (Nach Seeligmüller.)

Bei isolirter Lähmung des Rad. long. oder Uln. ext. fällt die betreffende Seitwärts-Bewegung aus. Bei Lähmung des Rad. long. nimmt die Hand eine ulnarwärts geneigte Stellung ein, die mit der Zeit durch Contractur des Uln. ext. befestigt wird (vgl. Fig. 71). Ist auch der Rad. brevis gelähmt, so nimmt die fehlerhafte Stellung beträchtlich zu. Die isolirte Lähmung des Uln. ext. bewirkt zwar auch eine entsprechende Deformität, aber bei Weitem nicht eine so wesentliche Functionstörung wie die Lähmung des Rad. longus. Sind alle Strecker gelähmt, so kann die Hand gar nicht gehoben werden, hängt herab. Da zu einer kraftvollen Beugung der Finger Fixirung

---

1) Bei der Hand heisst abduciren: radialwärts (d. i. nach aussen) bewegen, adduciren: ulnarwärts (d. i. nach innen) bewegen, vorn: palmarwärts, hinten: dorsalwärts.

des Handgelenks in Extension nöthig ist, leidet bei Lähmung der Handstrecker auch die Beugung der Finger Noth, so dass die Kranken einen kräftigen Druck der Hand nicht ausüben können. Der M. radialis internus (N. medianus) beugt die Hand, pronirt sie etwas und neigt mehr den äusseren Rand, so dass die Handfläche leicht ulnarwärts gerichtet ist. Der M. palmaris longus (N. med.) beugt die Hand direct ohne Pronation. Der M. ulnaris internus (N. ulnaris) beugt die Hand, den ulnaren Rand kräftig mit sich ziehend, so dass die Handfläche nach aussen gewendet wird und der fünfte Metacarpusknochen aus der Reihe hervortritt (wie beim Violinspielen an der linken Hand). Je stärker die Hand gebeugt wird, um so weniger ist eine Adduction oder Abduction möglich. Letztere Functionen kommen daher den Beugern der Hand nicht zu.

Bei Lähmung der Handbeuger tritt keine fehlerhafte Handstellung ein, da die Schwere der Hand den Streckern Widerstand leistet. Die Streckung der Finger wird erschwert und verbindet sich mit Streckung der Hand, sobald das Handgelenk nicht mehr durch die Beuger fixirt wird.

Die Beuger der Hand helfen wie alle Muskeln, die am Condyl. int. hum. entspringen, den Vorderarm beugen; sind die eigentlichen Vorderarmbeuger gelähmt, so vermögen jene noch eine schwache Flexion im Cubitalgelenke zu bewirken.

Der M. extensor digitorum communis (N. rad.), sowie die Mm. extens. indicis und digiti quinti (N. rad.) strecken die ersten Phalangen der vier Finger kräftig und entfernen die Finger etwas von einander, derart, dass der Medius direct gehoben, der Index dem Daumen genähert wird, der vierte und fünfte Finger ulnarwärts bewegt werden. Durch die isolirte Contraction des Extens. ind. proprius wird das erste Glied des Zeigefingers gestreckt und dem Mittelfinger genähert, so dass der Extens. propr. adductorisch, das Bündel des Extens. comm. für den Index abductorisch wirkt. Contrahiren sich die langen Fingerstrecker allein (wie bei localisirter Faradisation), so strecken sie auch das Handgelenk etwas und es werden die beiden letzten Phalangen, sobald die Strecker die ersten Phalangen über den Metacarpus erheben, durch die langen Fingerbeuger gebeugt.

Die Mm. flexores digitorum sublimis (N. med.) und profundus (N. med. und N. uln.) beugen die zweite, beziehungsweise die dritte Phalanx, die erste nur indirect bei maximaler Contraction.

Die Mm. interossei ext. und int. (N. ulnaris) nähern und entfernen die Finger von der Mittellinie, sie beugen die erste Phalanx und strecken gleichzeitig die zwei letzten Phalangen. In letzterer Hinsicht werden sie von den Mm. lumbricales (N. med. und N. uln.) unterstützt, die ebenfalls die erste Phalanx beugen, die zweite und dritte strecken und deren erster gleichzeitig abducirend wirkt. Diejenigen Mm. interossei, die die Finger vom Ulnarrande der Hand entfernen, bewirken diese Abductionsbewegung vollständiger als die Streckung der zweiten und dritten Phalanx, umgekehrt wird diese Streckbewegung kräftiger von den die Finger adducirenden Interossei ausgeführt. Die kleinen Handmuskeln können die beiden letzten Phalangen nicht strecken, ohne die ersten zu beugen, und umgekehrt.

Die Muskeln des Hypothenar, Mm. abductor, flexor, opponens digiti quinti (N. ulnaris), führen die ihren Namen entsprechenden Bewegungen aus.

Der M. palmaris brevis (N. ulnaris) legt die Haut des Kleinfingerballens in Falten.

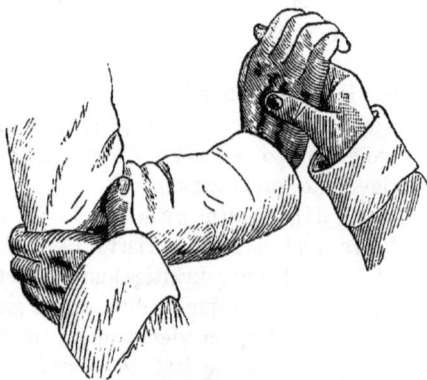

Fig. 73.

Wie man bei Lähmung der langen Fingerstrecker die ersten Phalangen unterstützen muss, um zu zeigen, dass die Streckung der zweiten und dritten Phalanx ungehindert ist. (Nach Duchenne.)

Bei Lähmung der langen Fingerstrecker kann die erste Phalanx nicht gestreckt werden, wird sie aber passiv gestreckt, so geht die active Streckung der zwei letzten Phalangen ohne Schwierigkeit vor sich. Die Beugung der zweiten und dritten Phalanx geschieht kraftlos und ungenügend, vollzieht sich aber ebenfalls in normaler Weise, sobald die erste Phalanx passiv gestreckt wird. Die Kranken können nur schwer schreiben oder zeichnen, sie können nur 1 bis 1½ Cm. grosse Buchstaben oder Striche machen.

Man muss sich hüten, eine Lähmung der langen Fingerstrecker

da zu diagnosticiren, wo durch adhäsive Entzündung der Sehnenscheiden am Handrücken die Thätigkeit der Streckmuskeln gehemmt wird. In dieser Weise scheinen besonders die Sehnen, die zum dritten bis fünften Finger gehen, zu erkranken. Man erkennt diese Pseudolähmung an der Geschwulst am Handrücken und an der erfolglosen Contraction der betroffenen Bündel bei elektrischer Reizung. Verdickung und Anschwellung der Sehnen über dem Handgelenke findet man bei jeder älteren Radialislähmung, sie ist eine Folge der mechanischen Zerrung der Sehnen bei dauernd herabhängender Hand und darf nicht mit den eben erwähnten entzündlichen Veränderungen am Handrücken verwechselt werden.

Die Lähmung der langen Fingerbeuger hindert die Beugung der ersten Phalanx nicht, die zweite und die dritte Phalanx aber stehen in dauernder Extension. Der Gebrauch der Hand ist sehr behindert. Die Kranken können z. B. bei Lähmung des Flex. prof. keinen kräftigen Ton auf dem Clavier anschlagen, die Feder nicht mit den Fingerspitzen halten. Jeder Druck auf die Fingerspitzen bewirkt Hyperextension der letzten Phalangen. Letztere tritt auch nach längerer Dauer der Lähmung in der Ruhe ein. Ist nur der Flex. sublim. gelähmt, so wird die zweite Phalanx hyperextendirt, während die dritte flectirt ist.

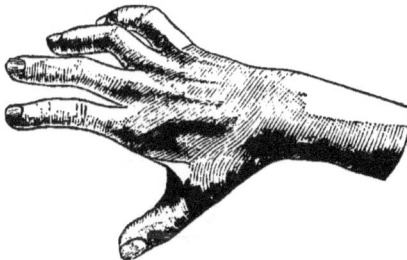

Fig. 74.
Fehlerhafte Stellung der Hand nach Durchschneidung des N. uln. am Vorderarm.
(Nach Duchenne.)

Sind die Interossei und Lumbricales gelähmt oder atrophisch, so wird die erste Phalanx gestreckt, die zweite und dritte gebeugt, mit der Zeit wird die Deformität zur Kralle (main en griffe), die Köpfchen der ersten Fingerglieder werden nach vorn subluxirt, die Finger sind leicht gespreizt und die Sehnen der langen Strecker springen am Handrücken, die der langen Beuger in der Palma stark hervor. Fig. 74 stellt den Anfang der Krallenbildung durch Lähmung der Interossei (bei Läsion des N. ulnaris) dar. Man sieht, dass der zweite und der dritte Finger weniger betroffen sind als der vierte und der fünfte, dort wirken der deformirenden Thätigkeit der langen Fingermuskeln die vom Medianus versorgten, gesunden Lumbricales entgegen. Fig. 75 stellt die vollendete Klauenhand dar. Bei Parese der Interossei sind zwar Streckung und Beugung der Finger noch möglich, die Annäherung der Finger an einander aber nicht.

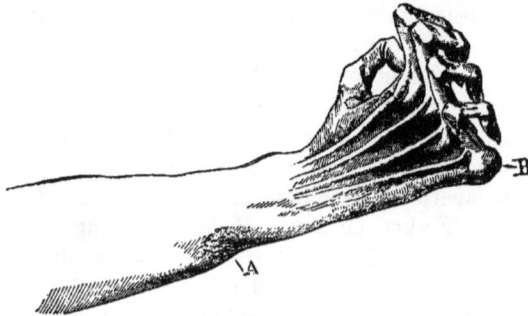

Fig. 75.

Vollendete Klauenhand bei alter, completer Ulnarisläsion. A = Narbe der Verletzung, die den N. uln. getroffen hat. B = subluxirte erste Phalanx. (Nach Duchenne.)

Der M. extensor pollicis longus (N. rad.) bewegt den ersten Metacarpusknochen nach hinten und nach dem zweiten Metacarpusknochen zu, streckt beide Phalangen, der M. extensor poll. brevis (N. rad.) bewegt den ersten Metacarpusknochen direct nach aussen, streckt die erste, lässt die zweite Phalanx gebeugt, der M. abductor poll. longus (N. rad.) bewegt den ersten Metacarpusknochen nach aussen und vorn bei leichter Beugung der Phalangen. Bei maximaler Contraction bewirken diese Muskeln auch Bewegungen im Handgelenke, der Ext. long. Abduction und Extension, der Ext. brev. nur Abduction, der Abduct. long. Abduction und Flexion, es contrahirt sich daher antagonistisch mit diesen Muskeln der Ulnaris externus. Mit der Supination der Hand haben die Daumenmuskeln nichts zu thun.

Der M. flexor poll. longus (N. med.) beugt die zweite Phalanx des Daumens, nach Analogie des Flex. dig. profundus.

Die Muskeln des Daumenballens: Mm. abductor brev., flexor brevis, adductor poll., theilen sich in zwei Gruppen, je nachdem sie sich an der radialen Seite der ersten Phalanx und des Metacarpusknochens, oder an der ulnaren Seite ansetzen.

Die erstere Gruppe (Abductor brevis und äusserer Kopf des Flex. brevis [N. med.]) bewegt den ersten Metacarpusknochen nach vorn und innen, beugt die erste Phalanx und dreht sie, so dass ihre Palmarfläche nach hinten sieht, streckt die zweite Phalanx.

Die andere Gruppe (Adductor pollicis und innerer Kopf des Flex. brevis [N. uln.]) nähert den ersten Metacarpusknochen dem zweiten, so dass jener sich diesem von vorn und aussen anlegt. Dabei ist die zweite Phalanx gestreckt, die erste leicht gebeugt und nach hinten innen gewandt.

Der M. opponens poll. (N. med.) bewegt den ersten Metacarpusknochen nach vorn und innen, so dass dieser dem zweiten direct gegenüber steht, auf die Phalangen wirkt er nicht. Er opponirt weniger kräftig als der Abduct. brev. und Flexor brev. externus.

Demnach sind drei Muskeln Beuger und Opponenten des ersten Metacarpusknochens: die Mm. opponens, abductor brev. und der äussere Kopf des Flex. brevis. Die Mm. abductor und flexor brevis, der M. adductor wirken auf die beiden Phalangen wie die Interossei auf die übrigen Finger, indem sie zugleich die erste Phalanx beugen, die zweite strecken, ab- und adduciren.

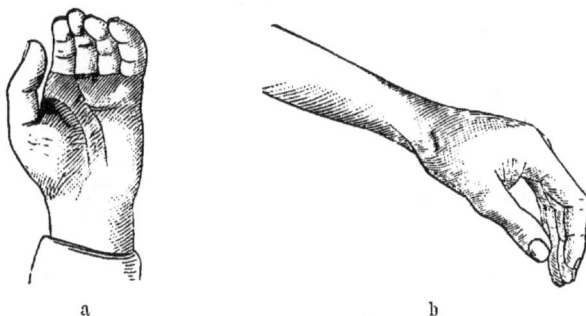

Fig. 76.
Normale Stellung des Daumens. (Nach Duchenne.)

Die Extension der zweiten Phalanx kann bewirkt werden durch den Extens. long. mit Streckung des Metacarpusknochens und der ersten Phalanx, durch den Adductor mit Heranziehung des ersten an den zweiten Metacarpusknochen und Drehung der ersten Phalanx nach innen hinten, durch den Abductor und Flexor brevis mit Beugung des ersten Metacarpusknochens und der ersten Phalanx, demnach bei jeder Stellung des Daumens. Die normale Stellung des Daumens wird durch den Tonus aller seiner Muskeln bewirkt.

Bei Lähmung des Abductor long. und Extensor brev. steht der Daumen in Adduction, so dass er in die Hohlhand fällt und die Beugung der Finger hindert. Ist nur einer der genannten

Muskeln gelähmt, so ist die Störung viel geringer, da sie einander bis zu einem gewissen Grade vertreten können. Bei Lähmung des Extens. brev. wird besonders die erste Phalanx durch das Uebergewicht der Flexoren gebeugt. Diese Lähmung ist daher störender als die des Abduct. longus.

Bei Lähmung des Extens. long. ist der erste Metacarpusknochen mehr nach vorn und innen gestellt, die zweite Phalanx befindet sich während der Ruhe in dauernder Beugung. Wesentliche Störungen beim Schreiben, Zeichnen u. s. w. bewirkt diese Lähmung nicht. Nur beim Gebrauche der Scheere und dergl. sind die Kranken behindert, da die zweite Phalanx nicht gleichzeitig mit der ersten gestreckt werden kann.

Fig. 77.
Fehlerhafte Stellung des Daumens bei Lähmung des Extens. brev. und Abductor long. poll.
(Nach Duchenne.)

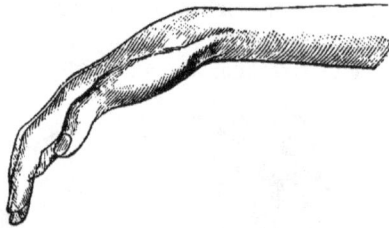

Fig. 78.
Fehlerhafte Stellung des Daumens bei Atrophie der Thenarmuskeln (Affenhand).
(Nach Duchenne.)

Bei Lähmung des Flexor long. kann die zweite Phalanx nicht gebeugt werden. Ein Druck auf ihre Pulpa bewirkt Hyperextension. Während grobe Arbeit wohl möglich ist, treten Störungen beim Schreiben, Zeichnen, Nähen, Clavierspielen u. s. w. ein.

Sind die Muskeln des Daumenballens gelähmt, so gewinnt der Extens. long. das Uebergewicht und der Daumen stellt sich in Extension, so dass der erste Metacarpusknochen in der Ebene der anderen steht und seine Dorsalfläche gerade nach hinten, wie die der übrigen Finger, gerichtet ist. Die Opposition ist nicht möglich; ebensowenig die Beugung, trotz des Abduct. long., und die isolirte Streckung der zweiten Phalanx, denn bei jedem Streckversuche bewegt sich der ganze Daumen. Durch den Adductor gelingt es noch, Gegenstände zwischen dem Daumen und den vier Fingern festzuhalten.

Bei Lähmung des Abductor brevis und Opponens ist

die Opposition noch durch den Flexor brev. und die Zurückführung
aus der Opposition durch den Abduct. long. möglich, da aber die
Beugung des ersten Metacarpusknochens dabei ungenügend ist, kann
der Daumen die Spitzen der anderen Finger nicht mehr berühren,
ohne dass diese im zweiten und dritten Gelenke gebeugt werden.
Diese Lähmung erschwert das Schreiben und andere Hantirungen
beträchtlich.

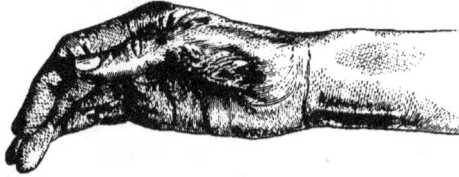

Fig. 79.

Atrophie des Abduct. brev. und Oppon. poll. Der erste Metacarpusknochen ist dem zweiten genähert.
(Nach D u c h e n n e.)

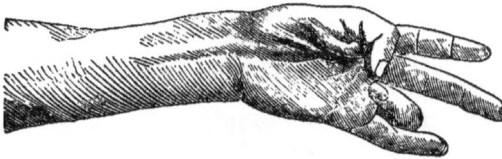

Fig. 80.

Hand eines Kranken, dessen Thenarmuskeln atrophisch sind und der trotzdem den Daumen den
anderen Fingern opponiren will. Der Flex. poll. long. beugt die zweite Daumenphalanx, die langen
Beuger die zweite und dritte Phalanx des vierten Fingers, der Metacarpus des Daumens bleibt unbewegt. (Nach D u c h e n n e.)

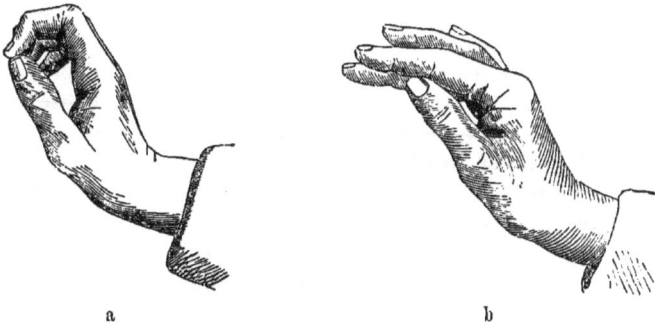

a   b

Fig. 81.

Hand eines Kranken, dessen Abduct. brev. und Oppon. poll. atrophisch sind. Bei Streckung der
zweiten und dritten Phalanx des zweiten und dritten Fingers kann die Spitze des Daumens die Spitze
jener Finger nicht erreichen. Nur bei Beugung der Phalangen gelingt es. (Nach D u c h e n n e.)

Bei Lähmung des Flexor brevis ist die Opposition gegen
den zweiten und dritten Finger in normaler Weise möglich, dagegen

nicht gegen den vierten und fünften Finger, der Daumen erreicht die letzteren nur, wenn diese im zweiten und dritten Gelenke gebeugt, im ersten gestreckt sind. Der Gebrauch der Hand ist nicht wesentlich gestört, die Kranken können schreiben, zeichnen, nähen u. s. w.

Bei Lähmung des Adductor steht der erste Metacarpusknochen weiter als normal vom zweiten ab und kann diesem in der Beugestellung (bei gleichzeitiger Lähmung des inneren Kopfes des Flex. brev.) nicht genähert werden. Es gelingt daher dem Kranken nicht, einen Stock, den Säbel oder dergl. festzuhalten. Ein Feilenhauer, bei dem (durch Blei) der Adductor und ein Theil des Flex. brev. der linken Hand isolirt gelähmt waren, konnte den Meissel mit der linken Hand nicht mehr festhalten, war daher arbeitunfähig. Gegen den zweiten und dritten Finger konnte er den Daumen gut opponiren, gegen den vierten und fünften nur mit Mühe und ungenügend. Der gegen den fünften Finger gerichtete Daumen liess sich mit geringer Anstrengung zurückdrängen.

Die Muskeln des Beines.

s. Die Muskeln, die Bewegungen im Hüftgelenke verursachen.

Der M. glutaeus maximus (N. glutaeus inf. vom Pl. sacr.) und die Mm. glutaei medius und minimus (N. glutaeus sup. vom Pl. sacr.) bewirken Streckung, Abduction und Rotation im Hüftgelenke. Der Glut. max. streckt kraftvoll und dreht schwach nach aussen, ist der Schenkel fixirt, so hebt er den Rumpf. Beim Gehen und Stehen contrahirt er sich nicht, dagegen ist er thätig beim Steigen der Treppen oder eines Berges, beim Springen, Tanzen, beim Coitus, beim Erheben aus sitzender oder kauernder Stellung, auch beim Gehen während des Lasttragens. Contrahiren sich beide Glut. max., so nähern sie die Hinterbacken einander, wie es beim Anhalten des Stuhlganges geschieht.

Die Contraction des gesammten Glut. med. (und des min.) abducirt das Bein kräftig, neigt bei fixirtem Beine den Rumpf zur Seite. Die Hauptaufgabe dieser Muskeln ist, beim Gehen und Stehen den Rumpf zu halten, besonders Seitwärtsschwankungen zu verhüten. Contrahirt sich nur der vordere Theil des Glut. med., so wird das Bein schräg nach vorn und aussen bewegt und gleichzeitig kräftig nach innen gedreht, der hintere Theil des Muskels dagegen bewegt das Bein schräg nach hinten aussen und dreht es schwach nach aussen. Folgt die Contraction des einen Bündels der des anderen, so muss eine Kreisbewegung des Beins zu Stande kommen.

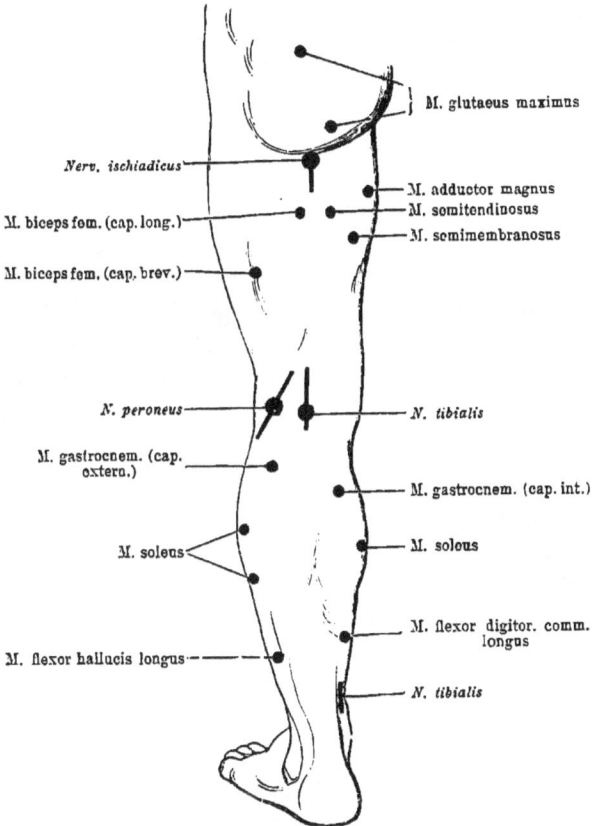

Fig. 82.
Motorische Punkte an der Hinterseite des Beines. (Nach Erb.)

Die elektrische Reizung des Glut. max. ist direct leicht zu bewirken (vergl. Fig. 82), der Glut. med. ist sicher nur bei Atrophie des Max. erreichbar, der Glut. min. nur bei etwaiger Atrophie des Max. und des Medius.

Bei Lähmung des Glut. max. ist das Gehen auf ebener Erde und das Stehen unbehindert, dagegen fallen die oben aufgezählten Functionen, bei denen eine Streckung im Hüftgelenke nothwendig ist, als Treppensteigen, Aufstehen u. s. w., schwer oder sind unmöglich.

Bei einseitiger Lähmung des Glut. med. und des min.
neigt sich beim Stehen und Gehen das Becken nach der entgegengesetzten Seite, während der Rumpf, um das Gleichgewicht zu erhalten, nach der Seite der Lähmung gebogen wird. Ausserdem kann
das Bein nicht abducirt und nach innen gedreht werden, die Adductoren und Auswärtsdreher erhalten das Uebergewicht. Beim Gehen
schwingt das Bein der gelähmten Seite zu weit nach innen und die
Fussspitze wird nach aussen gedreht. Die Kranken vermögen nicht
mit dem Fusse einen Kreis zu beschreiben.

a   b

c   d

Fig. 83.

Aufrichten der Kinder mit hereditärer Muskelatrophie (nach Gowers). Die Schwierigkeit, die diese
Kranken beim Strecken des Hüftgelenkes und damit beim Aufrichten finden, beruht hauptsächlich
auf dem fast constant vorhandenen Schwunde der Glut. maximus. Nur mit Hülfe der Arme können
sie den Rumpf erheben.

Bei doppelseitiger Lähmung wird das Stehen unsicher und er-
müdend, beim Gehen neigt sich das Becken bei jedem Schritte nach
der Seite des schwingenden Beines.

Auswärtsdreher des Beines sind der M. pyriformis (N. glutaeus sup.), der M. obturatorius internus (N. ischiadicus vom
Pl. sacr.) und die Mm. gemelli (N. ischiad.), der M. obturatorius
externus (N. obturatorius vom Pl. lumb.), der M. quadratus
femoris (N. ischiad.). Der M. pyriform. bewegt ausserdem das Bein
nach hinten und aussen, ähnlich wie die hinteren Bündel des Glut.
med. und min., deren Thätigkeit er daher unterstützen wird.

Diese Muskeln können nur bei Atrophie des Glut. max. (mit Ausnahme des Obtur. ext.) elektrisch gereizt werden.

Ihre Lähmung verursacht Ueberwiegen der vorderen Bündel des Glut. med. und des min. und damit Drehung des Beines nach innen.

Beugung im Hüftgelenke bewirken der M. iliopsoas (N. cruralis vom Pl. lumb.) und der M. tensor fasciae latae (N. glutaeus sup.); jener dreht gleichzeitig das Bein etwas nach aussen, dieser dreht es nach innen und hebt damit erstere Drehung auf, so dass durch die Thätigkeit beider Muskeln das Bein einfach im Hüftgelenke gebeugt wird.

Die elektrische Reizung des Tens. fasc. ist leicht, die des Iliops. am Gesunden nicht ausführbar.

Ist der Tensor fasc. gelähmt, so wird beim Gehen das Bein nach aussen gedreht. obwohl die Kranken bei darauf gerichteter Aufmerksamkeit durch die vorderen Bündel des Glut. med. die Drehung nach innen noch ausführen können.

Bei Contractur des Tens. fasc. ist vollständige active und passive Streckung im Hüftgelenke nicht möglich. das Becken wird nach vorn und nach der Seite der Contractur geneigt.

Parese des Iliopsoas oder beider Beuger macht das Gehen schwierig. ihre Lähmung macht es ganz unmöglich; besteht nur Parese. so ist zwar das Gehen auf ebenem Boden möglich, das Steigen aber. Laufen und Springen nicht und rasch tritt Ermüdung ein. Im Liegen können bei gestrecktem Unterschenkel die Kranken das Bein nicht in die Höhe heben und ebensowenig den Rumpf aufrichten.

Contractur des Iliopsoas bewirkt Beugung im Hüftgelenke und Rotation des Beins nach aussen. Ist das Gehen möglich. so erscheint das kranke Bein als verkürzt. des Becken nach der kranken Seite geneigt. die Fussspitze nach aussen gewendet. Die passive Streckung ist behindert und erregt Schmerz.

Der M. pectinaeus (N. obturat. vom Pl. lumb.) und die Mm. adductores (N. obturat.) adduciren das Bein. Adducirend wirkt auch der M. gracilis (s. unten). Der Pectinaeus ist Flexor-Adductor, er beugt das Bein und bewegt es nach innen und vorn. es gleichzeitig etwas nach aussen drehend, wie es beim Ueberschlagen eines Beines über das andere geschieht. Die Mm. adductores longus und brevis sind Adductor-Flexor, ihre beugende Wirkung ist nur gering. Auch sie drehen das Bein nach aussen. Der Adductor magnus ist nur Adductor. er bewegt das Bein direct nach innen. Sein oberer

Theil dreht das Bein nach aussen, sein unterer aber dreht das auswärts rotirte Bein nach innen, so dass die Fussspitze gerade nach
vorn gerichtet ist. Letztere Thätigkeit muss der Adductor magn.
beim Reiten ausüben, da sonst der Sporn den Bauch des Pferdes
berühren würde, wie es bei den des Reitens Unkundigen, die festen
Schluss der Schenkel bewirken wollen, nicht selten vorkommt. Der
Glut. med. kann in diesem Falle den Adduct. magn. nicht ersetzen.
da er gleichzeitig abducirend wirken würde.

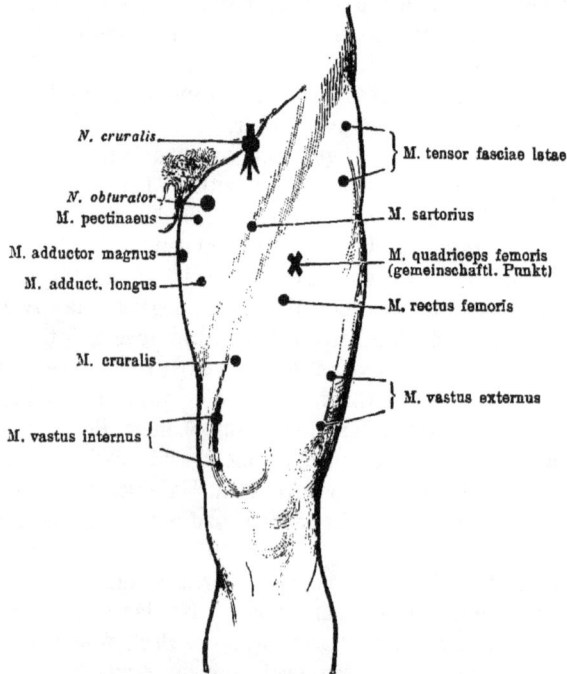

Fig. 84.
Motorische Punkte an der Vorderseite des Beines. (Nach Erb.)

Die Adductoren sind elektrisch direct und indirect zu reizen,
(vgl. Fig. 84), nur der Adduct. brev. entzieht sich der directen Reizung.
    Bei Lähmung der Adductoren gewinnen die Abductoren
(Mm. glut. med. und min.) das Uebergewicht, das Bein weicht, wenn
der liegende Kranke es hebt, nach aussen ab und beschreibt beim
Gehen einen nach aussen convexen Bogen. Ausserdem ist natürlich
das Adduciren des Beins unmöglich oder bei Parese geschwächt. Die
Kranken können nicht ein Bein über das andere schlagen.

Duchenne hat auf den unteren Theil des Adduct. magn. beschränkte Lähmung beobachtet. Jede Adduction war dann von Rotation nach aussen begleitet. Auch in der Ruhe überwogen die Auswärtsdreher, deren grosser Zahl nur die vorderen Bündel des Glut. med. und des min. und der untere Theil des Adduct. magn. entgegenwirken.

Bei Contractur der Adductoren werden die Kniee der leicht gebeugten Beine gegen einander gepresst, ist active wie passive Abduction nicht möglich.

t. Die Muskeln, die Bewegungen im Kniegelenke verursachen.

Der M. quadriceps femoris (N. cruralis) streckt den Unterschenkel. Der M. rectus fem. genannte Kopf dieses Muskels bewirkt zugleich eine Beugung im Hüftgelenke, er streckt um so schwächer, je mehr das Bein in der Hüfte gebeugt ist, um so kräftiger, je mehr die Streckmuskeln der Hüfte wirken. Er dient bei brüsker Streckung des Hüftgelenks zur Fixirung des Femurkopfes in der Pfanne und ist bei gebeugtem Unterschenkel ein kräftiger Hüftbeuger. Beim Vorwärtsbewegen des schreitenden Beines betheiligt er sich nicht.

Bei elektrischer Reizung (vergl. Fig. 84) des Vastus int. (bei gestrecktem Unterschenkel) sieht man, dass die Patella nach innen und oben, bei der des Vast. ext., dass sie nach oben und kräftig nach aussen gezogen wird.

Bei Lähmung des Quadriceps ist das Stehen unbehindert, da normaler Weise der Muskel dabei nicht thätig ist. Sobald aber Ober- und Unterschenkel statt eines nach vorn offenen einen nach hinten offenen Winkel bilden, d. h. bei der geringsten Contraction der Unterschenkelbeuger, wird die aufrechte Haltung unmöglich. Auch das Gehen ist, wenigstens bei einseitiger Quadricepslähmung, ohne Unterstützung möglich. Die Kranken lassen das Bein dauernd gestreckt und gehen mit steifem Beine, indem sie das Vorwärtsschwingen des Beins unterbrechen, ehe die Beugung des Unterschenkels eintritt. Den hierdurch verkürzten Schritt suchen sie durch Vorwärtsschieben der Beckenhälfte der kranken Seite zu vergrössern. Wird der Schritt aus Versehen zu gross gemacht, so dass Beugung im Knie eintritt, so fallen die Kranken. Bei doppelseitiger Parese verfahren die Kranken ähnlich. Zuweilen drücken sie mit den Händen auf die Kniee, um die gestreckte Haltung der Beine zu bewahren.

Zu erkennen ist die Quadricepslähmung am einfachsten aus der Schwierigkeit oder Unmöglichkeit, bei sitzender Haltung den Unterschenkel zu strecken.

Ist nur der Vastus int. gelähmt, so zieht bei jeder Streckung der Vast. ext. die Patella nach aussen. Allmählich kommt es zu Atrophie des Condyl. ext. fem. und bei brüsker Streckung tritt dann eine Luxation der Patella nach aussen ein, wie Duchenne beobachtet hat.

Bei isolirter Lähmung des Vast. ext. kommt es auch zu Atrophie des Condyl. int., doch nicht zur Luxation der Patella, da der Vastus int. die Patella weniger seitlich bewegt als der externus.

Vermöge der Muskelfasern, die von den Vasti seitlich zur Tibia gehen, ist eine schwache Streckung des Unterschenkels noch möglich nach Unterbrechung des Ligam. patellare.

Welche Bedeutung der M. subcruralis hat, der als Kniegelenkkapselspanner bezeichnet wird, weiss man nicht genau.

Der M. sartorius (N. cruralis) spannt, wie der Tensor fasc. den äusseren Theil, den inneren Theil der Schenkelfascie, bewirkt Beugung im Knie- und Hüftgelenke, dreht schwach das Bein nach aussen. Er unterstützt beim Gehen die Beuger des Hüftgelenks, doch ist er nicht im Stande, allein die nöthige Bewegung dem schwingenden Beine zu geben.

Der M. gracilis (N. obturat.) adducirt das Bein kräftig, hilft den Unterschenkel beugen und dreht ihn, wenn er nach aussen gedreht war, nach innen.

Der M. biceps femoris (N. ischiad.) bewirkt Beugung im Knie- und Streckung im Hüftgelenke, dreht den gebeugten Unterschenkel nach aussen.

Der M. semitendinosus (N. ischiad.) bewirkt Beugung im Knie- und Streckung im Hüftgelenke, dreht den gebeugten Unterschenkel nach innen.

Der M. semimembranosus (N. ischiad.) bewirkt Beugung im Knie- und kräftige Streckung im Hüftgelenke, dreht den Unterschenkel nicht.

Der M. poplitaeus (N. tibialis vom Nerv. ischiadicus) dreht den gebeugten Unterschenkel kräftig nach innen oder verhindert vielmehr die Drehung nach aussen, beugt schwach den Unterschenkel.

Die vom Tuber ischii entspringenden Muskeln haben besonders die Aufgabe, beim Gehen die Vorwärtsneigung des Beckens zu verhindern, sie strecken beim Aufsetzen des Fusses kräftig das Hüftgelenk. Sind sie gelähmt, so zeigt der Rumpf Neigung, beim Gehen vornüber zu fallen und die Kranken verschieben daher durch Rückwärtsbeugung den Schwerpunkt nach hinten. Die Beuger des Hüft-

gelenks müssen dann das Hintenüberfallen verhindern und ermüden
daher bald.

Springen, Laufen, Tanzen wird bei Lähmung der Muskeln an
der Hinterseite des Schenkels unmöglich. Beim Gehen schleift der
Fuss am Boden, die Kranken suchen dies zu vermeiden, indem sie
während des Vorwärtsschreitens die Beugung im Sprunggelenke verstärken. Der Extensor cruris gewinnt das Uebergewicht und dehnt
die Kniegelenkbänder. Ruht der Körper auf dem kranken Beine, so
wird dann die Streckung im Knie übermässig. Ist von den Unter-
schenkelbeugern nur der Biceps erhalten, so ist jede Beugung im
Kniegelenke mit Drehung des Unterschenkels nach aussen verbunden.
Ist umgekehrt nur der Biceps gelähmt, so ist die Drehung nach
aussen verloren.

Bei Contractur der Unterschenkelbeuger kann die Beugung
so weit gehen, dass die Ferse das Gesäss berührt. Streckversuche
sind schmerzhaft.

u. Die Muskeln, die den Fuss bewegen.

Die Mm. gastrocnemius, plantaris und soleus (N. tib.)
wirken gemeinsam, man kann sie als Triceps surae bezeichnen. Sie
strecken (plantarflectiren) den Fuss und adduciren ihn (M. extensor
adductor). Zugleich dreht sich der Fuss derart, dass die Spitze nach
innen, die Ferse nach aussen sieht, die Zehen gerathen (secundär)
in Krallenstellung, indem die ersten Phalangen sich heben, die letzten
sich plantarflectiren.

Der M. peronaeus longus (N. peronaeus) ist Abductor Extensor, er senkt die innere Seite des Vorderfusses, so dass das Köpfchen des ersten Metatarsusknochens nach unten und aussen von dem
des zweiten steht, und hebt den äusseren Fussrand, wobei der innere
Knöchel vorspringt. Durch seine Contraction wird die Wölbung des
Fusses vermehrt, die Breite des Vorderfusses vermindert.

Wirken der Triceps surae und der Peron. long. gemeinsam, so
wird der Fuss direct gestreckt (plantarflectirt), d. h. der letztere
Muskel neutralisirt die adducirende Wirkung des ersteren. Eine
Beugung im Kniegelenke scheint der Gastrocnemius nicht zu bewirken.
Die Anheftung des Gastrocnem. am Oberschenkel gestattet ein nütz-
liches Zusammenwirken der Fuss- und Unterschenkelstrecker: beim
Bergsteigen z. B. contrahiren sich beide gleichzeitig, der im Knie
sich streckende Oberschenkel zieht am Gastrocnem. und vermehrt
dessen Kraft. Ist der Unterschenkel gebeugt und wird der Fuss
ohne Anstrengung gestreckt, so wirkt der Soleus allein.

21*

Diese Muskeln wie die folgenden sind der elektrischen Reizung sowohl direct als indirect leicht zugänglich (s. Figg. 82 und 85).

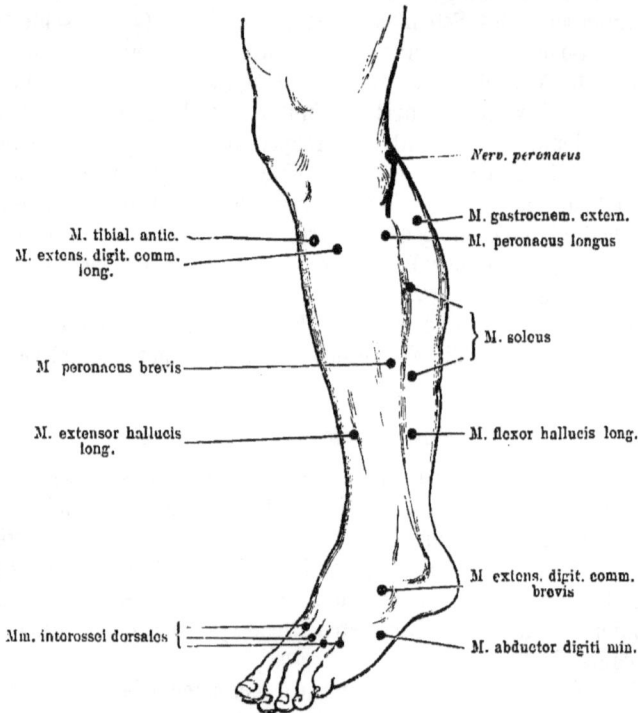

Nerv. peronaeus

M. gastrocnem. extern.

M. peronaeus longus

M. tibial. antic.
M. extens. digit. comm.
long.

} M. soleus

M peronaeus brevis

M. extensor hallucis
long.

M. flexor hallucis long.

M extens. digit. comm.
brevis

Mm. interossei dorsales {

M. abductor digiti min.

Fig. 85.
Motorische Punkte am Unterschenkel. (Nach Erb.)

Bei Lähmung des Triceps suralis ist die Streckung des Fusses nicht möglich. Auch der Peron. longus vermag nur eine schwache Wirkung auszuüben, er bringt den Fuss in Valgusstellung, kann aber den inneren Fussrand nicht kräftig herabziehen, da der äussere Fussrand nicht mehr durch den Triceps festgehalten wird. Die Kranken können sich nicht mehr auf die Zehen stellen, springen, u. s. w., beim Gehen fehlt das Abstossen des Fusses vom Boden, der Gang wird bei einseitiger Lähmung leicht hinkend. Bei längerer Dauer der Lähmung entsteht eine eigenthümliche Art von Hohlfuss (talus pied creux tordu en dehors, Duchenne). Die Ferse senkt sich, die Krümmung der Planta wird gesteigert, der äussere Fussrand erhoben und der ganze Fuss abducirt. Secundär entsteht Con-

tractur des Abduct. hall. magn. und des kurzen Zehenbeugers, sowie
der Plantarfascie.

Bei Contractur des Triceps surae entsteht die als Pes
varo-equinus bezeichnete Deformität (vergl. Fig. 89a).

Bei Lähmung des Peronaeus long. ist Streckung des Fusses
mit Adduction verbunden. Wirkt man durch die dem vorderen Theile
der Sohle aufgelegte Hand der Streckung entgegen, so giebt der
innere Fussrand dem leichtesten Drucke nach, während der äussere
die Hand kräftig wegdrückt. Beim Stehen zeigt sich Pes planus
valgus, der ganze innere Fussrand berührt den Boden, beim Gehen
aber berührt der Fuss nur mit dem äusseren Rande den Boden, der
Kopf des ersten Metatarsusknochen bleibt
1—2 Cm. über dem Boden und die grosse
Zehe wird stark gebeugt. Gehen ermüdet
rasch und erregt Schmerzen in der Gegend
des äusseren Knöchels. Am äusseren Fuss-

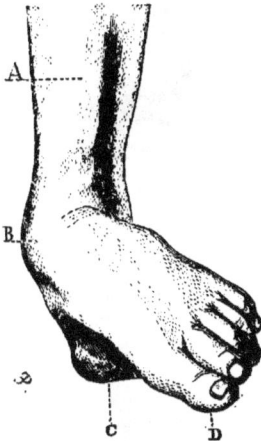

Fig. 86.
Fehlerhafte Stellung des Fusses durch
Atrophie des Triceps suralis beim Erheben
der Fusspitze. (Nach Duchenne.)

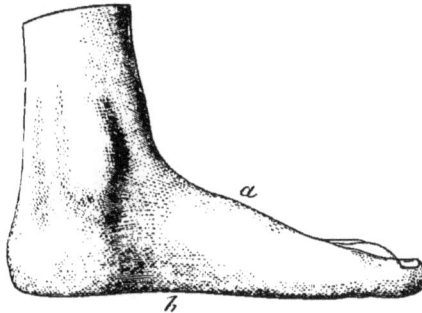

Fig. 87.
Pes planus valgus. (Nach Duchenne.)

rande und unter der ersten Phalanx der grossen Zehe entstehen
empfindliche Schwielen. Stehen auf den Fussspitzen ist nicht möglich,
denn in dieser Stellung ist der äussere vordere Rand des Fusses,
auf dem das Gewicht des Körpers ruhen soll, nicht mehr in der
Richtungslinie der Schwere des Beins, die senkrecht von dem Hüftgelenke durch die Mitte des Knies nach der unteren Seite des Talus
geht und am Köpfchen des ersten Metatarsusknochens endet. Bei
einseitiger Lähmung ist das Stehen auf dem kranken Fusse unsicher.

Bei längerer Dauer der Lähmung entsteht dauernder Plattfuss
(Pes planus valgus). Beim Gehen werden die Nerven der Sohle com-

primirt, dasselbe bewirkt daher nicht nur Ermüdung, sondern auch Kriebeln, Taubheitsgefühl, Schmerzen.

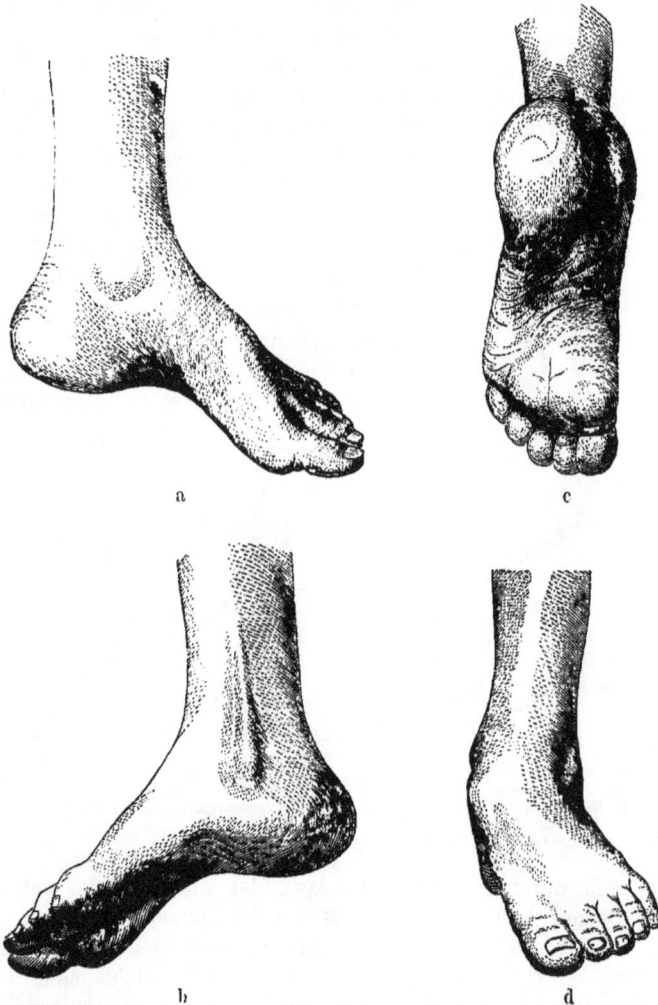

a   c

b   d

Fig. 88.

Fehlerhafte Stellung des Fusses bei Contractur des M. peron. long. a Fuss von innen gesehen, Senkung des ersten Metatarsusknochens und Vermehrung der Fusswölbung. b Fuss von aussen. Vorspringen der Sehne des M. peron. long. c Fuss von unten. Verschmälerung der Sohle, Torsion des Fusses kenntlich an den Hautfurchen. d Fuss von vorn. Valgusstellung. (Nach Duchenne.)

Contractur des Peronaeus longus bewirkt eine eigenthümliche Art von Hohlfuss (pied creux valgus par contracture du long péronier. Duchenne). Die Wölbung des Fusses ist gesteigert, die Breite des vorderen Fusses, der etwas nach hinten aussen gedreht ist, verringert, der Fuss steht in Valgusstellung und die Sehne des Peron. long. springt über den äusseren Knöchel stark hervor. Die Mm. tibialis anticus, extensor digitorum pedis longus communis und extensor hallucis longus (N. peronaeus) beugen (dorsalflectiren) den Fuss. Der Tibialis ant. (Flexor Adductor) zieht, wenn zuvor der Fuss gestreckt war, das Köpfchen des ersten Metatarsusknochen nach oben und innen, dieser Bewegung folgt der ganze innere Fussrand und dann wird der ganze Fuss gleichzeitig gebeugt und adducirt, während die Zehen, besonders die grosse, plantarflectirt werden. Bei Beugung und Adduction des Fusses kann der Extens. hall. den Tib. ant. unterstützen. Der Extens. dig. comm. (Abductor Flexor) bewirkt ausser schwacher Dorsalflexion der vier Zehen Beugung und Abduction des Fusses, dessen äusserer Rand sich hebt, dessen Ferse sich senkt. Der M. peronaeus tertius ist nur ein Theil des Extens. dig. comm., mit dessen Wirkung ist die seinige identisch. Durch gemeinsame Contraction der Beuger wird der Fuss direct gebeugt.

Bei Lähmung der Beugemuskeln kann der Fuss nicht gebeugt werden, er hängt schlaff herab, sobald er vom Boden abgehoben wird. Beim Gehen stösst die Fussspitze an den Boden, um dies zu vermeiden, verstärken die Kranken während des Vorwärtsschreitens die Beugung im Hüft- und Kniegelenke und lassen dann die Sohle tappend auf den Boden auffallen. Man erkennt daher an dem eben beschriebenen Gange ohne Weiteres die sogenannte Peronaeuslähmung. Bei längerer Dauer der Lähmung, besonders bei kleinen Kindern und bei bettlägerigen Kranken, gerathen die Fussstrecker in Contractur, es entsteht Pes equinus und, wenn der Peron. long. mitgelähmt ist, Pes equino-varus.

Ist nur der M. tibialis ant. gelähmt, so ist die Beugung des Fusses stets mit Abduction verbunden, trotz der Anstrengung des Extens. hall. long., der mit der Zeit hypertrophisch wird. Infolge letzteren Umstandes findet man bei Lähmung des Tib. ant. die erste Phalanx der grossen Zehe dauernd gestreckt und sieht auf dem Fussrücken die Sehne des Flex. hall. long. einen Vorsprung bilden. Beim Gehen hat die Fussspitze die Neigung am Boden anzustossen, der Fuss wird dauernd abducirt und der äussere Fussrand etwas gehoben. Allmählich bildet sich durch das Uebergewicht der Strecker und des Extens. dig. comm. die in der Fig. 89 dargestellte Deformität aus.

Ist nur der **Extensor dig. comm.** gelähmt, so ist die Beugung des Fusses stets mit Adduction verbunden. Beim Gehen schleppt

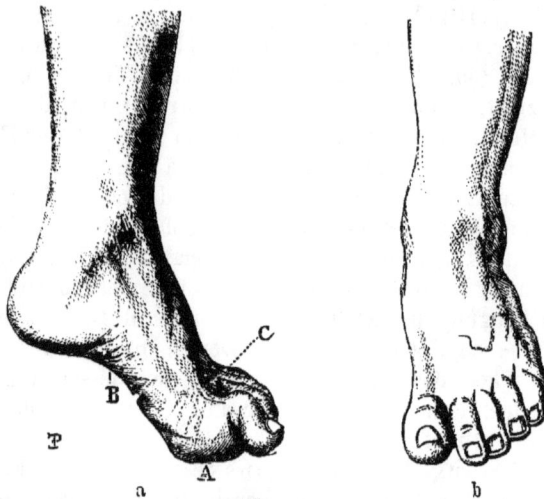

Fig. 89.

Fehlerhafte Stellung des Fusses (Pes equinus) durch Lähmung des M. tib. ant., beziehungsweise Contractur der Fussstrecker beim Versuche, den Fuss zu beugen (dorsalflectiren). Der Extens. dig. comm. abducirt den in der Ruhe leicht adducirten Fuss etwas (b). Die Sehne des Extens. hall. long. springt vor (C auf Fig. a). (Nach Duchenne.)

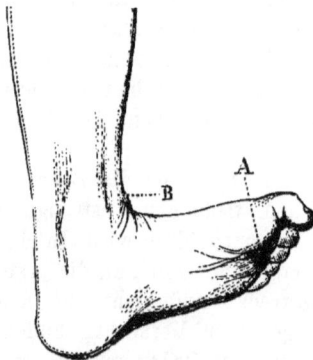

Fig. 90.

Fehlerhafte Stellung des Fusses (Hackenfuss mit Varusstellung) durch Contractur des M. tib. ant., beziehungsweise Lähmung der Fussstrecker und Zehenbeuger, Parese des Extens. dig. comm. (Nach Duchenne.)

der äussere Fussrand am Boden. Mit der Zeit bildet sich ein Pes varus aus, der vordere Theil des Fusses krümmt sich nach innen und am Fussrücken bilden Astragalus und Calcaneus Vorsprünge.

Die (primäre oder secundäre) Contractur der Fussbeuger bewirkt Hackenfussstellung. Sind alle Fussstrecker und die Zehenbeuger gelähmt und nur Tib. ant. und Extens. dig. comm. erhalten, so wird der Fuss direct gebeugt und die Fusssohle abgeplattet. Ist der Tib. allein thätig, so entsteht Hackenfuss mit Varusstellung und Abplattung der Fusssohle. Sind ausser den Fussbeugern auch der Peron. long. und die Zehenbeuger erhalten, so entsteht ein Hackenfuss mit Hohlfussbildung und Drehung des

Vorderfusses (s. oben). Sind ausser den Fussbeugern auch die Zehenbeuger erhalten, dagegen der Triceps surae und der Peron. long.
gelähmt, so entsteht Hackenfuss mit Hohlfussbildung ohne Drehung.
Ist der Fuss dauernd durch den Tib. ant. in Flexion und Adduction gehalten, so kommt die Sehne des Ext. dig. comm. aus ihrer
Lage und legt sich neben die des Tib. ant. Dann wirkt auch der
Ext. dig. comm. adducirend. Es geht hieraus hervor, dass das Ab-
ductionsvermögen letzteren Muskels abhängt von der lateralen Fixation seiner Sehne im Ligam. annual. tarsi.

Ist die Bewegung im Tibio-Tarsalgelenke aufgehoben oder beschränkt, so wird die Bewegung im Gelenke zwischen Talus und
Calcaneus supplementär gesteigert. Da nun diese lateralwärts grösser
ist, als an der inneren Seite, verbindet sie sich immer mit Abduction
des Fusses und treibt daher zur Valgusstellung.

Der M. peronaeus brevis (N. peron.) abducirt den Fuss direct
und hebt den äusseren Fussrand etwas, ohne den Fuss zu strecken
oder zu beugen. Der M. tibialis posticus (N. tib.) adducirt den
Fuss, ohne ihn zu strecken oder zu beugen. Durch ihn wird der
innere Fussrand concav, der äussere convex, der Kopf des Talus und
das vordere Ende des Calcaneus springen auf dem Fussrücken vor.
Beide Muskeln, Peron. brev. und Tib. post., halten den Fuss zwischen
Ad- und Abduction und verhindern das „Umknicken“ beim Gehen
und Stehen. Der isolirten elektrischen Reizung ist der Tib.
post. nicht zugänglich.

Bei Lähmung des Peron. brevis ist die directe Abduction
nur ungenügend durch gemeinsame Contraction des Ext. dig. comm.
und des Peron. long. möglich. Bei längerer Dauer der Lähmung
tritt Contractur des Tib. post. ein und damit eine Art Varusstellung mit Knickung des inneren Fussrandes und secundärer Defor-
mation der Fussgelenke.

Bei Lähmung des Tib. post. wird die Fähigkeit der directen
Adduction verloren, der Peron. brev. gewinnt mit der Zeit das Uebergewicht und führt eine Art von Valgusstellung herbei.

Sind alle Muskeln, die den Fuss bewegen, gelähmt,
so kommt keine wesentliche Verunstaltung des Fusses zu Stande,
nur eine leichte Valgusstellung bildet sich aus, da der Druck des
Körpers eine Drehung des Calcaneus nach aussen bewirkt, und es
gelingt leicht durch mechanisches Fixiren des Fusses im rechten
Winkel zum Unterschenkel, dem Kranken das Gehen möglich zu
machen. Bei Lähmung einzelner Muskeln oder Muskelgruppen dagegen entstehen mit der Zeit die oben beschriebenen schweren De-

formationen, die den Gebrauch des Fusses im höchsten Grade beeinträchtigen. Es ist daher der Verlust aller Fussmuskeln ein kleineres Uebel als der Verlust nur einiger.

v. Die Muskeln, die die Zehen bewegen.

Der M. extensor dig. ped. longus (s. oben) streckt (dorsalflectirt) die ersten Phalangen der Zehen, das Gleiche thut kräftiger der M. extensor dig. ped. brevis (N. peron.), indem er gleichzeitig die Zehen etwas lateralwärts neigt. Der M. extensor hallucis longus (s. oben) streckt kräftig die erste Phalanx der grossen Zehe.

Die Mm. flexor dig. ped. longus (N. tib.), flexor dig. ped. brevis (N. tib.) und der M. flexor hallucis longus (N. tib.) beugen (plantarflectiren) kräftig die letzten Phalangen der Zehen. Der M. flexor dig. prof. dreht zugleich die Zehen und zieht sie nach innen, eine Wirkung, die gleichzeitige Contraction der Caro quadrata Sylvii aufhebt.

Die Mm. interossei pedis. ext. et int. und die Mm. lumbricales pedis, sowie die Mm. abductor und flexor brevis dig. quinti (N. tib.) abduciren oder adduciren je nach ihrer Lage die Zehen und beugen gleichzeitig die erste Phalanx, während sie die zweite und dritte strecken.

Die Mm. adductor, flexor brevis und abductor hallucis (N. tib.) beugen in ihrer Gesammtheit kräftig die erste Phalanx der grossen Zehe, strecken die zweite. Die Bündel, die sich am inneren Sesambeine ansetzen (Abductor und Caput int. flex. brev.) bewegen die grosse Zehe medianwärts; diejenigen, die sich am äusseren Sesambeine ansetzen (Adductor und Caput ext. flex. brev.), bewegen die grosse Zehe nach aussen. Wenn beim Gehen der Fuss sich vom Boden abrollt, contrahiren sich alle kurzen Muskeln der grossen Zehe, um den Fuss vom Boden abzustossen, energischer noch geschieht dies beim Springen und Laufen. Der Kopf des Adduct. hall., der als Transversalis pedis bezeichnet wird, dient auch als lebendes Band, um die Köpfe der Metatarsusknochen bei einander zu halten, ihr Auseinanderweichen bei Belastung des Fusses zu verhindern.

Einer isolirten elektrischen Reizung entziehen sich von den Muskeln am Fusse die meisten Sohlenmuskeln, doch contrahiren sie sich gemeinsam bei Reizung des N. tibialis hinter dem inneren Knöchel.

Bei Lähmung der Zehenstrecker überwiegen die Interossei, die ersten Phalangen werden gebeugt, die letzten gestreckt, die normale Krümmung der Zehen verliert sich, diese werden geradlinig. Sind umgekehrt die Muskeln der Sohle, besonders die Interossei, gelähmt, so entsteht ein Krallenfuss (pied en griffe), d. h. die ersten Phalangen werden gestreckt, unter Umständen so, dass ihre Köpfchen subluxirt werden, während die zweiten und dritten Phalangen durch die Anspannung der Zehenbeuger flectirt werden (vergl. Fig. 91). Eine wesentliche Störung des Gehens wird durch diese Lähmungen nicht verursacht, nur bei längerem Gehen tritt zuweilen schmerzhafte Ermüdung ein. Dagegen sind Laufen und Springen wesentlich behindert.

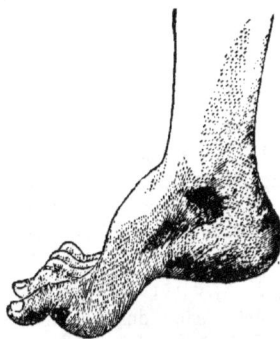

Fig. 91.

Fehlerhafte Stellung des Fusses (pied en griffe) bei Lähmung der Interossei pedis und der kurzen Muskeln der grossen Zehe. (Nach Duchenne.)

ZWEITES HAUPTSTÜCK.

Die Functionstörung, die bei Läsion der einzelnen Nerven eintritt.

I. Hirnnerven.

1. N. olfactorius: Aufhebung des Riechvermögens (Anosmia). (Vergl. S. 180).

Leichte Reizung bewirkt Empfindlichkeit gegen Gerüche (Hyperosmia), unangenehme Geruchsempfindungen (Parosmia).

Die Läsion kommt vor bei Erkrankung der Meningen oder der Schädelknochen in der vorderen Schädelgrube, durch Abreissen der Endzweige (Sturz auf den Kopf), bei Tabes, bei Erkrankungen der Nase.

2. N. opticus: Aufhebung des Sehvermögens. (Vergl. 167 S. ff.)

Bei Läsion des rechten N. opticus entstehen rechtseitige Amaurose und Verlust des Lichtreflexes der Pupillen bei Beleuchtung des rechten

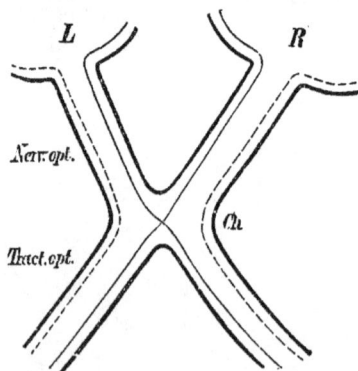

Fig. 92.
Schema des Verlaufes der Opticusfasern im Chiasma.

Auges; bei Läsion des rechten Tractus opt. linkseitige bilaterale Hemianopsie, bei Verletzung des Chiasma von vorn oder hinten doppelseitige temporale Hemianopsie.

Primäre Erkrankung des N. opticus kommt am häufigsten vor bei Tabes (einfache Atrophie), bei multipler Sclerose, bei gewissen Vergiftungen, als durch Alkohol, Blei u. a. (sog. retrobulbäre Neuritis), selten bei acuter Myelitis (Neuritis) u. A., secundäre Erkrankung wird am häufigsten durch Drucksteigerung in der Schädelhöhle oder durch Druck auf den Nerven (Stauungspapille) bewirkt, ferner durch Meningitis (Neuritis), durch Tumoren und andere Erkrankungen der Augenhöhle.

3. N. oculomotorius: Lähmung der Mm. sphincter iridis, ciliaris, rectus int., rectus sup., levator palp. sup., rectus inf., obliqus inf.

Bei Erkrankung des ganzen Oculom. ist das Auge durch Ptosis des oberen Lides geschlossen, ist der Augapfel durch den Externus und den Obliqu.sup. nach aussen unten abgelenkt, ist die Pupille weit und starr, die Accommodation aufgehoben. Gekreuzte Doppelbilder, starker Schwindel bei Oeffnung des Auges. Nur geringe Bewegung des Augapfels nach aussen möglich, ausserdem kleine Raddrehung im Sinne des Obl. superior.

Ist der Nerv nur theilweise erkrankt, so kommen verschiedene Combinationen vor. Am häufigsten ist Lähmung nur des Internus, nur Ptosis, Lähmung nur der inneren Augenmuskeln, selten sind alle äusseren Muskeln ohne die inneren betroffen.

Primäre Oculomotoriuserkrankung kommt am häufigsten bei Tabes und bei tertiärer Syphilis vor, ferner bei multipler Sclerose, selten bei Polyneuritis, bei Diabetes, als selbständige infectiöse Erkrankung, bei Alkohol-, Blei- und anderen Vergiftungen. Auch angeborene O.-L. kommt vor.

Secundär erkrankt der Nerv am häufigsten durch Tumoren oder Meningitis an der Schädelbasis.

Unbekannt ist die Ursache der wiederkehrenden O.-L., die unter Kopfschmerz und Erbrechen eintritt und nach Tagen oder Wochen wieder verschwindet.

4. N. trochlearis: Lähmung des M. obliquus sup.

Der N. tr. erkrankt selten allein (am häufigsten noch bei Tabes), meist mit anderen Hirnnerven bei Meningitis, Basistumoren u. s. w. —

Die Localisation der Augenmuskellähmungen ist dadurch erschwert, dass hier der Nachweis degenerativer Atrophie nicht möglich ist. Ueber Augenmuskellähmungen centraler Art wissen wir so gut wie nichts. Nur beobachtet man zuweilen bei Hemiplegie eine leichte Ptosis (cerebrale Blepharoptose), wohl deshalb, weil der Levat. palp. sup. der einzige der von den Augenmuskelnerven versorgten Muskeln ist, der in gewissem Grade willkürlich einseitig contrahirt werden kann. Die Lähmungen durch Läsion der Kerne lassen sich in der Regel von denen durch Läsion der intracerebralen Wurzelfasern in der Nähe der Kerne nicht trennen. Nur bei Tabes-Paralyse und in den Fällen, wo bei sonst gesunden Personen eine auf die Augenmuskeln beschränkte, symmetrische, langsam fortschreitende Lähmung, offenbar systematischen Charakters, auftritt und in denen, wo zu der progressiven Bulbärparalyse sich (ausnahmeweise) Augenmuskellähmungen gesellen, wird man eine Läsion der Kerne selbst mit einiger Sicherheit diagnosticiren können. Sonst beschränkt man sich darauf, eine Läsion der Kernregion anzunehmen und gebraucht auch in diesem Sinne den Ausdruck nucleäre Lähmungen. Eine solche ist dann wahrscheinlich, wenn

associirte Lähmungen bestehen (Aufhebung der Convergenz oder der Augenbewegung nach oben, unten: Läsion der Kernregion des Oculomotorius,
Aufhebung der Augenbewegung nach einer oder beiden Seiten: Läsion
der Kernregion eines oder beider Abducentes), oder wo bei Lähmung aller
äusseren Muskeln die Mm. sphincter pup. und ciliaris verschont sind (Ophthalmoplegia externa), oder wo die zeitliche Anordnung der Lähmungserscheinungen die örtliche Gruppirung der Kernregionen abspiegelt. Ausnahmeweise kommt eine Ophthalmopl. externa dadurch zu Stande, dass die
Endigungen der äusseren Augenmuskelnerven geschädigt werden, während
die im Innern des Bulbus geschützt verlaufenden Nervenenden der Läsion
entgehen. Einzelne solche Beobachtungen mussten als infectiöse Neuritis
aufgefasst werden.

Nur mit einem wechselnden Grade von Wahrscheinlichkeit lassen sich
für cerebralen Sitz verwerthen: Doppelseitigkeit, Flüchtigkeit und Unvollständigkeit, besonders der totalen Lähmungen, endlich die Combination
dieser Zeichen. Ob sich die Angabe von Graefe's verwerthen lässt, dass
geringe Fusionstendenz beim binocularen Sehen auf cerebralen Ursprung
deute, scheint sehr zweifelhaft zu sein. Das Gleiche gilt von der Angabe
Brenner's, dass galvanische Hyperästhesie des Acusticus für cerebralen
Sitz der Augenlähmung spreche. Für peripherischen Sitz der Läsion sprechen im Allgemeinen Einseitigkeit und Completheit der Lähmung. Oft erleichtern begleitende Symptome die Diagnose, die Zeichen gesteigerten
Hirndruckes, alternirende Hemiplegie, anderweite Hirnnervenlähmungen.
Die wichtigsten Möglichkeiten sind etwa folgende. Hemiplegie mit gekreuzter Oculomotoriuslähmung: Herd im Hirnschenkel; Hemiplegie mit
gekreuzter Oculomotoriuslähmung und Trochlearislähmung: Herd im Hirnschenkel, der bis zum Velum medullare reicht; Hemiplegie mit Aufhebung
der Augenbewegungen nach oben oder unten: ausgedehnter Herd in der
Höhe des oberen Vierhügels; Hemiplegie mit Aufhebung der Augenbewegung nach einer Seite: Herd, der den Abducenskern trifft; totale Hemiplegie
und Augenmuskellähmung der gleichen Seite: zwei verschiedene Herde;
Zeichen der Meningitis und Augenmuskellähmung: Erkrankung der Nervenstämme an der Hirnbasis oder Einwirkung auf die Vierhügelgegend
durch meningitische Veränderungen im Gehirnschlitz (associirte Lähmungen
und Trochlearislähmung), oder möglicher Weise Läsion der Wände des
Aquaeduct. und des dritten Ventrikels durch acuten Hydrocephalus; Zeichen
eines Hirntumor und Augenmuskellähmung: nur bei sehr intensiven Allge-
meinsymptomen und doppelseitiger Lähmung allgemeine Druckwirkung,
sonst örtliche Einwirkung; Hirndruck und doppelseitige Abducenslähmung:
bei Tumoren der hinteren Schädelgrube; Hemianopsie, Trigeminusaffection
u. s. w. und Augenmuskellähmung (multiple Hirnnervenlähmung): Läsion
an der Gehirnbasis; die drei Augenmuskelnerven und der Ram. trig. prim.:
Fissura orbitalis; Exophthalmus und Augenmuskellähmung: Läsion in der
Orbita. Die isolirten Augenmuskellähmungen bei Syphilis können durch
selbständige Erkrankung der Nervenzweige oder Stämme oder durch gummatöse Meningitis an der Basis verursacht sein, wohl nur selten durch
intracerebrale Gummata. Die bei Tabes, beziehungsweise progressiver Paralyse, und bei multipler Sclerose entstehen bald durch Erkrankung der
Kernregion, bald durch die der peripherischen Nervenzweige.

5. N. trigeminus:

a) Erster Ast (N. ophthalmicus s. orbitalis): Anästhesie der Haut, entsprechend Fig. 93 (V_1), der Conjunctiva, Cornea, Iris und der übrigen Augenhäute, eines Theiles der Dura mater, eines Theiles der Nasenschleimhaut, Störung der Ernährung des Auges (Ophthalmia neuroparalytica).

b) Zweiter Ast (N. supramaxillaris): Anästhesie der Haut, entsprechend Fig. 93 (V_2), der Schleimhaut des Oberkiefers, eines Theiles der Nasenschleimhaut, des Gaumens, eines Theiles der Dura mater, der Schleimhaut des mittleren Ohres, Anästhesie der oberen Zähne (u. U. Ausfallen derselben und Nekrose des Alveolarfortsatzes), Geschmackstörungen auf den vorderen Theilen der Zunge.

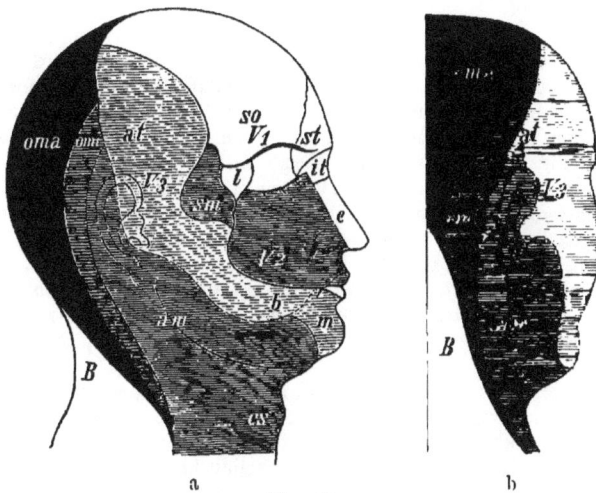

Fig. 93.

Vertheilung der Hautnerven am Kopfe. V_1 = erster Trigeminusast. so N. supraorbitalis. st N. supratrochlearis. it N. infratrochlearis. e N. ethmoidalis. l N. lacrymalis. — V_2 = zweiter Trigeminusast. sm N. subcutan. malae. — V_3 = dritter Trigeminusast. a t N. auriculo-temporalis. b N. buccinatorius. m N. mentalis. — o m a N. occipitalis maj., o m i N. occipitalis min., a m N. auricul. magn. sc N. subcut. colli (Pl. cervic.). — B = hintere Aeste der unteren Halsnerven.

c) Dritter Ast (N. inframaxillaris): Anästhesie der Haut, entsprechend Fig. 93 (V_3), eines Theiles der Dura mater, der Zunge, der Unterkiefer- und Wangenschleimhaut, der unteren Zähne (u. U. Ernährungstörungen, vergl. oben), Lähmung der Kaumuskeln, des M. tensor tympani, des M. mylohyoideus, des vorderen Bauches des M. biventer, einiger Gaumenmuskeln, eventuell Störungen der Speichelabsonderung.

Bei Läsion des gesammten Trigeminus besteht demnach Anästhesie des ganzen Kopfes mit Ausnahme der vom R. auricul. N. vagi und von den Nn. occipitales und auricul. magn. versorgten Hauttheile, mit Einschluss der Gehirnhäute, des Auges, der Schleimhaut in Nasenhöhle, Paukenhöhle, Mundhöhle, des Gaumens, der Zähne, ferner Lähmung der unter c genannten Muskeln, Geschmackstörung an den vorderen Theilen der Zunge, Störungen der Absonderung der Thränen und des Speichels. Unter geeigneten Umständen können an den anästhetischen Theilen Ernährungstörungen auftreten, deren wichtigste die sogenannte Ophthalmia neuroparalytica und die Nekrose der Zähne, sowie des Alveolarfortsatzes sind, während Ulcerationen der verschiedenen Schleimhäute, Oedem u. s. w. eine weniger grosse Rolle spielen.

Die Chorda tympani, die die Geschmacksfasern für den vorderen Theil der Zunge enthält, geht vom zweiten Trigeminusaste zum Facialis, trennt sich dann von diesem und legt sich an den N. lingualis (vergl. Fig. 94); je nach dem Sitze der lähmenden Ursache muss sie bei Trigeminuslähmung bald betheiligt sein, bald nicht. Vergl. S. 183. Vasomotorische Fasern vom N. sympathicus verlaufen mit den Trigeminuszweigen gemeinsam, dies erklärt die bei peripherischer Trigeminuslähmung auftretenden vasomotorischen Symptome. Dass der Trigeminus directe Einwirkung auf die Irismuskeln besitze, ist unwahrscheinlich. Ob Hemiatrophia faciei, Glaucom durch Läsion von Trigeminusfasern zu erklären sind, ist nicht bekannt.

Wie die Erkrankungen anderer sensibler Nerven kann auch die der Trigeminusfasern Herpes zoster begleiten (H. z. frontalis, ophthalm., labialis u. s. w.).

Centrale Kaumuskellähmung ist als Folge doppelseitiger Grosshirnherde beobachtet worden (vergl. S. 88). Centrale Trigeminusanästhesie ist bisher nur als Theilerscheinung der Hemianästhesie bekannt. Kernläsionen sind selten, der motorische Trigeminuskern wird zuweilen bei der progressiven Bulbärparalyse ergriffen, es tritt dann Kaumuskellähmung mit degenerativer Atrophie ohne Sensibilitätstörung ein. Herderkrankungen der Brücke können u. U. auch die sensorischen Trigeminuskerne treffen. Ueber die mit Hemiplegie oder Hemianästhesie gekreuzte peripherische Trigeminuslähmung als Symptom von Erkrankung der Brücke, bez. Oblongata s. S. 83. In der Brücke sollen den Trigeminusfasern die Geschmacksfasern nicht mehr beigesellt sein. An eine Erkrankung der aufsteigenden Trigeminuswurzel wird man denken, wenn zu Läsionen des Halsmarkes sich Trigeminussymptome gesellen; vielleicht auch bei Tabes, doch können hier auch die peripherischen Zweige erkrankt sein. Weitaus am häufigsten sind peripherische Trigeminusläsionen, je nach der Ausdehnung der Symptome wird man die Läsion in die einzelnen Zweige oder in den Stamm, beziehungsweise in das Gangl. Gasseri zu verlegen haben. Dass die Läsion des letzteren besondere Kennzeichen habe, ist möglich, da nach Gaule's Versuchen gewisse trophische Störungen von der Reizung des Ganglion abhängen, doch ist klinisch die Sache ganz unsicher.

Am häufigsten ist die Läsion des Trigeminus bei Erkrankung der Gesichts- oder Schädelknochen, der Meningen, der Carotis interna (Druck auf das Ganglion Gasseri), bei Infectionen und Intoxicationen.

Bei leichter Reizung treten im Gebiete der einzelnen Zweige Nervenschmerzen auf, die hier besonders oft den neuralgischen Charakter haben. Die Trigeminusneuralgie (Neuralgia N. supraorbitalis, infraorbitalis, mentalis, auriculotemporalis u. s. f.) ist bei Weitem die häufigste Neuralgie. Gerade hier tritt dieses Symptom oft allein und ohne erkennbare Ursache auf, so dass der Anschein einer selbständigen Krankheit entsteht. Von der Läsion des Nerven sind zu unterscheiden die ausstrahlenden Schmerzen bei Organerkrankungen (Caries der Zähne, Glaukom, Iritis, Kiefer-, Stirnhöhlenentzündung u. s. w.). Die meisten Supraorbitalis-Neuralgien sind Symptome einer Stirnhöhlenerkrankung.

6. N. abducens: Lähmung des M. rectus externus.

Die Läsion des Abducenskernes oder dessen Umgebung ist dadurch kenntlich, dass nicht nur der Rectus ext., sondern auch der Rectus int. der anderen Seite gelähmt ist. Meist handelt es sich um Parese des Rectus int., in einigen Fällen zeigte sich diese nur, wenn der contralaterale Internus mit dem gelähmten Externus thätig sein sollte, beim Blicke nach der Seite des letzteren, in anderen Fällen war die Thätigkeit des Rect. int. auch beim unoculären Sehen beeinträchtigt. Die Convergenz ist immer möglich. Bei doppelseitiger Läsion des Abducenskernes sind beide Augen geradeaus gerichtet, weder nach rechts noch nach links ist Bewegung möglich. Bei extracerebraler Läsion des N. abducens ist der contralaterale Rect. internus unbehelligt. Die peripherische Läsion kommt vor primär bei Tabes, bei anderen Infectionen (selten), als angeboren, secundär bei Erkrankung der Schädelknochen (bes. des Felsenbeins), der Meningen, bei Tumoren.

7. N. facialis: Lähmung der mimischen Gesichtsmuskeln, des M. stylohyoideus und des hinteren Bauches des M. biventer, wenn die lähmende Ursache unterhalb der Linie α (s. Fig. 94) sitzt; ausserdem Lähmung des M. occipitalis und des M. auricul. post., wenn die Läsion zwischen α und β sitzt; ausserdem Geschmackstörung, wenn die Läsion zwischen β und γ sitzt; ausserdem Lähmung des M. stapedius, wenn die Läsion zwischen γ und δ sitzt; ausserdem Lähmung des M. levator palati (dessen Ast vom N. facial. durch den N. petr. superf. maj. zum Gangl. sphenopalat. gehen soll), wenn die Läsion zwischen δ und ε (d. h. im Gangl. geniculatum) sitzt; alle genannten Störungen, aber keine Geschmackstörung, wenn die Läsion über ε sitzt. Neuerdings ist es wahrscheinlich geworden, dass der Facialis mit der Innervation des Gaumens überhaupt nichts zu thun habe. Hinzuzufügen ist, dass zuweilen Verminderung der Speichelsecretion eintritt, sobald die Läsion oberhalb β sitzt: die Speicheldrüsenfasern sollen vom Ursprung ab im Stamme des Facialis verlaufen, ihn aber mit der Chorda tymp. verlassen.

Die Läsion des Facialiskernes ist meist dadurch charakterisirt, dass die Zeichen peripherischer Lähmung bestehen (Atrophie und partielle Entartungsreaction), aber nur das untere Facialisgebiet gelähmt ist. Der Kern der oberen Facialiszweige scheint demnach von dem für die Wangen- und Lippenzweige, dem eigentlichen Facialiskerne, örtlich getrennt zu sein und nur ausnahmeweise mit dem letzteren zugleich zu erkranken.

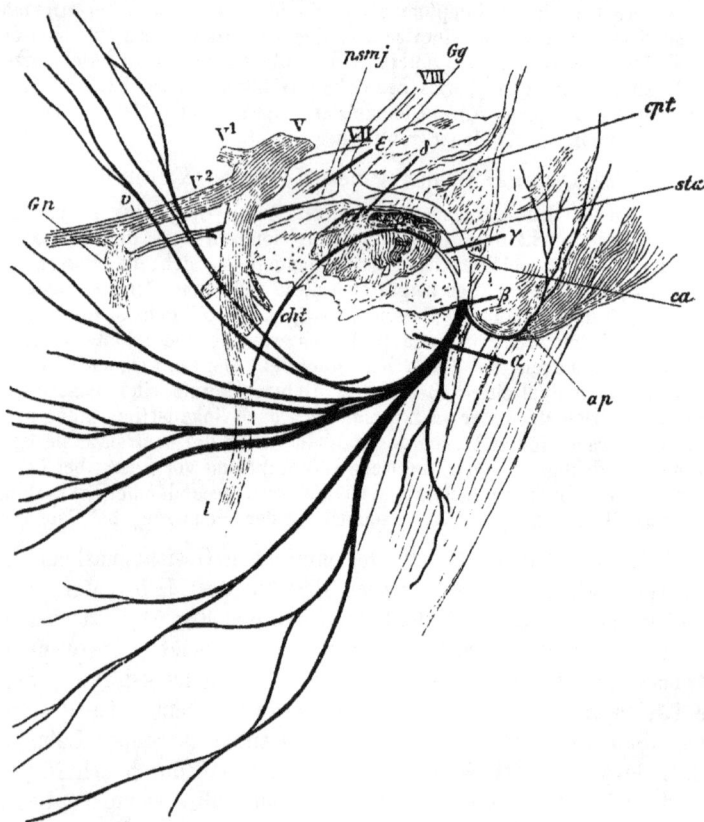

Fig. 94.

(Mit Benutzung einer Zeichnung Henle's.)

$V_1 V_2 V_3$ N. trigem. 1. 2. 3. Ast. VII N. facialis. VIII N. acust. Gg Gangl. geniculat. cpt R communic. c. plex. tympan. sta N. stapedius. ca N. communic. c. auric. vagi. ap N. auricul. post. l N. lingualis. Gn Gangl. nasale. v N. vidianus. psmj N. potros. superf. maj. cht Chorda tympani.

Die basale Facialislähmung wird kaum isolirt vorkommen, die Betheiligung der benachbarten Hirnnerven lässt die Diagnose stellen.

Ueber Facialislähmung bei Brückenherden vergl. S. 83, über centrale Facialislähmung vergl. S. 67. Die peripherische Läsion des Nerven kommt primär recht häufig als selbständige infectiöse Erkrankung (sog. rheumat. Facialislähmung) vor. Dabei ist bald die Strecke oberhalb β frei, bald leidet auch die Chorda. Die Lähmung tritt acut ein, oft bestehen im Anfange auch Trigeminusschmerzen. Sie ist ausnahmeweise doppelseitig. Selten ist die Theilnahme eines oder beider Faciales bei Polyneuritis, sehr selten bei Tabes.

Secundäre Erkrankung entsteht am häufigsten durch Otitis media, ferner von den Schädelknochen, den Meningen aus (dann meist zugleich Läsion des Acusticus). Partielle Facialislähmungen kommen bei Erkrankung der Parotis, durch Wunden im Gesicht u. A. vor.

Bei leichter Reizung des Nerven entstehen Krämpfe der Gesichtsmuskeln. Der Facialiskrampf ist meist Symptom der Hysterie, oder er tritt bei erblich Belasteten als sog. Tic convulsif auf. Mit diesem dürfen die reflectorischen Zuckungen bei Trigeminusneuralgie nicht verwechselt werden.

S. N. acusticus:

a) R. cochlearis = Taubheit.

b) R. vestibularis = Schwindel und Gleichgewichtstörungen.

Primär erkrankt der S. Nerv sehr selten, zuweilen bei Tabes, bei multipler Sclerose, möglicherweise auch bei infectiöser Neuritis. Secundäre Erkrankung bewirkt am häufigsten die Cerebrospinalmeningitis, die bes. oft das Labyrinth zerstört. Tumoren des Gehirns oder des Schläfenbeins können natürlich auch den 8. Nerven treffen. Vergl. a. S. 176 ff.

9. N. glossopharyngeus: Verlust des Schmeckvermögens auf den hinteren Theilen der Zunge, am Gaumen und Rachen (Ageusis), nach Einigen auch Lähmung des M. stylopharyngeus.

Die Läsion scheint fast nur bei Erkrankungen der Schädelbasis vorzukommen. Vergl. S. 184.

10.—11. N. vago-accessorius:

a) R. externus N. accessorii: Lähmung der Mm. sternocleidomast. und cucullaris.

b) Fasern des N. access., die mit dem N. vagus verlaufen: Gaumen- und Schlundlähmung, Lähmung der Kehlkopfmuskeln, Störungen der Herzthätigkeit (letztere gewöhnlich nur bei doppelseitiger Erkrankung).

c) eigentliche Vagusfasern. Anästhesie eines Theiles der Ohrhaut, des Rachens, Kehlkopfs, wahrscheinlich auch des Oesophagus, der Trachea und der Bronchen, möglicherweise des Magens (Verlust des Sättigungsgefühles), Lähmung des Oesophagus, wahrscheinlich Störungen der Beweglichkeit des Magens, Störungen der Herz- und Athmungsthätigkeit (letztere besonders bei doppelseitiger Erkrankung).

Der N. laryngeus sup. versorgt die Schleimhaut des Kehlkopfes und den M. cricothyreoid., der N. laryng. inf. s. recurrens die übrigen Kehlkopfmuskeln und wahrscheinlich die Schleimhaut unterhalb der Stimmbänder.

Die primäre Erkrankung des Vagoaccessorius kommt am häufigsten bei Tabes vor (theils Kern-, theils peripherische Läsion). In seltenen Fällen sind die meisten Aeste betroffen, gewöhnlich nur Kehlkopf-(und Herz-)fasern: Kehlkopfkrisen, Kehlkopflähmungen, Tachykardie. Am häufigsten kommt einseitige oder doppelseitige Abductorlähmung, seltener einseitige Lähmung aller Stimmbandmuskeln (sog. Recurrenslähmung) vor. Bei infectiöser oder toxischer Neuritis scheinen besonders die Herzfasern zu leiden (Tachykardie und Schwäche des Herzens), doch kommen auch Kehlkopflähmungen vor.

Verletzungen (Schuss, Stich) können den Nerven unterhalb des Foramen jugulare treffen, häufiger sind Beschädigungen einzelner Aeste, besonders des Recurrens durch Aneurysmen, Geschwülste, bei Operationen.

12. N. hypoglossus: Lähmung der Mm. genio-, hyo-, styloglossus, der Binnenmuskeln der Zunge, der Mm. genio-, omo-, sternohyoideus, hyo- und sternothyreoideus.

Primäre, fast immer einseitige Erkrankung des Hypoglossus (wohl meist Kernläsion) bei Tabes, vielleicht bei Neuritis. Am häufigsten wird der Nerv durch Geschwülste der Schädelbasis beschädigt, am Halse können ihn Stich- und Schnittverletzungen treffen.

II. Rückenmarksnerven.

1. Bezüglich der vier oberen Halsnerven sind zu erwähnen:

N. occipit. magn. (N. cerv. II): Anästhesie, vgl. Fig. 93 oma.

N. occipit. min. (N. cerv. III): Anästhesie, vgl. Fig. 93 omi.

N. auricul. magn. (N. cerv. III): Anästhesie, vgl. Fig. 93 am.

Nn. subcut. colli med. und inf. (Nn. cerv. II und III): Anästhesie der vorderen und seitlichen Halshaut, vgl. Fig. 93 cs, und Parese des Platysma.

Nn. supraclavicul. (N. cerv. IV): Anästhesie der oberen Brust- und Schultergegend, vgl. Fig. 93 sc, 97 C.

N. infraoccipit. (N. cerv. I): Lähmung der Mm. rect. cap. post. maj. und min., obliqu. cap. sup. und inf., biventer cerv. und complexus.

N. phrenicus: Lähmung des Zwerchfells.

Die übrigen, bisher nicht genannten Zweige der oberen Cervicalnerven versorgen die Mehrzahl der tiefen Hals- und Nackenmuskeln, die Mm. scaleni und zum Theil den M. lev. scapulae.

Die Erkrankung dieser Nerven ist, abgesehen vom Phrenicus, recht selten. Neuralgien der Occipitalnerven kommen bei Syphilis (nächtl. Steigerung), bei Caries der Halswirbel, selten bei infectiöser Neuritis vor. Diese Ursachen bewirken auch zuweilen Lähmungen der Nackenmuskeln.

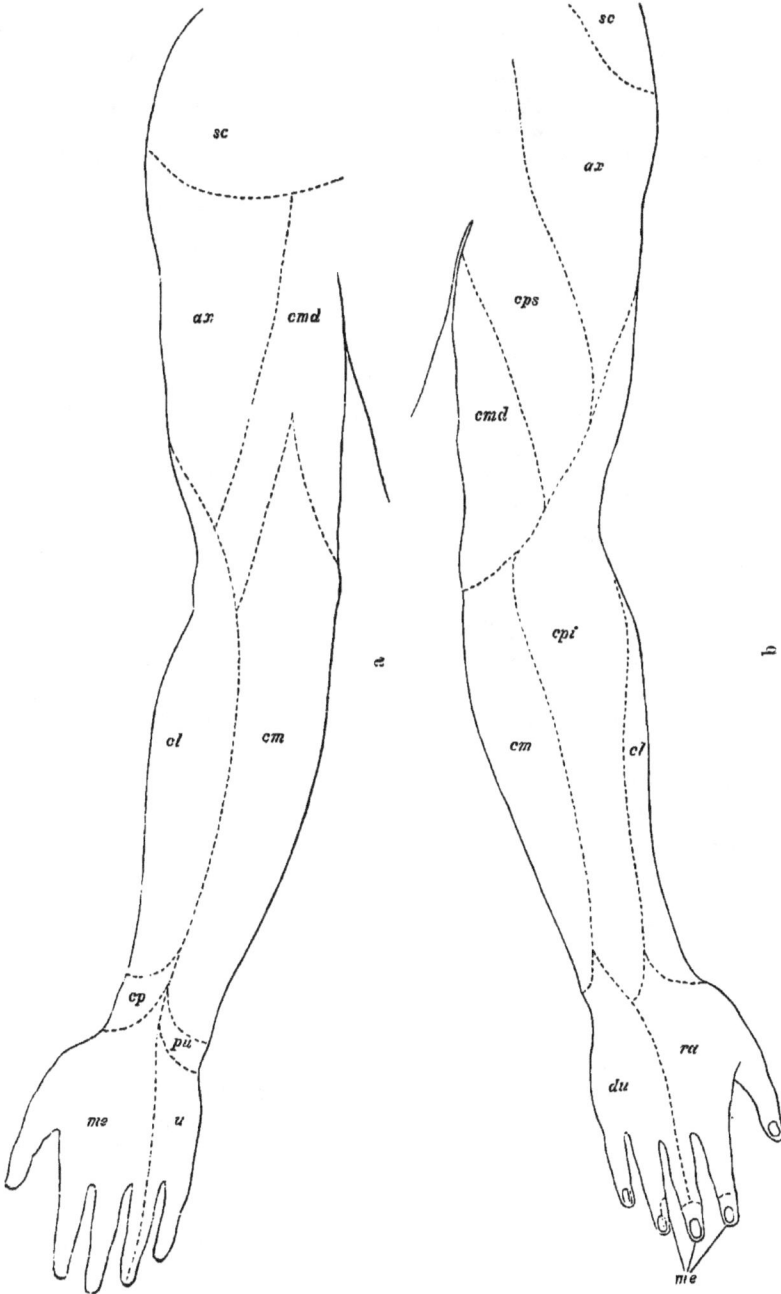

Fig. 95.

Hautnervengebiete der Arme (nach Henle), a vordere, b hintere Fläche. sc Nn. supraclaviculares (Pl. cervic.). ax Hautast des N. axillaris. cps, cpi Nn. cutanei post., sup. und inf. vom N. radialis. cmd, cm, cl Nn. cutanei medialis, medius und lateralis. cp N. cutan. palm. (N. median). pu N. palmaris ulnaris. m o N. medianus. u N. ulnaris. ra N. radialis.

In vereinzelten Fällen hat man solche auch bei M. Basedowii, bei Tabes oder ohne nachweisbare Ursache beobachtet. Viel häufiger sind Krämpfe der Hals- und Nackenmuskeln (Schüttel-, Nickkrämpfe), die zum Theil sehr hartnäckig sind und über deren Natur man oft nicht in's klare kommt, wenn es auch zuweilen gelingt, schmerzhafte Stellen an den Knochen, Nervengeschwülste oder dergl. zu finden, bei deren Beseitigung der Krampf verschwindet.

Der N. phrenicus ist wegen seines langen Verlaufes Schädlichkeiten besonders ausgesetzt. Zwerchfelllähmung ist nicht selten bei Polyneuritis, sie kommt ausnahmeweise auch bei Tabes vor. Der Nerv kann durch Geschwülste, Entzündungen der Umgebung, Traumata getroffen werden.

2. Läsion der hinteren Aeste der vier unteren Halsnerven bewirkt Anästhesie der Nackengegend (auf Fig. 93 mit B bezeichnet) und Lähmung eines Theils der tiefen Nackenmuskeln.

Die vorderen Aeste bilden den Plexus brachialis, d. h. folgende Nerven:

N. dorsalis scapulae: Lähmung der Mm. rhomboidei, Parese des M. levat. scap. und des M. serratus post. superior.

N. suprascapularis: Lähmung der Mm. supra- und infraspinatus.

N. axillaris: Lähmung des M. deltoideus und des M. teres min., Anästhesie, vgl. Figg. 95 und 97 ax.

Nn. subscapulares: Lähmung der Mm. subscapul., teres maj.. latiss. dorsi.

N. thoracicus post.: Lähmung des M. serratus anticus.

Nn. thoracici ant.: Lähmung der Mm. pector., vielleicht Anästhesie der Haut über der Brustdrüse.

Nn. cutan. medialis (N. cutan. intern. min.), medius (N. cutan. intern. maj.): Anästhesie, vgl. Figg. 95 und 97 cmd, cm.

Die Achselhöhle wird versorgt vom N. cut. med. und vom lateralen Hautaste des zweiten Intercostalnerven.

N. cut. lateralis (N. musculocutaneus): Anästhesie, vgl. Figg. 95 und 97 cl, und Lähmung der Mm. coracobrach., biceps br. und brachialis int. (mediales Bündel).

N. medianus: Anästhesie, vgl. Figg. 95 und 96 me, beziehungsweise m, und Lähmung der Mm. pronator teres, pronator quadratus, rad. int., palm. longus, flex. dig. sublim., flex. dig. prof. (zum Theil), flex. poll. long., der kurzen Daumenmuskeln mit Ausnahme des Adduct. poll. (und wahrscheinlich mit Ausnahme des inneren Kopfes des Flex. poll. brev.), der drei ersten Mm. lumbricales.

N. ulnaris: Anästhesie, vgl. Figg. 95 und 96 u, und Lähmung der Mm. uln. int., flex. dig. prof. (zum Theil), der Mm. interossei, des vierten M. lumbric., des Adductor poll. und wahrscheinlich des inneren Kopfes des Flex. poll. brev., des M. palm. brev., der Muskeln des Hypothenar.

N. radialis: Anästhesie, vgl. Fig. 95 cps, cpi und ra, und Lähmung der Mm. triceps, ancon. quartus, eines Theiles des M. brach. int., der Mm. supin. long. und brevis, radial. long. und brevis, uln. ext., extensor dig. comm., extens. ind. und extens. digiti quinti, extens. poll. long. und brev., abduct. poll. longus.

Bei Läsion des N. rad. an der Umschlagstelle ist die Anästhesie auf die Hand beschränkt, ist der M. triceps nicht gelähmt. Hier wie beim Med. und Uln. kann der, der den Verlauf des Nerven kennt, aus der Verbreitung der Störung an Haut und Muskeln mit Leichtigkeit die Stelle der Läsion bestimmen.

Die Nerven treten in den Plexus so ein, wie sie im Rückenmarke geordnet sind. Läsionen des Plexus haben daher einen ähnlichen Erfolg wie umschriebene Läsionen des unteren Halsmarkes.

Bei Läsionen des Pl. brach. über der Clavicula zeigen sich sehr verschiedene Combinationen der Lähmung und Anästhesie.

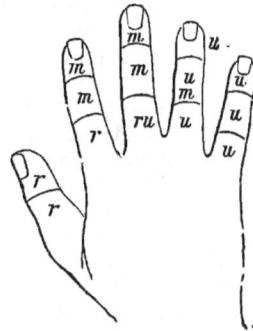

Fig. 96.

Hautnervengebiet der Dorsalseite der Hand. r N. radialis. m N. medianus. u N. ulnaris.

Unter ihnen scheint die häufigste einer Läsion des fünften und sechsten Cervicalnerven an dem sogenannten Erb'schen Punkte (Fig. 45) zu entsprechen. Es besteht dann in der Regel Lähmung der Mm. delt., biceps, brach. int., sup. long., infraspin., zuweilen Anästhesie im Gebiete des Medianus.

Bemerkenswerth ist ferner die Verbindung von Lähmung der kleinen Handmuskeln, Anästhesie an der Innenseite des Armes und Lähmung der sympathischen Augenfasern (Verengerung der Pupille und Lidspalte). Ihr entspricht die Läsion des S. Hals- und 1. Brustnerven beim Austritte aus dem Wirbelcanale.

Die einzelnen Schulter- und Armnerven erkranken verschieden oft, je nachdem ihr Verlauf sie Schädlichkeiten aussetzt. Weitaus am häufigsten kommen traumatische Lähmungen (Stoss, Druck) vor, so die traumatische Serratuslähmung, die etwas seltenere Läsion des N. axillaris, die seltene des N. dorsalis scap. u. a. an der Schulter, die ungemein häufige traumatische Radialislähmung (gewöhnlich Druck auf die Umschlagstelle am Oberarme, hie und da Krückendruck oder dergl. in der Achselhöhle), die Ulnarislähmung am Arme. In der Nähe des Handgelenkes werden Medianus und Ulnaris oft mit schneidenden Werkzeugen getroffen.

Bei Polyneuritis werden die verschiedensten Combinationen beobachtet. Sog. rheumatische Erkrankungen, d. h. infectiöse Neuritiden scheinen bes. am N. thor. longus s. post., am Axillaris, am Radialis, am Ulnaris vorzukommen. Bei Neuritis puerperalis leiden bes. die Endäste der Nn. medianus und ulnaris. Vorwiegend Armnerven erkranken bei der Blei-Neuritis, deren charakteristisches Bild die Diagnose leicht macht. Ueber sie, die Arsenikneuritis u. s. w. vergl. unter „Neuritis" (S. 349 ff.).

Es kommen übrigens hie und da Erkrankungen einzelner Armnerven, besonders des Ulnaris vor, bei denen es nicht gelingt, die Ursache zu finden.

Wirkliche Neuralgien im Gebiete des Pl. brach. sind durchaus selten, man begnüge sich nie mit dieser Diagnose, sondern suche nach den Ursachen der etwaigen Nervenschmerzen.

Eine besondere Gruppe bilden die Störungen, die durch Ueberanstrengung der Hand oder des Armes entstehen. Am häufigsten kommt es auf diesem Wege zu krampfhaften Zuständen: die überanstrengten Muskeln gerathen bei der schädlichen Beschäftigung in Krampf, obwohl sie sonst gut beweglich sind. So ist es beim Schreibekrampfe: sobald die Feder angesetzt wird, ziehen sich die Beugemuskeln zum Theil zusammen und verhindern das Schreiben. Zuweilen handelt es sich nur um eine lähmungsartige Schwäche, die beim Versuche zu schreiben in der Hand eintritt. Die ergriffenen Muskeln sind schmerzhaft. Aehnliche Zustände sind bei Clavier-, Geigenspielern, bei Telegraphenbeamten, Schneidern, Cigarrenwicklern u. A. beobachtet worden. Auch Lähmung mit Muskelschwund kann durch Ueberanstrengung entstehen, Daumenlähmung bei Trommlern, bei Citherspielern u. A. Ueber die anatomischen Veränderungen bei allen diesen Erkrankungen weiss man nichts.

3. Dorsalnerven, hintere Aeste: Anästhesie der Rückenhaut und Lähmung der langen und kurzen Rückenmuskeln, vordere Aeste (Nn. intercostales): Anästhesie der seitlichen und vorderen Brust- und der Bauchgegend (Fig. 97), Lähmung der tiefen Brust- und der Bauchmuskeln (u. U. Secretionstörung der Brustdrüse).

Bei Läsion eines Intercostalnerven Anästhesie des betroffenen Intercostalraumes, die nur bei gleichzeitiger Erkrankung des hinteren Astes bis zur Mittellinie des Rückens reicht. Die untere Grenze des Gebietes der Intercostalnerven ist veränderlich, sie reicht zuweilen bis unter die Crista ilei.

Die Läsion der Brustnerven kommt vor bei Wirbelerkrankungen, Aneurysmen, Tabes, bei multipler Neuritis, bei Herpes zoster u. s. w. Reine Neuralgien kommen selten vor, wenn man auch oft von ihnen spricht.

4. Vier Lendennerven, hintere Aeste: Anästhesie der oberen Gesässgegend und Lähmung eines Theiles der langen Rückenmuskeln, vordere Aeste (Plexus lumbalis) sind folgende Nerven:

N. ilio-hypogastricus: Anästhesie in der Hüftgegend und im Hypogastrium (ih Fig. 97).

N. ilio-inguinalis: Anästhesie (vgl. ii Fig. 97 und 98) der Haut über dem M. tensor fasc. und des Mons veneris.

N. lumbo-inguinalis: Anästhesie entsprechend li auf Figg. 97 und 98.

N. spermaticus externus: Anästhesie entsprechend se auf Figg. 97 und 98 und des inneren Fläche des Scotum, beziehungsweise der Labia majora.

N. cutaneus fem. later.: Anästhesie entsprechend cl auf Figg. 97 und 98.

N. cruralis: Anästhesie entsprechend cr und sa auf Figg. 97 und 98 und Lähmung der Mm. iliopsoas, quadriceps fem., sartorius (zuweilen pectinaeus).

N. obturatorius: Anästhesie entsprechend obt auf Figg. 97 und 98 und Lähmung der Mm. obturat. ext., pectin., adductores, gracilis.

Die Grenzen dieser Hautnervengebiete sind sehr variabel.

Läsionen einzelner Leudennerven sind recht selten. Am häufigsten findet man diese Nerven betroffen bei Polyneuritis und bei Verletzungen. Der Cruralis und der Obturatorius können gelegentlich auch bei Tumoren, Hernien u. s. w. im Becken oder an der Vorderseite des Oberschenkels beschädigt worden.

5. Der 5. Lendennerv und die Sacralnerven bilden den Pl. sacralis (die kleinen hinteren Aeste: Anästhesie der Haut über dem Os sacrum.):

N. glutaeus sup.: Lähmung der Mm. glut. med. und min., pyriformis, tensor fasc. latae.

N. glut. inf.: Lähmung des M. glutaeus maximus.

N. cutaneus fem. post.: Anästhesie des unteren Theiles der Hinterbacke, eines Theiles des Scrotum und des hinteren Theiles des Oberschenkels, entsprechend cp Fig. 98.

N. ischiadicus: Anästhesie, entsprechend cpm, cpe, per', per'', cti, cpp, plm, pll auf Fig. 98, Lähmung der Mm. gemelli, obtur. int., quadratus fem., biceps fem., semitend., semimembr. (zuweilen eines Theiles des Abduct. magn.), der Unterschenkel- und Fussmuskeln.

a) N. peronaeus: Anästhesie = cpe, cpm, per', per'' und Lähmung der Mm. tib. ant., extens. dig. long., extens. hall. long., peron. long. und brevis, extens. dig. brev., einiger Mm. interossei.

b) N. tibialis: Anästhesie = cti, cpp, plm, pll, Lähmung der Wadenmuskeln, der Mm. tib. post., flex. dig. long. und brevis, flex. hall. long. und brevis, der übrigen Muskeln an der Sohle und der meisten Interossei.

Die häufigste Erkrankung im Bereiche des Pl. sacralis stellt die Ischias dar: Nervenschmerzen im Verlaufe des N. ischiadicus, zu denen sich manchmal Parästhesien, Anästhesie, Paresen, Atrophie, Oedem gesellen und die wahrscheinlich auf einer Perineuritis beruhen. Im Uebrigen kommt

Läsion des Ischiadicus durch Verletzung (von aussen oder vom Becken her), durch Erkrankung benachbarter Theile und bei Polyneuritis vor. Entzündungen und Geschwülste im Becken, Druck während der Geburt sind die häufigsten in Betracht kommenden Ursachen, ausser den Giften. Besonders der N. peronaeus wird oft beschädigt, ähnlich wie der N. radialis am Arme. Er kann auch im Becken getroffen werden, da seine Fasern über den Beckenrand vom Pl. lumbalis zum Pl. sacralis laufen.

N. pudendo-haemorrhoidalis (s. pudend. communis): Anästhesie der Haut der Aftergegend (N. haemorrh. ext.), des Dammes, eines Theiles des Scrotum (sc. auf Fig. 97), beziehungsweise der Labien, der Schleimhaut der Urethra und Vagina (N. pudend.), der Haut des Penis, beziehungsweise der Clitoris (N. dors. penis, dp auf Fig. 97) und Lähmung der Muskeln des Beckenbodens, der Sphincteren und der Blase.

Die Läsion kommt am häufigsten bei Erkrankung der Cauda equina vor, durch Verletzungen oder Geschwülste. Nervenschmerzen ohne nachweisbare Ursache zeigen sich zuweilen als Neuralgie des Hodens u. s. w.

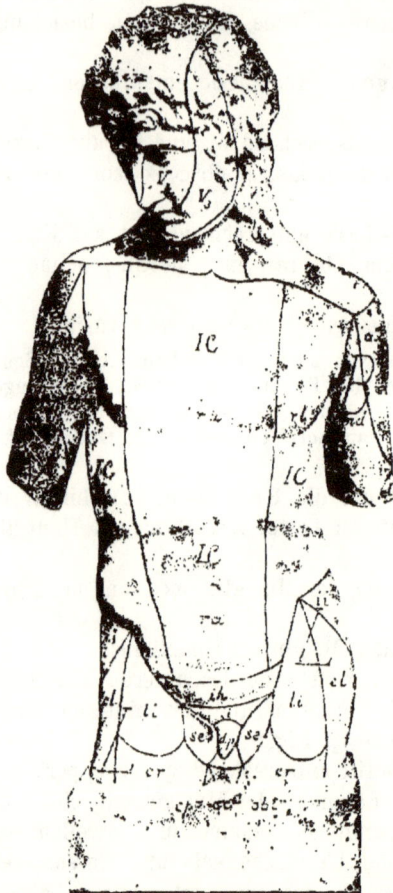

Fig. 97.

V₁ V₂ V₃ = 1., 2., 3. Trigeminusast. C = Cervicalnerven. B = Brachialnerven: a x N. axillaris, c m d N. cut. medialis, c m N. cut. medius, c l N. cut. lateralis. J C = Intercostalnerven: r a Rami anteriores, r l Rami laterales. L = Lumbalnerven: i h N. ilio-hypogastricus, i i N. ilio-inguinalis, l i N. lumbo-inguinalis, s o N. spermat. ext., c l N. cutan. lateralis, c r N. cruralis, o b t N. obturator. s c = Nn. scrotales, d p = N. dorsalis penis. c p = N. cutan. post. (letztere 8 vom P. sacralis).

6. Pl. coccygeus: Anästhesie der Haut über dem Steissbeine. Nervenschmerzen nach Verletzung oder ohne bekannte Ursache.

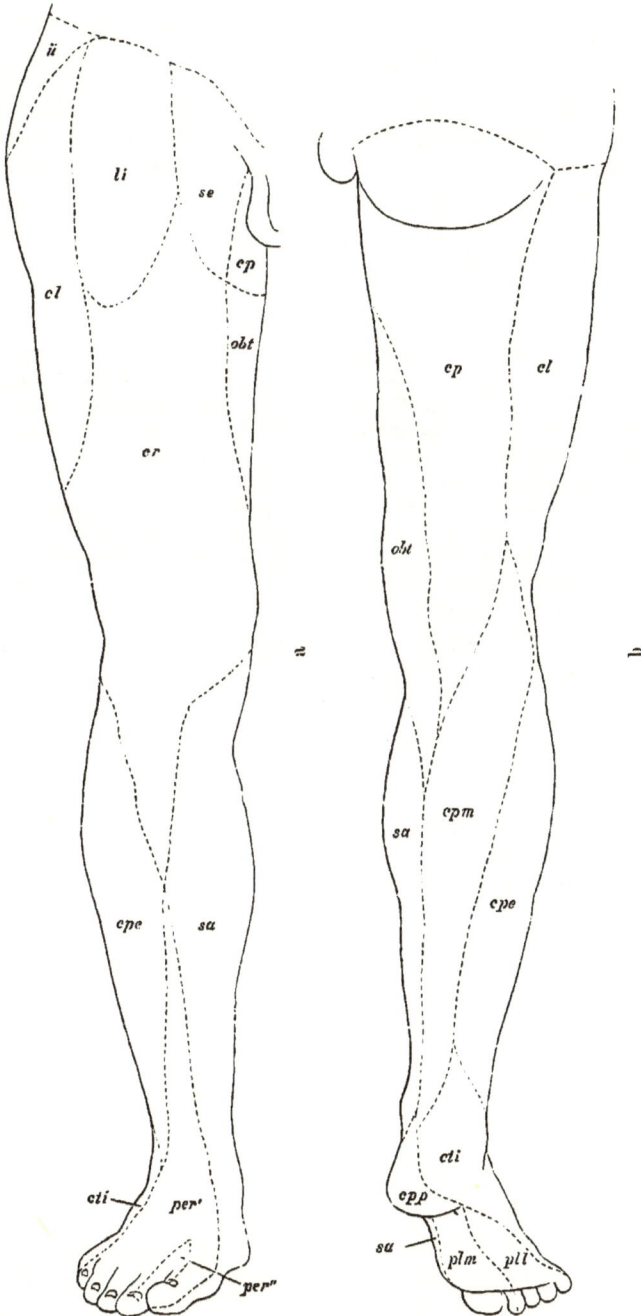

Fig. 98.

Hautnervengebiete der Beine (nach Hanlo). a vordere, b hintere Fläche. il N. ilio-inguin. li N. lumbo-inguin. so spermat. ext. cp N. cutan. post. cl N. cutan. lateral. cr N. cruralis. obt N. obturat. sa N. saphen. opo N. communn. peron. cti N. comn. tibial. por' por'' N. peronaei ram. superfic. und prof. cp n N. cutan. post. med. cpp N. cutan. plant. prop. plm, pli Nn. plantares nodialis und lateralis.

III. N. sympathicus.

1. Halstheil: Enge der Pupille mit Verlust der reflectorischen Erweiterung, sonst gut erhaltener Beweglichkeit, Verengung der Lidspalte, Zurücksinken des Bulbus, Gefässerweiterung (zuweilen Gefässverengerung) auf der kranken Kopfhälfte, Anidrosis (zuweilen Hyperidrosis) ebenda, Abflachung der kranken Gesichtshälfte. Bei Reizung des Nerven treten Erweiterung der Pupille und der Lidspalte, Vortreten des Augapfels, Gefässverengerung (zuweilen Gefässerweiterung), Hyperidrosis (zuweilen Anidrosis) ein.

Die im Halssympathicus vereinigten Augenfasern und Gefässfasern sind nicht nur im centralen Nervensystem, sondern auch in den Rami communicantes getrennt, daher nur Pupillen-Lid-Symptome oder nur Gefässveränderungen bei deren umschriebener Erkrankung; bes. sind bemerkenswerth die sympathischen Augensymptome bei Beschädigung des R. communicans vom 1. Brustnerven.

Die Läsion des Halssympathicus kann zu Stande kommen durch directe Verletzung von aussen, durch Druck von Geschwülsten, Uebergreifen von Entzündungen (von Lymphdrüsen u. s. w. aus). Zuweilen findet man die sympathischen Symptome, bes. Hyper- oder Anidrosis, Gefässveränderungen, ohne dass die Ursache nachzuweisen wäre.

2. Brust- und Bauchtheil: nichts Sicheres bekannt. Bei Läsion der Nn. cardiaci ist Verlangsamung der Herzaction zu erwarten, bei solcher der Nn. splanchnici Functionstörung des Darms, der Bauchdrüsen und Beckenorgane. Da, abgesehen vom N. vagus und N. pudendo-haemorrh., die sympathischen Bahnen die Verbindung zwischen den Organen der Bauch- und Beckenhöhle und dem Centralnervensystem darstellen, müssen alle bei Erkrankungen des letzteren vorkommenden Functionstörungen jener Organe durch Vermittelung sympathischer Fasern entstehen.

Ueber Neuritis.

Zur Neuritis rechnet man gewöhnlich alle Erkrankungen der Nerven, mögen entzündliche Veränderungen da sein, oder nicht. Dies ist insofern berechtigt, als sich eine strenge Trennung zwischen Entzündung und einfacher Entartung nicht durchführen lässt. Je nach der Art und der Menge des Giftes tödtet es die Nervenfasern bald rasch, so dass die Menge der Zerfallsproducte Entzündung hervorruft, bald langsam, so dass die Zerfallsproducte hinweggeführt werden können, ohne einen wahrnehmbaren Reiz auszuüben. Bald wirkt das Gift nur auf die Nervenfasern selbst zerstörend, bald schädigt es auch oder vorwiegend das Zwischengewebe. Man kann auch die Perineuritis nicht von der Neuritis scheiden, ebensowenig wie die Nervenentzündung von der Nervenentartung. Nur die secundäre Degeneration rechnet man nicht zur Neuritis.

Da die Natur nicht nach unseren Lehrbüchern arbeitet, scheidet sie auch nicht streng die Erkrankung des Gehirnes, des Rückenmarkes von der der peripherischen oder Aussennerven. Nicht selten, wahrscheinlich noch häufiger, als man es jetzt weiss, erkranken bei derselben Krankheit centrale und peripherische Fasern primär. A priori fit denominatio. Man rechnet die Tabes nicht zur Neuritis, weil diese bei ihr nicht die Hauptsache ist, und umgekehrt zählt man die Bleilähmung mit Recht zur Neuritis, mag auch einmal das Rückenmark miterkrankt sein. Decken sich die Gebiete der centralen und der peripherischen Erkrankung, so wird natürlich die erstere von der letzteren verdeckt.

Auch eine primäre Erkrankung der Muskeln kann neben der der Nerven vorhanden sein. Wahrscheinlich sind vielfach Neuritis und Myositis wesentlich gleich.

Das Bild der Neuritis ist begreiflicherweise je nach Ursache
und Ort sehr verschieden. Strenggenommen gehören zur Neuritis
die Ischias und viele andere sogenannte Neuralgien, der Herpes zoster,
ferner die sogenannte rheumatische Facialislähmung, die sogenannte
rheumatische Augenmuskellähmung und analoge Lähmungen anderer
Nerven. Es ist üblich, diese Dinge als besondere Krankheiten zu
beschreiben. Secundäre Entzündung einzelner Nerven kann durch
Verwundungen oder durch Uebergreifen der Entzündung von benachbarten Organen aus entstehen. Handelt es sich um eine directe Verletzung des Nerven, so haben wir entweder eine mechanische Zerstörung mit secundärer Degeneration vor uns und dann spricht man
nicht von Neuritis, oder aber es dringen mit der Verletzung Entzündungserreger in den Nerven ein, die dann eine wirkliche Neuritis
bewirken können. Ebenso können die Entzündungserreger von einer
dem Nerven benachbarten Wunde aus in den Nerven eintreten. Unter
diesen Umständen kann es zu der sogenannten Neuritis migrans,
beziehungsweise Neuritis ascendens kommen, von der früher viel
die Rede war, die aber in Wirklichkeit recht selten ist. Verläuft
der Process mehr oder weniger acut, so werden heftige Nervenschmerzen eintreten; der betroffene Nerv wird, wenn er dem Finger
erreichbar ist, höchst empfindlich sein, man wird ihn zuweilen als
knotigen Strang fühlen; auch das von ihm versorgte Gebiet wird
gegen Druck sehr empfindlich, besonders bewirkt schon geringer
Druck auf die Muskeln lebhaften Schmerz, später folgen Parästhesien,
Anästhesie, Parese, Lähmung, Muskelschwund mit Entartungsreaction,
zuweilen Veränderungen der Haut (Oedem, Blasenausschlag u. dergl.).
Sind Schmerzen und Verdickung der Nerven vorhanden, ohne dass
es zu den Zeichen einer Unterbrechung der Leitung kommt, so spricht
man wohl von Perineuritis. Zu erkennen ist die Krankheit leicht.
Am häufigsten wird sie mit hysterischen Störungen verwechselt, d. h.
es wird oft eine Neuritis ascendens diagnosticirt, wo nur hysterische
Erscheinungen, Schmerzen, Lähmung, Anästhesie vorhanden sind.
Die Unterscheidung wird nicht schwer sein, wenn man daran denkt,
dass die Neuritis sich an die anatomisch aufzeigbaren Wege hält,
die Hysterie nicht, dass bei dieser degenerative Atrophie, Verdickung
der Nerven u. s. w. nicht vorkommen, wenn man auf anderweitige
hysterische Stigmata achtet.

Uebergreifen der Entzündung von anderen Organen auf die Nerven
wird unter sehr verschiedenen Umständen beobachtet. Z. B. greift die
Meningitis an der Basis des Gehirnes auf die Hirnnerven über, Wirbel-
entzündungen können Neuritis im Wirbelloche verursachen, bei der

sogenannten Pachymeningitis cervicalis entstehen die Hauptsymptome durch Einwirkung der entzündlichen Schwarten auf die Wurzeln, eiterige Pleuritis kann Neuritis der Intercostalnerven bewirken, vereiternde Lymphdrüsen können benachbarte Nerven entzünden, bei Gelenkerkrankungen kann es zu Neuritis in der Nachbarschaft kommen u. s. f. Das Bild wird im Allgemeinen dem der infectiösen Neuritis bei Verletzungen gleichen. Allgemeine Angaben lassen sich nicht machen.

Der Begriff der multiplen Neuritis umfasst ebenfalls verschiedene Zustände. Die meisten toxischen Nervenerkrankungen im engeren Sinne stellen eine multiple Neuritis dar: Alkoholneuritis, Bleineuritis, Arsenikneuritis, Kohlenoxydneuritis u. s. w. An viele infectiöse Krankheiten können sich multiple Neuritiden anschliessen: Diphtherieneuritis, Typhusneuritis, Pneumonieneuritis, Scharlachneuritis, Influenzaneuritis, Tuberkuloseneuritis u. s. f. Bei einigen chronischen Krankheiten unerkannter Natur kommt Neuritis vor, z. B. beim Diabetes. Endlich kennen wir eine infectiöse Erkrankung, deren Wesen eine fieberhafte multiple Neuritis ist, die multiple Neuritis schlechtweg oder die Polyneuritis acuta, eine Krankheit, die offenbar verwandt ist mit der als Kakke oder Beriberi bekannten endemischen Neuritis.

Da es ganz unmöglich ist, alle einzelnen Formen hier zu besprechen, sollen nur die wichtigsten kurz geschildert werden. Wir beginnen mit der selbständigen Polyneuritis. Diese tritt in der Regel wie eine allgemeine acute Infectionskrankheit auf, mit mehr oder weniger hohem Fieber, Kopfschmerzen, Abgeschlagenheit, Benommenheit, Delirien, hie und da auch Milzschwellung, Albuminurie. Von vornherein pflegen heftige Schmerzen zu bestehen, aber diese sind im Anfange ziemlich unbestimmt und den Gliederschmerzen bei anderen Infectionskrankheiten ähnlich. Es kann daher die Krankheit in den ersten Tagen wohl verkannt werden. Da zuweilen auch Gelenkschwellungen sich zeigen, könnte man an Polyarthritis denken. Bald aber lassen die allgemeinen Erscheinungen nach und treten die örtlichen Symptome hervor. Gewöhnlich zeigt sich zuerst Parese eines Beines oder beider Beine. Nach den Beinen werden die Arme und ein Theil der Rumpfmuskeln ergriffen. Die Hirnnerven bleiben in der Regel frei, doch hat man auch ein- oder doppelseitige Gesichtslähmung, Augenmuskellähmungen beobachtet. Blasenstörungen treten nur ausnahmeweise auf, am ehesten kommt vorübergehende Harnverhaltung vor. Die gelähmten Muskeln sind gewöhnlich schlaff, sie nehmen rasch an Umfang ab, es kommt zu mehr oder weniger aus-

geprägter Atrophie mit Herabsetzung der elektrischen Erregbarkeit
oder Entartungsreaction. Die Lähmung ist keine gleichmässige, sondern die Muskeln sind in verschiedenem Grade betroffen, meist die
Strecker viel mehr als die Beuger, zuweilen bleiben einige Muskeln
im Gebiete der Lähmung verschont. Die Störungen der Empfindlichkeit bestehen hauptsächlich in Schmerzen und Parästhesien. Die
Schmerzen können im Anfange sehr heftig sein, sie scheinen manchmal dem Laufe der Nerven zu folgen, mit der Zeit aber lassen sie nach,
hören nicht selten sogar ziemlich rasch auf. Prickeln, Brennen, Gefühl
des Eingeschlafenseins zeigen sich besonders in den Endgliedern und
können lange andauern. Eines der wichtigsten Symptome ist die
Druckempfindlichkeit: die Nerven, die Muskeln, zuweilen auch die
Haut vertragen keinen Druck und die Kranken schreien oft auf,
wenn man z. B. die Wadenmuskeln kräftig anfasst. Eigentliche Anästhesie kommt selten vor, meist besteht nur Hypästhesie, auch
kann die Empfindlichkeit gar nicht vermindert sein. Die Reflexe
sind herabgesetzt oder erloschen. Nur ausnahmeweise hat man Steigerung der Sehnenreflexe beobachtet. Fast immer findet man Veränderungen der Haut: allgemeine oder umschriebene Hyperidrosis, Oedem,
besonders an Hand- und Fussrücken, zuweilen Erytheme, Herpes-
bläschen, Unebenheiten der Nägel, Veränderungen der Haare. In
gewissem Grade ist der Puls charakteristisch, trotz des Fieberabfalles
bleibt oft Tachykardie, nicht selten wird der Puls klein und unregelmässig. Auch seelische Veränderungen kommen vor: die Kranken
erscheinen zuweilen als auffallend vergesslich. Wenn nicht die Lähmung sich auf die Mehrzahl der Athemmuskeln ausbreitet und damit
Erstickung bewirkt, wenn nicht Herzlähmung eintritt, so ist der
Verlauf günstig und dies ist diagnostisch wichtig. Im Gegensatze
zu spinalen Erkrankungen endet die Polyneuritis in der Regel mit
vollständiger Heilung. Nur ausnahmeweise bleiben einzelne Muskeln dauernd gelähmt. Rückfälle sind nicht allzuselten. Die Polyneuritis acuta ist eine leicht zu erkennende Krankheit. Ist sie einmal
ausgebildet, so können Verwechslungen für den, der die Krankheit
überhaupt kennt, kaum vorkommen. Freilich wird oft fälschlich bei
ihr Spinallähmung diagnosticirt, aber es giebt keine Rückenmarkskrankheit, die ihr gliche. Die bei Erwachsenen seltene, früher viel
genannte Poliomyelitis verläuft ohne Störungen der Sensibilität, bei
ihr tritt die Lähmung, soweit es sich um Poliomyelitis acuta handelt,
plötzlich ein und geht dann langsam zurück, während die direct
betroffenen Muskeln rasch gänzlich zu Grunde gehen; die chronische
Form entwickelt sich von vornherein schleichend und schreitet stetig

fort, schädigt ausschliesslich die Musculatur. Nur in den Fällen, wo es sich um das Bild der acuten aufsteigenden Lähmung handelt, kann man zwischen Polyneuritis und Myelitis schwanken, denn bei beiden können Sensibilitätstörungen vorhanden sein. Immerhin wird die Betheiligung von Blase und Darm bei spinaler Erkrankung kaum fehlen und wird der Verlauf, sofern nicht ein rascher Tod eintritt, Aufklärung bringen. Gerade die acute aufsteigende Lähmung durch Neuritis scheint eine rasche und vollständige Genesung zuzulassen. Am ehesten wird die acute Polyneuritis mit der acuten Polymyositis verwechselt werden können. Das Stadium der Allgemeinerscheinungen, die Schmerzen, die Lähmung können bei beiden Krankheiten sehr ähnlich sein, doch fehlen bei der Polymyositis Druckempfindlichkeit der Nerven, Parästhesien und Hypästhesie, treten Erythem und Muskelschwellung in den Vordergrund. Bekanntlich gleicht das Bild der Polymyositis dem der Trichinose. Freilich giebt es möglicherweise Uebergangsformen: Polymyositis mit Betheiligung der Nerven.

Häufiger als die selbständige acute Polyneuritis sind die secundären Formen der multiplen Neuritis. Unter den nach Infectionskrankheiten vorkommenden Formen ist wohl die häufigste die Diphtherieneuritis. Sie ist ziemlich charakteristisch: Gaumenlähmung, Aufhebung der Accommodation, Schwäche der Beine mit Fehlen der Sehnenreflexe, das ist das Schema. In den leichtesten Fällen besteht nur Gaumenlähmung mit oder ohne Störung der Accommodation. In den schwereren treten Ataxie, Lähmung der Glieder und Muskelschwund hinzu. Ziemlich ähnlich soll der Diphtherieneuritis die seltene Pneumonieneuritis sein.

Zu der Tuberculose tritt die multiple Neuritis bald mehr acut, bald mehr chronisch hinzu. Manchmal handelt sich nur um mehr vereinzelte neuritische Symptome, zuweilen besteht das Bild einer schweren Polyneuritis.

Nicht gerade häufig, aber charakteristisch ist die Neuritis puerperalis. Im Wochenbette oder nach ihm entwickelt sich unter Schmerzen Lähmung im Gebiete der Nn. medianus und ulnaris, seltener im Gebiete des Peronaeus.

Unter den im engeren Sinne toxischen Neuritiden ist die wichtigste die Alkoholneuritis. Sie ist auch in diagnostischer Hinsicht besonders wichtig, da ihre Ursache begreiflicherweise oft verhehlt wird und der Arzt diese aus dem Bilde der als selbständige Krankheit auftretenden Neuritis erkennen soll. Die Krankheit beginnt fast immer mit reissenden Schmerzen in den Beinen. Dann kommen Schwäche und Unsicherheit der Beine, Schmerzen und Schwäche

der Arme. Mehr noch als bei anderen Neuritisformen ist der Alkoholneuritis eigen, dass die Strecker mehr als die Beuger leiden. Hängender
Fuss (Foot-drop) und hängende Hand, das ist das Kennzeichen. Kann
der Kranke noch gehen, so zeigt er wegen der Peronaeuslähmung
den Hahnentritt (Steppage). Die gelähmten Muskeln schwinden, man
findet an ihnen Entartungsreaction. Augenmuskellähmungen pflegen
nicht allzu selten zu sein. Nie fehlen neben den Erscheinungen der
Lähmung die Störungen der Sensibilität, ja diese treten zuweilen
in den Vordergrund. Ausser den Schmerzen ist gewöhnlich eine grosse
Druckempfindlichkeit vorhanden, Berührungen sind wie Brennen und
jeder Druck auf die kranken Muskeln ist äusserst peinlich. Die
Hypästhesie pflegt an den Unterschenkeln und Füssen am stärksten
zu sein und kann zur vollständigen Anästhesie werden. Häufiger
und stärker als bei anderen Formen der Polyneuritis ist hier die
seelische Störung. Abgesehen von den verschiedenen Formen des
Alkohol-Irreseins, die gelegentlich mit der Neuritis zusammentreffen
können, beobachtet man eine eigenthümliche Gedächtnissschwäche.
Die Kranken sind über Ort und Zeit nicht im Klaren, wissen nicht,
was sie vor einer Stunde gethan haben, erzählen fabelhafte Ereignisse,
die gar nicht eingetreten sind, halten Längstvergangenes für neu,
verkennen die Personen u. s. f. Diese Amnesie führt natürlich zu
einem gewissen Grade von Verwirrtheit. Manchmal geht ihr wohl
auch eine Zeit verworrener Erregtheit mit Sinnestäuschungen voraus.
Wenn die beschriebene Gehirnstörung zuweilen auch bei der idiopathischen Polyneuritis, vielleicht auch bei anderen Formen vorkommt, so ist sie doch der Alkoholneuritis besonders eigen.

Die Bleineuritis ist charakterisirt durch das bekannte Bild
der Lähmung der Hand- und Fingerstrecker mit Atrophie und Entartungsreaction, ohne fibrilläre Zuckungen, ohne jede Sensibilitätstörung. Den Beginn machen gewöhnlich die Strecker des vierten
und des dritten Fingers, dann folgen die der anderen Finger, dann
die der Hand. Der Supinator longus bleibt frei. Bei schweren Lähmungen werden auch die kleinen Handmuskeln, der Deltoideus und
andere Muskeln ergriffen. Selten sind die Beinmuskeln betheiligt,
am ehesten die Peronaeusmuskeln. Werden durch die Berufsthätigkeit
besondere Muskeln .in ungewöhnlicher Weise angestrengt, so können
diese zuerst erkranken und dadurch kann der Typus geändert werden.
Z. B. erkranken bei Feilenhauern oft zuerst die kleinen Daumenmuskeln der linken, den Meissel haltenden Hand.

Diagnostisch wichtig ist, dass zu den gewerblichen Vergiftungen
nicht selten Hysterie hinzutritt. Man kann also neben den neuritischen

Symptomen hysterische finden und muss sich hüten, beide gleichzustellen. So kann neben Bleilähmung Hemianästhesie oder Zittern
bestehen. Das Zittern der Quecksilberarbeiter soll immer hysterischer
Art sein. Bei Schwefelkohlenstoffarbeitern kommen hysterische und
neuritische Symptome vor u. s. f.

Während die Bleineuritis gewöhnlich durch Arbeit mit Blei, oder
durch sonstige tägliche Berührung mit Blei ganz langsam entsteht,
entwickelt sich die Arsenikneuritis gewöhnlich rascher, da sie
häufiger durch einmalige Vergiftung zu Stande kommt. In diesem
Falle treten nach einigen Wochen, wenn die Magendarmerscheinungen
vorüber sind, sehr heftige reissende Schmerzen in den Gliedern ein. ·
Dann kommt es zu Lähmung und Anästhesie, die zwar den grösseren
Theil der Glieder einnehmen können, zunächst aber und vorwiegend
sich an den Endgliedern, an Hand und Fuss zeigen (Akroneuritis).
Die gelähmten Muskeln schwinden, man findet an ihnen Herabsetzung
der elektrischen Erregbarkeit oder Entartungsreaction. Die Schmerzen
halten länger an als bei anderen Neuritisformen, die Genesung tritt
sehr langsam ein, ist manchmal nicht vollständig.

Im Allgemeinen beruht die Diagnose der Neuritis auf dem Zu-
sammenbestehen peripherischer Lähmung mit Störungen der Empfindlichkeit, besonders Schmerzen und Druckempfindlichkeit. Fehlen die
Sensibilitätstörungen wie bei der Bleineuritis, so könnte man zunächst
auch an eine Vorderhornerkrankung denken, doch wird diese auszuschliessen sein, wenn vollständige Heilung eintritt. Ueberdem hat
man, wenn das Bild charakteristisch ist, sich auf den in ähnlichen
Fällen gelieferten anatomischen Befund zu beziehen.

Erwähnt mag noch die Unterscheidung zwischen Neuritis und
Syringomyelie sein. Diese ist zwar in der Regel so charakteristisch,
dass sie von dem, der sie überhaupt kennt, kaum verkannt wird.
Langsam, ganz langsam eintretende individuelle Atrophie, fast immer
zuerst an den Armen, mit der eigenthümlichen Anästhesie, d. h. Thermoanästhesie und Analgesie ohne stärkere Betheiligung der Tastempfindlichkeit. Schmerzen und Druckempfindlichkeit fehlen gewöhnlich.
Die Anästhesie deckt sich nicht mit der Atrophie und entspricht
nie Nervenbezirken. Dazu tritt Steigerung der Sehnenreflexe an den
Beinen, beziehungsweise spastische Lähmung. Nur das ist zu betonen,
dass die Thermoanalgesie nicht pathognostisch für Syringomyelie ist,
sie kommt als solche auch bei Neuritis, bei Hysterie, bei anderen
Rückenmarkserkrankungen vor.

Man darf sich mit der Diagnose der Neuritis nicht begnügen.
Zwar ist diese werthvoll, da sie eine günstige Prognose möglich

macht. Aber eine wirksame Therapie (d. h. Beseitigung der Schädlichkeit) wird in vielen Fällen erst möglich, wenn die Art der Neuritis,
d. h. die Ursache, erkannt ist. Diese specielle Diagnose gründet sich
einmal auf die Anamnese, zum anderen aber auf den Befund selbst·
Schon jetzt können wir in vielen Fällen aus dem Befunde die Art
der Neuritis erkennen, hoffentlich wird unsere Kenntniss der Neuritisformen in Zukunft noch wachsen und diese Unterscheidungen immer
sicherer machen.

DRITTES HAUPTSTÜCK.

Localisation im Rückenmarke.

1. Um zu bestimmen, bis zu welcher Höhe des Rückenmarkes eine Querläsion reicht, hat man die Anästhesie, die Lähmung, das Verhalten der Reflexe zu berücksichtigen. Mit annähernder Sicherheit lässt sich etwa Folgendes sagen:

Bei Zerstörung des unteren Endes des Rückenmarkes (Conus terminalis), von dem der 3., der 4. und der 5. Sacralnerv entspringen, sind Blase und Darm, sowie die Muskeln des Beckenbodens (bes. der levator ani) ganz gelähmt, ist die Haut des Scrotum und der hinteren Penishälfte (der ganzen weiblichen Geschlechtstheile mit Ausnahme des Mons veneris), des grösseren Theiles der Hinterbacken und eines Dreieckes auf der Hinterseite der Schenkel, dessen Spitze etwa die Mitte des Schenkels erreicht, unempfindlich.

Sind auch der 2. und der 1. Sacralnerv mit ergriffen, so werden die Muskeln am Fusse und an der Wade gelähmt, die Anästhesie an der Hinterseite des Schenkels reicht bis zur Kniekehle und ist nach aussen verbreitet, der Achillessehnenreflex ist erloschen.

Ist auch der 5. Lendennerv ergriffen, so sind alle Ischiadicusmuskeln gelähmt und die Wade, sowie die äussere Hälfte des Fusses sind unempfindlich.

Manche nehmen an, dass der Tibialis anticus verschont bleibe, bez. seine Fasern aus der Höhe des 4. Lendennerven erhalte.

Ist auch ein Theil des oberen Lendenmarkes (3. und 4. Lendennerv) zerstört, so sind die meisten Beinmuskeln gelähmt, nur das obere Drittel der Vorderseite des Schenkels und ein schmaler Streifen an der Vorder-Innenseite bis zum inneren Knöchel sind noch empfindlich, das Kniephänomen erlischt.

Sind auch der 2. und der 1. Lendennerv ergriffen, so sind auch die Hüftbeuger gelähmt, die Anästhesie reicht vorn bis zur Leistenbeuge und hinten bis zu den oberen Lendenwirbeln, der Cremasterreflex erlischt.

Noch genauere Angaben werden vielfach gemacht, d. h. die einzelnen Muskeln werden einzelnen Segmenten des Markes zugetheilt, doch sind dafür kaum ausreichende Unterlagen vorhanden.

Bei Querläsionen des Brustmarkes hat man sich an die Anästhesie
und die Hautreflexe zu halten. Die Grenze der Anästhesie bildet
einen Gürtel und zwar verläuft die Linie mit wellenartigen Erhe-
bungen. Sind von der unteren Bauchhaut aus keine Reflexzuckungen
zu erzeugen, so sind das 11. und das 12. Segment betroffen, ist auch
vom Epigastrium aus kein Reflex zu bewirken, so umschliesst die
Läsion auch den Ursprung des 10. und des 9. Brustnerven. M. a. W.
die Reflexe von der Bauchhaut aus setzen das Vorhandensein des
Markes vom 9. zum 12. Brustnerven voraus. Umfasst die Läsion den
2. Brustnerven, so reicht die Anästhesie bis zu den Schlüsselbeinen,
die Muskeln des Bauches und die Strecker der Wirbelsäule sind gelähmt.

Vom 1. Brustnerven aus werden ein Theil der kleinen Handmuskeln und die Haut am ulnaren Rande der Hand versorgt. Ist
ausser dem Segmente des 1. Brustnerven auch das des 8. Halsnerven
ergriffen, so sind alle kleinen Handmuskeln und die Beuger des
Handgelenkes gelähmt, im Uebrigen die Arme frei, die Anästhesie
im Ulnarisgebiete reicht weiter herauf und ergreift auch das Me-
dianusgebiet. Bei Läsion des 7. Halsnerven sind auch die Strecker
der Hand gelähmt, es soll auch das Radialisgebiet der Hand ergriffen
sein. Bei Läsion des 6. Halsnerven werden weiter Serratus magnus,
Triceps, Latissimus und Teres mj., Pronatoren, Subscapularis ergriffen.
Das Bild wird nun sehr charakteristisch: Arme und Rumpf sind
ganz gelähmt (bis auf das Zwerchfell) und unempfindlich, die Arme
sind im Schultergelenke abducirt, nach auswärts gedreht, im Ellenbogen gebeugt, die Hände sind pronirt und gebeugt. Die eigenthümliche Stellung der Arme entsteht dadurch, dass die Mm. Deltoideus,
Biceps, Brachialis internus, Infraspinatus noch thätig sind. Empfindlich bleibt noch ein Streifen an der Aussenseite des Arms. Ergreift
endlich die Läsion auch das Gebiet des 5. Halsnerven, so werden
auch die vorhin genannten Schulterarmmuskeln (Delt., Bic., Brach.
int., Infraspin.) gelähmt, die Arme sinken schlaff herab und werden
fast ganz unempfindlich.

Eine Querläsion im Gebiete des 4. Halsnerven oder weiter oben
tödtet sofort, weil zu der Lähmung der anderen Athemmuskeln die des
Zwerchfelles hinzutritt, der Kranke also erstickt. Es können im oberen
Halsmarke nur kleine spinale Herde vorkommen, durch die Lähmung
der Scaleni, der Nackenmuskeln, der Rhomboidei, der Accessorius-
muskeln, Anästhesie der Schulter- und Nackenhaut, des Gesichtes
(durch Läsion der aufsteigenden Trigeminuswurzel) bewirkt werden.

Bei den Läsionen des unteren Halsmarkes sind die Pupillen verengert
wegen Läsion der sympathischen Augenfasern.

Die genauere Localisation der Halsmarkläsionen hat sich wesentlich auf den Nachweis der Lähmung zu gründen. Auch hier sind unsere Kenntnisse durchaus nicht vollendet; das Gesagte dürfte ungefähr klinisch zuverlässig sein. Noch genauere Angaben sind vorläufig kaum vertrauenswerth. Von der Anästhesie wissen wir nur, dass die untersten Halsnerven die Hand und vorwiegend die Innenseite des Armes, die mittleren die Aussenseite des Armes, die oberen Schulter, Hals und Nacken versorgen. Im Allgemeinen sind die Symptome maassgebend, die auf die höchste Stelle im Marke deuten.

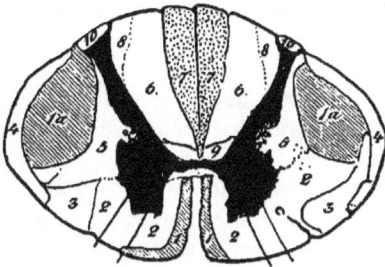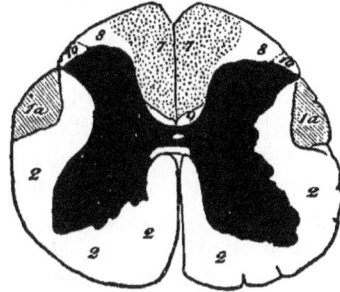

Fig. 99. Fig. 100.

Schnitt durch das Cervical- und durch das Lumbalmark mit Einzeichnung der ungefähren Grenzen zwischen den einzelnen Abtheilungen des Markmantels. Unter Benutzung der entwickelungsgeschichtlichen Grundlagen wesentlich nach Präparaten mit secundären Degenerationen des einen oder anderen Systems. 1 a Pyramiden - Seitenstrangbahn. 1 Pyramiden-Vorderstrangbahn. 2 Grundbündel der Vorderseitenstränge. 3 Fasciculus anterolateralis. 4 Kleinhirn-Seitenstrangbahn. 5 Seitliche Grenzschicht der grauen Substanz. 6 Aeussere Burdach'sche Hinterstränge, sind im Lendenmark nicht vorhanden. 7 Innere Goll'sche Hinterstränge. 8 Wurzeleintrittzone. 9 Ventrales Feld der Hinterstränge. (Nach Edinger.)

2. Ueber die Bedeutung der einzelnen Felder auf dem Querschnitte des Rückenmarkes sind wir nur ungenügend unterrichtet. Wir kennen den Verlauf der Pyramidenbahn, wissen, dass die in ihr vereinigten Fasern nach der Kreuzung in den Pyramiden in den hinteren Abschnitten der Seitenstränge (im oberen Marke auch an der Innenseite der Vorderstränge) herabziehen und allmählich mit den grossen Zellen der Vorderhörner in Verbindung treten, von wo aus die Erregung durch die vorderen Wurzeln in die Nerven eintritt. Wir wissen, dass alle sensorischen Bahnen mit den hinteren Wurzeln in das Mark einmünden, der Mehrzahl nach bald nach dem Eintritte sich kreuzen, d. h. in die andere Hälfte des Markes gelangen und dann theils in den Hintersträngen, theils in den Hinterhörnern aufwärts führen. Wir nehmen ferner mit Grund an, dass der Reflexbogen die hintere Wurzel mit den Vorderhornzellen der gleichen Höhe verknüpfe. Demnach wissen wir von den Feldern der weissen Substanz, welche Wirkung die Läsion des der Pyramidenbahn entsprechenden Feldes bewirkt und dass eine Läsion der Hinterstränge Fortsetzungen der hinteren

Wurzeln unterbrechen muss. Unbekannt ist die Function der Vorderstränge (natürlich abgesehen von den Pyramidenfasern im Halsmarke und von den durchziehenden vorderen Wurzeln), unbekannt die Function der Seitenstränge, soweit sie nicht Pyramidenfasern enthalten. Nehmen wir an, dass an irgend einer Stelle die ganze weisse Substanz des Rückenmarkes zerstört, die graue erhalten wäre und ebenso die ein- und austretenden Wurzeln verschont wären, so würden wir nur centrale Lähmung des unteren Körpertheiles und eine Störung der Empfindlichkeit in diesem zu erwarten haben. Genaueres über die letztere aber können wir nicht angeben; weder ihre Ausdehnung, noch die Antwort auf die Frage, ob alle Qualitäten der Empfindung leiden würden, ist bekannt.

Mit grösserer Zuversicht kann man von den Folgen der Zerstörung der grauen Substanz reden, da es krankhafte Zustände giebt, in denen nur sie wesentlich beschädigt wird. Wir wissen, dass Läsion des Vorderhorns in der Hauptsache so wirkt wie die der peripherischen Muskelnerven, Lähmung mit Schwund und Entartungsreaction ohne Veränderung der Empfindlichkeit verursacht, dass bei Zerstörung der hinteren grauen Substanz nur Anästhesie, und zwar Analgesie mit Thermoanästhesie, eintritt, dass in beiden Fällen die Reflexe erlöschen, deren Bogen durch das lädirte Stück führt.

3. Krankhafte Veränderungen des Rückenmarkes können auf dreierlei Art entstehen, es kann primär erkranken, Erkrankungen der Nachbarorgane können übergreifen, es entartet secundär bei Erkrankungen des Gehirns und solchen der Aussennerven, bez. der Wurzeln.

Es ist von vornherein verständlich, dass secundäre Entartungen keine klinischen Erscheinungen machen, da eben diese schon mit der Läsion der Theile, von denen die secundäre Degeneration abhängt, eingetreten sein müssen. Es haben daher sowohl die absteigenden Degenerationen bei Gehirnerkrankungen, als die aufsteigenden bei peripherischer Erkrankung nur anatomische, nicht klinische Bedeutung. Wahrscheinlich ist das Gebiet der aufsteigenden secundären Entartungen grösser, als man früher glaubte. Nicht nur nach Beschädigung der Spinalganglien und der hinteren Wurzeln kommen solche vor, sondern auch nach peripherischen Zerstörungen sensorischer und motorischer Theile. Wahrscheinlich ist die Hinterstrangerkrankung bei Tabes als secundäre Degeneration anzusehen. Wahrscheinlich sind manche Kernerkrankungen so zu deuten. Auch die Degenerationen im Nervensystem, die in manchen Fällen von Dystrophia musc. progr. gefunden worden sind, gehören vermuthlich hierher.

Dadurch schrumpft das Gebiet der primären Rückenmarkserkrankungen sehr ein. Von Erkrankung der weissen Substanz kommt eigentlich nur die amyotrophische Lateralsclerose in Betracht. Neben ihr stehen gewiss seltene Strangerkranknugen, die das Bild der spastischen Spinalparalyse zu liefern scheinen. Primäre Erkrankungen der grauen Substanz sind die Vorderhorndegenerationen, die theils Theilerscheinung der amyotrophischen Lateralsclerose, theils ihr coordinirte Erkrankungen sind, ferner die acute Poliomyelitis, die Gliosis spinalis. Weisse und graue Substanz leiden bei der multiplen Sclerose, die freilich wohl nie auf das Rückenmark beschränkt ist, und bei der acuten oder chronischen diffusen Myelitis, die durch verschiedene Infectionen zu Stande zu kommen scheint.

Die secundären Rückenmarkserkrankungen, sofern man unter diesen die von der Umgebung her übergreifenden versteht, sind dadurch ausgezeichnet, dass sie mit sog. Wurzelsymptomen beginnen, weil eine von aussen auf das Mark zudringende Erkrankung zuerst die Wurzeln schädigen muss. Zuckungen und umschriebene peripherische Lähmungen einerseits, Schmerzen, Parästhesien, Hyper- und Anästhesie andererseits gehen den eigentlichen Marksymptomen voraus und begleiten sie.

Das Bild der spinalen Meningitis besteht recht eigentlich aus Wurzelreizsymptomen: Schmerzhaftigkeit und Steifheit der Wirbel-säule, ausstrahlenden Schmerzen, Hyperästhesie eines grösseren oder kleineren Theiles der Körperoberfläche, Muskelspannungen, besonders Spannung der Bauch- und der Rückenmuskeln (Kahnbauch, Opistho-tonus), Steigerung der Reflexe.

Oertliche Wurzelsymptome entstehen, wenn da oder dort ein Druck ausgeübt wird. Wird der Wirbelcanal durch eine Verschie-bung der Knochen oder durch eine Geschwulst verengt, so entsteht das Bild der Querläsion mit vorausgehenden und begleitenden Wurzel-symptomen. Unter diesen treten besonders die Schmerzen hervor. Handelt es sich um das Halsmark, so beginnen heftige Schmerzen im Nacken und in den Armen, später folgen atrophische Lähmung dieser oder jener Muskelgruppe und cervicale Paraplegie. Bei Läsion in der Höhe des Brustmarkes tritt besonders der Gürtelschmerz in den Vordergrund. Je nachdem der Druck in sagittaler oder in seit-licher Richtung wirkt, sind die Symptome von vornherein doppel-seitig oder erst einseitig.

Acute Entzündung der Meningen kommt bei der Cerebrospinal-meningitis und bei tuberkulöser Meningitis vor. Chronische Menin-gitiden findet man am häufigsten bei Syphilis: Schwartenbildung. Hier entwickelt sich oft aus den Wurzelsymptomen das Bild der

Querläsion, bes. der des Brustmarkes: syphilitische Paraplegie oder
Spinalparalyse. In seltenen Fällen hat man eine chronische Verdickung der Dura um das untere Halsmark herum gefunden, so dass
dieses von einer geschichteten Schwarte umschlossen war, und man
hat diesen Zustand als besondere Krankheit beschrieben: Pachymeningitis cervicalis hypertrophica chronica. Dabei treten erst heftige
Schmerzen im Nacken und in den Armen ein, dann atrophische Lähmung der kleinen Handmuskeln und der Handbeuger, Ueberwiegen
der Strecker, schliesslich spastische Paraparese.

Läsionen des Rückenmarkes entstehen oft durch Verletzung:
Brüche der Wirbelsäule durch Sturz, Auffallen einer Last, Schussverletzung, Degen-, Messerstiche.

Grössere Blutungen im Wirbelkanale sind sehr selten. Sie könnten
etwa bei Scorbut oder bei Aneurysmabildung an den spinalen Arterien vorkommen. Die Symptome müssen dieselben sein, wie bei
einer Verletzung des Markes von aussen. Ausserdem aber giebt es
Blutungen im Innern des Markes, die bei Verletzungen der Wirbelsäule durch Sturz u. s. w. eintreten können. Dann reissen die Blutgefässe in der weicheren grauen Substanz und das Blut breitet sich
in dieser aus, u. U. als Cylinder. Auf diese Weise kann ein Bild entstehen, das ganz dem der Gliosis spinalis gleicht und von dieser
nur durch den acuten Beginn im Anschlusse an eine Verletzung und
durch den Mangel des progressiven Charakters unterschieden ist.

Von Wirbelerkrankungen kommen besonders die Wirbelcaries
und der Wirbelkrebs in Betracht. Jene ergiebt das bekannte Bild
der Rückenmarkscompression mit dem Pott'schen Buckel. Bei Carcinom wird gewöhnlich eine Infiltration der Wirbelknochen gefunden, die zu Verengung der Wirbellöcher führt, daher Druck auf die
Wurzeln, ausserordentlich heftige Schmerzen, Paraplegia dolorosa.
Nachweisbare Veränderungen der Wirbelsäule können lange Zeit
fehlen. Andere Neubildungen (Fibrome, Sarkome) gehen meist von
den Meningen aus. Man muss an sie denken, wenn ohne jede nachweisbare Ursache langsam örtliche Wurzelsymptome auftreten, an
die sich die Zeichen einer Quer- oder Halbläsion anschliessen.

Ob das Rückenmark überhaupt erkrankt ist, ist nur dann leicht
zu sagen, wenn entweder die Zeichen der Halbläsion oder die der
Querläsion vorhanden sind, oder aber ein bestimmtes Krankheitsbild
(etwa das der acuten Poliomyelitis, das der Tabes) besteht. Sind
nur Zeichen da, die möglicherweise auf eine Theilläsion des Querschnittes (graue Substanz, Seitenhinterstränge) deuten, so muss nach
den früher gegebenen Regeln verfahren werden.

VIERTES HAUPTSTÜCK.

Localisation in der Oblongata und im Gehirn.

1. Das verlängerte Mark enthält bekanntlich ausser den abwärts ziehenden Pyramidenbahnen und den aufwärts ziehenden sensorischen Bahnen die Kerne der meisten Hirnnerven. Die Hirnnervenlähmung allein macht die Diagnose einer Läsion der Oblongata und ihre nähere Bestimmung möglich. Hat man eine genaue Vorstellung von der Lage der Kerne, so weiss man das für die Localisation Nöthige (Fig. 101).

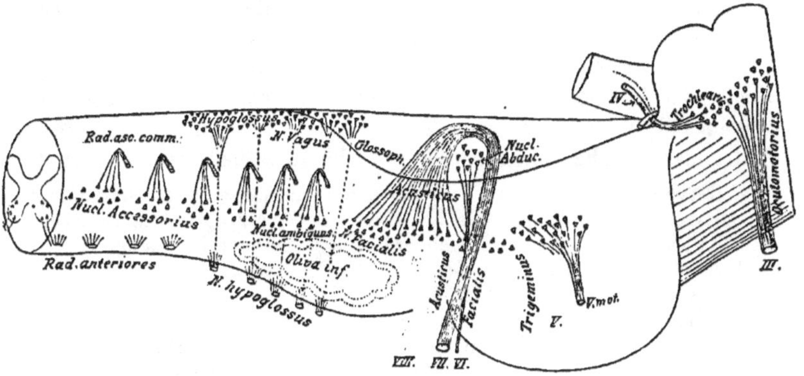

Fig. 101.
Die Lage der Hirnnervenkerne. Die Oblongata und der Pons durchsichtig gedacht. Die Ursprungskerne (mot.) schwarz, die Endkerne (sons.) roth. (Nach Edinger.)

Bestehen nur Hirnnervenlähmungen, so wird gefragt, ist die Läsion extra oder intra medullam. Am einfachsten liegt die Sache bei der systematischen Entartung der motorischen Oblongatakerne, der progressiven Bulbärparalyse. Hier werden symmetrisch ganz allmählich die Kerne des Hypoglossus, des Facialis, des Vagus zerstört. Die Symmetrie, die strenge Beschränkung auf die Motilität, der langsame stetige Verlauf machen die Diagnose leicht. Wie früher erwähnt wurde, kann durch Grosshirnherde ein ähnliches Bild entstehen, doch fehlen dann die Kennzeichen der peripherischen Lähmung.

Sind nur einzelne Kerne betroffen, wie es bei der Tabes vorkommt, so ist eine sichere Unterscheidung zwischen Kern- und Nervenerkrankung nicht möglich. Bei Erkrankungen am Boden der hinteren Schädelgrube fehlen fast nie die durch Reizung der Dura entstehenden Schmerzen und das Erkranken mehrerer Oblongatanerven ohne systematische Auswahl leitet ohne Weiteres auf diesen Ort.

Sind ausser den Kernen auch die langen Bahnen beschädigt, was durch Blutungen, Erweichungen, entzündliche Herde, Geschwülste geschehen kann, so finden wir centrale Lähmung mit Hirnnervenlähmung. Ueber die Localisation in diesen Fällen ist früher gehandelt worden (vgl. S. 85). Die sensorischen Bahnen müssen natürlich im dorsalen Theile der Oblongata gesucht werden, doch ist Genaues über ihren Verlauf nicht bekannt. Die Bedeutung der Oliven und anderer bisher nicht erwähnter Oblongatatheile ist unbekannt.

Hervorzuheben ist, dass bei Läsion des Facialiskerns nur das untere Facialisgebiet gelähmt ist, dass bei Läsion der Kernregion des Abducens gewöhnlich der M. internus des anderen Auges insoweit beschädigt ist, als er beim Seitwärtssehen nach der Seite der Läsion als gelähmt erscheint, während die Convergenz unbehindert ist. Ueber eine primäre Erkrankung des Acusticuskernes ist so gut wie nichts bekannt.

Bei acuten Erkrankungen der Oblongata wird oft Erbrechen beobachtet, man bezieht es auf die Schädigung des Vaguskernes. Sobald diese doppelseitig ist, treten natürlich schwere Störungen der Athmung ein, daher ausgedehnte Herde der Oblongata rasch tödten.

2. Die Brücke enthält ebenfalls die Pyramidenbahnen (ventral), die sensorischen Bahnen (in der Schleife), ausserdem die Kerne des Trigeminus. Eine Trennung zwischen dem unteren Theile der Brücke und dem oberen Theile der Oblongata ist natürlich nicht durchführbar. Wie hoch hinauf ein Herd reicht, ergiebt sich eben aus der Hirnnervenlähmung. Primäre Erkrankung nur des Trigeminuskerns scheint nur bei Tabes (Kaumuskellähmung ohne oder mit Anästhesie) vorzukommen.

Grössere Herde der Brücke ergeben gewöhnlich alternirende Lähmung; alles Nöthige über Brückenlähmungen ist früher beigebracht worden (vgl. S. 83). Bei einseitigen Herden, die die Schleife treffen oder auf sie übergreifen, entsteht Hemianästhesie der anderen Seite; Geschmack und Gehör sollen fast immer frei bleiben. Bei Herden, die über die Mittellinie hinausreichen, entsteht natürlich doppelseitige Anästhesie.

3. Der Fuss des Hirnschenkels wird zum Theile von der Py-

ramidenbahn gebildet, die Haube enthält die sensorische Bahn. Eine Läsion des Fusses bewirkt totale Hemiplegie, die der Haube Hemianästhesie. Wegen der Enge des Raumes begleiten Störungen der Empfindlichkeit verhältnissmässig oft die Hemiplegie. Erkennbar wird eine Läsion des Hirnschenkels erst, wenn auch die diesen durchsetzenden Fasern des Oculomotorius beschädigt sind: Hemiplegie mit Oculomotoriuslähmung der anderen Seite. Die Lähmung des 3. Nerven ist bei Herden im Inneren des Hirnschenkels gewöhnlich partiell. Schädigt ein basaler Tumor den letzteren, so tritt erst totale Oculomotoriuslähmung ein und ihr folgt die Hemiplegie. Begreiflicherweise ist jene zuweilen doppelseitig.

4. Die an der inneren Seite des Hirnschenkels austretenden Oculomotoriusfasern entstammen einzelnen Gruppen von Nervenzellen, die unterhalb und seitlich vom dritten Ventrikel liegen. Am weitesten nach vorn liegen die Kerne der Fasern für den M. ciliaris und den M. sphincter iridis, dann folgen die für die verschiedenen äusseren Augenmuskeln. Man vermuthet, dass die einzelnen Kerne folgende Anordnung haben:

Sphincter iridis	Musc. cil.	
Levator palp.	Rectus int.	Mittellinie.
Rectus sup.	Rectus inf.	
Obliquus inf.		

Nach hinten schliesst sich der Trochleariskern an. Alle diese Kerne stehen wahrscheinlich in vielfacher Verbindung mit anderen Theilen. Bei der verhältnissmässig langen Kernreihe ist es begreiflich, dass durch kleinere Läsionen dieser Gegend partielle Augenmuskellähmungen verschiedener Art vorkommen. (Vgl. S. 334). Nach aussen liegen die Zellen, aus denen die absteigende Trigeminuswurzel entspringt; man streitet, ob sie sensorischer oder motorischer Art sei.

Es kommen in der Umgebung des 3. Ventrikels systematische Degenerationen vor (reflectorische Pupillenstarre, Ophthalmoplegia interior oder exterior), ferner Erweichungsherde; man hat hier aber auch eine subacute sog. „hämorrhagische Entzündung" (bei Alkoholismus und bei anderen Vergiftungen) beobachtet und in diesen Fällen war die Augenmuskellähmung von einer eigenthümlichen Schlafsucht begleitet.

Oberhalb der Augenmuskelkerne liegen die Vierhügel. Man weiss, dass die Läsion der vorderen Vierhügel Sehstörungen bewirkt. Natürlich kommt es gewöhnlich auch zu Augenmuskellähmungen, ob aber eine auf die hinteren Vierhügel beschränkte Läsion an und für sich solche hervorruft, das weiss man nicht sicher. Die klinische Erfahrung hat nur ergeben, dass dann, wenn die Symptome aus cerebellarer Ataxie und doppelseitiger Augenmuskellähmung bestehen, man eine Erkrankung der Vierhügelgegend erwarten darf. Besonders Aufhebung der Augenbewegungen in vertikaler Richtung hat man bei solchen Gelegenheiten gesehen. Es scheint, dass zuweilen auch Herderkrankungen in der Nähe des 3. Ventrikels reflectorische Pupillenstarre, die sonst nur Tabes-Symptom ist, bewirken.

5. Ueber die Wirkung der Läsionen des Kleinhirns weiss man recht wenig. Anscheinend macht Zerstörung der Hemisphäre keine deutlichen Symptome, während die des Wurmes Schwindel und die sogenannte cerebellare Ataxie (vergl. S. 106) bewirkt. Dabei besteht gewöhnlich Erbrechen, das ohne nachweisbare Veranlassung von Zeit zu Zeit auftritt. Bei Tumoren im Kleinhirn hat man die Sehnenreflexe fehlen sehen, doch ist es zweifelhaft, ob es sich hier um ein directes Symptom handelt. Von den Kleinhirnstielen lässt sich nur sagen, dass bei einseitiger Beschädigung des Crus cerebelli ad pontem Zwangsbewegungen, besonders Drehungen um die Längsachse beobachtet werden, wenn die Läsion mehr oder weniger acut eintritt.

6. Die im Hirnschenkel vereinigten motorischen und sensorischen Bahnen gelangen auf ihrem Wege zur Hirnrinde zunächst zwischen die sogenannten Stammganglien, in den Streifen weisser Masse der nach innen vom Linsenkern, nach aussen vom Thalamus opticus liegt und innere Kapsel genannt wird. Im hinteren Schenkel der inneren Kapsel finden wir sie noch vereinigt. Man nimmt an, dass im Knie die motorischen Bahnen zu den Muskeln des Kopfes, in den vorderen zwei Dritteln des hinteren Schenkels die Bahnen zu den Glieder- und Rumpfmuskeln liegen, und zwar die Armbahn vor der Beinbahn, während im letzten Drittel die sensorischen Bahnen vereinigt sind. Läsion der inneren Kapsel bewirkt demnach totale Hemiplegie, die mit Hemianästhesie verbunden ist, wenn der Herd auch das hintere Drittel beschädigt (vergl. S. 82 u. 202).

Ueber die Wirkung einer Läsion der Stammganglien weiss man noch nichts bestimmtes. Ist die innere Kapsel nicht beschädigt, so fehlen Lähmung und Anästhesie. Man hat abnorme Bewegungen (Chorea, Ataxie) nach Linsenkernerkrankungen beobachtet, aber dieselben Erscheinungen können auftreten, wenn in anderen Höhen Herde der Pyramidenbahn so nahe liegen, dass sie eine reizende Wirkung haben, und andererseits hat man den ganzen Linsenkern zerstört gefunden, ohne dass Symptome vorhanden gewesen wären. Manche glauben, dass der Sehhügel Beziehungen zu den mimischen Bewegungen habe, dass diese fehlen bei seiner Zerstörung, gesteigert seien bei Reizung. Sicher ist, dass bei Zerstörung des Pulvinar Hemianopsie eintritt. Die Sehbahn verläuft nach neueren Untersuchungen vom Corpus genicul. ext., dem Sehganglion, und von dem Pulvinar in der Höhe der 1. Temporalfurche und der 2. Temporalwindung nach hinten gegen den Boden der fissura calcarina (H e n s c h e n). Mag sie da oder dort beschädigt werden, immer tritt gekreuzte Hemianopsie ein.

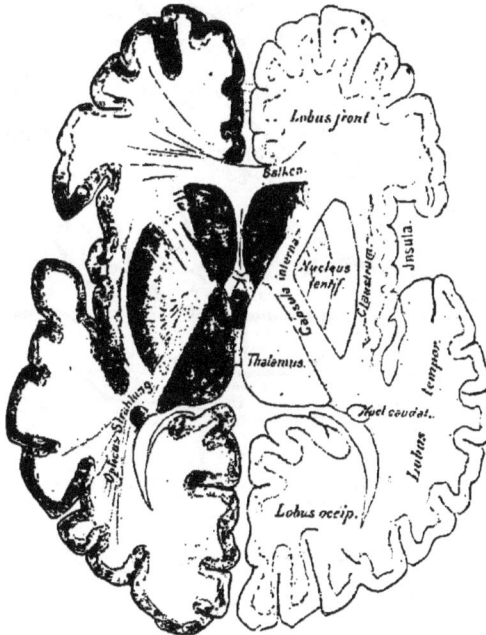

Fig. 102.
Horizontalschnitt (nach den Seiten etwas abfallend) durch das Gehirn. (Nach E d i n g e r).

7. Verhältnissmässig mehr als von den übrigen Theilen des Gehirns wissen wir von der R i n d e d e s G r o s s h i r n s. Wir nehmen mit guten Gründen an, dass die seelischen Vorgänge an die Gehirnrinde geknüpft seien, ohne sie nicht bestehen können. Wenn daher bei einer organischen Gehirnkrankheit seelische Störungen, besonders Verdunkelung des Bewusstseins, auftreten, schliessen wir, dass die Gehirnrinde im Allgemeinen geschädigt sei. Ob diese oder jene Windungen besondere Bedeutung in seelischer Beziehung haben, wissen wir nicht, man vermuthet nur, dass besonders die Stirnwindungen den höheren seelischen Vorgängen dienen.

Dagegen wissen wir von einzelnen Windungen bestimmt, dass ihre Läsion Störungen der Beweglichkeit oder der Wahrnehmungs-

fähigkeit bewirkt. Als motorische Region werden die beiden Centralwindungen (aufsteigende Stirn-, aufsteigende Scheitelwindung), deren

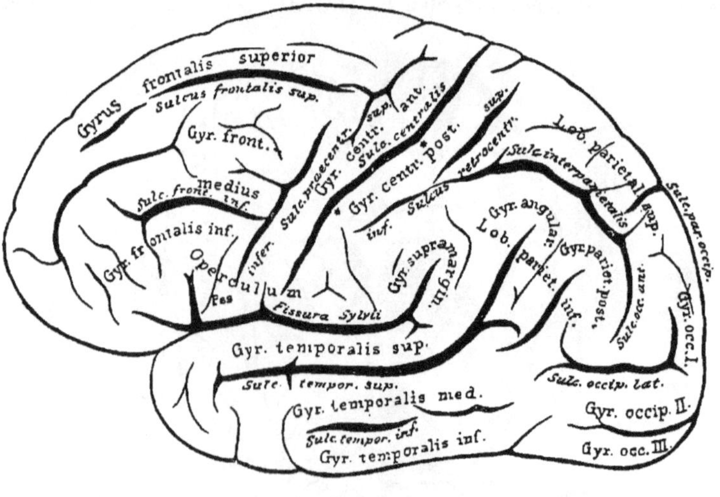

Fig. 103.

Seitenansicht des Gehirns. Die Gyri und Lobuli sind mit Antiquaschrift, die Sulci und Fissurae
mit Cursivschrift bezeichnet.

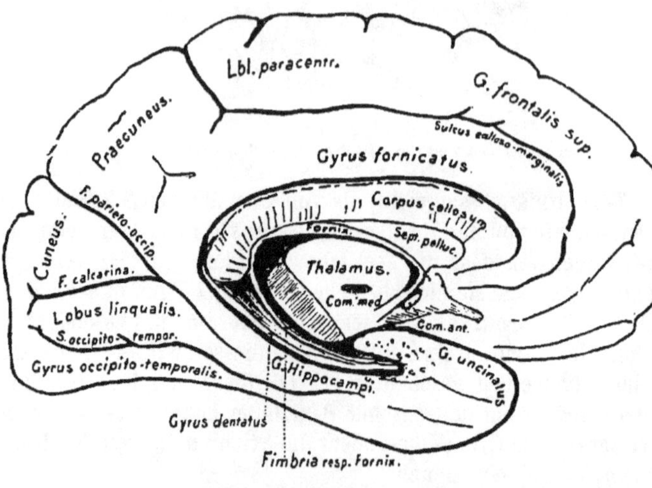

Fig. 104.

Längsschnitt durch die Mitte eines Gehirns vom Erwachsenen. Der hintere Theil des Thalamus,
die Hirnschenkel u. s. w. sind abgetrennt, um die Innenseite des Schläfenlappens frei zu legen.

Fortsetzung der Lobulus paracentralis ist, bezeichnet. Ihre Reizung bewirkt Krämpfe, ihre tiefere Schädigung oder Zerstörung Lähmung der gegenüberliegenden Körperhälfte. Das untere Drittel dieser Windungen ist „Centrum" für die Muskeln des Gesichts und der Zunge, das mittlere für den Arm, das obere Drittel (bei Hinzurechnung des Lobul. paracentralis) für das Bein. Je nach der Ausdehnung der Schädigung wird die Wirkung verschieden sein. Wirkt ein stärkerer Reiz auf das „Centrum" ein, so entstehen Zuckungen in dem entsprechenden Muskelgebiete der anderen Seite. Dauert der Reiz an, so pflanzt sich die Reizung auf die übrigen Centra der gleichen und dann auch auf die der anderen Seite fort, d. h. der örtliche Krampf wird halbseitig und dann allgemein. Bei jedem Anfalle partieller Epilepsie (vergl. S. 124) ist besonders darauf zu achten, wo der Krampf beginnt, denn da sitzt die primäre Läsion. Oft gehen Parästhesien der zuerst zuckenden Theile voraus, ja bei leichteren Reizungen können diese allein, an Stelle der Krämpfe auftreten und sich wie solche ausbreiten (sensorisches Aequivalent). Sind die epileptischen Krämpfe von vornherein allgemeine, so ist auf eine Reizung der gesammten motorischen Region zu schliessen.

Wird aus der oberflächlichen Schädigung eine tiefere, so folgt nach einem Anfalle oder vielen Anfällen partieller Epilepsie Lähmung, oder diese tritt von vornherein auf. Meist handelt es sich um Monoplegien (vergl. S. 87); damit eine totale Hemiplegie zu Stande komme, muss das ganze motorische Gebiet zerstört sein, ein Fall, der bei der Ausdehnung dieses nicht häufig ist. Die Rindenlähmung ist oft, aber nicht immer von Hypästhesie begleitet, wie es scheint besonders dann, wenn auch die hintere Centralwindung beschädigt ist. Genaues über die Localisation corticaler Anästhesie weiss man nicht. Oft bestehen neben der Rindenlähmung abnorme Bewegungen: Chorea, Athetose, einzelne Zuckungen, Ataxie. Auch können schon paretische Glieder noch zeitweise von partieller Epilepsie ergriffen werden.

In der Rinde des Hinterhauptlappens ist das „Sehcentrum" zu suchen, dessen einseitige Zerstörung contralaterale Hemianopsie, dessen doppelseitige Zerstörung Blindheit (mit normaler Pupillenbewegung und normalem Augenhintergrunde) bewirkt. Hauptsächlich der Cuneus (bez. die Umgebung der Fissura calcarina) scheint „Sehcentrum" oder „Sehsphäre" zu sein. Bei leichterer Beschädigung dieser Theile kann die Sehfähigkeit nur vermindert sein, insbesondere hat man dann beobachtet, dass die Kranken die Dinge wohl sahen, aber nicht erkannten und sich nicht orientiren konnten. Bei Reizung des Hinterhauptlappens treten wahrscheinlich subjective Gesichtsempfindungen, bez. -wahrnehmungen ein.

Wird der Fuss der dritten (unteren) linken Stirnwindung (die Broca'sche Stelle) zerstört, so kann der Kranke nicht mehr sprechen, es besteht motorische Aphasie. Je nach der Ausdehnung der Läsion kann er die Worte überhaupt nicht finden, oder nur nicht aussprechen, besteht Agraphie daneben oder nicht (vergl. S. 50).

Ist die erste (oberste) linke Schläfenwindung zerstört, so hört der Kranke noch, versteht aber die Worte nicht mehr, es besteht Worttaubheit oder sensorische Aphasie. Auch hier giebt es Nebenformen, die offenbar von dem Orte der Läsion abhängen (vergl. S. 51). Durch die Läsion der Insula Reilii soll Paraphasie entstehen. Die Unfähigkeit zu lesen, die Alexie bezieht man auf Läsionen in der Gegend des Gyrus supramarginalis. Offenbar ziehen zwischen der Broca'schen Stelle und der 1. Schläfenwindung, zwischen dieser und dem Sehcentrum unter der Rinde verschiedene Bahnen hin, durch deren Verletzung Nebenformen der Aphasie, Schreibe-, Lesestörungen verschiedener Art entstehen können, ohne dass wir vorläufig mit Sicherheit aus dem klinischen Bilde das anatomische erschliessen könnten. Ist sowohl die 3. Stirnwindung als die 1. Schläfenwindung links zerstört, so kann der Kranke weder sprechen noch verstehen, es besteht vollständige Aphasie.

Ueber die Folgen einer Zerstörung der übrigen, bisher nicht genannten Hirnwindungen ist nichts Bestimmtes bekannt. Manche nehmen an, dass die Abweichung der Augen nach der Seite des Herdes, die sogenannte Déviation conjuguée, die bei Läsionen der Grosshirnhalbkugeln oft eintritt, auf eine Beschädigung des Gyrus angularis zu beziehen sei. Auch glaubt man zum Theil, dass Läsionen in dieser Gegend Ptosis des gegenüberliegenden Auges bewirken können. Doppelseitige Beschädigung der Schläfenwindungen verursacht vielleicht Taubheit. Im Gyrus uncinatus vermuthet man das „Riechcentrum" und in seiner Nähe das „Geschmackcentrum".

8. Wenn eine Läsion die Fasern des Stabkranzes zwischen der Rinde und der inneren Kapsel trifft, so wird das Bild dem eines Rindenherdes um so ähnlicher werden, je näher die Läsion der Rinde ist (Monoplegie, partielle Epilepsie, Aphasie), um so ähnlicher dem der Kapselherde, je weiter die Rinde abliegt. Doch sind wir nicht im Stande eine Läsion des Centrum ovale mit Sicherheit zu erkennen, da positive Zeichen fehlen. —

Je nachdem die Zerstörung einer Gehirnstelle deutliche Symptome macht oder nicht, kann man zwischen differenten und indifferenten Stellen unterscheiden. Die Symptome müssen in directe und indirecte getrennt werden, jene hängen nur von dem Orte der Läsion ab, diese von ihrer Art, von der Wirkung der Läsion auf die Umgebung durch Druck, durch Veränderung des Blutlaufes u. s. w. Gäbe es nur directe Symptome, so würden alle Erkrankungen der indifferenten Hirnstellen unerkannt bleiben. Vermöge der Fernwirkung der Läsion aber kann jedes Symptom auch von indifferenten Stellen aus bewirkt werden. Die bisher gegebenen Regeln gelten zunächst nur unter der Voraussetzung, dass es sich um directe Symptome handle. Ob aber das einzelne Symptom direct oder indirect ist, kann man ihm nicht ansehen, das ergiebt sich nur aus der Betrachtung des Falles im Ganzen, besonders aus dem Verlaufe. Die krankhaften Zustände, die im Gehirne beobachtet werden, sind Blutungen, Erweichungen, Geschwülste, Abscesse, acute Entzündungen, primäre Sklerosen. Erkrankungen der Meningen und des Schädels können durch Druck oder durch übergreifende Entzündung das Gehirn beschädigen. Es ist von vornherein ersichtlich, dass je nach der Art des Vorganges das Verhältniss zwischen directen und indirecten Symptomen verschieden sein muss. Primäre Sklerosen werden fast nur directe Symptome machen, Erweichungen bewirken indirecte Symptome nur dann, wenn sie plötzlich eintreten und dadurch die Circulation weithin stören. Blutungen, die plötzlich beginnen, üben einen starken Druck auf das Gehirn aus, um so mehr, je grösser sie sind und je rascher sie entstehen, sie drücken im Anfange auf die Umgebung des Herdes, machen sie ödematös. Geschwülste endlich und Abscesse bewirken einen starken Druck, der mit der Geschwindigkeit ihres Wachsthumes zunimmt und gewöhnlich das ganze Gehirn schädigt. Aehnlich wirken von aussen drückende Gebilde. Im Allgemeinen kann man die Erkrankungen, die indirecte Symptome machen, in zwei Gruppen scheiden. Die einen beginnen plötzlich und erreichen sofort ihre grösste Stärke (Blutungen und plötzliche Gefässverschliessungen); hier ist im Anfange der grösste Theil der Symptome indirect, allmählich aber verschwinden im weiteren Verlaufe die indirecten Symptome und schliesslich bleiben nur die directen übrig, ist aber eine indifferente Stelle getroffen, so können alle Symptome verschwinden. Die andere Gruppe bilden die Tumoren (im weitesten Sinne des Wortes). Sitzen sie an differenten Stellen, so bewirken sie anfänglich nur directe Symptome, allmählich aber werden diese von den indirecten überwuchert. Tumoren an indifferenten Stellen können natürlich nur indirecte Symptome haben, sie schädigen zuerst ihre Nachbarschaft. In beiden Fällen haben wir einen progressiven Verlauf, indem die Fernwirkung immer weiter reicht, erweitert sich das Symptomenbild immer mehr.

24*

Der plötzlichen Gehirnläsion entspricht der Schlaganfall oder apoplectische Insult (vergl. S. 25).

Das Gegenstück zum Schlaganfalle ist der allmählich wachsende Gehirndruck. Da ein Druck, der die weiche Gehirnmasse trifft, sich leicht fortpflanzt, so kommt es, wo auch der Druck einsetzt, ziemlich rasch zu den Erscheinungen des allgemeinen Gehirndruckes. Diese sind allgemeiner, heftiger, gewöhnlich bohrend genannter Kopfschmerz, Erbrechen, Pulsverlangsamung, Beeinträchtigung der seelischen Thätigkeiten (Benommenheit, Gedächtniss- und Urtheilschwäche, Verstimmung, Sinnestäuschungen, Wahnvorstellungen), Ohnmachten, allgemeine Krämpfe und die Stauungspapille. Neben ihnen gehen die Herderscheinungen her und je mehr sie ausgesprochen sind, um so mehr ist eine Localisation möglich. Im Allgemeinen lässt sich etwa folgendes sagen.

Tumoren an der Basis machen zunächst Hirnnervenlähmungen und durch Beschädigung der Dura Schmerzen. Der, der das Bild der Gehirnbasis vor Augen hat, kann nach den Nervensymptomen die Stelle der Läsion ziemlich gut bestimmen. In der vorderen Schädelgrube wird der Olfactorius betroffen, der Opticus, der 1. Trigeminusast und die Augenmuskelnerven liegen nahe bei einander. Tumoren am Türkensattel (Hypophysis) schädigen zunächst das Chiasma, dann die Augenmuskelnerven und den 1. Trigeminusast. In der mittleren Schädelgrube sind ausser den Augenmuskelnerven und dem Trigeminus der Tractus opticus und der Hirnschenkel zu schädigen. In der hinteren Schädelgrube kommen die unteren 6 Hirnnerven dazu; in der Nähe des Felsenbeins liegen Facialis, Acusticus und Abducens bei einander, die übrigen liegen noch weiter nach hinten. Die Hirndrucksymptome sind bei den meisten Basistumoren gering.

Das Umgekehrte ist bei Kleinhirngeschwülsten der Fall. Durch Druck auf die Vena magna Galeni entsteht weitgreifende Stauung, es kommt zu Hydrocephalus internus, frühzeitig entwickelt sich Stauungspapille, Erbrechen und Kopfschmerz sind stark. Dazu kommen die Kleinhirnsymptome: cerebellare Ataxie, Schwindel, Fehlen des Kniephänomens. Je nach der Druckrichtung werden ferner die Oblongata oder das Vierhügelgebiet geschädigt.

Tumoren in einer der Hemisphären können, wenn sie an einer indifferenten Stelle sitzen, ausschliesslich die Symptome des allgemeinen Hirndruckes bewirken; häufiger bestehen neben diesen wenigstens Zeichen, die auf Schädigung einer Hemisphäre deuten, Hemiparese, aphatische Störungen. Bei Tumoren des Stirnhirns hat man Gleichgewichtstörungen beobachtet. Die Regel ist, dass neben den Hirndrucksymptomen von vornherein directe Symptome vorhanden sind, die nach den früher gegebenen Regeln zu beurtheilen sind. Reizerscheinungen (Krämpfe, Spannungen, Parästhesien) gehen oft voraus. Sitzt die Geschwulst an der Oberfläche oder dieser nahe, so besteht örtlicher Kopfschmerz (Läsion der Dura) mit Empfindlichkeit gegen Klopfen. Nicht selten kommen auch bei Hemisphärengeschwülsten Hirnnervenlähmungen dadurch zu Stande, dass die Nerven gegen die Schädelbasis angedrückt werden.

Die Diagnose einer Gehirngeschwulst kann sich natürlich nur auf die Hirndrucksymptome gründen, während die Herdsymptome zur Localisation dienen. Die eigentlichen Tumoren sind von den Abscessen zu unterscheiden: bei diesen besteht selten Stauungspapille, ist Eiterfieber mit Kachexie vorhanden, ist eine Quelle der Eiterung (Otitis, putride Bronchitis, Pyämie u. s. w.) vorhanden. Von den Neubildungen sieht man am häufigsten Gliome und Tuberkel. Diese kommen vorwiegend im jugendlichen Alter und neben anderen tuberkulösen Erkrankungen vor, sitzen oft im Kleinhirn und in der Umgebung, der Brücke, dem Hirnschenkel. Gliome kommen am häufigsten in den Hemisphären vor, während ihres Wachsthums werden oft apoplectische Anfälle beobachtet. Syphilome sind selten, anderweite syphilitische Symptome und der Erfolg der Behandlung müssen zur Diagnose helfen. Die gummatöse Meningitis an der Basis darf nicht zu den Tumoren gerechnet werden, sie macht fast nur directe Symptome. Die eigentlichen (vom Knochen ausgehenden) Basisgeschwülste sind fast immer Sarkome. Auf manche Formen (Carcinom, Cysticercus, Echinococcus) kann man nur vermuthungsweise schliessen, wenn die Geschwulstart an anderen Orten nachzuweisen ist. Psammome, Angiome u. s. w. sind Seltenheiten. Adenomartige Geschwulstbildungen können von der Zirbel oder dem Hirnanhange ausgehen, an sie ist zu denken, wenn die Symptome auf die Vierhügel oder auf das Chiasma weisen.

Als seltene Erkrankung kommt bei Erwachsenen chronischer Hydrocephalus ohne nachweisbare Ursache vor. Er macht die Erscheinungen allgemeinen Hirndruckes und wird u. U. kaum von einer Geschwulst zu unterscheiden sein. Wie es scheint, sind doppelseitige spastische Paresen eine Hauptwirkung des Hydrocephalus.

DRITTER THEIL.

Man geht im Allgemeinen beim Diagnosticiren auf zwei Wegen vor. Entweder man bestimmt erst den Ort der Erkrankung (Localisation) und dann die Art. Gegenüber einem Muskelschwunde z. B. legt man sich die Frage vor, ob die Muskeln, oder die Nerven, oder die Vorderhörner primär erkrankt seien, und wenn etwa das Letztere anzunehmen ist, sucht man zu bestimmen, ob es sich um eine acute Entzündung oder um einen langsamen Schwund der Ganglienzellen, oder etwa um eine mechanische Beschädigung durch eine Neubildung, oder um sonst etwas handelt. Dieser ordnungsmässige Weg ist nicht immer gangbar, in vielen Fällen sind wir genöthigt, ein klinisch fixirtes Krankheitsbild aus Anamnese, Befund und Verlauf zu erschliessen. Diesen zweiten Weg müssen wir gehen, wenn die anatomischen Läsionen überhaupt nicht bekannt sind, oder doch die Beziehung der einzelnen Symptome auf bestimmte anatomische Veränderungen unausführbar ist, obwohl wir im Allgemeinen wissen, diesem Krankheitsbilde entspricht jenes anatomische Bild.

Im Bisherigen hat die Localisation die Hauptrolle gespielt, es bleibt noch übrig, über die Diagnose der Nervenkrankheiten einiges beizubringen, bei denen die Localisation nicht ausführbar, oder doch nur im Allgemeinen möglich ist und die Hauptaufgabe die ist, aus dem Ergebniss der Untersuchung einen klinischen Begriff zu gewinnen. Wenigstens sollen im Folgenden nur Diagnosen dieser Art etwas eingehender besprochen werden, während im Uebrigen in der Hauptsache auf frühere Erörterungen verwiesen werden kann und hier nur kurze Hinweise auf wichtige Punkte angefügt werden.

Vollständigkeit kann nicht erreicht werden. Es ist ja gar nicht möglich, die „Nervenkrankheiten" streng von den anderen Krankheiten abzutrennen. Der Gebrauch spielt da eine Rolle, denn manche Krankheiten, die früher als Nervenkrankheiten angesehen wurden (z. B. der geradezu Nervenfieber genannte Abdominaltyphus), gelten heute nicht mehr dafür und umgekehrt werden manche Nervenkrankheiten von heute später anderswo abgehandelt werden. Eigentlich giebt es im klinischen Sinne nur Symptome von Seiten des Nervensystems, in anatomischen Läsionen des Nervensystems. Weder befallen die „Nervenkrankheiten" immer primär das Nervensystem (die meisten Gehirnkrankheiten sind nur Zufälle im Laufe von Gefässkrankheiten), noch beschränken sie sich auf dieses (s. z. B. den

Alkoholismus). Dabei ist der ganz willkürlichen Abtrennung mancher Krankheiten, die man zur Toxikologie zu verweisen pflegt, und der im Grunde undurchführbaren Scheidung zwischen Neuropathologie und Psychiatrie noch nicht gedacht. Demnach ist also jede Aufzählung der Nervenkrankheiten eine Auswahl.

Bei der Diagnose ist es wichtig, dass der Arzt wisse, an welche Krankheiten er zunächst zu denken habe, welche oft vorkommen. Deshalb sind die weniger häufigen Formen hier nur kurz erwähnt.

I. Exogene Nervenkrankheiten.

I. Metallvergiftungen.

Bei Verdacht auf diese ist nach dem Gifte zu suchen (Vergiftungen im Gewerbe, durch Medicamente, durch Gebrauchsgegenstände, Selbstmordversuche. Untersuchung des Harns und anderer Abscheidungen).

Practisch kommen eigentlich nur Blei und Arsenik in Betracht. Beide schädigen besonders die peripherischen Nerven (siehe Neuritis), bei starker langdauernder Einwirkung wohl auch das Rückenmark. Das Blei ruft ausnahmeweise Hirnzufälle hervor (Kopfschmerzen, epileptische Anfälle, Verwirrtheit).

Die Diagnose der Bleivergiftung ist gewöhnlich leicht, da die häufigeren Zufälle (die Streckerlähmung der Hände und die Kolik mit Verstopfung und starker Spannung des Pulses) sehr charakteristisch sind. Die gewöhnliche Bleilähmung könnte etwa mit einer sehr seltenen Form des Muskelschwundes, bei der auch die Strecker der Finger und der Hände zuerst erkranken und über dessen Wesen nichts bekannt ist, mit ähnlichen Lähmungen durch Druck auf den Vorderarm oder durch Aethereinspritzung daselbst verwechselt werden. Bei abweichenden Formen der Bleilähmung wird ohne den Nachweis des Bleies die Diagnose selten möglich sein. Bei Verdacht achte man auf den grauen Saum am Zahnfleische und die gewöhnlich sehr blasse Farbe der trockenen Haut bei Bleikranken.

Die Arsenik-Neuritis ist ebenfalls sehr charakteristisch (s. S. 355). Man könnte sie etwa mit der infectiösen Polyneuritis, vielleicht auch mit der Alkoholneuritis verwechseln. Das Gift ist oft schwer zu finden, wenn es in der Umgebung der Kranken versteckt ist (Tapeten, Möbelstoffe, Kleider, ausgestopfte Thiere u. s. f.). Bei acuten Vergiftungen ist es im Harn zu finden. Die Kranken sind oft blass, etwas cyanotisch, schwitzen leicht, haben Hautausschläge, Haar- und Nagelerkrankung.

2. Alkoholismus.

Der chronische Alkoholmissbrauch führt je nach seiner Grösse und der Widerstandsfähigkeit des Trinkers früher oder später zu einer Erkrankung des Gehirns, manchmal zu einer der peripherischen Nerven. Auch indirect, d. h. dadurch, dass er auf die Arterien wirkt und Atheromatose hervorruft, wird er Ursache vieler Gehirnerkrankungen.

Das Hauptsymptom ist ein langsam fortschreitender Schwachsinn, auf dessen Boden die verschiedensten Formen seelischer Störung erwachsen können (Jähzorn, Anfälle von Wuth, von Angst, vereinzelte Wahnvorstellungen, besonders der sog. Eifersuchtwahn, Delirium tremens, hallucinatorischer Wahnsinn). Schnapssäufer leiden oft an epileptischen Anfällen. Volksthümlich ist das Zittern der Säufer. Wegen der Alkohol-Neuritis s. S. 353. Eine seltene Complication ist die hämorrhagische Entzündung im Gebiete der Augenmuskelnervenkerne (S. 365). Bei der Diagnose der verschiedenen Formen des Alkoholismus darf man nicht vergessen, dass die Kranken gewöhnlich leugnen. Man darf sich also dadurch nicht behelligen lassen, muss, wenn Verdacht besteht, die Angehörigen, die Nachbarn fragen. In der Regel giebt das Aeussere des Kranken eine Andeutung, doch nicht immer. Auch das Zittern kann fehlen. Man thut gut, wenn eins der erwähnten Symptome vorhanden ist, an den Alkohol zu denken. Das Delirium tremens bietet selten diagnostische Schwierigkeiten. Massenhafte Täuschungen mehrerer Sinne, mit Vorwiegen der Gesichtstäuschungen, meist peinlichen und erschreckenden Inhaltes, häufig durch Vielzahl (viele kleine Thiere, Menschenschaaren) und Beweglichkeit ausgezeichnet, versetzen den Kranken in Aufregung und verwirren ihn, obwohl gewöhnlich ein gewisser Grad von Besonnenheit erhalten bleibt. Sie nehmen am Abend und in der Nacht zu. Der Schlaf fehlt. Es besteht Zittern oder Beben des ganzen Körpers; die Haut ist feucht; Fieber fehlt in der Regel, tritt nur in besonders schweren Fällen auf. Wegen der Unterscheidung des anderweiten Alkohol-Irreseins von ähnlichen Formen muss auf die Psychiatrie verwiesen werden. Die Alkohol-Neuritis wird oft verkannt. Man wird gut thun, bei jeder Polyneuritis unbekannten Ursprungs nach Alkohol-Missbrauch zu forschen. In seltenen Fällen täuscht die Alkohol-Neuritis Tabes vor, meist kann das Verhalten der Pupillen den Ausschlag geben. Freilich kommen auch Verbindungen des Alkoholismus mit Tabes, mit progressiver Paralyse, mit Syphilis, mit Tuberkulose u. s. w. nicht allzuselten vor.

3. Nervenkrankheiten nach acuten Infectionskrankheiten.

Aehnlich wie die anderen Gifte können die nach Infectionen im Körper entstehenden Giftstoffe das Nervensystem schädigen. Bei diesen Nachkrankheiten leiden gewöhnlich die Nerven, oder das Gehirn, oder beide. Seltener sind primäre Schädigungen des Rückenmarkes (verstreute Herde, die denen der multiplen Sclerose ähnlich sind).

Manche Infectionskrankheiten bewirken oft nervöse Nachkrankheiten, manche selten; diese sind zuweilen charakteristisch, zuweilen nicht. Nach der Diphtherie kommen nervöse Störungen wohl am häufigsten vor. Bald nach Ablauf der acuten Krankheit trifft man dann die 3 Cardinalsymptome: Lähmung des Gaumensegels, Verlust der Accommodation, Fehlen des Kniephänomens. In leichten Fällen kann die Gaumenlähmung allein oder nur mit der Sehstörung auftreten, in schweren gesellen sich weitere Symptome hinzu: Lähmungen äusserer Augenmuskeln, Schlundlähmung, allgemeine Schwäche mit Ataxie, verbreitete Lähmungen mit Muskelschwund. Parästhesien, Hypästhesie. Hirnsymptome sind selten. Dagegen kann neben der Neuritis die diphtherische Herzerkrankung bestehen und, was jene kaum thut, den Tod herbeiführen.

Nach puerperalen Erkrankungen beobachtet man am häufigsten Hirnsymptome: Delirien, hallucinatorische Verwirrtheit, seltener die puerperale Neuritis (s. S. 353).

Auch nach Typhus sind Gehirnerkrankungen häufig. einfache Schwächezustände, von Vergesslichkeit und Denkschwäche bis zu ausgesprochenem Blödsinne. Sinnestäuschungen. Wahnvorstellungen. Die typhöse Neuritis beschränkt sich bald auf einzelne Nerven (z. B. Abducens-, Peronäuslähmung), theils ist sie eine Polyneuritis. Bei dieser kann die amnestische Geistesstörung in den Vordergrund treten, sofortiges Vergessen aller Erlebnisse, Ausfallen eines Theiles der Lebensgeschichte.

Weiter sind hier zu nennen Scharlach, Erysipel, Polyarthritis acuta, Pocken, Malaria, Pneumonie, Keuchhusten. Besonders zahlreich, wenn auch nicht charakteristisch sind die nervösen Störungen nach Influenza; Nervenschmerzen scheinen am häufigsten zu sein. Nach Tripper hat man Ischias, Polyneuritis, auch Myelitis beobachtet.

Bei der Diagnose kann man sich zuweilen auf den Befund stützen, wie bei Diphtherie-Neuritis, in der Hauptsache aber ist man auf die Anamnese angewiesen. Man muss sich vor der Verwechselung mit Alkoholismus oder mit Tabes hüten und darf die Gehirnsymptome, die Wirkung der Vergiftung sind, nicht denen gleichstellen, die Ausdruck angeborener Anlage sind und die ebenfalls nach Infectionskrankheiten auftreten können (Nervosität, Hysterie, melancholische Zustände u. s. w.).

4. Nervenkrankheiten durch primäre Erkrankung der Blutgefässe.

Bei und nach den verschiedensten acuten Infectionskrankheiten kommen auch Entartungen der Gefässwände vor, die zu Blutungen in der Schädelhöhle, sehr selten in dem Wirbelkanale Anlass werden können. Je nach den Umständen kommen auch Embolien oder Thrombosen vor. So entstehen Hemiplegieu bei Diphtherie, Typhus u. s. w. Der Arzt steht natürlich nur den örtlichen Symptomen gegenüber und kann die Ursache nur aus dem Zusammenhange der Erscheinungen, bez. der Anamnese erkennen.

Die weitaus wichtigste Gefässkrankheit ist die Atheromatose. Ueber das Vorkommen der miliaren Aneurysmen an den Hirnarterien, über den Gefässverschluss durch atheromatöse Veränderungen und die Beurtheilung der durch sie bewirkten plötzlichen Hirnerkrankungen ist schon früher einiges beigebracht worden (s. S. 26 und S. 67). Die Fragen, ob Blutung, ob Erweichung, ob Embolie, die Localisation des Herdes sind in der Regel von geringerer Bedeutung als die Frage nach der Ursache der Gefässerkrankung: Unterscheidung zwischen gewöhnlicher Atheromatose und syphilitischer Arterienerkrankung, ferner Nachweis etwaiger Bleivergiftung, des Alkoholismus u. s. w.

Bei progressiver Paralyse und seltener bei multipler Sclerose kommen apoplectische Anfälle mit Hemiplegie, bez. Aphasie vor, ohne Blutung oder Erweichung.

In seltenen Fällen hat man bei Nephritis, aber auch bei Pneumonie und anderen Krankheiten unter Insult entstandene Hemiplegien beobachtet, ohne dass nach dem Tode eine entsprechende Hirnveränderung nachzuweisen gewesen wäre.

Grössere Aneurysmen bewirken in der Schädelhöhle (Carotis int., Vertebralis) Tumorsymptome, Aortenaneurysmen können zu Recurrenslähmung, Neuralgien, auch bei Usur der Wirbel zu Compression der Wurzeln und des Markes führen. Aneurysmen der peripherischen Arterien können Neuralgien, Lähmung u. s. w. durch Druck auf die benachbarten Nerven hervorrufen.

Von den Herzkrankheiten führt am ehesten die Endocarditis als Quelle von Embolis zur Schädigung des Nervensystems. Die

Angina pectoris kann mit Angstzuständen bei Nervösen, Hysterischen
verwechselt werden.

Eine merkwürdige Erscheinung sind die Anfälle von Petit mal bei der
(wahrscheinlich auf Atherom des Aortaanfanges beruhenden) Bradykardie.

5. Erkrankungen des Nervensystems bei chronischen Infectionskrankheiten.

Die Tuberkulose kann sich kundgeben als tuberculöse Meningitis (Fieber, Kopfschmerzen, Erbrechen, Benommenheit, Nackenstarre, Hirnnervenlähmungen, Krämpfe und Lähmung der Glieder),
als Tuberkelgeschwulst im Gehirn (Zeichen einer Herdläsion oder
eines Tumor, vorwiegend häufig in der hinteren Schädelgrube), als
Neuritis tuberculosa (umschriebene oder Polyneuritis, amnestische
Geistesstörung), als Caries der Wirbel (Querläsion des Markes mit
Gibbus im Brust- oder Halstheile). Bei der Diagnose hat man sich
auf das Vorhandensein anderweiter Zeichen von Tuberkulose, auf
das Fehlen sonstiger Ursachen, auf das jugendliche Alter der Kranken
zu stützen. Man versäume nie, wenn die ersten Zeichen einer Compression des Rückenmarkes (Wurzelschmerzen, bes. Gürtelschmerz
und Steigerung der Sehnenreflexe an den Beinen) vorhanden sind,
die Wirbelsäule genau zu untersuchen.

Wenn gelegentlich einzelne Nerven durch tuberculöse Herde
beschädigt werden, wenn umschriebene Knochenherde Nervenschmerzen vortäuschen, müssen die Umstände des einzelnen Falles erwogen
werden.

Die Syphilis bewirkt in der ersten Zeit nach der Infection
am ehesten Nervenschmerzen (Gesicht, Scheitel, Hinterkopf; nächtliche Steigerung; rasches Verschwinden auf Jodkalium hin), seltener
die sog. syphilitische Epilepsie (partielle Krämpfe, bald auch andere
Zeichen einer Hirnrindenläsion; Einfluss der specifischen Behandlung).
Diese Epilepsie durch Rindenläsion darf nicht mit hysterischen Anfällen, die während der secundären Syphilis vorkommen können, verwechselt werden.

Während der tertiären Periode sind 3 Syndrome am häufigsten,
die theils allein, theils nach einander, theils zusammen vorkommen:
multiple Hirnnervenlähmung durch gummatöse Meningitis an der
Gehirnbasis, plötzlich eintretende Herdläsionen durch syphilitische
Erkrankung der Gehirnarterien, syphilitische spastische Spinalparalyse durch Meningomyelitis (am häufigsten des Brusttheiles). Ziemlich selten sind grössere Gummata im Gehirn (Tumor-Erscheinungen),

Erkrankung der Wurzeln im Wirbelcanale, einzelner peripherischer Nerven.

Die Diagnose hat sich zu gründen auf anderweite Zeichen der Syphilis, auf das Alter der Kranken, auf die Einwirkung der specifischen Behandlung und auf gewisse Eigenthümlichkeiten der Nervensyphilis. Solche sind das Zunehmen der Schmerzen in der Nacht, das Anfallartige, die Unbeständigkeit, das Schwanken der Symptome (Insulte mit rasch verschwindender Lähmung, vorübergehende, bez. wiederkehrende Hirnnervenlähmung), das Aufeinanderfolgen der oben genannten Syndrome bei demselben Kranken. Bei der multiplen Hirnnervenlähmung kommen ausser der Syphilis fast nur bösartige Neubildungen, selten Tuberkulose in Betracht. Die syphilitische Arteriitis befällt bes. die Art. basilaris und ihre Zweige, etwas seltener die Art. fossae Sylvii. Aus dem negativen Erfolge der Behandlung ist nicht viel zu folgern, da nekrotisch gewordenes Gewebe natürlich nicht ersetzt werden kann und das schwielige Gewebe mancher tertiären Bildungen der Behandlung oft widersteht.

Verwechselt kann die tertiäre Syphilis des Nervensystems werden mit Gefässerkrankung durch Atheromatose, mit multipler Sclerose, mit anderweiten Neubildungen. Zuweilen ist es nicht möglich, bei den vorübergehenden Lähmungen mit Sicherheit zu sagen: ist es noch tertiäre Syphilis, oder schon Metasyphilis, d. h. Tabes, bez. progressive Paralyse. Dies gilt bes. von den Augenmuskellähmungen und den leichten apoplectischen Anfällen. Die Therapie täuscht natürlich, da es ja in der Beschaffenheit des Zufalles liegt, vorüberzugehen.

6. Der metasyphilitische Nervenschwund (Tabes dorsalis und Dementia paralytica).

Die Ursache dieser häufigen Krankheiten ist die Syphilis, aber es handelt sich um „Nachkrankheiten", d. h. um anatomisch und symptomatisch selbständige Krankheiten, deren conditio sine qua non das Vorausgehen der Infectionskrankheit ist. Wenn auch niemand an Tabes oder an Dementia paralytica erkrankt, der nicht früher Syphilis gehabt hat, so sind doch offenbar Nebenbedingungen erforderlich. Deren wichtigste scheint Ueberreizung des Gehirns und Rückenmarkes zu sein. Besonders bei der Paralyse spielt das Uebermaass an intellectueller und gemüthlicher Anstrengung eine Rolle, daher sie vielfach als eine Art von Marodenr der Civilisation betrachtet worden ist. Bei der Tabes kommen vielleicht körperliche Anstrengungen in Betracht. Die früher viel genannten Erkältungen,

die Traumata u. s. w. sind offenbar nur Anstösse, die die schon vorhandene Krankheit zum Ausbruche bringen. Die Patienten erkranken mehrere Jahre (etwa 2—15, durchschnittlich 7) nach der Infection, deren nächste Folgen oft sehr mild gewesen sind. Alle
übrigen Umstände erklären sich aus dieser Thatsache. Es erkranken
in der Regel Personen, die 30—50 Jahre alt sind, weil die Infection
zwischen dem 20. und dem 40. Jahre am häufigsten ist. In seltenen
Fällen von Tabes oder Paralyse bei Greisen handelt es sich um
Spätinfectionen, in denen von Erkrankung Jugendlicher um Früh-
infection oder um ererbte Syphilis. Männer erkranken viel häufiger
als Weiber, weil sie häufiger inficirt werden (in beiden Fällen ergiebt sich ein Verhältniss etwa von 6 : 1). Städtebewohner erkranken
häufiger als Landleute; Kaufleute, Soldaten, Künstler, überhaupt
Weltleute häufiger als Geistliche, Quäker: immer ist die Ursache
dieselbe.

a) Die Tabes ist nicht nur eine der häufigsten, sondern auch
eine der langwierigsten, die an Symptomen reichste und diagnostisch am besten zu fassende der exogenen Nervenkrankheiten.

Sie beginnt in der Regel ganz langsam und gewöhnlich führen
zuerst die Schmerzen den Kranken zum Arzte, die Kranken klagen
über „Rheumatismus" in den Beinen, doch kann schon jetzt ein-
sachverständiger Arzt aus ihrer Schilderung das Richtige vermuthen.
Die tabischen Schmerzen treten in Anfällen auf, sei es nach einer
Erkältung oder ohne nachweisbaren Anlass. Sie sind fast immer
stechend, „bald sticht es da, bald sticht es dort". Bald gleichen sie
Nadelstichen, bald Messerstichen, bald elektrischen Schlägen. Seltener
werden sie als brennend, bohrend, schnürend geschildert. Ihre Stärke
wechselt vom Geringfügigen bis zum Unerträglichen. Oft ist während des Schmerzes die Haut an seiner Stelle überempfindlich. Selten
kommt es daselbst zu Ekchymosen oder zu Herpesausbrüchen. Der
Anfall setzt sich aus secunden- oder minutenlangen Schmerzen zusammen und dauert einen Tag, einige Tage, bez. Nächte. Ist er
vorüber, so fühlt sich der Kranke zunächst wieder ganz wohl. Oft
findet der Arzt schon zu dieser Zeit objective Symptome. Das wichtigste, das in der grossen Mehrzahl der Tabesfälle vorhanden ist,
in diagnostischer Hinsicht das Cardinalsymptom ist die reflectorische
Pupillenstarre. Sie kommt ausserhalb der Tabes höchst selten vor,
wahrscheinlich nur dann, wenn eine Herderkrankung in der Nähe
des 3. Ventrikels auch die Fasern zerstört, von deren Läsion die
Pupillenstarre abhängt. Sieht man von diesen Raritäten ab, so ist
mit dem Nachweise der reflectorischen Pupillenstarre die Diagnose

der Tabes gegeben. Ausser der reflectorischen Starre kann man finden: unregelmässige (eckige) Form, Ungleichheit, Erweiterung oder Verengung der Pupillen. Die starke Verengung der Pupillen (die sog. spinale Myosis) entwickelt sich gewöhnlich erst in den späteren Zeiten der Krankheit. Dagegen können zwei wichtige Augensymptome sehr früh, zuweilen schon vor den Schmerzen auftreten: alle möglichen Augenmuskellähmungen, die ohne Anlass kommen, nach einiger Zeit verschwinden, oft wiederkommen und dann zuweilen dauernd werden, und Sehschwäche durch Atrophie des Sehnerven, die meist auf einem Auge beginnt, dann auch das andere ergreift, mit Stillständen bald rasch bald langsam fortschreitet und schliesslich zu Blindheit führt. Zu den Schmerzen, den Augensymptomen kommen ferner als frühe Hauptzeichen: das Erlöschen des Kniephänomens und die Blasenstörung. Das Kniephänomen kann im Anfange gesteigert sein, erlischt manchmal erst an einem Beine, kehrt wohl auch vorübergehend zurück. Die Blasenstörung ist oft gering, es muss darnach gefragt werden, aber sie fehlt sehr selten: die Kranken müssen beim Wasserlassen drücken, hie und da verlieren sie wider Willen kleine Mengen, sie müssen eilen, wenn der Drang sich meldet. Die Störungen der Empfindlichkeit: Parästhesien und Hypästhesie, sind oft schon früh vorhanden, lassen in anderen Fällen ziemlich lange auf sich warten. Zuerst zeigt sich gewöhnlich das Romberg'sche Zeichen: der Kranke steht nicht sicher, sobald er sich nicht mehr durch die Augen im Raume orientiren kann. Ameisenkriechen und andere Empfindungen werden in den Beinen, am Damme, am Gesässe, im Ulnarisgebiete wahrgenommen. Später fühlen die Kranken eine Einschnürung des Leibes, das Gürtelgefühl, das gewöhnlich zuerst in der Nabelhöhe auftritt, allmählich sich nach oben verschiebt. Manchmal ist es nicht wie ein Gürtel, sondern die Kranken glauben, eine schwere Platte auf dem Leibe oder der Brust zu fühlen. Nun kann man gewöhnlich auch Hypästhesie an den Füssen, Unterschenkeln, am Damme u. s. w. nachweisen. Alle Formen kommen vor, am häufigsten allgemeine Herabsetzung mit Vorwiegen der Analgesie, reine Analgesie, bloss oberflächliche, bloss tiefe Hypästhesie, oder beide, Verlangsamung der Empfindung, Nachempfindung, Polyästhesie, Allocheiria u. s. w.

Als Folge der Unempfindlichkeit der tiefen Theile, besonders der Gelenke, ist wahrscheinlich die Ataxie der Tabeskranken anzusehen (vgl. S. 105). Mit der Hypästhesie der tiefen Theile hängt wahrscheinlich auch die auffallende Schlaffheit der Muskeln zusammen. Endlich gehören Darmträgheit und Abnahme, bez. Erlöschen

der Potenz, der zuweilen eine krankhafte Steigerung vorausgeht, zu
den stets vorhandenen Symptomen.

Vor oder während der Ataxiezeit können ausserordentlich viele
andere Symptome auftreten, die der Tabes ein ungemein wechselndes Aussehen verleihen, während doch der Grundstock der Symptome immer derselbe bleibt. Die weitaus wichtigsten der weniger
häufigen Zeichen sind die verschiedenen Krisen und die Erkrankungen der Knochen und Gelenke. Das Vorbild der Krisen sind die
gewöhnlichen Schmerzanfälle. Ziemlich häufig sind die Magenkrisen
(reissende Schmerzen in der Magengegend mit unstillbarem Erbrechen, ausnahmeweise nur das eine oder das andere; nach einigen Tagen plötzliches Verschwinden aller Symptome). Seltener sind Darmkrisen (unvermuthete Anfälle von Durchfall mit oder ohne Schmerzen), Kehlkopfkrisen (nach Kitzel im Halse keuchhustenähnlicher
Anfall mit Erstickungsnoth, die zu Ohnmacht führen kann), Nierenkrisen (Nierenschmerzen mit oder ohne Stockung der Harnabsonde-
rung), Harnröhren-, Mastdarmkrisen (reissende, brennende, bohrende
Schmerzen), Clitoriskrisen (Orgasmus mit Schleimabsonderung). Die
Knochen mancher Tabeskranken werden durch chemische Veränderungen brüchig. Dann genügen geringe Anlässe, um einen Bruch
herbeizuführen (der am ehesten die Beine trifft). Einigemale sind
Sehnenzerreissungen vorgekommen. Bei den Gelenkerkrankungen
findet man anscheinend ursachlosen, plötzlichen Beginn, schmerzlose
starke Schwellungen, gewöhnlich ohne Röthung, oft weit über das
Gelenk hinaus, starkes Krachen, rasche Usur der Gelenkenden mit
ihren Folgen. Knie, Hüfte, Fuss, Schulter, Wirbelsäule, Ellenbogen,
Hand, so ist etwa die Ordnung der Gelenke nach der Häufigkeit der
Erkrankung. Zuweilen, besonders nach Trigeminusschmerzen und
bei Trigeminusanästhesie tritt schmerzloser Zahnausfall, dem Schwund
der Alveolen folgt, ein.

Weiter giebt es noch viele, seltenere Symptome. Während von
den Gehirnnerven der Opticus, die Augenmuskelnerven sehr oft ergriffen werden, der Trigeminus ziemlich oft, sind Acusticuserkran-
kungen (erst Ohrgeräusche, dann Taubheit), Störungen des Geruches
oder Geschmackes selten. Umschriebene Lähmungen theils mit theils
ohne Muskelschwund sind ebenfalls selten (am Unterschenkel, am
Vorderarme, an der Schulter, Facialis-, Kaumuskellähmung, halbseitiger Zungenschwund). Am häufigsten kommen ausser den Augen-
lähmungen Kehlkopflähmungen vor (einseitige, doppelseitige Abductorlähmung, einseitige Recurrenslähmung). Erkrankungen der Haut und
ihrer Anhänge werden hier und da beobachtet: Ausfallen von Nä-

geln, von Haaren, Mal perforant, Herpes, ekzemartige Ausschläge, Atrophie der Haut. Zuweilen kommt Glykosurie vor. Nicht gerade selten ist Schwindel (unabhängig von Augen- und Ohrenerkrankung). Das Gleiche gilt von der Tachykardie.

Der Gang der Diagnose bei der Tabes pflegt folgender zu sein: Der Kranke kommt und klagt über irgend ein Symptom (reissende Schmerzen, Doppeltsehen, Sehschwäche, Blasenstörung, Magenanfälle, Pelzigsein der Füsse u. s. f.), der Arzt weiss, dies Symptom kommt bei Tabes vor, er untersucht die Pupillen und findet sie reflectorisch starr, er findet das Fehlen des Kniephänomens u. s. f.

Handelt es sich um Symptome, die nicht irgendwie charakteristisch sind, wie die Parästhesieen, Impotenz oder ähnl., so wird, wenn nur überhaupt diese Symptome bei Tabes vorkommen, der Arzt an sie zuerst denken, weil sie am häufigsten ist, er wird es um so eher, wenn der Patient 25—50 Jahre alt ist, ein Mann ist und Syphilis gehabt hat, oder doch vielleicht gehabt hat.

Thatsächlich aber sind die meisten Symptome der Tabes so eigenthümlich, dass Eines schon den Verdacht auf Tabes erweckt. Die tabischen Schmerzen kommen fast nie in der ihnen eigenthümlichen Art ausser der Tabes vor. Ueber die reflectorische Pupillenstarre ist schon gesprochen. Fehlen des Kniephänomens mit Schmerzen, Parästhesien, Hypästhesie kommt wohl bei Neuritis vor, aber dann fehlt die Blasenstörung. Diese finden wir bei multipler Sklerose, bei beginnender Myelitis u. s. w., aber dann sind die Reflexe gesteigert, die Muskelspannung vermehrt. Die meisten Augenmuskellähmungen, die meisten Kehlkopfmuskellähmungen, die meisten Fälle von Hemiatrophie der Zunge sind überhaupt tabisch. Das ophthalmoskopische Bild der tabischen Papille ist durchaus charakteristisch. Die Magenanfälle kommen höchst selten als selbständiges Leiden vor, fast ausschliesslich bei Tabes. Auch bei den übrigen Krisen muss jeder, der sie kennt, sofort an Tabes denken. Die fast ursachlos entstehenden Knochenbrüche und Gelenkerkrankungen mit der Analgesie u. s. w. sind gerade so typisch; wer nur einmal das Entstehen einer tabischen Knieerkrankung gesehen und überhaupt klinischen Sinn hat, der wird im nächsten Falle die Wahrscheinlichkeitsdiagnose ohne weitere Untersuchung machen. Bei Gelenkerkrankung an den Armen ist natürlich die Syringomyelie auszuschliessen, was fast nie schwer ist.

Verwechselungen der beginnenden Tabes sind möglich mit Polyneuritis, mit tertiärer Syphilis, mit Diabetes, mit Hysterie. In allen diesen Fällen kann ein Irrthum nur vorkommen, wenn die reflec-

torische Pupillenstarre fehlt. Der Polyneuritis gegenüber ist dann
auf das Vorhandensein anderer Augensymptome und der Blasenstörung, bez. auf den Nachweis charakteristischer Tabeszeichen das Gewicht zu legen. Es muss aber zugestanden werden, dass es seltene
Fälle giebt, in denen zwischen einer beginnenden Tabes und etwa
einer Alkoholneuritis nicht mit Sicherheit entschieden werden kann.
Wenn eine gummatöse Meningitis vorwiegend die hinteren Wurzeln
und einzelne Hirnnerven schädigt, so kann natürlich ein tabesähn-
liches Bild entstehen. Wahrscheinlich aber wird die Unterscheidung
immer möglich sein. In den bisher beschriebenen Fällen hat es sich
um das Nebeneinanderbestehen von Tabes und von tertiärer Syphilis
gehandelt. Nicht oft wird man eine Tabes für Diabetes halten, aber
einer Glykosurie gegenüber kann wohl die Frage entstehen, handelt
es sich hier etwa um Tabes?, und wenn charakteristische Zeichen
fehlen, wird diese Frage nicht immer sofort beantwortet werden
können. Auch scheint gelegentlich wirklicher Diabetes neben der
Tabes zu bestehen. Die Schwierigkeit, die zuweilen die Hysterie
macht, ist übertrieben worden. Da durch Hysterie weder reflectorische
Pupillenstarre, noch Augenmuskellähmungen, noch Sehnervenschwund,
noch Verlust des Kniephänomens u. s. w. entstehen, kann die Hysterie
kaum die Tabes vortäuschen, wohl aber kann bei oberflächlicher
Untersuchung eine ausser der Hysterie vorhandene Tabes übersehen
werden, kann es, wenn beide Krankheiten vorhanden sind, zweifelhaft sein, ob manche Parästhesieen, Hypästhesie und Aehnl. zur einen
oder zur anderen gehören. Auch Gliosis spinalis und Tabes hat man
bei demselben Kranken gefunden, wie denn Combinationen verschiedener Art möglich sind. Nicht um eine Combination, sondern um
eine weitere Ausbreitung der Krankheit selbst handelt es sich nur
dann, wenn neben den Symptomen der Tabes die der Dementia paralytica bestehen, ein Fall, der bei Besprechung der letzteren erör-
tert wird.

Diagnostische Schwierigkeiten und diagnostisches Interesse hat gewöhnlich nur die beginnende Tabes. Ist einmal die Ataxie vorhanden, so
ist ein Verkennen für den, der die Krankheit kennt, kaum mehr möglich.
Dann, besonders aber in den späten Zeiten, wenn die Kranken bettlägerig
geworden sind, gilt es, nicht etwa das zu übersehen, was noch ausserhalb
der Tabes vorhanden ist.

b) Die Dementia paralytica oder progressive Paralyse der Irren oder Paralyse schlechtweg hat nicht nur dieselbe Ursache wie die Tabes, sondern auch zum Theile dieselben
Symptome. Beide Krankheiten treten oft zusammen auf, manchmal

so, dass wenn die eine sich entwickelt hat, die andere hinzutritt, häufiger so, dass von vornherein der Paralyse einige tabische Symptome beigemischt sind, oder der Tabes einige paralytische.

Das Hauptsymptom der Paralyse ist ein allmählich beginnender und stetig oder stufenweise zunehmender Schwachsinn (vgl. S. 30). Zu ihm können seelische Reizerscheinungen, Wahnvorstellungen und krankhafte Verstimmungen, hinzutreten. Nahezu regelmässig bestehen neben ihm die paralytische Sprachstörung (vgl. S. 43 ff.) und körperliche Reizerscheinungen, d. h. Zuckungen in den Muskeln des Gesichts, der Zunge, Zittern. Dem Schwachsinne liegt die Entartung der oberen Rindenschichten des Gehirns zu Grunde. Offenbar in Abhängigkeit von der auch die motorischen Rindentheile ergreifenden Entartung pflegen sich die Symptome einer leichten centralen Parese einzustellen: Muskelschwäche, Steigerung der Sehnenreflexe, Rigidität (man pflegt diese Symptome auf die Entartung der Seitenstränge im Rückenmarke zu beziehen, die gefunden wird, wenn sie vorhanden sind; wahrscheinlich aber ist diese Entartung als secundäre Degeneration aufzufassen, obwohl die Pyramidenfasern im Gehirn zum Theil keine sichtbare Entartung erkennen lassen). Endlich giebt sich die Paralyse durch die sogenannten paralytischen Anfälle (apoplectische, epileptische, selten migränöse Anfälle) kund (vgl. S. 27).

Die Krankheit beginnt fast immer ganz allmählich. Zuweilen bestehen ziemlich lange nur einige tabische Symptome (leichte „rheumatische" Schmerzen, Pupillenveränderungen, etwas Ptosis u. s. w.), sodass man ungewiss ist, ob sich eine Tabes oder eine progressive Paralyse entwickeln wird. In anderen Fällen ist der Schwachsinn das Erste. In wieder anderen gehen neurasthenische Beschwerden voraus. Es können Jahre vergehen, ehe deutliche Fortschritte bemerkt werden. Begreiflicherweise ist die Erkennung der Paralyse im Anfange am schwierigsten und am wichtigsten. Die Hauptgefahr ist hier die Verwechselung mit Neurasthenie. Es kann in der That das vollständige Bild der Neurasthenie der Paralyse vorausgehen (die meisten Fälle der sogenannten „syphilitischen Neurasthenie" gehören wohl hierher; man spricht dann von Vorläufererscheinungen, aber wahrscheinlich handelt es sich doch schon um den Anfang der Paralyse selbst). Früher kannte man nur die entwickelte Paralyse, aus dieser Zeit stammt die Meinung, der Paralytische habe nie ein Krankheitsgefühl. Im Anfange haben die Kranken nicht nur über alle möglichen Symptome zu klagen (Kopfschmerz, Kopfdruck, Schwindel, Störungen des Schlafes), sondern sie fühlen auch, dass ihre geistigen

Fähigkeiten abnehmen, dass ihr Urtheil, ihr Gedächtniss, ihre Selbstbeherrschung nicht mehr dasselbe leisten wie früher. Der Neurasthenische klagt ebenso, dem Beobachter scheinen vielleicht in beiden Fällen die Klagen ungenügend oder nicht begründet zu sein, der Unterschied ist nur der, dass der Paralytische allzusehr Recht hat, der Neurasthenische sich mehr oder weniger täuscht. Wenn es sich um Männer von 30—50 Jahren handelt, die früher Syphilis gehabt haben, und besonders, wenn die gewöhnlichen Ursachen der Nervosität nicht vorhanden sind, muss der Arzt mit der Diagnose Neurasthenie vorsichtig sein. Wohl sind bei Paralyse oft frühzeitig objective Symptome vorhanden, sie brauchen es aber nicht zu sein und zuweilen kann nur der weitere Verlauf entscheiden. Findet man auch nur geringe tabische oder direct paralytische Andeutungen[1]), so fallen diese doch schwer in die Wagschale. Freilich darf man nicht vergessen, dass auch ein Tabischer neurasthenisch sein kann, darf daher nicht zu früh urtheilen.

Viel leichter ist die Diagnose, wenn schon im Anfange Symptome sich zeigen, die ohne Weiteres an eine organische Erkrankung des Nervensystems denken lassen. Wenn ein bis dahin gesunder Mensch mittleren Alters Anfälle von Schwindel, von Doppeltsehen, von Aphasie, von Ohnmacht bekommt, wenn er über plötzliche Schwäche eines Gliedes klagt, unversehens Harn oder Stuhl verliert u. s. w., dann muss man zuerst an Paralyse denken.

Gewöhnlich findet man in der That schon anderweite Zeichen (Pupillenveränderungen, leichtes Zucken im Gesichte, Veränderungen der Sehnenreflexe, Andeutungen von Schwachsinn). Man vergleiche Schriftstücke aus alter und neuer Zeit, lasse den Kranken rechnen, befrage die Umgebung, ob er nicht anders ist als früher, gleichgültiger, nachlässiger, ob er am Tage einschläft u. s. f.

Leiten die Symptome auf eine organische Gehirnerkrankung, so können ausser der Paralyse Blutungen, Erweichungen, Gehirngeschwülste, multiple Sklerose in Frage kommen, kann tertiäre Syphilis oder Alkoholismus als Ursache angenommen werden. Von grösster Bedeutung ist hier wieder die reflectorische Pupillenstarre; in zweiter Linie stehen die anderen Tabessymptome. Herderkrankungen bewirken deutlichen Schwachsinn gewöhnlich nur dann, wenn ihre directen Wirkungen über die Diagnose keinen Zweifel lassen. Der Alkoho-

---

1) Seltsamerweise erhielt ich wiederholt in solchen Fällen die Angabe der Kranken, sie fühlten oberhalb der Kniescheibe nicht recht und fand da einen handtellergrossen hypästhetischen Bezirk.

lismus hat seine eigenen Symptome (Neigung zu Hallucinationen, Bewusstseinsstörungen). Schwierig wird die Sache gewöhnlich nur, wenn neben dem Alkoholismus Tabes oder wirkliche Paralyse besteht. Dann kann oft nur längere Beobachtung entscheiden. Besonders dann, wenn angehende Paralytische acut oder subacut an Alkohol-Irresein erkranken, verdecken oft dessen Symptome die der Paralyse und erst nach jener Ablauf treten diese wieder deutlich hervor. Ebenso kann Gehirnsyphilis neben der Paralyse vorhanden sein. Dies ist gewöhnlich der Fall bei der sog. syphilitischen Pseudoparalyse. Die specifische Behandlung bessert dann die von der tertiären Syphilis abhängenden Symptome, lässt die Paralyse unverändert.

Die geistige Störung kann mit wenig körperlichen Symptomen auftreten. Ausser dem einfachen Schwachsinne, dem schwachsinnigen Grössenwahne und der schwachsinnigen Hypochondrie, den häufigsten Formen, kann die Paralyse zeitweise auch eine andere Erscheinung darbieten, sie kann sozusagen die Maske jeder beliebigen Form geistiger Störung tragen. Die Diagnose muss sich darauf gründen, dass das Gepräge des Schwachsinnes, die Kritiklosigkeit, der Mangel an Zusammenhang und Beständigkeit, nachzuweisen ist und dass doch dieses oder jenes körperliche Symptom nicht fehlt.

In der Regel freilich ist die Diagnose der entwickelten Paralyse überaus leicht. Ein Blick auf den Kranken, einige von ihm gesprochene Worte, ein von ihm beschriebenes Blatt genügen. Aber sehr schwer ist es, über den Verlauf etwas vorauszusagen. Es giebt sehr rasch verlaufende Fälle, in denen schon nach 1—2 Jahren, ja nach Monaten der Tod eintritt, und sehr langsam verlaufende Fälle, in denen die Krankheit 10 Jahre und länger dauert. Es giebt Fälle mit stetigem Verlaufe zum Schlechteren und Fälle mit Besserungen (Remissionen), die sogar manchmal an eine Heilung glauben lassen und jahrelang andauern können. Im Allgemeinen hat ein relativ acuter Anstieg üble Bedeutung, doch ist das nicht immer der Fall. Ganz unberechenbar ist das Eintreten der paralytischen Anfälle, die oft rasche Verschlimmerung und frühen Tod bringen können. Endlich ist darauf hinzuweisen, dass es, besonders bei Tabeskranken, abortive Formen der Paralyse giebt. Es treten dann einige paralytische Symptome auf (vorübergehende Lähmungen cerebraler Form, Ohnmachten, Migräneanfälle, ein leichter Schwachsinn mit Euphorie), ohne dass doch eine vollständige Paralyse daraus würde.

7. Selbständige infectiöse Nervenkrankheiten.

a) *Die primäre infectiöse Neuritis.*

Wir haben guten Grund. hierher nicht nur die selbständige Polyneuritis (vgl. S. 351) zu rechnen, sondern auch die selbständigen Erkrankungen einzelner Nerven, die gewöhnlich als rheumatische bezeichnet werden. Immer handelt es sich darum, dass bis dahin gesunde Menschen nach unbedeutenden Anlässen (Erkältung, Ueberanstrengung) mit den Symptomen einer Neuritis erkranken.

Sehr häufig ist die sogenannte rheumatische Facialislähmung. Oft begleiten den Eintritt der im Anfange fast immer totalen und completen Lähmung Schmerzen, die hinter dem Ohre sitzen, oder sich als „Gesichtsreissen" darstellen, zuweilen gering, zuweilen sehr heftig sind, einige Tage bis eine Woche dauern. Manchmal ist auch die Austrittstelle des Nerven leicht geschwollen und druckempfindlich. Je nach dem Verlaufe, bez. dem electrischen Befunde unterscheidet man leichte, mittelschwere und schwere Formen, doch ist eine strenge Trennung nicht durchzuführen. Die Diagnose ist leicht, die Lähmung könnte nur mit einer durch Otitis entstandenen verwechselt werden. Die centrale Facialislähmung ist durch Beschränkung auf den unteren Theil des Gesichts, durch das Erhaltenbleiben der Reflexe, durch das Vorhandensein anderer centraler Symptome genügend gekennzeichnet. Eine totale Facialislähmung kann Brückenherde begleiten, dann besteht aber Hemiplegie der anderen Seite.

Sehr selten sind rheumatische Augenmuskellähmungen: Eintreten bei vorher Gesunden nach Erkältung unter Schmerzen, zuweilen mit Schwellung der Lider. Selten sind rheumatische Radialis-, Ulnaris-, Cruralis-, Peronaeus-Lähmungen, doch mögen sie und noch andere hie und da vorkommen. Ausser der Facialislähmung sind wohl die rheumatische Serratuslähmung und die Axillarislähmung die häufigsten Formen.

Primäre Neuritiden liegen wahrscheinlich auch den sogenannten rheumatischen Neuralgien zu Grunde. Besonders beruhen gewiss viele Trigeminus- und Occipitalisneuralgien, sowie die gewöhnliche Ischias auf Infection. Die Diagnose hat sich wesentlich auf Negatives zu stützen, Abwesenheit sonstiger Ursachen.

Eine besondere Stellung nimmt der Herpes zoster ein. Es scheint sich dabei um eine eigenartige Infection zu handeln, die bald nur die Haut, bald die Haut und sensorische Nervenzweige beschädigt. Die Krankheit tritt nicht selten in kleinen Epidemien auf und wählt sich gewöhnlich das Gebiet der Intercostalnerven aus, kann aber auch andere Nerven (Supraorbitalis, Radialis, Ischiadicus u.a.) befallen. Bis dahin gesunde Leute bekommen plötzlich, oft unter allgemeinem Unwohlsein und Fieber einen gürtelartigen Herpesausschlag und diesem folgen, besonders bei älteren Leuten, mehr oder weniger heftige, mehr oder weniger langdauernde Nervenschmerzen und Anästhesie im Bezirke des Ausschlages. Die Diagnose kann kaum irren, nur die symptomatischen Formen bei Tabes u. s. w. können neben dem primären Zoster in Betracht kommen.

b) *Poliomyelitis acuta.*

Die plötzlich, gewöhnlich unter fieberhaften Erscheinungen auftretende Vorderhornentzündung der Kinder ist so charakteristisch, dass sie immer leicht erkannt wird. Die Lähmung erreicht sofort ihren höchsten Grad; während die dem zerstörten Gebiete angehörenden Muskeln schwinden, erlangen allmählich die nur leicht beschädigten ihre Contractilität zurück (vgl. S. 77). Die Diagnose kann in den ersten Tagen schwer sein, ferner in den seltenen Fällen, in denen auch Hirnnerven getroffen werden, und bei Erwachsenen. Im letzteren Falle kann der Arzt durch eine peracute'Neuritis getäuscht werden, doch fehlen bei dieser Sensibilitätstörungen wohl nie ganz.

Das Vorkommen einer sub a cu ten Poliom ylitis ist nicht bewiesen. Man diagnosticire sie nicht.

Als chronische Poliomyelitis hat man eine höchst seltene Krankheit bezeichnet, die der progressiven spinalen Muskelatrophie sehr ähnlich ist, sich von dieser durch etwas rascheren Verlauf, mehr diffuse als individuelle Atrophie, u. U. durch Beginn an den Beinen unterscheidet. Die Diagnose ist nur erlaubt bei annähernd symmetrischem, langsam fortschreitendem Muskelschwunde mit Entartungsreaction ohne jede Störung der Empfindlichkeit.

c) *Encephalitis acuta.*

Die Encephalitis acuta (cerebrale Kinderlähmung) ist, abgesehen vom Sitze der Läsion, so ganz das Seitenstück zur Poliomyelitis acuta, dass man die gleiche Natur bei der Krankheit vermuthen darf. Gesunde Kinder (gewöhnlich 1—5 Jahre alt) erkranken plötzlich mit Fieber, Kopfschmerz, zuweilen Erbrechen, Benommenheit. Krämpfen. Das Fieber dauert einige Tage, seltener 1—2 Wochen. Nach seinem Aufhören erholen sich die Kinder, sind aber halbseitig gelähmt. Die centrale Lähmung schwindet zum Theil wieder, die Aphasie gleicht sich gewöhnlich bald wieder aus, unwillkürliche Bewegungen (Hemichorea, Hemiathetose) sind häufig, die paretischen Glieder bleiben im Wachsthume zurück. Nicht selten hat die Lähmung die

Form der cerebralen Paraplegie. In einem Theile der Fälle entwickelt sich Epilepsie. Später kann diese die Hauptsache sein, nur ein Rest der Lähmung an den Anfang erinnern. Auch werden manche der Patienten schwachsinnig.

Da bei Kindern Hemiplegie durch sehr verschiedene Ursachen entstehen kann, darf man die Encephalitis acuta nur dann diagnosticiren, wenn die Hemiplegie bei einem vorher gesunden Kinde unter Fieber acut entstanden ist.

In vereinzelten Fällen befällt die Encephalitis acuta auch Erwachsene, doch ist darüber noch wenig bekannt.

d) *Chorea Sydenhamii*.

An Chorea erkranken gewöhnlich Kinder zwischen dem 5. und dem 15. Lebensjahre, nicht selten jugendliche Personen überhaupt, besonders junge Schwangere, nur ausnahmeweise andere Erwachsene. Oft gehen Gelenkrheumatismus, Endocarditis, oder wenigstens Gelenkschmerzen voraus. Zuweilen befällt die Krankheit durch anderweite Krankheiten (Scharlach u. s. w.) geschwächte Kinder.

Die Chorea beginnt langsam. Ihre Zeichen sind die choreatischen Bewegungen (vgl. S. 129) und leichte geistige Störungen, als Launenhaftigkeit, Weinerlichkeit, Aengstlichkeit. Selten steigern sich die letzteren zu Verwirrtheit mit Sinnestäuschungen. Die choreatischen Bewegungen können auf ein Glied, eine Körperhälfte beschränkt sein, oder alle willkürlichen Muskeln ergreifen. Sie werden durch seelische Erregung gesteigert. Als Abart wird Chorea mollis beschrieben: lähmungsartige Schlaffheit eines oder mehrerer Glieder mit vereinzelten Zuckungen. Oft geht mit der Chorea Endocarditis einher. Andere Zeichen hat die Krankheit nicht.

Chorea kann verwechselt werden:

mit Hysterie (Anästhesie, Hyperästhesie, Einfluss seelischer Zustände, keine Herzerkrankung, keine Gelenkveränderung),

mit choreatischen Bewegungen bei Gehirnherden (Veränderung der Sehnenreflexe, centrale Parese u. s. w.),

mit der als chronische Chorea (Chorea Huntingtons, Myoklonie) bezeichneten Form der Entartung (erbliche Belastung, Auftreten in späterem Alter, Verbindung mit psych. Schwäche, bez. Blödsinn, progressiver Verlauf, Fehlen der Herzerkrankung).

e) *Tetanie*.

Die Tetanie tritt nur in manchen Gegenden und gewöhnlich in kleinen Epidemien auf, befällt meist jugendliche Personen, Schuster und Schneider, auch stillende Frauen. Ihr Hauptzeichen sind die Tetanieanfälle: Parästhesien und tonische Krämpfe der Gliedermuskeln (Schreibstellung). Während der Anfälle und meist auch zwischen den Anfällen besteht Steigerung der electrischen und mechanischen Erregbarkeit der Nerven (vgl. S. 157). Seltenere Symptome sind Oedeme, übermässiges Schwitzen, Polyurie, Verwirrtheit.

Aehnliche Zustände kommen bei Magenkrankheiten, besonders Magenerweiterung, und nach Exstirpation der Schilddrüse vor. Im Uebrigen ist kaum ein Irrthum möglich, da die Uebererregbarkeit der Nerven pathognostisch ist.

f) *Tetanus.*

Die Ursache ist Eindringen der Tetanusbacillen durch eine Verletzung der Haut (Wundtetanus, Tetanus neonatorum, der sogenannte rheumatische Tetanus, der auf übersehene Verletzungen zu beziehen ist). Nach Parästhesien in den verletzten Theilen, in Gesicht und Nacken tritt Trismus ein. Der Krampf verbreitet sich auf viele Körpermuskeln und steigert sich anfallweise. Am stärksten ist er an Kopf und Rumpf (Starrheit des Gesichts, Opisthotonus), Arme und Beine bleiben lange frei. Starkes Fieber. Keine Störung der Empfindlichkeit, erhaltene Besonnenheit, Lebhaftigkeit der Reflexe. Geht der Tetanus von Verletzungen am Kopfe aus, so werden oft Schlingkrämpfe und einseitige Facialislähmung beobachtet (Tetanus hydrophobicus). Beginnt die Krankheit acut, so führt sie meist zum Tode; je chronischer der Verlauf, um so häufiger tritt Heilung ein.

Höchstens bei oberflächlicher Untersuchung ist die Krankheit zu verkennen (Trismus bei Erkrankung des Kiefers, hysterische Zustände).

g) *Lyssa.*

Eindringen des Giftes durch Verletzungen der Haut, fast immer durch den Biss wuthkranker Thiere. Nach Tagen, Wochen, Monaten Schmerzen und Schwellung an der Stelle der Verletzung, Verstimmung, Mattigkeit, Angst. Dann Schlingkrämpfe beim Schlucken, Sprechen, Athemnoth und grosse Angst, Fieber. Anfallweise Steigerung der Beschwerden, besonders beim Versuche zu trinken heftige Anfälle. Nach wenigen Tagen Tod durch Herzlähmung. Verwechslung mit hypochondrisch-hysterischen Zuständen, die durch Furcht vor der Wuth entstehen, ist zu vermeiden.

h) *Epidemische Cerebrospinalmeningitis.*

Unter Fieber acutes oder peracutes Auftreten der Meningitissymptome: Kopfschmerz, Schwindel, Erbrechen, Benommenheit, Nackenschmerzen, Nacken- und Rückenstarre. Oft besteht im Anfange Herpes labialis. Entweder rascher Tod oder wochenlange Krankheit. Unregelmässiges Fieber, Delirien, Opisthotonus, Zuckungen und Contracturen der Glieder. Hyperästhesie. Zuweilen Hirnnervenlähmungen (Blindheit, Augenmuskellähmungen). Die häufige Taubheit ist Folge einer Labyrintherkrankung. Milzschwellung, Eiweissharn. Allmähliche Genesung oder zunehmende Entkräftung und Kachexie.

Während einer Epidemie ist die Diagnose leicht. Vereinzelte Fälle können Schwierigkeiten machen: Meningitis tuberculosa, Meningitis durch Otitis, Hirnabscess, Typhus, Septhämie können in Betracht kommen. Die zuweilen zu Pneumonie hinzutretende Meningitis ist der epidemischen sehr ähnlich; ob die Erreger wirklich verschiedene Arten sind, ist nicht sicher.

8. Die multiple Sklerose des Gehirns und Rückenmarkes.

Die multiple Sklerose befällt in der Regel jugendliche Personen, wie es scheint mehr Weiber als Männer. In ausgeprägten Fällen sind die Haupterscheinungen: eine eigenthümliche Unsicherheit der Bewegungen (das sogenannte Intentionzittern, vgl. S. 111), eine langsame, stockende (scandirende) Sprechweise (S. 49), Nystagmus bei Bewegungen der Augen, Steigerung der Sehnenreflexe. Ausserdem kommen oft theils vorübergehende, theils bleibende Augenmuskellähmungen vor. Besonders aber zeigt der Augenspiegel oft eine Abblassung der temporalen Papillenhälfte, die sich mit der Zeit über die ganze Papille ausdehnen kann. Die Sehstörung ist dabei oft unerheblich. Dauernde Lähmung an den Gliedern ist sehr selten, dagegen sind vorübergehende Lähmungen häufig, und zwar treten sie oft plötzlich, schlagartig ein. Theils handelt es sich um Parese eines Gliedes, theils um Hemiplegie. Auch kommen Ohnmachtanfälle ohne Lähmung, seltener epileptische Krampfanfälle vor. Mit der Zeit nimmt die Kraft der Muskeln ab und so kann sich allmählich eine spastische Paraparese ausbilden. Störungen der Sensibilität und der Blase spielen bei multipler Sklerose keine grosse Rolle, doch, wenn man genau untersucht, ist Hypästhesie nicht selten und Blasenbeschwerden kommen wenigstens zeitweise vor. Die Kranken klagen oft über Kopfschmerzen, Schwindel und bemerken zuweilen selbst, dass ihre geistigen Kräfte abnehmen. Später kann sich Blödsinn entwickeln. Aufregung und andere geistige Störungen (Wahnvorstellungen u. s. w.) sind selten, kommen aber vor.

Ist das Bild der Krankheit ausgeprägt, so ist die Diagnose leicht.

Es giebt aber auch verwaschene Fälle, die der Diagnose grosse, u. U. unüberwindliche Schwierigkeiten bereiten. Die fast nie fehlenden Symptome sind die Steigerung der Sehnenreflexe und der Augenspiegelbefund. Auf sie hat man sich in erster Linie zu stützen, wenn die charakteristische Trias, Zittern, Scandiren, Nystagmus, fehlt.

Ist hauptsächlich das Brustmark beschädigt, so wird oft nur chronische Myelitis, oder wenn Anästhesie und Blasenstörung fehlen, eine Seitenstrangsklerose angenommen. Hier gilt es also auf die cerebralen Symptome (an den Augen, die apoplectischen Anfälle u. s. w.) zu achten.

Ist besonders die Oblongata Sitz der Herde, so kann das Bild an das der progressiven Bulbärparalyse erinnern. Immerhin fehlen die diesem eigene Symmetrie und die Beschränkung auf die motorischen Kerne, fehlen anderweite Symptome (Augen u. s. w.) fast nie ganz. Auch können die seelischen Störungen in den Vordergrund treten, so dass man glaubt, es mit einer Demenz aus unbekannter Ursache oder mit Dementia paralytica zu thun zu haben.

Mehrfache kleinere Hirnherde, die durch Blutungen oder Erweichungen entstanden sind, können begreiflicherweise ein der multiplen Sklerose sehr ähnliches Bild schaffen.

Mit Tabes wird die multiple Sklerose nicht leicht verwechselt. Bei dieser fehlen die reflectorische Pupillenstarre, die charakteristischen Schmerzen, sind die Sehnenreflexe gesteigert, statt herabgesetzt oder erloschen, ist oft Nystagmus da (der bei Tabes nicht vorkommt), ist der Augenspiegelbefund anders u. s. w. u. s. w.

Am bedenklichsten sind die Verwechselungen mit Hysterie. Sie kommen besonders im Anfange der Krankheit vor. Es tritt etwa plötzliche Lähmung eines Beines oder Armes ein. Diese bessert sich rasch und man findet ausser ihr nichts als Steigerung der Sehnenreflexe. Am ehesten hilft auch hier die Augenuntersuchung aus den Schwierigkeiten, da ophthalmoskopische Veränderungen oft schon frühe vorhanden sind und auch Augenmuskellähmungen auf den rechten Weg weisen können. Die Steigerung der Sehnenreflexe ist bei Hysterie immer mässig, deutliches Fussphänomen spricht entschieden gegen Hysterie. Dagegen findet man bei dieser oft den Sohlenreflex abgeschwächt, was bei multipler Sklerose nicht der Fall ist. Freilich darf man sich durch das Vorhandensein hysterischer Symptome noch nicht für berechtigt halten, die multiple Sklerose auszuschliessen, denn die Hysterie kann diese wie andere organische Krankheiten begleiten.

9. Paralysis agitans
(Schüttellähmung, Parkinson's Krankheit).

Die Paralysis agitans tritt meist nach dem 50., sehr selten vor
dem 40. Jahre auf und hat 2 Hauptsymptome: Zittern (vgl. S. 112)
und Muskelsteifigkeit (vgl. S. 63). Beide können zugleich vorhanden
sein, oder das eine geht dem anderen voraus. Daneben bestehen
nervöse Beschwerden (Unruhe, Schlaflosigkeit), Gefühl innerer Hitze
und starkes Schwitzen, Beschleunigung des Pulses, Muskelschmerzen.
Die Diagnose ist gewöhnlich leicht. Die Krankheit kann übersehen werden, wenn nur die Rigidität vorhanden ist. Sind die Erscheinungen, wie oft, halbseitig, so könnte man an eine cerebrale
Hemiparese denken. Doch fehlt die Steigerung der Sehnenreflexe
und die Anamnese ergiebt die eigenthümlich langsame Entwickelung.
Es ist bemerkenswerth, dass das Zittern sich manchmal so ausbreitet
wie die partielle Epilepsie es thut; zuerst zittert nur eine Hand,
dann wird der Fuss der gleichen Seite ergriffen, dann der Fuss der
anderen Seite und endlich die Hand der anderen Seite. Freilich
können Jahre darüber vergehen, aber immerhin deutet ein solcher
Verlauf darauf hin, dass wahrscheinlich feinere Veränderungen der
motorischen Hirnrinde der Schüttellähmung zu Grunde liegen.

Die Hysterie kann das Zittern der Paralysis agitans nachahmen,
doch handelt es sich dann meist um junge Leute, die Rigidität fehlt,
andere Symptome der Hysterie sind vorhanden.

Mit der multiplen Sklerose kann man die Paralysis agitans kaum
verwechseln: hier alte, dort junge Patienten, hier normale, dort gesteigerte Reflexe, hier Zittern in der Ruhe, das im Beginne absichtlicher Bewegungen aufhört, dort nur Zittern während absichtlicher
Bewegungen u. s. w. u. s. w.

10. Die primären Degenerationen der motorischen Bahn.

Ist die ganze Bahn von den Centralwindungen oder doch vom
oberen Ende des Rückenmarkes bis zu den Vorderhörnern (einschl.)
erkrankt, so spricht man (im anatomischen Sinne) von a) amyotrophischer Lateralsklerose; beschränkt sich die Entartung
auf die Vorderhörner, so besteht bei Beschränkung auf die Vorderhörner im eigentlichen Sinne des Wortes die b) spinale progressive Muskelatrophie; sind die motorischen Kerne der Oblongata
betroffen, die c) progressive Bulbärparalyse. Die 3 Formen

sind nicht streng zu trennen, da die beiden letzteren neben einander bestehen können, bez. c zu b oder b zu c hinzutreten kann und die Entartung der Pyramidenbahnen auch da vorhanden sein kann, wo nach dem klinischen Befunde nur b oder c zu bestehen scheint. Alle 3 Formen sind selten, b und c noch seltener als a.

Gewöhnlich entwickelt sich zuerst langsam fortschreitender, an den Hand- oder Schultermuskeln beginnender, annähernd symmetrischer Muskelschwund mit partieller EaR und fibrillären Zuckungen. Dabei besteht Steigerung der Sehnenreflexe an Armen und Beinen und allmählich kommt es zu dem Bilde der spastischen Paraparese. Schliesslich tritt die progressive Bultärparalyse hinzu und tödtet den Kranken. Es kann auch von vornherein Bulbärparalyse mit Reflexsteigerung (Masseterreflex) auftreten. Sehr selten ist die spastische Paraparese das Erste. Fehlen die spastischen Symptome, so ist im klinischen Sinne spinale Muskelatrophie oder Bulbärparalyse anzunehmen, aber es ist damit nicht gesagt, dass die Seitenstränge unversehrt seien. Wahrscheinlich hängt der Grad der spastischen Erscheinungen von dem zeitlichen und dem Stärkeverhältnisse zwischen Vorderhorn- und Seitenstrangerkrankung ab, sodass allerlei Variationen möglich sind.

Die Unterscheidung von anderen Krankheiten ist nicht schwer, wenn man aufmerksam ist. Früher diagnosticirte man oft spinale progressive Muskelatrophie, jetzt weiss man, dass es sich dabei in der Regel um Dystrophia musc. progr., oder um Gliosis spinalis, oder um Neuritis gehandelt hat. Ersteren Irrthum verhütet die Kenntniss der Dystrophie, letztere beide sind nicht möglich, wenn daran festgehalten wird, dass bei der spinalen progressiven Muskelatrophie alle Störungen der Sensibilität fehlen, und wenn in keinem Falle die Prüfung der Sensibilität versäumt wird. Die progressive Bulbärparalyse kann durch Geschwülste der Oblongata vorgetäuscht werden; zeitweise ist wohl eine Verwechselung möglich, später werden Druckerscheinungen auftreten und werden auch sensorische Nerven ergriffen werden. Die „Pseudobulbärparalyse" durch Grosshirnherde ist nicht zu verkennen, da andere cerebrale Erscheinungen nicht fehlen, die gelähmten Theile nicht atrophisch werden und ihre normale Erregbarkeit behalten. An die amyotrophische Lateralsklerose erinnern manche Fälle von Muskelschwund bei allgemeiner chronischer Gelenkerkrankung, weil auch hier die Reflexe gesteigert sein können. Die Anamnese, der Nachweis der Gelenkerkrankung, die normale elektrische Erregbarkeit und die Vertheilung des Schwundes sichern die Diagnose.

II. Gliosis spinalis

(Gliomatosis, Syringomyelie).

Das Hauptsymptom der Gliosis spinalis ist die Thermoanalgesie (vgl. S. 209) als Ausdruck einer Zerstörung der hinteren grauen Substanz, mit der sich gewöhnlich langsam fortschreitender Muskelschwund verbindet, sobald die gliöse Umwandlung die Vorderhörner erreicht. Gewöhnlich wächst das neugebildete Gewebe von der Umgebung des Centralcanales aus zunächst in die Hinterhörner hinein, dann folgt, in der Regel weniger ausgedehnt, die Erkrankung der Vorderhörner und erst spät wird auch die weisse Substanz beschädigt, sodass es zu spastischen Erscheinungen an der unteren Körperhälfte kommt. In einzelnen Fällen wiegt die Wucherung über den Zerfall des neugebildeten Gewebes vor, dann können die spastischen Symptome zusammen mit Wurzelreizsymptomen sich früh zeigen, d. h. es kann das Bild eines centralen Tumor im Rückenmarke entstehen. Fast immer geht die Erkrankung vom Halsmarke aus, es sind also die Arme und die obere Rumpfgegend Sitz der Anästhesie und des Muskelschwundes. Ausser diesen Hauptzeichen findet man oft Kyphose der oberen Wirbelsäule und trophische Störungen an den Armen: Schrunden an den Fingern und der Hand, Panaritien, Blasenausschläge, Phlegmonen, Arthropathien, Knochenbrüche.

Die Diagnose der Syringomyelie ist gewöhnlich, d. h. wenn sie im Halsmarke beginnt, leicht, da gar kein anderes Krankheitsbild dieselben eigenthümlichen Züge trägt (natürlich vorausgesetzt, dass die Prüfung der Empfindlichkeit nicht vergessen wird). Man könnte vielleicht an eine Neuritis denken, aber die Form der Anästhesie, das Verhalten des Muskelschwundes (fibrilläre Zuckungen) und der überaus langsame, fortschreitende Verlauf sprechen zu deutlich gegen Neuritis. Kommt es zu wirklicher Geschwulstbildung mit Druckerscheinungen, so kämen etwa noch andere centrale Geschwülste des Halsmarkes in Frage, doch sind solche enorm selten. Die Verwechselung mit einer centralen Blutung verhüten die Anamnese und die Beobachtung des Verlaufes.

Wichtig ist es zu wissen, dass man Gliosis spinalis mit Hysterie oder mit Tabes zusammen finden kann. Am leichtesten kann dann, wenn die Symptome wenig ausgeprägt sind, die Gliose übersehen werden, kann die ihr eigenthümliche Anästhesie als Zeichen der Hysterie oder der Tabes angesehen werden.

Bei ungewöhnlichem Sitze oder Verlaufe der Gliosis kann die

Diagnose sehr schwer sein, doch sind solche Fälle offenbar die Ausnahme und auch in ihnen wird früher oder später an der Art der Anästhesie die Krankheit zu erkennen sein.

12. Acute und chronische Myelitis.

Das Bild der vollständigen oder unvollständigen Querläsion des Rückenmarkes kann ausser durch Verletzungen, durch Compression bei Wirbelkrankheiten, durch multiple Sklerose, durch syphilitische Neubildung u. s. w. auch durch entzündliche Herde, die einer noch unbekannten Infection ihre Entstehung zu verdanken scheinen, entstehen. Man spricht in solchen Fällen von acuter oder chronischer Myelitis schlechtweg. Entsteht das Bild der Querläsion acut oder peracut, so ist die Diagnose nicht schwer, besonders wenn Fiebererscheinungen vorhanden sind. Neben der entzündlichen Erweichung käme nur eine Blutung in Betracht. Ist der Verlauf dagegen von vornherein chronisch, so ist es viel schwerer, die anderen Möglichkeiten auszuschliessen und in vielen Fällen ist die Bezeichnung chronische Myelitis nur der Ausdruck für chronisch entstandene Querläsion unbekannter Natur.

II. Endogene Nervenkrankheiten.

I. Nervosität.

(N e u r a s t h e n i e.)

Es würde zu weit führen, wenn hier alle Symptome der Nervosität besprochen werden sollten. In der Regel ergeben sich bei dieser Krankheit keine diagnostischen Schwierigkeiten, aber auf dreierlei ist die Aufmerksamkeit zu richten, die leichteren Formen dürfen nicht übersehen werden, die Nervosität darf nicht mit exogenen Krankheiten verwechselt werden, sie ist von den Zuständen schwererer Entartung, soweit es möglich ist, abzugrenzen.

Die Nervosität ist von den Zuständen des gesunden Lebens nicht von Grund aus verschieden und sie geht unmerklich über theils in die sogenannten Temperamente, theils in die Erscheinungen physiologischer Ermüdung. Absolut normale Menschen treffen wir überhaupt nicht und alle unter den Bedingungen der Civilisation Lebenden weichen von vornherein mehr oder weniger von der Norm ab, d. h. sind entartet. Immerhin haben wir Recht, wenn wir den annähernd normalen Menschen vom Nervösen abscheiden und eine

„physiologische Breite" annehmen. Diese freilich ist nach Stand, Ort und Zeit verschieden gross und nur der Arzt, der sogenannte „Welt- und Menschenkenntniss" besitzt, vermag hier richtig zu urtheilen. Bei den leichten Formen der Nervosität unterscheidet sich der Mensch in der Ruhe vom Gesunden sehr wenig, aber er reagirt anders als dieser, sobald grössere Anforderungen an ihn gestellt werden. Es ist nun sehr wichtig, ehe es zu krankhaften Reactionen kommt, die Abweichung von der Norm zu erkennen (bei der Erziehung, der Berufswahl, vor der Verlobung, im Beginne der verschiedensten Krankheiten u. s. f.). Die erste Frage ist die nach der neuropathischen Belastung. Es ist ja nicht undenkbar, dass eine günstige Ver- knüpfung der Keimstoffe die Nachtheile des einen durch die Vor- züge des andern vollständig ausgleiche, aber man wird nicht fehl gehen, wenn man in 9 von 10 Fällen annimmt, dass da, wo auch nur von einer Seite der Mensch erblich belastet ist, eine abnorme Reaction trotz des Anscheines vollständiger Gesundheit bestehe. So- dann achte man stets auf die körperlichen „Degenerationzeichen". Fehlen sie, so ist daraus nicht ohne Weiteres die Gesundheit zu er- schliessen, sind einige oder mehrere von ihnen vorhanden, so ist, man mag sagen, was man will, mit grösster Wahrscheinlichkeit eine mehr oder weniger abnorme Reaction zu erwarten. Es ist einfach nicht wahr, dass sie auch in der physiologischen Breite vorkommen; mag ihr Träger sich für ganz gesund halten, der sachverständige Beobachter wird krankhafte Reactionen finden. Die Prüfung der Function endlich kann theils durch Beobachtung, theils durch den Versuch ausgeführt werden. Besonders wichtig sind das geschlecht- liche Verhalten (hier sind auch geringe Abweichungen bedeutsam), die Tiefe des Schlafes und das Bedürfniss nach Schlaf, die gemüth- liche Reaction (Neigung zu Thränen, zu Zorn u. s. w.), die Ermüd- barkeit durch körperliche und geistige Anstrengungen (Neigung zu Kopfschmerzen, rasches Nachlassen der Kraft, aber auch rasche Erholung), das Verhalten gegen Alkohol. Die experimentelle Prü- fung hätte sich in erster Linie auf die Ermüdbarkeit zu richten; leider sind klinisch verwendbare Methoden bis jetzt eigentlich kaum vorhanden.

Die Verwechselung der Nervosität mit exogenen Krankheiten ist am leichtesten bei Patienten im Mannesalter möglich. Hier kommt besonders die Dementia paralytica in Betracht (vgl. S. 388). In zweiter Linie stehen leichter chronischer Alkoholismus und andere Vergiftungen, Diabetes. Selten schwankt die Diagnose zwischen Ner- vosität und Hirntumor oder einer anderen Herderkrankung. Im

Kindesalter können leichte Formen oder die Anfänge der Chorea hie und da Schwierigkeiten machen. Im Greisenalter kann die Atheromatose oder vielmehr die von ihr abhängige Gehirnveränderung einfache Nervosität vortäuschen. In allen Fällen ist die Hauptsache eine möglichst genaue Untersuchung. Findet man Zeichen organischer Erkrankung, so können alle Symptome von dieser abhängen, es kann aber auch Nervosität neben der organischen Erkrankung bestehen. Im letzteren Falle darf der Arzt die Nervosität nicht gleich Null setzen, wie es oft geschieht.

Es ist begreiflich, dass alle möglichen organischen Krankheiten neben der Nervosität in Frage kommen können. Bei Rückenschmerzen, Wirbelempfindlichkeit, Müdigkeit der Beine z. B. Krankheiten des Rückenmarkes, bei Magendarmbeschwerden Krankheiten des Verdauungrohres, bei Augenschmerzen und Augenschwäche Augenkrankheiten u. s. f. Indessen entstehen hier kaum ernstliche Schwierigkeiten, denn die Abwesenheit jeder auf organische Läsion weisenden Erscheinung einerseits, die eigenthümliche Färbung der Beschwerden, ihre Abhängigkeit von seelischen Veränderungen, das Vorhandensein charakteristischer Zeichen der Nervosität (Kopfdruck, Kreuzbeindruck, Angstzustände u. s. w.) andererseits machen fast immer die Diagnose ziemlich leicht. Am ehesten wird die nervöse Dyspepsie mit dem „Magenkatarrh" verwechselt. Man muss festhalten, dass jene viel, viel häufiger ist, dass sie sich immer mehr oder weniger irrationell verhält (Beschwerden durch leichte, verdauliche Speisen, Gutbekommen schwer verdaulicher Sachen, unmotivirter Wechsel der Erscheinungen, Einfluss der Suggestion, der Gemüthsbewegungen).

Eine genaue Untersuchung bei Nervosität ist auch deshalb nöthig, damit leichtere organische Störungen, die neben jener bestehen und zwar nicht ihre Ursache sind, aber sie verschlimmern und örtliche Beschwerden hervorrufen können, nicht übersehen werden: Erkrankungen der Nasenschleimhaut, der Ohren, der Zähne, der Geschlechtstheile, Hämorrhoiden, Wanderniere und Anderes.

Bei der Abgrenzung gegen andere endogene Krankheiten kommen in Betracht Melancholie, leichte maniakalische Erregung, Hypochondrie, Hysterie. Da alle Formen mit der Nervosität durch allmähliche Uebergänge verbunden sind, hat die Sache ihre Schwierigkeiten. Einfache melancholische Verstimmung kann jederzeit während der Nervosität auftreten, handelt es sich aber um einen Anfall wirklicher Melancholie, so kann die Entscheidung nur im Anfange schwierig sein, bald zeigt die von äusseren Umständen fast unabhängige, stetig fortschreitende Verschlimmerung, dass eine schwere Krankheit im

Anzuge ist. Leichte maniakalische Zustände sind fast immer Theilerscheinung des intermittirenden Irreseins, nur selten und nur für
kurze Zeit wird einfache nervöse Unruhe diagnostische Schwierigkeiten machen. Hypochondrische Anwandlungen, ungerechtfertigte
Aengstlichkeit und Schwarzseherei gehören zu den häufigsten Erscheinungen bei Nervösen. Von ihnen ist der wirkliche Hypochon-
der unterschieden durch seine Unbelehrbarkeit, dadurch, dass seine
Einbildungen die Charaktere der Wahnvorstellungen zeigen. Ueber
die Beziehungen der Nervosität zur Hysterie ist bei dieser zu reden.

2. Hysterie.

Das Wesen der Hysterie besteht in einem eigenthümlichen Geistes-
zustande, darin, dass seelische Veränderungen, d. h. lust- oder un-
lustvolle Vorstellungen, nicht als Beweggründe, sondern auf einem
den Kranken unbewussten Wege, wie äussere Ursachen tiefgreifende
Veränderungen des körperlichen und des geistigen Zustandes hervorrufen können.

Die Hauptveränderung, die durch die seelischen Ursachen entsteht, ist die Spaltung des Bewusstseins, die Abtrennung eines Theiles der seelischen Vorgänge vom wachen Bewusstsein. Darauf beruhen die Anästhesie, die Amnesie, die Abulie, die Lähmung, die
Contracturen, die Krämpfe der Hysterischen. Gewisse Empfindungen
gelangen nicht zum wachen Bewusstsein, bald werden schmerzhafte
Reize, oder bestimmte Gerüche nicht wahrgenommen: hysterische
Analgesie, partielle Anosmie, bald sind bestimmte Körperabschnitte
anscheinend unempfindlich: Hemianästhesie, Anästhesie der Glied-
abschnitte im vulgären Sinne des Wortes. Der wache Wille kann
bestimmte Muskeln nicht zur Zusammenziehung bringen: Lähmung,
oder die Muskeln ziehen sich anscheinend von selbst, ohne bewussten
Antrieb zusammen: Krampf, Contractur.

Neben der Spaltung des Bewusstseins ist der Hauptpunkt der,
dass die unbewusst wirkenden seelischen Ursachen viel grössere Ge-
walt über das Körperliche haben, tiefer in die Leiblichkeit hinein-
dringen als bewusste Vorgänge. Nicht nur sind die auf unbewussten
Vorgängen beruhenden Muskelzusammenziehungen stärker und aus-
dauernder als die willkürlichen, sondern es treten auch Symptome
auf, die im normalen Zustande nicht so durch seelische Vorgänge
bewirkt werden: übermässige Absonderung von Schweiss, Harn,
Speichel u. s. w., Versiegen der Absonderungen, Blutungen der Haut
und der Schleimhäute, Oedeme, Veränderungen der Haare, der Nägel
und Anderes.

Endlich ist die Wirkungsweise der seelischen Ursachen eine
doppelte, theils wirken sie nach Art der Gemüthsbewegungen im
normalen Zustande, theils entspricht die Wirkung dem Inhalte der
ursächlichen Vorstellung. In jenem Falle unterscheiden sich die Erfolge von den Wirkungen der normalen Gemüthsbewegungen theils
durch Stärke und Dauer (z. B. andauerndes Zittern durch Schreck),
theils durch ihre Form (d. h. es treten Erfolge ein, die beim Gesunden überhaupt nicht vorkommen, z. B. Hemianästhesie). In diesem Falle ruft z. B. die Vorstellung des Schmerzes Schmerzen hervor, die Furcht vor Lähmung Lähmung, der Anblick von Krankheitserscheinungen Nachahmung dieser Erscheinungen.

Der gerade Weg zur Diagnose der hysterischen Symptome ist
der Nachweis ihrer seelischen Beschaffenheit. Zunächst gilt es, den
seelischen Ursprung, die ursächliche Vorstellung, bezw. Gemüthsbewegung nachzuweisen. Die Form der Erscheinung selbst lässt
sehr oft die Art erkennen: Widerspruch mit den anatomisch-physio-
logischen Verhältnissen, anscheinend ursachloser Wechsel des Zustandes u. A. Genügt die einfache Beobachtung nicht, so führt der
Versuch zum Ziele: seelische Einwirkungen bewirken ein Verschwinden oder doch eine Veränderung der Erscheinung und durch geeig-
nete Anordnungen lässt sich ein Zusammenhang zwischen dem Bewusstsein und den Symptomen auf verschiedene Weise darthun.

Man trennt die hysterischen Erscheinungen in Hauptsymptome
(Stigmata) und in wechselnde Zufälle und stellt den mehr oder
weniger dauernden Zuständen die Anfälle gegenüber. Die geordnete
Untersuchung hat zuerst auf Auffindung der Stigmata auszugehen.

Das bei weitem wichtigste Stigma ist die Anästhesie. Ihre
häufigste Form ist die Hemianästhesie. Eine vollkommene Hemianästhesie (vgl. S. 204) kommt nur bei Hysterie vor; es giebt keine
organische Läsion, die sie hervorrufen könnte. Das gleiche gilt von
der vollkommenen allgemeinen Anästhesie (d. h. der doppelten Hemianästhesie). Bei stückweiser Anästhesie ist in der Regel die Begrenzung charakteristisch. Nicht Nervenbezirke werden unempfindlich,
sondern Stücke des Körpers, die nach der Vorstellung des gewöhnlichen Lebens eine Einheit bilden: eine Hand, ein Fuss, ein Arm bis
zur Schulter, ein Knie u. s. f. Während die Nervenbezirke an den
Gliedern Längsstreifen bilden, wird die hysterische Anästhesie von
Linien begrenzt, die senkrecht auf der Längsachse des Gliedes stehen,
als ob dieses bis da- oder dorthin in die Anästhesie eingetaucht worden wäre. Häufig besteht die Anästhesie mit anderen Erscheinungen
zusammen, deckt die Bezirke eines Krampfes, einer Lähmung, einer

Neuralgie u. s. w., immer im Widerspruche zu der anatomischen Anordnung.

Die Anästhesie kommt und geht im Anschlusse an allerhand Gemüthsbewegungen (Schrecken u. s. w.), besonders im Anschlusse an die Anfälle. Sie ist beeinflussbar durch alles, was den Glauben weckt, es habe Wirkung, durch die einfache Versicherung, durch Zaubermittel, durch Suggestion in der Hypnose, durch Elektrisiren, Magnetisiren, Auflegen von Metallen, Eingeben beliebiger Medicamente. Die letztgenannten Mittel hat man als „ästheseogene“ bezeichnet, als man lernte, dass durch sie ein Ortswechsel der Anästhesie (bei halbseitiger Anästhesie eine Verschiebung von rechts nach links und umgekehrt, d. h. Transfert) bewirkt werden könne.

Die hysterische Anästhesie kann vollständig oder irgend eine Theilanästhesie (Analgesie, Thermoanästhesie u. s. w.) sein. Oft ist sie in dem Sinne eine systematisirte, dass irgend eine Gruppe von Reizen noch Empfindung bewirkt, die nur durch ein seelisches Band zusammengehalten wird.

Auch vollständige Anästhesie stört die Hysterischen nicht in ihren Verrichtungen, ja sie kommt ihnen in der Regel gar nicht zum Bewusstsein, sodass erst der Arzt sie findet, ein Verhalten, das in scharfem Widerspruche zu der organischen, überaus lästigen und störenden Anästhesie steht und dessen Ursache der Umstand ist, dass die scheinbar wirkungslosen Reize unbewussterweise doch wahrgenommen und verwerthet werden. Weil die Kranken es zwar nicht wissen, aber doch fühlen, verhält sich die hysterische Anästhesie so, als ob sie simulirt wäre. Alle die Mittel, die zur „Entlarvung“ von Simulanten ersonnen worden sind, taugen dazu nicht viel, sind aber brauchbar, um zwischen hysterischer und organischer Anästhesie zu entscheiden.

Es muss jedoch erwähnt werden, dass zuweilen die der Anästhesie zu Grunde liegenden seelischen Veränderungen tiefer als sonst in das Unbewusste hineinreichen. Dann bemerken die Kranken selbst ihre Unempfindlichkeit, diese widersteht den ästheseogenen Einwirkungen und die unbewusste Verwerthung der die empfindungslosen Theile treffenden Reize wird unvollständig.

Die Kennzeichen der Hautanästhesie gelten auch von den Sinnesorganen. Der Kranke mit stärkster Einschränkung der Gesichtfelder geht herum, als ob ihm nichts fehlte, und der mit einseitiger Amaurose wird durch Anwendung des Stereoskopes „entlarvt“. Der Geschmacklose schmeckt etwa nichts ausser Zwiebeln, der Schwerhörige vernimmt ein leises Ticken, wenn es ein verabredetes Zeichen ist u. s. f.

Ueberall und in jeder Weise kann die Anästhesie durch Hyperästhesie vertreten werden und was von jener gilt, gilt auch von dieser.
M. m. kann das von der Anästhesie Gesagte auch auf die
hysterische Lähmung übertragen werden. Ihre Kennzeichen sind
schon früher besprochen worden (vgl. S. 97).

Die örtlichen Krämpfe bei Hysterischen werden kaum mit Krämpfen, die auf organischen Läsionen beruhen, verwechselt werden, dagegen ist es zuweilen schwer, sie gegen die sog. Tics bei Entarteten
abzugrenzen. In beiden Fällen handelt es sich um abnorme Bewegungen seelischen Ursprungs, um unwillkürliche Nachahmungen
von Willkürbewegungen. Während aber hysterische Spasmen meist
neben anderen Hysterie-Symptomen oder doch mit ihnen wechselnd
vorkommen, bestehen die Tics allein neben den seelischen Abweichungen und während jene der Suggestion mehr oder weniger zugänglich sind, schlägt hier jeder Versuch der Beeinflussung fehl,
können die abnormen Bewegungen unverändert während des ganzen
Lebens andauern.

Die hysterische Amnesie kann mit der epileptischen verwechselt werden. Bei dieser scheinen in der That gar keine Erinnerungen
vorhanden zu sein, bei jener sind die Erinnerungen da, können nur
vom Bewusstsein nicht ergriffen werden, kehren im Schlafe oder im
hypnotischen Zustande zurück. Meist tritt die Amnesie bei einem
Anfalle auf, sie ist dann oft retrograd, d. h. nicht nur der Anfall,
sondern auch eine kürzere oder längere Zeit vor ihm wird vergessen.
Selten sind die sog. systematisirten Amnesien, d. h. die, bei denen
der Kranke nur bestimmte Classen von Erinnerungen, etwa eine
fremde Sprache oder alles, was mit einer bestimmten Person zusammenhängt, vergisst.

Auch die hysterische Abulie ist nur scheinbar, nur die Willkür
ist gehemmt. Die Abulie ist im Psychischen das, was im Aeussern
die hysterische Lähmung ist.

Die Zahl der anderweiten Hysterie-Symptome ist Legion. Man
kann sie in solche trennen, die sozusagen offenkundig hysterisch sind
(z. B. die Astasie-Abasie, die Stummheit, das Bellen, das Hunde-
Athmen u. s. w.), bei denen also ihre blosse Kenntniss, bez. die des
Begriffes der Hysterie zur Diagnose ausreicht, und solche, die eine
Nachahmung organisch bedingter Symptome darstellen, bei denen
also eine Verwechselung möglich ist (hysterische Neuralgieen, hyste-
risches Zittern, Oedem, Erbrechen u. s. f.). Zunächst ist es rathsam,
da, wo die Sache nicht von vornherein klar ist, immer an die Möglichkeit der Hysterie zu denken. Geschieht dies, so wird man ge-

gebenen Falles auf Grund der oben dargelegten Grundsätze immer
den rechten Weg finden können, da die Anamnese und kleine Züge
im Symptomenbilde auf die seelische Natur der Erscheinungen hindeuten, der Versuch ausführbar ist, anderweite Zeichen der Hysterie
selten fehlen. Auf den letzten Umstand allein darf man sich freilich
nicht verlassen, denn zuweilen, besonders bei Kindern, tritt die Hysterie monosymptomatisch auf.

Die hysterischen Anfälle endlich (vgl. S. 121) sind selten ein
Hinderniss der Diagnose, erleichtern diese vielmehr. Nur dann,
wenn sie mehr oder weniger den epileptischen Anfällen gleichen,
können Schwierigkeiten entstehen (s. weiter unten).

Ist die hysterische Natur dieser oder jener Erscheinungen nachgewiesen, so ist damit nicht gesagt, dass nur Hysterie bestehe. Stets
ist eine genaue Untersuchung nöthig, damit nicht Zeichen einer
organischen Läsion neben der Hysterie übersehen werden. Dies besonders deshalb, weil organische Läsionen (allerhand Verletzungen,
Krankheiten des Nervensystems, gewerbliche und andere Vergiftungen) zu den häufigsten Gelegenheitursachen hysterischer Zufälle
gehören. Inwieweit die Hysterie mit organischen Nervenkrankheiten
verwechselt werden kann, ist bei Besprechung dieser schon erwähnt
worden.

Eine scharfe Abgrenzung der Hysterie gegen die Nervosität ist
nicht durchzuführen. Wohl giebt es Formen der Nervosität ohne
Hysterie, doch kaum Hysterische ohne Zeichen der Nervosität. Letztere ist eben der allgemeinere Begriff. Man wird dann von Hysterie
sprechen, wenn ihre Symptome im Vordergrunde stehen, und wird
es auch dann mit Recht thun, wenn ausser den hysterischen Haupt-
symptomen hypochondrische, neurasthenische Symptome in grösserer
oder geringerer Zahl vorhanden sind.

Schliesslich hat man sich vor der voreiligen Annahme von Simulation zu hüten. Es ist schon erwähnt worden, dass viele hysterische
Symptome sich der Natur der Sache nach so verhalten, als ob sie
simulirt wären. Dazu kommt, dass manche Hysterische gemäss der
ihnen eigenen Geistesbeschaffenheit halb unwillkürlich zu ihren Symptomen neue hinzufügen, also simuliren, etwa bei Analgesie sich Ver-
brennungen oder andere Verletzungen beibringen und als von selbst
entstanden bezeichnen, oder doch die vorhandenen Störungen über-
treiben. Die Erkenntniss der thatsächlich sehr seltenen reinen Simulation kann sich nur auf die Erfassung des Bildes im Ganzen und
psychologische Erwägungen gründen. Erleichtert wird die Sache
dadurch, dass viele hysterische Symptome überhaupt nicht willkür-

lich simulirbar sind, dass andere nur von Kennern der Hysterie nachgeahmt werden können. Auf jeden Fall ist eine recht genaue Kenntniss der Hysterie von Seiten des Arztes das beste Mittel gegen Simulation.

3. Die Epilepsie.

(Fallsucht, *haut mal*, *morbus sacer*.)

Epileptische Krämpfe treten auf, sobald ein starker Reiz auf die Grosshirnrinde einwirkt; wir finden sie bei den verschiedensten Gehirnerkrankungen (Encephalitis, Gehirngeschwülsten, progressiver Paralyse u. s. f.), nach verschiedenen Vergiftungen (durch Schnaps, besonders Absynth, Harnvergiftung u. s. f.), sie können durch mechanische, chemische, elektrische Reizung der Centralwindungen absichtlich hervorgerufen werden. Von der Krankheit Epilepsie sprechen wir aber nur dann, wenn die Anfälle allein vorhanden sind, eine der sonst bekannten Gehirnkrankheiten nicht anzunehmen ist. Man rechnet die Epilepsie zu den auf angeborener Anlage beruhenden Krankheiten. Thatsachen sind, dass sie meist in der Kindheit oder Jugend beginnt, dass sehr oft Verwandte der Kranken ebenfalls an Epilepsie oder an irgend einer Form der Entartung leiden, dass sehr oft sie selbst körperliche oder geistige Zeichen der Entartung tragen. Andererseits ist es wohl möglich, dass ein mehr oder weniger beträchtlicher Theil der Fälle von Epilepsie auf Infection beruht, derart, dass der Epilepsie eine infectiöse Gehirnerkrankung vorausgegangen ist, die einen symptomlosen Herd oder überhaupt keinen groben Herd hinterlassen hat. Abgesehen von den Erkrankungen des Gehirnes im Kindesalter kommt die Syphilis in Betracht, die nicht nur durch Gefässerkrankung und Gummibildung epileptische Anfälle hervorrufen kann, sondern auch als metasyphilitische Erkrankung eine der gewöhnlichen Epilepsie ganz gleiche Form bewirken zu können scheint.

Die Aeusserungen der Epilepsie sind die Krampfanfälle und geistige Störungen, die theils im Anschlusse an Krämpfe oder als Vertreter solcher auftreten, theils für sich bestehen.

Der epileptische Krampfanfall als Zeichen der Krankheit Epilepsie kann verwechselt werden mit Krämpfen bei grober Gehirnkrankheit, mit toxischen Krämpfen und mit hysterischen Krämpfen. Die Krämpfe bei Herderkrankungen sind fast immer halbseitig, oder beginnen doch halbseitig. Ist die Sache nicht von vornherein klar, so achte man auf die Art der Aura, wenn diese etwa in einer Hand, einem Fusse auftritt, so handelt es sich wahrscheinlich um eine ört-

liche Gehirnerkrankung. Ist eine solche vorhanden, so werden durch
genaue Anamnese und Untersuchung fast immer auch anderweite
cerebrale Symptome sich nachweisen lassen: Monoparesen bei alten
Herden, Veränderungen des Augenhintergrundes, Klopfempfindlich-
keit des Schädels, Kopfschmerzen und Erbrechen bei Tumoren. Den
Anfällen der sog. „genuinen" Epilepsie können die toxischen und
die metasyphilitischen Krampfanfälle vollständig gleichen. Wenn bei
einem erblich nicht Belasteten im Mannesalter ohne nachweisbare
Ursache Krampfanfälle auftreten, so versuche man mit allen Mitteln
der Untersuchung und der Anamnese die Ursache zu erkennen, be-
ruhige sich nicht gleich mit der Diagnose Epilepsie. Liegt eine Vergiftung (Urämie, Saturnismus, Schnapsvergiftung u. s. f.) vor, so kann
möglicherweise dem Kranken geholfen werden, wenn es gelingt, die
Ursache der Krämpfe zu beseitigen. Handelt es sich um progressive
Paralyse, so ist die frühzeitige Diagnose aus verschiedenen Gründen
wichtig. Der selbständigen metasyphilitischen Epilepsie gegenüber
fallen freilich, ebenso wie bei der auf alten Hirnherden beruhenden
Epilepsie, diese praktischen Antriebe zur Unterscheidung von der
„genuinen" Epilepsie weg, da in prognostischer und therapeutischer
Hinsicht kaum Unterschiede bestehen.

Die Unterscheidung zwischen Epilepsie und Hysterie ist gewöhnlich leicht, da in der Mehrzahl der Fälle der hysterische Anfall gar nicht zu verkennen ist (vgl. S. 121). Schwierigkeiten können
entstehen, wenn man auf die Anamnese allein angewiesen ist, und
in den nicht gerade häufigen, aber doch auch nicht übermässig
seltenen Fällen, in denen der hysterische Anfall eine getreue Nachahmung des epileptischen ist. Das Erste ist immer der Nachweis
anderweiter Hysterie-Symptome. Nun kann es zwar vorkommen,
dass ein Hysterischer auch an Epilepsie leidet, aber dieses Zusammentreffen ist doch eine Ausnahme und fast immer wird man mit
Recht aus der hysterischen Art anderer Erscheinungen auf die auch
der Krämpfe schliessen. Mit Nachdruck muss betont werden, dass
es Zwischenformen, Uebergänge von der Hysterie zur Epilepsie nicht
giebt (Hystero-Epilepsie ist ein unpassender Wärterausdruck für
schwere Hysterie, den man gar nicht brauchen sollte). Zuweilen
kann man die Thatsache, dass nach epileptischen Anfällen vorübergehende Albuminurie auftritt, zur Unterscheidung benutzen. Giebt
die Schilderung des Anfalles oder gar sein Anblick keinen Aufschluss,
fehlen Stigmata der Hysterie, so kann man die Hypnose als diagnostisches Mittel anwenden. Der leicht hypnotisirte Hysterische be-
nimmt sich oft im hypnotischen Zustande so eigenthümlich, dass

seine Art unverkennbar ist. Ein anderes Mittel ist die Anwendung des Bromkalium, denn dieses wirkt mit so grosser Sicherheit hemmend auf epileptische Anfälle, dass seine Wirkungslosigkeit für die hysterische Natur der Anfälle spricht.

Treten nur in der Nacht epileptische Anfälle auf, so können sie leicht ganz übersehen werden, da viele Kranke früh nichts mehr davon wissen; besonders bei einer gelegentlich auftretenden Enuresis nocturna, bei in der Frühe bemerkten Bindehaut-Ekchymosen muss man daran denken, dass nächtliche Krampfanfälle vorausgegangen sein können.

Viel häufiger als die Krampfanfälle geben die seelischen Störungen bei Epilepsie Anlass zu diagnostischen Bedenken. Die einfachen kurzen Bewusstseinspausen des petit mal, in denen sich der Kranke wie ein Träumender oder ein Schlafender verhält, können nur mit hysterischen Zuständen verwechselt werden und müssen von diesen durch die eben angegebenen Mittel unterschieden werden. Schwieriger ist die Entscheidung bei den seltenen durch längere Zeit andauernden Dämmerzuständen. Sieht man den Kranken zum ersten Male in einem solchen Zustande, so kann es unmöglich sein, zwischen hysterischem und epileptischem Somnambulismus, Trance oder wie man diese Dinge sonst nennen will, zu unterscheiden. Auch die eigentlich deliriösen Zustände können bei beiden Krankheiten sich sehr ähnlich sein. Gewöhnlich allerdings sind dem Epileptischen tiefere Benommenheit, grössere Angst und viel rücksichtloseres Reagiren auf die schreckhaften Sinnestäuschungen eigen, während im hysterischen Delirium das Ganze mehr theatralischen Anstrich hat, die peinlichen Affecte von heiteren Erinnerungen abgelöst werden, ernsthafte brutale Handlungen selten vorkommen und Suggestionen wenigstens zum Theil angenommen werden.

Mit der Zeit werden die Epileptischen in der Regel schwachsinnig. Meist bestehen die Anfälle fort und zeigen ohne Weiteres auf die Natur des Zustandes. Doch kommen auch lange anfallfreie Zeiten vor und bei mangelhafter Anamnese ist man dann darauf angewiesen, den Zustand für sich zu beurtheilen. Gewöhnlich sind die Kranken sehr reizbar und heftig, vertragen Alkohol nicht, sie neigen zu Frömmelei und gespreiztem Wesen, sind wortreich und suchen ihre geistige Schwäche zu verdecken. Schwankt die Diagnose zwischen Hysterie und Epilepsie, so spricht Schwachsinn für diese.

Sehr häufig wird die epileptische Geistesstörung mit einfacher Betrunkenheit oder mit blossen Charakterfehlern verwechselt, hört man von unbegründeten Wuthanfällen, von sinnlosen Entweichungen, von rücksichtlosen Verletzungen der Schamhaftigkeit und Aehnlichem, so denke man an die Möglichkeit der Epilepsie. Die epileptische Amnesie, die nach anfallweise auftretenden Störungen folgt, wird oft für freches Leugnen gehalten. Sie ist diagnostisch von grossem Werthe, aber man darf auch nicht vergessen, dass sie nicht immer vollständig ist, dass besonders in der ersten Zeit nach dem Anfalle die Erinnerung leidlich erhalten sein kann und dass bei den Handlungen, die nur in der dauernden epileptischen Geistesstörung ihre Erklärung finden, überhaupt keine Amnesie besteht.

4. Migräne (vgl. S. 221).

Die Krankheit Migräne besteht ausschliesslich aus den Migräneanfällen. Sie beruht fast stets auf gleichartiger Vererbung, entwickelt sich in der Kindheit oder Jugend. Sie kann verwechselt werden mit den seltenen Migräneanfällen, die als Symptom der progressiven Paralyse oder einer Herderkrankung des Gehirns auftreten, mit hysterischen Kopfschmerzen, die sozusagen die Migräne nachahmen können, mit anderweiten Kopfschmerzen bei Nervösen, bei Nasenkranken, durch Vergiftungen. mit Glaukomanfällen. Diagnostische Schwierigkeiten entstehen, wenn wirkliche Migräneanfälle als Zeichen einer anderen Krankheit auftreten, oder wenn bei wirklicher Migräne die Anfälle so verwischt sind, dass sie schwer erkannt werden. In jenem Falle müssen das Fehlen ererbter Anlage, der Beginn im reifen Alter, das Bestehen anderer Symptome bedenklich machen, in diesem sind das Vorkommen von Kopfschmerzen bei den Eltern, in der Jugend, das Bestehen von Erbrechen oder doch von Uebelkeit neben den Schmerzen, das Fehlen sonstiger Symptome zu betonen. Nicht selten kann man man Medicamente als Reagentien verwenden: Jodkalium wirkt bei Syphilis und bei Nasenkrankheiten. Abführmittel wirken bei Obstipation, die Migränemittel (salicylsaures Natron, Antipyrin. Antifebrin u. s. w.) bei wirklicher Migräne. bei Hysterie wirkt oft gar kein Medicament.

5. Chorea chronica
(Chorea hereditaria, Chorea Huntington's).

Die Diagnose hat sich auf den Nachweis der Vererbung, auf den Beginn im reifen Alter, auf das Vorkommen geistiger Störungen, auf das Fehlen von Rheumatismus und Herzerkrankung, von hysterischen Symptomen zu gründen.

Der Chorea chronica nahe verwandt sind die auf Entartung

beruhenden chronischen unwillkürlichen Bewegungen, die als selbständige Athetose, als Myoclonie, als Ticbewegungen bezeichnet werden. Am seltensten kommen die Athetosebewegungen als Symptom der Degeneration vor. Von Myoclonie oder Paramyoclonus spricht man, wenn die Muskeln bald da, bald dort blitzartig zucken. Die Ticbewegungen sind gleichmässig wiederkehrende, sozusagen entsprungene Willkürbewegungen (Grimassiren, Schütteln des Kopfes, einer Hand u. s. f.). Die Form der Bewegung ist nicht die Hauptsache, sondern die oben bei Chorea chronica betonten Umstände der Vererbung und der Verknüpfung mit seelischen Abweichungen sind es.

6. Die Thomsen'sche Krankheit oder Myotonia congenita

ist durch die myotonische Reaction (vgl. S. 165) so gut gekennzeichnet, dass sie bei genügender Aufmerksamkeit gar nicht verkannt werden kann. Man muss nur im gegebenen Falle an sie denken, damit die Kranken nicht als Simulanten behandelt werden.

7. Die Dystrophia musculorum progressiva

oder der auf angeborener Anlage beruhende primäre Muskelschwund kann nur mit anderen Formen des Muskelschwundes verwechselt werden. Bedenkt man, dass alle sensorischen Störungen fehlen, so kommen zunächst nur die auf die Vorderhörner beschränkten Rückenmarkerkrankungen in Frage. Die Unterscheidung ist schon früher (S. 59) besprochen worden: das familiäre Auftreten, das gewöhnlich jugendliche Alter, die Localisation des Schwundes, seine Verbindung mit Hypertrophie, das fast ausnahmelose Fehlen der fibrillären Zuckungen und der Entartungsreaction sind die Umstände, die für primären Muskelschwund sprechen. Dass die seltenen Fälle, in denen neben dem primären Muskelschwunde eine (wahrscheinlich secundäre) Atrophie der nervösen Bahnen gefunden worden ist, nicht von den übrigen Fällen, wohl aber von denen zu trennen sind, in denen die Symptome auf die primäre Nervenerkrankung deuten, das ist auch erwähnt worden.

In neuerer Zeit hat man auch familiäre Formen des Muskelschwundes kennen gelernt, bei denen offenbar nervöse Theile zuerst erkranken. Die häufigste dieser seltenen Formen hat man als neurotische oder neurale Muskelatrophie bezeichnet. Mehrere Geschwister leiden an Muskelschwund der Endglieder, der sich langsam centripetal ausbreitet; die kranken Muskeln zeigen Entartungsreaction; es bestehen daneben Schmerzen, Parästhesieen, Hypästhesie.

Noch seltener scheinen die Fälle zu sein, in denen sich eine chronische Vorderhornentartung oder Bulbärparalyse bei mehreren Familiengliedern im jugendlichen Alter entwickelt. Die Diagnose müsste sich zuerst auf die Wiederholung der Krankheit in der Familie gründen.

8. Die Friedreichische Krankheit oder hereditäre Ataxie

ist ebenfalls eine Familienkrankheit. Die Kinder erkranken mit Ataxie der Beine, dann der Arme. Dazu treten Nystagmus, stockende undeutliche Sprache, die Sehnenreflexe schwinden: Anästhesie kommt erst spät dazu, Skoliose entwickelt sich oft, Schmerzen, Pupillenstarre, Blasenstörung fehlen.

Es kommen verschiedene Formen, die offenbar mit Friedreich's Krankheit nahe verwandt sind, vor. Bald erinnert das Bild an das der multiplen Sclerose, bald sind es ganz eigenartige Symptomen-Gruppirungen.

Endlich ist die auf einer primären Entartung der Pyramidenbahnen beruhende chronische reine spastische Spinallähmung, die einige Male als Familienkrankheit beobachtet worden ist, hier zu nennen.

Immer hat sich bei diesen seltenen Formen die Diagnose auf die Wiederholung in der Familie und die frühe, anscheinend ursachlose Entwickelung der Krankheit zu stützen. Mögen die anatomischen Bilder verschieden sein, chronischer Verlauf und Unheilbarkeit sind immer vorhanden.

REGISTER.

www.ingramcontent.com/pod-product-compliance
Lightning Source LLC
Chambersburg PA
CBHW020908210326
41598CB00018B/1810